U0291268

结构冲击(第二版)
Structural Impact(Second Edition)

［英］诺曼·琼斯(Norman Jones)　著

许骏　蒋平　译

虞吉林　审校

·北京·

著作权合同登记　图字:军-2016-104 号

图书在版编目(CIP)数据

结构冲击:第二版/(英)诺曼·琼斯(Norman Jones)著;
许骏,蒋平译. —北京:国防工业出版社,2018.4
书名原文:Structural Impact:Second Edition
ISBN 978-7-118-11456-0

Ⅰ.①结…　Ⅱ.①诺…②许…③蒋…　Ⅲ.①冲击动
力学—塑性力学　Ⅳ.①O34

中国版本图书馆 CIP 数据核字(2018)第 013937 号

※

国防工业出版社出版发行

(北京市海淀区紫竹院南路 23 号　邮政编码 100048)
三河市腾飞印务有限公司印刷
新华书店经售

*

开本 710×1000　1/16　印张 34　字数 664 千字
2018 年 4 月第 1 版第 1 次印刷　印数 1—2000 册　定价 158.00 元

(本书如有印装错误,我社负责调换)

国防书店:(010)88540777　　发行邮购:(010)88540776
发行传真:(010)88540755　　发行业务:(010)88540717

本书内容及原著作者简介

　　《结构冲击》一书研究受到强动载、冲击和爆炸载荷作用的结构及部件产生非弹性变形的性能。工程中在安全计算、事故评估和能量吸收系统方面对此感兴趣。本书前 5 章介绍梁、板和壳的静态性能及动态响应的刚性–塑性分析方法。这几章从工程角度研究了课题的关键特征。其后几章则研究了结构冲击的各种重要现象，引入和详细研究了横向剪力、转动惯量、有限位移和材料的动态性能对结构响应的影响。倒数第 2 章和第 3 章考察了在几种能量吸收系统中出现的动态渐进屈曲现象并介绍了动塑性屈曲。关于缩放律的最后一章对于把小尺寸模型响应的实验结果同全尺寸原型的动态性能联系起来是重要的。

　　本书对于想要更多地了解关于承受强动载、冲击和爆炸载荷而产生非弹性响应结构的性能的本科生、研究生和专业人士是很有价值的。

　　诺曼·琼斯(Norman Jones)博士是英国利物浦大学工学院的退休名誉教授。他以前是该工学院的 A. A. Griffith 讲座教授，机械工程系的系主任(1982—1990)和大学冲击研究中心的主任(1985—2005)。此前，他是美国麻省理工学院海洋工程系的教授。他发表了 300 多篇论文，内容主要涉及受动载、冲击和爆炸载荷作用产生大的非弹性应变的结构响应的许多方面。他是 *International Journal of Impact Engineering* 杂志的编辑(1983—1987)、主编(1988—2008)，现在是名誉主编。他是 *Structural Impact* 第一版(剑桥大学出版社，1989)的作者。Jones 教授也是太原理工大学的荣誉教授，皇家工程学会(伦敦)会员和印度国家工程院的外籍院士。

Preface to the Chinese Translation of
Structural Impact（Second Edition）

The general field of structural impact has expanded significantly since the first edition of this book was published in 1989, and the associated Chinese translation in 1994. I am very pleased that Professor Jun Xu, Professor Jiang Ping and Professor Jilin Yu have undertaken the onerous task of translating the second edition（2012）so that the Chinese-speaking community can benefit from the progress made in this field. I trust that this translation will contribute to a reader's better understanding of the general topic, thus leading to an enhancement of the protection and safety of structures and systems when subjected to large impact and blast loadings which arise in various industrial situations, transportation incidents and terrorist attacks.

Norman Jones
Department of Engineering
University of Liverpool.
8th April 2017.

《结构冲击》（第二版）中文版序

Structural Impact 一书在 1989 年英文版第一版以及 1994 年中文版出版以来,在相关领域内的影响逐渐扩大。我非常高兴许骏教授、蒋平教授和虞吉林教授承担了《结构冲击》(第二版)繁重的翻译工作,使相关领域的中国读者可以从中受益。希望此译本能有助于广大读者对本书的理解,增强结构系统在重大冲击载荷下的防护安全性,尤其是在各类工业问题、交通事故和恐怖袭击中的应用。

利物浦大学工程系
诺曼·琼斯
2017 年 4 月 8 日

序

与准静态力学不同，冲击动力学研究的是冲击载荷下的结构冲击响应和材料冲击响应，而这两者又相互依赖、相互影响。Norman Jones 教授是国际上结构冲击动力学领域最著名的学者之一，曾长期担任国际冲击工程学报 *Int. J. Impact Engineering* 的主编。他所著的 *Structural Impact* 是系统研究结构冲击响应的代表作，除对结构冲击行为做出系统论述外，还考虑了材料冲击性能对于结构冲击响应的影响。原书第一版于 1989 年出版，被国际冲击动力学界引为经典；1994 年出版的中译版《结构冲击》(蒋平译，王礼立审校) 也在国内产生了十分广泛的影响。后来，作者 Norman Jones 教授结合 1990—2010 年 20 年的研究进展，在第一版的基础上进行了补充和修订，于 2011 年推出 *Structural Impact*(*Second Edition*)。该书系统阐述了刚塑性结构的动力响应特点和解析分析方法，体现了 Norman Jones 教授的研究与教学风格。在工程应用中，他提出的理论简化和近似解析分析方法，同迅速发展的计算机数值模拟技术是优势互补、相辅相成的，所以书中有些典型范例被广为引用，历久弥新。第二版反映了这 20 多年不断涌现的新成果，增添了最新的参考文献，新添加的内容在第 8~11 章中尤为集中。

现在，国防工业出版社出版《结构冲击》(第二版)，对于我国力学界和工程界，无疑是意义重大的好消息。随着我国汽车、高速公路、高铁和航空航天事业的迅速发展以及核电、海洋开发和国防工业的急切需求，许多冲击动力学问题亟待力学界和工程界去解决。相应专业的研究生和高年级本科生，也都需要系统地学习有关知识。《结构冲击》(第二版)的出版，恰好及时为大家提供了丰富的信息源。

本书译者蒋平教授和审校者虞吉林教授都曾远赴英国利物浦大学，在 Norman Jones 教授指导下从事相关研究。虞吉林教授更是国内冲击动力学领域的知名专家，他实际上也参与了 1994 年出版的中译版《结构冲击》的审校工作(虽未署名)。译者许骏教授是本领域的后起之秀，在美国哥伦比亚大学获得博士学位后回到北京航空航天大学任教，并获选进入国家"青年千人"计划。我们要感谢他们为本书出版所付出的努力,因为这里倾注了他们对冲击动力学的热爱。

宁波大学

香港科技大学

2017 年 4 月

译者序

本人自 2006 年攻读硕士研究生始，便从事汽车碰撞安全方面的科研工作，至今已有整整 10 年。研究伊始，一切不得要领，经常泡在学校图书馆翻书，以求得到几本冲击动力学方面的经典著作，便于入门。英国利物浦大学诺曼·琼斯（Norman Jones）教授撰写的 Structural Impact 便是在这个时候进入我的视野。坦白地讲，刚开始读 Structural Impact 时并没有透彻理解书中的定义、理论与公式推导。但很重要的是我通过这本书，了解了冲击动力学的基本概念、研究思路与手段，为后续汽车碰撞安全的研究工作奠定了良好的基础。与此同时，通过该书先后了解了诸多冲击动力学研究领域的著名科研工作者，为我的科研文献调研、追踪、学术交流提供了重要的依据。

2011 年 6 月，在法国小镇瓦伦西亚召开的第三届国际轻量化结构的冲击载荷会议（ICILLS 2011）上，非常有幸亲眼见到了 Norman Jones 教授。除聆听了他的主题报告外，还跟 Jones 教授聊起了冲击动力学学术界的前辈们，包括他与宁波大学王礼立老先生、香港科技大学余同希教授、中国科学技术大学虞吉林教授的一些往事，让我受益匪浅。2016 年夏天，应英国曼彻斯特大学李庆明教授邀请，我还专程赴韩国釜山参加了为庆祝 Jones 教授对结构冲击响应、冲击失效、能量吸收等方面做出的贡献而举办的专题研讨会。可惜的是 Jones 教授因身体原因无法成行，甚为遗憾。

2014 年，在我博士即将毕业前的一个偶然机会，在哥伦比亚大学图书馆翻到了 Structural Impact（Second Edition）这本书。在我回国后便下决心将该书翻译完并推荐给国内广大冲击动力学领域的从业研究人员、教师学生以及相关企业工程师，因此冒昧给 Jones 教授写信商议该书的中文版翻译工作，Jones 教授欣然同意并推荐了该书第一版的译者西南石油大学蒋平教授作为共同译者。自 2015 年下半年开始，我便与蒋平教授一起开始了翻译工作，直到 2016 年年底才完成翻译稿的全部翻译及统稿过程。在此过程中，与蒋平教授、虞吉林教授的反复沟通进一步加深了对相关内容的理解，也充分感受到了两位教授优雅的学识素养与严谨的科研作风。

第二版相较于第一版在主要内容上保持一贯的风格：前 5 章主要是冲击动力学的基本理论框架，后 6 章内容包括更加细致的理论分析与考虑（包括材料的应变率效应及尺度律）；全书共计 11 章，为读者展现了冲击动力学领域，尤其是结构动态响应领域的研究全貌与系统的理论体系。考虑到最新的研究趋势，第二版主要针对后 6 章进行了大幅补充与修订，增加了最新发表的相关研究成果，从而使得整本书的理论构架更为完整、研究内容更为饱满。同时，相关章节展示了丰富的算例，为后续新的理论模型、数值模拟计算结果进行对比验证提供了宝贵素材。本书在每章后附有习题及习题答案，可供读者学习后自行练习，也可供课堂教学使用。本书对力学尤其是冲击动力学领域以及相关的航空航天、汽车、铁道、核电、压力容器、管道运输、安全工程等相关领域的研究生培养、科研工作而言将是一本重要的教科书和权威参考书。

承蒙各位学术前辈的帮助与关怀，全书的翻译稿邀请到了虞吉林教授进行细致审校，王礼立与余同希两位老先生为本书翻译出版还专门撰写了序。同时，本书的翻译工作得到了我的博士生王璐冰、刘冰河、张雯、高翔及郑博文的大力支持与协助，没有他们的帮助本书的翻译无法完成。中国民航出版社编辑李婷婷女士为本书翻译稿的部分文法措辞提供了具体的指导意见。本书同时要感谢以下项目的资助：国家"青年千人"计划、北京航空航天大学研究生精品课程建设基金、国家自然科学基金（11102099）。此外，本书还得到了国防工业出版社程邦仁主任、于航编辑的大力支持。特此表示衷心感谢！

为充分尊重原著，本书尽量沿用原著术语，仅在个别错误处以脚注方式给予说明。由于译者水平有限，本书仍有不足之处，恳请广大读者批评指正。

许骏

2017 年 3 月 31 日于北京

第二版前言

自从 20 年前准备写作本书第一版以来,结构冲击的研究领域已经大大地扩展了。在设计有能力承受引起大塑性应变的各种动载的结构时要求更精确的安全因素,这个要求部分地推动了这一扩展。在许多工业领域包括交通领域中提高安全性,以及结构和系统应对恐怖袭击的防护,在近年来更为突出。与这些发展和提高的要求一起,数值分析进步很快。在结构冲击的许多领域,我们的理解已经跟不上这一进步。然而,数值分析程序已经用于各个设计工作室。本书的重点放在结构冲击的基础力学方面,以便使读者获得对这一宽广领域的某些洞察力。一个设计工程师很好地掌握这一高度非线性和复杂的工程领域的力学基础是非常重要的。

本书试图通过简单模型的分析达到这一目的。简单模型的分析揭示了结构响应的基本方面,理解这些对于解释实验研究和数值计算的结果是大有裨益的。例如,在第 8 章和第 11 章,在分别关于材料的应变率敏感性和缩放律方面提出的问题对于数值计算及实验研究都具有一定的重要性。在某些情形下,本书中给出的方程对于初步的设计是适用的,特别是要记住:输入数据经常带有一些不确定性。例如,动态本构方程的形式和因数的值常常是近似的,正确了解如连接处的边界条件的细节是困难的,得到由冲击、爆炸和强动载荷引起的外加动载的特征也常常是困难的。

本书前面基础的 5 章大部分未变,只是在某些地方稍微做些改进以便使叙述更清晰。增加了两个附录:一个是关于准静态性能的;另一个给出了位移界限定理的证明。最近关于这些课题取得的进展大部分局限于对某些特殊情形的求解以及数值分析。最近几十年来,大量的研究努力是放在后 6 章研究的课题上。因此,本书的后 6 章也相应地做了更新。然而,在结构冲击成为一个完全成熟的领域前还需要更多的研究,特别是对于第 8~11 章的课题。

作者感谢剑桥大学出版社的 Peter Gordon 先生帮助准备本书第二版的出版。作者也要感谢自从本书平装版出版以来许多人士提出的改进建议,特别是 M. Alves 教授和 Q. M. Li 博士,还要感谢 I. Arnot 女士准备了新的插图。最后,同样重要的是,要感谢我的夫人 Jenny 的重要支持。

诺曼·琼斯

2011 年 2 月

第一版前言

冲击事件发生在范围很广的境况中，从日常生活中用锤子打钉子一直到航天飞机对流星撞击的防护。此外，我们实在太频繁地看到在道路上所发生的撞击事件的后果了。报纸和电视报道的吸引公众注意的事故常常涉及冲击载荷，如飞机、公共汽车、火车、船舶等的碰撞以及由于意外爆炸和其他事故所产生的冲击或爆破载荷对压力容器及建筑物造成的损坏。公众越来越关心安全问题，如运输核材料的铅罐在涉及冲击载荷的各种意外事故中的完整性问题。

很明显，冲击是一个大领域，它既包括简单结构，如钉子，也包括复杂的系统，如核电站的防护。受到冲击的材料包括砖、混凝土、韧性和脆性金属及高分子复合材料。此外：一方面冲击速度可以低到只引起准静态响应；另一方面又可以高到足以使靶材的性质发生重大的改变。

在本书中集中讨论韧性结构，特别是梁、板和壳的冲击行为。更复杂的工程系统大都是由这些简单构件组成的，因此理解这些简单构件的响应是揭示一个更为复杂系统的动态行为所不可缺少的先决条件。尽管如此，这仍然是一个大课题，因此再进一步，我专门集中讨论冲击大载荷问题，即所产生的塑性应变控制弹性效应而起支配作用的问题。

动载荷引起弹性和塑性应力波，沿着这类结构的厚度传播并产生一个总的结构响应。冲击或撞击载荷足够大时，沿结构厚度传播的应力波能引起层裂破坏。这一现象发生的时间量级与应力波沿结构厚度传播的时间量级相同。因此，这一类型的破坏通常发生在撞击的最初几微秒内，有时被称为"早期响应"以区别于后来发生的结构的总体响应。构件的早期响应以后不再考虑。

本书集中讨论结构的长期行为（对小型结构来说，典型的是毫秒级的），对这类问题，假定外部动载是瞬时地将动量施加到结构的中面（即忽略横向的波传播）。实际上，通常把早期的波传播响应与结构的长期或总响应解耦，因为这两种现象的时间历程通常相差几个数量级。显然，结构总响应的分析不能用来预测通过结构厚度的响应细节。所以，在一个给定问题中是否会发生层裂破坏，必须另外确定。

虽然结构的静塑性行为早在 20 世纪已经首先得到研究（例如：J. A. Ewing, *The Strength of Materials*（《材料力学》），剑桥大学出版社，1899），但是，对动塑性行为的系统研究则是后来的事。认真的研究似乎开始于第二次世界大战期间。例如,当时 J.K.Baker 设计了 Morrison 空袭防护罩,以保护人们不受自己房屋中砖石落下的伤害,G.I.Taylor 研究了薄板的动态响应,Pippard 和 Chitty 考察了圆柱壳的动态行为以便研究潜水艇艇壳。相当多的研究活动和进展已在过去 40 年内报道,其中一些在本书中讨论或在文献中引用。一般说来,这些研究工作主要是探寻构件在受到已知冲击载荷时的响应。然而,理论解也可以用于诊断或论辩的目的。例如,通过计算引起永久破坏所需的冲击载荷 Penney 爵士和他的同事估计了在广岛和长崎的核爆炸能量,这些破坏可以在被冲击波弯曲或突然折断的电线杆、压扁的空桶或罐、压凹进去的文件柜顶部等处观察到。外加冲击载荷和结构响应之间的耦合问题是一个困难的课题,尚未完全搞清楚,在本书中不予考虑。

尽管我们的注意力限于承受大冲击载荷的梁、板和壳的冲击行为,但研究领域仍很大、很活跃,并且课题增长得很快。这一范围的研究成果正用于指导发展合理的设计程序以避免地震对建筑物的毁坏作用,并用于改善汽车、火车、公共汽车和飞机内乘客的碰撞防护。汽车和公共汽车的碰撞防护是通过改善车辆内部及外部的能量吸收能力,并把结构耐撞性(Crashworthiness)原理应用到高速公路安全系统和路边设施的设计中去而实现的。

理论方法已用于设计各种类型的冲击吸收装置以及评估承受猛烈瞬时压力脉冲的反应堆管道的安全性,这种压力脉冲在某些情况下会在钠冷却快中子增殖反应堆中产生。这些方法也已用于估计船舶和潜航器的底板所受的砰击损坏,还已经用于设计建筑物以抵御内部气体的爆炸。重返大气层飞行器的响应、近海平台的结构耐撞性、工业设备的安全性计算、各种军事应用、由环的动载实验求本构方程的解释,甚至例如冰雹对飞机表面造成的凹陷等现象的解释都已经由本书中讨论的方法进行了研究。还取得了许多其他的实际应用,并且毫无疑问,当工程师们力图设计新的更有效的结构时还将得到更多的应用。这些结构必须尽可能轻和尽可能安全,并能承受在许多实际情形中会遇到的大动载而不产生灾难性的破坏,或者会以可控制的和可以预测的形态来吸收外加的动能。

本书的目的是使读者对某些简单结构的冲击行为有一个清晰的了解,所研究的特殊情形下的动态响应可能适用于预测各种实际问题的响应,特别是在认识到对冲击载荷特性缺乏了解和材料在动载荷下性能数据不足的时候。如果简单的分析方法不适用于某一特定问题,那么从本书中得到的知识将给读者提供一个基础,以便利用其他解决途径取得进展。这些知识和洞察力对于有效地应用数值方法和解释其结果尤其是必不可少的,而数值方法将在工程设计中起着越来越重要的作用。

假定读者已经具备材料力学的基本知识,而以前没有研究过结构的静塑性行为。因此，第 1 章从工程观点介绍了塑性理论的某些基本概念，包括塑性极限定理，并考察了几种梁的静塑性破坏行为。第 2 章介绍了双轴应力状态下的屈服条件，以及重要的正交性条件。后者要求广义应变率矢量在塑性流动期间保持与屈服面的相应部位垂直。第 2 章还给出了圆板、矩形板和圆柱壳的静塑性破坏行为的理论解。这两章包含了本书其余部分所要求具备的静塑性理论的全部基本内容。

在第 1 章和第 2 章中为研究结构的静塑性行为而发展起来的刚性-塑性近似方法也用来得到结构的动塑性响应。根据塑性界限定理，静塑性破坏载荷是可能作用在一个理想塑性结构上的最大可能外载。因此，对于更大的外载，结构就不再处于平衡状态，结果惯性力产生而运动开始。这一运动将一直持续到所有的外加能量全部消耗于内部的塑性功。显然，对动载问题来说，永久位移和响应历程是我们特别感兴趣的。

第 3 章至第 5 章分别考察了梁、板和壳的动塑性行为，其中许多例子的相应静载情形已在第 1 章和第 2 章中研究过，耗散在塑性变形上的能量比弹性变形能量大得多，所以忽略弹性效应的刚性-塑性分析方法是适用的。

第 1 章至第 5 章中的屈服条件忽略了仍保留在平衡方程中的横向剪力的影响。然而对于动载来说，横向剪力比在类似的静载问题中更重要。事实上，可能由于过大的横向剪力而发生破坏，如在承受动载的结构的牢固结点处发生破坏。因此，在第 6 章中，对于承受动载的梁、圆板和圆柱壳，在屈服条件中保留了横向剪力。第 6 章还包含了对转动惯量的影响的一些评论。

第 1 章至第 6 章中的理论解是对于无限小位移得到的，因为平衡方程是在初始未变形的构形上导出的。当弹性效应被忽略，而外加动载产生塑性应变和永久变形时，这似乎是一个不合理的简化。然而，在有些结构问题中位移可以看作无限小的而不失去精确性，不过在另一些问题中有限位移的影响在动态响应中起着重要作用。

第 7 章的第一部分考察了有限位移或几何形状改变对梁、圆板和矩形板的静塑性行为的影响。在第 7 章中还引入一个近似的运动学分析方法，用来考察梁、圆板、矩形板和圆膜的动塑性响应，与对应的实验结果做了比较，并介绍了一个简单的方法来估计由于材料破坏而导致结构破坏所需要的冲击能量的门槛值。

许多材料在动载条件下的性质是不同于其对应的静态值的。尤其是应力-应变关系对于实验速度是敏感的，这一现象就是通常所说的应变率敏感性或黏塑性。第 8 章讨论了各种材料在几种动载情况下的应变率敏感性质；介绍了众所周知的 Cowper-Symonds 本构方程；对于几个结构问题，运用各种简化和近似而得到了理论解。

　　第 1 章至第 8 章的理论解是对于经历稳定响应的结构而导出的。然而，在许多实际问题中也可能产生不稳定的响应。因此，在第 9 章中，研究了承受轴向动载的圆管的行为，这在圆管中导致许多轴对称的卷曲或折皱，并在平均压垮力附近引起波动的阻力。这一现象通常称为动态渐进屈曲，因为变形是从管子的一端随时间渐进地形成的，管中的惯性力不重要而可以忽略，但是对于应变率敏感材料则必须考虑材料的应变率敏感性质。变形的模式看作与静载时相同。结果揭示出一个轴向压垮的管子在压到管底前可以吸收可观的能量。因此，第 9 章还给出了对于结构耐撞性的一些评论。

　　第 9 章中讨论的动态渐进屈曲现象，代表性地是在几十米每秒的速度下发生的，在更高的冲击速度下，管中的惯性力变得重要，而变形模式能变为更高次的折皱形式。这一现象通常称为动塑性屈曲。第 10 章研究了轴向受载的柱、环和圆柱壳的动塑性屈曲。

　　最后，第 11 章考察了相似性或几何相似缩放律。这对于把在小尺寸模型上做的冲击实验结果与几何相似的全尺寸原型的响应联系起来是非常重要的。

　　本书以一种尽可能简单然而严密的方式介绍了与结构冲击有关的各种现象。因此，本书作为大学和工业学院的本科生与研究生进行结构冲击、动塑性或高等材料力学方面的高级课程学习及课题研究用的教材应该是有用的。然而，本书也是为从事工程设计的人写的，因此，本书对于广大工业部门中那些对承受动载的结构的动态响应评价和安全性评估感兴趣或相关工作人员来说也是有价值的。

　　在过去 20 年中，在麻省理工学院和利物浦大学同我一起工作过的许多研究生和访问学者以各种方式对本书做出了贡献。我要特别感谢 W.Abramowicz 教授、R.S.Birch 博士、S.E.Birch 夫人、J.C.Gibbings 博士、W.S.Jouri 博士、刘建辉博士、R.A.W.Mines 博士、文鹤鸣先生、J.G.de Oliveira 博士、蒋平先生、W.J.Stronge 博士、H.Vaughan 教授、T.Wierzbicki 教授、虞吉林教授和余同希教授等的宝贵帮助。

　　我也要感谢 George Abrahamson 博士、E.Booth 先生、W.Johnson 教授、S.B.Menkes 教授和 R.S.Birch 博士等在照片方面的帮助，感谢美国机械工程师学会、Pergamon 出版社和皇家文书办公室允许复制某些照片。我还要感谢 F.Cummins 先生、H.Parker 先生和 A.Green 夫人等帮助我绘图，R.Coates 先生帮助做的一些计算工作。最后，但并不是最不重要的，我要感谢我的秘书 M.White 夫人，她在本书很长的成书过程中打印了草稿和最后的完成稿。

诺曼·琼斯

1988 年 5 月

平装版前言

作者感谢所有指出第一版中的印刷错误和提出改进建议的读者。我要特别感谢蒋平先生、虞吉林教授和王礼立教授，他们在准备中文版时非常仔细地阅读了本书。我还要感谢我的博士生，M.Alves 博士、Q. M. Li 先生和 C. C. Yang 先生以及 M. Moussouros 先生。

诺曼·琼斯
1997 年 2 月

目　　录

第1章 梁的静塑性行为

1.1 引　言

工程上应用的许多韧性材料在超过初始屈服条件后还有很可观的潜力。例如,低碳钢的单向屈服应变约为 0.001,而这种材料在标准的静态单轴拉伸实验中在工程应变约为 0.3 时才断裂。在结构设计中可以利用这一后备强度对各种极端载荷下失效的安全系数做出更合乎实际的估计。因此,学术界对结构的静塑性行为已经做了广泛的研究,并已在许多文献中做了介绍[1.1-1.11]①。如果想要深入了解这一研究内容,建议感兴趣的读者参考这些书籍。本书主要介绍的是动载荷的影响。本书给出的结构动塑性分析在很大程度上是建立在结构静塑性理论的基础上。本章和下一章将对此做一个简短的回顾。

已有大量的文献研究了结构的静态行为,组成这些结构的韧性材料可视为理想塑性材料。对于许多重要的实际问题,理想塑性这一简化可以使我们相当方便地得到结构响应的主要特征和总体性质。而且,这些简化方法预测的静态(塑性)破坏载荷常常可以对相应的实验值给出很好的估计。确实,有些工业部门的设计规范现在已经允许应用塑性理论来设计各种结构和部件。为研究由理想塑性材料制成的结构的静态载荷而发展起来的这些方法的理论背景,对于研究结构在动载下的响应也具有很大价值。因此,本章和下一章集中介绍由理想塑性材料制成的结构的静态行为。

1.2 节介绍控制梁的静态行为的基本方程。在 1.2 节中也导出了承受纯弯矩载荷的实心矩形截面梁的塑性破坏弯矩或极限弯矩。然而,为了得到一般形式载荷下梁的精确的破坏载荷,还需要做出很大的努力。因此,在 1.3 节中证明了塑性破坏的上、下限定理。这些方法为确定任意形式外载下梁的破坏载荷的界限提供了简单且有效的方法。在 1.4 节至 1.7 节中对于几种情形的处理可以说明这一点。

在 1.8 节中介绍了一种尝试法,并用来求得一根局部受载梁的精确的静塑

---

① 原著正文中提到的参考文献用(×.×)表示,本书为了将正文中文献号与公式号区分,将(×.×)改为[×.×]。

性破坏载荷。在 1.9 节中给出了一些实验数据。在 1.10 节中则给出了本章小结。

1.2 梁的基本方程

梁是一种长度比对应的宽度和高度大的构件。在这种情形下可以观察到侧向或横向剪应力比轴向或纵向应力小。此外,可以合理地用横向剪力 $Q(Q = \int_A \sigma_{xz} \mathrm{d}A)$ 和弯矩 $M(M = \int_A \sigma_x z \mathrm{d}A)$ 代替沿梁高度实际的力的分布,如图 1.1 所示。而实际的应变场则可用纵轴的曲率变化来描述[①]。这些假设使分析大为简化,也属于在弹性梁的工程理论中的常用假定。Hodge[1.2] 指出,这些近似于理想塑性梁的行为也是可以接受的。

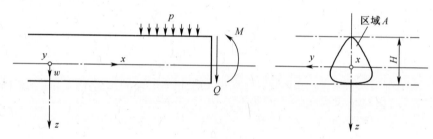

图 1.1 梁的符号标记

图 1.1 中的梁的弯矩和横向力平衡方程分别为

$$\mathrm{d}M/\mathrm{d}x = Q \tag{1.1}$$

和

$$\mathrm{d}Q/\mathrm{d}x = -p \tag{1.2}$$

式中:p 为单位长度上的外载,且梁的响应是与时间无关的。

假定 $\mathrm{d}w/\mathrm{d}x \leqslant 1$,对应的纵轴的曲率变化为

$$\kappa = -\mathrm{d}^2 w/\mathrm{d}x^2 \tag{1.3}[②]$$

对于图 1.1 所示的纯弯矩作用,+和-分别表示拉应力和压应力。

现在考虑图 1.2(a) 所示的一根宽 B、高 H 的实心矩形截面梁。该梁由图 1.3 中的弹性-理想塑性材料制成,并受纯弯矩 M 作用。起初,该梁沿高度的应力分布是线性的(图 1.2(b)),因此对应的弯矩-曲率 (M - κ) 关系也是线性

---

① 弯矩 M 引起曲率变化因而被看作一个广义应力[1.3],而横向剪力 Q 不引起梁的变形,因而只是一个反作用力。

② 曲率变化称为广义应变[1.3],广义应力和相应的广义应变率的乘积给出一个正的(或零)能量耗散率(即 $M\dot{\kappa} \geqslant 0$,这里"·"表示对时间求导)。

的,斜率为 EI,如图 1.4 所示(E 是弹性模量,I 是横截面的惯性矩)。如果施加的弯矩增加到超过屈服弯矩值,即

$$M_y = 2I\sigma_0/H = \sigma_0 BH^2/6 \qquad (1.4)①$$

那么外部区域发生屈服,如图 1.2(c)所示,而与此有关的 $M-\kappa$ 关系则变成非线性的。施加的弯矩可以继续增加到整个截面塑性屈服,梁的强度完全耗尽,如图 1.2(d)所示。最大弯矩称为截面的极限弯矩或破坏弯矩,可以写成

$$M_0 = (\sigma_0 BH/2)H/2 = \sigma_0 BH^2/4 \qquad (1.5)②$$

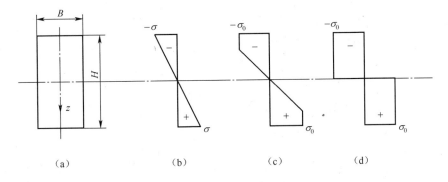

(a)   (b)   (c)   (d)

图 1.2 受纯弯矩作用的矩形截面弹性−理想塑性梁的塑性区的发展

(a)矩形截面;(b)弹性应力分布;(c)弹性−理想塑性应力分布;(d)完全塑性应力分布。

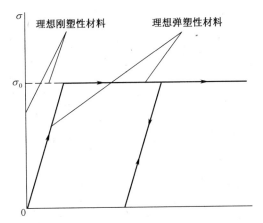

图 1.3 弹性−理想塑性和刚性−理想塑性单向应力应变理想曲线

---

① 许多教科书中考虑了梁的弹性行为,如 Venkatraman 和 Patel[1.12]。

② 即使 σ_x 在 $z=0$ 处不连续,随同极限弯矩 M_0 出现的应力场 $\sigma_x = \pm\sigma_0 \cdot \sigma_y = \sigma_z = \sigma_{xy} = \sigma_{xz} = \sigma_{yz} = 0$ 也满足三维连续介质的平衡方程。从图 1.4 中可显然看到,当达到极限弯矩时,式(1.3)定义的曲率 κ 的改变是正的。这产生一个应变场($\epsilon_x = z\kappa, \epsilon_y = \epsilon_z = -vz\kappa, \epsilon_{xy} = \epsilon_{xz} = \epsilon_{yz} = 0$),满足三维连续介质的相容方程。

式(1.5)由图1.2(d)导出。为了简化实心矩形截面梁的塑性行为的理论计算，M-κ关系常常用图1.4所示的刚性-理想塑性或双线性近似代替。

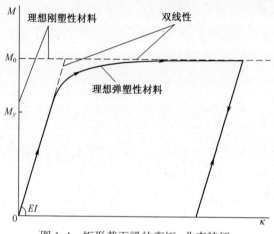

图1.4　矩形截面梁的弯矩–曲率特征

从式(1.4)和式(1.5)可以看到，对于一根实心矩形截面梁，有

$$M_0 = 1.5 M_y \tag{1.6}$$

系数1.5称为形状系数，依赖于梁的截面形状，如表1.1所列。

表1.1　形状系数

梁截面			
$\dfrac{M_0}{M_y}$	1.50	1.70	$\dfrac{6+3\lambda}{6+2\lambda}$ $\lambda = \dfrac{Ht}{2Bh}$ $t \leqslant B, h \leqslant H$

前面的讨论是对于承受纯弯矩的梁进行的。一般说来，如同式(1.1)和式(1.2)所表明的那样，实际施加在梁上的载荷可能会产生复杂得多的弯矩分布，并可能伴有横向剪力。然而，Hodge[1.2]观察到，对于许多可以称为梁的结构来说，这些横向剪力对截面的塑性破坏弯矩大小的影响是可以不用考虑的①。

---

①　横向剪力的影响对于承受静载的开口截面梁来说有时是重要的，已有考虑横向剪力和弯矩对梁截面塑性屈服影响的现成设计方法[1.7]。然而，横向剪力的影响对于动载可能更为重要，这将在第6章中讨论。

因此，一根实际的实心矩形截面梁上任何位置的极限弯矩可以由式(1.5)给出。同时，为了导出一根实际的梁的最大强度，必须形成一个机动容许的破坏机构[1]。结果，破坏载荷可能比形状系数乘以引起梁的初始屈服所需的载荷(即 M_y)大得多[2]。

1.3　梁的塑性破坏定理

1.3.1　引言

1.2 节表明，式(1.6)给出的 M_0 是实心矩形截面理想塑性梁受纯弯矩作用的塑性破坏弯矩或极限弯矩。显然，截面的静载承受能力已耗尽而破坏，如图 1.4 所示。然而，梁在受到一个产生沿轴线变化的弯矩分布的外载作用时的承载能力是多大呢?

为了给出受到任意形式外加静载作用的理想塑性梁的静破坏载荷的简单估计，发展了塑性界限定理。下面分别介绍塑性下限和上限定理，它们是把一个理论解的静力学(平衡)和运动学(变形)要求分开来考虑。

1.3.2　下限定理

1.3.2.1　定理的表述

如果可以找到一个弯矩分布，它与作用载荷平衡，并在任何地方都不违背屈服条件，那么梁就不会破坏，或处于破坏点(起始破坏)。

1.3.2.2　定理的证明

假设有一组刚好引起一根梁破坏(起始破坏)的由集中力和分布力组成的外载 $F(x)$ 。与此相应的该梁的破坏机构由速度场 $\dot{w}(x)$ 和角速度 $\dot{\theta}$ 来描述，在分立点(铰) i 处的角速度为 $\dot{\theta}_i$ 。破坏时的弯矩分布为 $M(x)$ ，而塑性铰处为 M_i 。

现在，由于 M 和 F 构成一组平衡集，而 $\dot{\theta}$ 和 $\dot{w}$ 是一组运动学集，虚速度原理给出[3]

$$\sum M_i \dot{\theta}_i = \int F \dot{w} \mathrm{d}x \tag{1.7}$$

---

① 机动容许的破坏机构是满足位移边界条件的位移场，它给出的应变满足塑性不可压缩条件(常体积)，并使外载做正功。

② 作为一个具体例子，见式(1.32)的脚注。

③ 虚速度原理在附录3中讨论。

梁跨度内和支承处的所有塑性铰都包括在求和号之内，而式(1.7)右边的积分区域为整个梁。

塑性下限定理试图确定一个乘子 λ^1，使外载 $\lambda^1 F(x)$ 可由梁安全地承受而不引起破坏[①]，与此相应的弯矩分布 $M^s(x)$ 是静力容许的，它满足平衡方程式(1.1)和式(1.2)，并且任何地方都不超过梁截面的屈服弯矩 M_0。

显然 M^s 和 $\lambda^1 F$ 是处于平衡的，故由虚速度原理得

$$\sum M_i^s \dot{\theta}_i = \int \lambda^1 F \dot{w} dx \tag{1.8}$$

从式(1.7)减去式(1.8)得

$$(1 - \lambda^1) \int F \dot{w} dx = \sum (M_i - M_i^s) \dot{\theta}_i \tag{1.9}$$

按定义，广义应力(M)和广义应变率($\dot{\theta}$)给出一个非负的能量耗散($M\dot{\theta} \geq 0$)，见式(1.3)的脚注[②]。此外，根据静力容许的弯矩场的定义，沿整个梁 $|M^s| \leq |M|$。因此

$$(M_i - M_i^s) \dot{\theta}_i \geq 0 \tag{1.10}$$

而式(1.9)给出

$$(1 - \lambda^1) \int F \dot{w} dx \geq 0$$

或因为外功率 $\int F \dot{w} dx \geq 0$，有

$$\lambda^1 \leq 1 \tag{1.11}$$

式(1.11)证明了1.3.2.1节中叙述的梁的下限定理。

1.3.3 上限定理

1.3.3.1 定理的表述
如果一个施加载荷系统在任何机动容许的梁的破坏时的功率等于对应的内能耗散率，则该载荷系统将引起梁的破坏或起始破坏。

1.3.3.2 定理的证明
假定梁在载荷 $\lambda^u F(x)$ 作用下破坏，有弯矩场 $M^k(x)$ 及相应的机动容许的速度场 $\dot{w}^k(x)$，其在 j 个分立点(塑性铰)处有角速度 $\dot{\theta}_j^k$。因而，由机动容许破坏时的外功率等于内能耗散率就得出

[①] 这称为比例加载，因为只考虑成比例的载荷组合。

[②] 如果 $M_i = M_0$，则 $\dot{\theta}_i \geq 0$，而 $M_i = -M_0$ 时 $\dot{\theta}_i \leq 0$，在两种情形下都有 $M_i\dot{\theta}_i \geq 0$。

$$\sum M_j^k \dot{\theta}_j^k = \int \lambda^u F \dot{w}^k \mathrm{d}x \qquad (1.12)^{①}$$

式中：M_j^k 为在机动容许的破坏机构中塑性铰处的弯矩。

此外,用 1.3.2.2 节中讨论过的精确解的平衡集 (M, F),根据虚速度原理,有

$$\sum M_j \dot{\theta}_j^k = \int F \dot{w}^k \mathrm{d}x \qquad (1.13)$$

从式(1.12)减去式(1.13)得

$$(\lambda^u - 1) \int F \dot{w}^k \mathrm{d}x = \sum (M_j^k - M_j) \dot{\theta}_j^k \qquad (1.14)$$

显然,$|M_j| \leqslant |M_j^k|$,此处 $M_j^k = \pm M_0$,因此 $(M_j^k - M_j) \dot{\theta}_j^k \geqslant 0$;因为 $\int F \dot{w}^k \mathrm{d}x \geqslant 0$,所以式(1.14)要求

$$\lambda^u \geqslant 1 \qquad (1.15)$$

不等式(1.15)证明了 1.3.3.1 节中叙述的理想塑性梁的上限定理。

1.3.4　精确的静破坏载荷

不等式(1.11)和式(1.15) 可以写成

$$\lambda^l \leqslant 1 \leqslant \lambda^u \qquad (1.16)$$

如果

$$\lambda^l = \lambda^u = 1 \qquad (1.17)$$

那么,一个理论解既是静力容许的(即满足下限定理的要求),又是机动容许的(即满足上限定理的要求),因而是一个精确解。

1.4　悬臂梁的静塑性破坏

现在应用 1.3 节介绍的塑性界限定理来求出图 1.5(a)所示悬臂梁的静破坏载荷。该悬臂梁是由理想塑性材料制成的静定梁,具有线性分布的弯矩,在 $x = 0$ 处有最大值,即

$$M = - PL \qquad (1.18)$$

因此,根据梁的初等弯曲理论,弹性应力分布为 $\sigma_x = zM/I$。当梁截面关于 y 轴对称时,该式可用来得出梁在完全弹性状态下能够承受的载荷为

$$P_E = 2\sigma_0 I / HL \qquad (1.19)$$

式中:I 为梁截面的惯性矩;σ_0 为单轴塑性流动应力。

---

① 式(1.12)是 λ^u 的定义。

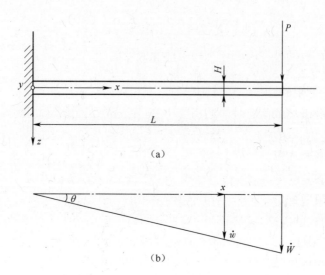

图 1.5 (a)端部受集中载荷作用的悬臂梁;(b)塑性铰在支承端的悬臂梁的横向速度场

与载荷 P_E 相关联的弯矩分布 $P_E(L-x)$ 满足 1.3.2 节中塑性下限定理的要求。然而,从式(1.18)中看到一个更大的下限载荷为

$$P^l = M_0/L \qquad (1.20)$$

因为它在 $x=0$ 处给出 $M=-M_0$,且所产生的弯矩分布在任何地方都不违背具有图 1.4 中刚性–理想塑性或双线性近似特征的梁的屈服条件。对于矩形截面梁,与 P^l 有关的塑性流动区的范围如图 1.6 所示。在这种情形下,沿梁支承处($x=0$)横截面的应力分布与图 1.2(d)中的应力分布相似,只是应力的符号相反。与此对比,当梁受 P_E 作用时,塑性流动只限于 $x=0$ 处的上下表面($z=\pm H/2$)(即图 1.6 中的 A 点和 B 点)。

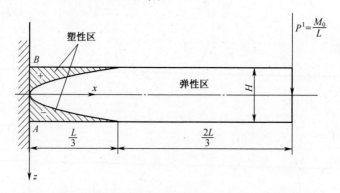

图 1.6 图 1.5 中矩形截面悬臂梁破坏时的弹性区和塑性区

根据 1.3.3 节中所指出的方法,可用图 1.5(b)所示的横向速度场计算精确破坏载荷的上限,得

$$M_0 \dot{\theta} = P^{\mathrm{u}} L \dot{\theta}$$

或

$$P^{\mathrm{u}} = M_0 / L \tag{1.21}$$

由于上、下限的计算都得到同样的结果,所以图 1.5(a)所示的理想塑性悬臂梁的精确静破坏载荷或极限载荷为 $P_{\mathrm{c}} = M_0 / L$。可以看到,矩形截面悬臂梁($I = BH^3 / 12$, $M_0 = BH^2 \sigma_0 / 4$)可以承受比式(1.19)给出的最大弹性值 P_{E} 大 50% 的载荷。在圆截面梁的情形,根据表 1.1,塑性破坏载荷将是初等线弹性分析预测的初始屈服值的 1.70 倍。

塑性界限定理对于弹性-理想塑性或刚性-理想塑性材料制成的梁有效。换句话说,精确的静破坏载荷对于这两种材料制成的梁的影响是相同的。事实上,由 1.2 节中式(1.5),显然能得出全塑性弯矩 M_0 与材料弹性模量无关。因此,很明显,塑性界限定理界定了梁的精确静破坏载荷,而不用考虑如图 1.6 所示的对于矩形截面悬臂梁所显示的梁的复杂弹性-塑性性能。

1.5 简支梁的静塑性破坏

现在用 1.3 节中的塑性界限定理来求出图 1.7(a)中所示的由刚性-理想塑性材料制成的简支梁的极限载荷。

如果梁的中点由于均布压力 p^{u} 的作用形成一个塑性铰,如图 1.7(b)所示,那么由上限定理计算(即外功率等于内功率)得

$$2(p^{\mathrm{u}} L)(L \dot{\theta} / 2) = M_0 2 \dot{\theta}$$

或

$$p^{\mathrm{u}} = 2 M_0 / L^2 \tag{1.22}$$

图 1.7(a)中的梁在区域 $0 \leqslant x \leqslant L$ 中的弯矩分布为

$$M = p(L^2 - x^2) / 2 \tag{1.23}①$$

其最大值在梁的中点,即

$$M = pL^2 / 2 \tag{1.24}$$

因此,对于压力:

$$p^{\mathrm{l}} = 2 M_0 / L^2 \tag{1.25}$$

弯矩分布(式(1.23))是静力容许的(即 $-M_0 \leqslant M \leqslant M_0$),将 p^{l} 代入式(1.23)得

---

① 这一表达式可以从长 $L-x$ 梁段的自由体图得到,或利用 $x=L$ 处 $M=0$,$x=0$ 处 $Q=0$ 解平衡方程式(1.1)和式(1.2)得到。

$$M/M_0 = 1 - (x/L)^2 \tag{1.26}$$

如图 1.8 所示。

由式(1.22)和式(1.25)，显然

$$p_c = 2M_0/L^2 \tag{1.27}$$

是精确的破坏载荷，因为它同时满足了塑性上限和下限定理的要求。

应该指出，式(1.27)可适用于具有对称于弯曲平面的任意形状截面的等截面梁。

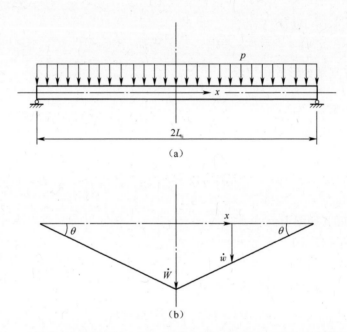

图 1.7　(a)承受均布载荷的简支梁；(b)塑性铰在跨度中点的简支梁的横向速度场

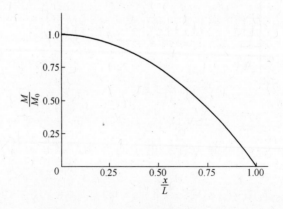

图 1.8　由式(1.26)得到的图 1.7(a)中简支梁的半跨 $(0 \leqslant x \leqslant L)$ 上的弯矩分布

1.6 固支梁的静塑性破坏

与1.5节中的简支梁不同的是,图1.9所示的固支梁是静不定的。然而,如果考虑支承铰处的内能耗散率($M_0 2\dot{\theta}$),图1.7(b)中所画的横向速度场可以用来预测固支梁破坏压力的上限。因此,有

$$2(p^u L)(L\dot{\theta}/2) = M_0 2\dot{\theta} + M_0 2\dot{\theta}$$

或

$$p^u = 4M_0/L^2 \tag{1.28}$$

如果在支承处形成塑性铰,那么梁就变成静定的,弯矩分布为

$$M = -M_0 + p(L^2 - x^2)/2 \tag{1.29①}$$

因此,当式(1.29)中M的最大值(在梁跨度中点)等于M_0时,可以证明精确破坏压力的一个下限为

$$p^l = 4M_0/L^2 \tag{1.30}$$

式(1.29)和式(1.30)给出相应的弯矩分布:

$$M/M_0 = 1 - 2x^2/L^2 \tag{1.31}$$

是静力容许的,如图1.10所示。

因此,根据式(1.28)和式(1.30),承受均布载荷的固支梁的精确破坏压力为

$$\bar{p}_c = 4M_0/L^2 \tag{1.32②}$$

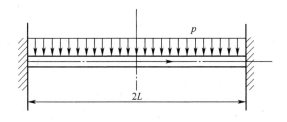

图1.9 受均布压力作用的固支梁

---

① 这一表达式可以从梁的自由体图得出,也可利用$x = L$处$M = -M_0$和$x = 0$处$Q = 0$解方程式(1.1)和式(1.2)得到。

② 当梁是矩形截面时,这一压力是引起支承处梁截面最外部元素达到屈服应力时的力的2倍。

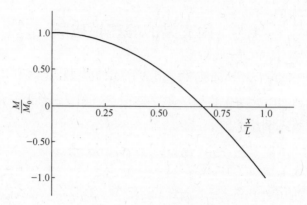

图 1.10　由式(1.31)得出的图 1.9 中的固支梁的半跨 $(0 \leqslant x \leqslant L)$ 上的弯矩分布

1.7　受集中载荷作用的梁的静塑性破坏

考虑一根在其跨度中点受到一个集中载荷作用的简支梁,如图 1.11 所示。假定该梁以图 1.7(b)中的机动容许的横向速度场破坏。因此,1.3.3 节中的上限定理给出

$$P^{\mathrm{u}} L \dot{\theta} = M_0 2 \dot{\theta}$$

或

$$P^{\mathrm{u}} = 2M_0/L \tag{1.33}$$

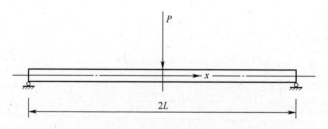

图 1.11　在跨度中点受集中载荷作用的简支梁

现在,根据式(1.1)和式(1.2),受集中载荷 P^{l} 作用的简支梁的弯矩分布为

$$M = P^{\mathrm{l}}(L - x)/2, \quad 0 \leqslant x \leqslant L \tag{1.34}$$

并且假如跨度中点 $(x = 0)$ 处的最大值 $P^{\mathrm{l}}L/2$ 不超过截面的塑性破坏弯矩 M_0,则该弯矩分布是静力容许的。因此,精确破坏载荷的最大下限为

$$P^{\mathrm{l}} = 2M_0/L \tag{1.35}$$

式(1.33)和式(1.35)是相同的,因此精确的静破坏载荷为

$$P_{\mathrm{c}} = 2M_0/L \tag{1.36}$$

可证明图 1.11 中的梁两端固支时精确的破坏载荷为

$$\overline{P}_c = 4M_0/L \tag{1.37}$$

1.8 局部受载梁的静塑性破坏

根据 1.3 节中的概述和在 1.4 节到 1.7 节中用以得到几个具体梁问题的静塑性破坏载荷的界限方法,可以得出另一种寻找精确理论解的替代方法。

如同在 1.3.4 节中看到的那样,精确解既是机动容许的也是静力容许的。因此,该替代方法的第一步就是假设一个机动容许的破坏机构,使我们可得到广义应变率并且应用正交性要求可以识别与此相应的塑性状态。然后解平衡方程式(1.1)和式(1.2),并用边界条件、连续条件和对称性条件来确定未知量。如果与此相应的弯矩分布在任何地方都不违背屈服条件,则该理论解也是静力容许的,因而是精确的。另一方面,一旦屈服条件违背,将会提示另一个机动容许的速度场,它也许能避免求解的困难。然后重复这一过程直到找到一个精确理论解。

现在以图 1.12(a)所示的局部受载的简支梁来说明上述尝试法。

假定梁以图 1.12(b)中的机动容许的横向速度场破坏,该速度场可写成

$$\dot{w} = \dot{W}(1 - x/L), \quad 0 \leqslant x \leqslant L \tag{1.38}$$

并且这显然要求在 $x = 0$ 处 $M = M_0$。鉴于图 1.12(a)中的梁的载荷和响应对于跨度中点 ($x = 0$) 的对称性,在下面的分析中只考察梁的右半部分。

式(1.1)和式(1.2)可联立给出控制方程:

$$\mathrm{d}^2M/\mathrm{d}x^2 = -p \tag{1.39}$$

对于图 1.12(a)中的梁,上式变为

$$\mathrm{d}^2M/\mathrm{d}x^2 = -p_0, \quad 0 \leqslant x \leqslant L_1 \tag{1.40}$$

根据积分式(1.40),在满足 $x = 0$ 处对称性条件 $Q = \mathrm{d}M/\mathrm{d}x = 0$ 及 $x = 0$ 处 $M = M_0$ 以形成塑性铰的要求时,给出弯矩分布:

$$M = -p_0 x^2/2 + M_0, \quad 0 \leqslant x \leqslant L_1 \tag{1.41}$$

对外部区域,式(1.39)变成

$$\mathrm{d}^2M/\mathrm{d}x^2 = 0, \quad L_1 \leqslant x \leqslant L \tag{1.42}$$

为保证梁的受载部分和非受载部分的横向剪力分布和弯矩分布在 $x = L_1$ 处连续,它给出

$$M = M_0 + p_0 L_1^2/2 - p_0 L_1 x, \quad L_1 \leqslant x \leqslant L \tag{1.43}$$

最后,简支边界条件要求在 $x = L$ 处 $M = 0$。当

$$p_0 = 2M_0/[L_1(2L - L_1)] \tag{1.44}$$

时,式(1.43)满足上述条件。

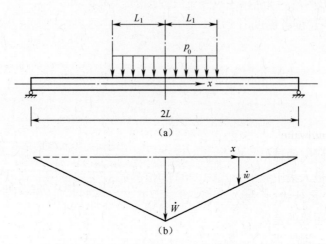

图1.12 (a)在长 $2L_1$ 的中间部分受均布压力作用的简支梁;(b)横向速度场

把式(1.44)代入式(1.41)和式(1.43)给出弯矩分布:

$$M/M_0 = 1 - x^2/[L_1(2L - L_1)], \quad 0 \leqslant x \leqslant L_1 \qquad (1.45a)$$

和

$$M/M_0 = 1 + (L_1 - 2x)/(2L - L_1), \quad L_1 \leqslant x \leqslant L \qquad (1.45b)$$

如图1.13所示,它不违背屈服条件,因而对于 $0 \leqslant x \leqslant L$ 和 $0 \leqslant L_1 \leqslant L$ 是静力容许的。

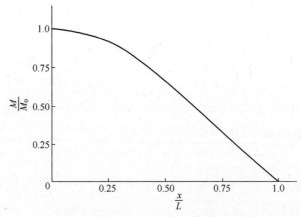

图1.13 $L_1/L = 0.5$ 时式(1.45a)、式(1.45b)给出的图1.12(a)中的简支梁的半跨 $0 \leqslant x \leqslant L$ 上的弯矩分布

该理论解既是机动容许的,又是静力容许的,因此式(1.44)是精确的静破坏压力。显然,当 $L_1 = L$ 时,式(1.44)化为在整个跨度受载的简支梁的式(1.27)。此外,重写式(1.44)以给出总载荷 $P = p_0 2L_1 = 4M_0/(2L - L_1)$,则当

$L_1 \rightarrow 0$ 时，$P = P_c = 2M_0/L$，与受集中载荷的式（1.36）一致。

作为练习，读者也可用 1.3 节中的塑性界限定理来得到式（1.44）给出的静破坏压力。

1.9 梁的实验

Haythornthwaite[1.13]发表了对横向受载的实心矩形截面钢梁的行为所进行的一些实验研究的结果。他观察到图1.11中受跨度中点集中载荷作用的薄梁所能承受的最大集中载荷与式（1.36）所预测的对应的极限载荷非常接近。对于实心厚梁，虽然式（1.36）可以预测大的横向位移的开始，但是观察到理论与实验结果有明显的差别，如图1.14所示。引起这一偏差可能是由于受材料应变强化的影响。因为当 L 和 W/H 不变时，L/H 的减小会给出更大的挠度 W，这导致更大的曲率改变和更大的应变①。L/H 进一步减小时，横向剪力可能变得重要，尽管 Hodge[1.2]和其他人指出：横向剪力只对于非常厚的梁（H/L 值很大，其尺寸通常被认为已超出简单梁理论的范围）才重要②。

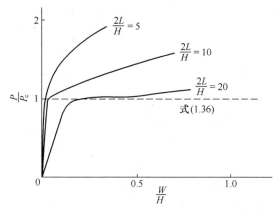

图 1.14 Haythornthwaite[1.13]关于跨度中点受集中载荷作用的简支梁的实验结果

Haythornthwaite 还对完全固支且受轴向约束的类似的梁做了进一步的实验，观察到如图1.15所示的横向载荷-挠度特征。显然，实际承受中点集中载荷的能力是最大横向位移 W 的函数，而且可以增加到比式（1.37）给出的静极限载荷 $\overline{P}_c$ 大几倍。强度增加的原因主要是由于变形时所引起的膜力的有利影响但界限定理忽略了这种影响。不过 Haythornthwaite[1.13]已考虑到这一现象，并预

---

① 对于常跨度 L，当 L/H 减小时，梁的厚度 H 增加，应变还会进一步增加。

② 一般说来，横向剪力效应对于开口截面梁更重要。

测了增大的承载能力,如图 1.15 所示。这将在 7.2.5 节中讨论。

有限变形或几何形状改变的影响在结构的动塑性响应中也是重要的,将在第 7 章中讨论。

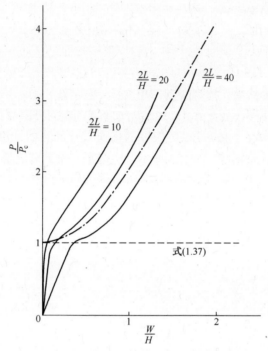

图 1.15 Haythorthwaite[1.13] 关于轴向受约束的固支梁的实验结果与刚性-理想塑性分析的理论预测的比较

——实验结果[1.13];---极限载荷式(1.37);---包括有限变形效应的理论预测[1.13](见式(7.39)。

1.10 结 束 语

本章简要介绍了现有的大量关于梁的静塑性行为的文献。鉴于梁和框架在各种土木工程结构中的重要性,塑性力学的这一分支发展得特别成熟。然而,这里给出的一般方法也可以用于其他工程部门的结构。本章的文献中所列出的书籍中有大量的关于各种各样梁和框架的实验与理论行为的例子及参考资料,读者有兴趣可以自学。

习 题

1.1 推导表 1.1 中工字梁的形状系数。

1.2　推导正方形箱形梁的形状系数。箱形外部尺寸 H,均匀壁厚 h, $h \ll H$。从习题 1.1 题的答案中求得相同结果。

1.3　对于实心矩形截面的弹性–理想塑性梁,推导图 1.4 中的弯矩–曲率曲线的方程。当曲率比屈服弯矩 M_y 所对应的曲率值大 5 倍时,曲线与全塑性极限弯矩 M_0 的百分比误差是多大?画出表示图 1.4 中的精确曲线与双线性近似的百分误差相对于无量纲曲率(即曲率除以屈服时的曲率)的曲线。

1.4　求出图 1.9 所示固支梁初始塑性屈服的均布压力,并说明当梁是实心矩形截面时该值是精确破坏载荷((式 1.32))的 $1/2$。

1.5　用塑性界限定理确定图 1.11 中简支梁的破坏载荷。集中力作用在距左支承 a 处, $a \leqslant L$。

1.6　对于两端固支梁,重做习题 1.5,并说明当 $a = L$ 时得到式(1.37)。

1.7　用塑性下限和上限定理确定图 1.12 所示梁的静破坏载荷。

1.8　对于固支梁,重做习题 1.7 题。

1.9　用塑性界限定理确定图 1.12 所示梁的塑性破坏载荷。分布在长 $2L_1$ 上的均布载荷的左边界位于距左支承 a 处(即 $2L - (a + 2L_1) \geqslant a$),说明你能重新得到习题 1.5 的答案。

1.10　说明大小为 $(1.5 + \sqrt{2})M_0/L^2$ 的均布压力是一端固支,另一端简支,长为 $2L$ 的等截面刚性–理想塑性梁的精确的破坏压力。M_0 是该梁的典型截面的塑性破坏弯矩。

1.11　用塑性上限和下限定理重做习题 1.10。把用界限定理得到的预测值与精确解做比较。怎样改进上、下限?

1.12　求出图 1.11 所示简支梁的横向剪力 Q 的分布。说明横向剪力的影响对于实心矩形截面梁可能是不重要的,除非梁很短。假定剪切屈服应力为 $\sigma_0/2$, σ_0 是单向拉伸屈服应力。

第2章 板和壳的静塑性行为

2.1 引　言

第1章介绍了梁的静塑性行为及几个问题的理论解。可以看到,图1.3和图1.4所示的理想塑性材料这一理想化是特别有吸引力的,它大大简化了梁的静塑性破坏载荷的理论计算。此外,图1.14表明,对于跨度中央受集中载荷作用的简支钢梁,静塑性破坏载荷的理论预测与相应实验结果比较吻合。在第1章引用的文献中还可以发现,对许多梁和框架来说,静塑性破坏载荷的实验结果与对应的理论预测相符合。

板和壳是工程中很重要的实际结构。现在用第1章所介绍的针对梁的基本概念来研究板和壳的静塑性破坏载荷。但由于板和壳的塑性流动是由多向应力状态的屈服准则控制的,因此理论分析比梁复杂得多。

2.2节介绍板和壳的广义应力和广义应变,而在2.3节中讨论一些主要与多向应力状态的屈服准则有关的基本概念。2.4节主要介绍塑性破坏定理及一些有实用价值的推论。2.5节到2.11节介绍圆板、矩形板和轴对称圆柱壳的基本方程及静塑性破坏载荷的一些理论解。在2.12节中对圆板、矩形板和轴对称圆柱壳的一些实验结果与理论预测做了比较。2.13节是本章小结。

2.2　广义应力和广义应变

为了得出板和壳的静塑性破坏载荷,现在进一步对1.2节中的梁进行简化。假设板和壳结构的侧向或横向尺寸比相应中面的伸展尺寸小得多。在这种情形下,图2.1中垂直于中面的应力 σ_z(即穿过板或壳厚度的应力)可以忽略而几乎不影响精度。此外,与板壳的弹性理论相同,图2.1中其余的应力可以用10个应力合力即广义应力代替:

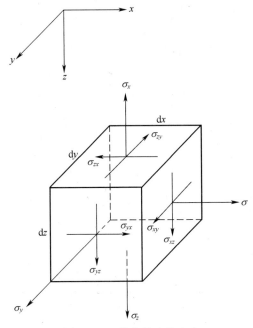

图 2.1 三维物体中的应力

$$N_x = \int_{-H/2}^{H/2} \sigma_x \mathrm{d}z, \quad N_y = \int_{-H/2}^{H/2} \sigma_y \mathrm{d}z, \quad N_{xy} = N_{yx} = \int_{-H/2}^{H/2} \sigma_{xy} \mathrm{d}z$$

$$M_x = \int_{-H/2}^{H/2} \sigma_x z \mathrm{d}z, \quad M_y = \int_{-H/2}^{H/2} \sigma_y z \mathrm{d}z, \quad M_{xy} = M_{yx} = \int_{-H/2}^{H/2} \sigma_{xy} z \mathrm{d}z$$

$$Q_x = \int_{-H/2}^{H/2} \sigma_{xz} \mathrm{d}z, \quad Q_y = \int_{-H/2}^{H/2} \sigma_{yz} \mathrm{d}z \qquad (2.1\mathrm{a\text{-}j})[①]$$

式中:H 为等厚板或壳的厚度,如图 2.2 所示。因此,一个真实的板或壳被理想

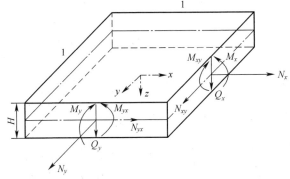

图 2.2 作用在厚度为 H 的薄板或壳的一个单元上的广义应力

---

① 应该指出,这个一般情形可化为具有与 1.2 节中 M 和 Q 等同的广义应力 M_x 和 Q_x 的单位宽度的等厚梁。

化为图 2.2 中具有 10 个广义应力的(二维的)面,而不再是图 2.1 中具有 9 个应力 $\sigma_x,\sigma_y,\sigma_{xy}=\sigma_{yx},\sigma_{xz}=\sigma_{zx},\sigma_{yz}=\sigma_{zy}$ 和 $\sigma_z=0$ 的三维物体。应该指出,板或壳的厚度 H 只是通过广义应力的定义才应用于具体问题。

为了与上述模型保持一致,板或壳的变形用中面的位移表达。因此,与式(2.1a-j)相对应,这个面上相应的应变和曲率变化为

$$\epsilon_x,\epsilon_y,\epsilon_{xy}=\epsilon_{yx},\kappa_x,\kappa_y,\quad \kappa_{xy}=\kappa_{yx},\gamma_x,\gamma_y \quad (2.2a\text{-}j)$$

由式(2.1)和式(2.2)分别给出的广义应力及广义应变的定义使得每个广义应力与相应的广义应变率之乘积是正的(或零)能量耗散率[2.1]①。换言之,总的能量耗散率(每单位中面面积)

$$\dot{D} = N_x\dot{\epsilon}_x + N_y\dot{\epsilon}_y + N_{xy}\dot{\epsilon}_{xy} + N_{yx}\dot{\epsilon}_{yx} + M_x\dot{\kappa}_x + M_y\dot{\kappa}_y + M_{xy}\dot{\kappa}_{xy} +$$
$$M_{yx}\dot{\kappa}_{yx} + Q_x\dot{\gamma}_x + Q_y\dot{\gamma}_y \quad (2.3)②$$

是正的(或零)。

2.3　基　本　概　念

2.3.1　屈服条件

从 2.2 节中可以看到,在最一般的情况下,结构的塑性屈服是由图 2.2 中的 10 个广义应力的组合控制的。换言之,梁中产生完全塑性铰所要求的极限弯矩(图 1.4)对于板壳的塑性行为来说不是一个充分的判据。必须在以广义应力为坐标的空间中形成一个屈服面,弯矩-曲率行为如图 1.4 所示,它描述了沿着某一坐标轴的行为。因此,当广义应力位于屈服面内时不可能产生塑性屈服,而当广义应力的一个组合位于屈服面上时就产生塑性流动。对于理想塑性材料,广义应力不可能位于屈服面外。

已有许多文献研究了各种广义应力组合下屈服面的形成。然而,本书仅在具体问题需要时才简单介绍屈服准则。图 2.4 和图 2.6 给出了二维屈服准则的一些例子,图 6.15 给出了三维屈服条件的例子。对这一课题有兴趣的读者可参看第 1 章中引用的教科书之一或参看 Hodge[2.2] 的书,他对板和壳的屈服条件专门做了研究。

2.3.2　Drucker 的稳定性公设

Drucker[2.3] 假设:作用在物体上的一组外力在加载时所做的功必须为正,

---

① 式(1.3)的脚注中曾指出,对于梁来说,规定广义应力 M 和对应的曲率改变 $\dot{\kappa}$ 使 $M\dot{\kappa}\geq0$。

② 当 $N_{yx}=N_{xy}$ 和 $\dot{\gamma}_{xy}=2\dot{\epsilon}_{xy}$ 时,式(2.3)中的 $N_{xy}\dot{\epsilon}_{xy}+N_{yx}\dot{\epsilon}_{yx}$ 通常被 $N_{xy}\dot{\gamma}_{xy}$ 所代替,其中 $\dot{\gamma}_{xy}$ 和 $\dot{\epsilon}_{xy}$ 分别为工程剪应变率和张量剪应变率。

在加载和卸载的整个循环中所做的功必须为正或等于零①。这是一个有吸引力的简单要求,对大多数实际材料来说是成立的。实际上,按照第20页脚注,这一概念已经应用于梁并已用于证明1.3.2节和1.3.3节中给出的界限定理。

2.3.3 屈服条件的外凸性

用Drucker的稳定性公设可以证明一个多维屈服面必须是外凸的。图2.3(a)中画了一个凸的二维屈服条件。而图2.3(b)中的屈服条件是非凸的,因而根据Drucker的稳定性公设是不容许的。如果用实验得到的材料初始屈服点位于图2.3(b)中的 C 和 D 点,那么,外凸性要求屈服条件中 C 和 D 之间的部分必须位于连接 C 和 D 的直线的右边,或在 CD 连线上。

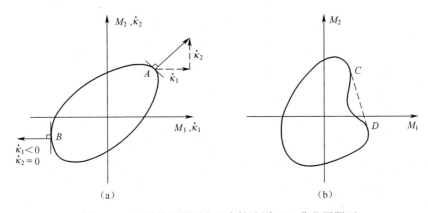

图2.3 (a)凸的屈服面和正交性法则;(b)非凸屈服面

当一种具体材料的可用的实验数据不完整时,外凸性要求为构造屈服面提供了很大的帮助。

2.3.4 广义应变率的正交性

当一组广义应力位于屈服面上时,就产生塑性流动,并有一个非负的能量耗散率($\dot{D} \geqslant 0$)。通常沿着屈服面的对应轴画出相应的广义应变率,如图2.3(a)所示。

2.3.2节中的Drucker稳定性公设的另一个推论是:与塑性流动有关的广义应变率矢量必须与屈服面正交于对应的广义应力点上。换言之,如果图2.3(a)中的二维屈服曲线上的 A 点发生塑性流动,则广义应变率矢量必须在 A 点并垂直于屈服面。该矢量沿两个轴 $\dot{\kappa}_1$ 和 $\dot{\kappa}_2$ 有两个广义应变率分量。然而,正交性

---

① 该公设更精确的定义在文献[2.3]中给出。

法则只给出广义应变率的方向而没有给出其大小。这一局限性与第 1 章中对梁的计算是相同的,因为破坏时广义应力 M 是已知的(例如式(1.26)和式(1.31)),而广义应变率 $\dot{\kappa}$ 的大小未知,故横向速度 $\dot{w}$ 未知。

塑性正交性法则为解决具体问题提供了无法估价的帮助。例如:机动容许的速度场一旦选定,根据对广义应变率的估计可以立即推断出结构在该区域的塑性流动由屈服面的哪部分控制。因此,假设一个具体问题满足,如果 $\dot{\kappa}_1 < 0$ 且 $\dot{\kappa}_2 = 0$,则正交性法则要求相应的广义应力位于 B 点。

2.3.5　横向剪力的影响

在本章中假定所研究的板壳结构是足够薄的,所以横向剪应变(γ_x 和 γ_y)可以忽略。然而,横向剪力 Q_x 和 Q_y 作为保持平衡所必需的反作用力仍然保留在基本方程中。尽管如此,因为对应的广义应变率($\dot{\gamma}_x$ 和 $\dot{\gamma}_y$)并不存在,根据塑性正交性要求,不把它们列入屈服条件[①]。

当结构承受动载时,横向剪力的作用可能会更重要,这将在第 6 章中讨论。

2.4　塑性破坏定理

2.4.1　引言

1.3 节介绍了塑性破坏定理,说明上限和下限定理为理想塑性梁的精确破坏载荷或极限载荷提供了严格的界限。

下限定理证明,只要作用于梁的广义应力相关联外载是静力容许的且不违背任何屈服条件,那么该梁可以安全承受。另一方面,上限定理表明,任何一个与机动容许的破坏模式有关的外载大于或等于精确的破坏载荷。

对三维连续介质已经证明了其塑性破坏定理。因此,这意味着它们对于由2.2 节中引入的广义应力和广义应变描述的任何结构构件都是成立的。因为在1.3 节中已经对梁证明了该定理,并且在第 1 章引用的许多书中也包含对于连续体和结构的定理的证明,所以以下两节将叙述结构的塑性破坏定理而不加证明。

2.4.2　下限定理

如果在结构中可以找到一组广义应力,它与外加载荷平衡,并在任何地方都

---

① 这与第 1 章的理论分析一致。横向剪力 Q 保留在式(1.1)和式(1.2)中,但第 1 章中梁的塑性变形只是由弯矩 M 控制(图 1.2 和图 1.4)。

不违背屈服条件,那么结构不会破坏,或者正处于破坏点(起始破坏)。

2.4.3 上限定理

如果在任意一个机动允许的结构破坏时所加载荷系统的功率等于对应的内能耗散率,则此载荷系统将引起结构破坏,或起始破坏。

2.4.4 破坏定理的推论

塑性破坏定理有一些推论,现将一些实用性强的重要推论叙述如下,以供参考[2.4,2.5]。

(1)在结构上加上(移去)无重量材料而不改变所加载荷的位置,不会得到一个更低(更高)的破坏载荷。

(2)在理想塑性结构的任何区域提高(降低)材料的屈服强度不会使它变弱(变强)。

(3)与外接(内接)于真实屈服条件的一个凸的屈服条件相关联的精确破坏载荷是真实破坏载荷的上限(下限)。

图2.4中一个二维的正方形屈服条件外接于六边形或 Tresca 屈服条件,而另一个只有它 1/2 大小的正方形屈服条件则内接于它。因此,任何应用外接和内接正方形屈服准则进行的计算,将分别给出用六边形屈服条件得到的精确破坏载荷的上限和下限。应该指出,对于具体问题来说,界限可能比这更接近。例如,如果广义应力位于图2.4中右上方或左下方的象限内,那么外接正方形和六边形屈服条件将给出相同的破坏载荷。

(4)假如位移保持为无限小,则初始应力或变形对破坏没有影响。

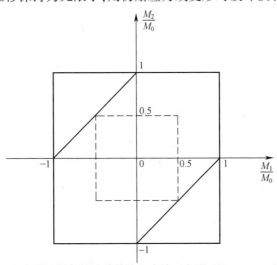

图2.4 六边形屈服条件及其外接和内接正方形,即 Johansen 屈服准则

2.5 圆板的基本方程

如果一块厚度为 H 的薄板受到轴对称横向载荷作用，产生一个无限小位移，则非零应力只有 σ_r、σ_θ 和 $\sigma_{rz} = \sigma_{zr}$，它们与下列广义应力合力有关：

$$M_r = \int_{-H/2}^{H/2} \sigma_r z \mathrm{d}z, \quad M_\theta = \int_{-H/2}^{H/2} \sigma_\theta z \mathrm{d}z, \quad Q_r = \int_{-H/2}^{H/2} \sigma_{rz} \mathrm{d}z$$

图 2.5 所示的板单元的力矩和横向平衡方程分别为

$$\mathrm{d}(rM_r)/\mathrm{d}r - M_\theta - rQ_r = 0 \tag{2.4}$$

和

$$\mathrm{d}(rQ_r)/\mathrm{d}r + rp = 0 \tag{2.5}$$

中面的径向和周向曲率改变分别为

$$\kappa_r = -\mathrm{d}^2 w/\mathrm{d}r^2 \tag{2.6}$$

和

$$\kappa_\theta = -(1/r)\mathrm{d}w/\mathrm{d}r \tag{2.7}$$

式中：w 为图 2.5 中定义的中面的横向位移[①]，在没有面内外载以及/或者不考虑有限变形即几何形状改变的影响时，方程中不出现面内位移和正（薄膜）应变。

式(2.4)~式(2.7)对于由任意材料制成的圆板都是成立的。然而，为了得到具体问题的解，还必须加上把平衡方程中的弯矩与中面的曲率改变联系起来的本构方程。假定塑性流动由图 2.6(a)所示的最大剪应力即 Tresca 屈服准则控制，即

$$\mathrm{Max.}\{|\sigma_r|, |\sigma_\theta|, |\sigma_r - \sigma_\theta|\} \leqslant \sigma_0 \tag{2.8}[②]$$

式中：σ_0 为单轴拉伸或压缩屈服应力。现在必须把这个屈服条件用控制圆板塑性行为的弯矩 M_r 和 M_θ 表达出来。显然，上述不等式可乘以 z 并沿板厚 H 积分得出，即

$$\mathrm{Max.}\{|M_r|, |M_\theta|, |M_r - M_\theta|\} \leqslant M_0 \tag{2.9}$$

式中：$M_0 = \sigma_0 H^2/4$ 为单位宽度实心横截面的塑性破坏弯矩。因此，当板由具有如图 1.4 所示的双线性弯矩–曲率关系的弹性–理想塑性材料制成时，位于图 2.6(b)所示的 Tresca 屈服条件内的任何广义应力都是弹性的。

---

① 根据虚速度原理，式(2.4)~式(2.7)是相容的（见附录 4 中式(A.68)、式(A.69)，无惯性项的式(A.72)及式(A.73)）。

② 这个表达式[2.2]代表 6 个不等式。有关的 6 个等式 $\sigma_r = \pm\sigma_0$，$\sigma_\theta = \pm\sigma_0$ 和 $\sigma_r - \sigma_\theta = \pm\sigma_0$ 对应于图 2.6(a)中的 6 条线。

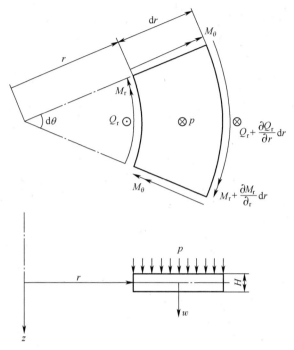

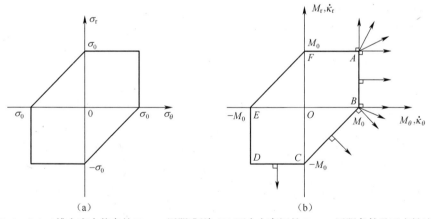

图 2.5 受轴对称横向静载作用的薄圆板的符号标记

→单位长度上的弯矩(右手定则);

○—单位长度上的横向剪力(○中的·和×分别表示方向箭头的头和尾)。

图 2.6 (a)二维主应力状态的 Tresca 屈服准则;(b)两个主弯矩的 Tresca 屈服条件及正交性法则

　　如 2.3.5 节中所述,因为忽略了横向剪切变形,所以图 2.5 中的横向剪力 Q_r 不进入屈服条件。因此,发生塑性流动时,变形由曲率改变率矢量的两个分量 $\dot{\kappa}_r$ 和 $\dot{\kappa}_\theta$ 组成,根据 2.3.4 节中的塑性正交性要求,它们垂直于屈服面的对应部分(即位于图 2.6(b)所示的角点处的扇形区域内)。

2.6 圆板的静塑性破坏压力

2.6.1 引言

现在考虑图 2.7(a)中所示的受均布横向压力作用的简支圆板。在下面三节中用 2.4.2 节和 2.4.3 节中的塑性界限定理来预测由 Hopkins 和 Prager[2.6] 首先得到的精确破坏压力 p_c。在 2.6.5 节中研究局部受载板，在 2.6.6 节中讨论固支板。

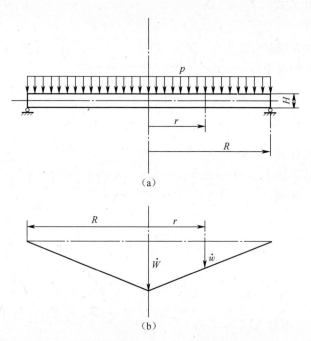

图 2.7 (a)简支圆板；(b)破坏时的横向速度场

2.6.2 简支圆板的下限计算

为了得到精确破坏压力(p_c)的一个下限(p^1)，必须找到一个满足平衡方程式(2.4)或式(2.5)的弯矩分布，它在任何地方都不超出图 2.6(b)所示的屈服条件，并满足在 $r=R$ 处 $M_r=0$ 的简支边界条件。可以用屈服六边形的 AB 边来控制板的行为，因为这个部分提供了这样的可能性：角点 A 可用来给出在板中心按对称性所要求的 $M_r=M_\theta$，而在 $r=R$ 处 $M_r=0$ 的边界条件可以位于角点 B。因此，对于 $0 \leqslant r \leqslant R$，令

$$M_\theta = M_0 \qquad (2.10a)$$

$$0 \leqslant M_r \leqslant M_0 \qquad (2.10\text{b})$$

式中：$M_0 = \sigma_0 H^2/4$；σ_0 为单轴屈服应力；H 为均匀板的厚度。

如果把式（2.4）式（2.10a）代入式（2.5），则有

$$\mathrm{d}^2(rM_r)/\mathrm{d}r^2 = -p^1 r$$

或满足在 $r = 0$ 处 $M_r = M_\theta = m_0$ 的要求时，得到

$$M_r = M_0 - p^1 r^2/6 \qquad (2.11)$$

因为对于具有简支边界的圆板，在 $r = R$ 处 $M_r = 0$，式（2.11）立即给出

$$p^1 = 6M_0/R^2 \qquad (2.12)$$

把式（2.12）代入式（2.11）给出径向弯矩为

$$M_r = M_0(1 - r^2/R^2) \qquad (2.13)$$

它对于 $0 \leqslant r \leqslant R$ 满足 $0 \leqslant M_r \leqslant M_0$，因而位于图 2.6（b）中屈服条件的 AB 边上。由于 2.4.2 节中对下限计算的要求均已满足，故式（2.12）代表精确破坏压力的一个下限。

2.6.3　简支圆板的上限计算

对于板的任意一个机动容许的速度场，当外功率等于对应的内能耗散率时就得到精确破坏压力 p_c 的一个上限 p^u。假设板以图 2.7（b）中所示的机动容许的圆锥形速度场模式变形，从物理上看是合理的，它可以用下述形式来描述：

$$\dot{w} = \dot{W}(1 - r/R) \qquad (2.14)$$

式中：$\dot{W}$ 为板中心的横向速度。因此，式（2.6）式（2.7）对于 $0 < r \leqslant R$ 给出

$$\dot{\kappa}_r = 0 \qquad (2.15\text{a})$$

$$\dot{\kappa}_\theta = \dot{W}/rR \qquad (2.15\text{b})$$

根据图 2.6（b）中所示的与 Tresca 屈服条件相关联的正交性要求，$M_\theta = M_0$。如果外功率等于对应的内能耗散率，那么

$$\int_0^R p^u \dot{W}(1 - r/R)2\pi r\mathrm{d}r = \int_0^R M_0(\dot{W}/rR)2\pi r\mathrm{d}r \qquad (2.16)^{①}$$

或

$$p^u = 6M_0/R^2 \qquad (2.17)$$

2.6.4　简支圆板的精确破坏压力

显然，式（2.12）和式（2.17）表示破坏压力：

---

① 应该指出，在 $r = 0$ 处即使 $\dot{\kappa}_r \to \infty$，内能耗散率也为 0。因此 $M_\theta \dot{\kappa}_\theta$ 是极坐标形式的式（2.3）中唯一的非零项。

$$p_c \approx 6M_0/R^2 \qquad (2.18)$$

既是上限又是下限，因而根据塑性界限定理，它是精确的破坏压力。因此，图2.6(b)中屈服条件的 AB 边确实控制了板的破坏性能，正如理论分析中所假设的，初始速度场是锥形的。

应该指出，如果与 2.6.2 节中下限计算所用的那部分屈服条件相关联的正交性要求得到满足，那么此解为精确解，不必再进行 2.6.3 节中的上限计算。在现在的问题中，显然式(2.15a)、式(2.15b)给出 $\dot{\kappa}_r = 0$ 和 $\dot{\kappa}_\theta \geqslant 0$，这与式(2.6b)中屈服条件的 AB 部分一致。因此，式(2.12)是精确的静破坏压力。

后一种理论分析方法在 4.4.2 节中用来预测式(2.18)给出的静破坏压力（式(4.39)）。

2.6.5　简支圆板局部受载情形

如果均布压力分布于半径为 a 的中央圆形区域内，那么可直接沿用前述分析，并证明对应的精确静破坏压力为[2.6]

$$p_c = 6M_0/[a^2(3 - 2a/R)] \qquad (2.19)$$

当 $a = R$ 时，式(2.19)化为式(2.18)。式(2.19)也可用于另一种极端情形，即中央受一集中力作用的破坏。在这种情形下，式(2.19)可用 $P_c = \pi a^2 p_c$ 的形式写出，即

$$P_c = 6\pi M_0/[a^2(3 - 2a/R)] \qquad (2.20a)$$

当 $a \to 0$ 时，式(2.20a)预测中央集中破坏载荷为

$$P_c = 2\pi M_0 \qquad (2.20b)$$

应该指出，集中载荷 P_c 将产生很大的局部横向剪应力和剪切变形，在上述理论分析中没有考虑这一因素的影响。

2.6.6　固支圆板

Hopkins 和 Prager[2.6]给出受均布载荷作用的固支圆板的精确破坏压力为

$$p_c \approx 11.26M_0/R^2 \qquad (2.21)$$

2.7　矩形板的基本方程

如果厚 H 的等厚薄矩形板受到侧向或横向载荷作用，产生无限小位移，则式(2.1a)~式(2.1d)所定义的广义应力 $N_x = N_y = N_{xy} = N_{yx} = 0$。在这种情况下，图2.8中矩形板单元的横向平衡和两个力矩平衡方程分别为

$$\partial Q_x/\partial x + \partial Q_y/\partial y + p = 0 \qquad (2.22)$$

$$\partial M_x/\partial x + \partial M_{xy}/\partial y - Q_x = 0 \tag{2.23}$$

和

$$\partial M_y/\partial y + \partial M_{xy}/\partial x - Q_y = 0 \tag{2.24}$$

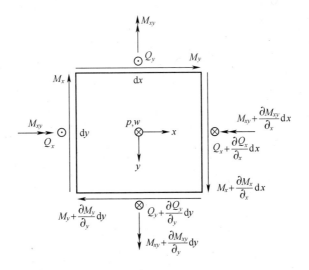

图 2.8　矩形板的无限小单元(dxdy)

→单位长度上的弯矩(右手定则);→单位长度上的扭矩(右手定则)。
○—单位长度上的横向剪力;·方向箭头的头;×方向箭头的尾。

分别对式(2.23)和式(2.24)的横向剪力 Q_x 和 Q_y 微分,代入式(2.22)就得到控制方程:

$$\partial^2 M_x/\partial x^2 + 2\partial^2 M_{xy}/\partial x \partial y + \partial^2 M_y/\partial y^2 + p = 0 \tag{2.25}$$

显然,令 $Q_x = Q$、$M_x = M$ 和 $Q_y = M_y = M_{xy} = 0$,则式(2.22)、式(2.23)和式(2.25)分别化为关于梁的静塑性行为的式(1.2)、式(1.1)和式(1.39)。

假设矩形板由刚性-理想塑性材料制成,把横向剪力 Q_x、Q_y,看作反作用力时,塑性流动由三个广义应力 M_x、M_y 和 M_{xy} 控制。因此,矩形板的塑性流动满足 M_x-M_y-M_{xy} 空间中的一个三维屈服面。然而,这个屈服面可在二维主矩空间中表示出来,例如图 2.4 中所示的 Tresca 和正方形屈服准则。矩形板的主弯矩 M_1 和 M_2 与图 2.8 中定义的力矩 M_x、M_y 和 M_{xy} 的关系如下[2.7]:

$$M_1 = (M_x + M_y)/2 + [(M_x - M_y)^2/4 + M_{xy}^2]^{1/2} \tag{2.26}$$

$$M_2 = (M_x + M_y)/2 - [(M_x - M_y)^2/4 + M_{xy}^2]^{1/2} \tag{2.27}$$

式(2.26)和式(2.27)在形式上与众所周知的平面应力主应力表达式相似。实际上,如果把与 x 轴成任意夹角的平面上的应力乘以坐标 z 并沿板厚积分,采用类似于初等教程中求主应力的方法,就得到式(2.26)和式(2.27)。

2.8 矩形板的静塑性破坏压力

2.8.1 引言

下面两小节用 2.4.2 节和 2.4.3 节中的塑性界限定理得到简支矩形板受图 2.9 中均布横向压力作用时的精确破坏压力的上下限。在 2.8.4 节中讨论这两个解，并说明对于遵循图 2.4 中正方形即 Johansen 屈服准则的理想塑性方板，它们就是精确解。

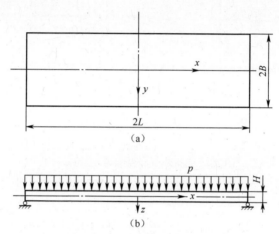

图 2.9 受均布横向压力作用的简支矩形板
(a)正视图;(b)侧视图。

在 2.8.5 节中讨论矩形板边界受局部力矩约束的影响,在 2.8.6 节中则研究受集中力作用时板的静破坏行为。

2.8.2 简支情形的下限计算

图 2.9 中的矩形板的静塑性破坏行为关于 x 轴和 y 轴对称,所以只需要考虑板的 1/4。于是,为了满足对称性要求,弯矩可写成

$$M_x = M_0 - ax^2 \tag{2.28a}$$

$$M_x = M_0 - by^2 \tag{2.28b}$$

和

$$M_{xy} = -cxy \tag{2.28c}$$

式(2.28a、2.28b、2.28c)是级数展开式的前两项。如果平衡方程、边界条件和连续条件都满足并且不违背屈服准则,式(2.28)就可用来进行下限计算。

式(2.28a)、式(2.28b)在

$$a = M_0/L^2 \tag{2.29a}$$

和

$$b = M_0/B^2 \tag{2.29b}$$

时满足在简支端 $x = \pm L$ 处 $M_x = 0$，$y = \pm B$ 处 $M_y = 0$。这样，在板的四角，$M_x = M_y = 0$ 且 $M_{xy} = \mp cLB$，为避免违背屈服条件，必定有①

$$c = M_0/BL \tag{2.29c}$$

最后，式（2.28）和式（2.29）给出

$$M_x = M_0(1 - x^2/L^2) \tag{2.30a}$$

$$M_y = M_0(1 - y^2/B^2) \tag{2.30b}$$

和

$$M_{xy} = -M_0xy/BL \tag{2.30c}$$

现在，对式（2.30）中的广义应力微分并代入控制方程式（2.25），得

$$p^1 = 2M_0[1 + L/B + (L/B)^2]/L^2 \tag{2.31}$$

很容易证明式（2.26）、式（2.27）和式（2.30）预言主弯矩为

$$M_1/M_0 = 1 \tag{2.32a}$$

和

$$M_2/M_0 = 1 - (x^2/L^2 + y^2/B^2) \tag{2.32b}$$

式中：$-1 \leqslant M_2/M_0 \leqslant 1$。

这些主弯矩位于图 2.4 中正方形屈服条件的一条边上，因此式（2.30）给出的相应的广义应力是静力容许的。这样对于遵循图 2.4 中正方形即 Johansen 屈服条件的刚性—理想塑性材料制成的矩形板，式（2.31）给出了精确破坏压力的下限。如图 2.4 所示，由 $|M_1| = M_0/2$ 和 $|M_2| = M_0/2$ 构成的正方形屈服面将内接于 Tresca 屈服条件。2.4.4 节中的推论 3 表明，对于由 Tresca 屈服条件控制的材料所制成的矩形板，压力 $p^1/2$ 是精确破坏压力的下限。

2.8.3　简支情形的上限计算

Wood[2.8] 借助于图 2.10 所示的机动容许的横向速度场计算了图 2.9 中矩形板静破坏压力的一个上限。从图 2.11 可清楚看到，这一速度场恰当地描述了 Sawczuk 和 Winnicki 所实验的加筋混凝土板的主要特征[2.9]。

横向速度场在区域 I 内可表达成

$$\dot{w} = \dot{W}(B\tan\phi - x')/B\tan\phi \tag{2.33}$$

---

①　当在板的四角 $M_x = M_y = 0$ 时，式（2.26）和式（2.27）预言主矩 $M_1 = M_{xy}$ 和 $M_2 = -M_{xy}$。所以，根据图 2.4 中的 Johansen 屈服条件即正方形屈服条件，要求 $|M_{xy}| \leqslant M_0$ 以避免违背屈服条件。

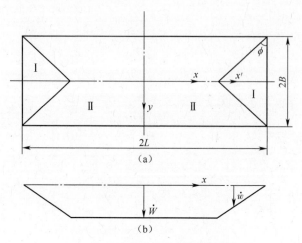

图 2.10　简支矩形板的静塑性破坏

（a）塑性铰线正视图；（b）横向速度场侧视图。

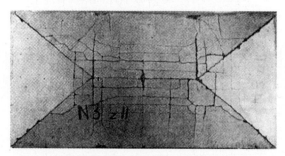

图 2.11　Sawczuk 和 Winnicki 实验的 $L/B=2$ 的简支加筋混凝土矩形板的破坏模式

在区域 Ⅱ 内可表达成

$$\dot{w} = \dot{W}(B - y)/B \tag{2.34}$$

式中：$\dot{W}$ 为板中心的最大横向速度，而在全板范围内面内速度 $\dot{u} = \dot{v} = 0$。因此，区域 Ⅰ 和区域 Ⅱ 是刚性的，所有塑性流动都集中在位于这些区域边界的塑性铰上。

区域 Ⅰ 和区域 Ⅱ 的简支外边界处的角速度分别为

$$\dot{\theta}_1 = \dot{W}/B\tan\phi \tag{2.35}$$

和

$$\dot{\theta}_2 = \dot{W}/B \tag{2.36}$$

而跨过区域 Ⅰ 和区域 Ⅱ 交界处斜塑性铰线的角速度改变量为

$$\dot{\theta}_3 = \dot{\theta}_1\cos\phi + \dot{\theta}_2\sin\phi$$

即

$$\dot{\theta}_3 = W/B\sin\phi \tag{2.37}$$

板中总的内能耗散为

$$\dot{D} = M_0(2L - 2B\tan\phi)2\dot{\theta}_2 + 4M_0 B\dot{\theta}_3/\cos\phi$$

即

$$\dot{D} = 4M_0\dot{W}(L/B + \cot\phi) \tag{2.38}$$

式中：$M_0 = \sigma_0 H^2/4$。

可直接看出均布压力 p^u 产生的外功率为

$$\dot{E} = 4p^u\Big[\int_0^{B\tan\phi}\dot{W}(B\tan\phi - x')x'\mathrm{d}x'B\tan^2\phi +$$

$$\int_0^B\dot{W}(B - y)y\tan\phi\mathrm{d}y/B + (L - B\tan\phi)\int_0^B\dot{W}(B - y)\mathrm{d}y/B\Big]$$

该式可简化为

$$\dot{E} = 2B^2\dot{W}p^u(L/B - \tan\phi/3) \tag{2.39}$$

令式(2.38)和式(2.39)相等，就得到静破坏压力的一个上限为

$$p^u = 6M_0(1 + \beta/\tan\phi)/[B^2(3 - \beta\tan\phi)] \tag{2.40}$$

式中

$$\beta = B/L \tag{2.41}$$

是板的长宽比。当 $\partial p^u/\partial\tan\phi = 0$ 时得到最小上限破坏压力。因此，有

$$\tan^2\phi = (3 - \beta\tan\phi)(1 + \beta/\tan\phi)$$

该式有解：

$$\tan\phi = -\beta + \sqrt{3 + \beta^2} \tag{2.42}$$

若把式(2.42)代入式(2.40)，则

$$p^u = 6M_0/[B^2(\sqrt{3 + \beta^2} - \beta)^2] \tag{2.43}[1]$$

这是精确破坏压力的一个上限。

2.8.4　对简支矩形板的上下限的评论

式(2.31)和式(2.43)给出了简支矩形板精确破坏压力的下限和上限，它们可分别改写成无量纲形式，即

$$p^l/(2M_0/B^2) = 1 + \beta + \beta^2 \tag{2.44}$$

和

$$p^u/(2M_0/B^2) = 3/[\sqrt{3 + \beta^2} - \beta]^2 \tag{2.45}$$

---

[1]　当应用式(7.53a)时，式(2.43)可以写成 $p^u = 6M_0/B^2(3 - 2\xi_0)$。

由图 2.12 显然可见,对于两种极限情形 $\beta \to 0$ 和 $\beta = 1$,上下限预测了精确的静破坏压力,而对于其他 β 值,上下限的值非常接近。

$\beta \to 0$ 的情形对应于宽为 $2B$ 而 $L \gg B$ 的板,如图 2.13 所示。其对应的静塑性破坏行为与跨中具有一个塑性铰的板条 ab 相似,因此与跨度为 $2B$ 的简支梁是相同的。$\beta \to 0$ 时式(2.44)和式(2.45)给出

$$p^{\mathrm{l}} = p^{\mathrm{u}} = p_c = 2M_0/B^2 \tag{2.46}$$

式(2.46)与在跨度 $2B$ 上受均布横向压力作用的简支梁的式(1.27)相同。

特殊情形 $\beta = 1$(即 $B = L$)对应于正方形板,式(2.44)和式(2.45)给出

$$p^{\mathrm{l}} = p^{\mathrm{u}} = p_c = 6M_0/L^2 \tag{2.47}$$

这与 Prager[2.10] 的结果一致。式(2.47)也与通过解控制方程得到的式(4.128)中的精确静破坏压力一致。

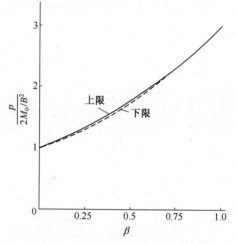

图 2.12　简支矩形板静破坏压力下限(- - -式(2.44))和上限(——式(2.45))的比较

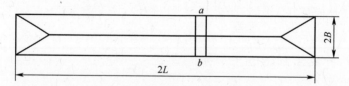

图 2.13　当 $\beta \to 0$ 时矩形板中板条 ab 的性能类似于跨度为 $2B$ 的梁

2.8.5　支承受局部约束的矩形板的静破坏压力

Wood[2.8] 研究了外边界受弯矩 m 约束的矩形板的行为,即 $0 \leqslant m \leqslant M_0$。图 2.10 所示并由式(2.33)和式(2.34)所描述的机动容许的横向速度场可以用来得到这一特定情形下静塑性破坏压力的一个上限。因此,图 2.10 中所示的板内

塑性铰处的能量耗散由式(2.38)给出。然而,除此以外,在板的边界上的能量耗散为

$$\dot{D}_{b} = m(4B\dot{W}/B\tan\phi + 4L\dot{W}/B) \qquad (2.48)$$

把式(2.48)加到式(2.38)上就给出总的内能耗散:

$$\dot{D}_{t} = 4M_0\dot{W}(1 + m/M_0)(L/B + 1/\tan\phi) \qquad (2.49)$$

横向压力的外功率仍由式(2.39)给出。令式(2.39)和式(2.49)相等就得到精确静破坏压力的一个上限。对这一表达式求极小值就可看到:

$$p^{u} = 6M_0(1 + m/M_0)/[B^2(\sqrt{3 + \beta^2} - \beta)^2] \qquad (2.50)$$

是所假设的破坏模式的最小上限破坏压力,式中 β 由式(2.41)定义,$\tan\phi$ 由式(2.42)给出。

当 $m = 0$ 时,从式(2.50)又重新得出简支矩形板静塑性破坏压力的式(2.43)。当 $m = M_0$ 时,得到另一种极限情形固支矩形板的上限破坏压力为

$$p^{u} = 12M_0/[B^2(\sqrt{3 + \beta^2} - \beta)^2] \qquad (2.51)^{①}$$

式(2.51)给出的压力为式(2.43)给出的压力的2倍。

用类似于2.8.2节中所描述的理论方法[2.11]可构造一个受均布压力作用的固支边界矩形板的静力容许的广义应力场。这一分析给出精确静破坏压力的一个下限,即

$$p^{l} = 4M_0(1 + \beta^2)/B^2 \qquad (2.52)$$

当 $\beta \to 0$ 时,对于在跨度 $2B$ 上受均布横向压力作用的固支梁,利用式(2.51)和式(2.52)得出

$$p^{l} = p^{u} = p_{c} = 4M_0/B^2 \qquad (2.53)$$

所以式(2.53)对于跨度为 $2B$ 的梁给出与式(1.32)相同的破坏压力。然而,上下限随 β 增加而分开,当 $\beta = 0$ 时,对于 $B = L$ 的正方形固支板给出

$$p^{u} = 12M_0/L^2 \qquad (2.54a)$$

和

$$p^{l} = 8M_0/L^2 \qquad (2.54b)$$

Fox[2.12]用数值方法得到固支正方形板的精确静破坏压力为

$$p_{c} = 10.71M_0/L^2 \qquad (2.54c)$$

2.8.6　受集中载荷作用的板的静塑性破坏

有学者(例如 Zaid[2.13])已经证明:当材料的塑性流动服从 Tresca 屈服条件

---

① 应用式(7.53a),式(2.51)可以写成 $p^{u} = 12M_0/B^2(3 - 2\xi_0)$。

时,对于任意形状的刚性—理想塑性板及任意固定程度的边界[2.2],引起塑性破坏所需的静集中载荷的大小为

$$P_c = 2\pi M_0 \tag{2.55}$$

式(2.55)与简支圆板在特殊情形下得到的式(2.20b)相同。

2.9　圆柱壳的基本方程

Hodge[2.2]和其他作者讨论了壳体的基本理论,它与梁和板的基本理论密切相关。

如果图 2.14 所示的薄壁圆柱壳的单元在轴向不受载荷作用(即 $N_x = 0$),那么壳单元的力和力矩的平衡分别要求

$$R\mathrm{d}Q_x/\mathrm{d}x + N_\theta - Rp = 0 \tag{2.56}$$

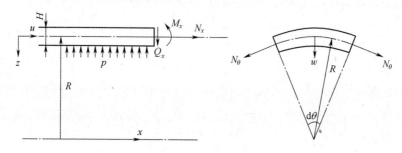

图 2.14　圆柱壳的表示法

和

$$\mathrm{d}M_x/\mathrm{d}x - Q_x = 0 \tag{2.57}$$

式中:p 为轴对称压力分布①。

根据附录 4 中的虚速度原理可直接看出,对于无限小位移,薄膜应变为

$$\epsilon_x = \mathrm{d}u/\mathrm{d}x \tag{2.58}$$

和

$$\epsilon_\theta = - w/R \tag{2.59}$$

而曲率改变②为

$$\kappa_x = - \mathrm{d}^2 w/\mathrm{d}x^2 \tag{2.60}$$

----

①　θ 与 y 坐标相当时,2.2 节中已定义了广义应力 N_x、N_θ、M_x 和 Q_x。Kraus 等[2.14]曾讨论过,这些定义对具有大的 R/H 比值的壳是适用的。

②　周向曲率改变 κ_θ 是 $1/R - 1/(R-w)$ 或 $\kappa_\theta \approx -w/R^2$。因此,圆柱壳中的周向应变为 $e_\theta = \epsilon_\theta + z\kappa_\theta = -(w/R)(1+z/R)$。然而对于薄壳 $z/R \ll 1$,所以 $\kappa_\theta \approx 0$。

从 Kraus[2.14](也可参看 Hodge[2.15]和 Colladine[2.16])给出的一般表达式也可显然看出曲率改变 κ_θ 为 0,弯矩 M_θ 在轴对称受载并产生无限小位移的圆柱壳的平衡方程中不出现。

它们与平衡方程式(2.56)和式(2.57)是相容的。

显然,N_θ、M_x和Q_x是平衡方程式(2.56)和式(2.57)中出现的仅有的广义应力。此外,当忽略剪应变时,与此相应的横向剪力Q_x并不进入圆柱壳的屈服条件。因此,在构造承受轴对称均布压力而轴向不受载的圆柱壳的屈服条件时,只需保留两个广义应力N_θ和M_x。如果这样的壳是由按Tresca屈服准则塑性流动的刚性–理想塑性材料制成,则

$$\text{Max.}\{|\sigma_x|,|\sigma_\theta|,|\sigma_x-\sigma_\theta|\} \leqslant \sigma_0 \qquad (2.61)^{①}$$

把坐标σ_r换成σ_x时,图2.6(a)中所示的屈服准则就与式(2.61)相同。

现在必须用广义应力N_θ和M_x把屈服条件式(2.61)表示出来。首先考虑如图2.15(a)所示的沿壳壁厚H的应力分布。这一应力分布对于$-H/2 \leqslant z \leqslant 0$有$\sigma_x=-\sigma_0$和$\sigma_\theta=0$,而对于$0 \leqslant z \leqslant \eta H/2$有$\sigma_x=\sigma_0$和$\sigma_\theta=0$,对于$\eta H/2 \leqslant z \leqslant H/2$有$\sigma_x=\sigma_\theta=\sigma_0$。这些应力组合满足Tresca屈服条件。对于单位宽度、高为H的实心矩形截面梁,图2.15(a)中关于σ_0的应力分布给出$N_x=0$和$M_x=M_0=\sigma_0 H^2/4$。图2.15(a)中关于σ_θ的应力分布给出$0 \leqslant N_\theta \leqslant N_0/2^{②}$及$M_\theta>0$。然而如前所述,由于$M_\theta$不影响轴对称受载的圆柱壳的行为,由$\sigma_\theta$引起的弯矩以后不再考虑。因此,处于$0 \leqslant N_\theta \leqslant N_0/2$范围内的周向膜力可与全塑性轴向(纵向)

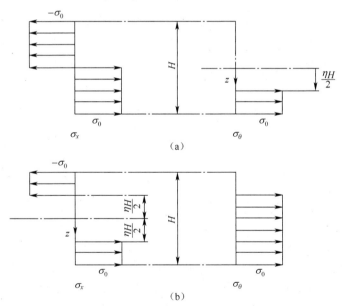

图2.15 圆柱壳受轴向弯矩M_x和周向膜力N_θ作用时沿壁厚H的完全塑性应力分布

① 也可参看式(2.8)及其脚注。
② $N_0=\sigma_0 H$是在壳的整个壁厚产生塑性流动所需的力的大小。

弯矩 $M_x = M_0$ 组合而不违背式（2.61）[①]中的任一不等式。图 2.16 中的直线 AB 代表了屈服曲线的这一部分[②]。

从图 2.15（a）显而易见，如果 $\sigma_\theta = \sigma_0$ 延伸到区域 $z < 0$ 内，则 $\sigma_x = -\sigma_0$ 和 $\sigma_\theta = \sigma_0$ 违背 Tresca 屈服条件。因此，塑性流动时 N_θ 值的增大必然伴随着 M_x 值的减小。这就给出图 2.15（b）中所示的应力分布，$M_x = M_0(1-\eta^2)$ 和 $N_\theta = N_0(1+\eta)/2$，或消去 η 时即有 $M_x/M_0 - 4N_\theta/N_0 + 4(N_\theta/N_0)^2 = 0$。与此对应的屈服条件部分为图 2.16 中的曲线 BC。图 2.16 中其余象限的行为也可用类似的方法得到，从而给出完整的屈服曲线 $ABCDEFGH$，其精确性已被证明（例如见 Hodge[2.15]）。

因此，尽管以在主应力空间逐段线性的 Tresca 屈服准则为基础，广义应力平面 $N_\theta - M_x$ 内的屈服曲线还是非线性的。为了避免在研究由服从 Tresca 屈服准则的材料制成的圆柱壳的行为时遇到某些数学上的复杂性，一些学者（见 Hodge[2.2]）曾提出各种近似屈服曲线。图 2.16 中所画的六边形屈服曲线就是

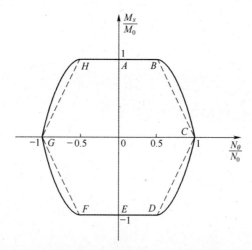

图 2.16 考虑 M_x 和 N_θ 联合影响的精确的（——）和内接六边形（– – –）屈服曲线

这种近似曲线之一，它显然是精确屈服条件的一个下限。可以证明，当尺寸放大到 1.125 倍时所形成的另一个六边形曲线其外接精确屈服条件是一个上限。这些六边形屈服准则提供了精确屈服条件的下限和上限，这一事实可从 2.4.4 节中讨论的塑性界限定理的推论 3 直接得到。

下一节对于加强的长圆柱壳的静塑性破坏压力的理论分析借助于图 2.17 中的矩形屈服准则而得到简化。这是弱作用屈服曲线，它外接于精确屈服曲线，而另一个 0.75 倍大的矩形曲线则内接于精确屈服曲线，如图 2.17 所示。

---

① $M_0 = \sigma H^2/4$ 是受纯弯矩作用时截面的塑性承载能力。
② 例如，在图 2.15（a）中对于 $0 \leqslant z \leqslant H/2$ 令 $\sigma_x = \sigma_0$ 及 $0 \leqslant \sigma_\theta \leqslant \sigma_0$ 也可得到图 2.16 中的 AB 部分。

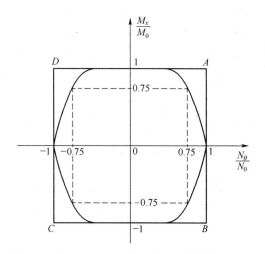

图 2.17　考虑 M_x 和 N_θ 联合影响的精确的(——)、
外接的($ABCD$)和内接的(－－－)弱作用(矩形)屈服曲线

2.10　加强的长圆柱壳的静破坏压力

　　现在考虑如图 2.18 所示的长圆柱壳的特定情形,壳由等间距刚性环加强,受到均布内压 p 的作用。只需考虑一节,它可看作长为 $2L$,两端固支的短圆柱壳。当材料为刚性-理想塑性,并遵守图 2.17 所示的弱作用屈服曲线时来寻找这一特定壳的静塑性破坏压力。

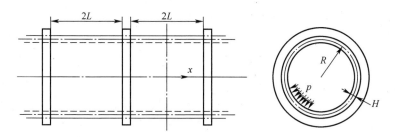

图 2.18　受内压 p 作用的带刚性加强环的圆柱壳

　　壳的破坏模式可能是图 2.19 所示的形状,这种可能性是合理的。壳发生径向位移变形,当 $-L \leqslant x \leqslant L$ 时引起 $N_\theta = N_0$。因此,在 $x = -L$ 和 $x = L$ 处形成的周向塑性铰位于图 2.17 中的 A 点,而 $x = 0$ 处产生的周向塑性铰位于 B 点,这表明应力面 AB 控制了 $0 \leqslant x \leqslant L$ 区域的行为,即

$$N_\theta = N_0 \tag{2.62a}$$

$$-M_0 \leqslant M_x \leqslant M_0 \tag{2.62b}$$

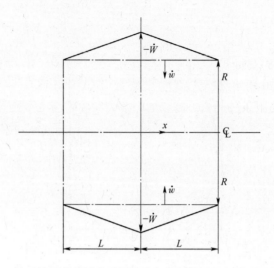

图 2.19　跨度为 2L 的两端固支的受内压圆柱壳与静塑性破坏相关联的轴对称横向速度场

由于所述问题关于图 2.18 中 $x = 0$ 处的垂直面对称，故不再考虑 $-L \leqslant x \leqslant 0$ 的部分。

式(2.56)和式(2.57)联合,得

$$\mathrm{d}^2 M_x / \mathrm{d}x^2 + N_\theta / R = p \qquad (2.63\mathrm{a})$$

利用式(2.62a)后上式变为

$$\mathrm{d}^2 M_x / \mathrm{d}x^2 = p - N_0 / R \qquad (2.63\mathrm{b})$$

因此

$$M_x = (p - N_0/R)x^2/2 + C_1 x - M_0 \qquad (2.64)$$

因为在 $x = 0$ 处 $M_x = -M_0$。此外,因为在对称面上 $Q_x = 0$,根据式(2.57)显然有在 $x = 0$ 处 $\mathrm{d}M_x / \mathrm{d}x = 0$。所以

$$M_x = (p - N_0/R)x^2/2 - M_0 \qquad (2.65)$$

最后,要求式(2.65)在固支端($x = L$)给出 $M_x = M_0$,这给出静塑性破坏压力为

$$p_\mathrm{c} = N_0(1 + RH/L^2)/R \qquad (2.66\mathrm{a})$$

或

$$p_\mathrm{c} = N_0(1 + 2/\omega^2)/_0 R \qquad (2.66\mathrm{b})$$

式中

$$\omega^2 = 2L^2/RH \qquad (2.66\mathrm{c})$$

对长圆柱壳,$\omega \ll 1$,式(2.66b)简化为

$$p_\mathrm{c} = N_0/R \qquad (2.67)$$

这一静破坏压力也可以从式(2.56)对于无弯曲圆柱壳直接得到(即在 $M_x = Q_x = 0$ 时,式(2.56)给出 $N_\theta - Rp = 0$,这就得到式(2.67))。

利用式(2.66a),式(2.65)的弯矩分布可改写成

$$M_x/M_0 = 2x^2/L^2 - 1 \qquad (2.68)$$

根据式(2.68)显而易见,M_x 从 $x=0$ 处的 $M_x = -M_0$ 单调增加到 $x=L$ 处的 $M_x = M_0$,如图 2.20 所示。因此,上述解是静力容许的,而且式(2.66)是由遵守图 2.17 中矩形屈服条件的材料制成的圆柱壳精确破坏压力的一个下限。

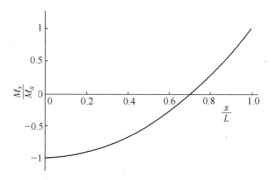

图 2.20　由式(2.68)得到的固支圆柱壳静塑性破坏时的轴对称纵向弯矩分布

图 2.19 所示的破坏模式在满足边界条件,即在 $x=L$ 处,$\dot{w}=0$,及在 $x=0$ 处令 $\dot{w}=-\dot{W}$ 时,在区域 $0 \leqslant x \leqslant L$ 内可以写成

$$\dot{w} = -\dot{W}(1 - x/L) \qquad (2.69)$$

从式(2.59)和式(2.60)可显然看出,式(2.69)给出 $\dot{\kappa}_x = 0$ 和 $\dot{\epsilon}_\theta \geqslant 0$。这些广义应变率符合与图 2.17 中矩形屈服条件的 AB 部分相关联的正交性要求。所以,一个机动容许的横向速度场(式(2.69))可以与构成上述静力容许解的广义应力场联系起来。因此,当材料按照矩形屈服条件发生塑性流动时,式(2.66b)是图 2.18 中所示圆柱壳问题的精确破坏压力。最后

$$p_c = 0.75N_0(1 + 2/\omega^2)/R \qquad (2.70)$$

是与图 2.17 中所画的内接矩形屈服条件相关联的精确破坏压力。根据 2.4.4 节中界限定理的推论 3,由塑性屈服受 Tresca 屈服准则控制的材料制成的圆柱壳的精确破坏压力显然必须介于式(2.66b)和式(2.70)所预测的值之间。

2.11　环形受载圆柱壳的静塑性破坏

图 2.21(a)为受轴对称径向环形载荷 P(单位周向长度)作用的长圆柱壳。为了简化下面的叙述,假定壳体材料服从图 2.17 中的矩形屈服准则。假设该壳初始破坏时产生如图 2.21(b)中所示的机动容许的径向速度场是合理的。这一速度场由被两个锥形塑性流动区隔开的三个周向塑性铰组成。总外功率为

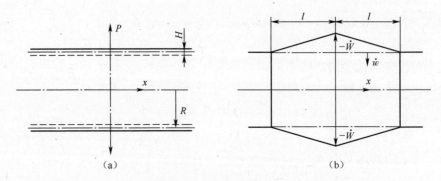

图 2.21 （a）受轴对称径向环形载荷 P（单位长度）作用的长圆柱壳；
（b）具有三个周向塑性铰的轴对称塑性破坏模式

$$\dot{E} = 2\pi R P^{u} \dot{W} \qquad (2.71)$$

而三个塑性铰上耗散的内能为

$$\dot{D}_1 = 2\pi R M_0 (\dot{W}/l + 2\dot{W}/l + \dot{W}/l) \qquad (2.72)$$

由于周向膜力（$N_\theta = N_0$）耗散在锥形部分的能量为

$$\dot{D}_2 = 2\int_0^l N_0 \dot{\epsilon}_\theta 2\pi R \mathrm{d}x$$

或

$$\dot{D}_2 = 2\int_0^l N_0 (\dot{W}/R)(1 - x/l) 2\pi R \mathrm{d}x \qquad (2.73)$$

静破坏载荷的一个上限由 $\dot{E} = \dot{D}_1 + \dot{D}_2$ 给出，即

$$P^{u} = 4M_0/l + N_0 l/R \qquad (2.74)$$

当 $l = \sqrt{RH}$ 时[1]，式（2.74）取最小值。因此

$$P^{u} = 2N_0/(H/R)^{1/2} \qquad (2.75)$$

是在所假设的破坏模式及矩形屈服条件下精确极限载荷的最小上限。

现在，从式（2.59）和式（2.60）显然可见，在图 2.21（b）所示壳的锥形部分 $0 \leqslant x \leqslant l$ 有 $\dot{\epsilon}_\theta \geqslant 0$ 和 $\dot{\kappa}_x = 0$。所以，塑性正交性要求给出如图 2.22 中所示的内接或下限矩形屈服条件的如下部分：

$$N_\theta = N_1 \qquad (2.76a)$$

$$-M_1 \leqslant M_x \leqslant M_1 \qquad (2.76b)$$

如果把式（2.76a）代入平衡方程（2.64a），并令 $p = 0$，则

---

[1] 这可以与 $2\pi \sqrt{RH}/[3(1-v^2)]^{1/4}$ 做比较，它是一个轴对称受载的线弹性圆柱壳的端部扰动衰减到可忽略值的距离。

$$\mathrm{d}^2 M_x / \mathrm{d}x^2 = - N_l / R$$

或者,当令 $x = 0$ 处 $M_x = -M_1$ 和 $\mathrm{d}M_x / \mathrm{d}x = Q_x = P/2$ 时,有

$$M_x = - N_1 x^2 / 2R + Px/2 - M_1 \tag{2.77}$$

可以证明式(2.77)给出的弯矩分布在 $x_1 = PR/2N_1$ 处达到最大值,如果此最大值等于 M_1,则

$$P^\mathrm{l} = (16 M_1 N_1 / R)^{1/2} \tag{2.78}$$

式(2.78)连同 $N_1 = N_0/2$ 和 $M_1 = M_0$ 就给出与位于六边形屈服曲线内或曲线上的广义应力相关联的最大可能破坏载荷。因此

$$P^\mathrm{l} = \sqrt{2} N_0 (H/R)^{1/2} \tag{2.79}$$

Prager[2.1]已经说明上述广义应力场怎样可延伸到 $x \geqslant x_1$ 的区域内而不违背屈服条件。因此式(2.79)是精确破坏载荷的一个真实的下限。最后,根据式(2.75)和式(2.79),限定如图2.21中所示圆柱壳的精确的破坏载荷 P_c,即

$$\sqrt{2} N_0 (H/R)^{1/2} \leqslant P_c \leqslant 2 N_0 (H/R)^{1/2} \tag{2.80}$$

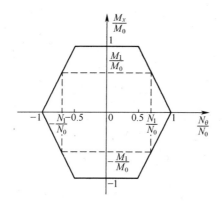

图 2.22　环形受载圆柱壳的六边形和内接矩形屈服曲线

2.12　板和壳的实验

2.12.1　圆板的静塑性行为

Onat 和 Haythornthwaite[2.17]对简支圆板施加横向集中载荷作用,得到了图 2.23 中给出的实验结果。式(2.20a)预测了这一特定情形的静塑性破坏载荷。然而从图 2.23 显然可以看出:只有当无量纲横向位移 $W/H \approx 0.5$ 时,即最大横向位移大约等于板厚的 $1/2$ 的情况下,式(2.20a)给出的 $P = P_c$ 才与实验结果比较吻合。产生这一现象主要是受有限变形即几何形状改变的重要影响,它

使板变形时产生面内的膜力[2.18]。为了计入这一效应，平衡方程式（2.4）和式（2.5）必须用由板变形后的构形导出的方程取代。此外，除了考虑曲率变化式（2.6）和式（2.7），还必须考虑薄膜应变（ϵ_r 和 ϵ_θ）。然而，因为塑性界限定理是针对无限小位移推导的，故不再适用①。

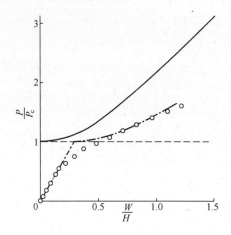

图 2.23　受中央集中载荷作用的简支圆板的实验结果与理论预测的比较
○—软钢圆板的实验结果[2.17]；———式（2.20a）在 $a/R = 0.078$ 时的塑性极限载荷；
——考虑有限横向位移即几何形状改变的影响的理论预测[2.17]（也可参看式（7.40））；
-----考虑有限横向位移和弹性效应影响的理论预测[2.17]。

　　受中央集中载荷作用的简支圆板的实验结果及对应的 Onat 和 Haythornthwaite 的近似理论预测②也表示在图 2.23 中。尽管几何形状改变很重要，但是可以看到，对设计者来说，静破坏载荷仍是一个有用的概念，因为它是载荷–位移特征的一个重要转折点。

2.12.2　矩形板的静塑性行为

　　2.8 节中给出了受均布载荷作用的矩形板的静塑性破坏压力。图 2.24 把 2.8.5 节式（2.51）给出的固支矩形板的理论预测与对应的 Hooke 和 Rawlings[2.19]的实验结果做了比较。

　　显然，在图 2.24 中理论预测只对于最大横向位移 $W/H \approx 0.5$ 有效。不过，

---

　　① 1.3 节中给出了理想塑性梁的界限定理的简单证明。在 1.3.2.2 节下限定理的证明中，静力容许的弯矩分布 $M^s(x)$ 满足平衡方程式（1.1）和式（1.2），该两式并没有保留有限变形即几何形状改变的影响。关于上限定理的 1.3.3.2 节中的式（1.13）也没有计入轴向约束的梁中因有限横向位移而产生的膜力导致的能量耗散。
　　② 见式（7.40）。

在文献[2.20]中介绍了一种保留有限横向位移即几何形状改变的影响的理论方法①,它给出了对实验结果的合理估计,见图 2.24。

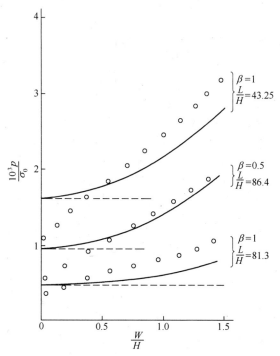

图 2.24 全部边界固支并受均布横向压力作用的钢制矩形板的实验结果与理论预测的比较

○—软钢板的实验结果[2.19];－－－式(2.51),塑性极限载荷;

——考虑有限横向位移即几何形状改变影响的理论预测[2.20](见式(7.57)和式(7.59))。

2.12.3 加强的圆柱壳的静塑性破坏

在 2.10 节中曾说明,当材料的塑性流动遵循图 2.17 中弱作用即矩形屈服条件时,式(2.66b)和式(2.70)确定了由等距刚性环加强的长圆柱壳的精确静破坏压力的界限,即

$$0.75N_0(1 + 2/\omega^2)/R \leqslant p_c \leqslant N_0(1 + 2/\omega^2)/R \qquad (2.81)$$

图 2.25 把不等式(2.81)与 Augusti 和 d'Agostino[2.21]以及 Perrone[2.22]的实验结果②做了比较。显然,式(2.66b)和式(2.70)为矩形屈服条件的简单理论预测提供了对实验结果有用的估计。

---

① 在 7.4.5 节中讨论这种理论方法。

② 由于在实验中为得到精确值而遇到困难,Augusti 和 d'Agostino[2.21]对于极限压力用了两个不同的定义,因此图 2.25 中每个试件相应有两个点。

Hodge[2.2,2.15]考察了图 2.18 中的问题，壳是由塑性流动遵循图 2.16 中所示的六边形屈服曲线的材料制成的。

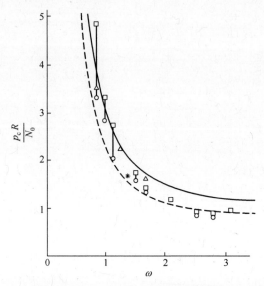

图 2.25　受内压作用的固支圆柱壳的实验结果同理论预测的比较

□、○、△—软钢壳的实验结果[2.21]，其中○和□与同一试件相关；*—金属壳的实验结果[2.22]，对于矩形屈服曲线的理论预测，参看式(2.66b)和式(2.70)(也可参看不等式(2.81))；——外接屈服曲线；————内接屈服曲线。

2.12.4　环形加载的圆柱壳的静塑性破坏

在 2.11 节中曾说明，当塑性流动遵循图 2.17 中的矩形屈服曲线时，不等式(2.80)界定了图 2.21(a)中圆柱壳的精确破坏载荷的界限。此外，对应于图 2.16 中所示的六边形和精确的(Tresca)屈服曲线，Drucker[2.23]推出了静塑性破坏载荷，分别为

$$P_c = 1.73 N_0 (H/R)^{1/2} \qquad (2.82)$$

和

$$P_c = 1.82 N_0 (H/R)^{1/2} \qquad (2.83)$$

Demir 和 Drucker[2.24]指出，式(2.83)对 $L \geqslant 2.34 \sqrt{RH}$ 或 $\omega \geqslant 3.31$ 的壳是成立的，其中 ω^2 由式(2.66c)定义，$2L$ 为壳体长度。Eason 和 Shield[2.25]及 Eason[2.26]考察了受轴对称环向加载的任意长度的刚性–塑性圆柱壳的理论行为。

图 2.26 中画出了式(2.75)和式(2.83)的理论预测同 Eason 和 Shield[2.25]及 Eason[2.26]对由塑性流动分别遵循外接矩形与 Tresca 屈服准则的材料制成的较短的壳的理论预测。显然可见，Demir 和 Drucker[2.24]在钢壳和铝壳上得到的实验结

果在实验所考察的无量纲参数 ω 的整个范围内都接近于对应的理论预测。

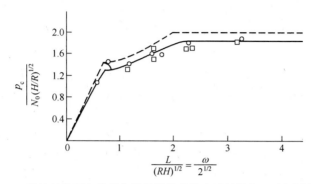

图 2.26　受轴对称环向载荷作用的圆柱壳的实验结果与理论预测的比较

□，○—钢壳和铝壳的实验结果[2.24]；——对于图 2.16 中精确（Tresca）屈服
曲线的理论预测[2.26]；———对于图 2.17 中外接矩形屈服曲线的理论预测[2.25]。

2.13　结　束　语

本章简要介绍了由刚性-理想塑性材料制成的板和壳的静破坏行为。在本书的以后几章中为了考察动塑性响应还要进一步发展静态行为所用的各种概念和方法。

目前,国内外学者已经发表了许多关于在各种外载情况下具有各种边界条件的板和壳的静塑性破坏行为的理论解及实验结果。例如,Hu[2.27]考察了板的各种轴对称问题,而 Mansfield[2.28]对于塑性流动遵循 Johansen 屈服准则的板的破坏给出了一些解析的上限解。然而,2.12.1 节和 2.12.2 节中指出,图 2.23 和图 2.24 也表明,当最大横向位移超过大约相应板厚的 1/2 时,在基本方程中必须计入几何形状改变现象[2.17,2.20,2.29]。

Hodge[2.2]及 Olszak 和 Sawczuk[2.30]报告了关于轴对称加载的理想塑性圆柱壳的行为的一些理论解。应该注意:当壳轴向受载时（即 $N_x \neq 0$)必须应用三维屈服面。

从图 2.26 中 Demir 和 Drucker[2.24]的实验结果中显然可见,几何形状改变即有限变形对这些壳的行为没有产生重要影响。然而,Duszek[2.31]及 Duszek 和 Sawczuk[2.32]的理论预测却说明:几何形状改变在受内压作用的轴向受约束的圆柱壳的响应中确实起了重要的作用①。

───────────────

①　塑性界限定理预测的破坏压力仍然标志着结构行为特征的重大改变。超过这一载荷,与弹性范围相比,壳的位移增长得非常快。

大多数已发表的关于刚性–理想塑性壳的理论工作都集中在圆柱壳的行为上。锥壳、扁壳和球壳的理论分析，即使在轴对称加载情形下也要复杂得多，因为与此相关联的屈服准则必须包含至少四个广义应力：N_θ、N_φ、M_θ 和 M_φ[2.33]。Onat 和 Prager[2.34] 推导了塑性流动遵循 Tresca 屈服准则的轴对称受载的旋转壳在广义应力空间中的四维屈服条件。在 Hodge[2.2,2.15] 及 Olszak 和 Sawczuk[2.30] 的书中给出了应用这个屈服面或者各种简化屈服准则的一些解。

Drucker 和 Shield[2.35,2.36] 是说明如何用塑性界限定理考察压力容器的行为的最早作者。为了简化端部为准球形(torispherical)或准锥形(toriconical)的圆柱壳的静破坏压力的计算，他们应用了一个近似的屈服面。Save 和 Janas[2.37] 报告了对这种形状的软钢压力容器进行的实验研究结果。他们观察到退火容器的破坏压力与 Drucker 和 Shield[2.36] 的理论预测的偏差从未超过 10%，而假设的破坏模式与实际变形形状相似。不过，这些容器在大变形情况下的承载能力比对应的理论静破坏压力高得多。尽管如此，容器的理论极限压力应用于设计时是一个有意义的概念，因为它标志着每增加单位载荷开始产生大的位移增量。

Gill[2.38]、Cloud 和 Rodabaugh[2.39] 及文献[2.40]分别考察了与承受内压的球形、圆柱形或锥形压力容器径向联结的圆柱形喷嘴的行为。多年来，其他学者还考察了许多其他压力容器和管线问题的静塑性破坏行为，有兴趣的读者可参看 Gill[2.41]、Hodge[2.42] 及其他发表在 *Transactions of the American Society of Mechanical Engineers*、会议文集和各种有关压力容器的杂志上的最新文章。

习　题

2.1　推导图 2.5 中圆板的力矩和横向平衡方程(即式(2.4)和式(2.5))及径向和周向曲率改变((2.6)和式(2.7))。证明：根据附录 3 中的虚速度原理，方程式(2.4)~式(2.7)是相容的(关于对应的动载情形参看附录 4)。

2.2　对于在半径为 a 的中央圆形区域受均布压力作用的简支圆板，求出其静破坏压力(式(2.19))。假设板由刚性–理想塑性材料制成，遵守图 2.6(b) 中的 Tresca 屈服条件。

2.3　作用在圆板上的载荷理想化为轴对称的、从板中央的峰值 p_0 线性变化到支承处为 0 的压力。圆板外边界简支，半径为 R，均匀板厚为 H，由具有理想塑性特征的韧性材料制成，单轴流动应力为 σ_0。确定引起初始破坏的 p_0 的精确值，并清楚地说明精确解的所有要求均得到满足。

2.4　求刚性–理想塑性环形板的精确破坏压力。板的外边界简支，半径为 R；内边界自由，半径为 a(图 4.4(a))。轴对称的横向压力从 $r=a$ 处的最大值线性变化到在 $r=R$ 处等于 0。假设材料的塑性流动遵守图 2.6(b) 中的 Tresca 屈服条件(精确的静破坏压力由式(4.7)给出,在4.3节中考察了对应的动载情形)。

2.5 假设刚性–理想塑性圆板的一个环形塑性区内的广义应力为 $0 \leqslant M_\theta \leqslant M_0$ 和 $M_\theta - M_r = M_0$。如果材料的塑性流动由图 2.6(b) 中的 Tresca 屈服条件控制。那么,环形区域内对应的速度场是什么?求出内能耗散率的表达式。

(上述行为发生在图 2.7 中的固支圆板的外区域中[2.6]。Lance 和 Onat[2.43]对加载后的固支板的表面进行了蚀刻,在中心区发现辐射状线,其周围被一个对数螺线的环形区域所包围。有时在压力喷雾罐的底部也发现这种图案)。

2.6 求出 2.6.2 节至 2.6.4 节中所考察的均匀受载简支圆板与破坏载荷相关联的横向剪力的大小和分布,并评估横向剪力对圆板塑性破坏行为的潜在重要性。

2.7 推导矩形板的平衡方程式(2.22)~式(2.24)。

2.8 式(2.40)给出了简支矩形板静塑性破坏压力的一个上限,求得式(2.42)并证明式(2.43)给出了最小上限。

2.9 修改 2.8.3 节中的理论解以证明式(2.51)给出了固支矩形板的精确静塑性破坏压力的一个上限。

2.10 证明 2.8.2 节中简支矩形板的下限解满足总体的竖直方向的平衡。

2.11 对于 $N_x = 0$ 的情形,应用式(2.58)~式(2.60)及附录3中的虚速度原理求出式(2.56)和式(2.57)。

2.12 用 2.9 节中所概述的方法画出图 2.16 中圆柱壳的精确屈服曲线。

第 3 章　梁的动塑性行为

3.1　引　言

本章考察梁在受到动载作用产生非弹性响应时的行为。外加的能量大到足以引起永久变形或可见的损坏,如图 3.1 所示。

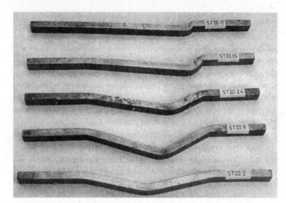

图 3.1　初始为直的固支梁在不同位置被落体撞击后的永久变形场[3.1]

钢梁,$2L = 101.6\text{mm}$,$H = 6.35\text{mm}$,$B = 10.16\text{mm}$,$\sigma_0 = 302\text{MN/m}^2$,受 5kg 落体撞击,

对于试件 STIII 17、15、24、9 和 2,落体的初始动能分别为 99N·m、214N·m、137N·m、240N·m 和 67N·m。

标准的静载分析加动载放大系数的方法在许多动塑性结构问题中是不适用的,正如 Lowe、Al-Hassani 和 Johnson[3.2]对理想化的公共汽车所做的静载实验和动载实验所表明的那样。图 3.2 表明:在受到纵向静载时,公共汽车的顶部基本上像欧拉杆那样压塌了;而在纵向动载作用下,公共汽车的前部严重地压皱,但顶部各处几乎没有损坏。因此,对于设计一辆耐撞车辆,对其进行受纵向静载的分析几乎没有参考价值。

这一领域的研究与能量吸收系统(如汽车保险杠和高速公路安全护栏)的设计、土建工程结构的地震破坏以及许多其他实际工程问题有关。

第 1 章的理论分析指出,一根简支梁在受到具有极限值 $p_c = 2M_0/L^2$ 的均布静压作用时发生破坏,p_c 由方程式(1.27)给出。一根刚塑性材料制成的梁,在外载小于 $p_c = 2M_0/L^2$ 时保持为刚体,而当压力大于 p_c 时,在忽略材料应变强化影响和形状改变即大挠度效应时,不可能保持静态平衡。因此,当突然施加一个

大于 p_c 的外加压力时,梁发生塑性变形并产生惯性力。如果这个外加压力脉冲保持足够长的时间,梁的横向变形将变得过大。然而,如果在一段有限时间后将压力移去或压力下降到一个较小的数值,那么一个有限的外加能量将输入给梁。在这种情形下,梁最终将达到一个最后的或永久的变形形状,此时所有的外加能量都被塑性变形所吸收。

前两章的研究已经表明之前研究结构静塑性行为所作的假设和简化是有益的,故考察动塑性响应仍沿用这些假设和简化。在那些大塑性变形占主导的问题中,材料弹性的影响通常只起很小的作用。因此,在动载情形中,假如总的外加动能远远大于以完全弹性方式所能吸收的总能量,那么忽略材料的弹性是合理的。3.10节在预测梁受到强动载作用的响应时,将进一步讨论刚塑性方法的精度。

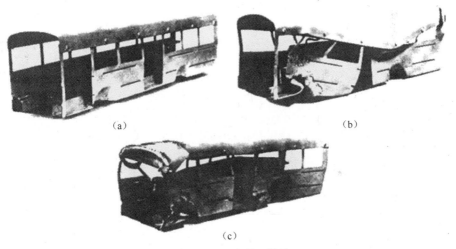

(a)　　　　　　　　　　　　　　　　(b)

(c)

图 3.2　大客车模型[3.2]

(a)原试件;(b)静载压皱;(c)动载压皱。

推导梁的动塑性行为理论解的一般步骤与第1章研究静载行为时所用的步骤类似。首先,假设一个描述梁运动的机动容许的速度场,有关其形状的某些提示常常受到对应的静载破坏模式特征的启示。然后,援引塑性正交性要求以便寻找与所假设的速度场有关的屈服面的合适部分。此时,通常可以通过积分控制微分方程并代入初始条件和边界条件来完成求解。然而,最后必须考察是否违背屈服条件。如果没有违背屈服条件,那么所假设的速度场是正确的,理论解也是精确的。另一方面,如果在整个响应的任一瞬时,或者对于某些参数值,确实违背了屈服条件,那么对于这些情形就必须用一个替代的速度场求得另一个解,该速度场的形状通常可通过违背屈服条件的特征来提出。这一步骤也许要重复若干次,直到找到一个精确的理论解。

3.2 节将推导梁的控制方程,3.3 节和 3.4 节将考察简支梁受均布矩形压力脉冲作用的动塑性响应。瞬动速度加载和两端固支的影响将在以后各节探讨。3.8 节对一个两端固支梁在跨中点受到一个具有初速度的物块撞击时的响应进行了理论分析。这一分析在 3.9 节中加以修改以适用于自由端受冲击的悬臂梁,并给出与实验结果的比较。3.10 节对本章引入的简化和近似的精确性进行讨论。

3.2 梁的控制方程

图 3.3 中梁元在无限小位移时的动态行为由下列方程控制:

$$Q = \partial M / \partial x \qquad (3.1)$$
$$\partial Q / \partial x = - p + m \partial^2 w / \partial t^2 \qquad (3.2)$$

和

$$\kappa = - \partial^2 w / \partial x^2 \qquad (3.3)$$

除了在横向平衡方程式(3.2)中包括了一个惯性项(m 为单位长度梁的质量,t 为时间),这些方程与方程式(1.1)~式(1.3)相同。为了简化以后的表达式,力矩平衡方程式(3.1)中不包括转动惯性的影响,但它的影响将在第 6 章中讨论。此外,如图 1.3 所示,还假设梁是由理想刚塑性材料制成,材料的单轴屈服极限为 σ_0,梁的塑性弯矩为 M_0(图 1.4)。

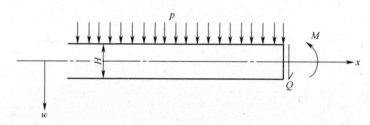

图 3.3　梁的符号标记

因此,梁的理论解必须满足方程式(3.1)和式(3.2)以及边界条件和初始条件。广义应力即弯矩 M 必须保持是静力容许的,$-M_0 \leqslant M \leqslant M_0$,且不违背屈服条件。此外,横向速度场必须产生一个满足塑性正交性要求的广义应变率即曲率改变率 $\dot{\kappa}$。换句话说,与梁中一个运动的塑性区相联系的曲率改变率矢量必须在相应点垂直于屈服曲线(即当 $M = M_0$ 时,$\dot{\kappa} \geqslant 0$;当 $M = -M_0$ 时,$\dot{\kappa} \leqslant 0$)。如果广义应力场是静力容许的,而与此相关联的横向速度场是机动容许的,则该理论解就是精确的。

3.3　简支梁, $p_c \leqslant p_0 \leqslant 3p_c$

3.3.1　引言

考虑图 3.4(a)中所示的简支刚塑性梁的动力响应。该梁的整个跨度上受矩形压力脉冲的作用,该脉冲如图 3.5 所示,并可表示为

$$p = p_0, \quad 0 \leqslant t \leqslant \tau \tag{3.4}$$

和

$$p = 0, \quad t \geqslant \tau \tag{3.5}$$

在第 1 章中指出,该梁的精确的静载破坏压力由式(1.27)给出,即

$$p_c = 2M_0/L^2 \tag{3.6}$$

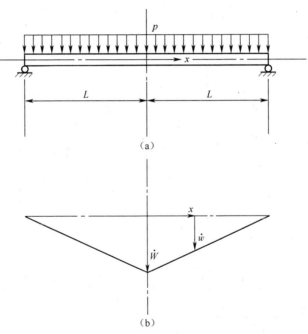

图 3.4　(a)均匀受载的简支梁;(b)横向速度场

与此有关的初始横向位移场见图 1.7(b)。显然,一根刚塑性梁在受到满足不等式 $0 \leqslant p_0 \leqslant p_c$ 的压力脉冲作用时保持为刚性,而在受到更大的压力时加速运动。然而,如果压力在一个短时间作用后移去,那么梁将达到一个平衡位置(一种变了形的形状),此时所有的外加动能都以塑性功的形式消耗掉。根据式(3.4)和式(3.5),可以分成 $0 \leqslant t \leqslant \tau$ 和 $\tau \leqslant t \leqslant T$ 两部分来进行分析,此处 T 是运动时间。此外,由于梁关于跨中点位置 $x = 0$ 对称,只需要考查梁的 1/2 即 $0 \leqslant x \leqslant L$。

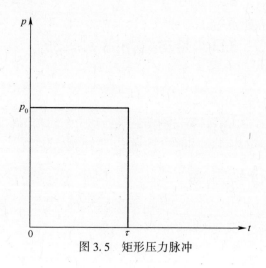

图 3.5　矩形压力脉冲

3.3.2　运动第一阶段，$0 \leqslant t \leqslant \tau$

我们用如图 3.4(b)所示的、同与静载破坏压力 p_c 相关联的位移场有同样形式的横向速度场来寻找一个理论解。如同 3.1 节中指出的那样，可以预期，与一个弱的压力脉冲相关联的速度场跟梁的跨度上具有相同空间分布的静破坏压力所对应的速度场是相似的。如果事实证明与此相关联的广义应力场不是静力允许的，这一假定就不正确，必须换一个速度场重新分析，该速度场的形状由梁决定。因此，违背屈服条件的位置为

$$\dot{w} = \dot{W}(1 - x/L), \quad 0 \leqslant x \leqslant L \tag{3.7}①$$

式中 $\dot{W}$ 为梁跨中点的横向速度。式(3.3)和式(3.7)给出沿梁整个跨度（除了 $x = 0$ 处）$\dot{\kappa}$，而在 $x = 0$ 处 $\dot{\kappa}$ 处 $\dot{\kappa} \to \infty$。因此，梁理想化为由一个中央塑性铰（$M = M_0$）所联结的两个刚性臂（即 $-M_0 \leqslant M \leqslant M_0$）。

现在，把式(3.1)代入式(3.2)，得

$$\partial^2 M / \partial x^2 = -p + m \partial^2 w / \partial t^2 \tag{3.8}$$

利用式(3.4)和式(3.7)，式(3.8)变为

$$\partial^2 M / \partial x^2 = -p_0 + m(1 - x/L) \mathrm{d}^2 W / \mathrm{d}t^2 \tag{3.9}$$

对式(3.9)的 x 进行积分②：

$$M = -p_0 x^2 / 2 + m(x^2/2 - x^3/6L) \mathrm{d}^2 W / \mathrm{d}t^2 + M_0 \tag{3.10}$$

式中任意积分常数已由要求 $x = 0$ 时 $M = M_0$ 和 $Q = \partial M / \partial x = 0$ 确定。然而，对于简

---

①　记号 $(\cdot) = \partial(\ )/\partial t$ 用于整个这一章。

②　式(3.10)只对等截面梁有效，即假定 m 与 x 无关。

支边界需要在 $x=L$ 处 $M=0$。因此

$$\mathrm{d}^2W/\mathrm{d}t^2 = 3(\eta - 1)M_0/mL^2 \tag{3.11}$$

式中

$$\eta = p_0/p_\mathrm{c} \tag{3.12}$$

是动压力脉冲的大小与对应的静载破坏压力之比[①]。如果式(3.11)对时间积分,则

$$W = 3(\eta - 1)M_0t^2/2mL^2 \tag{3.13}$$

因为在 $t=0$ 时 $W=\dot{W}=0$。运动第一阶段在 $t=\tau$ 时结束,此时有

$$W = 3(\eta - 1)M_0\tau^2/2mL^2 \tag{3.14}$$

和

$$\dot{W} = 3(\eta - 1)M_t\tau/mL^2 \tag{3.15}$$

3.3.3 运动第二阶段,$\tau \leqslant t \leqslant T$

外加压力在 $t=\tau$ 时突然移去,故在运动的这个阶段梁处于卸载状态。然而,根据式(3.7)和式(3.15),梁在 $t=\tau$ 时具有横向速度,因而具有有限大小的动能。因此,在 $t \geqslant \tau$ 时梁继续变形直到剩下的动能通过塑性铰处的塑性能量耗散而被吸收。

如果假设如图3.4(b)所示的由式(3.7)所描述的速度场在运动的这一阶段仍然有效,那么式(3.10)除 $p_0=0$ 外保持不变。因此,式(3.11)变为

$$\mathrm{d}^2W/\mathrm{d}t^2 = -3M_0/mL^2 \tag{3.16}$$

式(3.16)可以积分,把式(3.14)和式(3.15)作为运动第二阶段的位移和速度的初始条件($t=\tau$),给出

$$\dot{W} = 3M_0(\eta\tau - t)/mL^2 \tag{3.17a}$$

$$W = 3M_0(2\eta\tau t - t^2 - \eta\tau^2)/2mL^2 \tag{3.17b}$$

当 $\dot{W}=0$ 时梁到达它的最终位置[②],根据式(3.17a)这一情况在

$$T = \eta\tau \tag{3.18}$$

时发生。式(3.7)和式(3.17)、式(3.18)预测最终位移场为

$$w = 3\eta(\eta - 1)M_0\tau^2(1 - x/L)/2mL^2 \tag{3.19}$$

3.3.4 静力容许性

3.3.2节和3.3.3节的理论分析满足平衡方程式(3.1)和式(3.2)及承受矩

---

① 如所预料的那样,当 $\dot{W}=0$ 时,式(3.11)给出 $\eta=1$(即 $p_0=p_\mathrm{c}$)。
② 对于刚塑性材料没有弹性卸载发生。

形压力脉冲的简支梁的初始条件与边界条件。但是，弯矩 M 仅在支承处和跨中点是确定的。因此，在 $0 \leqslant x \leqslant L$ 时，必须确保梁在任何一点弯矩在运动的两个阶段 $0 \leqslant t \leqslant \tau$ 和 $\tau \leqslant t \leqslant T$ 都不违背屈服条件。

现在，利用式（3.11），式（3.10）可以写成

$$M/M_0 = 1 - \eta(x/L)^2 + (\eta - 1)(3 - x/L)(x/L)^2/2 \tag{3.20}$$

式（3.20）如所预料满足在 $x = 0$ 处 $\mathrm{d}M/\mathrm{d}x = 0$。此外

$$(L^2/M_0)\mathrm{d}^2M/\mathrm{d}x^2 = \eta - 3 - 3(\eta - 1)x/L \tag{3.21}$$

如果 $\eta \leqslant 3$，式（3.21）预言在 $x = 0$ 处 $\mathrm{d}^2M/\mathrm{d}x^2 \leqslant 0$。因此，当 $\eta \leqslant 3$ 时，在运动的第一阶段梁的任何地方都不违背屈服条件，因为在梁的整个跨度上都有 $\mathrm{d}^2M/\mathrm{d}x^2 > 0$，如图 3.6（a）所示。所以，如果 $1 \leqslant \eta \leqslant 3$，对于运动第一阶段所给出的理论解是正确的。然而，当 $\eta > 3$ 时，将发生违背屈服条件的情况，因为在 $x = 0$ 处 $\mathrm{d}^2M/\mathrm{d}x^2 > 0$，这意味着跨中点附近弯矩将超过塑性极限弯矩 M_0。

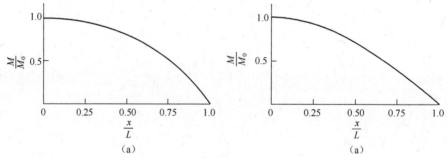

图 3.6　（a）受 $\eta = 2$ 的均布矩形压力脉冲作用的简支梁在运动第一阶段（$0 \leqslant t \leqslant \tau$）的弯矩分布（$0 \leqslant x/L \leqslant 1$）；（b）受 $1 \leqslant \eta \leqslant 3$ 的均布矩形压力脉冲作用的简支梁在运动第二阶段（$\tau \leqslant t \leqslant T$）的弯矩分布（$0 \leqslant x/L \leqslant 1$）

在运动第二阶段 $\tau \leqslant t \leqslant T$，由于 $\eta = 0$，由式（3.20）显然得

$$M/M_0 = 1 - (3 - x/L)(x/L)^2/2 \tag{3.22}$$

在式（3.22）或者在式（3.21）中令 $\eta = 0$，给出 $\mathrm{d}^2M/\mathrm{d}x^2 \leqslant 0$，因为在 $x = 0$ 处 $M = M_0$ 及 $\mathrm{d}M/\mathrm{d}x = 0$，而在 $x = L$ 处 $M = 0$，如图 3.6（b）所示，故没有发生违背屈服条件的情况。因此，如果 $1 \leqslant \eta \leqslant 3$ 或 $p_c \leqslant p_0 \leqslant 3p_c$，上述理论解是正确的，它通过式（3.18）给出了响应时间，通过式（3.19）给出了与此相关的梁的永久形状[①]。

---

　① 位移 w 和速度 $\partial w/\partial t$ 在两个运动阶段之间（$t = \tau$）的连续性是强加在这个解上的。然而，从式（3.11）和式（3.16）可以看到 $t = \tau$ 时加速度 $\partial^2 w/\partial t^2$ 是间断的，它导致弯矩场的时间间断，这一点从式（3.20）和式（3.22）可以看得很清楚。这一间断的发生是因为压力是在 $t = \tau$ 时突然移去的。如果平衡方程式（3.8）是满足的，这一间断也是允许的。如果用 $[X]_\tau$ 定义 $X_{\tau+} - X_\tau$，即 $t = \tau$ 时产生的 X 的间断的大小，那么式（3.8）可以写成 $[\partial^2M/\partial x^2]_\tau = [-p]_\tau + m[\partial^2 w/\partial t^2]_\tau$ 的形式。可以看到式（3.4）、式（3.5）、式（3.7）、式（3.11）、式（3.16）、式（3.20）和式（3.22）都满足这一要求。

3.4 简支梁,$p_0 > 3p_c$

3.4.1 引言

显然,3.3.4 节利用图 3.4(b)中的横向速度场得到的理论分析在压力脉冲为 $p_c \leqslant p_0 \leqslant 3p_c$(或 $1 \leqslant \eta \leqslant 3$)时是精确的。正如 3.1 节所讨论的,为了得到关于 $p_0 > 3p_c$ 的压力脉冲的精确理论解,必须找一个替代的横向速度场。

当 $\eta > 3$ 时,式(3.21)在 $x = 0$ 处是正的,因此弯矩分布 M 在跨中点处有极小值 $M = M_0$。这使得在梁的中央部分违背屈服条件,并提示在图 3.7(a)中 $x = \xi_0$ 和 $x = -\xi_0$ 处形成塑性铰,此处 ξ_0 是载荷比 η 的函数[①]。这表明在运动的第一阶段 $0 \leqslant t \leqslant \tau$ 塑性铰保持不动,在运动的第二阶段 $\tau \leqslant t \leqslant T_1$ 塑性铰向跨中点移动,此处 T_1 是两个塑性铰在 $x = 0$ 处汇合的时间。运动的最后阶段与 3.3.3 节中描述的 $1 \leqslant \eta \leqslant 3$ 的运动的第二阶段是相似的。

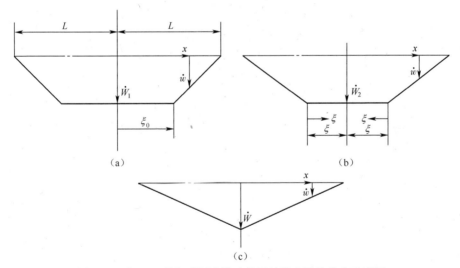

图 3.7 受 $\eta \geqslant 3$ 的矩形压力脉冲作用的简支梁的横向速度场
(a)运动第一阶段,$0 \leqslant t \leqslant \tau$;(b)运动第二阶段,$\tau \leqslant t \leqslant T_1$;(c)运动第三阶段,$T_1 \leqslant t \leqslant T$。

3.4.2 运动第一阶段,$0 \leqslant t \leqslant \tau$

如 3.1 节中所述,分析这类问题的第一步是选择一个横向速度场。如果没有得到精确解,那么就必须选择另一个横向速度场,直到找到正确的速度场

---

① 因为对于更大的 η 值违背屈服条件的范围更大(式(3.30)),故可预计 ξ_0 是 η 的函数。

为止。

现在,由于梁的行为相对于跨中点($x=0$)是对称的,故只需要考虑图 3.4 (a)中梁 $0 \leqslant x \leqslant L$ 的部分。这样,图 3.7(a)中的横向速度场可以写成

$$\dot{w} = \dot{W}_1, \quad 0 \leqslant x \leqslant \xi_0 \tag{3.23a}$$

和

$$\dot{w} = \dot{W}(L - x)(L - \xi_0), \quad \xi_0 \leqslant x \leqslant L \tag{3.23b}$$

式(3.3)和式(3.23)给出除塑性铰处($x=\pm\xi_0$)外,$\dot{\kappa}=0$,塑性铰处 $\dot{\kappa} \to \infty$,因此 $M = M_0$。

假定在运动的第一阶段压力脉冲按照式(3.4)为常数时[1],图 3.7(a)中 $x=\xi_0$ 处的塑性铰保持不动。因此由式(3.1)、式(3.2)、式(3.4)和式(3.23a)给出

$$\partial^2 M/\partial x^2 = - p_0 + m \mathrm{d}^2 W_1/\mathrm{d}t^2, \quad 0 \leqslant x \leqslant \xi_0$$

上式对 x 积分变为

$$\partial M/\partial x = (- p_0 + m \mathrm{d}^2 W_1 + \mathrm{d}t^2) x \tag{3.24}$$

根据对称性,$x=0$ 处 $Q = \partial M/\partial x = 0$,所以式中积分常数为 0。而当

$$m \mathrm{d}^2 W_1/\mathrm{d}t^2 = p_0 \tag{3.25}[2]$$

时,式(3.24)满足在塑性铰($x=\xi_0$)处 $\partial M/\partial x = Q = 0$。所以式(3.24)简化为

$$\partial M/\partial x = 0, \quad 0 \leqslant x \leqslant \xi_0 \tag{3.26}$$

再积分一次得

$$M = M_0, \quad 0 \leqslant x \leqslant \xi_0 \tag{3.27}$$

式中积分常数根据 $x=\xi_0$ 处 $M=M_0$ 的要求得到。

式(3.1)、式(3.2)、式(3.4)和式(3.23b)给出

$$\partial^2 M/\partial x^2 = - p_0 + m [(L - x)(L - \xi_0)] \mathrm{d}^2 W_1/\mathrm{d}t^2, \quad \xi_0 \leqslant x \leqslant L \tag{3.28}$$

利用式(3.25),式(3.28)积分后变为

$$\partial M/\partial x = - p_0 x + p_0(Lx - x^2/2)/(L - \xi_0) + A_1$$

式中积分常数可根据 $x=\xi_0$ 处 $Q = \partial M/\partial x = 0$ 的要求得到,即

$$A_1 = p_0\xi_0 - p_0\xi_0(L - \xi_0/2)(L - \xi_0)$$

这样再积分一次,得

$$M = - p_0 x^2/2 + p_0(Lx^2/2 - x^3/6)/(L - \xi_0) + A_1 x + B_1, \quad \xi_0 \leqslant x \leqslant L \tag{3.29}$$

式中

$$B_1 = p_0 L^2/2 - p_0 L^3/3(L - \xi_0) - p_0\xi_0 L + p_0\xi_0 L(L - \xi_0/2)(L - \xi_0)$$

---

[1] 如果发现这一分析不是静力允许的,这一假定就不正确,必须换一个不同的速度场重新分析。然而,在这个具体情形,如同在 3.4.5 节中看到的那样,这一假定确实导致一个静力允许的解。

[2] 在整个这一阶段梁具有不变的加速度。

以满足简支端的边界条件 $x = L$ 处 $M = 0$。

弯矩分布式(3.29)也必须满足塑性铰($x = \xi_0$)处的屈服条件 $M = M_0$，即

$$- p_0\xi_0^2/2 + p_0(L\xi_0^2/2 - \xi_0^3/6)/(L - \xi_0) + A_1\xi_0 + B_1 = M_0$$

上式整理后给出

$$(1 - \xi_0/L)^2 = 6M_0/p_0L^2$$

即

$$(1 - \bar{\xi}_0)^2 = 3/\eta \tag{3.30}$$

式中

$$\bar{\xi}_0 = \xi_0/L \tag{3.31}$$

而 η 由式(3.12)定义，式(3.12)中的 P_e 则由式(3.6)给出。式(3.30)指出图 3.7(a)中中央区域的范围($0 \le x \le \xi_0$)取决于动压力脉冲的大小 p_0(即 η)。特别地，当 $p_0 = 3p_e$ 或 $\eta = 3$ 时，$\xi_0 = 0$。也很显然，当 $\eta \to \infty$ 时，$\bar{\xi}_0 \to 1$。

根据式(3.29)，弯矩分布可以写成如下形式：

$$M/M_0 = \eta[3\bar{\xi}_0(x/L)^2 - (x/L)^3 - 3\bar{\xi}_0^2(x/L) + 1 - 3\bar{\xi}_0 + 3\bar{\xi}_0^2]/3(1 - \bar{\xi}_0), \quad \xi_0 \le x \le L \tag{3.32}$$

对式(3.25)可以积分给出

$$\mathrm{d}W_1/\mathrm{d}t = p_0t/m \tag{3.33a}[①]$$

和

$$W_1 = p_0t^2/2m \tag{3.33b}$$

因为 $t = 0$ 时 $w = \dot{w} = 0$。

3.4.3　运动第二阶段，$\tau \le t \le T_1$

正如图 3.5 和式(3.5)所表明：在 $t = \tau$ 时压力脉冲移去了，此时按照式(3.33a)横向速度达到最大值，因此，动能在运动的第一阶段都达到最大值。再一次假定横向速度场由式(3.23)给出，只是 $\dot{W}_1$ 由 $\dot{W}_2$ 代替，而且图 3.7(a)中 $x = \xi_0$ 处的塑性铰可以移动，如图 3.7(b)所示。因此，经验证，对于 $0 \le x \le \xi$，显然由式(3.1)、式(3.2)、式(3.5)、式(3.23a)可导出式(3.24)~式(3.27)，但要令 $p_0 = 0$ 并将 W_1 改为 W_2。特别地，式(3.25)经上述修正后得

$$\mathrm{d}^2W_2/\mathrm{d}t^2 = 0 \tag{3.34}$$

式(3.34)对时间积分后得到速度：

---

① 横向速度随时间 t 线性增加，在 $t = \tau$ 时达到最大值。

$$\mathrm{d}W_2/\mathrm{d} = p_0\tau/m \tag{3.35}$$

式中积分常数的选择是为了确保 $t=\tau$ 时式(3.35)与式(3.33a)一致。

对式(3.35)再积分一次得到横向位移：

$$W_2 = p_0\tau t/m - p_0\tau^2/2m \tag{3.36}$$

式(3.36)中的积分常数确保在 $t=\tau$ 时重新得到式(3.33b)。

根据式(3.1)、式(3.2)、式(3.5)、式(3.23b)并用 $\dot{W}_2$ 代替 $\dot{W}_1$，得到 $\xi \leqslant x \leqslant L$ 时的控制方程为

$$\partial^2 M/\partial x^2 = m[(L-x)/(L-\xi)]\mathrm{d}^2 W_2/\mathrm{d}t^2 + m[(L-x)/(L-\xi)^2](\mathrm{d}W_2/\mathrm{d}t)\mathrm{d}\xi/\mathrm{d}t,$$
$$\xi \leqslant x \leqslant L \tag{3.37}$$

基于式(3.34)和式(3.35)，式(3.37)变为

$$\partial^2 M/\partial x^2 = p_0\tau[(L-x)/(L-\xi)^2]\mathrm{d}\xi/\mathrm{d}t \tag{3.38}$$

式(3.38)对 x 积分，得

$$\partial M/\partial x = p_0\tau(Lx - x^2/2)\dot{\xi}/(L-\xi)^2 + A_2 \tag{3.39}$$

式中

$$A_2 = -p_0\tau\xi(L-\xi/2)\dot{\xi}/(L-\xi)^2 \tag{3.40}$$

以满足塑性铰 $x=\xi$ 处 $Q = \partial M/\partial x = 0$ 的要求。式(3.39)对 x 积分得

$$M = p_0\tau(Lx^2/2 - x^3/6)\dot{\xi}/(L-\xi)^2 + A_2 x + B_2 \tag{3.41}$$

式中，因为对于简支端 $x=L$ 处 $M=0$，故

$$B_2 = -p_0\tau L^3\dot{\xi}/3(L-\xi)^2 - A_2 L \tag{3.42}$$

然而，在移动塑性铰[①] $x=\xi$ 处 $M=M_0$，因此式(3.41)必须满足

$$M_0 = p_0\tau(L\xi^2/2 - \xi^3/6)\dot{\xi}/(L-\xi)^2 + A_2\xi + B_2$$

借助于式(3.40)和式(3.42)，上式可重写成下述形式：

$$M_0 = -p_0\tau(L-\xi)\dot{\xi}/3 \tag{3.43}[②]$$

式(3.43)给出塑性铰的移动速度 $\dot{\xi}$，可以看到，它是铰的位置 ξ、脉冲 $p_0\tau$ 和 M_0 的函数。该式可改写为

$$\int_{L\xi_0}^{\xi}(L-\xi)\mathrm{d}\xi = -\int_{\tau}^{l}(3M_0/p_0\tau)\mathrm{d}t$$

以给出 $t \geqslant \tau$ 时移动塑性铰的位置 ξ：

$$L\xi - \xi^2/2 - L^2\bar{\xi}_0 + L^2\bar{\xi}_0^2/2 = 3M_0(\tau - t)/p_0\tau \tag{3.44}$$

---

① 见 3.4.5 节中的脚注。

② 塑性铰的速度在 $t=\tau$ 时最快，然后沿着梁移动时减慢，到达跨中点时减为 $-3M_0/p_0\tau L$。

根据式(3.30)和式(3.44),令 $\xi=0$,图 3.7(b)中两个移动塑性铰在跨中点 $x=0$ 处汇合的时间为

$$T_1 = p_0 L^2 \tau / 6M_0 \qquad (3.45a)$$

或利用式(3.6)和式(3.12),得

$$T_1 = \eta\tau/3 \qquad (3.45b)$$

利用式(3.40)、式(3.42)和式(3.43),式(3.41)可以重新写成下述形式:

$$M/M_0 = \left[2 + 2x/L - x^2/L^2 - 6(\xi/L - \xi^2/2L^2) \right](1 - x/L)/\left[2(1 - \xi/L)^3 \right],$$
$$\xi \leqslant x \leqslant L \qquad (3.46)$$

3.4.4 运动第三阶段,$T_1 \leqslant t \leqslant T$

对运动最后阶段的分析同 3.3.3 节中的分析相似,因为根据式(3.5),梁处于卸载状态,并且塑性铰在跨中点固定不动,如图 3.7(c)所示。因此,用 $\dot{W}_3$ 代替 W_1 及令 $\xi_0=0$ 后,式(3.1)、式(3.2)、式(3.5)和式(3.23b)给出

$$\partial^2 M/\partial x^2 = m(1 - x/L)\ddot{W}_3, \quad 0 \leqslant x \leqslant L \qquad (3.47)$$

对 x 积分后变为

$$\partial M/\partial x = m(x - x^2/2L)\ddot{W}_3$$

考虑到对称性,在 $x=0$ 处 $\partial M/\partial x = Q = 0$,故上式中积分常数为 0。对 x 再次积分就得到弯矩分布,即

$$M = m(x^2/2 - x^3/6L)\ddot{W}_3 + M_0 \qquad (3.48)$$

因为在位于跨中点 $(x=0)$ 的塑性铰处 $M = M_0$。

式(3.48)必须满足简支边界条件 $x=L$ 处 $M=0$,这要求

$$\ddot{W}_3 = -3M_0/mL^2 \qquad (3.49)^{①}$$

根据式(3.48),这使得弯矩分布可以写成

$$M/M_0 = 1 - (3x^2/L^2 - x^3/L^3)/2, \quad 0 \leqslant x \leqslant L \qquad (3.50)$$

对式(3.49)积分可得到横向速度:

$$\dot{W}_3 = -3M_0/mL^2 + 3p_0\tau/2m$$

式中,积分常数的选择是为了在 $t=T_1$ 时与式(3.35)一致,T_1 由式(3.45)定义。再一次积分就得到横向位移为

$$W_3 = -3M_0 t^2/2mL^2 + 3p_0\tau t/2m - p_0\tau^2 1/2m - p_0^2 L^2\tau^2/24mM_0 \qquad (3.51)$$

式(3.51)中的积分常数确保该位移在 $t=T_1$ 时与式(3.36)所得的位移连续。

---

① 在整个最后阶段,梁具有常加速度。

在运动第二阶段结束时($t = T_1$)梁所具有的全部动能在最后阶段作为不动的中央塑性铰处的塑性功而被吸收掉后，运动就终止了。这在 $\dot{W}_3 = 0$，即

$$T = \eta\tau \tag{3.52}$$

时发生，式中的 η 由式(3.12)定义。最后，根据式(3.52)，将 $t = \eta\tau$ 代入式(3.51)给出梁中点的最大永久横向位移为

$$W_f = p_0\tau^2(4\eta - 3)/6m \tag{3.53}$$

3.4.5　静力容许性

在运动第一阶段 $0 \leqslant t \leqslant \tau$ 时，根据式(3.32)得到的 $\xi_0 \leqslant x \leqslant L$ 的弯矩分布给出 $x = \xi_0$ 处 $M = M_0$ 和 $\partial M/\partial x = 0$，$x = L$ 处 $M = 0$。此外还可以证明，对于 $\xi_0 < x \leqslant L$ 有 $\partial^2 M/\partial x^2 < 0$(根据式(3.25)和式(3.28)，$x = \xi_0$ 处 $\partial^2 M/\partial x^2 = 0$)。因此，根据式(3.27)和式(3.32)，在整个运动第一阶段 $0 \leqslant t \leqslant \tau$，对于 $0 \leqslant x \leqslant \xi_0$ 和 $\xi_0 \leqslant x \leqslant L$ 的弯矩分布都满足 $0 \leqslant M \leqslant M_0$，如图 3.8(a)所示。

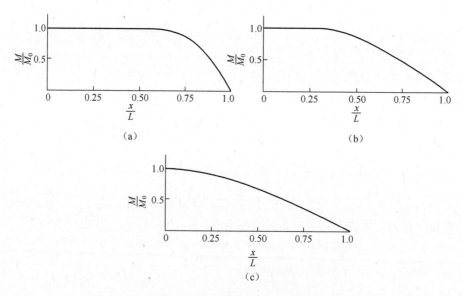

图 3.8　$\eta \geqslant 3$ 的简支梁的弯矩分布
(a)运动第一阶段，$0 \leqslant t \leqslant \tau, \eta = 12$；(b)运动第二阶段，$\tau \leqslant t \leqslant T_1$，当 $\xi/L = 0.25$ 和 $\eta \geqslant 3$ 时；(c)运动第三阶段，$T_1 \leqslant t \leqslant T, \eta \geqslant 3$。

运动第二阶段 $\tau \leqslant t \leqslant T_1$ 时的弯矩方程式(3.46)给出 $x = \xi$ 处 $M = M_0$ 和 $\partial M/\partial x = 0$，$x = L$ 处 $M = 0$，以及除了在 $x = L$ 处 $\partial^2 M/\partial x^2 = 0$，对于 $\xi \leqslant x < L$ 有 $\partial^2 M/\partial x^2 < 0$(也可参看式(3.38)，从式(3.43)可知 $d\xi/dt < 0$)。运动第二阶段

的弯矩分布画在图 3.8(b)中①。

运动第三阶段 $T_1 \leq t \leq T$ 的弯矩分布是由(式 3.50)确定的,由它得出在 $x = 0$ 处 $M = M_0$ 和 $\partial M/\partial x = 0$,在 $x = L$ 处 $M = 0$,以及除了在 $x = L$ 处 $\partial^2 M/\partial x^2 = 0$,对于 $0 \leq x < L$, $\partial^2 M/\partial x^2 < 0$(也可参看式(3.47)和式(3.49)),因此产生了如图 3.8(c) 所示的弯矩分布。

因此,沿整个梁 $0 \leq x \leq L$ 的弯矩分布在响应过程 $0 \leq t \leq T$ 的任一瞬时都满足 $0 \leq M < M_0$,没有违背屈服条件。所以,除了要求 $p_0 > 3p_c$ 或 $\eta > 3$,该理论解对任何参数值都是静力容许的。

3.4.6 机动容许性

首先推导几个一般的表达式,然后再具体化以考察前述理论解的机动容许性。

在没有横向剪切变形的条件下,可以合理地假定横向位移(w)在梁中任何一点都是连续的②。因此,$w_1 = w_2$,即

$$[w]_\xi = 0 \tag{3.54}$$

式中:w_1、w_2 为图 3.9 所示的两个相邻区域的位移;$[X]_\xi$ 用来定义一个量 X 在界面(例如塑性铰)$x = \xi$ 两侧的值之间的差。现在,式(3.54)对时间求导,得

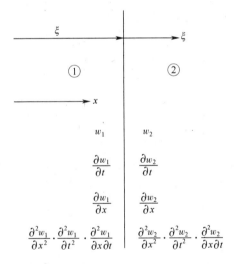

图 3.9 由一个以速度 $\dot{\xi}$ 运动的位于 $x = \xi$ 的界面分开的两个邻接区域①和②

---

① 注意,移动塑性铰处弯矩是连续的,即 $[M]_\xi = 0$,记号 $[\ ]_\xi$ 是在 3.4.6 节中定义的。上式对时间求导给出 $[\partial M/\partial t]_\xi + \dot{\xi}[\partial M/\partial x]_\xi = 0$,该式是满足的,因为在任何瞬时 t 在 $x = \xi$ 处都有 $M = M_0$ 和 $\partial M/\partial x = 0$。

② Lee 和 Symonds[3.3]已经证明位移 w 和速度 $\dot{w}$ 在移动塑性铰处必须为 x 的连续函数。

$$\frac{\mathrm{d}}{\mathrm{d}t}[w]_\xi = \left[\frac{\partial w}{\partial t}\right]_\xi + \left[\frac{\partial w}{\partial x}\frac{\partial x}{\partial t}\right]_\xi$$

即

$$\left[\frac{\partial w}{\partial t}\right]_\xi + \dot{\xi}\left[\frac{\partial w}{\partial t}\right]_\xi = 0 \tag{3.55}$$

因为式(3.54)对跟随以速度 $\dot{\xi}$ 运动的界面的时间导数为0,此外,假定在移动塑性铰处斜率 $\partial w/\partial x$ 也是连续的,即

$$\left[\frac{\partial w}{\partial t}\right]_\xi = 0 \tag{3.56}①$$

则式(3.55)变为

$$\left[\frac{\partial w}{\partial t}\right]_\xi = 0 \tag{3.57}②$$

式(3.57)跟随界面 $x=\xi$ 的导数得

$$\frac{\mathrm{d}}{\mathrm{d}t}\left[\frac{\partial w}{\partial t}\right]_\xi = \left[\frac{\partial^2 w}{\partial t^2}\right]_\xi + \left[\frac{\partial^2 w}{\partial x\partial t}\frac{\partial x}{\partial t}\right]_\xi$$

即

$$\left[\frac{\partial^2 w}{\partial t^2}\right]_\xi + \dot{\xi}\left[\frac{\partial^2 w}{\partial x\partial t}\right]_\xi = 0 \tag{3.58}$$

类似地,式(3.56)要求

$$\left[\frac{\partial^2 w}{\partial x\partial t}\right]_\xi + \dot{\xi}\left[\frac{\partial^2 w}{\partial x^2}\right]_\xi = 0 \tag{3.59}$$

可以看到,在一个驻定的塑性铰或界面处(即 $\dot{\xi}=0$),式(3.55)要求式(3.57)得到满足,而不是式(3.56)。因此,在驻定塑性铰处斜率的改变是允许的,而在移动塑性铰处则不允许。

总之,根据式(3.56)和式(3.57),斜率和横向速度在梁的移动塑性铰处必须分别连续。移动塑性铰或界面处的加速度和曲率的任何变化是通过式(3.58)和式(3.59)与 $\partial^2 w/\partial x\partial t$ 的相应变化及塑性铰移动速度 $\dot{\xi}$ 联系在一起的。

现在,回到3.4.2节至3.44节中对图3.4(a)中问题的理论分析上来。根据式(3.23a)、式(3.23b),运动第一阶段的横向速度分布在驻定塑性铰处是连

---

① Symonds, Ting 和 Robinson[3.4]证明 $\partial w/\partial x$ 的连续性保证了移动塑性铰处有限的弯曲应变和角速度。然而这一限制对于驻定塑性铰是不必要的,因此,斜率的变化在一个由刚性理想塑性材料制成的梁中的塑性铰处可能会导致无限大曲率,但这种行为在应变硬化材料中不被允许。

② 如果假定式(3.57)成立并代入式(3.55),就得到式(3.56)。

续的,即 $x=\xi_0$ 处 $[\dot{w}]=0$。因此,当 $\dot{\xi}=0$ 时式(3.55)是满足的。此外,$x=\xi_0$ 处 $[\ddot{w}]=0$,所以 $\dot{\xi}=0$ 时 式(3.58)也是满足的。式(3.23a、b)不需要满足式(3.59),因为后者是建立在式(3.56)的基础上的,对驻定塑性铰没有这个要求。

3.4.3 节中运动第二阶段的横向速度场也是由式(3.23a)、式(3.23b)式给出的,只是把 $\dot{W}_1$ 换成 $\dot{W}_2$,并且允许图 3.7(a)中位于 $x=\xi_0$ 处的塑性铰移动,如图 3.7(b)所示。很清楚,既然横向速度场在移动塑性铰处是连续的,式(3.57)就是满足的。运动第二阶段中在 x 处积累的横向位移为

$$w_2 = \int_\tau^{t^*} \dot{W}_2 \mathrm{d}t + \int_{t^*}^{t} \dot{W}_2 (L-x)\mathrm{d}t/(L-\xi), \quad \xi \leqslant x \leqslant \xi_0 \quad (3.60)$$

式中:t^* 为移动塑性铰到达 x 处的时间。显然,$\mathrm{d}t=\mathrm{d}\xi/\dot{\xi}$,再利用式(3.43)就可以把式(3.60)写成下述形式:

$$w_2 = -\int_{L\xi_0}^{x} \tau \dot{W}_2 p_0 \tau (L-\xi)\mathrm{d}\xi/3M_0 - \int_{x}^{\xi} \tau \dot{W}_2 p_0 \tau(L-x)\mathrm{d}\xi/3M_0$$

即

$$w_2 = -\dot{W}_2 p_0 \tau (x^2/2 - L^2\bar{\xi}_0 + L^2\bar{\xi}_0^2/2 + L\xi - \xi x)/3M_0, \quad \xi \leqslant x \leqslant \xi_0$$
$$(3.61)[①]$$

式(3.61)在 $x=\xi^+$ 处给出 $\partial w_2/\partial x=0$。式(3.23a)用 $\dot{W}_2$ 代替 $\dot{W}_1$ 后也表明在 $x=\xi^-$ 处 $\partial w_2/\partial x=0$,此处 ξ^- 表示塑性铰靠梁中部区域的一侧。因此,式(3.56)是满足的。

式(3.23a、b)给出 $[\ddot{w}_2]_\xi = \dot{W}_2\dot{\xi}/(L-\xi)$ 和 $[\partial\dot{w}_2/\partial x]_\xi = -\dot{W}_2/(L-\xi)$,因此,式(3.58)在 $\dot{\xi}\neq0$ 时是满足的。式(3.61)预言 $\partial^2 w_2/\partial x^2 = -\dot{W}_2 p_0\tau/3M_0$,而式(3.23a)给出 $\partial^2 w_2/\partial x^2 = 0$。因此 $[\partial^2 w_2/\partial x^2]_\xi = -\dot{W}_2 p_0\tau/3M_0$,利用式(3.43)后式(3.59)是满足的。

在运动的第三阶段即最后阶段,塑性铰在梁的跨中点保持不动,如图 3.7(c)所示。因此,横向速度场由在式(3.23b)中令 $\xi_0=0$ 并用 $\dot{W}_3$ 代替 $\dot{W}_1$ 给出。这样,由于速度场的对称性,运动关系式(3.55)和式(3.58)在 $\dot{\xi}=0$ 的条件下是满足的。

从前面的计算中可以清楚地看到,3.4.2 节至 3.4.4 节所给出的理论分析中,全部驻定和移动塑性铰处两侧的状况在运动的三个阶段都满足所要求的运动学关系。不仅如此,横向位移和速度场满足图 3.4(a)中所示问题的边界条件

---

① 根据式(3.35),$\dot{W}_2$ 在运动第二阶段是常数。

及初始条件，并在运动的三个阶段之间 $t = \tau$ 和 $\tau = T_1$ 时连续。因此，3.4.2 节至 3.4.4 节的理论分析是机动容许的，因而是精确的，因为在 3.4.5 节中已表明它是静力容许的。

在 3.3.2 节、3.3.3 节和 3.4.2 节至 3.4.4 节给出的理论预测是 Symonds[3.5]首先得到的，但是他是利用与后面在 3.5.2 节和 3.5.3 节所述的对瞬动载荷情形的分析方法相类似的方法得到的。Symonds[3.5]也研究了不同外压力–时间特征的影响。

3.5 受瞬动载荷作用的简支梁

3.5.1 引言

从图 3.10 可以清楚地看到，从实用的观点看来，当 $\eta > 20$ 时，图 3.4(a) 中所示简支梁的最大永久横向位移对于无量纲压力比几乎是不敏感的。具有有限冲量，压力值无限大（$\eta \to \infty$）而作用时间无限短（$\tau \to 0$）（狄拉克 δ 函数）的外加压力载荷称为瞬动载荷。换句话说，一根单位宽度的梁瞬时获得一个均布横向速度 V_0，此时为满足动量守恒[①]，有

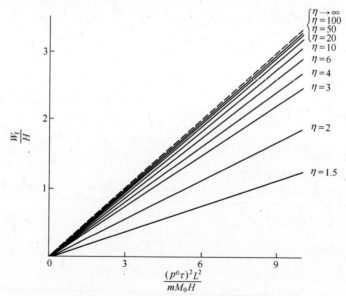

图 3.10　单位宽度的简支梁受具有不同无量纲压力比值 η 的
矩形压力脉冲作用时的最大永久横向位移

---

① 牛顿第二定律要求 $F = \mathrm{d}(mv)/\mathrm{d}t$，或 $F\mathrm{d}t = \mathrm{d}(mv)$。因此，$\int F\mathrm{d}t = $ 动量的改变，式中 $\int F\mathrm{d}t$ 是冲量。

$$(2mL)V_0 = (p_0 2L)\tau$$

即

$$V_0 = p_0\tau/m \qquad (3.62)$$

在这种情形下,式(3.52)和式(3.53)分别预测响应时间和最大永久横向位移为

$$T = mV_0/p_c \qquad (3.63a)$$

和

$$W_f = mV_0^2 L^2/3M_0 \qquad (3.63b)$$

瞬动载荷近似常使理论分析简化,这种理想化对大多数实际问题来说也是可以接受的。因此,我们将在以下各节考察简支梁受瞬动载荷情形,但是我们使用的是另一种方法,即利用动量守恒和能量守恒原理。

3.5.2 运动第一阶段,$0 \leqslant t \leqslant T_1$

起初,在 $x = L$ 处产生了速度的不连续,因为支承是在空间固定的(即在 $x = L$ 处对所有时刻 t 都有 $w = \dot{w} = 0$)。假设当 $t = 0$ 时塑性铰将在支承处产生,然后以速度 $\dot{\xi}$ 向梁的中部移动,这看来是合理的,如图3.7(b)中 t 时刻的速度场所示。梁的中央部分 $0 \leqslant x \leqslant \xi$ 为刚性,由于在受到向里运动的塑性铰的干扰之前它继续以初速度 V_0 运动,故这个速度场可以写成

$$\dot{w}V_0, \quad 0 \leqslant x \leqslant \xi \qquad (3.64)$$

和

$$\dot{w} = V_0(L - x)/(L - \xi), \quad \xi \leqslant x \leqslant L \qquad (3.65)$$

现在,梁的半跨对于支承点的角动量守恒要求

$$\int_0^L mV_0(L - x)\,\mathrm{d}x = \int_0^\xi mV_0(L - x)\,\mathrm{d}x + \int_\xi^L mV_0(L - x)^2\,\mathrm{d}x/(L - \xi) + M_0 t$$

$$(3.66)$$

由于除了在移动塑性铰处具有极限弯矩 M_0,整个梁是刚性的[①]。故方程式(3.66)给出

$$t = mV_0(L - \xi)^2/6M_0 \qquad (3.67)[②]$$

式中:t 为塑性铰从支承端移动到 $x = \xi$ 处所需的时间。

运动第一阶段在 $t = T_1$ 时结束,此时两个移动塑性铰在 $x = 0$ 处汇合。当 $\xi = 0$ 时,由式(3.67)得

---

① 式(3.3)、式(3.64)和式(3.65)给出 $\dot{\kappa} = 0$。

② 对式(3.67)微分给出塑性铰的速度,最初当 $t = 0$ 时它是无限快,到达跨中点时降低为 $\dot{\xi} = -3M_0/mLV_0$。

$$T_1 = mV_0L^2/6M_0 \tag{3.68}$$

这样，$x=0$ 处相应的横向位移等于 $W_1 = V_0T_1$，即

$$W_1 = mV_0^2L^2/6M_0 \tag{3.69}$$

3.5.3 运动的最后阶段，$T_1 \leqslant t \leqslant T$

在运动第一阶段终止时（$t=T_1$），梁具有一个峰值为 V_0 的线性速度场，因而具有动能 $mV_0^2L/3$，该动能将在以后的运动中耗散掉。下列假设看来是合理的：这一动能将在运动第二阶段消耗于如图 3.7(c) 所示的在 $x=0$ 处不动的塑性铰中。在这种情况下，能量守恒要求

$$mV_0^2L/3 = 2M_0\theta_2 \tag{3.70}$$

式中：$2\theta_2$ 为中央塑性铰的角度改变量。梁的中点在运动第二阶段获得的位移为 $W_2 = L\theta_2$，或

$$W_2 = mV_0^2L^2/6M_0 \tag{3.71}$$

最后，梁中点处总的永久横向位移为 $W_f = W_1 + W_2$，这与式（3.63b）一致。这一表达式可以写成无量纲形式：

$$W_f/H = \lambda/3 \tag{3.72}$$

式中

$$\lambda = mV_0^2L^2/M_0H \tag{3.73}[①]$$

是无量纲形式的初始动能，而 H 是梁的高度。

有趣的是，可以观察到运动的两相对梁中点横向位移的贡献是相等的（即 $W_1 = W_2$），尽管初始动能的 2/3 消耗于运动的第一阶段，仅有 1/3 的初始动能消耗于运动的最后阶段。然而，在运动的第一阶段，梁中存在着两个移动的塑性铰，如图 3.7(b) 所示，而在运动的第二阶段仅一个驻定塑性铰在梁中点处产生。

在证明解答既是静力容许的（即不违背屈服条件），又是机动容许的（即不违背几何关系）之前，前述理论预测必须看作为尝试性质的。

3.5.4 静力容许性

现在，无外力作用在梁上，所以其唯一的载荷是惯性（$m\ddot{w}$ 引起的，运动第一阶段的惯性力表示在图 3.11(a) 中，它是通过对图 3.7(b) 中所画的由式（3.64）和式（3.65）所描述的相应速度场微分得到的。图 3.11(b) 中的横向剪力分布是直接从惯性载荷分布和式（3.2）得到的（即 $Q = \int m\ddot{w}\mathrm{d}x + c_1$）。最后，图 3.11

---

① m 是沿梁的跨度单位长度的质量，M_0 是梁横截面的全塑性弯矩（例如，对于宽度为 B、高为 H 的梁，$M_0 = \sigma_0BH^2/4$）。

（c）中的弯矩分布是利用式（3.1）确定的（即 $M = \int Q\mathrm{d}x + c_2$）。类似地，可得到图 3.12 所示的运动第二阶段的惯性载荷、剪力和弯矩分布。

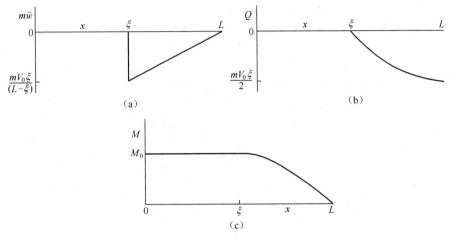

图 3.11　瞬动加载简支梁的运动第一阶段（$0 \leqslant t \leqslant T_1$）

（a）惯性载荷分布（$\dot{\xi} \leqslant 0$）；（b）横向剪力分布（$\dot{\xi} \leqslant 0$）；（c）弯矩分布。

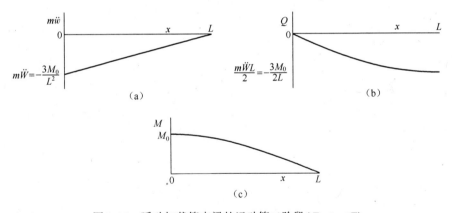

图 3.12　瞬动加载简支梁的运动第二阶段（$T_1 \leqslant t \leqslant T$）

（a）惯性载荷分布（$\ddot{W} \leqslant 0$）；（b）横向剪力分布（$\ddot{W} \leqslant 0$）；（c）弯矩分布。

　　显然，从这些分布可以看到 3.5.2 节和 3.5.3 节中的理论解在运动的两个阶段始终都是静力容许的。有兴趣进行静力容许性计算的读者将发现响应历时与式（3.63a）所表示的相同[①]，而图 3.13 中的永久变形形状为

$$w_\mathrm{f}/H = \lambda(1 - x/L)(2 + x/L)/6 \tag{3.74}$$

----

① 3.5.3 节中的计算没有预测响应历时。

式中:λ 由式(3.73)定义。

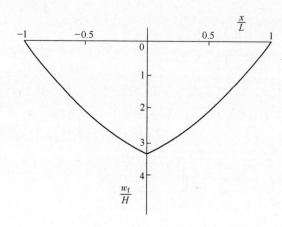

图 3.13　由式(3.74)得到的 λ = 10 时瞬动加载的简支梁的永久横向位移场

3.5.5　机动容许性

图 3.7(b、c)中的位移和速度场也是与瞬动加载简支梁的理论解联系在一起的,可以直接证明它满足式(3.56)~式(3.59),因而是机动容许的。

显然,3.5.2 节和 3.5.3 节中的理论解既是静力容许的又是机动容许的,因此是一个正确解。精确的响应历时由式(3.63a)给出,而精确的永久变形形状由式(3.74)给出。

在式(3.72)或在式(3.74)中令 x = 0,得到梁跨中点的最大永久横向位移理论预测,3.3 节和 3.4 节中对不同的无量纲压力比 η 进行理论分析,比较结果示于图 3.10 中。

3.6　固支梁,$\bar{p}_c \leqslant p_0 \leqslant 3\bar{p}_c$

3.6.1　引言

考虑一个图 3.14(a)所示的两端固支梁,受到一个图 3.5 所示并由式(3.4)和式(3.5)描述的矩形压力脉冲作用。根据式(1.32),该梁在均布静压:

$$\bar{p}_c = 4M_0/L^2 \tag{3.75}$$

作用下破坏,并产生一个图 1.7(b)所示的相应的初始横向位移场。

3.6.2　运动第一阶段,$0 \leqslant t \leqslant \tau$

如果对现在具有图 3.14(b)所示的速度场的情形再次应用 3.3.2 节中描述

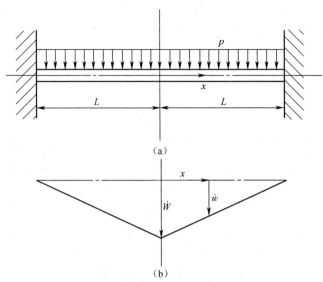

图 3.14 （a）均匀受载的固支梁；（b）横向速度场

的理论分析步骤，则式（3.10）保持不变。然而，固支端 $x=L$ 处要求 $M=-M_0$，因此式（3.11）由

$$\mathrm{d}^2W/\mathrm{d}t^2 = 6(\bar{\eta}-1)M_0/mL^2 \qquad (3.76\mathrm{a})$$

代替，式中

$$\bar{\eta} = p_0/\bar{p}_c \qquad (3.76\mathrm{b})$$

式（3.76a）与式（3.11）式是相同的，只是 M_0 和 η 分别被 $2M_0$ 和 $\bar{\eta}$ 所代替。因此，分别用 $2M_0$ 和 $\bar{\eta}$ 代替 M_0 和 η 以后，式（3.14）和式（3.15）就分别给出图 3.14(a)所示的固支梁第一阶段末的横向位移和速度。

3.6.3　运动最后阶段，$\tau \leqslant t \leqslant T$

显然，用 $2M_0$ 代替 M_0 后，式（3.16）就控制了两端固支梁在这一阶段的运动。因此，响应历时为

$$T = \bar{\eta}\tau \qquad (3.77)$$

相应的最终的变形场为

$$w_\mathrm{f} = 3\bar{\eta}(\bar{\eta}-1)M_0\tau^2(1-x/L)/mL^2 \qquad (3.78)$$

式中：$\bar{\eta}$ 由式（3.76b）定义。

3.6.4　静力和机动容许性

这留给读者作为练习，证明如果 $\bar{\eta} \leqslant 3$，前述理论解是机动容许和静力容许的。

3.7 固支梁，$p_0 > 3\overline{p}_c$

在3.6.4节中可以看到3.6.2节和3.6.3节的理论解对于$\overline{\eta} \leqslant 3$是静力容许的。因此，仿效3.4节中对简支梁的详细理论分析，假定图3.7所示而由式(3.23)所描述的横向速度场也控制着承受$\overline{\eta} > 3$的动压力脉冲的固支梁的响应。

如果遵循与3.6节中类似的步骤，那么可以证明目前情况下的响应历时为

$$T = \overline{\eta}\tau \qquad (3.79)$$

相应的梁中点的最大永久横向位移为

$$W_f = p_0\tau^2(4\overline{\eta} - 3)/6m \qquad (3.80)$$

式(3.79)和式(3.80)对于式(3.62)描述的瞬动载荷情形分别给出

$$T = mV_0L^2/4M_0 \qquad (3.81)$$

和

$$W_f/H = \lambda/6 \qquad (3.82)$$

式中，λ由式(3.73)定义。再一次留给读者去证明$\overline{\eta} > 3$时这些理论解是机动容许和静力容许的。

从式(3.63a)和式(3.72)以及式(3.81)和式(3.82)可以清楚地看到，在受相同的均布全跨度的瞬动速度作用时，固支梁的响应历时和所获得的横向位移都只有相似的简支梁的1/2。

式(3.79)和式(3.80)给出的对于受矩形压力脉冲作用的固支梁的响应历时和最大永久横向位移的预测是Symonds首先得到的[3.5]。

3.8 质量对固支梁的撞击

3.8.1 引言

这一节考察图3.15(a)所示的长$2L$的固支梁在跨中点受到以初速度V_0运动的质量M撞击时的塑性动力响应，梁的跨中点在冲击的瞬时以初速度V_0运动，而梁的其余部分则处于静止状态。所以，为了保持动平衡，一个扰动从跨中点传播开来并假定撞击物始终保持与梁相接触。事实上，发生了两个不同的运动阶段。

如图3.15(b)所示，在运动第一阶段，$t = 0$时在撞击点产生一个塑性铰，而

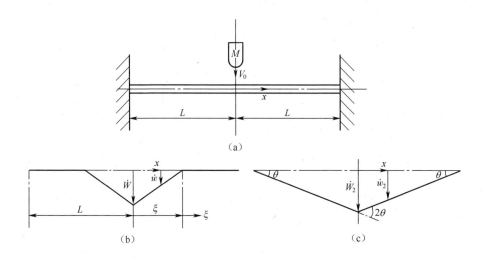

图 3.15 (a)固支梁受以速度 V_0 运动的质量 M 的冲击;(b)运动第一阶段
$(0 \leqslant t \leqslant t_1)$ 的横向速度场;(c)运动第二阶段 $(t_1 \leqslant t \leqslant T)$ 的横向速度场

两个塑性铰把扰动从跨中点向两个支承端传入梁的未变形部分。在运动的最后阶段,支承处和跨中点的塑性铰都保持不动,如图 3.15(c)所示,直到梁和撞击物静止为止。此时撞击物的所有初始动能 $MV_0^2/2$ 都消耗于塑性变形。

3.8.2 运动的第一阶段,$0 \leqslant t \leqslant t_1$

对于梁的右半跨 $0 \leqslant x \leqslant L$,图 3.15(b)中的横向速度场可以写成

$$\dot{w} = \dot{W}(1 - x/\xi), \quad 0 \leqslant x \leqslant \xi \tag{3.83a}$$

和

$$\dot{w} = 0, \quad \xi \leqslant x \leqslant L \tag{3.83b}$$

式中:ξ 为依赖于时间的移动塑性铰的位置。

由于在移动塑性铰处 $(x = \pm\xi)$ 弯矩最大而横向剪力 Q 为 0(式(3.1)),梁在两移动铰间的中央部分的竖直方向平衡要求

$$M\ddot{W} + 2\int_0^\xi m\ddot{w}\mathrm{d}x = 0 \tag{3.84}$$

把式(3.83a)代入式(3.84),得

$$M\ddot{W} + 2m\int_0^\xi \left[\ddot{W}(1 - x/\xi) + \dot{W}x\dot{\xi}/\xi^2 \right]\mathrm{d}x = 0$$

或

$$M\ddot{W} + m(\ddot{W}\xi + \dot{W}\dot{\xi}) = 0 \tag{3.85}$$

而 $\mathrm{d}(\dot{W}\xi)/\mathrm{d}t = \ddot{W}\xi + \dot{W}\dot{\xi}$,故对式(3.85)时间积分,得

$$M\dot{W} + m\dot{W}\xi = MV_0 \tag{3.86}$$

式中的积分常数满足 $t=0$ 时的初始条件 $\dot{W} = V_0$ 和 $\xi = 0$。式（3.86）可在形式上改写成

$$\dot{W} = V_0/(1 + m\xi/M) \tag{3.87}$$

现在，考虑梁在 $x=0$ 和 $x=\xi$ 处两个塑性铰之间的部分 $0 \leqslant x \leqslant \xi$ 的力矩平衡，对跨中点取矩给出

$$2M_0 - \int_0^\xi m\ddot{w}\mathrm{d}x = 0 \tag{3.88}$$

这是因为在 $x=0$ 处 $M=M_0$，而 $x=\xi$ 处 $M=-M_0$ 及 $Q=0$。把式（3.83a）对时间求导并代入式（3.88），得

$$\int_0^\xi m\left[\dot{W}(1 - x/\xi) + \dot{W}\dot{\xi}x/\xi^2\right]x\mathrm{d}x = 2M_0$$

或

$$m(\ddot{W}\xi^2/6 + \dot{W}\dot{\xi}\xi/3) = 2M_0$$

上式可以写成

$$\mathrm{d}(\dot{W}\xi^2)/\mathrm{d}t = 12M_0/m \tag{3.89}$$

式（3.89）对时间积分并利用初始条件 $t=0$ 时 $\xi=0$，最后给出了移动铰的位置-时间特性，即

$$t = m\dot{W}\xi^2/12M_0 \tag{3.90}$$

或者利用式（3.87），得

$$t = mMV_0\xi^2/\left[12M_0(M + m\xi)\right] \tag{3.91}$$

式（3.91）对时间求导预测移动铰的速度为

$$\dot{\xi} = 12M_0(M + m\xi)^2/\left[mMV_0\xi(2M + m\xi)\right] \tag{3.92}$$

从图 3.15(b)可清楚看到，梁中任一位置 x 处的横向位移在移动塑性铰到达 x 的时刻 $t(x)$ 以前一直为 0。因此，对于时刻 $t \geqslant t(x)$ 时位置 x 处的横向位移为

$$w = \int_{t(x)}^t \dot{w}\mathrm{d}t \tag{3.93}$$

式中：$\dot{w}$ 由式（3.83a）给出，而时刻 $t(x)$ 由式（3.91）中令 $\xi=x$ 给出。因为 $\dot{\xi} = \mathrm{d}\xi/\mathrm{d}t$，式（3.93）可以写成

$$w = \int_x^\xi \dot{w}\mathrm{d}\xi/\dot{\xi} \tag{3.94}$$

现在，把式（3.83a）、式（3.87）和式（3.92）代入式（3.94）式，得

$$w = \int_x^\xi \frac{V_0(1 - x/\xi)mMV_0\xi(2M + m\xi)\mathrm{d}\xi}{(1 + m\xi/M)12M_0(M + m\xi)^2}$$

上式算出积分[①]并重新整理,得

$$w = \frac{M^2 V_0^2}{24mM_0}\left[\frac{1 + \beta}{(1 + \alpha)^2} - \frac{(1 + 2\beta)}{(1 + \beta)} + \frac{2\beta}{(1 + \alpha)} + 2\ln\left(\frac{1 + \alpha}{1 + \beta}\right)\right] \quad (3.95)$$

式中

$$\alpha = m\xi/M \quad\quad\quad\quad\quad (3.96a)$$

$$\beta = mx/M \quad\quad\quad\quad\quad (3.96b)$$

当 $\xi = L$ 时,移动铰到达支承端,运动的这一阶段终止,且根据式(3.91),得

$$t_1 = mMV_0 L^2 / [12M_0(M + mL)] \quad\quad (3.97)$$

然而,从式(3.87)可以清楚地看到,在 $t = t_1$ 时横向速度不等于 0。所以,利用式(3.83a)和式(3.87),质量 M 和梁的总动能为

$$MV_0^2(1 + 2mL/3M) / [2(1 + mL/M^2)] \quad\quad (3.98)$$

它将在运动第二阶段中耗散。

3.8.3　运动第二阶段,$t_1 \leqslant t \leqslant T$

假设在运动第一阶段终止时根据式(3.98)算出的剩余动能在运动第二阶段耗散于位于两个支承端和梁中央的驻定塑性铰中,如图 3.15(c)所示。与这一变形模式相应的横向位移场为

$$w_2 = (L - x)\theta \quad\quad\quad\quad\quad (3.99)$$

式中:θ 和 2θ 分别为在支承端铰和中央铰处仅仅在运动第二阶段中积累起来的转角量。直接的能量平衡预测:

$$4M_0\theta = MV_0^2(1 + 2mL/3M) / [2(1 + mL/M)^2] \quad\quad (3.100)$$

式(3.100)的左右两边分别为三个塑性铰处吸收的能量以及根据式(3.98)算出的剩余动能。因此,根据式(3.99)和式(3.100),运动第二阶段获得的横向位移为

$$w_2 = MV_0^2 L(1 + 2mL/3M)(1 - x/L) / [8M_0(1 + mL/M)^2] \quad (3.101)$$

对于图 3.15(a)中的问题,其最终的永久横向位移场可通过在式(3.95)中令 $\xi = L$ 再加上式(3.101)得到,即

$$w_f = \frac{M^2 V_0^2}{24mM_0}\left[\frac{\overline{\alpha} - \beta}{(1 + \overline{\alpha})(1 + \beta)} + 2\ln\left(\frac{1 + \overline{\alpha}}{1 + \beta}\right)\right], \quad 0 \leqslant \beta \leqslant \overline{\alpha} \quad (3.102)$$

式中

$$\overline{\alpha} = mL/M \quad\quad\quad\quad\quad (3.103)$$

---

① 该积分可改写成与文献[3.6]中 p143 上例 29、32 和 35 等相同的几种标准形式。

β 由式(3.96b)定义。

3.8.4 重撞击物的特殊情形

当 $M/mL \gg 1$ 时，式(3.87)预示运动第一阶段末(即 $\xi = L$)的速度 $\dot{W} \approx V_0$。此外，当 $M/mL \gg 1$ 时，根据式(3.98)，在运动第二阶段耗散的动能近似为 $MV_0^2/2$。这些观察表明，对于大质量的撞击物，运动第一阶段起的作用并不重要。因此，对于图 3.15(c)所示的速度场，运动第二阶段的能量守恒要求

$$4M_0\theta = MV_0^2/2 \tag{3.104}$$

式中：θ 为支承端最终的总的转动角度。最终永久横向位移为

$$w_f = (L - x)\theta$$

即

$$w_f = MV_0^2 L(1 - x/L)/8M_0 \tag{3.105}$$

这一方法就是附录 6 中所讨论的准静态分析方法。留给读者去证明：当 $\bar{\alpha} \to 0$ 和 $\beta \to 0$ 时，从式(3.102)可以得出式(3.105)。

3.8.5 轻撞击物的特殊情形

在这种特定情况中，$mL/M \gg 1$，或 $M/mL \to 0$。根据式(3.87)和 $\xi = L$，可以观察到在运动第一阶段末 $\dot{W} \approx 0$。于是，在运动第一阶段末梁和质量的动能为 0，这由式(3.98)所确认。因此，梁的运动在运动第一阶段末停止，没有动能可用来引起那些通常于运动第二阶段在支承端形成的驻定铰处的塑性变形。

式(3.102)可以写成下列形式：

$$w_f = \frac{MV_0^2 L}{24M_0}\left[\frac{1+\beta}{\bar{\alpha}(1+\bar{\alpha})^2} - \frac{(1+2\beta)}{\bar{\alpha}(1+\beta)} + \frac{2\beta}{\bar{\alpha}(1+\bar{\alpha})} + \right.$$

$$\left. \frac{2}{\bar{\alpha}}\ln\left(\frac{1+\bar{\alpha}}{1+\beta}\right) + (3+2\bar{\alpha})(1-\beta/\bar{\alpha})/(1+\bar{\alpha})^2\right]$$

当 $\bar{\alpha} \gg 1$ 时，它简化为

$$w_f \approx \frac{MV_0^2 L}{12M_0\bar{\alpha}}\ln\left(\frac{\bar{\alpha}}{1+\beta}\right)$$

或

$$w_f = \frac{M^2 V_0^2}{12mM_0}\ln\left(\frac{mL/M}{1+mx/M}\right) \tag{3.106}$$

显然，对于轻撞击物，梁的永久横向位移场是对数曲线(式(3.106))，它明显不同于由式(3.105)得到的对于重撞击物的线性位移场。

3.8.6　机动容许性

在运动第一阶段由式(3.83)表示的速度场必须满足式(3.56)~式(3.59)的运动学条件。在运动最后阶段由式(3.99)表示的位移场也必须满足式(3.56)~式(3.59)。

现在,运动第一阶段的式(3.95)对 $\beta = mx/M$ 求导,得

$$\frac{\partial w}{\partial \beta} = \frac{M^2 V_0^2}{24mM_0}\left[\frac{1}{(1+\alpha)^2} - \frac{2}{1+\beta} - \frac{1}{(1+\beta)^2} + \frac{2}{1+\alpha}\right] \tag{3.107}$$

式(3.107)中当 $\alpha = \beta$(或 $x = \xi^-$)时给出 $\partial w/\partial \beta = 0$。此外在移动铰的另一侧($x = \xi^+$),根据式(3.83b) $\partial w/\partial \beta = 0$。因此,式(3.56)满足,而式(3.83a)、式(3.83b)显然满足式(3.57)。

式(3.83a)在移动塑性铰 $x = \xi^-$ 处预言 $\partial^2 w/\partial t^2 = \dot{W}\dot{\xi}/\xi$。鉴于式(3.83b),有

$$[\partial^2 w/\partial t^2]_\xi = -\dot{W}\dot{\xi}/\xi \tag{3.108}$$

式(3.107)对时间求导得到在 $x = \xi^-$ 处,有

$$\partial^2 w/\partial x\partial t = -mV_0^2\dot{\xi}(2+\alpha)/[12M_0(1+\alpha)^3]$$

加上式(3.83b),它表明

$$[\partial^2 w/\partial x\partial t]_\xi = mV_0^2\dot{\xi}(2+\alpha)/[12M_0(1+\alpha)^3] \tag{3.109}$$

最后,可以证明,式(3.108)、式(3.109)与式(3.87)和式(3.92)一起满足式(3.58)所要求的运动学条件。

现在,式(3.107)对 β 求导,当 $x = \xi^-$ 时,得

$$\partial^2 w/\partial \beta^2 = M^2 V_0^2(2+\alpha)/[12mM_0(1+\alpha)^3] \tag{3.110}$$

而根据式(3.83b),在 $x = \xi^+$ 处 $\partial^2 w/\partial \beta^2 = 0$。因此,注意到 $\partial^2 w/\partial x^2 = (m/M)^2\partial^2 w/\partial \beta^2$,式(3.109)和式(3.110)满足式(3.59)。

除了以上观察结果,横向位移和速度场满足初始条件和边界条件,因而在整个运动第一阶段是机动容许的。

留给读者证明,具有驻定塑性铰的横向位移场式(3.99)在运动最后阶段也是机动容许的。

3.8.7　静力容许性

必须证明3.8.2节和3.8.3节中的理论解不违背屈服条件,因而是静力容许的。

式(3.1)和式(3.2)预言控制方程为 $\partial^2 M/\partial x^2 = m\partial^2 w/\partial t^2$,当代入式(3.83a)和式(3.87)后,它变成

$$\partial^2 M/\partial x^2 = m^2 V_0 \dot{\xi}(2\alpha\beta + \beta - \alpha^2)/[M\alpha^2(1 + \alpha^2)], \quad 0 \leqslant \beta \leqslant \alpha$$

$$(3.111)$$

式中:α、β分别由式(3.96a、b)定义。式(3.111)对x积分两次并利用在$x=\xi$处$Q = \partial M/\partial x = 0$及在$x = 0$处$M = M_0$的边界条件,导出弯矩分布:

$$M/M_0 = (4\alpha\beta^3 + 2\beta^3 - 6\alpha^2\beta^2 - 6\alpha^2\beta + 2\alpha^3 + \alpha^4)/[\alpha^3(2 + \alpha)], \quad 0 \leqslant \beta \leqslant \alpha$$

$$(3.112)$$

这一弯矩分布画在图3.16(a)中,它在$x = 0$处有$M = M_0$、$\partial M/\partial x < 0$和$\partial^2 M/\partial x^2 < 0$,在$x = \xi$处有$M = -M_0$、$\partial M/\partial x = 0$和$\partial^2 M/\partial x^2 > 0$。此外,式(3.111)只有一个根,所以对于$0 \leqslant x \leqslant \xi$,任何一处的弯矩都不超过塑性极限弯矩。

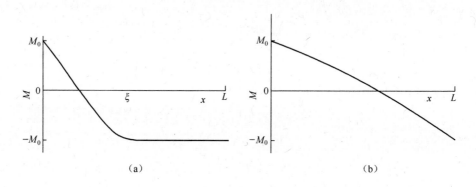

图3.16 跨度中点受质量撞击的固支梁的弯矩分布
(a)运动第一阶段,$0 \leqslant t \leqslant t_1$;(b)运动第二阶段,$t_1 \leqslant t \leqslant T$。

式(3.1)、式(3.2)和式(3.83b)在运动第一阶段对于$\xi \leqslant L$给出$\partial^2 M/\partial x^2 = 0$,既然在$x = \xi$处有$Q = \partial M/\partial x = 0$及$M = -M_0$,这就给出$M = -M_0$。因此,该理论解在整个运动第一阶段$0 \leqslant t \leqslant t_1$对于$0 \leqslant x \leqslant L$是静力容许的,如图3.16(a)所示。

在3.8.3节中曾经用一个简单的能量分析方法来预测运动第二阶段末的最终结果。很遗憾,要证明理论解在运动第二阶段期间是静力容许的更为困难。

式(3.1)、式(3.2)和式(3.99)可以用来得到弯矩分布,即

$$M/M_0 = 1 - 2(3\bar{\alpha} - \beta)\beta^2/ \div [\bar{\alpha}^2(3 + 2\bar{\alpha})] - 6\beta/\bar{\alpha}(3 + 2\bar{\alpha})], \quad 0 \leqslant \beta \leqslant \bar{\alpha}$$

$$(3.113)$$

式中:β、$\bar{\alpha}$分别由式(3.96b)和式(3.103)定义。在$x = 0$处的横向剪力曾取作$Q = ML\ddot{\theta}/2$,此处$L\ddot{\theta}$是质量的加速度,该式与$x = 0$处$M = M_0$和$x = L$处$M = -M_0$一起用作边界条件。式(3.113)给出在$x = 0$和$x = L$处$\partial M/\partial x < 0$,而对$0 \leqslant x \leqslant L$有$\partial^2 M/\partial x^2 \leqslant 0$。因此,在运动的第二阶段$t_1 \leqslant t \leqslant T$梁中没有违背屈服条

件的情况发生,如图 3.16(b)所示。

因此,对于图 3.15(a)中特定的梁,3.8.2 节和 3.8.3 节中的理论解是精确的,因为如同 3.8.6 节中证明的那样,它既是静力容许的,又是机动容许的。图 3.17 显示了对于由式(3.103)定义的不同质量比 $\bar{\alpha}$,梁跨中点的无量纲最大横向位移随无量纲冲击能量的变化。对重撞击物和轻撞击物的理论预测也进行了比较。

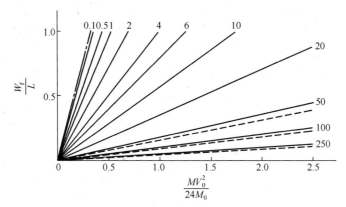

图 3.17 图 3.15(a)中的梁在跨中点的无量纲最大永久横向位移随无量纲冲击能量的变化

——式(3.102),取 $\beta=0$;—·—式(3.105),取 $x=0$,对于重撞击物($\bar{\alpha}\to 0$);

———式(3.106),取 $x=0$,对于轻撞击物($\bar{\alpha}\gg 1$);

图中数字表示 $\bar{\alpha}=mL/M$ 的值。

Parkes[3.7] 已经考察了在质量撞击梁跨任意位置的情形下图 3.15(a)所示的问题。当具体到中央冲击情形时,Parkes 得到的理论预测[3.7] 与 3.8.2 节至 3.8.5 节中的相应结果相同,这一点留给感兴趣的读者去证明。

Parkes[3.7] 也用几种不同金属制成的梁进行了受一个运动质量撞击的实验。梁用能防止转动但允许轴向移动的装置固定在支承端。Parkes 观察到,实验结果的总的特征是与对应的理论预测一致的。如 3.8.4 节中式(3.105)的预测及图 3.15(c)所示的那样,受重撞击物撞击的梁的两半在运动的第二阶段保持为直的,同时在支承处和撞击点形成塑性铰。然而,当受轻撞击物撞击时,如 3.8.5 节中式(3.106)预测的那样,梁的两半不再保持为直的。为了使对最大横向位移的理论预测和实验结果达到很好的一致,Parkes[3.7] 发现必须考虑材料应变率敏感性的影响,这一现象将在第 8 章中讨论。

3.9 悬臂梁受撞击

3.9.1 引言

许多人已经从理论上用刚塑性分析方法考察过悬臂梁受到大动载作用产生

材料的非弹性行为的动力响应问题。特别是 Parkes[3.8] 研究过长 L 的悬臂梁在端部受到以初速度 V_0 运动的质量 G 撞击时的行为，如图 3.18(a) 所示。

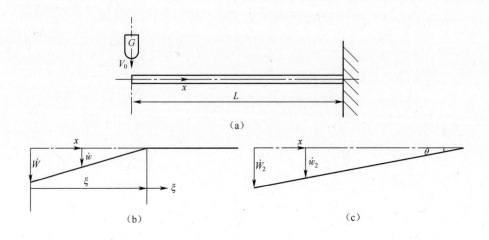

图 3.18 (a) 端部受以速度 V_0 运动的质量 G 撞击的悬臂梁；

(b) 运动第一阶段 $(0 \leqslant t \leqslant T_1)$ 的横向速度；(c) 运动第二阶段 $(T_1 \leqslant t \leqslant T_2)$ 的横向速度

当质量 G 撞击该悬臂梁端部时，在该质量下方立即产生了一个扰动，它通过一个塑性铰向梁的未变形区域传播，如图 3.18(b) 所示。这个移动塑性铰在运动第一阶段末最终到达悬臂梁的根部。然后，梁和质量中的残余动能耗散在整个运动第二阶段支承端都保持不动的塑性铰处，如图 3.18(c) 所示。

这表明图 3.18(b) 和图 3.18(c) 中的两个运动阶段分别与图 3.15(b) 和图 3.15(c) 所示的两端固支梁在跨中点受到物块撞击时半跨梁 $(0 \leqslant x \leqslant L)$ 的运动阶段类似。因此，在以下各节中对图 3.18(a) 中特定问题的理论分析可通过类比 3.8 节中给出的理论分析而得到。

3.9.2　运动第一阶段，$0 \leqslant t \leqslant T_1$

图 3.18(b) 中的梁的横向速度图与图 3.15(b) 中梁的右半部分相似。因此，从 3.8.2 节中的理论分析可以清楚地看到，式 (3.83a)、式 (3.83b) 仍然有效，而如果以 G 代替式中的 $M/2$ 则式 (3.84) 也可用于目前的问题。所以，用 $2G$ 代替 M 后，式 (3.85)~式 (3.87) 就控制了图 3.18(a) 中悬臂梁的行为。此外，如果该悬臂梁是用极限弯矩为 M_p 的刚塑性材料制成的，那么，因为在顶端弯矩为 $0(x=0$ 处 $M=0)$，用 M_p 代替 $2M_0$ 后又一次得到式 (3.88)。

如果遵循 3.8.2 节余下部分的类似论证，当 $2M_0 = M_p$ 和 $M = 2G$ 时，显然式 (3.89)~式 (3.97) 也描述了图 3.18(a) 中悬臂梁在运动第一阶段的行为。因

此,根据式(3.95),横向位移为

$$w = \frac{G^2 V_0^2}{3mM_p} \left[\frac{1+\beta}{(1+\alpha)^2} - \frac{(1+2)}{(1+\beta)} + \frac{2\beta}{(1+\alpha)} + 2\ln\left(\frac{1+\alpha}{1+\beta}\right) \right] \quad (3.114)$$

式中

$$\alpha = m\xi/2G \quad (3.115a)$$

$$\beta = mx/2G \quad (3.115b)$$

当移动塑性铰到达支承端时运动第一阶段完成,或类似于式(3.97),即

$$T_1 = mGV_0 L^2 / [3M_p(2G + mL)] \quad (3.116)$$

而悬臂梁中余留的动能为

$$GV_0^2(1 + mL/3G) / [2(1 + mL/2G)^2] \quad (3.117)$$

3.9.3　运动第二阶段,$T_1 \leqslant t \leqslant T_2$

图3.18(c)中对于运动第二阶段的横向速度图相似于图3.15(c)中受质量撞击的固支梁的$0 \leqslant x \leqslant L$部分。因此,式(3.99)保持不变,而利用式(3.117)时能量平衡给出

$$M_p\theta = GV_0^2(1 + mL/3G) / [2(1 + mL/2G^2)] \quad (3.118)$$

式(3.118)也可以从式(3.100)通过3.9.2节中用过的相同的代换得到(即分别用$2G$和M_p代换M和$2M_0$)。

与式(3.102)类比,最终的即永久的横向位移场为

$$w_f = \frac{G^2 V_0^2}{3mM_p} \left[\frac{1+\beta}{(1+\overline{\alpha})^2} - \frac{(1+2\beta)}{(1+\beta)} + \frac{2\beta}{(1+\overline{\alpha})} + 2\ln\left(\frac{1+\overline{\alpha}}{1+\beta}\right) + \right.$$

$$\left. \overline{\alpha}(3 + 2\overline{\alpha})(1 - \beta/\overline{\alpha})/(1+\overline{\alpha})^2 \right], \quad 0 \leqslant \beta \leqslant \overline{\alpha} \quad (3.119a)$$

即

$$\frac{6M_p w_f}{GLV_0^2} = \frac{1 - x/L}{(1+\overline{\alpha})(1+\beta)} + \frac{2}{\overline{\alpha}}\ln\left(\frac{1+\overline{\alpha}}{1+\beta}\right) \quad (3.119b)$$

式中

$$\overline{\alpha} = mL/2G \quad (3.120)$$

而β由式(3.115b)给出。

关于这个理论解是静力容许和机动容许的,因而是精确的证明留给有兴趣的读者作为练习。

对于重撞击物的特殊情形(即$G/mL \gg 1$或$\overline{\alpha} \rightarrow 0$),式(3.119)简化为

$$w_f = GV_0^2 L(1 - x/L)/2M_p \quad (3.121)$$

而轻撞击物（$G/mL \ll 1$ 或 $\bar{\alpha} \gg 1$）导致一个永久横向位移，即

$$w_\mathrm{f} = \frac{2G^2 V_0^2}{3mM_\mathrm{p}}\ln\left(\frac{mL/2G}{1+mx/2G}\right) \tag{3.122}$$

式（3.121）和式（3.122）也可以分别从式（3.105）和式（3.106）令 $M=2G$ 及 $2M_0 = M_\mathrm{p}$ 得到。

图 3.19 比较了式（3.119b）对不同质量比（$\bar{\alpha}$）所预测的精确的永久横向位移场以及式（3.121）、式（3.122）分别对于重撞击和轻撞击物给出的近似结果。

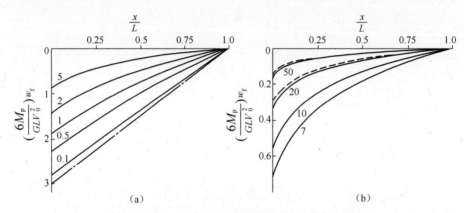

图 3.19 图 3.18(a) 中的悬臂梁的永久横向位移场

(a)——式（3.121），对于重撞击物（$\bar{\alpha} \to$）；(b)---式（3.122），对于轻撞击物（$\bar{\alpha} \gg 1$）。
——式（3.119），$\bar{\alpha}$ 值标于图中。

3.9.4　与实验结果比较

Parkes[3.8]用一个类似于图 3.18(a) 所示的实验装置以得到软钢和其他金属所制的悬臂梁的某些实验数据。他观察到对于某些试件来说，重力效应对试件的动力响应可能有重要的影响。

现在，随图 3.18(c) 中横向速度场变形的悬臂梁根部的塑性铰除了吸收初始动能（$GV_0^2/2$），还必须吸收撞击物势能的变化（GgW_f）。对于重撞击物，$\bar{\alpha} = mL/2G \to 0$，梁的势能改变被认为是可忽略的。这样，能量守恒要求

$$GV_0^2/2 + GgW_\mathrm{f} = M_\mathrm{p}(W_\mathrm{f}/L) \tag{3.123}$$

式中：W_f/L 为悬臂梁支承端处驻定塑性铰的总的角度改变。式（3.123）可以重新整理成

$$W_\mathrm{f} = GV_0^2 L/[2(M_\mathrm{p} - GgL)] \tag{3.124}$$

当重力作用可以忽略时，式（3.124）化为在 $x=0$ 处的式（3.121）。

图 3.20 中对式（3.121）和式（3.124）的理论预测所进行的比较揭示，对于 Parkes[3.8]考察的软钢试件来说，由于重力的作用，最大永久横向位移增加了。

显然,这些公式所预测的最大永久横向位移大于相应的实验值。然而,软钢是一种应变率敏感材料,这一现象将在第8章中讨论。Parkes[3.8]应用从悬臂梁实验的平均应变率所估计的加大的塑性弯矩来补偿这一效应的影响。结果在图3.20中发现,实验值与式(3.124)应用加大的塑性弯矩(M_p)后的理论预测值相当符合。

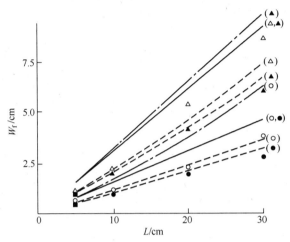

图3.20　受重撞击物撞击的软钢悬臂梁的最大永久横向位移的实验结果与理论预测的比较

◦,●,△,▲——实验结果[3.8];——式(3.121);- - -式(3.124)(包含对重力效应的修正);

- · - Parkes的理论预测[3.8],考虑了材料的应变率敏感性和重力效应(对式(3.124)

进行材料应变率敏感性的修正)。

3.10　结　束　语

图3.20中的结果表明,这一章中发展的刚塑性理论分析方法至少对悬臂梁受撞击载荷的情形能够给出与实验结果相当符合的预测。

Florence和Firth[3.9]对在整个跨度上受均布瞬动速度场作用的金属梁的行为进行了实验研究。试件为简支或固支,在支承处可以沿轴向自由移动。在这些梁的响应期间摄下的高速摄影照片证实了在本章早些时候概述的理论解所采用的移动塑性铰的概念①。3.7节中对受冲击加载的固支梁的理论分析预测移动塑性铰的位置-时间历程为

$$L - \xi = (12M_0 t/mV_0)^{1/2} \tag{3.125}$$

这是由式(3.67)M_0用$2M_0$代替得到的。式(3.125)的预测值与Florence和

①　最近,Symonds和Fleming[3.10]用数值方法考察了动载作用下刚塑性梁的移动铰阶段问题。

Firth[3.9]用高速摄影机记录下来的相应实验值的对比见图3.21。

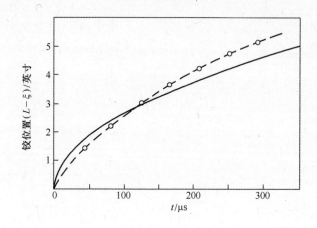

图 3.21 Florence 和 Firth[3.9]在一根瞬动加载 2024-T4 铝固支梁中观察到的
移动塑性铰的瞬时位置与式(3.125)的比较(1 英寸＝2.54cm)
—— 式(3.125)；-○-实验结果[3.9]。

　　Parkes[3.7,3.8]发现,为了使他的理论预测值与所记录的软钢悬臂梁和固支梁的实验结果符合得更好,必须考虑材料应变率敏感性的影响。这一重要现象将在第 8 章进一步讨论。然而,还有其他几个假定纳入了基本的刚塑性方法。例如,横向剪切效应的影响及有限变形或几何形状改变的影响均被忽略不计。不过,有时在某些实际情形中它们是相当重要的,有必要分别在第 6 章和第 7 章进行探讨。

　　静载和动载结构问题的刚塑性分析具有吸引力的简单性在很大程度上是由于忽略了材料的弹性。事实上,在全部梁结构的动载问题中,只存在一个精确的弹塑性理论解。Duwez、Clark 和 Bohnenblust[3.11]考虑了一个相当特殊的情形:一无限长梁在跨中点受一恒速冲击作用的情形①。Symonds、Ting 和 Robinson[3.4]指出,对理想刚塑性材料重新考虑 Bohnenblust 问题时,可以得到相当大的简化,并且在某些情况下,可以与对应的精确的弹性-理想塑性解符合得相当好。当中点冲击速度为完全弹性方式所能承受的最大冲击速度的 6 倍时,理想刚塑性梁在冲击点的角度改变高出 13.6%,而冲击速度为 60 倍大时,这一误差小于 2%。

————————————

　　①　Conroy[3.12]稍微修正了 Bohnenblust 的方法以考察作用于一根半无限长梁一端的特殊形式动载的影响。

一般来说,当外加动态能量①(例如动能 K_e)远远大于以完全弹性方式可以吸收的最大应变能(S_e)时,弹性的影响并不重要。这一要求可以表示为能量比:

$$E_r = K_e/S_e \gg 1 \qquad (3.126)$$

具有体积 v 的梁的弹性应变能为

$$S = \int_v \frac{\sigma_x^2 dv}{2E} \qquad (3.127)$$

式中:E 为弹性模量。因此,当整个体积内 $\sigma_x = \sigma_0$ 时,梁能吸收的最大可能的弹性应变能就达到了,即

$$S_e = \sigma_0^2 v/2E \qquad (3.128)$$

毫无疑问,式(3.128)过高地估计了一根理想塑性梁以完全弹性方式所能吸收的最大能量,因为在弹性应变能较小时就将发生局部的塑性变形。

梁受到一个均布瞬动速度 V_0 作用时给予梁的体积 v 的初始动能为②

$$K_e = \rho v V_0^2/2 \qquad (3.129)$$

根据式(3.126),现在能量比为

$$E_r = \rho E V_0^2/\sigma_0^2 \gg 1 \qquad (3.130)③$$

以初速度 V_0 运动的质量 G 撞击梁时给予梁的初始动能,如图(3.15a)和图(3.18a)所示,为

$$K_e = G V_0^2/2 \qquad (3.131)$$

因此,式(3.126)、式(3.128)和式(3.131)给出

$$E_r = E G V_0^2/\sigma_0^2 2LBH \gg 1 \qquad (3.132)$$

和

$$E_r = E G V_0^2/\sigma_0^2 LBH \gg 1 \qquad (3.133)$$

因为对图3.15(a)和图3.18(a)所示实心矩形截面的固支梁及悬臂梁分别有 $v = 2LBH$ 和 $v = LBH$。

Symonds[3.13]考察了具有弹性-理想塑性弹簧或刚性-理想塑性弹簧的瞬动加载的简单的单自由度弹簧-质量模型的动态行为。他发现,当初始动能远远大于弹性形式所能吸收的最大可能的应变能时(即大的能量比),可以不考虑弹性效应。当能量比大于10时,刚性-理想塑性模型过高估计的永久位移大约小于10%。然而,如果压力脉冲在历时 τ 内保持不变,然后卸去,如图3.5所示,

---

① 在某些情形外加动态能量可能包括残余动能,它在响应过程中不做塑性功(例如6.7.4节中结构的分离段的动能)。这种残余动能不应该包含在式(3.126)的分子中。

② $m = \rho$ 乘以梁的横截面积(BH),其中 ρ 为材料密度,B 和 H 分别为矩形截面梁的宽和高。

③ 式(3.130)可以写成 $E_r = (E/\sigma_0)^2(V_0/c)^2$,式中 $c^2 = E/\rho$,而 c 是弹性杆中的一维波速。在5.6.6.2节中对于弹性-理想塑性球壳讨论了能量比。

则可以看到这两个模型预测值的差是 τ/T 的函数，此处 T 是弹性振动的基频周期。当比值 τ/T 增大时，与弹塑性分析相比，刚塑性分析的精度变差①。因此，当 $\tau/T=1/2\pi$ 时，为了使误差小于 10%，能量比必须大于 20。然而，如果 $\tau/T=0.01$，那么当能量比大于 8 时误差就小于 10%。

所以，如果压力脉冲历时与对应的弹性振动固有周期相比足够短，即

$$\tau/T \ll 1 \tag{3.134}$$

则当能量比约大于 10 时，可以不考虑弹性效应。对于简支和固支的均匀梁，弹性振动的基频周期 (T) 分别为

$$T = \frac{8L^2}{\pi}\left(\frac{m}{EI}\right)^{1/2} \tag{3.135}$$

和

$$T = \frac{8\pi L^2}{(4.73)^2}\left(\frac{m}{EI}\right)^{1/2} \tag{3.136}$$

对一维模型行为的这些观察以及前面关于弹塑性梁的 Bohnenblust 分析的那些讨论提供了对其他结构问题刚塑性解的可能精度和有效范围的一个估计②。

Symonds[3.5]应用刚塑性方法考察了受到三角形或指数衰减的压力脉冲作用时梁的响应。Symonds[3.5]也给出了跨中点受到一个横向集中冲击载荷作用时简支梁和固支梁的一些结果。其他一些文献叙述了刚塑性梁受各种动载作用时的理论行为。Symonds[3.13]、Goldsmith[3.16]和 Johnson[3.17]综述了其中的一些研究，文献[3.10,3.18-3.25]报告了一些的关于梁的近期工作。

本章发展了具有全塑性弯矩 M_0 或 M_p 的梁的无限小变形行为的理论预测。所以，这些分析对图3.3中具有对称于 w 和 x 组成的竖直平面的任意形状截面的梁是有效的。然而，动载可以引起某些截面的扭曲或屈曲。因为梁的原始横截面形状保持不变，在这里忽略了这类现象。Wegener 和 Martin[3.25]考察了一根受到均布瞬动速度作用的简支方管的扭曲。他们发现，截面的局部扭曲几乎在总的变形开始前就结束了。这一观察使这两种现象可以解耦并可发展一种相对简单的数值方法。

需要注意的是，由式(3.126)定义的能量比中的动能 K_e 并不总是等于被梁塑性吸收的总动能。例如，在文献[3.23,3.27,3.28]中考察的两端自由梁的初

---

① Symonds 和 Frye[3.14]最近考察了 τ/T 值的范围直到接近 10 的各种脉冲动载。他们发现，对于具有有限上升时间的压力脉冲，这两种预测在固定的间隔处很接近，而在间隔之间刚塑性预测相对于弹塑性解具有负的(非保守的)误差。

② Bodner 和 Symonds[3.15]及 Florence 和 Firth[3.9]曾报告，当能量比小到 3 时，初等的刚塑性方法仍与悬臂梁和无约束梁的瞬动加载实验符合得相当好。

始动能只有一部分被塑性变形吸收,因为梁具有一个最终的自由体速度。为了估计弹性效应在这些情形中的重要性,式(3.126)中的 K_e 项应该被看作能被塑性能量吸收的动能。类似地,当由于过大的横向剪切效应而在梁的支承端发生切断[3.29,3.30],式(3.126)给出的 E_r 中可用的动能是初始动能与最终动能之差,该现象将在第6章中考虑。在这一特定情形,发生切断后,一些能量被切下来的梁段中的移动和驻定塑性铰所吸收,直到达到由梁段的残余动能所描述的稳态行为。

本章表明,为了说明已得到一个精确解,证明一个机动允许的解也是静力允许的是重要的。

习　题

3.1　用式(3.43)计算图3.4(a)中刚性–理想塑性梁在运动第二阶段期间(图3.7(b))塑性弯曲铰的速度变化。假设梁简支跨度为200mm,受均布压力脉冲作用(图3.5),其无量纲值 $\eta=10$,历时 $\tau=100\mu s$。讨论计算结果,并将它们分别与软钢和铝中的纵向弹性波速($(E/\rho)^{1/2}$)5150m/s 和 5100m/s 做比较。

3.2　用3.4节中的结果求出图3.4(a)中简支梁的永久横向位移场的表达式。

3.3　图3.14(a)中的固支梁由刚性–理想塑性材料制成,受图3.5中具有矩形压力–时间特征的均布压力脉冲作用。求出 $\overline{\eta}\leqslant3$ 时的最大永久横向位移,其中 $\overline{\eta}$ 由式3.76(b)定义。

3.4　对 $\overline{\eta}\geqslant3$ 的情形重做习题3.3。

3.5　用平衡方程而不是3.8.3节中的能量平衡方法求出图3.15(a)中所示固支梁在运动第二阶段所获得的横向位移。

3.6　证明受重质量撞击的固支梁的最大永久横向位移(即式(3.105)中令 $x=0$)可由式(3.102)中令 $\overline{\alpha}\to0$ 和 $\beta\to0$ 得到,$\overline{\alpha}$ 和 β 分别由式(3.103)和式(3.96b)定义。

3.7　一端固支、一端自由的初始直的梁的自由端受初始速度为 V_0 的质量 G 撞击。如果总长为 L 的梁由刚性–理想塑性材料制成,塑性极限弯矩为 M_0,证明当质量 G 远大于梁的质量时,距自由端为 x 处的最终挠度为 $w=\dfrac{GV_0^2L}{2M_0}\left(1-\dfrac{x}{L}\right)$。

3.8　(a)质量 M_1 以匀速 V_0 移动,并撞击质量为 M_2 的弹道摆,此弹道摆用长为 l 的线悬挂自天花板。M_1 在弹道摆重心所在的同一平面内运动。忽略任何回弹并利用守恒原理,证明当 $M_1\ll M_2$ 及把质量和摆都看作刚体时,摆的最大

角位移 θ_m 为 $\theta_m = 2\arcsin\left(\dfrac{V_0 M_1}{2M_2\sqrt{gl}}\right)$。

（b）长为 $2L$、单位长度质量为 m 的刚性—理想塑性梁以速度 V_0 移动，此速度用弹道摆来测量。证明当梁为简支，梁截面的塑性极限弯矩为 M_0 时，梁的最大永久横向挠度为 $\dfrac{M_2^2 gl}{3mM_0}\sin^2\left(\dfrac{\theta_m}{2}\right)$。

3.9　与某些船用设备的冲击设计有关，对悬臂梁进行了一系列的动态实验。长 L、高 H、宽 B 的悬臂梁可看作一端在空间固定、另一端自由。质量 G 牢附在自由端并受到压力脉冲作用，该脉冲可以等价于一个大小为 V_0 的瞬动速度。悬臂梁具有组合截面，上下两块薄片厚度为 $t(t \ll H)$，夹着一块只承受横向剪力而不承受弯矩的芯部。两块薄片由理想塑性的韧性材料制成，其单向拉伸流动应力为 σ_0，忽略材料弹性的影响。

（a）当悬臂梁质量与端部质量 G 相比可以忽略时，估计最大横向位移的大小。

（b）当观察到变形主要集中在固支端 $2H$ 长的区域内时，估计悬臂梁的最大应变和应变率。

（c）估计响应历时。

第4章 板的动塑性行为

4.1 引　言

本章进一步发展了第 3 章中考察梁的动塑性行为的一般方法以研究板的动塑性行为。假设初始平直的板由刚性-理想塑性材料制成,受外加动载作用产生一个非弹性的永久变形,例如图 4.1 所示矩形板的特殊情形。

图 4.1　受瞬动速度加载的初始平直的矩形板的永久变形形态[4.1]

第 3 章给出的梁的分析中,第一步是选择一个机动容许的横向速度场。该速度场要能满足梁的初始位移和速度要求及边界条件(例如 3.3.2 节中的式(3.7))。然后用 3.2 节中的式(3.3)计算梁的曲率(κ)改变。梁上 $\dot{\kappa}=0$ 的区域是刚性的,否则就形成塑性铰,当 $\dot{\kappa}>0$ 时 $M=M_0$,当 $\dot{\kappa}<0$ 时 $M=-M_0$。然后可以对平衡方程式(3.2)积分,并由对称性要求和弯矩(M)及横向剪力(Q)的边界条件确定积分常数。

一旦找到了一个理论解,就必须考察它是否是静力容许的。这就要考察在梁的内部是否满足屈服条件(即$-M_0 \leqslant M \leqslant M_0$)。有时调查揭示对理论解有效性的限制,例如,3.3.4 节中的式(3.21)就限制了作用在简支梁上的动压力的大小。

上述分析梁响应的一般理论步骤在本章中也用来考察圆板和方板的动塑性

行为。

下一节给出圆板的控制方程,4.3节中用它来研究受线性分布的矩形压力脉冲作用的简支环板。4.4节和4.5节考察简支圆板,4.6节考察瞬动加载的固支圆板。4.7节推导矩形板的控制方程,4.8节和4.9节研究受矩形压力脉冲作用的简支方板的特解。4.10节对其他方面的工作进行小结以结束本章。

4.2 圆板的控制方程

图4.2所画的圆板单元的动态轴对称行为由方程:

$$\partial(rM_r)/\partial r - M_\theta - rQ_r = 0 \tag{4.1}$$

$$\partial(rQ_r)/\partial r + rp - \mu r\partial^2 w/\partial t^2 = 0 \tag{4.2}$$

$$\kappa_r = -\partial^2 w/\partial r^2 \tag{4.3}$$

$$\kappa_\theta = -(\partial w/\partial r)/r \tag{4.4}$$

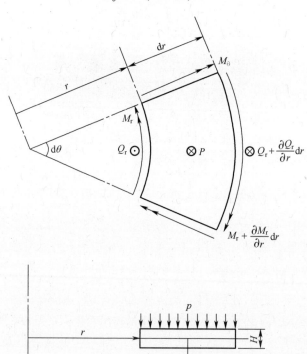

图4.2 薄圆板受轴对称横向动载作用的表示法

控制,除了在横向平衡方程式(4.2)中包含了横向惯性项,上述各式与式(2.4)~式(2.7)相同(μ 为单位面积的质量,t 为时间)。式(4.1)和式(4.2)控制了产生无限小位移的板的行为。而有限横向位移即几何形状改变的影响在第7章中探讨。此外,转动惯量的影响未包括在力矩平衡方程式(4.1)中,但在第6章中讨论它的影响。

假设圆板由刚性-理想塑性材料制成,其塑性流动由图4.3中画在M_r-M_θ空间中的Tresca屈服准则控制。横向剪力Q_r看作反作用力,假定它不影响塑性屈服。但是,以后在第6章中考察横向剪力对材料塑性流动的影响。

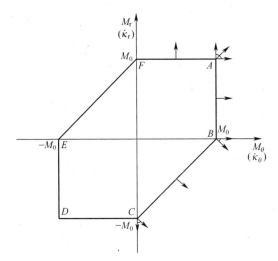

图4.3 塑性流动由径向和周向弯矩控制的刚性-理想塑性圆板的Tresca屈服准则
(箭头表示对有关的径向和周向曲率改变率的塑性正交性要求)

分析圆板的动塑性行为所用的一般步骤与前面对梁所用的步骤是类似的。

4.3 受动载作用的环形板

4.3.1 引言

现在用4.1节和4.2节中描述的分析板的动塑性响应的一般理论步骤来研究图4.4(a)所示的简支环形板问题。板沿其外边缘简支并由遵守图4.3中所示的M_r-M_θ空间中的Tresca屈服准则的刚性-理想塑性材料制成。它受图4.5中所示的矩形压力脉冲作用,该压力脉冲可写成以下形式:

当$0 \leqslant t \leqslant \tau$时,有

$$p = p_0(R - r)/(R - a), \quad a \leqslant r \leqslant R \tag{4.5}$$

当$t \geqslant \tau$时,有

$$p = 0, \quad a \leqslant r \leqslant R \tag{4.6}$$

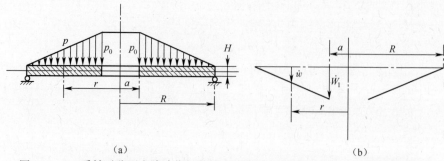

（a）　　　　　　　　　　　　　　　（b）

图 4.4 　（a）受轴对称压力脉冲作用的简支环板，压力在内边界（$r=a$）处取峰值 p_0；
（b）与式（4.7）给出的静破坏压力 p_c 相关联的（a）中所示受载环板的横向速度场

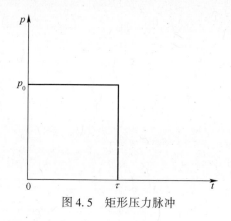

图 4.5 　矩形压力脉冲

应用第 2 章中的理论方法[①]可以证明，当 $\tau \to \infty$ 时，由式（4.5）所描述的线性分布的静压的值 p_0 达到

$$p_c = 12M_0 / \left[R^2(1 - \alpha)(1 + 3\alpha) \right] \tag{4.7}$$

图 4.4（a）中的环形板破坏，式中

$$\alpha = a/R \tag{4.8}$$

而 M_0 为板横截面（单位长度）的全塑性静弯矩。与该破坏压力相关联的横向速度场如图 4.4（b）所示。

结果表明，环形板的动塑性响应由两个运动阶段组成。这两个运动阶段分别对应于由式（4.5）和式（4.6）描述的外加压力脉冲的两个作用阶段 $0 \leqslant t \leqslant \tau$ 和 $\tau \leqslant t \leqslant T$，$T$ 是响应历时。

4.3.2　运动第一阶段，$0 \leqslant t \leqslant \tau$

求动载情形下理论解的第一步是必须选择一个机动容许的横向速度场。因

---

① 见习题 2.4。

此,假定

$$\dot{w} = \dot{W}_1(R - r)/(R - a), \quad a \leqslant r \leqslant R \tag{4.9}$$

式(4.9)与图4.4(b)中对应的静塑性破坏模式形式相同,式中$(\cdot) = \partial(\ )/\partial t$。

式(4.3)、式(4.4)和式(4.9)预测曲率改变率$\dot{\kappa}_r = 0$及$\dot{\kappa} = \dot{W}_1/[r(R-a)] \geqslant 0$,因此,塑性正交性要求(Drucker公设)提示与此相关联的广义应力场位于图4.3中Tresca准则的AB边上,即

$$M_\theta = M_0 \tag{4.10a}$$
$$0 \leqslant M_r \leqslant M_0 \tag{4.10b}$$

借助于式(4.10a),式(4.1)预言横向剪力为

$$rQ_r = \partial(rM_r)/\partial r - M_0 \tag{4.11}$$

式(4.11)代入式(4.2),与式(4.5)和式(4.9)一起给出控制方程:

$$\partial^2(rM_r)/\partial r^2 = r(\mu\ddot{W}_1 - p_0)(R - r)/(R - a) \tag{4.12}$$

现在,式(4.12)对r积分两次,得

$$M_r = (\mu\ddot{W}_1 - p_0)r^2(2R - r)/[12(R - a)] + A + B/r \tag{4.13}$$

式中积分常数[①]

$$A = (\mu\ddot{W}_1 - p_0)R^2(\alpha^3 - \alpha^2 - \alpha - 1)/[12(1 - \alpha)] \tag{4.14a}$$

和

$$B = (\mu\ddot{W}_1 - p_0)R^3\alpha(1 + \alpha - \alpha^2)/[12(1 - \alpha)] \tag{4.14b}$$

是根据边界条件$r = a$和$r = R$处$M_r = 0$算出的。此外,式(4.13)还必须满足在环形板未受载的内边界$r = a$处横向剪力$Q_r = 0$的要求。因此式(4.11)和式(4.13)预言

$$(\mu\ddot{W} - p_0)(Ra/2 - a^2/3)/(R - a) + A/a - M_0/a = 0$$

利用式(4.14a),上式可改写成

$$\mu\ddot{W}_1 = p_0 - p_c \tag{4.15}$$

式中:p_c为式(4.7)中线性分布静塑性破坏压力的峰值。

从式(4.15)显然看出,当$p_0 > p_c$时,在整个运动第一阶段板都在加速运动。此外,如所预料的那样,$p_0 = p_c$时重新得到静态解$\ddot{W} = 0$。

现在,式(4.15)对时间积分两次,得

$$\mu W_1 = (p_0 - p_c)t^2/2, \quad 0 \leqslant t \leqslant \tau \tag{4.16}$$

---

① 根据式(4.15),$\mu\ddot{W}_1 - p_0 = -p_c$。

式中两个积分常数为 0，因为运动开始时 $t=0$，$W_1 = \dot{W}_1 = 0$，根据式（4.5）和图 4.5，运动的这一阶段在 $t=\tau$ 时结束。此时，根据式（4.16），环形板具有与此相关的最大横向位移，即

$$W_1 = (p_0 - p_c)\tau^2/2\mu \qquad (4.17\mathrm{a})$$

和与此相关的最大横向速度，即

$$\dot{W}_1 = (p_0 - p_c)\tau/\mu \qquad (4.17\mathrm{b})$$

从式（4.17b）显然可见，当矩形压力脉冲在 $t=\tau$ 卸去时，图（4.4a）中环板的内边界（$r=a$）具有一个有限的横向速度。因此，根据式（4.9）和式（4.17b），环形板具有总动能为

$$K_e = \int_a^R \left[\frac{(p_0 - p_c)(R-r)\tau}{\mu(R-a)}\right]^2 \mu\pi r\mathrm{d}r$$

即

$$K_e = \pi(p_0 - p_c)^2 R^2\tau^2(1-\alpha)(1+3\alpha)/12\mu \qquad (4.18)$$

该动能将在运动第二阶段耗散。

4.3.3 运动第二阶段，$\tau \leqslant t \leqslant T$

现在，再次假定环形板的横向速度场具有式（4.9）所描述的如图 4.4（b）所示的形式，即

$$\dot{w} = \dot{W}_2(R-r)/(R-a), \quad a \leqslant r \leqslant R \qquad (4.19)$$

因此，式（4.3）、式（4.4）和式（4.19）再次给出 $\dot{\kappa}_r = 0$，$\dot{\kappa} \geqslant 0$，所以广义应力位于图 4.3 中屈服准则的 AB 边上，因而式（4.10a、b）仍成立。

显然，式（4，6）、式（4.10a）和式（4.19）代入式（4.1）及式（4.2）给出式（4.12），只是 $p_0 = 0$ 并用 W_2 取代 W_1。接着有式（4.13）和式（4.14），只是其中的 $p_0 = 0$ 及用 W_2 代替 W_1，而式（4.15）取代为

$$\mu\ddot{W}_2 = -p_c \qquad (4.20)^{[1]}$$

式（4.20）对时间积分，得到横向速度为

$$\mu\dot{W}_2 = -p_c t + C \qquad (4.21\mathrm{a})$$

再次积分给出横向位移为

$$\mu W_2 = -p_c t^2/2 + Ct + D \qquad (4.21\mathrm{b})$$

在运动第二阶段开始时，环形板的横向位移和速度必须与运动第一阶段结束即 $t=\tau$ 时的对应值保持连续。因此，由式（4.17）和式（4.21）得

---

[1] 板在整个不受载的运动第二阶段作减速运动。

$$C = p_0\tau \tag{4.22a}$$

和

$$D = -p_0\tau^2/2 \tag{4.22b}$$

$\dot{W}_2 = 0$ 时环形板的运动停止,达到它的最终即永久位置。根据式(4.21a)和式(4.22a),这在

$$T = \eta\tau \tag{4.23}$$

时发生,式中

$$\eta = p_0/p_c \tag{4.24}$$

是动载系数。利用式(4.7)和式(4.19),式(4.21b)、式(4.22)和式(4.23)给出永久横向位移场为

$$w_f = 6M_0\eta(\eta - 1)\tau^2(1 - r/R)/[\mu R^2 (1 - \alpha)^2(1 + 3\alpha)] \tag{4.25}$$

作为练习,请读者证明:在运动这一阶段板所吸收的塑性能,即

$$\int_\tau^T\int_a^R (M_\theta\dot{\kappa}_\theta + M_r\dot{\kappa}_r)2\pi r \mathrm{d}r\mathrm{d}t$$

等于板在运动第一阶段结束时余留的动能。

4.3.4 静力容许性

在4.3.2节和4.3.3节中给出的理论分析满足图4.4(a)中所示的环形板问题的平衡方程式(4.1)和式(4.2)。它满足板内外边的边界条件,并且根据式(4.10a),在运动的两个阶段对于 $a \leqslant r \leqslant R$ 都有 $M_\theta = M$。然而,正交性条件要求广义应力场位于图4.3中屈服条件的 AB 边上,即 $0 \leqslant M_r \leqslant M_0$。因此,为了证明该理论解是静力容许的,必须证明对于 $a \leqslant r \leqslant R$ 有 $0 \leqslant M_r \leqslant M_0$。

可以直接证明,在运动的两个阶段,对于径向弯矩分布,在 $r = a$ 处有 $\partial M_r/\partial r > 0$ 和 $\partial^2 M_r/\partial r^2 < 0$,在 $r = R$ 处有 $\partial M_r/\partial r < 0$ 和 $\partial^2 M_r/\partial r^2 > 0$,如图4.6所示[①]。在经过相当多的代数运算后可以解析地证明 $0 \leqslant M_r \leqslant M_0$。

式(4.13)、式(4.14a)和式(4.14b)都包含 $\mu\ddot{W} - p_0$ 项,根据式(4.15),在运动第一阶段该项等于 $-p_c$。此外,在运动第二阶段该项被 $\mu\ddot{W}_2$ 取代,根据式(4.20),仍等于 $-p_c$。再者,对于外加静载情形($\dot{W}_1 = 0$ 和 $p_0 = p_c$)$\mu\ddot{W}_1 - p_0$ 项化为 $-p_c$。所以显而易见,运动第一阶段和第二阶段的径向弯矩分布是相同的、与时间无关并与图4.4(a)中所示的线性分布的静压产生的弯矩分布相同。事实上也很清楚,径向弯矩的大小和分布与式(4.24)定义的动压比 η 及图4.5中所示的矩形压力脉冲的作用历时 τ 无关。

[①] 从数值计算显而易见,在 $r = R$ 处有 $\partial^2 M_r/\partial r^2 > 0$,虽然这从图4.6中的曲线来看不很明显。

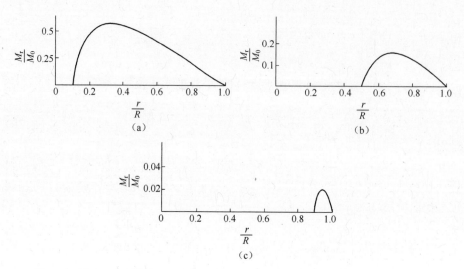

图 4.6 图 4.4(a)中的环形板在运动第一阶段和第二阶段期间的径向弯矩分布
(a)$\alpha=0.1$;(b)$\alpha=0.5$;(c)$\alpha=0.9$。

对于 $\alpha=0.1$、0.5 和 0.99 的环形板计算了其径向弯矩分布并表示在图 4.6 中。显然 $0 \leqslant M_r \leqslant M_0$,因此 4.3.2 节和 4.3.3 节中的理论解如前面已指出的那样,是静力容许的。

式(4.9)和式(4.19)分别给出的运动第一阶段和第二阶段的横向速度场既未含驻定塑性铰,也未含移动塑性铰。而且,$r=R$ 处的边界条件 $w=\dot{w}=0$ 是满足的。此外,横向速度场及与其相关的横向位移场满足初始条件和运动两个阶段之间的连续性要求。因此,4.3.2 节和 4.3.3 节中的理论分析既是机动容许的也是静力容许的,所以它是图 4.4(a)中环形板问题的精确的刚性-理想塑性解。

4.3.5 瞬动加载

如果图 4.5 中的矩形脉冲压力很高(即 $\eta=p_0/p_c \gg 1$)而作用历时很短($\tau \rightarrow 0$),则常常更为简单地把它理想化为瞬动速度加载,其总冲量等于运动开始瞬时的动量变化。因此,有

$$\int_a^R p_0 \tau 2\pi r \mathrm{d}r(R-r)/(R-a) = \int_a^R \mu V_0 2\pi r \mathrm{d}r(R-r)/(R-a)$$

即

$$p_0 \tau = \mu V_0 \qquad (4.26)$$

式中:V_0 为线性分布的初始冲击速度在 $r=a$ 处的大小。

由于 $\eta \gg 1$,式(4.25)现在简化为

$$w_f = 6M_0\eta^2\tau^2(1 - r/R)/[\mu R^2(1 - \alpha)^2(1 + 3\alpha)] \tag{4.27}$$

或者利用从式(4.24)和式(4.26)中得到的 $\eta\tau = \mu V_0/p_c$ 并用式(4.7)置换 p_c,得

$$w_f = \mu V_0^2 R^2(1 + 3\alpha)(1 - r/R)/24M_0 \tag{4.28}$$

式(4.28)可以改写为无量纲形式,即

$$w_f/H = \lambda(1 + 3\alpha)(1 - r/R)/24 \tag{4.29}$$

式中

$$\lambda = \mu V_0^2 R^2/M_0 H \tag{4.30}①$$

为无量纲的初始动能;H 为板厚。式(4.25)也可以写成

$$w_f/H = \lambda(I/\mu V_0)^2(1 - 1/\eta)(1 + 3\alpha)(1 - r/R)/24 \tag{4.31}$$

式中

$$I = p_0\tau \tag{4.32}$$

当 $\eta \to \infty$ 时,利用式(4.26),式(4.32)化为式(4.29)。

从图4.7中的理论结果可清楚地看到,当 $\eta > 50$ 时,式(4.31)的理论预测只是比 $\eta \to \infty$ 时的瞬动加载情形下由式(4.29)给出的理论值稍微小一些。

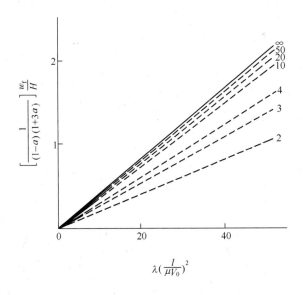

图4.7 受图4.4(a)所示的载荷作用的环形板的最大永久横向位移
——瞬动加载,式(4.29);---矩形压力脉冲,式(4.31),线上的数字为 η 的值。

---

① μ 是板单位面积的质量,$M_0 = \sigma_0 H^2/4$ 是实心横截面的板单位长度的塑性破坏弯矩。

4.4　受动载作用的简支圆板，$p_c \leqslant p_0 \leqslant 2p_c$

4.4.1　引言

本节研究图 4.8(a)中外边界简支圆板动塑性响应，板受具有图 4.5 所示矩形压力-时间历程的均布动压力脉冲作用。Hopkins 和 Prager[4.2]在 1954 年用 4.3 节描述的对刚性-理想塑性材料制成的环板的一般理论分析方法考察了这个具体问题。

根据式(2.18)，受均布载荷作用的简支圆板的精确静破坏压力为

$$p_c = 6M_0/R^2 \tag{4.33}$$

与此相关的静破坏模式具有图 2.7(b)和图 4.8(b)所示的形式。如果圆板受到大于 p_c 的压力作用，它将加速运动，但如果压力脉冲在短时间作用后卸去，则外加动能最终被吸收，圆板到达一个平衡位置(即永久变形形状)。

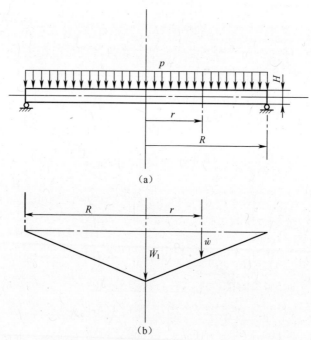

图 4.8　(a)整个板受轴对称均布压力脉冲作用的简支圆板；
(b)与由式(4.33)给出的静破坏压力 p_c 相关的(a)中所示圆板的横向速度场

结果表明，对于处于 $p_c \leqslant p_0 \leqslant 2p_c$ 范围内的压力脉冲，为方便起见，板的动力响应可分成两个运动阶段 $0 \leqslant t \leqslant \tau$ 和 $\tau \leqslant t \leqslant T$，$\tau$ 是压力脉冲作用历时，T 是响

应时间。

4.4.2 运动第一阶段,$0 \leqslant t \leqslant \tau$

在这一运动阶段,圆板受到一个均布压力:

$$p = p_0, \quad 0 \leqslant r \leqslant R \tag{4.34}$$

的作用,假定它大于式(4.33)给出的对应的静破坏压力 p_c。

假设板以图 4.8(b)中所画的速度场变形似乎是合理的,如 4.4.1 节中所指出的那样,该速度场具有与对应的静破坏模式相同的一般特征。因此,有

$$\dot{w} = \dot{W}_1(1 - r/R), \quad 0 \leqslant r \leqslant R \tag{4.35}$$

式中:$\dot{W}$ 为板中心的横向速度。

现在,式(4.3)、式(4.4)和式(4.35)给出 $\dot{\kappa}_r = 0$ 和 $\dot{\kappa}_\theta = \dot{W}_1/rR \geqslant 0$,根据塑性正交性要求,与其相关联的是图 4.3 中屈服条件的 AB 边。因此,有

$$M_\theta = M_0 \tag{4.36a}$$
$$0 \leqslant M_r \leqslant M_0 \tag{4.36b}$$

式(4.1)和式(4.36a)再次给出表示横向剪力的式(4.11),该式可与式(4.34)和式(4.35)式一起代入式(4.2)得到控制方程:

$$\partial^2(rM_r)/\partial r^2 = - rp_0 + \mu r\ddot{W}_1(1 - r/R) \tag{4.37}$$

对 r 积分两次,利用板中心($r=0$)处的边界条件 $M_r = M_0$ 和 $Q_r = 0$ 消除积分常数,给出径向弯矩:

$$M_r = - p_0 r^2/6 + \mu \ddot{W}_1(r^2/6 - r^3/12R) + M_0 \tag{4.38}$$

然而,式(4.38)必须满足简支边界条件($r=R$ 处 $M_r = 0$),所以它要求

$$\mu \ddot{W}_1 = 2p_0 - 12M_0/R^2 \tag{4.39①}$$

或者对时间积分两次,并满足初始条件 $t=0$ 时 $W_1 = \dot{W}_1 = 0$ 后,得

$$W_1 = (p_0 - p_c)t^2/\mu \tag{4.40}$$

式中:p_c 由式(4.33)定义。

运动第一阶段结束时的横向位移和速度分别为

$$w = (p_0 - p_c)\tau^2(1 - r/R)/\mu \tag{4.41a}$$

和

$$\dot{w} = 2(p_0 - p_c)\tau(1 - r/R)/\mu \tag{4.41b}$$

---

① 在运动第一阶段板的加速为常数,因为对于 $0 \leqslant t \leqslant \tau$,$p_0$ 是常数,如图 4.5 所示。如果 $\ddot{W}_1 = 0$,即静压情形,则 $p_0 = p_c$,p_c 由式(4.33)给出。

由式(4.41b)可导出在运动第二阶段中塑性耗散的动能：

$$K_e = \pi R^2 (p_0 - p_c)^2 \tau^2 / 3\mu \tag{4.42}$$

4.4.3 运动第二阶段，$\tau \leqslant t \leqslant T$

在运动第二阶段圆板卸载，所以，有

$$p = 0, \quad 0 \leqslant r \leqslant R \tag{4.43}$$

但圆板继续发生塑性变形以消耗 $t = \tau$ 时根据式(4.42)板所具有的动能。假设在运动的这一阶段横向速度场具有与式(4.35)给出的运动第一阶段的速度场相同的形状，即

$$\dot{w} = \dot{W}_2 (1 - r/R), \quad 0 \leqslant r \leqslant R \tag{4.44}$$

式(4.3)、式(4.4)和式(4.44)预言 $\dot{\kappa}_r = 0$ 和 $\dot{\kappa}_\theta \geqslant 0$，所以根据对于图4.3中屈服条件的塑性正交性要求，再次得到式(4.36a、b)。

现在可以证明，把式(4.11)、式(4.36a)、式(4.43)和式(4.44)代入式(4.2)再次得到式(4.37)，只是 $\ddot{W}_1$ 被 $\ddot{W}_2$ 代替及 $p_0 = 0$。因此，对 r 积分两次并满足边界条件 $r = 0$ 处 $M_r = M_0$ 和 $Q_r = 0$ 及 $r = R$ 处 $M_r = 0$，得

$$\mu \ddot{W}_2 = -12 M_0 / R^2 \tag{4.45}①$$

式(4.45)也可以根据式(4.39)按上面指出的代换得到。

直接对时间积分式(4.45)，通过保证横向位移和速度在运动第一阶段结束时($t = \tau$)的连续性来消去两个积分常数，给出板中心的横向位移为

$$W_2 = p_0 \tau (2t - \tau) / \mu - p_c t^2 / \mu \tag{4.46}$$

式(4.46)在 $t = T$ 时给出 $W_2 = 0$，此处

$$T = \eta \tau \tag{4.47}$$

是总的响应历时，而 η 由式(4.24)定义，但其中 p_c 由式(4.33)定义。根据式(4.44)、式(4.46)和式(4.47)，与此相关的永久横向变形场为

$$w_f = \eta (\eta - 1) p_c \tau^2 (1 - r/R) / \mu \tag{4.48}$$

4.4.4 静力容许性

根据塑性正交性要求和式(4.36a)，在4.4.2节和4.4.3节的两个运动阶段切向弯矩 M_θ 始终等于全塑性弯矩 M_0。然而，为了满足不等式(4.36b)，必须证明 $0 \leqslant M_r \leqslant M_0$。

利用式(4.24)、式(4.33)和式(4.39)，运动第一阶段径向弯矩的表达式(4.38)现在可写为

---

① 在整个运动第二阶段板具有常减速度。

$$M_r/M_0 = 1 + (\eta - 2)r^2/R^2 - (\eta - 1)r^3/R^3, \quad 0 \leqslant r \leqslant R \quad (4.49)$$

并画于图 4.9(a)中。因此在 $r=0$ 处有 $\partial M_r/\partial r=0$ 及

$$\partial^2 M_r/\partial r^2 = 2(\eta - 2)M_0/R^2 \quad (4.50)$$

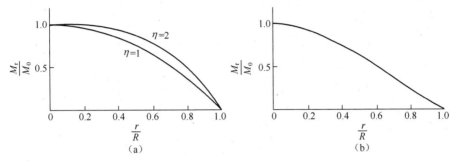

图 4.9　$\eta \leqslant 2$ 时图 4.8(a)中圆板的径向弯矩分布

(a)运动第一阶段,$\eta=1$ 和 $\eta=2$;(b)运动第二阶段,$1 \leqslant \eta \leqslant 2$。

为了避免图 4.9(a)中的弯矩分布在 $r=0$(该处 $M_r=M_0$)附近违背屈服条件,必须保证 $\partial^2 M_r/\partial r^2 \leqslant 0$,然而式(4.50)表明,当 $\eta>2$ 时,在板中心附近出现违背屈服条件的情况。所以,当 $\eta \leqslant 2$ 时,式(4.49)给出的弯矩分布在运动第一阶段是静力容许的,在这种情况下,$r=0$ 处 $\partial M_r/\partial r=0$,且对于 $0 \leqslant r \leqslant R$ 有 $\partial^2 M_r/\partial r^2 \leqslant 0$。

令式(4.38)中 $p_0=0$ 并将 $\ddot{W}_1$ 用式(4.45)中 $\ddot{W}_2$ 取代,得到运动第二阶段的径向弯矩分布为

$$M_r/M_0 = 1 - (2 - r/R)r^2/R^2, \quad 0 \leqslant r \leqslant R \quad (4.51)$$

并画于图 4.9(b)中。这一弯矩分布与 η 和时间无关,是静力容许的,因为唯一的最大值位于 $r=0$ 处(即 $r=0$ 处 $\partial M_r/\partial r=0$)且 $\partial^2 M_r/\partial r^2 < 0$。

如果 $1 \leqslant \eta \leqslant 2$,4.4.2 节和 4.4.3 节中的理论分析是静力容许的,而由式(4.35)和式(4.44)描述的与此相关的横向速度场是机动容许的。因此,该解在刚塑性圆板的整个响应期间内是精确的。下一节分析具有 $\eta>2$ 矩形压力脉冲的圆板。

4.5　受动载作用的简支圆板,$p_0>2p_c$

4.5.1　引言

在4.4节中看到,当 $\eta>2$ 时,在运动第一阶段式(4.50)在 $r=0$ 处给出 $\partial^2 M_r/\partial r^2 > 0$。因为在 $r=0$ 处有 $M_r=M_0$ 和 $\partial M_r/\partial r=0$,这就导致在板中心附近

违背屈服条件。为了克服较大压力脉冲作用时的这一困难，在这一节中假设板中心区域的屈服由图 4.3 中屈服条件的角点 $A(M_r = M_\theta = M_0)$ 控制。因此，圆板被分为两个同心区域，内部区域 $0 \leqslant r \leqslant \xi_0$ 由图 4.3 中屈服条件的角点 A 控制，外部环形区域 $(\xi_0 \leqslant r \leqslant R)$ 的塑性流动则由 AB 边控制。

Hopkins 和 Prager[4.2] 发现，必须考虑三个运动阶段。在历时为 τ 的运动第一阶段，在半径为 ξ_0 处形成一个驻定的塑性铰环。当 $t = \tau$ 时压力脉冲卸去，这个塑性铰环开始向板的中心移动。运动的最后阶段与在 4.4.3 节中考察的低压情形 $(1 \leqslant \eta \leqslant 2)$ 的运动第二阶段相似①。

4.5.2　运动第一阶段，$0 \leqslant t \leqslant \tau$

假设当图 4.5 中的压力脉冲作用时，在圆板中 $r = \xi_0$ 处形成一个驻定的塑性铰环。与此相关联的横向速度场示于图 4.10(a)，并可写成

$$\dot{w}_1 = \dot{W}_1, \quad 0 \leqslant r \leqslant \xi_0 \tag{4.52}$$

和

$$\dot{w} = \dot{W}_1(R - r)/(R - \xi_0), \quad \xi_0 \leqslant r \leqslant R \tag{4.53}$$

因此，式(4.3)和式(4.4)在内圆区域 $0 \leqslant r \leqslant \xi_0$ 给出 $\dot{\kappa}_r = \dot{\kappa}_\theta = 0$，而在外环区域 $\xi_0 \leqslant r \leqslant R$ 给出 $\dot{\kappa}_r = 0$ 和 $\dot{\kappa}_\theta \geqslant 0$。此外，根据图 4.10(a) 显然有，在塑性铰环处 $(r =$

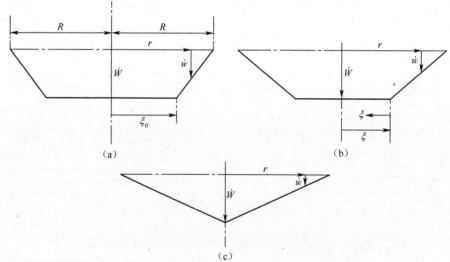

图 4.10　受 $\eta \geqslant 2$ 的矩形压力脉冲作用的简支圆板的横向速度场

(a)运动第一阶段，$0 \leqslant t \leqslant \tau$；(b)运动第二阶段，$\tau \leqslant t \leqslant T_1$；(c)运动第三阶段，$T_1 \leqslant t \leqslant T$。

---

①　事件发生的顺序类似于在 3.4.1 节中描述的简支梁受矩形压力脉冲作用的情形。

ξ_0)$\dot{\kappa}_r \rightarrow \infty$ 及 $\dot{\kappa}_\theta \geqslant 0$。根据塑性正交性要求,这些曲率改变率与图4.3中Tresca屈服条件的 A 和 AB 区域是一致的。因此,有

$$M_\theta = M_0 \tag{4.54a}$$

$$M_r = M_0, \quad 0 \leqslant r \leqslant \xi_0 \tag{4.54b}$$

以及

$$M_\theta = M_0 \tag{4.55a}$$

$$0 \leqslant M_r \leqslant M_0, \quad \xi_0 \leqslant r \leqslant R \tag{4.55b}$$

现在考虑中央圆形区域 $0 \leqslant r \leqslant \xi_0$,根据式(4.1)、式(4.2)、式(4.34)、式(4.52)和式(4.54a),它由

$$\partial^2(rM_r)/\partial r^2 = -r\rho_0 + \mu r\ddot{W}_1 \tag{4.56}$$

控制。对 r 积分两次,得

$$M_r = (\mu\ddot{W}_1 - p_0)r^2/6 + M_0 \tag{4.57}$$

式中两个积分常数已由 $r=0$ 处 M_r 保持为有限值及根据对称性,$r=0$ 处 $Q_r=0$ 的要求算出[①]。显然,当

$$\mu\ddot{W}_1 = p_0 \tag{4.58}[②]$$

时,对于 $0 \leqslant r \leqslant \xi_0$ 有 $M_r = M_0$。因此,有

$$\dot{W}_1 = p_0 t/\mu \tag{4.59a}$$

和

$$W_1 = p_0 t^2/2\mu \tag{4.59b}$$

因为当 $t=0$ 运动开始时有 $W_1 = \dot{W}_1 = 0$。

式(4.1)、式(4.2)、式(4.34)、式(4.53)和式(4.55a)给出外环部分的控制方程,即

$$\partial^2(rM_r)/\partial r^2 = -rp_0 + \mu r\ddot{W}_1(R-r)/(R-\xi_0), \quad \xi_0 \leqslant r \leqslant R \tag{4.60}$$

式(4.60)对 r 积分两次预言径向弯矩为

$$M_r = -p_0 r^2/6 + \mu\ddot{W}_1(Rr^2/6 - r^3/12)/(R-\xi_0) + A_1 + B_1/r \tag{4.61}$$

根据简支边界条件在 $r=R$ 处 $M_r=0$ 以及 $r=\xi_0$ 处的连续条件 $M_r=M_0$,利用式(4.58)可确定式中的常数为

$$A_1 = p_0(R^3 - R^2\xi_0 - R\xi_0^2 - \xi_0^3)/[12(R-\xi_0)] - M_0\xi_0/(R-\xi_0) \tag{4.62a}$$

和

---

① 此外,在轴对称加载圆板的中心有 $M_r = M_0 = M_\theta$。

② 在运动第一阶段板具有常加速度。

$$B_1 = M_0 R \xi_0 / (R - \xi_0) - p_0 R \xi_0 (R^2 - R\xi_0 - \xi_0^2) / [12(R - \xi_0)]$$

$$(4.62b)$$

鉴于式(4.54a)和式(4.55a)，表示横向剪力 Q_r 的式(4.11)对于圆板的两个区域 $0 \leqslant r \leqslant \xi_0$ 和 $\xi_0 \leqslant r \leqslant R$ 都是有效的，而且在通过 $r = \xi_0$ 处的驻定塑性铰时也必定是连续的。显然，从式(4.11)和式(4.54)可见，对于 $0 \leqslant r \leqslant \xi_0$，$Q_r = 0$。因此，式(4.11)在用 $\xi_0 \leqslant r \leqslant R$ 范围内的式(4.61)代入时也必须在 $r = \xi_0$ 处等于零。这一条件在符合式(4.63)时满足，即

$$p_0 / p_c = 2R^3 / [(R + \xi_0)(R - \xi_0)^2]$$

$$(4.63)$$

式中：p_0 为式(4.33)所定义的静塑性破坏压力。

式(4.63)通过动压比（$\eta = p_0 / p_c$）给出了驻定塑性铰环的位置 ξ_0。显然，当 $p_0 = 2p_c$ 时 $\xi_0 = 0$，这与4.4节中的分析吻合。此外，因为当 $p_0 \gg p_c$，即 $\eta \to \infty$ 时 $\xi_0 \to R$，故对于强压力载荷情形，在支承处形成驻定塑性铰。

4.5.3 运动第二阶段，$\tau \leqslant t \leqslant T_1$

一旦矩形压力脉冲在 $t = \tau$ 时卸去，$r = \xi_0$ 处的塑性铰环就开始向板中心移动，如图4.10(b)所示，与此相关的横向速度场可表示成

$$\dot{w} = \dot{W}_2, \quad 0 \leqslant r \leqslant \xi \tag{4.64a}$$

和

$$\dot{w} = \dot{W}_2 (R - r) / (R - \xi), \quad \xi \leqslant r \leqslant R \tag{4.64b}$$

式中：ξ 为与时间有关的移动塑性铰的位置。塑性正交性的要求再次给出式(4.54)和式(4.55)，考虑到移动塑性铰，两式可写成

$$M_\theta = M_0 \tag{4.65a}$$

$$M_r = M_0, \quad 0 \leqslant r \leqslant \xi \tag{4.65b}$$

和

$$M_\theta = M_0 \tag{4.66a}$$

$$0 \leqslant M_r \leqslant M_0, \quad \xi \leqslant r \leqslant R \tag{4.66b}$$

根据式(4.1)、式(4.2)、式(4.64a)、式(4.65a)和 $p = 0$，中央圆形区域的控制方程为

$$\partial^2 (r M_r) / \partial r^2 = \mu r \ddot{W}, \quad 0 \leqslant r \leqslant \xi \tag{4.67}$$

对 r 积分两次，求出积分常数值以满足 $r = 0$ 处边界条件 $Q_r = 0$ 和 $M_r = M_0$，得

$$M_r = M_0 + \mu r^2 \ddot{W}_2 / 6$$

然而，为与式(4.65b)相协调，要求

$$\mu \ddot{W}_2 = 0 \tag{4.68}$$

式(4.68)对时间积分,得

$$\dot{W}_2 = p_0\tau/\mu \tag{4.69a}$$

和

$$W_2 = p_0\tau t/\mu - p_0\tau^2/2\mu \tag{4.69b}$$

式中,积分常数已由保证在 $t=\tau$ 时横向速度和位移与式(4.59)相连续求出。

现在,借助于式(4.64b)和式(4.66a),控制方程式(4.1)和式(4.2)对于圆板的外环部分 $\xi \leqslant r \leqslant R$ 可写成

$$\partial^2(rM_r)/\partial r^2 = \mu r[\ddot{W}_2(R-r)/(R-\xi) + \dot{W}_2\dot{\xi}(R-r)/(R-\xi)^2]$$

利用式(4.68)和式(4.69a),上式即为

$$\partial^2(rM_r)/\partial r^2 = p_0\tau\dot{\xi}(Rr - r^2)/(R-\xi)^2 \tag{4.70}$$

对 r 积分两次,得

$$M_r = p_0\tau\dot{\xi}(2Rr^2 - r^3)/[12(R-\xi)^2] + A_2 + B_2/r \tag{4.71}$$

为了满足 $r=R$ 处的边界条件 $M_r=0$ 及 $r=\xi$ 处的连续条件 $M_r=M_0$,式(4.71)中:

$$A_2 = -\xi M_0/(R-\xi) - p_0\tau\dot{\xi}(R^3 + R^2\xi + R\xi^2 - \xi^3)/[12(R-\xi)^2] \tag{4.72a}$$

和

$$B_2 = \xi RM_0/(R-\xi) + p_0\tau\dot{\xi}\xi R(R^2 + R\xi - \xi^2)/[12(R-\xi)^2] \tag{4.72b}$$

此外,跨过移动塑性铰的横向剪力 Q_r 必须连续。由于在整个中央圆形区域 $0 \leqslant r \leqslant \xi$ 都有 $Q_r=0$,故当

$$\dot{\xi} = -2p_cR^3/[p_0\tau(R^2 + 2\xi R - 3\xi^2)] \tag{4.73}$$

时,环形区域 $\xi \leqslant r \leqslant R$ 的式(4.1)、式(4.66a)和式(4.71)给出在 $r=\xi$ 处 $Q_r=0$,式(4.73)中 p_c 由式(4.33)定义。

移动塑性铰环的速度由式(4.73)给出,该式对时间积分,利用式(4.63)并满足初始条件 $t=\tau$ 时 $\xi=\xi_0$,预言铰的位置为

$$(\xi/R)^3 - (\xi/R)^2 - \xi/R = 2p_ct/p_0\tau - 1 \tag{4.74}$$

运动第二阶段在 $t=T_1$ 时结束,此时移动塑性铰到达板的中心(即 $\xi=0$)。在这种情况下,式(4.74)中令 $\xi=0$,得

$$T_1 = p_0\tau/2p_c \tag{4.75}$$

4.5.4　运动第三阶段,$T_1 \leqslant t \leqslant T$

根据式(4.69a),在运动第二阶段板中心的横向速度始终保持不变。因此,

105

运动第二阶段结束时的最大横向速度与第一阶段结束时相同。所以，运动第三阶段必须吸收板所余留的动能。

在运动第二阶段结束时，移动塑性铰到达板的中心。假设此后横向速度场的形状在运动最后阶段保持不变，如图 4.10(c)所示，即

$$\dot{w} = \dot{W}_3(1 - r/R), \quad 0 \le r \le R \tag{4.76}$$

对运动这一阶段的理论分析与 4.4.3 节中的分析类似。因此，根据式(4.54)，将 $\ddot{W}_2$ 换成 $\ddot{W}_3$，有

$$\mu \ddot{W}_3 = -2\rho_c \tag{4.77}$$

式中：p_c 为式(4.33)所定义的对应的静塑性破坏压力。现在，式(4.77)对时间积分，并保证与运动第二阶段结束时的式(4.69a)和式(4.75)连续，得

$$\mu \dot{W}_3 = 2p_c(p_0\tau/p_c - t) \tag{4.78}$$

再次积分，得

$$W_3 = 2p_0\tau t/\mu - p_c t^2/\mu - p_0^2\tau^2/4\mu p_c - p_0\tau^2/2\mu \tag{4.79}$$

式中的积分常数通过在 $t = T_1$ 时与式(4.69b)相匹配找到，T_1 由式(4.75)定义。

从式(4.78)显然看出，运动在 $t = T$ 时最终停止，式中

$$T = \eta\tau \tag{4.80}$$

式(4.80)与低压情形 $1 \le \eta \le 2$ 的式(4.47)相同，且 $T = 2T_1$，T_1 由式(4.75)所定义。从式(4.79)得到与此相关的最大永久横向位移(在板中心)为

$$W_f = p_0\tau^2(3p_0/2p_c - 1)/2\mu \tag{4.81}$$

4.5.5　静力容许性

从式(4.54a)、式(4.55a)、式(4.65a)、式(4.66a)和 4.5.4 节显然可见，在三个运动阶段中对于 $0 \le r \le R$ 自始至终有 $M_\theta = M$。因此，只需要考察径向弯矩 M_r 的静力容许性。

在运动第一阶段，根据式(4.54b)，在中央圆形区域($0 \le r \le \xi_0$)内，径向弯矩为 $M_r = M_0$。而在外环区域 $\xi_0 \le r \le R$，由式(4.58)、式(4.61)和式(4.62)，有

$$M_r = M_0 = 1 - (r/R - \xi_0/R)^3(r/R + \xi_0/R)/[(1 - \xi_0/R)^3(1 + \xi_0/R)(r/R)] \tag{4.82}$$

式(4.82)对于 $\xi_0 \le r \le R$ 预言 $[\partial(M_r/M_0)]/[\partial(r/R)] \le 0$，所以不等式(4.55b)是满足的，如图 4.11(a)所示。

现在，式(4.65b)指出，在 4.5.3 节中的运动第二阶段，在中央圆形区域 $0 \le r \le \xi$ 内 $M_r = M_0$。利用式(4.73)，环形区域 $\xi \le r \le R$ 的式(4.71)可改写成

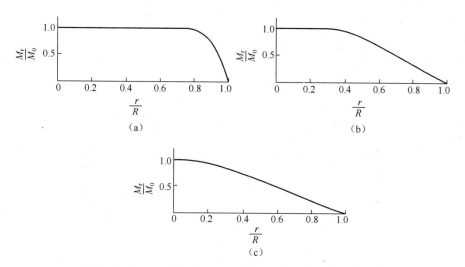

图 4.11 图 4.8(a)中的简支圆板在响应期间的径向弯矩分布

(a)运动第一阶段$(0 \leqslant t \leqslant \tau)$,$\eta = 13$,$\xi_0 = 0.6991$;(b)运动第二阶段$(\tau \leqslant t \leqslant T_1)$,$t = 0.637T_1 = 0.3185\eta\tau$ 及 $\xi = 0.3$;

(c)运动第三阶段$(T_1 \leqslant t \leqslant T)$。

$$M_r/M_0 = 1 + R(r - \xi)^2(r^2 - 2Rr + 2\xi r - 4R\xi + 3\xi^2)/[r(R - \xi)^3(R + 3\xi)] \tag{4.83}$$

结果表明,对于 $\xi \leqslant r \leqslant R$ 有 $[\partial(M_r/M_0)]/[\partial(r/R)] \leqslant 0$,所以 $0 \leqslant M_r \leqslant M_0$,不等式(4.66b)是满足的,如图 4.11(b)所示。

根据 4.4.3 节和 4.5.4 节及式(4.33)和式(4.77),运动最后阶段的径向弯矩分布为

$$M_r/M_0 = 1 - (2 - r/R)(r/R)^2, \quad 0 \leqslant r \leqslant R \tag{4.84}$$

式(4.84)对 $0 \leqslant r \leqslant R$ 预言$[\partial(M_r/M_0)]/[\partial(r/R)] \leqslant 0$,所以 $0 \leqslant M_r \leqslant M_0$,如图 4.11(c)所示。

径向弯矩 M_r 在跨过移动塑性铰时是连续的,即

$$[M_r]_\xi = 0 \tag{4.85}$$

由于对于以速度 $\dot{\xi}$ 传播的移动塑性铰或界面,式(4.85)对时间的导数为 0,因此,式(4.85)对时间微分,得

$$[\partial M_r/\partial t]_\xi + \dot{\xi}[\partial M_r/\partial r]_\xi = 0 \tag{4.86}$$

4.5.3 节中的理论解在移动塑性铰处有 $M_r = M_0$ 和 $\partial M_r/\partial r = 0$,所以式(4.85)和式(4.86)自动满足。

前述评论表明,4.5.2 节至 4.5.4 中推出的理论解在整个响应期间对整个板都是静力容许的。

4.5.6　机动容许性

为了考察前述理论解的机动容许性，先推出轴对称受载圆板的几个一般表达式，然后在后面再将其用于具体问题。

结果发现，如果把 x 换成 r，则在 3.4.6 节中对于梁的动态响应所作的理论推导对于经历轴对称响应的圆板仍然是有效的。因此，3.4.6 节中式（3.54）~式（3.59）将 x 换成 r 后，要求

$$[w]_\xi = 0 \tag{4.87a}$$

$$[\dot{w}]_\xi + \dot{\xi}[\partial w/\partial r]_\xi = 0 \tag{4.87b}$$

$$[\partial w/\partial r]_\xi = 0 \tag{4.87c}$$

$$[\dot{w}]_\xi = 0 \tag{4.87d}$$

$$[\ddot{w}]_\xi + \dot{\xi}[\partial \dot{w}/\partial r]_\xi = 0 \tag{4.87e}$$

和

$$[\partial \dot{w}/\partial r]_\xi + \dot{\xi}[\partial^2 w/\partial r^2]_\xi = 0 \tag{4.87f}$$

现在回到 4.5.2 节至 4.5.4 节中的理论解，对于三个运动阶段的分析已经用到了连续条件式（4.87a）和式（4.87d）。在运动第一阶段和第三阶段塑性铰是不动的，因而式（4.87b）和式（4.87e）满足，而式（4.87c）和式（4.87f）不是必需的。因此，运动学要求在运动第一阶段和第三阶段是满足的。只有 4.5.3 节中推出的具有移动塑性铰的运动第二阶段还需要进一步考察。事实上，只有式（4.87c）、式（4.87e）和式（4.87f）需要验证，因为根据式（4.87c）和式（4.87d），式（4.87b）是满足的。

式（4.64）给出 $[\ddot{w}]_\xi = \dot{W}_2\dot{\xi}/(R-\xi)$ 和 $[\partial \dot{w}/\partial r]_\xi = -\dot{W}_2/(R-\xi)$，所以式（4.87e）是满足的。

式（4.52）和式（4.64a）表明，式（4.69b）给出运动第二阶段中央圆形区域的横向位移为

$$w = p_0\tau t/\mu - p_0\tau^2/2\mu, \quad 0 \leqslant r \leqslant \xi \tag{4.88}$$

根据式（4.52）、式（4.59b）、式（4.64a）和式（4.64b），环形区域 $\xi \leqslant r \leqslant \xi_0$ 的横向位移为

$$w = p_0\tau^2/2\mu + \int_\tau^{t(r)} \dot{W}_2 \mathrm{d}t + \int_{t(r)}^t \dot{W}_2(R-r)\mathrm{d}t/(R-\xi) \tag{4.89}$$

然而 $\dot{\xi} = \mathrm{d}\xi/\mathrm{d}t$，即 $\mathrm{d}t = \mathrm{d}\xi/\dot{\xi}$，$\dot{\xi}$ 由式（4.73）给出，再利用式（4.69a），式（4.89）可写成

$$w = p_0\tau^2/2\mu + (p_0\tau/\mu)\int_{\xi_0}^r \mathrm{d}\xi/\dot{\xi} + (p_0\tau/\mu)\int_r^\xi (R-r)\mathrm{d}\xi/[\dot{\xi}(R-\xi)]$$

$$\tag{4.90}$$

式(4.88)和式(4.90)预言 $[\partial w / \partial r]_{\xi} = 0$ 和 $[\partial^2 w / \partial r^2]_{\xi} = -(p_0 \tau)^2 (R + 3\xi)/2\mu p_c R^3$。因此式(4.87c)是满足的。可以直接证明式(4.87f)在运动第二阶段也是满足的。

前述评论已经证明,4.5.2节至4.5.4节中的理论解是机动容许的,因为在4.5.5节中已证明它也是静力容许的,因而在塑性理论的范围内它是一个精确解。

4.5.7 瞬动加载

当 $p_0 / p_c \gg 1$(即 $\eta \to \infty$)和 $\tau \to 0$ 时,矩形压力脉冲称为瞬动加载。在这种情形下 $t = 0$ 时的动量守恒要求

$$\int_0^R p_0 \tau 2\pi r \mathrm{d}r = \int_0^R \mu V_0 2\pi r \mathrm{d}r$$

即

$$p_0 \tau = \mu V_0 \tag{4.91}$$

式中:V_0 为均布在整个板 $0 \leqslant r \leqslant R$ 上的初始冲击速度的大小。

$\tau \to 0$ 时,4.5.2节中的运动第一阶段不再存在,瞬动加载问题的理论分析只包括4.5.3节和4.5.4节中考察的两个运动阶段。在式(4.6.3)中令 $\eta \to \infty$,显然可见,塑性铰环最先形成于外边界(即 $\xi_0 = R$)。所以,除了 $t = 0$ 时塑性铰始于外支承处,运动两个阶段的横向速度场如图4.10(b)、(c)所示。Wang[4.3]已经考察了这个具体问题,但这里叙述的结果是从4.5.3节和4.5.4节中的理论分析中得出的。

根据式(4.33)、式(4.80)和式(4.91),瞬动加载的响应历时为

$$T = \mu V_0 R^2 / 6M_0 \tag{4.92}$$

当 $p_0 / p_c \gg 1$ 时,式(4.81)可写成

$$W_f \approx 3p_0^2 \tau^2 / 4\mu p_c$$

利用式(4.53)和式(4.91),上式变为

$$W_f / H = \lambda / 8 \tag{4.93a}$$

式中

$$\lambda = \mu V_0^2 R^2 / M_0 H \tag{4.93b}$$

是无量纲初始动能,与式(4.30)相同,而 H 是板厚。

在图4.12中将式(4.93a)的理论预测与矩形压力脉冲的式(4.81)做了比较,后者可写成

$$W_f / H = \lambda (I/\mu V_0)^2 (1 - 2/3\eta)/8 \tag{4.94a}$$

式中

$$I = p_0 \tau \tag{4.94b}$$

是板单位表面积上的冲量。

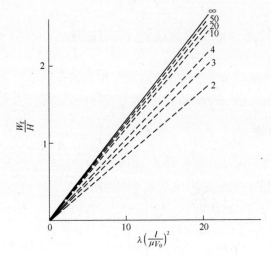

图 4.12　受图 4.5 和图 4.8(a)所示载荷作用的简支圆板的最大永久横向位移
——瞬动加载,式(4.93a);---矩形压力脉冲,式(4.94a),η 由线上的数字给出。

作为练习,请读者证明:对于瞬动加载,4.5.3 节中的分析在运动第一阶段结束时给出横向位移为

$$w_1/H = \lambda\left[2 - (r/R)^2 - (r/R)^3\right]/24 \tag{4.95a}$$

而在 4.5.4 节中运动第二阶段即最后阶段积累的横向位移为

$$w_2/H = \lambda(1 - r/R)/24 \tag{4.95b}$$

因此,对于瞬动速度加载,最后的横向位移场可以写成

$$w_f/H = \lambda\left[3 - r/R - (r/R)^2 - (r/R)^3\right]/24 \tag{4.96}$$

该位移场画于图 4.13 中。

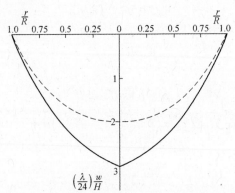

图 4.13　瞬动加载的简支圆板的轴对称横向位移场
---式(4.95a),运动第一阶段结束时的横向位移;——式(4.96),永久位移场。

4.6 受瞬动载荷作用的固支圆板

4.6.1 引言

Florence[4.4]研究了外边界固支的刚性-理想塑性圆板受图4.12矩形压力脉冲作用的行为,而 Wang 和 Hopkins[4.5]考察了图4.14(a)所示的对应的瞬动速度加载情形。除了由于边界条件改变使得微分方程必须数值积分,Wang 和 Hopkings[4.5]所用的一般理论方法与4.5节中所用的方法相似。Wang 和 Hopkings[4.5]发现响应由两个运动阶段组成,现在简述如下。

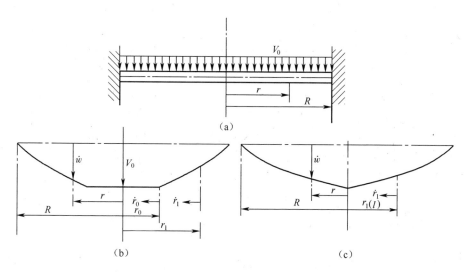

图4.14 外半径为 R 的固支圆板受均布瞬动速度 V_0 作用

(a)表示法;(b)运动第一阶段($0 \le t \le T_1$)的横向速度场;

(c)运动第二阶段($T_1 \le t \le T$)的横向速度场。

4.6.2 运动第一阶段,$0 \le t \le T_1$

Wang 和 Hopkins[4.5]观察到,在运动第一阶段图4.14(a)中的圆板的响应由三个不同的塑性区控制。板中央区域 $0 \le r \le r_0(t)$ 的塑性流动由图4.3中 Tresca 屈服准则的角点 A 控制。在整个运动第一阶段圆板的中央区域以等于初始瞬动速度 V_0 的横向速度运动,如图4.14(b)所示。板的这一中央区域被两个环形区域 $r_0(t) \le r \le r_1(t)$ 和 $r_1(t) \le r \le R$ 所包围,它们分别由图4.3中的 AB 和 BC 部分控制,C 位于固定支承处以便让塑性铰环发展。

整块板的塑性行为起初由图 4.3 中的角点 A 控制，所以要求 $r_0(0) = r_1(0) = R$。随着运动的推进，$r_0(t)$ 和 $r_1(t)$ 都单调减少，且 $\dot{r}_0(t) \approx 2.87\dot{r}_1(t)$，直到 $r_0(T_1) = 0$，此时中央塑性区消失。这发生在运动第一阶段结束时，即

$$T_1 \approx 0.57\mu V_0 R^2/12M_0 \tag{4.97}$$

4.6.3　运动第二阶段，$T_1 \leqslant t \leqslant T$

在运动第一阶段结束时 $r_0(T_1) = 0$，但 $r_1(T_1) \neq 0$。因此，圆板分成两个区域 $0 \leqslant r \leqslant r_1(T_1)$ 和 $r_1(T_1) \leqslant r \leqslant R$，它们分别由图 4.3 中 Tresca 屈服准则的 AB 和 BC 部分控制。假设在运动第二阶段板的行为仍由这两部分控制，两个区域由依赖于时间的边界 $r_1(t)$ 分开。与此有关的横向速度场示于图 4.14（c）。

Wang 和 Hopkins[4.5]发现，在运动的这一阶段 $r_1(t)$ 几乎保持不动，而板中心的横向速度逐渐减小，直至运动停止。运动第二阶段的响应历时为

$$T_2 \approx 0.51\mu V_0 R^2/12M_0 \tag{4.98}$$

它比 T_1 稍短些。因此总的响应历时为

$$T \approx 1.08\mu V_0 R^2/12M_0 \tag{4.99}$$

它几乎是式(4.92)给出的瞬动速度加载的外边界简支圆板的响应历时的 1/2。

发生在板中心的最大永久横向位移为

$$W_f/H \approx 0.84\lambda/12 \tag{4.100}$$

式中：λ 由式(4.93b)定义。比较式(4.93a)和式(4.100)，显然可见，边界条件由简支变为固支使得最大永久横向位移几乎减小 1/2。

4.7　矩形板的控制方程

图 4.15 中所画的矩形板单元的动态行为由下述方程控制：

$$\partial Q_x/\partial x + \partial Q_y/\partial y + p = \mu\ddot{w} \tag{4.101}$$

$$\partial M_x/\partial x + \partial M_{xy}/\partial y - Q_x = 0 \tag{4.102}$$

$$\partial M_y/\partial y + \partial M_{xy}/\partial x - Q_y = 0 \tag{4.103}$$

$$\kappa_x = -\partial^2 w/\partial x^2 \tag{4.104}$$

$$\kappa_y = -\partial^2 w/\partial y^2 \tag{4.105}$$

$$\kappa_{xy} = -\partial^2 w/\partial x\partial y \tag{4.106}$$

除了在横向平衡方程式(4.101)中包含了横向惯性项，式(4.101)～

式(4.103)与式(2.22)~式(2.24)相同①(μ 是板单位面积的质量,$(\cdot)=\partial(\ )/\partial t$,$t$ 为时间)。

矩形板的主弯矩 M_1 和 M_2 与图4.15所定义的弯矩 M_x、M_y 和扭矩 M_{xy} 有如下关系[4.6]:

$$M_1 = (M_x + M_y)/2 + \left[(M_x - M_y)^2 + 4M_{xy}^2 \right]^{1/2}/2 \qquad (4.107)$$

和

$$M_2 = (M_x + M_y)/2 - \left[(M_x - M_y)^2 + 4M_{xy}^2 \right]^{1/2}/2 \qquad (4.108)$$

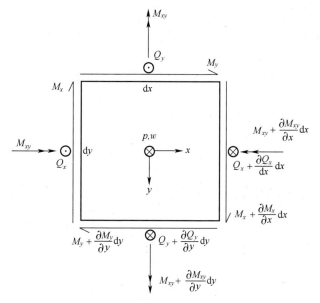

图4.15　矩形板的无限小单元(dxdy)

⟶单位长度的弯矩;⟶单位长度的扭矩;

○—单位长度的横向剪力;·方向箭头的头;×方向箭头的尾。

假设矩形板由刚性-理想塑性材料制成,当把横向剪力 Q_x 和 Q_y 看作反作用力时,其塑性流动由三个广义应力 M_x、M_y 和 M_{xy} 控制。因此矩形板的塑性流动满足 $M_x - M_y - M_{xy}$ 空间中的一个三维屈服面。然而,当广义应力整理为式(4.107)和式(4.108)给出的主应力形式时,图4.16中的二维屈服准则之一控制了塑性流动。

Cox 和 Morland[4.7]似乎得到了矩形板动塑性响应唯一的一个精确理论解。他们用4.3节至4.5节中所述的分析圆板的动塑性响应的一般理论方法考察了

---

① 令 $Q_x = Q$、$M_x = M$ 及 $Q_y = M_y = M_{xy} = 0$,式(4.101)、式(4.102)和式(4.104)就化为梁的动塑性行为的式(3.1)~式(3.3)。

在整个板面受均布矩形压力脉冲作用的简支方板的动塑性行为。

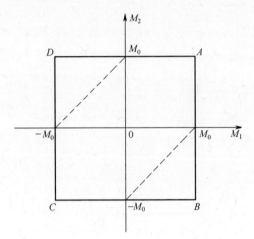

图 4.16　由主矩 M_1 和 M_2 控制塑性屈服的刚性-理想塑性矩形板的屈服准则

——Johansen；---Tresca。

4.8　受动载作用的简支方板，$p_c \leqslant p_0 \leqslant 2p_c$

4.8.1　引言

关于矩形板的动塑性响应的唯一已发表的理论解是 Cox 和 Morland[4.7] 获得的。他们考察了图 4.17 所示的周边简支的方板受图 4.5 中矩形压力脉冲作用这一特殊情形。Cox 和 Morland[4.7] 发现，为了简化分析，必须利用图 4.16 中的简单正方形即 Johansen 屈服准则。结果发现，动塑性响应由两个运动阶段 $0 \leqslant t \leqslant \tau$ 和 $\tau \leqslant t \leqslant T$ 组成，现在在下面两节中考察这两个运动阶段。

4.8.2　运动第一阶段，$0 \leqslant t \leqslant \tau$

根据式(2.47)，简支方板的静破坏压力为

$$p_c = 6M_0/L^2 \tag{4.109}$$

式中：$2L$ 为边长，如图 4.17 所示。当 $p_0 \leqslant p_c$ 时横向运动开始。假设横向速度场具有与式(4.109)相关的静塑性破坏模式相同的形式，如图 4.17(c)所示。因此，有

$$w = \dot{W}_1(1 - z)，\quad 0 \leqslant z \leqslant 1 \tag{4.110}$$

式中

$$z = (x + y)/\sqrt{2}L \tag{4.111}$$

如图 4.17(b)中所示。坐标 x 和 y 是沿着形成塑性铰的方板对角线量度的。因为响应对称于 x 轴和 y 轴,只需要考虑 1/4 的板。

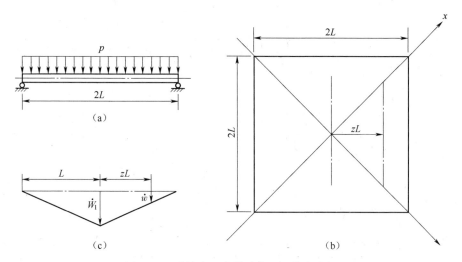

图 4.17　受均布压力脉冲作用的简支方板

(a)方板侧视图;(b)方板正视图;(c)横向速度场。

如果用式(4.102)和式(4.103)消去式(4.101)中的横向剪力,则

$$\partial^2 M_x / \partial x^2 + 2\partial^2 M_{xy} / \partial x \partial y + \partial^2 M_y / \partial y^2 = \mu \ddot{w} - p \qquad (4.112)$$

现在,有

$$p = p_0, \quad 0 \leqslant t \leqslant \tau \qquad (4.113)$$

故利用式(4.110)后式(4.112)变为

$$\partial^2 M_x / \partial x^2 + 2\partial^2 M_{xy} / \partial x \partial y + \partial^2 M_y / \partial y^2 = \mu \ddot{W}_1 (1 - z) - p_0 \qquad (4.114)$$

从对称性考虑,在板的中心显然有

$$M_x = M_0 \qquad (4.115\text{a})$$

$$M_y = M_0 \qquad (4.115\text{b})$$

$$M_{xy} = 0 \qquad (4.115\text{c})$$

这提示板中心材料的塑性流动是由图 4.16 中 Johansen 屈服条件的 A 点控制。图 4.17 中沿 x 轴和 y 轴形成塑性铰线分别要求:

$$M_y = M_0, y = 0, \quad 0 \leqslant x \leqslant \sqrt{2}L \qquad (4.116)$$

和

$$M_x = M_0, x = 0, \quad 0 \leqslant y \leqslant \sqrt{2}L \qquad (4.117)$$

因此铰中材料的塑性流动可由图 4.16 中 Johansen 屈服条件的 AB 部分控制,或利用式(4.107)和式(4.108),即

$$M_1 = (M_x + M_y)/2 + \left[(M_x - M_y)^2 + 4M_{xy}^2 \right]^{1/2}/2 = M_0 \qquad (4.118)$$

和

$$- M_0 \leqslant M_2 = (M_x + M_y)/2 - [(M_x - M_y)^2 + 4M_{xy}^2]^{1/2}/2 \leqslant M_0$$

$$(4.119)$$

Cox 和 Morland[4.7]选择满足式（4.15）~式（4.17）的初等级数，即

$$M_x = M_0 + x^2 f_1(z) \tag{4.120}$$

$$M_y = M_0 + y^2 f_1(z) \tag{4.121}$$

和

$$M_{xy} = xy f_1(z) \tag{4.122}$$

来简化理论分析，式中 $f_1(z)$ 是待定的任意函数。把式（4.120）~式（4.122）代入式（4.114），控制方程可改写为

$$z^2 \partial^2 f_1/\partial z^2 + 6z \partial f_1/\partial z + 6f_1 = \mu \ddot{W}(1-z) - p_0 \tag{4.123}$$

其通解为

$$f_1 = (\mu \ddot{W}_1 - p_0)/6 - \mu \ddot{W}_1 z/12 + C_1/z^2 + C_2/z^3 \tag{4.124}$$

式中：C_1、C_2 为任意积分常数。不过，因为式（4.120）和式（4.121）所给出的弯矩在板的中心必须满足式（4.115），因而

$$C_1 = C_2 = 0 \tag{4.125}①$$

如图 4.18 所示，倾角为 α 的任一平面内的弯矩 M_n 为

$$M_n = M_x \sin^2\alpha + 2M_{xy} \sin\alpha\cos\alpha + M_y \cos^2\alpha \tag{4.126}②$$

所以，根据式（4.126），当 $\alpha = 45°$ 时，$z = 1$ 处的简支边界条件要求

$$(M_x + M_y)/2 + M_{xy} = 0, \quad z = 1 \tag{4.127}$$

因此，令 $z = 1$，把式（4.120）~式（4.122），式（4.124）和式（4.125）代入式（4.127）并利用式（4.109）和式（4.111），得

$$\mu \ddot{W}_1 = 2(p_0 - p_c) \tag{4.128}③$$

对时间积分该方程两次并利用式（4.110），给出横向位移为

$$w = (p_0 - p_c)t^2(1-z)/\mu, \quad 0 \leqslant z \leqslant 1 \tag{4.129}$$

因为当 $t = 0$ 时 $w = \dot{w} = 0$，所以，运动第一阶段结束时的横向速度为

$$\dot{w} = 2(p_0 - p_c)\tau(1-z)/\mu, \quad 0 \leqslant z \leqslant 1 \tag{4.130}$$

---

① 例如，从式（4.124）中取 $f_1 = C_1/z^2 + C_2/z^3$ 并代入式（4.120），当利用式（4.111）时给出 $M_x = M_0 + x^2 2L^2 C_1/(x+y)^2 + x^2 2\sqrt{2} L^3 C_2/(x+y)^3$。故当 $y = 0$ 时 $M_x = M_0 + 2L^2 C_1 + 2\sqrt{2} L^3 C_2/x$。显然，为了满足式（4.115a），要求 $C_1 = C_2 = 0$。

② 这个表达式类似于初等教科书中推出的倾角为 α 的任一斜截面上的正应力表达式。也可参看文献[4.6]。

③ 当 $p_0 > p_c$ 时，在整个运动第一阶段 $0 \leqslant t \leqslant \tau$，板加速运动，$p_0 = p_c$ 时重新得到静态解 $\ddot{W}_1 = 0$。

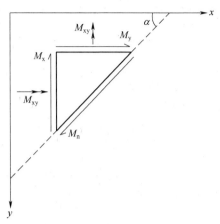

图 4.18　与 x 轴夹角为 α 的斜面上的单位长度的弯矩 M_n

━━▶单位长度的弯矩；▸━▶单位长度的扭矩。

4.8.3　运动第二阶段，$\tau \leqslant t \leqslant T$

式(4.130)表明，在矩形压力脉冲卸去、运动第一阶段结束($t=\tau$)时，板的横向速度是有限值。方板中对应的动能为

$$K_e = 4(p_0 - p_c)^2 \tau^2 L^2 / 3\mu \qquad (4.131)$$

所以，为通过塑性变形吸收这一能量，运动第二阶段是必要的。

再次假定横向速度场的形状仍与图 4.17(c)所示的静破坏模式相同，即

$$\dot{w} = W_2(1 - z)，\quad 0 \leqslant z \leqslant 1 \qquad (4.132)$$

式(4.132)在

$$p = 0，\quad 0 \leqslant z \leqslant 1，\quad \tau \leqslant t \leqslant T \qquad (4.133)$$

时使得控制方程式(4.112)可写成

$$\partial^2 M_x / \partial x^2 + 2\partial^2 M_{xy} / \partial x \partial y + \partial^2 M_y / \partial y^2 = \mu \ddot{W}_2(1 - z) \qquad (4.134)$$

因为式(4.115)~式(4.119)必须再次满足，用 $f_2(z)$ 代替 $f_1(z)$ 后弯矩表达式(4.120)~式(4.122)在运动第二阶段仍然有效。因此，令 $\ddot{W}_2$ 代替 $\ddot{W}_1$，并令 $p_0 = 0$，给出一个与式(4.123)相似的 $f_2(z)$ 的微分方程，即

$$f_2(z) = \mu \ddot{W}_2 / 6 - \mu \ddot{W}_2 z / 12 \qquad (4.135)$$

式(4.135)从式(4.124)和式(4.125)作上述变换得到。因此，$z=1$ 处的简支边界条件为

$$\mu \ddot{W}_2 = -2p_c \qquad (4.136)$$

式(4.136)也可由式(4.128)作上面指出的变换得到。

现在对时间积分式(4.136)，并与式(4.130)在 $t=\tau$ 时相吻合，得

$$W_2 = 2(p_0\tau - p_c t)/\mu \tag{4.137}$$

对时间再次积分，得

$$W_2 = -p_c t^2/\mu + 2p_0\tau t/\mu - p_0\tau^2/\mu \tag{4.138}$$

式中积分常数已由位移在 $t=\tau$ 时与式（4.129）连续得到。

当式（4.131）中所有的动能都被吸收时，方板到达其永久变形形状，这发生在 $W_2 = 0$ 时，或根据式（4.137），即发生于

$$T = \eta\tau \tag{4.139}$$

式中

$$\eta = p_0/p_c \tag{4.140}$$

p_c 由式（4.109）定义。与此相关的永久横向位移，由式（4.138）和式（4.139），为

$$w_f = p_c\tau^2\eta(\eta - 1)(1 - z)/\mu, \quad 0 \leqslant z \leqslant 1 \tag{4.141}$$

有趣的是，方板的响应历时（式（4.139））和最大永久横向位移（式（4.141））与 $L=R$ 的简支圆板的式（4.47）和式（4.48）完全相同。换言之，方板的主要响应特征可从内接于该正方形的简支圆板得到。

4.8.4　静力容许性

还没有证明上述理论解是否满足式（4.118）或不等式（4.119）。然而，把式（4.120）~式（4.122）连同式（4.124）、式（4.125）和式（4.128）一起代入式（4.118），得

$$M_1 = M_0, \quad 0 \leqslant z \leqslant 1 \tag{4.142}$$

从而在运动第一阶段式（4.118）是满足的。类似地，利用式（4.120）~式（4.122），不等式（4.119）变为

$$- M_0 \leqslant M_0 + (x^2 + y^2)f_1(z) \leqslant M_0, \quad 0 \leqslant z \leqslant 1 \tag{4.143}①$$

借助于式（4.124）、式（4.125）和式（4.128），式（4.143）可写成

$$- 2 \leqslant (x^2 + y^2)[\eta - 2 - (\eta - 1)z]/L^2 \leqslant 0 \tag{4.144}$$

为了避免在板的中心违背屈服条件，右边的不等式要求

$$\eta \leqslant 2 \tag{4.145}$$

式（4.144）左边的不等式在板的角上变为等式，但没有导致对 η 值的限制②。

---

① 根据式（4.118），式（4.119）和图 4.16，对于 Tresca 屈服准则来说，式（4.143）左边的 $-M_0$ 显然应换成 0。然而可以证明，在方板的角上 $M_1 = M_0$ 和 $M_2 = M_0$。因此，该理论解只是对 Johansen 屈服准则有效。

② 见式（4.143）的脚注。

可以证明,令 $\eta=0$,式(4.142)和不等式(4.144)适用于4.8.3节中的运动第二阶段。因此,如果不等式(4.145)满足,即 $1 \leqslant \eta \leqslant 2$,该理论解在运动的两个阶段都是静力容许的。

4.9 受动载作用的简支方板,$p_0 > 2p_c$

4.9.1 引言

从不等式(4.145)显然可见,如果 $p_c \leqslant p_0 \leqslant 2p_c$,4.8节中的理论分析对于图4.17中的简支刚性–理想塑性方板是静力容许的,因而是精确的。对于更大的压力脉冲,不等式(4.144)的右边首先在板的中心附近不再成立,因为当 $\eta>2$ 时在 $z=0$ 处 $\{\eta - 2 - (\eta-1)z\} \geqslant 0$。这表明在板的中心附近违背了屈服条件,因而要求修改横向速度场,如同在4.5节中对于简支圆板所看到的那样。

结果发现动态响应可分为三个不同的阶段,这将在下面几节中考察。

4.9.2 运动第一阶段,$0 \leqslant t \leqslant \tau$

$\eta>2$ 时在板中违背屈服条件,这提示有一个中心区域形成,其塑性流动由图4.16中屈服条件的角点 A 所控制。因此,有

$$M_1 = M_0 \tag{4.146a}$$
$$M_2 = M_0, \quad 0 \leqslant z \leqslant \xi_0 \tag{4.146b}$$

而板的其余部分的塑性流动由 AB 边控制,即

$$M_1 = M_0 \tag{4.147a}$$
$$-M_0 \leqslant M_2 \leqslant M_0, \quad \xi_0 \leqslant z \leqslant 1 \tag{4.147b}$$

假设在图4.5所示矩形压力脉冲作用期间运动第一阶段的动态响应由图4.19(a)所示的横向速度场,即

$$\dot{w} = \dot{W}_1, \quad 0 \leqslant z \leqslant \xi_0 \tag{4.148}$$

和

$$\dot{w} = \dot{W}_1(1-z)/(1-\xi_0), \quad \xi_0 \leqslant z \leqslant 1 \tag{4.149}$$

控制,式中 z 由式(4.111)定义,ξ_0 与时间无关。当 $p_0 \leqslant 2p_c$ 时,式(4.148)和式(4.149)化为式(4.110),因为这时 $\xi_0 = 0$[①]。

利用式(4.113)和式(4.148),控制微分方程式(4.112)在中心区域简化为

$$\mu \ddot{W}_1 = p_0, \quad 0 \leqslant z \leqslant \xi_0 \tag{4.150}$$

---

① 当 $\eta=2$ 时式(4.158)给出 $\xi_0=0$。

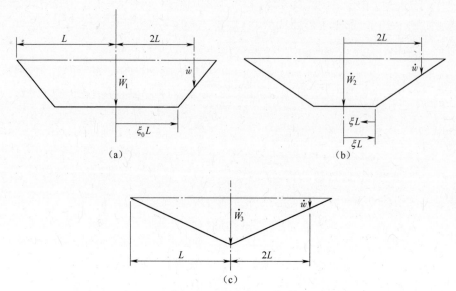

图 4. 19　受 $\eta > 2$ 的矩形压力脉冲作用的简支方板的横向速度场

(a)运动第一阶段,$0 \leqslant t \leqslant \tau$;(b)运动第二阶段,$\tau \leqslant t \leqslant T_1$;(c)运动第三阶段,$T_1 \leqslant t \leqslant T_\circ$

因为由式(4. 107)、式(4. 108)和式(4. 146a,b),有

$$M_x = M_0, \quad 0 \leqslant z \leqslant \xi_0 \tag{4. 151a}$$

$$M_y = M_0, \quad 0 \leqslant z \leqslant \xi_0 \tag{4. 151b}$$

$$M_{xy} = 0, \quad 0 \leqslant z \leqslant \xi_0 \tag{4. 151c}$$

式(4. 150)对时间积分两次,在满足初始条件 $t = 0, w = \dot{w} = 0$ 时,得

$$\dot{W}_1 = p_0 t / \mu \tag{4. 152}$$

和

$$W_1 = p_0 t^2 / 2\mu \tag{4. 153}$$

再次假设板外部区域 $\xi_0 \leqslant z \leqslant 1$ 的弯矩由式(4. 120)~式(4. 122)给出,只是把 $f_1(z)$ 换成 $g_1(z)$。把这些表达式连同式(4. 113)和式(4. 149)一起代入式(4. 112),得

$$z^2 \partial^2 g_1 / \partial z^2 + 6z \partial g_1 / \partial z + 6g_1 = \mu \ddot{W}(1 - z)/(1 - \xi_0) - p_0 \tag{4. 154}$$

利用式(4. 150),式(4. 154)的通解为

$$g_1 = -p_0/6 + p_0(2 - z)/[12(1 + \xi_0)] + C_3/z^2 + C_4/z^3 \tag{4. 155}$$

必须保证在通过 $z = \xi_0$ 处的塑性铰时 Q_x、Q_y、M_x、M_y 和 M_{xy} 连续。由式(4. 151a)~式(4. 151c)及在中心区域 $Q_x = Q_y = 0$ 可以证明,当取

$$C_3 = -p_0 \xi_0^3 / [6(1 - \xi_0)] \tag{4. 156}$$

和

$$C_4 = p_0 \xi_0^4 / [12(1 - \xi_0)] \tag{4.157}$$

时,式(4.102)和式(4.103)以及以式(4.155)的 g_1 取代 $f_1(z)$ 后的式(4.120)~式(4.122)在 $z = \xi_0$ 处都是连续的。此外,对于简支方板,$z = 1$ 时必须满足式(4.127)。因此,把式(4.120)~式(4.122)代入该式并把 $f_1(z)$ 换成 g_1,就得到确定塑性铰位置的关系式

$$(1 - \xi_0)^2(1 + \xi_0) = 2/\eta \tag{4.158}$$

式中:η 为式(4.140)定义的压力比。当 $\eta = 2$ 时,式(4.158)给出 $\xi_0 = 0$,如同从4.8节中所预料的那样。对于瞬动加载当 $\eta \to \infty$ 时,$\xi_0 \to 1$。

4.9.3　运动第二阶段,$\tau \leqslant t \leqslant T_1$

在矩形压力脉冲起作用期间,根据式(4.150),方板在运动的整个第一阶段作加速运动,而根据式(4.148)、式(4.149)和式(4.152),在 $t = \tau$ 时具有一个有限的横向速度,因此,在运动第二阶段方板继续运动,并且通过与4.5节中刚塑性圆板的理论解类比,假设图4.19(a)中位于 $z = \xi_0$ 处的塑性铰现在转化为移动铰并向板的中心移动。在这种情况下,有

$$\dot{w} = \dot{W}_2, \quad 0 \leqslant z \leqslant \xi \tag{4.159}$$

和

$$\dot{w} = \dot{W}_2(1 - z)/(1 - \xi), \quad \xi \leqslant z \leqslant 1 \tag{4.160}$$

如图4.19(b)所示。

式(4.151a~4.151c)仍然控制着中心区域的行为,因此由式(4.159)及 $p = 0$,控制方程式(4.112)预言

$$\mu \ddot{W}_2 = 0, \quad 0 \leqslant z \leqslant \xi \tag{4.161}$$

式(4.161)对时间积分两次,并分别与式(4.152)和式(4.153)给出的运动第一阶段结束时的横向速度和位移相吻合,得

$$\dot{W}_2 = p_0\tau/\mu \tag{4.162}$$

和

$$W_2 = p_0\tau t/\mu - p_0\tau^2/2\mu \tag{4.163}$$

板外部区域 $\xi \leqslant z \leqslant 1$ 的弯矩分布由式(4.120)~式(4.122)给出,只是 f_1 被 g_2 代替。因此,把这些表达式代入式(4.112),连同式(4.160)及 $p = 0$ 一起,要求

$$z^2 \partial^2 g_2/\partial z^2 + 6z\partial g_2/\partial z + 6g_2 = \mu \ddot{W}_2(1 - z)/(1 - \xi) + \mu \dot{W}_2 \dot{\xi}(1 - z)/(1 - \xi)^2 \tag{4.164}$$

利用式(4.161)和式(4.162),其通解为

$$g_2 = p_0 \tau \dot{\xi}(2 - z) / [12(1 - \xi)^2] + C_5/z^2 + C_6/z^3 \qquad (4.165)$$

当

$$C_5 = p_0 \tau \dot{\xi} \xi^2 (2\xi - 3) / [6(1 - \xi)^2] \qquad (4.166)$$

和

$$C_6 = p_0 \tau \dot{\xi} \xi^3 (4 - 3\xi) / [12(1 - \xi)^2] \qquad (4.167)$$

时，M_x、M_y、M_{xy}、Q_x 和 Q_y 在移动塑性铰（$z = \xi$）处的连续性得到满足，而根据式(4.109)、式(4.127)和式(4.140)，简支边界条件要求

$$(1 - \xi)(1 + 3\xi)\dot{\xi} = - 2/\eta t \qquad (4.168)$$

将描述铰传播速度的式(4.168)对时间积分，当满足式(4.158)表示的 $t = \tau$ 处的初始条件时，得

$$(1 - \xi)^2 (1 + \xi) = 2t/\eta\tau \qquad (4.169)$$

$\xi = 0$ 时运动第二阶段结束，根据式(4.169)，这发生在

$$T_1 = \eta\tau/2 \qquad (4.170)$$

时。运动第二阶段结束时的横向位移和速度可从式(4.159)、式(4.160)、式(4.162)、式(4.163)和式(4.170)得到。特别地，板的中心处的最大横向位移为

$$W_2 = p_0 \tau^2 (\eta - 1)/2\mu \qquad (4.171)$$

4.9.4 运动第三阶段，$T_1 \leqslant t \leqslant T$

从式(4.162)显然看到，在 $t = T_1$ 时方板具有横向速度，因而具有动能，该动能必须在以后的运动中被吸收。假定中央塑性区消失时（即 $\xi = 0$）由式(4.160)所给出的 $t = T_1$ 时的横向速度场持续到整个运动的最后阶段。因此，有

$$\dot{w} = \dot{W}_3 (1 - z), \quad 0 \leqslant z \leqslant 1 \qquad (4.172)$$

如图4.19(c)所示。

对运动这一阶段的分析类似于4.8.3节中给出的 $p_c \leqslant p_0 \leqslant 2p_c$ 时对运动第二阶段的分析，只是 $f_2(z)$ 由 $g_3(z)$ 取代。所以，由式(4.136)得

$$\mu \ddot{W}_3 - 2p_c, \quad T_1 \leqslant t \leqslant T \qquad (4.173)$$

式(4.173)可积分并与式(4.162)和式(4.163)在 $t = T_1$ 时相一致，得

$$\dot{W}_3 = 2p_c(\eta\tau - t)/\mu \qquad (4.174)$$

和

$$W_3 = p_c [(2\eta\tau - t)t - \eta^2\tau^2/4 - \eta\tau^2/2]/\mu \qquad (4.175)$$

式中：η 和 T_1 分别由式(4.140)和式(4.170)定义。

当 $\dot{W}_3 = 0$ 即 $t = T$ 时，板到达其永久位置，即

$$T = \eta\tau \tag{4.176}$$

它等于 $2T_1$，与此相关的最大永久横向位移为

$$W_{\mathrm{f}} = \eta p_{\mathrm{c}} \tau^2 (3\eta - 2)/4\mu \tag{4.177}$$

4.9.5 静力容许性和机动容许性

可以证明，对于 $p_0 > 2p_{\mathrm{c}}$ 的矩形压力脉冲，前述理论分析中的主弯矩 M_1 和 M_2 在运动的三个阶段都不违背图 4.16 中的 Johansen 屈服条件[①]。尽管根据式(4.127)，沿板的简支边界有 $M_n = 0$，可以证明，在板的中心有 $M_1 = M_0$ 和 $M_2 = -M_0$[②]。因此，Johansen 而不是 Tresca 屈服准则控制着塑性流动。此外，在运动第一、二、三阶段中分别位于 $z = \xi_0$、$z = \xi$ 和 $z = 0$ 处的塑性铰处的连续性要求 $[Q_x] = [Q_y] = [M_x] = [M_y] = [M_{xy}] = 0$ 也是满足的。

理论解也满足运动学要求。尤其，如果把 r 换成 z，4.5.6 节中的式(4.87)对方板中位于 $z = \xi$ 处的移动塑性铰仍然有效。

结论是 4.9.2 节至 4.9.4 节中对刚性理想塑性方板的理论分析是静力容许和机动容许的，因而在该一般方法的原则和限制范围内是精确的。

4.9.6 瞬动加载

如同 4.5.7 节中对圆板已经指出的那样，瞬动加载与条件式(4.178)相关，即

$$\mu V_0 = p_0 \tau \tag{4.178}$$

式中：V_0 为均布于整块板的冲击速度的大小。当 $p_0 \gg p_{\mathrm{c}}$（即 $\eta \to \infty$）和 $\tau \to 0$ 时，4.9.2 节至 4.9.4 节中的理论分析就简化为瞬动加载情形。在这种情形下，运动第一阶段不再存在。根据式(4.158)，塑性铰首先在 $z = \xi_0 = 1$ 处形成。因此，式(4.176)和式(4.177)分别预言响应历时和与此相关的最大永久横向位移为

$$T = \mu V_0 / p_{\mathrm{c}} \tag{4.179}$$

和

$$W_{\mathrm{f}}/H = \lambda/8 \tag{4.180}$$

式中

$$\lambda = \mu V_0^2 L^2 / M_0 H \tag{4.181}$$

受矩形压力脉冲作用的方板的式(4.177)可以改写成无量纲形式，即

$$W_{\mathrm{f}}/H = \lambda (I/\mu V_0)^2 (1 - 2/3\eta)/8 \tag{4.182}$$

式中

---

① 看来在运动的第二阶段除了 $z = \xi$ 和 $z = 1$，似乎不能用解析方法证明由式(4.119)给出的条件 $-M_0 \leqslant M_2 \leqslant M_0$ 对于 $\xi \leqslant z \leqslant 1$ 是满足的。但 Cox 和 Morland[4.7]表示理论解是静力容许的。

② 参看式(4.143)的脚注。

$$I = p_0 \tau \tag{4.183}$$

式(4.182)与关于瞬动加载的理论预测的式(4.180)的比较示于图4.20中。显然，当方板边长 $2L$ 等于圆板直径 $2R$ 时，关于方板的式(4.180)、式(4.182)和图4.20分别与关于圆板的式(4.93a)、式(4.94a)和图4.12相同。

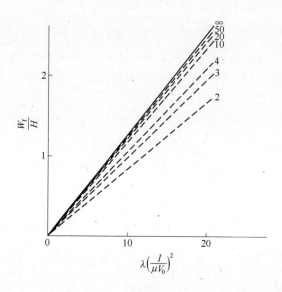

图4.20　受图4.5和图4.17(a)所示载荷作用的简支方板的最大永久横向位移
——瞬动加载,式(4.180);---矩形脉冲压力,式(4.182),η 由线上的数字给出。

4.10　结　束　语

本章考察了几种受动载作用的刚性–理想塑性环形板、圆板和方板的响应。然而,已经发表了许多其他精确的和近似的理论解,在文献[4.8,4.9]中可找到简短的文献综述。在这一节中现在只讨论应用本章中概述的理论方法的那些文章。尽管尚未发表关于受动载作用的矩形板的精确理论解,但事实上此理论方法用于各种其他受载条件和边界条件的板是相当简单易行的。

Shapiro[4.10]考察了内边固支、外边自由的环形板的动态行为,其外边受一个轴对称分布的恒速作用,作用一段指定时间后又突然卸去。Florence[4.11]研究了类似的环形板,只是外边是受一个横向冲量作用而不是受持续一个短时间的恒速作用。Perrone[4.11]研究了外边简支、内边自由、受轴对称瞬动速度作用的环形板的动塑性响应,在板的整个上表面上速度线性分布,其峰值位于内径处,在外边界速度为0。文献[4.13]及本书4.3.5节也考察了这个问题,而文献[4.14]研究了与4.3节中相关联的受压力作用的情形(图4.4(a))。文献

[4.15]中考察了外边界简支或固支,受均布冲量作用的环形板。

除了4.4节至4.6节中已经引用的,许多文章论述了圆板的动塑性响应。例如,Florence[4.16]和Conroy[4.17]都考察了圆板在中央圆形区域内受矩形压力—时间历程(图4.5)的均布动载荷作用时的响应。Florence[4.16]研究了固支情形,而Conroy[4.17]考察了简支情形,两位作者都假设圆板的塑性流动是由图4.3中所示的Tresca屈服准则控制的。最近,Florence[4.18]证明了当材料的塑性流动由图4.16中的Johansen屈服准则控制时,他以前的分析[4.16]就更简单了。该准则常常用于加筋混凝土板。

Perzyna[4.19]研究了外加压力脉冲形状对简支圆板动塑性响应的影响,并得到了具有以下特征的爆炸型载荷的解[4.20],即

$$\int_0^t p(t)\,\mathrm{d}t \geqslant tp(t) \qquad (4.184)$$

他以此区别于具有以下特征的冲击型载荷,即

$$\int_0^t p(t)\,\mathrm{d}t \leqslant tp(t) \qquad (4.185)$$

Youngdahl[4.21]也研究了脉冲形状对轴对称受载的简支圆板动塑性响应的影响。他观察到,最大永久横向位移明显地依赖于脉冲形状。然而,Youngdahl[4.21]发现,可以通过引进一个有效载荷P_e而实际上消除对脉冲形状的强烈依赖性:

$$P_e = I/2t_c \qquad (4.186)$$

式中

$$I = \int_{t_y}^{t_f} P(t)\,\mathrm{d}t \qquad (4.187)$$

为总冲量;$P(t)$为外力;t_y、t_f为塑性变形开始和完成的时刻;t_c为脉冲的面积中心,由下式给出:

$$It_c^{\cdot} = \int_{t_y}^{t_f} (t - t_y)P(t)\,\mathrm{d}t \qquad (4.188)$$

为了估计未知的响应时间t_f,Youngdahl[4.21]用一个较简单的表达式来代替式(4.187):

$$I \approx P_y(t_f - t_y) \qquad (4.189)$$

式中:P_y为圆板的静塑性破坏载荷。

由式(4.186)~式(4.188)分别定义的相互关联的参数有效载荷(P_e)、总冲量(I)和平均时间(t_c)包含了外载的积分,因而对脉冲形状的小扰动不敏感。这就是对受不同脉冲形状作用的简支圆板的实质破坏落在理论预测的一条曲线上的原因。从实用观点看,这些观察是令人鼓舞的,因为精确地记录动载荷的压力-时间历程并在实验室实验中模拟实际的动载荷常常是困难的。

Krajcinovic[4.22,4.23]对于外边固支圆板的动塑性响应进行了与文献[4.21]

中的报告相似的研究。他用数值方法考察了具有任意压力-时间历程的、均布于整块板[4.22]或均布于中央区域内的[4.23]外加压力的影响。Krajcinovic 再次观察到最后的横向位移对脉冲形状是敏感的①。结果发现，对于具有矩形、线性衰减、三角形和抛物线形状的压力脉冲，由式(4.186)~式(4.188)定义的相互关联的参数使理论预测的破坏几乎位于一条曲线上②。

Cox 和 Morland[4.7]似乎是得到非轴对称板的动塑性响应的精确理论解的唯一作者。除了 4.8 节和 4.9 节给出的简支方板的理论解，Cox 和 Morland[4.7]还考察了简支的或有边界弯矩的正 n 边形板。容许的边界弯矩的范围从 $n=4$ 时方板在简支情况下的零直至 $n \to \infty$ 时嵌入圆板的全固支情形。Hopkins[4.25]推出了板的控制方程，包括进一步考虑了 4.5.6 节中的运动学要求，但是还没有对具体的非轴对称问题应用这些方程得到的精确解发表。

许多实验研究证明，有限变形即几何形状改变的影响导致初始平直的圆板和矩形板的动塑性响应的重大变化。因此，在第 7 章中将这一重要现象纳入刚性-理想塑性理论分析，并在那里与实验结果做了比较。此外，材料的应变率敏感性对应变率敏感结构的动塑性响应也有重要的影响，如第 8 章中所讨论的那样。就作者所知，对于板来说还没有考察材料弹性和脉冲历时的影响，以便使类似于 3.4.10 节中对于梁所发展的那些指导原则也能应用于板。

习　题

4.1　证实 4.3.3 节中的环板在运动第二阶段通过塑性变形吸收的能量等于运动第一阶段结束时的动能(式(4.18))。

4.2　当 $\alpha \to 0$ 时，考察 4.3.2 节和 4.3.3 节中环形板问题的静力容许性。

4.3　对于受瞬动加载的由刚性-理想塑性材料制成的简支圆板，求出其永久横向位移场(式(4.96))。

4.4　(a)清楚地叙述(但不推导)受轴对称均布压力脉冲作用、半径为 R、厚度为 H 的简支圆板的理论分析，此压力脉冲具有矩形压力-时间历程，大小为 p_0，历时为 τ。板由韧性的理想塑性材料制成，流动应力为 σ_0，单位表面积的质量为 μ。

(b) 简支圆膜用作安全阀，对于产生最大横向位移不大于 B 的压力脉冲保

---

①　Stronge[4.24]对于在整个跨度上受均布载荷作用的简支梁，考察了最有效的压力-时间历程以使得梁的最大永久横向位移为最大。对于板似乎还没有发表类似的研究。

②　利用对于刚性-理想塑性材料推导出的界限定理已经得到了 Youngdahl 的经验相关参数的理论基础。

持完整。计算膜不致破裂而能承受的最大瞬动速度并讨论所采用的假设。

注意,当 $p_0/p_c > 2$ 时(p_c 是相应的静破坏压力),则

$$W_2 = p_0\tau(t - \tau/2)/\mu, \quad \tau \leqslant t \leqslant T_1$$

其中

$$T_1 = p_0\tau/2\rho_c, \quad T = p_0\tau/p_c, \quad W_f = p_0\tau^2(3p_0/2p_c - 1)/2\mu$$

式中:$p_c = 6M_0/R^2$;T 为响应历时;W_f 为最大的最终横向位移。

(c)为了在失效时触发安全系统,一个应变计被置于简支圆膜的不受载一面的中心。如果应变计记录仪对弹性应力波不敏感,推导这个系统运行中的物理限制。怎样才能去掉这一运行限制?

4.5 考虑4.8节中考察的简支方板,并证明在板的一角广义应力场满足 Johansen 屈服准则但不满足 Tresca 屈服准则。

4.6 (a)根据式(4.186)~式(4.188)估计图4.5中矩形压力脉冲的等效载荷(P_e)和平均时间(t_c)。

(b)证明对于本章中考察的简支圆板和方板,式(4.189)精确地预测了响应历时。证明当应用式(4.91)和式(2.21)时,式(4.189)对于4.6.3节中的固支圆板几乎是满足的。

(c)用 P_e 和 I^2(此处 $I = p_0\tau$ 是单位面积总冲量)改写简支圆板和方板的永久横向位移表达式(式(4.48)、式(4.81)、式(4.141)和式(4.177))。用这些式子预测图5.23中所示的从初始峰值 p_0 线性衰减到时间 t_0 时的零压力的压力-时间历程所对应的最大永久横向位移。

第5章 壳的动塑性行为

5.1 引 言

前两章考察了理想刚塑性材料制成的梁和板受动载荷作用时的响应。本章应用类似的分析方法研究壳的动态稳定响应。

壳是具有一个非零曲率(如圆柱壳和锥壳)或两个非零曲率(如球壳和环壳)的薄壁构件。壳在工程中广泛用作容器(如贮气罐)、运输(如管线和铁路油罐车)及防护目的(如防撞头盔),并是潜艇、近海平台、化工厂以及许多其他应用的主要部件。

在某些情况下,动态响应发生于正常工作时,例如,对于放置于从飞机扔下的物体下方的用薄壁壳制成的能量吸收垫的情形。然而,对于有些壳体结构也必须提供对意外载荷的保护,例如,当涡轮机叶轮爆裂产生高能飞片并威胁到装有危险物质的壳体时。

显然,壳体结构可能有各种形状并受到广泛的内部和外部动载作用。然而,在本章中研究的结构响应是稳定的,而动塑性屈曲,即非稳定行为则在第10章中考察。

本章研究的壳体结构是薄壁的且受到产生塑性大变形的动载作用。因此,再次应用前两章中概括的研究梁和板的一般的理论分析方法。

对一个具体的壳作理论分析的第一步是假设一个与动载有关的速度场。通常与对应的静载问题有关的速度场对动态小载荷是适用的。然后计算广义应变率,并与塑性正交性要求一起用来确定控制塑性流动的屈服条件的起作用部分的位置。这个信息连同平衡方程和边界条件一起,使控制方程可以积分以预测永久变形场和其他响应特征。

一个精确的理论解必须满足位移场和速度场的初始条件、边界条件及运动学条件。检查这些条件通常很简单,而且总是满足的。然而,如前面几章中所见,考察静力容许性则常常更困难些,并可能导致对理论解的重大限制。换言之,理论解只在动载的某些范围内是静力容许的(如不等式(4.145)),或者限于几何参数的某些值(如本章中的式(5.43))。在这种情形下,需要一个新的速度场,必须重复整个过程直到得到一个精确的理论解。理论解的静力不容许性,即

128

违背屈服条件的实际情况,可引导修正速度场的选择。违背屈服条件意味着塑性铰形成或塑性区发展。

　　下一节给出控制圆柱壳动塑性行为的基本方程。本章中考察的圆柱壳问题是轴对称的,因此推导了无限小位移时轴对称响应的平衡方程。介绍了一些简单的屈服准则,对屈服准则的全面回顾已超出本章的范围。但是,Hodge[5.1]考察了壳的各种静载屈服准则,当忽略材料应变率敏感性的影响时,它们也可用于动态行为。应变率敏感性在第8章中介绍。

　　在5.3节和5.4节中分别考察未加强和加强的长圆柱壳的动态行为,而短圆柱壳的动态行为则在5.5节中研究。这三种壳都受矩形压力脉冲作用。在5.6节中考察弹性−理想塑性整球壳的球对称动态行为,并将其与较简单的理想刚塑性分析的理论预测做了比较。这些比较使得可以对弹性效应的重要性和刚塑性分析的精度做出一定的评论。在5.7节和5.8节中分别考察了扁壳和球壳,5.9节则介绍研究复杂压力脉冲影响的一个简化方法。

5.2　圆柱壳的控制方程

图5.1中所画的圆柱壳单元的动态轴对称行为由下列方程控制:

$$\partial M_x / \partial x - Q_x = 0 \tag{5.1}$$

$$R \partial Q_x / \partial x + N_\theta - Rp - \mu R \partial^2 w / \partial t^2 = 0 \tag{5.2}$$

$$\varepsilon_x = \partial u / \partial x \tag{5.3}$$

$$\varepsilon_\theta = - w / R \tag{5.4}$$

和

$$\kappa_x = - \partial^2 w / \partial x^2 \tag{5.5}$$

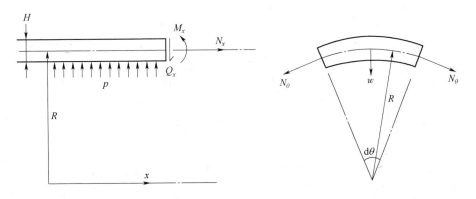

图5.1　中径 R、壁厚 H 的圆柱壳受轴对称的动载作用的表示法

除了横向平衡方程中包含了横向惯性项，这些方程与方程式(2.56)~式(2.60)相同(μ 是单位中面面积的质量，t 是时间)。圆柱壳轴向不受载(即 $N_x = 0$)，方程式(5.1)中也没有保留转动惯量的影响，但这将在第 6 章中简要地讨论。

显然，N_θ、M_x 和 Q_x 是平衡方程式(5.1)和式(5.2)中出现的仅有的广义应力。而且，在忽略与其相关联的剪应变时，横向剪力 Q_x 不进入圆柱壳的屈服条件。因此，在构造受轴对称压力分布作用、轴向不受载的圆柱壳的屈服准则时，只需要保留两个广义应力 N_θ 和 M_x。在 M_x-N_θ 空间中精确的和两个近似的正方形及六边形屈服曲线画于图 5.2 中。

分析圆柱壳的动塑性行为所用的一般理论步骤与前两章中对于梁和板所用的步骤相似。

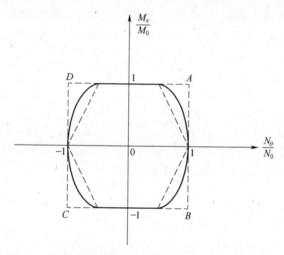

图 5.2　圆柱壳的精确的正方形和六边形的屈服曲线
——精确屈服曲线：---近似屈服曲线。

5.3　长圆柱壳

5.3.1　引言

现在用前两章中发展的一般理论步骤来得到无限长圆柱壳的动塑性响应。壳受一个轴对称内压脉冲作用，其矩形压力-时间历程示于图 5.3 中，并由

$$p = p_0, \quad 0 \leqslant t \leqslant \tau \tag{5.6}$$

和

$$p = 0, \quad t \geqslant \tau \tag{5.7}$$

描述。

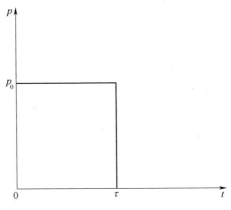

图 5.3　矩形压力脉冲

圆柱壳由理想刚塑性材料制成。此外,壳的响应是轴对称的且无轴向变化,这意味着 $M_x = Q_x = 0$。因此,圆柱壳的屈服由式(5.8)控制

$$N_\theta = N_0 \tag{5.8}$$

式中: N_0 为壳横截面的全塑性膜力。

现在,用第 2 章中的理论方法可以证明,当内压 p_0 的大小在 $\tau \to \infty$ 时达到式(2.67)预测的静破坏压力

$$p_c = N_0 / R \tag{5.9}$$

时,圆柱壳破坏。

结果证明, $p_0 \geqslant p_c$ 时长圆柱壳的动塑性响应包括两个运动阶段。这两个阶段对应于式(5.6)和式(5.7)描述的外加压力脉冲作用的两个持续时间,两式分别对于 $0 \leqslant t \leqslant \tau$ 和 $\tau \leqslant t \leqslant T$ 成立,式中 T 是响应历时。

5.3.2　运动第一阶段, $0 \leqslant t \leqslant \tau$

如同 5.3.1 节中所指出的, $Q_x = M_x = 0$,因此式(5.1)自动满足,利用式(5.6)和式(5.8),式(5.2)变为

$$\mu \partial^2 w / \partial t^2 = N_0 / R - p_0 \tag{5.10}①$$

式(5.10)右边为常数,而 w 与 x 和 θ 无关,因此直接积分就得到

$$w = (N_0 / R - p_0) t^2 / 2\mu \tag{5.11}$$

因为 $t = 0$ 时的初始条件要求 $w = \dot{w} = 0②$,运动第一阶段结束时, $t = \tau$,径向位移和速度分别为

---

① 显然,对于静压情形又得到式(5.9),因为当 $\partial^2 w / \partial t^2 = 0$ 时, $p_0 = p_c = N_0 / R$。

② $(\cdot) = \partial( ) / \partial t$。

$$w = (N_0/R - p_0)t^2/2\mu \tag{5.12}$$

和

$$\dot{w} = (N_0/R - p_0)\tau/\mu \tag{5.13}①$$

5.3.3 运动第二阶段, $\tau \leqslant t \leqslant T$

在整个运动第一阶段径向速度随时间线性增加,直到在 $t=\tau$ 时达到式(5.13)给出的最大值。因此,尽管根据式(5.7)当 $t \geqslant \tau$ 时圆柱壳卸载,在运动第二阶段径向运动仍需继续,直到与式(5.13)给出的 $t=\tau$ 时的径向速度相关的动能被塑性耗散。

与式(5.10)类比并利用式(5.7),式(5.2)变为

$$\mu \partial^2 w/\partial t^2 = N_2/R \tag{5.14}$$

对时间积分两次,并使 $t=\tau$ 时的径向位移和速度分别与式(5.12)和式(5.13)相吻合,得

$$w = N_0 t^2/2\mu R - p_0\tau t/\mu + p_0\tau^2/2\mu \tag{5.15}$$

运动继续到 $\partial w/\partial t = 0$,这在

$$T = \eta\tau \tag{5.16}$$

时发生,式中

$$\eta = p_0/p_c \tag{5.17}$$

为动压力脉冲(p_0)与对应的由式(5.9)定义的静破坏压力(p_c)之比。所以,根据式(5.15)和式(5.16),最大径向位移为

$$w_f = p_c\tau^2\eta(1 - \eta)/2\mu \tag{5.18}②$$

这一位移也是最后的即永久的径向位移,因为在由理想刚塑性材料制成的圆柱壳中不发生弹性卸载。

5.3.4 评论

前述理论解对于 $0 \leqslant t \leqslant T$ 是机动容许的,因为均匀向外的径向位移与轴向坐标 x 和周向坐标 θ 无关,而圆柱壳的两端是自由的。根据式(5.3)~式(5.5),显然有 $\dot{\varepsilon}_x = 0, \dot{\varepsilon}_\theta \geqslant 0$ 和 $\dot{\kappa}_x = 0$,根据塑性正交性要求,这与 $N_x = 0, N_\theta \geqslant 0$ 和 $M_x = 0$ 相容。此外,因为在两个运动阶段都有 $N_\theta = N_0$ 和 $N_x = M_x = Q_x = 0$,理论解是静力容许的。所以,根据塑性理论,该理论解是精确的。显然,该理论分析对于具有任意轴向长度的圆柱壳,包括圆环的特殊情形,都是精确的。

这样,$\eta \gg 1$ 的瞬动加载情形可以从 5.3.2 节和 5.3.3 节中的理论分析得

---

① $(\cdot) = \partial(\ )/\partial t$。

② 这是负的,因为动载的作用使直径增加,而位移 w 按定义是以指向壳的轴线为正,如图5.1所示。

到。如果 $\tau \to 0$ 和 $\eta \to \infty$,则由牛顿定律($\int F\mathrm{d}t =$ 动量的改变)得

$$p_0\tau = \mu V_0 \tag{5.19}$$

式中: V_0 为向外的初始径向瞬动速度。在此情形下,式(5.16)预测响应历时为

$$T = \mu V_0/p_c \tag{5.20}$$

而式(5.18)给出与此相关联的永久径向位移为

$$w_f/H = -\lambda/8 \tag{5.21}$$

式中

$$\lambda = 4\mu V_0^2 R/N_0 H \tag{5.22}$$

为无量纲形式的初始动能,对于一个具有厚度为 H 的匀质实心壁的圆柱壳,它变为

$$\lambda = \mu V_0^2 R/M_0 \tag{5.23}$$

5.3.5　关于能量的讨论

在5.3.2节和5.3.3节中输入圆柱壳的单位面积的总冲量为

$$I = p_0\tau \tag{5.24}$$

另一方面,内压脉冲的单位面积的总能量为

$$E_T = \int_0^{w(t)} p_0\mathrm{d}w$$

式中: $w(\tau)$ 为根据式(5.12) $t = \tau$ 时的径向位移。因为 p_0 对于 $0 \leqslant t \leqslant \tau$ 是常数,故 $E_T = -p_0w(\tau)$,即

$$E_T = I^2(1 - 1/\eta)/2\mu \tag{5.25}$$

式(5.25)在 $\eta \to \infty$ 的瞬动加载情形以及式(5.19)和式(5.24)预测 $E_T = I^2/2\mu = \mu V_0^2/2$,它是单位面积的初始动能。

由于周向膜力 $N_\theta = N_0$ 而消耗在壳中单位面积的总能量为

$$D_T = -\int_0^{u_f} N_\theta\mathrm{d}w/R$$

式中: w_f 为根据式(5.18)的最终径向位移。因为对于 $0 \leqslant t \leqslant T$ 有 $N_\theta = N_0$,故 $D_T = -N_0w_f/R$,即

$$D_T = I^2(1 - 1/\eta)/2\mu \tag{5.26}$$

如预料的那样,这与式(5.25)相同。类似的计算得到5.3.2节中的运动第一阶段经周向膜力效应而耗散的能量为

$$D_1 = I^2(1 - 1/\eta)/2\mu\eta \tag{5.27}$$

而在5.3.3节中的运动第二阶段耗散的能量为

$$D_2 = I^2(1 - 1/\eta)^2/2\mu \tag{5.28}$$

可以证明 $D_1 + D_2 = D_T = E_T$。

显然，在运动第一阶段结束时（$t=\tau$）圆柱壳单位面积的总动能为 $K_T = \mu[\dot{w}(\tau)]^2/2$，利用式（5.13），它变为

$$K_T = I^2(1 - 1/\eta)^2/2\mu \tag{5.29}$$

这是运动第一阶段输入圆柱壳的外加总能量（E_T）的 $1-1/\eta$ 倍。比较式（5.29）和式（5.28）揭示，如所预料的那样，$K_T = D_2$，而进一步的检查表明 $D_1 + K_T = E_T = D_T$。

现在，从式（5.27）和式（5.28）看到 $D_1/D_2 = 1/(\eta-1)$，而式（5.25）和式（5.29）给出 $K_T/E_T = 1 - 1/\eta$。因此，如果 $\eta \to 1$，则 $D_1/D_2 \to \infty$（即运动限于运动第一阶段）和 $K_T/E_T \to 0$（即静态行为）。另一方面，如果对于瞬动加载，$\eta \to \infty$，则 $D_1/D_2 \to 0$（即大多数能量耗散于运动第二阶段）和 $K_T/E_T = 1$，这意味着全部内压脉冲都转化为动能。最后，当 $\eta \geq 2$ 时根据图 5.4 中的结果显然有 $D_2 \geq D_1$ 和 $K_T/E_T \geq 1/2$。

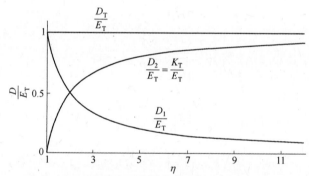

图 5.4　长圆柱壳在运动第一阶段耗散的能量（D_1）和
运动第二阶段耗散的能量（D_2）随无量纲压力脉冲大小 η 的变化
D_T—壳体单位面积吸收的总能量；E_T—单位面积压力脉冲的总能量；
K_T—运动第一阶段结束时（$t=\tau$）壳体单位面积的动能。

5.4　加强的长圆柱壳

5.4.1　引言

现在考虑由等间距刚性加强环加强的长圆柱壳的特殊情形，如图 5.5 所示。求此壳在受到式（5.6）和式（5.7）所描述和图 5.3 所示的特征的轴对称动态内压脉冲作用时的响应。如果内压脉冲沿轴向不变，则只需考察其中一跨，它与长

为 2L 的两端固支圆柱壳等价。

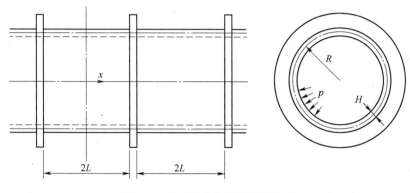

图 5.5 具有刚性加强环的圆柱壳

固支圆柱壳的静破坏压力由式(2.66b)给出,即

$$p_c = (1 + 2/\omega^2)N_0/R \qquad (5.30)[①]$$

式中

$$\omega^2 = 2L^2/RH \qquad (5.31)$$

式(5.30)是对于遵循图 5.2 中正方形屈服准则的材料导出的。

5.4.2 运动第一阶段,$0 \leqslant t \leqslant \tau$

假设受矩形动压力脉冲作用的圆柱壳的径向速度场与同静破坏压力相关的机动容许的位移场相似。这一速度场示于图 5.6 中,并可由式(5.32)描述:

$$\dot{w} = -\dot{W}(1 - x/L), \quad 0 \leqslant x \leqslant L \qquad (5.32)[②]$$

式(5.4)、式(5.5)和式(5.32)给出 $\dot{\varepsilon}_\theta \geqslant 0$ 和 $\dot{\kappa}_x = 0$(位于 $x = 0$ 和 $x = L$ 处的周向塑性铰处除外),所以,根据图 5.2 中的正方形屈服准则的塑性正交性,要求

$$N_\theta = N_0 \qquad (5.33a)$$

$$-M_0 \leqslant M_x \leqslant M_0 \qquad (5.33b)$$

如果把式(5.1)、式(5.6)、式(5.32)和式(5.33a)代入式(5.2),则

$$R\partial^2 M_x/\partial x^2 = Rp_0 - N_0 - \mu R\ddot{W}(1 - x/L),即 \qquad (5.34)$$

$$M_x = (Rp_0 - N_0)x^2/2R - \mu\ddot{W}(x^2/2 - x^3/6L) - M_0 \qquad (5.35)$$

因为在 $x = 0$ 处有 $M_x = -M_0$ 以形成周向塑性铰, $Q_x = \partial M_x/\partial x = 0$ 以满足对称性

---

① 与无限长圆柱壳或端部未支承的短圆柱壳的静破坏压力式(5.9)相比,显然可见 $2N_0/\omega^2 R$ 项给出由于固定支承而导致的强度增加的一个度量。如果固支壳的每一跨很长(即 $\omega^2 \gg 1$),则式(5.30)化为式(5.9)。

② 圆柱壳对于位于 $x = 0$ 处的平面是对称的,故只需考察 $0 \leqslant x \leqslant L$ 的部分。

要求。然而,固支条件要求在 $x = L$ 处 $M_x = M_0$,当利用式(5.35)时,有

$$(\mu L^2/3)\,\mathrm{d}^2 W/\mathrm{d}t^2 = (Rp_0 - N_0)L^2/2R - 2M_0 \qquad (5.36)^{①}$$

对时间积分该式两次,利用 $t = 0$ 时的初始条件 $W = \dot W = 0$ 得

$$W = 3p_c(\eta - 1)t^2/4\mu \qquad (5.37)$$

式中:η、p_c 分别由式(5.17)和式(5.30)定义。

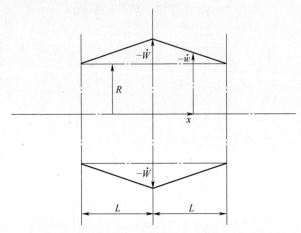

图 5.6　加强的长圆柱壳的轴对称径向速度场

5.4.3　运动第二阶段,$\tau \leqslant t \leqslant T$

根据式(5.37)的时间导数,壳在 $t = \tau$ 时具有一个有限的径向速度,故现在必须考虑 $t \geqslant \tau$ 时的运动第二阶段。如果径向速度场仍由式(5.32)描述,并同式(5.1)、式(5.7)和式(5.33a)一起代入式(5.2),则得到式(5.34),但式中 $p_0 = 0$。因此接着有式(5.35)和式(5.36),而式中 $p_0 = 0$,以及对于 p_c 用式(5.30)时,有

$$\mathrm{d}^2 W/\mathrm{d}t^2 = -3p_c/2\mu \qquad (5.38)$$

现在,式(5.38)对时间积分两次,并使 $t = \tau$ 时的径向速度和位移与从式(5.37)得到的对应值相吻合,得

$$W = -3p_c(t^2 - 2\eta\tau t + \eta\tau^2)/4\mu \qquad (5.39)$$

最后,圆柱壳在 $t = T$ 时到达其永久位置,式中

$$T = \eta\tau \qquad (5.40)$$

是从式(5.39)在 $\dot W = 0$ 时得到的,而对应的变形场为

$$w_f = 3p_c\tau^2\eta(1 - \eta)(1 - x/L)/4\mu \qquad (5.41)$$

---

① 在静载时 $\mathrm{d}^2 W/\mathrm{d}t^2 = 0$,此时式(5.36)化为 $p_0 = N_0(1 + RH/L^2)/R$,根据式(5.30)和式(5.31),它等于 p_c。

5.4.4 机动和静力容许性

显然,前述理论解是机动容许的,而如果 M_x 满足式(5.33b)给出的不等式 $-M_0 \leq M_x \leq M_0$,它也是静力容许的。结果表明,如果在 $x = 0$ 处 $\partial^2 M_x / \partial x^2 \geq 0$,在运动第一阶段 $0 \leq t \leq \tau$ 没有违背屈服条件的情况发生,或者利用式(5.30)、式(5.35)和式(5.36),有

$$\partial^2 M_x / \partial x^2 = (N_x/R)[(1 + 2/\omega^2)(3 - \eta)/2 - 1] \geq 0$$

这要求

$$\eta \leq \frac{6 + \omega^2}{2 + \omega^2} \tag{5.42}$$

然而,为了避免在运动第二阶段 $\tau \leq t \leq T$ 违背屈服条件,发现最关键的要求是在 $x = L$ 处保持 $\partial^2 M_x / \partial x^2 \geq 0$,这在

$$\omega^2 \leq 6 \tag{5.43}$$

时得到满足。

因此,对于尺寸满足不等式(5.43)的圆柱壳,在受到大小满足不等式(5.42)的压力脉冲作用时,所假设的速度场(式(5.32))是正确的,对响应历时(式(5.40))和永久变形场(式(5.41))的理论预测是精确的。Hodge[5.2]扩展了前述理论分析以研究具有尺寸 $\omega^2 > 6$ 的圆柱壳在受到大于不等式(5.42)所允许的值的压力脉冲作用时的行为。

5.5 固支短圆柱壳

5.5.1 引言

5.4 节中的理论分析集中于用间距 $2L$ 的刚性圆环周期性加强的长圆柱壳,如图 5.5 所示。我们发现只需要考察一跨,它可以理想化为轴向长度为 $2L$ 的固支圆柱壳,受到图 5.3 中矩形压力-时间历程的动内压作用。结果表明利用式(5.32)给出的速度场和与其相关联的图 5.2 中正方形屈服条件的 AB 边所作的理论分析只在不等式(5.42)和式(5.43)满足时才有效。本节中的理论分析要放宽不等式(5.42)的要求以便考察受大压力脉冲作用的圆柱壳的行为。不过,由不等式(5.43)所加的对加强环间距的限制仍保留。

当等式(5.42)满足时,在 $x = 0$ 处 $\partial M_x / \partial x^2 = 0$。因此,具有违背不等式(5.42)$\eta$ 值的矩形压力脉冲在 $x = 0$ 处导致违背屈服条件。这表明在圆柱壳的中央区域形成一个塑性区,其中 $M_x = -M_0$。结果表明动态响应由三个运动阶

段组成：$0 \leqslant t \leqslant \tau$、$\tau \leqslant t \leqslant t_1$ 和 $t_1 \leqslant t \leqslant T$，式中 τ 是图 5.3 中的矩形压力脉冲的历时，t_1 为两个移动周向塑性铰在 $x = 0$ 处会合的时间，T 是响应历时。

5.5.2 运动第一阶段，$0 \leqslant t \leqslant \tau$

根据上述评论，假定径向速度场为

$$w = -W_1, \quad \tau \leqslant t \leqslant t_1 \tag{5.44a}$$

和

$$\dot{w} = -\dot{W}_1(L-x)/(L-\xi_0), \quad \xi_0 \leqslant x \leqslant L \tag{5.44b}$$

式中：ξ_0 为与时间无关的周向塑性铰的位置，如图 5.7(a)所示[①]。

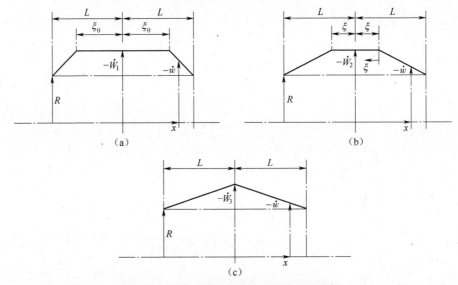

图 5.7 固支短圆柱壳的轴对称径向速度场

(a)运动第一阶段，$0 \leqslant t \leqslant \tau$；(b)运动第二阶段，$\tau \leqslant t \leqslant t_1$；(c)运动第三阶段，$t_1 \leqslant t \leqslant T$。

式(5.4)、式(5.5)和式(5.44)预测，对于 $0 \leqslant x \leqslant L$ 有 $\dot{\varepsilon}_\theta \geqslant 0$，对于 $0 \leqslant x \leqslant \xi_0$ 和 $\xi_0 \leqslant x \leqslant L$ 有 $\dot{\kappa}_x = 0$，而在位于 $x = \xi_0$ 和 $x = L$ 处的驻定周向塑性铰处有 $\dot{\kappa}_x \to -\infty$ 和 $\dot{\kappa}_x \to \infty$[②]。因此，与图 5.2 中正方形屈服条件相关的正交性要求提示

$$N_\theta = N_0 \tag{5.45a}$$

$$M_x = -M_0, \quad 0 \leqslant x \leqslant \xi_0 \tag{5.45b}$$

和

---

① 圆柱壳的响应对于位于 $x = 0$ 处的垂直面是对称的。因此，只需考察 $0 \leqslant x \leqslant L$ 的部分。

② 假设 $\dot{u} = 0$，它给出 $\dot{\varepsilon}_x = 0$，并且因为 $N_x = 0$，故无论是 $\dot{u}$ 还是 N_x 都不进入理论分析。

$$N_\theta = N_0 \tag{5.46a}$$

$$-M_0 \leqslant M_x \leqslant M_0, \quad \xi_0 \leqslant x \leqslant L \tag{5.46b}$$

现在,把式(5.1)、式(5.6)、式(5.44a)、式(5.45a)和式(5.45b)代入式(5.2),对于中央区域 $0 \leqslant x < \xi_0$,得

$$\mu R \ddot{W}_1 = R p_0 - N_0 \tag{5.47} ①$$

式(5.47)可对时间积分两次,并在满足 $t = 0$ 时的初始条件 $W_1 = \dot{W}_1 = 0$ 时,得到径向位移为

$$W_1 = (R p_0 - N_0) t^2 / 2 \mu R \tag{5.48}$$

如果把式(5.1)、式(5.6)、式(5.44b)、式(5.46a)和式(5.47)代入式(5.2),则

$$R \partial^2 M_x / \partial x^2 = R p_0 - N_0 (R p_0 - N_0)(L - x)(L - \xi_0) \tag{5.49}$$

当对 x 积分两次,并满足在周向塑性铰 $x = \xi_0$ 处的条件 $M_x = -M_0$ 和 $Q_x = \partial M_x / \partial x = 0$ 时,即为

$$M_x = (p_0 - N_0/R)(x - \xi_0)^3 / 6(L - \xi_0) - M_0, \quad \xi_0 \leqslant x \leqslant L \tag{5.50}$$

式(5.50)也必须满足在 $x = L$ 处的固支边界条件 $M_x = M_0$,即

$$(L - \xi_0)^2 = 12 M_0 / (p_0 - N_0/R) \tag{5.51} ②$$

式(5.51)给出周向塑性铰的位置,并使得式(5.50)可以写成下面的形式:

$$M_x / M_0 = 2 \{ (x - \xi_0) / (L - \xi_0) \}^3 - 1, \quad \xi_0 \leqslant x \leqslant L \tag{5.52}$$

利用式(5.17)、式(5.30)和式(5.31),式(5.51)也可以写成

$$(1 - \xi_0/L)^2 = 6 / [\eta(2 + \omega^2) - \omega^2] \tag{5.53}$$

当 $\eta = (6 + \omega^2)/(2 + \omega^2)$ 时,式(5.42)成为等式,把此 η 代入式(5.53)给出 $\xi_0 = 0$,如所预料的那样。

5.5.3　运动第二阶段,$\tau \leqslant t \leqslant t_1$

从式(5.48)的时间导数显然可见,在整个运动第一阶段径向速度随时间线性增加。因此,运动第一阶段当 $t = \tau$ 时,壳达到其最大速度,故在压力脉冲卸去后继续变形。

如果式(5.44)给出的径向速度场用于运动的这一阶段,则将再次得到式(5.47)和式(5.49)~式(5.51),只是式中 $p_0 = 0$。然而,$p_0 = 0$ 时式(5.51)现在预言一个不同的 ξ_0 值,这提示在运动的这一阶段周向塑性铰沿着壳体移动。因此,假设

---

① 根据式(5.30),$p_0 > N_0/R$,因此,在常值压力脉冲情形下,圆柱壳的加速度在整个这一运动阶段为常数。

② 该式表明周向塑性铰的位置 ξ_0 保持为常数,如在分析中所假设的那样。

$$\dot{w} = -\dot{W}_2, \quad 0 \leqslant x \leqslant \xi \tag{5.54a}$$

和

$$\dot{w} = -\dot{W}_2(L-x)(L-\xi), \quad \xi \geqslant x \geqslant L \tag{5.54b}$$

式中：ξ 为依赖于时间的周向塑性铰的位置，如图 5.7(b)所示。

图 5.2 中正方形屈服条件的塑性正交性要求与 5.5.2 节中的相似，提示下列条件：

$$N_\theta = N_0, \quad M_x = -M_0, \quad 0 \leqslant x \leqslant \xi \tag{5.55a,b}$$

和

$$N_\theta = N_0, \quad -M_0 \leqslant M_x \leqslant M_0, \quad \xi \leqslant x \leqslant L \tag{5.56a,b}$$

因此，式(5.1)、式(5.2)、式(5.7)、式(5.54a)、式(5.55a)和式(5.55b)预测

$$\mu R \ddot{W}_2 = -N_0 \tag{5.57}$$

控制着中央塑性区 $0 \leqslant x \leqslant \xi$ 的行为。现在，式(5.57)对时间积分两次，并通过使 $t = \tau$ 时的径向位移和速度与在运动第一阶段结束时从式(5.48)得到的值相吻合得到两个积分常数，有

$$W_2 = -N_2 t^2/2\mu R + p_0 \tau(t - \tau/2)/\mu \tag{5.58}$$

根据式(5.54b)，区域 $\xi \leqslant x \leqslant L$ 内的径向加速度为

$$\ddot{w} = -\partial[\dot{W}_2(L-x)/(L-\xi)]\partial t \tag{5.59}$$

式中：ξ 为与时间有关的塑性铰的轴向位置，如图 5.7(b)所示。

式(5.1)、式(5.2)、式(5.7)、式(5.56a)和式(5.59)给出控制方程：

$$\partial^2 M_x/\partial x^2 = -N_0/R - \mu(L-x)\partial[\dot{W}_2/(L-\xi)]/\partial t, \quad \xi \leqslant x \leqslant L \tag{5.60}$$

由式(5.60)对 x 积分两次，并满足在 ξ 处的塑性铰的条件（即 $M_x = -M_0$ 和 $Q_x = \partial M_x/\partial x = 0$），得轴向弯矩为

$$M_x = -M_0 - N_0(x-\xi)^2/2R - \mu(x-\xi)^2(3L-x-2\xi)\partial[\dot{W}_2/6(L-\xi)]/\partial t \tag{5.61}$$

现在，利用式(5.57)和式(5.58)的导数，表达式

$$\partial[\dot{W}_2/6(L-\xi)]/\partial t = \ddot{W}_2/6(L-\xi) + \dot{W}_2\dot{\xi}/6(L-\xi)^2 \tag{5.62}$$

变为

$$\partial[\dot{W}_2/6(L-\xi)]/\partial t = -N_0/6\mu R(L-\xi) + \dot{\xi}(p_0\tau - N_0 t/R)/6\mu(L-\xi)^2 \tag{5.63}$$

在式(5.61)中，轴对称周向塑性铰的瞬时轴向位置 ξ 是未知的。然而，圆柱壳在两端是固支的，故式(5.61)必须在 $x = L$ 处满足 $M_x = M_0$，即

$$- M_0 - N_0 (L - \xi)^2 / 2R - \mu (L - \xi)^3 \partial [\dot{W}_2 / 3(L - \xi)] \partial t = M_0 \quad (5.64)$$

利用式(5.17)、式(5.30)、式(5.31)和式(5.63),该式预测移动塑性铰的速度为

$$\dot{\xi} = \frac{L \{6 + \omega^2 (1 - \xi / L)^2\}}{2(1 - \xi / L) [\omega^2 t - \eta (2 + \omega^2) \tau]} \quad (5.65)$$

这个一阶微分方程可以用标准方法积分给出:

$$(1 - \xi / L)^2 = 6t / [\eta (2 + \omega^2) \tau - \omega^2 t] \quad (5.66)$$

因为在 $t = \tau$ 时 $\xi = \xi_0$,式(5.66)中 ξ_0 由式(5.53)确定。

运动第二阶段在 $t = t_1$ 时结束,此时 $\xi = 0$,根据式(5.66),即

$$t_1 = \eta (2 + \omega^2) \tau / (6 + \omega^2) \quad (5.67)$$

5.5.4　运动第三阶段,$t_1 \leqslant t \leqslant T$

当 $t = t_1$ 时,轴对称周向塑性铰到达圆柱壳的跨中点($\xi = x = 0$)。然而,圆柱壳具有动能:

$$K_3 = 72 p_0^2 \tau^2 \pi R L / [\mu (6 + \omega^2)^2] \quad (5.68)$$

它与式(5.58)的时间导数在 $t = t_1$ 时给出的最大速度相关联。这一动能在运动第三阶段即最后阶段耗散为塑性功。这一阶段被认为具有形式上与式(5.54b)相似的横向速度场,只是 $\xi = 0$,即

$$\dot{w} = - \dot{W}_3 (L - x) / L, \quad 0 \leqslant x \leqslant L \quad (5.69)$$

在这种情况下,式(5.4)和式(5.5)以及正交性法则提示图5.2中屈服条件的如下部分:

$$N = N_0 \quad (5.70a)$$

$$- M_0 \leqslant M_x \leqslant M_0, \quad 0 \leqslant x \leqslant L \quad (5.70b)$$

因此,由式(5.1)、式(5.2)、式(5.7)、式(5.69)和式(5.70a)得

$$\partial M_x / \partial x^2 = - N_0 / R - \mu \ddot{W}_3 (L - x) / L \quad (5.71)$$

或者,当在 $x = 0$ 处满足 $Q_x = \partial M_x / \partial x = 0$ 和 $M_x = - M_0$ 时,即为

$$M_x = - N_0 x^2 / 2R - \mu \ddot{W}_3 (L x^2 / 2 - x^3 / 6) / L - M_0 \quad (5.72)$$

在 $x = L$ 处 $M_x = M_0$,式(5.72)预测

$$\mu \ddot{W}_3 = - 3 M_0 (2 + \omega^2) / L^2 \quad (5.73)$$

式(5.73)对时间积分两次,当运动第二阶段结束时($t = t_1$)保证速度的连续性由式(5.58),得

$$\mu \dot{W}_3 = - 3 M_0 (2 + \omega^2) t / L^2 + 3 p_0 \tau / 2 \quad (5.74)$$

因此,当

$$T = \eta\tau \qquad (5.75)$$

时运动停止,式中 η 由式(5.17)定义,p_c 由式(5.30)定义。再积分式(5.74),并确定积分常数以保证在 $t=t_1$ 时重新得到式(5.58),则预测跨度中点的径向位移为

$$\mu W_3 = p_c = -3t^2/4 + 3\eta\tau t/2 - \eta\tau^2/2 - \eta^2\tau^2(2+\omega^2)/4(6+\omega^2)$$

$$(5.76)$$

因此,从式(5.69)和式(5.76)得到最大永久径向位移为

$$W_f = -p_0\tau^2[\eta(8+\omega^2) - (6+\omega^2)]/[2\mu(6+\omega^2)] \qquad (5.77)$$

5.5.5 静力容许性

式(5.45)和式(5.46)表明,如果不等式(5.46b)满足,则 5.5.2 节中的理论解在整个运动第一阶段是静力容许的。现在,借助于式(5.51),式(5.50)可以写成

$$M_x/M_0 = 2[(x-\xi_0)/(L-\xi_0)]^3 - 1, \quad \xi_0 \leq x \leq L \qquad (5.78)$$

并且,因为对于 $\xi_0 \leq x \leq L$ 有 $\partial^2 M_x/\partial x^2 \geq 0$ 和在 $x=\xi_0$ 处有 $\partial M_x/\partial x = 0$,所以也是静力容许的,如图 5.8(a)所示。

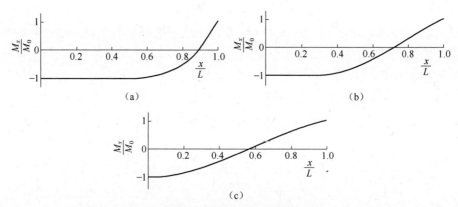

图 5.8　具有 $\omega^2 = 3$ 的固支短圆柱壳在响应期间的轴向弯矩分布
(a)运动第一阶段($0 \leq t \leq \tau$),$\eta=5(\xi_0/L=0.4778)$;(b)运动第二阶段($\tau \leq t \leq t_1$),$\xi/L = 0.3$;
(c)运动最后阶段($t_1 \leq t \leq T$)。

为了保证 5.5.3 节中所考察的运动第二阶段的静力容许性,不等式(5.56b)必须满足。式(5.61)、式(5.63)和式(5.65)预测

$$\frac{M_x}{M_0} = -1 - \omega^2\left(\frac{x}{L} - \frac{\xi}{L}\right)^2\left\{1 - \frac{\left(3 - \frac{x}{L} - \frac{2\xi}{L}\right)}{3\left(1 - \frac{\xi}{L}\right)}\left[1 + \frac{6+\omega^2(1-\xi/L)^2}{2\omega^2(1-\xi/L)^2}\right]\right\}, \quad \xi_0 \leq x \leq L$$

$$(5.79)$$

这满足不等式(5.56b),因为在 $x=\xi$ 处有 $M_x = -M_0$ 和 $\partial M_x/\partial x = 0$,在 $x=L$ 处有

$M_x = M_0$ 和 $\partial^2/\partial x^2 \leqslant 0$，而如果不等式(5.43)满足，则在 $x=\xi$ 处有 $\partial^2 M_x/\partial x^2 \geqslant 0$，在 x = L 处有 $\partial^2 M_x/\partial x^2 \geqslant 0$。可以证明 $\partial^2 M_x/\partial x^2$ 只有一个零值，因此，M_x 具有图 5. 8(b)中所示的特征形状，因而是静力容许的。

最后，可以证明，在 5.5.4 节中的运动第三阶段，由式(5.72)和式(5.73)得

$$M_x/M_0 = \left[6 + \omega^2 - (2 + \omega^2)(x/L)\right](x/L)^2/2 - 1, \quad 0 \leqslant x \leqslant L$$

(5.80)

它满足不等式(5.70b)，因而是静力容许的，如图 5.8(c)所示。

在 5.5.2 节至 5.5.4 节中对于受动载作用的圆柱壳给出的理论解，对于具有任意大小的 p_0 值(或 η)的图 5.3 中所示的矩形压力脉冲在整个响应期间都是静力容许的。然而，圆柱壳的尺寸仍必须满足不等式(5.43)，即 $\omega^2 \leqslant 6$。

5.5.6 机动容许性

在 5.5.2 节至 5.5.4 节中关于受动载作用的圆柱壳的理论解中的塑性铰是周向的、轴对称的，且在塑性铰处有 $M_x = \pm M_0$。因此，对于与梁中塑性铰相关的运动学要求，3.4.6 节中的式(3.54)～式(3.59)显然对于圆柱壳中的轴对称周向塑性铰仍然保持不变，式中的 w 为径向位移。

在所有三个运动阶段，塑性正交性要求以及径向位移和径向速度的初始条件及支承端条件都是满足的。在运动第一阶段和第三阶段形成的驻定塑性铰处有 $[M_x] = [Q_x] = 0$，因此 5.5.2 节和 5.5.4 节中的理论解是机动容许的。5.5.3 节中具有移动塑性铰的运动第二阶段的理论解也是机动容许的[①]，这一证明留给有兴趣的读者作为练习。

5.5.7 瞬动加载

为了去掉由不等式(5.42)施加的限制，在 5.5.2 节至 5.5.4 节中利用图 5.7所示的具有一个移动塑性铰的横向速度场推出了一个理论解。事实上，该理论解对于所有 $\eta \geqslant (6+\omega^2)/(2+\omega^2)$ 的值都是有效的，虽然关于短壳的不等式(5.43)($\omega^2 \leqslant 6$)仍然保留。特别是，5.5.2 节至 5.5.4 节中的方程可以用来预测一个具有 $\eta \gg 1$ 和 $\tau \to 0$ 的受瞬动载荷作用的圆柱壳的响应。因此，根据式(5.19)和式(5.75)，响应历时为

$$T = \mu V_0/p_c$$

(5.81)

式中：p_c 为式(5.30)定义的静破坏压力。

根据式(5.77)、式(5.19)、式(5.23)和式(5.30)，最大永久径向位移为

---

① 运动各个阶段的径向位移场都可以在进行一些代数运算后解析地得到(见 Hodge[5.2])。

$$W_f/H = -(\lambda/8)\{\omega^2(8+\omega^2)/[(2+\omega^2)(6+\omega^2)]\} \qquad (5.82)$$

通过比较式(5.21)和式(5.82)的理论预测,可以发现固定支承对 $\omega^2 \leq 6$ 的圆柱壳的强化影响,如图 5.9 所示。

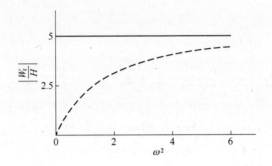

图 5.9 $\lambda = 40$ 时,受瞬动载荷作用的长圆柱壳(———式(5.21))和受瞬动载荷作用的固支短圆柱壳(- - -式(5.82))的无量纲最大永久径向位移大小的比较

式(5.77)可以写成

$$W_f/H = -(\lambda/8)\{\omega^2[8+\omega^2-(6+\omega^2)/\eta]/[(2+\omega^2)(6+\omega^2)]\} \qquad (5.83)$$

式中

$$\lambda = (p_0\tau)^2 R/\mu M_0 \qquad (5.84)$$

利用对于瞬动速度加载的式(5.19),式(5.84)化为式(5.23)。图 5.10 中比较了式(5.82)和式(5.83)预测的最大永久径向位移。

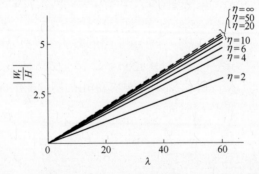

图 5.10 短圆柱壳($\omega^2 = 3$)的无量纲最大永久径向位移随无量纲脉冲(λ 由式(5.84)给出)和无量纲矩形压力脉冲大小(η)的变化
- - - $\eta \to \infty$ 时式(5.82)和式(5.83);———式(5.83)。

5.6 受球对称动压力作用的弹性–理想塑性球壳

5.6.1 引言

薄壁整球壳的球对称响应是相当简单的,可以不采用前几章中常用的理想刚塑性材料近似[1]。本节探讨材料弹性影响的重要性,并考察了刚塑性方法的精度。

一个整球壳受图 5.3 中所示并由式(5.6)和式(5.7)描述的球对称动态矩形内压脉冲作用。5.6.3 节中考察其弹性响应,5.6.4 节和 5.6.5 节中分别考虑动态弹性–理想塑性和理想刚塑性情形。在 5.6.6 节中对不同的理论解作一些比较,从中得到对用理想刚塑性材料所作分析有效性的评论。

5.6.2 控制方程

图 5.11 所示为受球对称响应的球壳的一个单元。对于球对称响应情形,面内和径向剪力以及所有的弯矩都等于0[2]。此外, $N_\theta = N_\phi = N$ 。因此,图 5.11 中壳单元的径向平衡要求

$$\mu \mathrm{d}^2 w / \mathrm{d}t^2 - 2N/R + p = 0 \tag{5.85}$$

式中: μ 为壳单位表面积的质量。

球壳中双轴膜应变为 $\epsilon_\theta = \epsilon_\phi = \epsilon$,式中,当 w 为图 5.11 中所示的向内的径向位移时,有

$$\varepsilon = -w/R \tag{5.86}$$

5.6.3 弹性响应

5.6.3.1 运动第一阶段, $0 \leqslant t \leqslant \tau$

对于线弹性材料,假定

$$N = EH\epsilon(1-v) \tag{5.87}[3]$$

---

[1] 当压力增大时,一个足够薄壁球壳的应力瞬间从弹性变为塑性,而图 1.2 和图 1.6 显示,受纯弯矩作用的实心横截面的梁有一个弹塑性阶段。

[2] 半径 R 增加到 $R-w$ (注意对于向外的径向位移, w 是负的),从而球壳的初始曲率 $1/R$ 减少到 $1/(R-w)$,就给出曲率改变 $1/(R-w) - 1/R \approx w/R^2$ 。这引起一个最大应变 $Hw/2R^2$,式中 H 是壳的壁厚。然而,这一应变是式(5.86)得出的膜应变的 $H/2R$ 倍,所以对于 $H/2R \ll 1$ 的薄壁球壳来说可以忽略不计。

[3] 根据双轴应力状态下的胡克定律, $\epsilon_0 = (\sigma_\theta - v\sigma_\phi)/E$,当 $\sigma_\theta = \sigma_\phi = \sigma$ 时即为 $\sigma = E\varepsilon/(1-v)$ 。因此,对于壁厚为 H 的具有实心均匀横截面的壳,有 $\sigma H = N = EH\epsilon/(1-v)$ 。

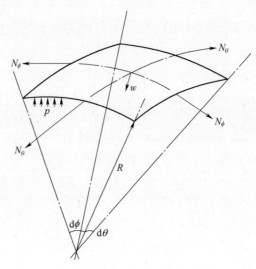

图 5.11　受球对称内压作用的一部分球壳

利用式(5.86)，该式变为

$$N = EHw/(1 - v)R \tag{5.88}$$

因此，利用式(5.6)和式(5.88)，式(5.85)可以写成

$$\mu \mathrm{d}^2 w/\mathrm{d}t^2 + 2EHw/(1 - v)R^2 = - p_0, \quad 0 \leqslant t \leqslant \tau \tag{5.89}$$

即

$$\mathrm{d}^2 w/\mathrm{d}t^2 + a^2 w = - b, \quad 0 \leqslant t \leqslant \tau \tag{5.90}①$$

式中

$$a^2 = 2EH/\mu(1 - \nu)R^2 \tag{5.91a}$$

$$b = p_0/\mu \tag{5.91b}$$

当满足初始条件 $t = 0, w = \dot{w} = 0$ 时，式(5.90)有解：

$$w = b[\cos(at) - 1]/a^2 \tag{5.92}$$

5.6.3.2　运动第二阶段，$\tau \leqslant t \leqslant T$

在运动这一阶段，根据关于矩形压力脉冲的式(5.7)，$p = 0$，因此，式(5.90)变为

$$\mathrm{d}^2 w/\mathrm{d}t^2 + a^2 w = 0, \quad \tau \leqslant t \leqslant T \tag{5,93}②$$

现在式(5.93)控制着动态行为。当使径向位移与径向速度在 $t = \tau$ 时分别与式(5.92)和式(5.92)的时间导数相吻合时，式(5.93)有解，即

---

①　这一微分方程与10.2.3节中的方程式(10.11)相似。从式(5.90)和式(5.92)显然看到，在整个这一运动阶段壳壁向外作径向加速运动。

②　在这一运动阶段壳壁作减速运动。

146

$$w = b\{[1 - \cos(a\tau)]\cos(at) - \sin(a\tau)\sin(at)\}/a^2 \qquad (5.94)$$

最大径向位移在 $t = T$ 时达到,此时 $\dot{w} = 0$,即

$$\tan(aT) = -\sin(a\tau)/[1 - \cos(a\tau)] \qquad (5.95)$$

式(5.95)代入式(5.94),预测最大径向位移为

$$w_m = -\sqrt{2}\, b[1 - \cos(a\tau)]^{1/2}/a^2 \qquad (5.96)$$

5.6.3.3 运动第三阶段,$t \geq T$

在 $t = T$ 时球壳开始弹性卸载,因而响应由式(5.93)和式(5.94)控制,两式对于 $t \geq T$ 仍然有效。因此,壳继续作弹性振动,如图5.12中所示。

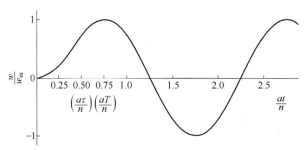

图5.12 根据式(5.92)和式(5.94)并取 $a\tau = \pi/2(\gamma_0 = \tau/T_n = 0.25)$ [1] 时,

受具有图5.3中压力-时间历程的矩形压力脉冲作用的弹性球壳的动力响应

(最大径向位移(w_m)由式(5.96)预测)

5.6.3.4 关于能量的讨论

在 $t = \tau$ 时,矩形压力脉冲卸去,球壳的动能等于 $K_1 = \mu(4\pi R^2)\dot{w}^2(\tau)/2$,式中 $\dot{w}(\tau)$ 由式(5.92)在 $t = \tau$ 时给出。因此,有

$$K_1 = [\pi(1 - v)p_0^2 R^4/EH]\sin^2(a\tau) \qquad (5.97)$$

在 $t = \tau$ 时,球壳中与双轴膜力相关联的总的弹性应变能为 $S_1 = (2N_\varepsilon)(4\pi R^2)/2$,利用式(5.86)、式(5.87)和式(5.92),即为

$$S_1 = [\pi(1 - v)p_0^2 R^4/EH][\cos(a\tau) - 1]^2 \qquad (5.98)$$

矩形压力脉冲给球壳输入的总能量为

$$E_T = -\int_0^\tau p_0 \dot{w}(4\pi R^2)\,dt$$

利用式(5.92)的导数,该式变为

$$E_T = 2\pi(1 - v)p_0^2 R^4[1 - \cos(a\tau)]/EH \qquad (5.99)$$

可以直接证明,$K_1 + S_1 = E_1$,如能量守恒所要求的那样。

---

① 校者注:γ_0 和 T_n 的定义见5.6.4.6节。

5.6.3.5 瞬动加载

现在,对于瞬动加载,$p_0 \to \infty$ 和 $\tau \to 0$,因此,$t = 0$ 时的动量守恒要求

$$\mu V_0 = p_0 \tau \tag{5.100}$$

式中:V_0 为径向向外的初始瞬动速度。

显然,当 $\tau \to 0$ 时,5.6.3.1 节中的运动第一阶段消失,而式(5.95)给出 $\tan(aT) \to -\infty$,即 $aT = \pi/2$,这预测响应历时为

$$T = \pi R[\mu(1-v)/8EH]^{1/2} \tag{5.101}$$

此外,式(5.96)给出最大径向位移 $w_m = -b\tau/a$,即

$$w_m/H = -V_0R[\mu(1-v)/2EH^3]^{1/2} \tag{5.102}$$

5.6.4 弹性-理想塑性响应

5.6.4.1 引言

如果球壳中的膜力保持在弹性范围内,即

$$N \leqslant N_0 \tag{5.103}① $$

式中:对于厚度为 H 的具有实心均匀横截面的球壳,$N_0 = \sigma_0 H$,则 5.6.3 节中对于线弹性材料所概述的理论分析仍然有效。因此,如果

$$-w \leqslant RN_0(1-v)/EH \tag{5.104}$$

式(5.88)表明球壳仍保持弹性,因为对于内压 $w<0$,如图 5.11 中所示。

现在,假定在 5.6.3.1 节中的整个运动第一阶段不等式(5.104)都满足,而在 5.6.3.2 节中运动第二阶段在时间 $t_1 \geqslant \tau$ 时恰好不满足。这一分析的细节在下面几节中给出。

5.6.4.2 运动第一阶段,$0 \leqslant t \leqslant \tau$

运动这一阶段的分析与 5.6.3.1 中所述的完全相同。

5.6.4.3 运动第二阶段,$\tau \leqslant t \leqslant t_1$

控制方程式(5.93)和由式(5.94)给出的径向位移在运动这一阶段直到 t_1 时仍然有效,此时根据式(5.104),有

$$w(t_1) = -RN_0(1-v)/EH \tag{5.105}② $$

因此,由式(5.94)和式(5.105)得

$$[1-\cos(a\tau)]\cos(at_1) - \sin(a\tau)\sin(at_1) = -2N_0/p_0R \tag{5.106}③ $$

式(5.106)的解给出时刻 t_1,此时壳体材料开始塑性屈服。

---

① 经历球对称响应的球壳中的双轴膜力可以写成 $N_\theta = N_\phi = N$。因此,根据 Tresca 准则或 von Mises 准则,当 $N = N_0$ 时发生塑性流动。

② 假定球壳非常薄,以致在 $t=t_1$ 时整个横截面瞬时变为塑性。

③ 对于式(5.106)的替代形式,见式(5.164)和式(5.165)。

5.6.4.4　运动第三阶段，$t_1 \leqslant t \leqslant T_1$

如果 $t_1 \leqslant T$，此处 T 由式（5.95）定义，则对于具有不变膜力

$$N_\theta = N_\phi = N_0 \tag{5.107}$$

的理想塑性球壳，径向运动将继续进行。在此情形下，由式（5.7）和式（5.85）得

$$d^2 w/dt^2 = 2N_0/\mu R \tag{5.108}$$

即

$$w = N_0 t^2/\mu R + A_3 t + B_3 \tag{5.109}$$

式中：积分常数 A_3 和 B_3 通过在 $t=t_1$ 时与式（5.105）和式（5.94）的导数相吻合而得到，这给出

$$A_3 = -b\{[1 - \cos(a\tau)]\sin(at_1) + \sin(a\tau)\cos(at_1)\}/a - 2N_2 t_1/\mu R \tag{5.110a}$$

和

$$B_3 = -RN_0(1 - v)/EH - N_0 t_1^2/\mu R - A_3 t_1 \tag{5.110b}$$

径向运动继续到 $t=T_1$ 时，$\dot{w}=0$，此处有

$$T_1 = -\mu R A_3/2N_0 \tag{5.111}$$

它给出最大径向位移为

$$w_m = B_3 - \mu R A_3^2/4N_0 \tag{5.112}$$

5.6.4.5　运动第四阶段，$t \geqslant T_1$

假定 $t=T_1$ 时壳弹性卸载并在这一运动阶段继续作弹性振动。现在，在卸载期间，膜力 N 如图5.13中所示的那样变化，当利用式（5.87）时即得

$$N = N_0 + EH(w_m - w)/(1 - \nu)R \tag{5.113}$$

因为卸载期间弹性应变的改变为 $\epsilon = -(wm - w)/R$。因此，平衡方程（5.85），连同式（5.7）变为

$$\mu d^2 w/dt^2 - 2[N_0 + EH(w_m - w)/(1 - \nu)R]/R = 0$$

即

$$d^2 w/dt^2 + a^2 w = c \tag{5.114}$$

式中

$$c = 2[N_0 + EHw_m/(1 - v)R]/\mu R \tag{5.115}$$

a^2 和 w_m 分别由式（5.91a）和式（5.112）定义。

在满足 $t=T_1$ 时 $w=w_m$ 和 $\dot{w}=0$ 的初始条件时，微分方程式（5.114）预测径向位移为

$$w = (w_m - c/a^2)[\cos(aT_1)\cos(at) + \sin(aT_1)\sin(at)] + c/a^2, \quad t \geqslant T_1 \tag{5.116}$$

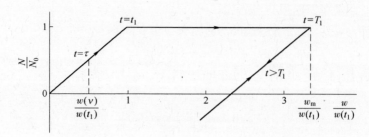

图 5.13　根据式(5.88)、式(5.107)和式(5.113)，在应用式(5.105)时，
无量纲膜力（N/N_0）在弹塑性球壳的动力响应期间的变化

图 5.14 中所示的最小径向位移 w^* 在 $t = T_2$ 时发生，此时 $\dot{w} = 0$，即

$$T_2 = T_1 + \pi/a \tag{5.117}$$

与此相关联的径向位移为

$$w^* = -w_m + 2c/a^2 \tag{5.118}$$

平均最终径向位移 w_a 取作 $(w_m + w^*)/2$，即

$$w_a = c/a^2 \tag{5.119}\text{①}$$

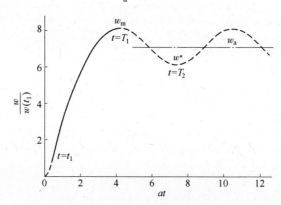

图 5.14　受图 5.3 所示矩形压力脉冲作用的弹性 - 理想塑性球壳的无量纲径向位移，取

$$a\tau = \pi/8\,(\gamma_0 = \tau/T_n = \tfrac{1}{16})\ \text{和}\ p_0R/2N_0 = \eta = 10$$

---弹性响应；——塑性响应；----$t \leqslant T_1$ 时的平均永久径向位移（w_a）。

5.6.4.6　关于能量的讨论

关于 K_1、S_1 和 E_T 的式(5.97)～式(5.99)分别对于 $t = \tau$ 时的动能、应变能和总的外能仍然有效。

---

① 利用式(5.91a)、式(5.115)和式(5.118)可以证明 $w_m - w^* = 2w(t_1)$。因此，$w_m - w_a = w(t_1)$，代入式(5.113)预测 $w = w_a$ 时 $N = 0$。

塑性屈服开始发生时，即 $t = t_1$ 时，弹性应变能为 $(4\pi R^2)(2N)$ $[-w(t_1)/R]/2$。利用式(5.88)，它变为

$$S_2 = 4\pi EHw^2(t_1)/(1-v) \tag{5.120}$$

式中：$w(t_1)$ 由式(5.105)定义。与此相关联的 $t=t_1$ 时的动能为

$$K_2 = 2\pi uR^2\dot{w}^2(t_1) \tag{5.121}$$

式中：$\dot{w}(t_1)$ 从式(5.94)或式(5.109)的时间导数在 $t=t_1$ 时计算得到。可以直接证明 $K_2+S_2=E_T$，如能量守恒所要求的那样。

在5.6.4.4节中运动第三阶段（$t_1 \leqslant t \leqslant T_1$）耗散的塑性能为 $2N_0(4\pi R^2)$ $[-w_m +w(t_1)]/R$，即

$$D_3 = 8\pi N_0 R[w(t_1) - w_m] \tag{5.122}$$

式中：w_m 由式(5.112)定义。可以证明 $D_3=K_2$，如所预料的那样。

现在，弹性能与总能量之比可以表达成无量纲形式，即

$$\alpha = S_2/E_T \tag{5.123}$$

利用式(5.99)和式(5.12)，由式(5.123)得

$$\alpha = 1/\{2\eta^2[1 - \cos(2\pi\gamma_0)]\} \tag{5.124}$$

其中

$$\gamma_0 = a\tau/2\pi \tag{5.125}$$

而

$$\eta = p_0/p_c \tag{5.126}$$

是动压力脉冲大小与静破坏压力的无量纲比值，对理想塑性球壳，有

$$p_c = 2N_0/R \tag{5.127}①$$

线弹性球壳的振动周期为 $T_n = 2\pi/a$，所以，$\gamma_0 = a\tau/2\pi = \tau/T_n$ 是矩形压力脉冲历时与弹性自由振动周期的无量纲比值。

所吸收的塑性能与总能量之比为

$$\beta = D_3/E_T \tag{5.128}$$

即

$$\beta = 1 - \alpha \tag{5.129}$$

而塑性能与弹性能之比为 $\beta/\alpha=1/\alpha-1$。

对于几个无量纲时间 γ_0 的值，无量纲能量 α、β 和 β/α 随无量纲载荷 η 的变化如图5.15所示。

5.6.4.7 瞬动加载

对于满足式(5.100)及 $p_0 \rightarrow \infty$ 和 $\tau \rightarrow 0$ 的瞬动速度加载，前述分析仍然有

---

① 见式(5.141)的脚注。

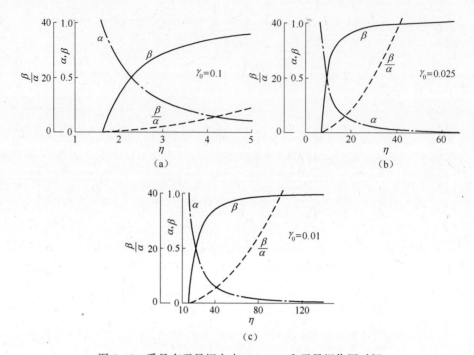

图 5.15　受具有无量纲大小 $\eta = p_0/p_c$ 和无量纲作用时间

$\gamma_0 = \tau/T_n$ 的矩形压力脉冲作用的弹性-理想塑性球壳的能量比

（a）$\gamma_0 = 0.10$；（b）$\gamma_0 = 0.025$；（c）$\gamma_0 = 0.01$。

---α，式（5.123）和式（5.124）；——β，式（5.128）和式（5.129）；

---β/α。

效。所以，5.6.4.2 节中时间为 τ 的运动第一阶段消失了，而 5.6.4.3 节中的运动第二阶段，变为瞬动速度加载的运动第一阶段，其历时由式（5.106）令 $\tau \to 0$ 和 $p_0 \to \infty$ 给出，即

$$\sin(at_1) = -aw(t_1)/V_0 \qquad (5.130)[1]$$

式中：$w(t_1)$ 由式（5.105）定义。式（5.130）可以重新写成如下形式：

$$\sin(2\pi\gamma_1) = \lambda^{-1/2} \qquad (5.131)[1]$$

根据 5.6.4.6 节，式中

$$\gamma_1 = at_1/2\pi = t_1/T_n \qquad (5.132)$$

T_n 为线弹性球壳的固有周期，而

$$\lambda = \mu EHV_0^2/2(1-v)N_0^2 \qquad (5.133)$$

为无量纲初始动能。

---

[1] 如 5.6.4.1 节中所指出，对于引起 $t_1 \geqslant \tau$ 的压力脉冲，已经发展了对弹性-理想塑性球壳的分析。因此，根据式（5.130），当 $\tau \to 0$ 时 τ_1 为有限值，但对于 $\lambda \gg 1$，$t_1 \to 0$。

运动第二阶段和第三阶段遵循 5.6.4.4 节和 5.6.4.5 节,只要令 $\tau \to 0$ 和 $p_0 \to \infty$。所以,式(5.110a)化为

$$A_3/V_0 = -\cos(2\pi\gamma_1) - 2\pi\gamma_1\lambda^{-1/2} \tag{5.134}$$

而式(5.110b)变为

$$B_3/w(t_1) = 1 - (2\pi\gamma_1)^2/2 - 2\pi\gamma_1\lambda^{1/2}\cos(2\pi\gamma_1) \tag{5.135}$$

因此,有

$$T_1 = t_1 + \lambda^{1/2}(T/2\pi)\cos(2\pi\gamma_1) \tag{5.136}$$

和

$$w_m/w(t_1) = 1 + (\lambda/2)\cos^2(2\pi\gamma_1) \tag{5.137}$$

最后,利用式(5.131)可以证明:

$$w_m/w(t_1) = (\lambda + 1)/2 \tag{5.138}$$

和

$$w_a/w(t_1) = [w_m - w(t_1)]/w(t_1)$$

即

$$w_a/w(t_1) = (\lambda - 1)/2 \tag{5.139}$$

5.6.5 理想刚塑性响应

5.6.5.1 引言

5.6.3 节考察了整球壳的完全弹性动态响应,而 5.6.4 节对于足以引起材料塑性屈服的动态大压力给出了弹性-理想塑性材料制成的壳的行为。在本节中对于理想刚塑性材料制成的壳推导一个简单的理论解,该解对于强动载有效,此时弹性影响是不重要的。

5.6.5.2 运动第一阶段,$0 \leqslant t \leqslant \tau$

整球壳受如图 5.3 中所示,由式(5.6)和式(5.7)描述的矩形压力-时间历程的球对称内压作用。双向膜力是相等的,即 $N_\theta = N_\phi = N$,此处

$$N = N_0 \tag{5.140}$$

是全塑性膜力。因此,平衡方程式(5.85)变为

$$\mu \, d^2w/dt^2 = 2N_0/R - p_0 \tag{5.141}①$$

积分式(5.141)并满足 $t = 0$ 的初始条件 $w = \dot{w} = 0$ 时,即为

$$w = (N_0/R - p_0/2)t^2/\mu \tag{5.142}$$

内压在 $t = \tau$ 时卸去,利用式(5.105)、式(5.125)~式(5.127)和式(5.133),与此相关联的径向位移的式(5.142)可以写成无量纲形式,即

---

① 对于静态行为 $d^2w/dt^2 = 0$,所以 $p_0 = p_c = 2N_0/R$,这是式(5.127)给出的静破坏压力。

$$w(\tau)/w(t_1) = (\eta - 1)(2\pi\gamma_0)^2/2 \qquad (5.143)$$

而对应的径向速度为

$$\dot{w}(\tau)/V_0 = (1 - \eta)(2\pi\gamma_0)\lambda^{-1/2} \qquad (5.144)$$

5.6.5.3 运动第二阶段，$\tau \leqslant t \leqslant T$

根据式（5.7），在这一运动阶段内压为 0，但在 $t = \tau$ 时壳具有一个式（5.144）给出的有限的径向速度。因此，需要有第二阶段的运动，控制方程式（5.141）现在变为

$$\mathrm{d}^2 w/\mathrm{d}t^2 = 2N_0/\mu R \qquad (5.145)$$

考虑到 $t = \tau$ 时与式（5.143）和式（5.144）相吻合，该式预言

$$\dot{w} = 2\pi V_0(\gamma - \eta\gamma_0)\lambda^{-1/2}, \quad \gamma \geqslant \gamma_0 \qquad (5.146)$$

和

$$w/w(t_1) = \pi\eta(2\pi\gamma_0)(2\gamma - \gamma_0) - (2\pi\gamma)^2/2, \quad \gamma \geqslant \gamma_0 \qquad (5.147)$$

式中

$$\gamma = at/2\pi = t/T_n \qquad (5.148)$$

径向运动最后在 $t = T$ 时停止，此时 $\dot{w} = 0$，即

$$\gamma_2 = \eta\gamma_0 \qquad (5.149)$$

式中

$$\gamma_2 = aT/2\pi = T/T_n \qquad (5.150)$$

与此相关联的无量纲永久径向位移为

$$w_p/w(t_1) = \eta(\eta - 1)(2\pi\gamma_0)^2/2 \qquad (5.151)$$

5.6.5.4 关于能量的讨论

矩形压力脉冲给理想刚塑性球壳所加的总的外能为 $E_T = -\int_0^\tau p_0\dot{w}(4\pi R^2)\mathrm{d}t$，利用式（5.142）的时间导数，该式变为

$$E_T = 4\pi(1 - v)R^2 N_0^2(2\pi\gamma_0)^2\eta(\eta - 1)/EH \qquad (5.152)$$

当然，所有这些能量都被双向膜力场塑性耗散。然而，观察一下弹性-理想塑性整球壳在开始发生塑性屈服时由式（5.120）给出的弹性应变能 S_2 是很有意思的。利用式（5.105），该式可以重新写成下面的形式：

$$S_2 = 4\pi(1 - \nu)R^2 N_0^2/EH \qquad (5.153)$$

因此，能量比

$$E_r = E_T S_2 \qquad (5.154)$$

变为

$$E_r = \eta(\eta - 1)(2\pi\gamma_0)^2 \qquad (5.155a)$$

利用式（5.151），即为

$$E_r = 2w_p/w(t_1) \qquad (5.155b)$$

如果 $E_r < 1$，则弹性-理想塑性球壳的响应是完全弹性的，因而理想刚塑性分析是完全不合适的。另一方面，如果 $E_r \gg 1$，则弹性影响是不重要的。关于本节中导出的刚塑性分析有效性的进一步讨论可在 5.6.6 节中找到。

5.6.5.5　瞬动加载

如果理想刚塑性整球壳受到一个球对称的向外的径向瞬动速度 V_0 的作用，则式(5.145)控制着整个响应，初始条件为在 $t = 0$ 时 $\dot{w} = -V_0$ 和 $w = 0$。因此，积分式(5.145)并满足初始条件给出径向位移，为

$$w = N_0 t^2 / \mu R - V_0 t \tag{5.156}$$

运动在 $t = T$ 时停止，此时 $\dot{w} = 0$，此处

$$T = \mu V_0 R / 2 N_0 \tag{5.157}$$

利用式(5.91a)、式(5.133)和式(5.150)，式(5.157)可重新写成

$$2\pi \gamma_2 = \lambda^{1/2} \tag{5.158}$$

从式(5.156)和式(5.157)得到与此相关的永久径向位移为

$$w_p = -\mu R V_0^2 / 4 N_0 \tag{5.159}$$

利用式(5.105)式(5.133)时即为

$$w_p / w(t_1) = \lambda / 2 \tag{5.160}$$

可以证明，对于瞬动加载，式(5.158)和式(5.160)还可以分别由式(5.149)和式(5.151)得到。

5.6.6　讨论

5.6.6.1　引言

5.6.3 节至 5.6.5 节对于受球对称动态内压脉冲作用的整球壳的理论分析是相当简便易行的，因而可以用来估计忽略材料弹性影响的理想刚塑性解的精度。把 5.6.4 节中对弹性-理想塑性材料的分析作为精确解，而 5.6.5 节中的理想刚塑性解则看作近似解。

5.6.6.2　能量比

常常用足够大的能量比来证明一个具体动载问题中材料的弹性不重要，以及证明采用理想刚塑性分析的正当性。这个能量比 (E_r) 可以定义为总的外部能量输入 (E_T) 与在一个弹性-理想塑性材料制成的整球壳中产生初始屈服所需的弹性应变能 (S_2) 的大小之比。因此，E_r 由式(5.154)给出，对于由弹性-理想塑性材料制成的整球壳，根据式(5.124)即为

$$E_r = 2\eta^2 [1 - \cos(2\pi \gamma_0)] \tag{5.161}$$

对于理想刚塑性材料，根据式(5.154)和式(5.155a)即为

$$E_r = \eta(\eta - 1)(2\pi \gamma_0)^2 \tag{5.162}$$

图 5.16 中的理论结果给出对应于各种 γ_0 和 η 值的能量比 E_r。式(5.161)的

预测与式(5.162)的预测的差别反映了压力脉冲作用期间球壳径向速度的不同。这就导致不同的 E_r 值，正如通过比较弹性-理想塑性情形的式(5.99)和理想刚塑性情形的式(5.152)所表明的那样。如果 $\gamma_0 > 0.25$，则弹性-理想塑性壳在压力脉冲作用期间($0 \leqslant t \leqslant \tau$)发生卸载(式(5.92))，而理想刚塑性壳不卸载(式(5.142))。显然，在 $E_r < 1$ 时，给定的球壳在整个响应期间保持完全弹性。另一方面，在 $\eta \gg 1$ 和 $\gamma_0 \to 0$ 时的瞬动速度加载情形，式(5.161)和式(5.162)都给出 $E_r \approx \eta^2 (2\pi\gamma_0)^2$。弹性-理想塑性球壳中的能量划分示于图5.15(a)~(c)。

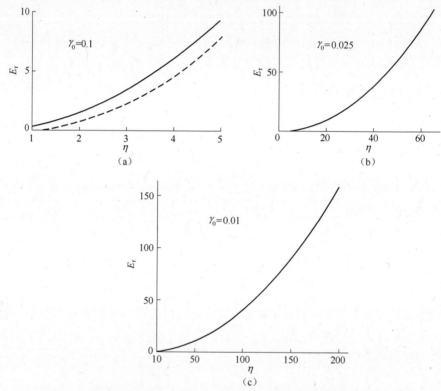

图5.16 对各种 $\eta = p_0/p_c$ 和 $\gamma_0 = \tau/T_n$ 值，弹性-理想塑性(——)和
理想刚塑性(- - -)球壳的能量比($E_r = E_T/S_2$)的比较

(a)$\gamma_0 = 0.10$；(b)$\gamma_0 = 0.025$；(c)$\gamma_0 = 0.01$。

——对于弹性-理想塑性材料的式(5.161)；- - -对于理想刚塑性材料的式(5.162)。

在(b)和(c)中，——式(5.161)和式(5.162)。

5.6.6.3　径向位移比

利用式(5.110a、b)和式(5.105)，以及由式(5.125)~式(5.127)和式(5.132)给出的定义，关于描述弹性-理想塑性材料制成的整球壳的最大径向位移的式(5.112)可以写成如下形式：

$$w_m/w(t_1) = 1 + \eta^2\{[1 - \cos(2\pi\gamma_0)]\sin(2\pi\gamma_1) + \sin(2\pi\gamma_0)\cos(2\pi\gamma_1)\}^2$$
$$(5.163)$$

式(5.163)是最大径向位移与整球壳中开始发生塑性屈服时的径向位移之比。无量纲时间 γ_1 可从超越方程式(5.106)得到,即

$$\cos(2\pi\gamma_1) = \cos[2\pi(\gamma_0 - \gamma_1)] - 1/\eta \qquad (5.164)$$

利用标准的三角恒等式,式(5.164)也可以写成如下形式:

$$2\pi\gamma_1 = \pi\gamma_0 + \arcsin\{1/[2\eta\sin(\pi\gamma_0)]\} \qquad (5.165)$$

对于几个无量纲压力历时 γ_0 的值,在图 5.17 中画出了式(5.163)对无量纲压力 η 的图。根据式(5.119),对于弹性-理想塑性材料制成的球壳,无量纲平均最终径向位移为

$$w_a/w(t_1) = \eta^2\{[1 - \cos(2\pi\gamma_0)]\sin(2\pi\gamma_1) + \sin(2\pi\gamma_0)\cos(2\pi\gamma_1)\}^2/2$$
$$(5.166)$$

为了比较起见,由式(5.151)得到的由理想刚塑性材料制成的整球壳的永久径向位移也画在图 5.17 中;当 $\gamma_0 = 0.01$ 时,这也几乎与式(5.163)没有什么区别。

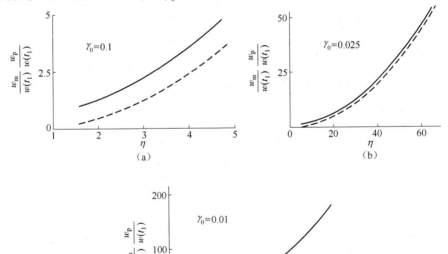

图 5.17 对各种 $\eta = p_0/p_c$ 和 $\gamma_0 = \tau/T_n$ 值,弹性-理想塑性和理想刚塑性球壳的无量纲径向位移的比较
(a) $\gamma_0 = 0.10$;(b) $\gamma_0 = 0.025$;(c) $\gamma_0 = 0.01$。
——弹性-理想塑性材料的式(5.163);
- - - 理想刚塑性材料的式(5.151)(在(c)中同式(5.163)很难区别)。

5.6.6.4 小结

从图 5.16 和图 5.17 中对不同理论预测的比较显然可见，如果能量比 (E_r) 不是很小，在 $\gamma_0 = \tau/T_n \leqslant 0.025$ 时，5.6.5 节中的理想刚塑性分析对于整球壳的最大径向位移给出了合理的预测。

对于更小的能量比，在图 5.18 中进一步探讨了精度。从图 5.18(a) 可以看到，理想刚塑性壳的永久径向位移 ($w_p/w(t_1)$)，式 (5.151) 在 $\gamma_0 = 0.10$ 和 $E_r > 4$ 时，比弹性-理想塑性壳的平均最终位移 ($w_a/w(t_1)$) 小了不到 10%。另一方面，在图 5.18(c) 中，对于 $\gamma_0 = 0.10$，$w_p/w(t_1)$ 比 $w_a/w(t_1)$ 稍大些，但当 $E_r > 8$ 当时，误差仍小于约 10%，这一结果同 3.10 节中 Symonds 对单自由度弹簧-质量系统的评论完全一致。

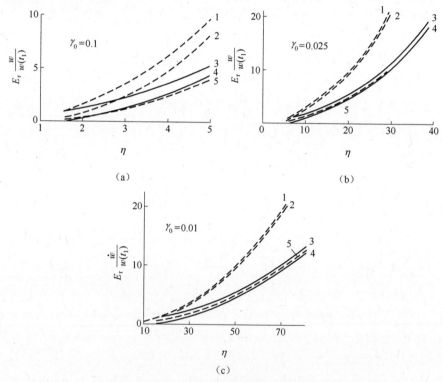

（a）

（b）

（c）

图 5.18　对于不同的 η 和 γ_0 值，弹性-理想塑性球壳和理想刚塑性球壳的
无量纲径向位移和能量比的比较

(a) $\gamma_0 = 0.10$；(b) $\gamma_0 = 0.025$；(c) $\gamma_0 = 0.01$。

1—式 (5.161) 对弹性-理想塑性材料给出的能量比 (E_r)；2—式 (5.162) 对理想刚塑性材料给出的能量比 (E_r)；3—式 (5.163) 对弹性-理想塑性材料给出的 $w_m/w(t_1)$；4—式 (5.164) 对弹性-理想塑性材料给出的 $w_a/w(t_1)$；5—式 (5.151) 对理想刚塑性材料给出的 $w_p/w(t_1)$。

图 5.14 中画出了弹性-理想塑性材料在 $\gamma_0 = 1/16$ 和 $\eta = 10$ 时的径向位移-

时间历程。根据式(5.161),对应的能量比为 15.22[①]。因此,图 5.18(a)中对于较大的 $\gamma_0 = 0.10$ 的理论预测表明,在 $\gamma_0 = 0.0625$ 时,理想刚塑性分析可能会给出合理的理论预测。所以,式(5.151)预测 $w_p/w(t_1) = 6.94$,只比图 5.14 中对应的弹性-理想塑性值 $w_a/w(t_1) = 7.11$ 小 2.39%。理想刚塑性球壳的最大的,即永久径向位移在由式(5.149)所给出的无量纲时间达到。对于图 5.14 中的参数来说,该式预测 $aT = 3.93$。这比图 5.14 中当最大径向位移 $w_m/w(t_1)$ 达到时的无量纲时间 $aT_1 = 4.23$ 小 7.1%。

根据 3.10 节中由式(3.128)建议的简化计算,最大弹性应变能可以估计为 $S_e = \sigma_0^2(4\pi R^2 H)/2E$。因此,对于理想刚塑性球壳,应用式(5.152)给出的 E_r,能量比 $E_r = E_T/S_e$ 变为

$$E_r = 2(1-v)\eta(\eta-1)(2\pi\gamma_0)^2 \qquad (5.167)[②]$$

这是式(5.155a)的 $2(1-\nu)$ 倍,因而,当 $\nu = 0.3$ 时大 40%。

可以证明,对于分别由弹性-理想塑性材料和理想刚塑性材料制成的足够薄的整球壳,5.6.4 节和 5.6.5 节中的理论解是静力容许及机动容许的,因而是精确解。然而在 5.6.4 节中假设了 $\tau \leqslant t_1$,故还未考察更长的压力脉冲。

Baker[5.3] 考察了受线性衰减的球对称瞬时内压脉冲作用的薄壁球壳的弹性-线性应变强化响应,还用了一个数值方法来探讨壳的厚度变薄和大挠度的影响。Duffey[5.4] 研究了线性材料应变率敏感性规律对受瞬动加载的整球壳的响应的影响。

5.7 扁 壳

5.7.1 引言

在 5.6 节中详细地考察了整球壳的动态响应,并用以探讨刚塑性方法的精度。通过假设壳是足够薄的,以致只有膜力的影响才是重要的,简化了这一分析。此外,响应是球对称的。然而,许多实际的球壳问题不是球对称的,并且弯矩的影响是重要的。因此,即使对于轴对称响应,也必须保留四个广义应力 (N_θ、N_ϕ、M_θ 和 M_ϕ),这使得理论分析复杂化,因为四维屈服条件控制着塑性流动。已经发展了许多近似的屈服准则来简化壳的动塑性分析。Hodge[5.1] 讨论了其中一些准则。

---

① 式(5.123)给出 $a = 1/E_r = 0.066$,因而根据式(5.129),$\beta = 0.934$。这表明 93.4% 的外部能量耗散于塑性功。

② 在 $\eta \gg 1$ 时,式(5.167)化为对于瞬动速度的式(3.130)。

扁壳近似对于简化轴对称壳的弹性行为的理论计算已被证明是有价值的[5.5]。因此，在下面几节中采用这一近似，连同一个简化的屈服条件来考察受指数衰减压力脉冲作用的简支扁壳的动塑性响应。

5.7.2 基本方程

可以证明[5.1,5.6]图 5.19 中扁壳单元的应变率和曲率变化率为

$$\dot{\epsilon}_\theta = (\dot{v} - z'\dot{w})/r \qquad (5.168a)$$

$$\dot{\epsilon}_\phi = \dot{v} - z'\dot{w} \qquad (5.168b)$$

$$\dot{\kappa}_\theta = -(\dot{w}' - z''\dot{v})/r \qquad (5.168c)$$

和

$$\dot{\kappa}_\phi = (r\dot{\kappa}_\theta)' \qquad (5.168d)$$

假定扁壳近似

$$(z')^2_{\max} << 1 \qquad (5.168e)$$

是满足的，式中法向位移(w)和径向位移(v)在图 5.19 中定义，而

$$(\cdot) = \partial(\ )/\partial t \qquad (5.169a)$$

$$(\ )' = \partial(\ )/\partial t \qquad (5.169b)$$

附录 3 中的虚速度原理[5.7]可以用来得到一组相容的平衡方程[5.1,5.6]：

$$rz''N_\phi = z'N_\theta + (rQ_\phi)' - rp = r\mu\ddot{w} \qquad (5.170a)$$

$$(rN_\phi)' - N_\theta + rz''Q_\phi = r\mu\ddot{v} \qquad (5.170b)$$

和

$$rQ_\phi = (rM_\phi)' - M_\theta \qquad (5.170c)$$

此时只考虑法向载荷(p)，假定转动惯量可以忽略，式中的变量在图 5.19 中定义。

Onat 和 Prager[5.8]对于由遵守 Tresca 屈服条件的理想刚塑性材料制成的旋转对称壳推出了一个四维屈服面。然而，如 5.7.1 节中所指出，除非全部采用数值方法，通常必须简化屈服面以使这类一般问题容易处理[5.1]。在本节中采用图 5.20 中所示的解耦的菱形屈服条件来得到扁壳的动力响应。

图 5.20 中所画的屈服面的 2 倍和 0.618 倍将外接和内接于 Onat 和 Prager 导出的屈服面[5.8]。然而，如果一个特殊问题的理论解只利用解耦的菱形屈服条件的一部分，则可以使上限和下限解更接近。

5.7.3 简支扁壳的动态行为

5.7.3.1 引言

现在，对于 n 次扁壳，有

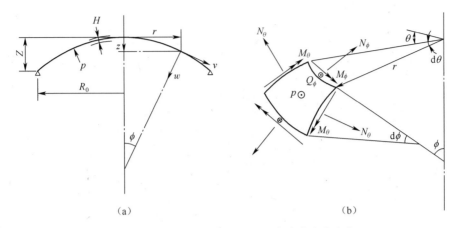

图 5.19 （a）扁壳的表示法；（b）扁壳的应力合力

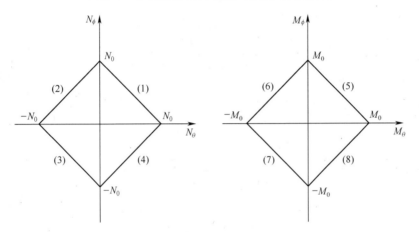

图 5.20 解耦的菱形屈服条件

$$z = Z(r/R_0)^n \tag{5.171}$$

式中：Z 为壳的总高度，如图 5.19 中所示。我们把注意力限于二次扁壳（$n = 2$），这可以是扁球冠、扁抛物面冠、扁椭球面冠或扁双曲面冠。当壳受均布外压

$$p = -p_0 \mathrm{e}^{-t/T_0} \tag{5.172}$$

作用时来寻求壳的响应，式中：p_0 为初值；T_0 为压力脉冲的大小衰减到 p_0/e 的时间。

5.7.3.2 小动压

假定扁壳变形时的速度场为

$$\dot{v} = 0 \tag{5.173a}$$

和

$$\dot{w} = \dot{w}[1 - (r/R_0)^2] \tag{5.173b}$$

式中：$\dot{w}$ 为 $r = 0$ 处的法向速度。因而，对于产生 $\dot{w}_0 \geqslant 0$ 的外加压力脉冲，式(5.168a)和式(5.171)取 $n = 2$ 时预测 $\dot{\epsilon} = -2Z\dot{w}[1 - (r/R_0)^2]/R_0^2$，即 $\dot{\epsilon} \leqslant 0$。类似地，$\dot{\epsilon} = \dot{\epsilon}_\theta$，$\dot{\kappa} = 2\dot{w}/R_0^2 \geqslant 0$ 和 $\dot{\kappa}_\phi = \dot{\kappa}_\theta$。这样，塑性正交性要求给出图 5.20 中屈服条件的(3)~(5)部分，在这些部分有

$$N_\theta + N_\phi = -N_0 \tag{5.174a}$$
$$M_\theta + M_\phi = M_0 \tag{5.174b}$$

式中：N_0、M_0 分别为壳横截面的全塑性膜力和弯矩。

现在，令式(5.171)中 $n = 2$，将其与式(5.172)、式(5.173b)和式(5.174a)代入平衡方程式(5.170a)并积分，得

$$rQ_\phi = \mu\ddot{w}_0(r^2/2 - r^4/4R_0^2) - (r^2/2)p_0 e^{-t/T_0} + r^2 ZN_0/R_0^2 \tag{5.175}$$

式(5.175)与式(5.174b)代入式(5.170c)得

$$M_\phi = M_0/2 + \mu\ddot{w}(r^2/8 - r^4/24R_0^2) - (r^2/8)p_0 e^{-t/T_0} + r^2 ZN_0/4R_0^2 \tag{5.176}$$

然而，对于 $r = R_0$ 处的简支边界 $M_\phi = 0$，当

$$\mu\ddot{w}_0 = 3(p_0 e^{-t/T_0} - p_s)/2 \tag{5.177}$$

时式(5.176)满足这一条件，式中

$$p_s = 4M_0/R_0^2 + 2ZN_0/R_0^2 \tag{5.178}$$

为对应的静破坏压力[5.9]，因为在 $t = 0$ 及没有惯性力（$\mu\ddot{w} = 0$）时，由式(5.177)得 $p_0 = p_s$。

现在可以积分平衡方程式(5.170b)以预测径向膜力：

$$N_\phi = -N_0/2 + (r^2 Z/8R_0^2)[p_0 e^{-t/T_0} - p_s)(1 - r^2/R_0^2) - 8M_0/R_0^2] \tag{5.179}$$

因此，图 5.20 中解耦的菱形屈服条件中的四个广义应力可以从式(5.174a)、式(5.174b)、式(5.176)和式(5.179)得到。

式(5.177)对时间积分，得

$$\mu\dot{w}_0 = -3(p_0 T_0 e^{-t/T_0} + p_s t)/2 + 3p_0 T_0/2 \tag{5.180}$$

式中，积分常数已从 $t = 0$ 时 $\dot{w}_0 = 0$ 的要求得到。运动在 $t = T$ 时停止，此时

$$p_0 T_0(1 - e^{-T/T_0}) - p_s T = 0 \tag{5.181}$$

再积分式(5.180)得到法向位移：

$$\mu w_0 = 3p_0 T_0^2(e^{-t/T_0} - 1)/2 - 3p_s t^2/4 + 3p_0 T_0 t/2 \tag{5.182}$$

因此，根据式(5.173a、b)、式(5.181)和式(5.182)，永久位移场的两个分量为

$$\mu v_p = 0 \tag{5.183a}$$

和

$$\mu w_{\mathrm{p}} = 3T\left[2T_0(p_0 - p_{\mathrm{s}}) - p_{\mathrm{s}}T\right]\left[1 - (r/R_0)^2\right]/4 \qquad (5.183\mathrm{b})$$

5.7.3.3 机动容许性和静力容许性

5.7.3.2 节中的理论分析不包含移动塑性铰,因而机动容许性的证明是一道简单的练习题。如果式(5.174a)、式(5.174b)、式(5.176)和式(5.179)预测的广义应力保持在图 5.20 中解耦的菱形屈服面的(3)和(5)部分上,则分析也是静力容许的。在文献[5.6]中证明了,如果

$$p_0 - p_{\mathrm{s}} - p_{\mathrm{s}}T/T_0 + 2N_0H/R_0^2 \geqslant 0 \qquad (5.184)$$

和

$$p_0 - p_{\mathrm{s}} \leqslant 4(1.5 + \sqrt{2})N_0H/R_0^2 \qquad (5.185)$$

则解是静力容许的。

尽管前述分析相对简单,但在文献[5.6]中,不可能用分析方法把它推广到处理压力脉冲大于不等式(5.184)和式(5.185)的限制的情形。因而,对于更大压力似乎需要一个数值方法。

5.7.3.4 一般性的评述

对于由图 5.21 中的双矩弱作用屈服条件和解耦的正方形屈服条件控制的材料制成的扁壳,均布指数压力脉冲(式(5.172))情形下的理论预测也有报道[5.6]。结果表明在 5.7.3.2 节中给出的利用图 5.20 中的解耦的菱形屈服面所作的理论分析得出最简单的分析。因此,既然屈服条件的进一步简化大概是不现实的,对于预测超过不等式(5.184)和式(5.185)限制的大压力脉冲的指数压力加载的扁壳需要一个数值方法。

可以证明图 5.21(a)、(b)中的两个屈服面完全外接于 Onat 和 Prager 的 Tresca 屈服面[5.8],而另两个分别为 0.618 倍大和 0.309 倍大的屈服面将内接于它。正如在 5.7.2 节中已经提到的那样,图 5.20 中解耦的菱形屈服面的 2 倍和 0.618 倍将分别外接和内接于 Tresca 屈服面[5.8]。

在 2.4.4 节中介绍的塑性界限定理的推论表明,内接于和外接于精确屈服面的屈服面分别给出一个理想塑性结构的精确静破坏载荷的下限和上限。不幸的是,对于受动载作用的理想塑性结构没有类似的定理。然而,Hodge 和 Paul[5.10]比较了由塑性流动依照两个不同屈服准则的材料制成的简支圆柱壳的动态响应。Hodge 和 Paul 的理论预测[5.10]表明,如果对于近似屈服条件的静破坏压力调整到等于对应的精确静破坏压力值,则应用近似屈服条件引起的误差并不大。

在文献[5.6]中证明,当把对应于双矩弱作用屈服面的分析当作精确的时,Hodge 和 Paul 的建议是满足的。在这种情况下,对于遵守图 5.20 中的解耦的菱形屈服条件,但静破坏压力 p_{s}(式(5.178))由图 5.21(a)中的屈服面给出的对应值取代的壳,对最大永久法向位移的预测与精确值吻合得很好。此外,在

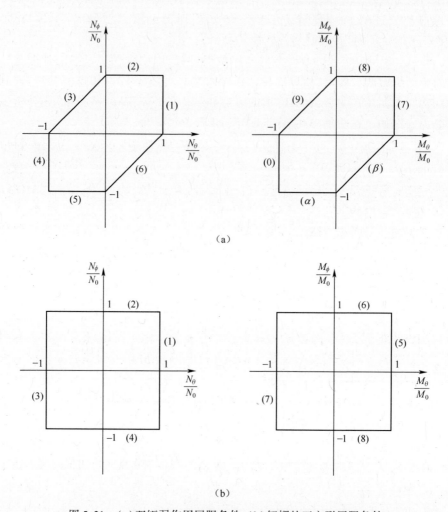

图 5.21　（a）双矩弱作用屈服条件；（b）解耦的正方形屈服条件

5.7.3.2 节中对于图 5.20 中解耦的菱形屈服条件所作的分析，当使之内接或外接于图 5.21（a）中的双矩弱作用屈服条件时，分别给出根据精确屈服面（双矩弱作用屈服面）预测的最大永久挠度的上界和下界。

5.8　关于球壳的一些评论

5.6 节对于弹性–理想塑性材料和理想刚塑性材料考察了整球壳受到图 5.3 中矩形压力–时间历程的球对称压力脉冲作用时的动态响应。5.7 节对于具有指数衰减压力–时间历程的压力脉冲，研究了简支理想刚塑性扁壳（可以是扁球形）。尽管几何形状和动压力载荷在整个响应期间都是轴对称的，但壳边界支承的存在还是引入了弯矩、横向剪力以及膜力。尽管有扁壳近似所引进的简化，但即使利用近似的屈服面还是不可能得到在指数压力脉冲峰值大于不等式(5.184)和式(5.185)时的理论解。

Sankaranarayanan[5.11]可能是考察球冠动塑性响应的第一个作者。对于外边界简支、受指数衰减压力脉冲作用的球冠采用了图 5.21(a)中的双矩弱作用屈服面。结果表明理论解必须满足一个不等式，该式包含峰值压力的大小，并特别限定总的圆心角不大于约 20°。

Sankaranarayanan[5.12]也考察了图 5.3 中所示的矩形压力脉冲加载的影响。他证明压力-时间历程的具体细节是重要的，至少当压力脉冲的峰值只是稍稍大于对应的静破坏压力值时。

文献[5.6]中也考察了简支深球壳的动塑性响应。球壳由受图 5.20 和图 5.21 中屈服准则控制的理想刚塑性材料制成，受均布指数衰减压力脉冲作用。曾试图把 Sankaranarayanan[5.11]关于图 5.21(a)中的双矩弱作用屈服条件理论解的成立范围加以扩大，但由于其复杂性而放弃了。采用图 5.20 和图 5.21(b)中的两个屈服准则的理论解，为满足静力容许性要求，其压力脉冲的峰值是受限制的。

在为了得到实用上重要的外边界支承的球壳问题的精确理论解时所遇到的困难促使发展了一种近似的分析方法[5.13]。在文献[5.14]中把这一为任意形状的壳所发展的独特方法专门用来解决球壳的外边界固支并受均布瞬动速度作用的特殊情形。结果发现当壳的 R/H 约小于等于 14.7 时得到的解与铝制半球壳的一些实验结果[5.15]比较一致。

5.9 压力脉冲特征的影响

5.3 节至 5.5 节中的一般理论方法已经用来研究了几种边界条件情形下，受到具有各种理想压力-时间特征的轴对称压力分布作用时圆柱壳的动塑性响应[5.2,5.10,5.16-5.21]。Hodge[5.16]考察了具有等距刚性加强环的无限长圆柱壳在受到矩形、三角形和指数衰减压力-时间历程的均布轴对称压力脉冲作用时的响应。Hodge[5.16]发现，即使脉冲具有相同的冲量和峰值，对于峰值载荷稍大于对应的静破坏压力的情形，爆炸特征对最终变形也有深刻的影响，但对于更大的压力，影响的百分比下降。

在 4.10 节中提到，Youngdahl[5.22]考察了脉冲形状对于轴对称加载的简支圆板的动塑性响应的影响。他发现，通过引入关联参数有效载荷(P_e)和平均时间(t_e)，可以实际上消除对于脉冲形状的强烈依赖，P_e 和 t_e 分别由 4.10 节中的式(4.186)和式(4.188)定义①。

Youngdahl[5.22]也用他的方法考察了受时间相关的均布径向压力作用的由等距刚性加强环加强的无限长圆柱壳的动塑性行为。这一特殊问题示于图5.5，并曾在5.4节和5.5节研究过如图5.3中所示的矩形压力脉冲作用下的问题。因此，有可能用5.4节和5.5节中的理论结果来预测受具有任意压力-时间历程的压力脉冲作用的圆柱壳($\omega^2 \leqslant 6$)的响应。然而，必须把5.4节和5.5节中的结果用 Youngdahl[5.22]引进的关联参数重新写出。

由式(5.6)式(5.7)所描述并由图5.3所示的矩形压力脉冲使刚塑性材料立即开始变形。因而，显然总冲量（单位面积）$I = p_0\tau$（即式(4.187)中的 $t_y = 0$）。式(4.188)给出压力脉冲的面积中心 $t_c = \tau/2$，所以，根据式(4.186)，有效压力 $p_e = p_0$。这使得关于受矩形压力脉冲作用的 $\omega^2 \leqslant 6$ 的固支圆柱壳的最大永久径向位移的式(5.41)和式(5.77)可以写成

$$W_f = 3I^2(p_c/p_e - 1)/4\mu p_c, \quad \eta \leqslant (6 + \omega^2)/(2 + \omega^2) \quad (5.186)$$

和

$$W_f = I^2[p_c/p_e - (8 + \omega^2)/(6 + \omega^2)]/2\mu p_c, \quad \eta \geqslant (6 + \omega^2)/(2 + \omega^2)$$
$$(5.187)$$

在 $\omega^2 = 5$ 的情况下的式(5.186)和式(5.187)画于图5.22。

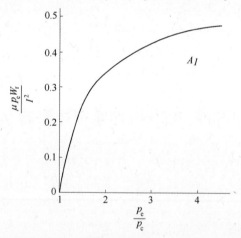

图5.22 受动压力脉冲作用、$\omega^2 = 5$ 并用刚性环加强的圆柱壳的无量纲最大永久径向位移随无量纲有效压力 p_e/p_c 的变化（式(5.186)~式(5.187)）的转换发生在 $p_e/p_c = 1.57$ 时）

Youngdahl[5.22]的观察启示，式(5.186)和式(5.187)，或图5.22，也可以预测类似的圆柱壳受任何形状脉冲作用时的响应。例如，考虑示于图5.23中的均

① 最近已经得到 Youngdahl 引入的经验的关联参数的一些理论支撑[4.25]。

布线性衰减压力脉冲为

$$p = p_0(1 - t/t_0), \quad 0 \leq t \leq t_0 \tag{5.188a}$$

和

$$p = 0, \quad t \geq t_0 \tag{5.188b}$$

显然①,总冲量(单位面积)为

$$I = p_0 t_0/2 \tag{5.189}$$

式(4.188)给出压力脉冲的面积中心为 $t_c = t_0/3$,因而,根据式(4.186),有效压力为

$$p_e = 3p_0/4 \tag{5.190}$$

因此,根据式(5.189),对于图5.23中的线性衰减压力脉冲,$I = p_0 t_0/2$,在由式(5.190)取 $p_e = 3p_0/4$ 时,式(5.186)和式(5.187)分别预测

$$W_f = 3I^2(4p_c/3p_0 - 1)/4\mu p_c \tag{5.191}$$

和

$$W_f = I^2[4p_c/3p_0 - (8 + \omega^2)/(6 + \omega^2)]/2\mu p_c \tag{5.192}$$

或者,也可以直接从图5.22中的曲线得到理论预测。

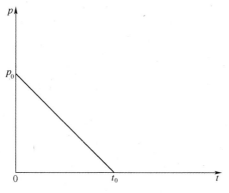

图5.23 线性衰减压力脉冲

Youngdahl[5.22]对于受范围很广的脉冲形状作用的加强的圆柱壳给出了精确理论预测,如图5.24所示。在采用关联参数 p_e/p_c 后,图5.24中无量纲最大径向位移对于不同脉冲的很大的分散性在图5.25中实际上已消除了。因此,式(5.186)和式(5.187),或图5.22中的曲线,可以用来预测受很宽范围压力脉冲作用的加强的圆柱壳的最大永久径向位移。

在4.10节中由式(4.186)~式(4.188)所定义的,并在上面用于加强的圆柱壳的关联参数是与沿圆柱壳轴向(x)均布的轴对称动压力脉冲相关联的。然

————————————

① 如果 $p_0 \geq p_c$,塑性变形在 $t = 0$ 时开始,因此式(4.18)中 $t_y = 0$。

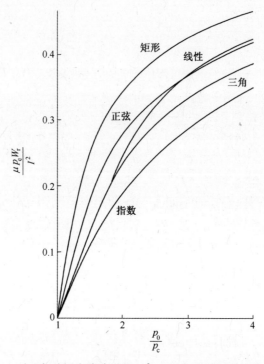

图 5.24　对于各种压力脉冲形状，$\omega^2 = 5$ 的加强的圆柱壳的无量纲
最大永久径向位移随 p_0/p_c 的变化

而，在实际中并不是总遇到这种情形。因此，Youngdahl[5.23]考察了动压力脉冲沿轴向变化的影响，并引进一个附加的关联参数。

现在，考虑分布于轴向总长度 $2L$，并对于 $x = 0$ 处垂直平面对称的轴对称动压力脉冲为

$$p(x,t) = \Phi(x)\psi(t), \quad 0 \leqslant |x| \leqslant L_1 \tag{5.193a}$$

和

$$p(x,t) = 0, \quad |x| \geqslant L_1 \tag{5.193b}$$

式中：$\Phi(x)$、$\psi(t)$ 分别为载荷形状和脉冲形状[5.23]。当 $\Phi(x) = 1$ 时，参数 $\psi(t)$ 与 4.10 节中式(4.187)中的 $P(t)$ 有关。

Youngdahl[5.23]谋求用在总长度 $2L_e$ 上均布的压力脉冲来代替真实的轴向分布，如图 5.26(a)所示。实际的压力-时间特征被一个等效的大小为 ψ_c 的矩形压力脉冲取代，它起始于塑性屈服开始时的 t_y，后来在时刻 t_e 时终止，如图 5.26(b)所示。

动压力脉冲的总冲量(单位周向长度)为

$$I = \int_{t_y}^{t_f} \int_{-L_1}^{L_1} p(x,t)\,\mathrm{d}x\mathrm{d}t \tag{5.194a}$$

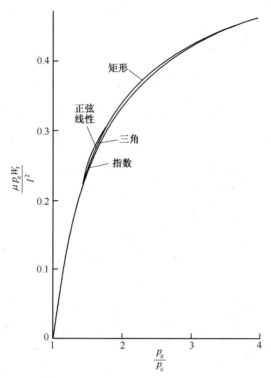

图 5.25　图 5.24 中的理论结果随无量纲有效压力 p_e/p_c 的变化

它可以写成

$$I = 2p_e L_e t_e \qquad (5.194b)$$

式中:p_e、L_e、t_e 分别为有效压力载荷、外加压力载荷的有效半长及有效脉冲历时。时间 t_y 和 t_f 分别与塑性流动开始和运动历时有关。Youngdahl[5.23] 定义有效脉冲历时为

$$t_e = 2\int_{t_y}^{t_f} (t - t_y)\psi(t)\,dt \Big/ \int_{t_y}^{t_f} \psi(t)\,dt \qquad (5.195)$$

而有效脉冲形状为

$$\psi_e = \int_{t_y}^{t_f} \psi(t)\,dt / t_e \qquad (5.196)$$

显然,当 $\Phi(x) = 1$ 时,$\psi_e = p_e = P_e/(2\pi R2L_1)$ 及 $t_e = 2t_c$,式中 t_c 由式(4.188)定义。Youngdahl[5.23] 也定义有效载荷形状为

$$\Phi_e = \left[\int_0^{\bar{x}} \Phi(x)\,dx\right]^2 \Big/ \left[2f_0^{\bar{x}} x \Phi(x)\,dx\right] \qquad (5.197)$$

式中:$\bar{x}$ 为初始塑性铰位置。从而加载区的有效半长为

$$L_e = \int_0^{L_1} \Phi(x)\,dx / \Phi_e \qquad (5.198)$$

169

而根据式(5.193a)和式(5.194b)，有效压力载荷为

$$p_e = \Phi_e \psi_e \qquad\qquad (5.199)$$

Youngdahl[5.23]利用上述理论方法研究了受分布于总轴向长度为 $2L_1$ 的区域上的轴对称动压力作用的长圆柱壳。理论预测揭示了无量纲最大永久径向位移对于脉冲形状和载荷形状（$\psi(t)$ 和 $\Phi(x)$）是敏感的，而引进的关联参数使很宽的脉冲形状和载荷形状范围作用下的结果实际上位于同一条曲线上。

在受均布矩形压力脉冲作用的圆柱壳的理论解中引进关联参数，使得可以以一种很具吸引力的简单方式得到对于各种压力–时间历程的更复杂的动压力分布的行为。该一般方法的有效性只是对两个特殊圆柱壳问题已经证明[5.22,5.23]。对于其他圆柱壳及不同形状的壳体在受到产生无限小挠度的动载作用时，这一方法是否也精确则还有待证明。

最近，Youngdahl 和 Krajcinovic[5.24]已得到轴对称压力脉冲作用下无限大板的关联参数，此脉冲不是如圆柱壳的式(5.193a)所假设那样可以被分离为一个位置函数和一个时间函数的乘积。Youngdahl[5.25]想出了一个简化的理论方法并已用于考察受分布压力作用的简支圆板，该压力分布是半径和时间的任意函数。

Zhu 等[5.26]考察了 Youngdahl[5.22]的关联参数，并引进了另一套参数以简化计算。

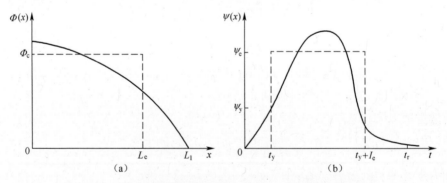

图 5.26　(a)实际载荷形状与有效长度 L_e 上的等效矩形分布；
(b)实际脉冲形状与具有有效时间 t_e 的等效矩形历程

5.10　结　束　语

在平衡方程式(5.1)和式(5.2)中横向剪力是作为反力而保留的。因此，它没有包括在屈服条件中(图 5.2)，因为对应的横向剪应变忽略不计。然而，横向剪力对于受瞬动速度加载的简支圆柱壳的塑性屈服的影响将在 6.6 节考察。

平衡方程式(5.1)和式(5.2)及对应的应变及曲率改变关系式(5.3)～式(5.5)都是对于圆柱壳的无限小位移行为而导出的。换言之,本章中不考虑几何形状改变的影响。在7.10.1节中指出,当圆柱壳在支承处轴向受约束,且最大径向位移大约超过壳的厚度时,对于压力载荷将产生重大的强化效应。

在本章中提出的各种理论分析中都假定材料是理想塑性的。众所周知,许多材料的塑性流动对于应变率的大小是敏感的。这一现象称为材料的应变率敏感性,将在第8章中讨论。在8.5.5节中简要地指出对于壳所作的某些工作。Duffey 和 Krieg[5.27]进行了进一步的研究,他们研究了材料应变强化和线性形式的应变率敏感性对于弹塑性圆柱壳的动态响应的影响。顺便提一下,他们指出,作为一个特例,当塑性和弹性能量比大于3时,对于刚塑性材料所计算的永久挠度的误差在对应的弹塑性值的20%范围内。Perrone[5.28]给出了瞬动加载的管了的一个理论分析,该分析避免了文献[5.27]中引入的线性应变率敏感性的重要限制。

本章的理论分析集中于受动内压作用的圆柱壳的稳态行为。然而,对于动外压,可能发生动塑性屈曲,即非稳定行为。这一现象将在第10章中讨论。

本章中推导了受轴对称压力脉冲作用的圆柱壳和球冠以及受球对称压力脉冲作用的球壳的理论解。非对称行为将导致相当的复杂性,因为面内剪切效应必须包括在屈服条件和平衡方程中。在文献[5.13]中发展了一种近似的刚性-理想塑性理论方法以估计任意形状壳的稳定动态响应。对瞬动加载的圆柱形薄板,发现其与实验结果令人鼓舞地一致[5.14]。这个理论方法也用来考察由圆柱形喷嘴或圆柱壳与球壳或圆柱壳相交组成的壳体交叉件的动塑性行为[5.15,5.29,5.30]。

在文献[5.31]下列出的五篇文章包含了对壳体的非对称动态响应所作的其他理论工作和数值工作的综述。虽然刚塑性理论方法对于预测轴对称的壳问题的动态响应是有吸引力的,但对于非对称壳则是很麻烦的,常常需要数值方法。然而,应该指出,壳的数值方法是很复杂的,在任何结果可接受用于设计目的之前必须彻底检查。即使在那时,也只能试验性地接受其结果,因为缺乏材料在动态多轴应力状态下的本构方程的实验数据,也缺乏受动载作用而产生非弹性响应的许多壳体形状的可靠的实验数据。

习　　题

5.1　求出5.3节中考察的长圆柱壳能量耗散的式(5.27)和式(5.28)。证明塑性耗散的总能量等于图5.3中所示的压力脉冲所做的总功。

5.2　证明,如果不等式(5.42)和式(5.43)满足,5.4节中对于加强的长圆柱壳的理论解是静力容许和机动容许的。

5.3　积分方程式(5.65)并得到式(5.66)。对于给定的 η 和 ω 值，及几个 ξ/L 值，画出无量纲塑性铰速度 $\tau\xi/L$ 随无量纲时间 t/τ 的变化，此处 ξ/L 由式(5.66)得到。

5.4　证明 5.5.3 节中固支短圆柱壳的运动第二阶段是机动容许的(5.5.6节)。

5.5　证明，对于 5.6.4 节中研究的弹性-理想塑性球壳，在前三个运动阶段中的每一个阶段能量是守恒的(5.6.4.6节)。

5.6　在 $t_1 \leqslant \tau$ 时，重做 5.6.4 节中对于弹性-理想塑性球壳的理论分析，t_1 是壳变为塑性的时间，由式(5.105)给出。

5.7　(a)根据关于扁壳的式(5.178)，求出均匀受载的简支平圆板的静破坏压力。利用界限定理的推论(2.4.4 节)求出精确破坏压力的界限，并把结果与对于 Tresca 屈服条件得到的式(2.18)比较(注意：对于由遵守图 5.21(a)中双矩弱作用屈服条件的理想刚塑性材料制成的扁壳，其静破坏压力是在文献[5.9]中得到的。该表达式对于平圆板化为式(2.18))。

(b)一个扁球壳的升高量等于其厚度。估计平圆板在同样大的圆形开口范围内承受同样压力时所需要的厚度。假定二者都是简支。比较平板和扁球壳的质量。

第6章　横向剪切和转动惯量的影响

6.1　引　言

众所周知,横向剪力通常对梁、框架、板和壳等构件的静塑性行为没有显著影响。事实上,在前几章的理论分析中是把横向剪力作为反作用力包含在平衡方程中,而不参与塑性流动的屈服条件。例如,1.3节中的塑性破坏定理不考虑横向剪力的影响,但关于连续介质的对应定理却包含了横向剪切效应,所以对于本书中考察的构件的分析的更一般的表述中将包含横向剪力[A.11]。结果表明,横向剪切效应在短梁中可能会变得重要,而且设计规范可给设计者提供一些指导[6.1]。

受均布静压力作用的简支梁中的弯矩分布由式(1.26)给出。对这一表达式微分得到横向剪力 $Q/M_0 = -2x/L^2$,在支承处($x = L$)即为

$$Q_x = -2M_0/L \tag{6.1}①$$

式(6.1)也可以在理想刚塑性简支梁在跨度中点完全形成塑性铰情况下,根据其整体竖直方向的平衡要求和力矩平衡要求直接得出。

如果梁具有厚度为 H 的矩形横截面,并由屈服应力为 σ_0 的韧性材料制成,则 $M_0 = \sigma_0 H^2/4$ 和 $Q_0 \approx \sigma_0 H/2$,式中 M_0 和 Q_0 分别为独立地形成一个全塑性横截面所需要的弯矩(单位宽度)和剪力(单位宽度)。在此情形下,式(6.1)变为

$$Q_s = Q_0 = -H/L \tag{6.2}$$

所以,对于 $H \ll L$ 的梁,$|Q_s/Q_0| \ll 1$。因此,梁的静塑性行为主要由弯曲效应所控制,横向剪切效应可忽略不计。

现在,让我们考察一根受如图3.5中所示的矩形压力-时间历程的均布动压力脉冲作用的类似的梁。式(3.32)给出了运动第一阶段梁的外部区域($\xi_0 \leqslant x \leqslant L$)的相应弯矩分布。根据式(3.1),这一表达式可以对 x 微分以预测横向剪力,即

$$Q/M_0 = -\eta(x/L - \xi_0)^2/(1 - \xi_0)L, \quad \xi_0 \leqslant x \leqslant L \tag{6.3}$$

式中:$\bar{\xi}_0$ 为图3.7(a)中所示的驻定塑性铰的无量纲位置,它由式(3.30)和

---

① 图1.1显示了 Q 的正向。

式(3.31)给出(即 $(1 - \bar{\xi}_0)^2 = 3/\eta$)。因此，对于厚度为 H、具有 $M_0 = \sigma_0 H^2/4$ 和 $Q_0 \approx \sigma_0 H/2$ 的矩形截面梁，式(6.3)在支承 $x = L$ 处给出

$$Q_d/Q_0 = -(H/2L)(3/\eta)^{1/2} \tag{6.4}$$

导致式(6.4)的理论分析对于 $\eta \geqslant 3$ 的动压力脉冲是适用的，因而，当 $\eta \geqslant (2L/H)^2/3$ 时预言 $|Q_s/Q_0| \geqslant 1$。事实上，对于 3.5.1 节中讨论的瞬动速度加载情形，当 $\eta \to \infty$ 时显然有 $|Q_d| \to \infty$。

根据式(6.2)，对于静载情形，矩形截面简支梁竖直方向的平衡方程预言较小的 Q_s/Q_0 值，而在瞬动速度情形，动量守恒在支承端引起一个无限大的横向剪力。这清楚地表明对于动力问题，特别是对于短历时的大压力脉冲，横向剪力可能更重要。实际上，图 6.1 中的照片展示了由于质量撞击在支承端附近而产生的过大的横向剪力引起破坏的梁。

图 6.1　由于落物撞击在支承端附近而引起的过大的横向剪力造成的梁的破坏[6.2]

在梁更高模态的动力响应期间也会产生大的横向剪力[6.3,6.4]。从式(3.1) ($\partial M/\partial x = Q$) 显然可见，因为弯矩 M 的波长随模态数的增加而减少，所以，$\partial M/\partial x$ 即横向剪力必定在更高模态时增大。换言之，对于梁的响应的第一模态即基本模态，$M = fn_1(x/2L)$，而对于第二模态的一个粗略近似为 $M = fn_2[2(x/2L)]$。一般说来，这一推理对于第 n 模态给出 $M = fn_n(nx/2L)$，这使得横向剪力约为第一模态中出现的对应值的 n 倍大①。

理想的纤维增强梁或强烈各向异性梁的动塑性响应也主要由横向剪切效应所控制[6.5,6.6]。

下一节给出保留横向剪切和转动惯量效应的梁的控制方程以及考虑横向剪力对材料塑性流动影响的屈服准则。在 6.3 节中对受均布瞬动速度作用的简支梁推出一个精确的理论解。接下来的 6.4 节包含长梁受以初始速度 V_0 运动的

---

① 从文献[6.4]中的表 1 中显然可见，对于第一、第二和第三模态，Q/Q_0 的最大值分别为 0.17、0.24 和 0.35。比例为 1 : 1.41 : 2.06，而不是粗略分析所预测的 1 : 2 : 3。提出粗略分析是为了给这一现象提供一个物理基础。

质量 G 撞击的塑性响应的一个理论解。在6.5节和6.6节中分别考察横向剪力效应对瞬动加载简支圆板和瞬动加载简支圆柱壳的响应的影响。最后在6.7节中对屈服准则的影响和横向剪切破坏,包括切断和穿孔,以及压力脉冲特征的影响作一些总的评论以结束本章。

6.2 梁的控制方程

图3.3中梁单元的平衡方程由式(3.1)和式(3.2)给出。不论转动惯量和横向剪力效应是否影响梁的动力响应,竖直方向的平衡方程式(3.2)仍然成立,即

$$\partial Q / \partial x = -p + m\ddot{\omega} \tag{6.5a}$$

式中

$$(\cdot) = \partial(\ )/\partial t \tag{6.5b}$$

然而,转动惯量效应对力矩平衡方程式(3.1)有贡献,该式现在变为

$$Q = \partial M / \partial x - I_r \ddot{\psi} \tag{6.6}$$

式中:$I_r = mk^2$ 为横截面绕梁的中面转动时的二阶惯性矩(单位宽度);k 为回转半径,而梁的中心线的总斜率为

$$\partial w / \partial x = \gamma - \psi \tag{6.7}$$

如图6.2所示。角 $\psi(x,t)$ 通常是仅由弯曲引起的梁中心线的转动,而 $\gamma(x,t)$ 是仅由横向剪力引起的沿梁中心线诸点的剪切角。因此,与弯曲有关的梁中心线的曲率为

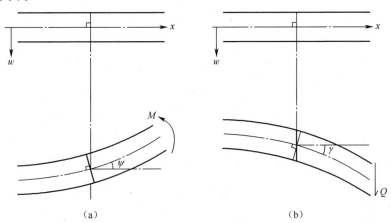

(a)　　　　　　　　　　　　(b)

图6.2　(a)由弯矩 M 产生的梁的纯弯曲行为;(b)由横向剪力 Q 产生的梁的纯剪切行为

$$k = \partial \psi / \partial x \tag{6.8}$$

而横向剪应变为 γ[①]。显然,在没有横向剪应变时, $\gamma = 0$,式（6.7）化为 $\partial w / \partial x = -\psi$,这使式（6.8）可以写成式（3.3）。

没有轴力时梁的塑性流动由弯矩 M 和横向剪力 Q 联合控制。如果 $Q = 0$,则梁的全塑性承载能力在 $M = M_0$ 时达到（及 $\dot\kappa_0 \geqslant 0$ ）,这是第 3 章中对受动载的梁所采用的屈服条件。另一方面,如果 $M = 0$,则当 $Q = Q_0$ （及 $\dot\gamma_0 \geqslant 0$ ）时梁产生塑性屈服,式中 Q_0 是理想塑性材料制成的梁的横截面的最大横向剪力。显然,对于同时受 M 和 Q 作用的梁,需要一条把 M 和 Q 联系起来的相互作用曲线,即屈服曲线。

假定理想刚塑性材料遵守图 6.3 中所示的正方形屈服准则。6.7.2 节中有对屈服准则的进一步的讨论。

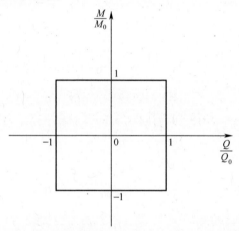

图 6.3　把梁横截面的塑性流动所要求的弯矩（ M ）和横向剪力（ Q ）
的值联系起来的正方形屈服条件

6.3　瞬动加载的简支梁中的横向剪切效应

6.3.1　引言

在 6.1 节中看到,受矩形压力-时间历程的动压力脉冲作用的简支梁中的横向剪力在 $\eta \geqslant (2L/H)^2/3$ 时超过了对应的实心横截面的塑性承载能力,而对于 $\eta \to \infty$ 的初始瞬动速度, $|Q_d| \to \infty$ 。因此,对于受瞬动速度载荷的简支梁,

---

① 在附录 4 中证明,根据虚速度原理,平衡方程式（6.5）和式（6,6）与曲率改变（ κ ）和横向剪应变（ γ ）的关系式是相容的。

横向剪切效应应该具有最大的重要性,所以现在在本节考察图6.4(a)中所示的梁。

为方便起见,引进无量纲参数:

$$v = Q_0 L / 2M_0 \tag{6.9}$$

它是梁横截面的横向剪切强度和弯矩承受能力之比。小的 v 值($v \leqslant 1$)意味着梁的横向剪切强度相对来说较小,而以弯曲为主的响应与大的 v 值相关($v \geqslant 1$),因为此时剪切强度与弯矩承载能力相比相对较大。可以预期,对于量级为1的 v 的中间值,弯曲和横向剪切效应都对梁的行为有贡献。

结果表明,当图6.4(a)所示的梁是用塑性流动遵循图6.3中正方形屈服条件的材料制成时,需要三个不同的理论解[6.7]。现在在下面几节中来考察这三种情形:$0 \leqslant v \leqslant 1$、$1 \leqslant v \leqslant 1.5$ 和 $v \geqslant 1.5$。

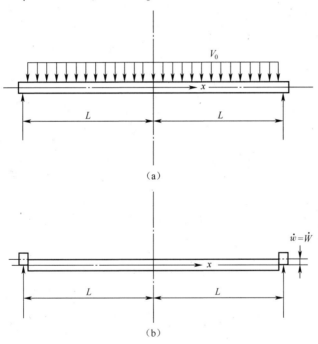

图6.4　(a)受均布瞬动速度 V_0 作用的简支梁;

(b)当 $v \leqslant 1$ 时,瞬动加载的梁的支承处的横向剪切滑移

6.3.2　$v \leqslant 1$ 的梁

当 $M = \pm M_0$ 时,在理想塑性梁中可以形成弯曲铰,如图3.4、图3.7和图3.14所示。这些铰被理想化为一个无限小的区域,跨过该区域有一个有限的角度改变,$|\dot{\kappa}| \rightarrow \infty$。同样,当 $Q = \pm Q_0$ 时也可以形成一个横向剪切铰,$|\dot{\gamma} \rightarrow \infty|$。

这种铰，或滑移，是一个无限短的塑性区，具有横向位移间断和速度间断。

现在，当 $v \leqslant 1$ 时，图 6.4(a) 中的梁的剪切承受能力相对而言是弱的。因此，假定在两端形成横向剪切铰，由于支承固定不动，在 $t = 0$ 时该处横向速度不连续。这一横向速度场示于图 6.4(b)，显然，当由于对称性而只考虑梁的 1/2 时，有

$$\dot{w} = \dot{W}, \quad 0 \leqslant x \leqslant L \tag{6.10}$$

由于 $p = 0$，式(6.5a)和式(6.10)给出

$$\partial Q / \partial x = m\ddot{W} \tag{6.11}$$

因为对称性，在 $x = 0$ 处 $Q = 0$，所以

$$Q = m\ddot{W}x, \quad 0 \leqslant x \leqslant L \tag{6.12}$$

然而，$x = L$ 处的横向剪切滑移要求 $Q = -Q_0$，因此由式(6.12)可得

$$\ddot{W} = -Q_0 / mL \tag{6.13}$$

因此，对于 $t = 0$ 时的初始瞬动速度 V_0，有

$$\dot{W} = -Q_0 t / mL + V_0 \tag{6.14}$$

考虑到 $t = 0$ 时 $W = 0$，又有

$$W = -Q_0 t^2 / 2mL + V_0 t \tag{6.15}$$

根据式(6.14)，令 $\dot{W} = 0$，运动在

$$T = mLV_0 / Q_0 \tag{6.16}[1]$$

时停止，与此相关的均布永久横向位移为

$$w_f = mLV_0 / 2Q_0 \tag{6.17}[1]$$

由式(6.12)和式(6.13)可得

$$Q / Q_0 = -x / L, \quad 0 \leqslant x \leqslant L \tag{6.18}$$

因为在简支端 $x = L$ 处 $M = 0$，式(6.18)与式(6.6)和式(6.9)一起得

$$M / M_0 = v[1 - (x/L)^2] \tag{6.19}$$

由式(6.18)显然可见，在梁各处都有 $Q \leqslant |Q_0|$，而当 $v \geqslant 1$ 时，式(6.19)导致 M 违背屈服条件(即在 $x = 0$ 处 $M \geqslant M_0$)。

6.3.3　$1 \leqslant v \leqslant 1.5$ 的梁

由式(6.18)和式(6.19)显然可见，当 $v \geqslant 1$ 时，图 6.3 中的正方形屈服条件在跨中点处被破坏。这一对屈服条件的违背提示，对于 $v \geqslant 1$，除了在支承端处 ($x = L$) 驻定的横向剪切滑移，在 $x = 0$ 处形成了一个驻定的弯曲塑性铰，如

---

[1]　式(6.16)和式(6.17)可以分别从动量守恒及能量守恒直接得到。

图 6.5(a)所示,即

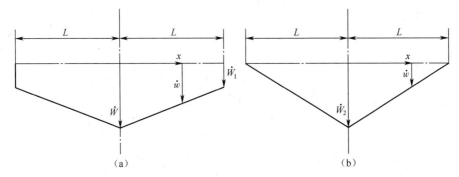

图 6.5 (a)瞬动加载的 $1 \leqslant v \leqslant 1.5$ 的梁在运动第一阶段的横向速度场;

(b)瞬动加载的 $1 \leqslant v \leqslant 1.5$ 的梁在运动第二阶段的横向速度场

$$\dot{w} = \dot{W}_s + (\dot{W} - \dot{W}_s)(1 - x/L), \quad 0 \leqslant x \leqslant L \tag{6.20}$$

因此,式(6.5a)变为

$$\partial Q/\partial x = m\ddot{W}_s + m(\ddot{W} - \ddot{W}_s)(1 - x/L) \tag{6.21}$$

式(6.21)对 x 积分,并在 $x=0$ 处满足对称性条件 $Q=0$,得

$$Q = m\ddot{W}_s + m(\ddot{W} - \ddot{W}_s)(x - x^2/2L), \quad 0 \leqslant x \leqslant L \tag{6.22}$$

当 $I_r = 0$ 及在 $x = 0$ 处 $M = M_0$ 时,式(6.6)和式(6.22)给出弯矩为

$$M = m\ddot{W}_s x^2/2 + m(\ddot{W} - \ddot{W}_s)(x^2/2 - x^3/6L) + M_0, \quad 0 \leqslant x \leqslant L \tag{6.23}$$

支承端的横向剪切铰要求式(6.22)在 $x = L$ 处给出 $Q = -Q_0$,即

$$\ddot{W}_s + \ddot{W} = -2Q_0/mL \tag{6.24}$$

而根据式(6.23),在 $x=L$ 处的简支边界条件 $M=0$ 得

$$\ddot{W}_s + 2\ddot{W} = -6M_0/mL^2 \tag{6.25}$$

所以,由式(6.24)和式(6.25)得

$$\ddot{W} = 2M_0 - (2v - 3)/mL^2 \tag{6.26}$$

和

$$\ddot{W}_s = -2M_0(3 - 4v)/mL^2 \tag{6.27}$$

由于对于瞬动加载的梁在 $t = 0$ 时有 $\dot{W} = \dot{W}_s = V_0$ 和 $W = W_s = 0$,式(6.26)和式(6.27)对时间积分得

$$\dot{W} = 2M_0(2v - 3)t/mL^2 + V_0 \tag{6.28a}$$

$$\dot{W}_s = 2M_0(3 - 4v)t/mL^2 + V_0 \tag{6.28b}$$

179

$$W = M_0(2v - 3)t^2/mL^2 + V_0t \tag{6.29a}$$

和

$$\dot{W}_s = M_0(3 - 4v)t^2/mL^2 + V_0t \tag{6.29b}$$

由式(6.28b)显然可见,当

$$T_s = mL^2 V_0/2M_0(4v - 3) \tag{6.30}$$

时支承端处的横向剪切滑移停止,根据式(6.28a),此时

$$\dot{W} = 6V_0(v - 1)/(4v - 3) \tag{6.31}$$

因此,当 $v \geqslant 1$ 时, $\dot{W} \geqslant 0$,故梁在 $t = T_s$ 时具有动能,必须在以后的运动阶段耗散。

假定在下一个运动阶段弯曲塑性铰在跨中点保持不动,而支承端处的塑性剪切停止。图6.5(b)所示为一个适用的横向速度场,即

$$\dot{w} = \dot{W}_2(1 - x/L), \quad 0 \leqslant x \leqslant L \tag{6.32}$$

所以,式(6.5a)现在变为

$$\partial Q/\partial x = m\ddot{W}_2(1 - x/L) \tag{6.33}$$

当在 $x = 0$ 处满足 $Q = 0$ 时由式(6.33)得

$$Q = m\ddot{W}_2(x - x^2/2L), \quad 0 \leqslant x \leqslant L \tag{6.34}$$

而在 $I_r = 0$ 及 $x = 0$ 处 $M = M_0$ 时由式(6.6)得

$$M = m\ddot{W}_2(x^2/2 - x^3/6L) + M_0, \quad 0 \leqslant x \leqslant L \tag{6.35}$$

简支边界条件要求式(6.35)满足在 $x = L$ 处 $M = 0$,即

$$\ddot{W}_2 = -3M_0/mL^2 \tag{6.36}$$

所以,当保证在 $t = T_s$ 与式(6.3)的连续性时,有

$$\ddot{W}_2 = -3M_0t/mL^2 + 3V_0/2 \tag{6.37}$$

运动最后在 $\dot{W}_2 = 0$ 时停止,即

$$T = mL^2 V_0/2M_0 \tag{6.38}$$

可以证明永久横向位移场为

$$w_f = mL^2 V_0^2[1 + 6(v - 1)(1 - x/L)]/[4M_0(4v - 3)] \tag{6.39}$$

而对于 $0 \leqslant t \leqslant T_s$,广义应力为

$$Q/Q_0 = [2v - 3 - 3(v - 1)(x/L)](x/L)/v, \quad 0 \leqslant x \leqslant L \tag{6.40a}$$

和

$$M/M_0 = 1 + (2v - 3)(x/L)^2 - 2(v - 1)(x/L)^3, \quad 0 \leqslant x \leqslant L \tag{6.40b}$$

以及对于 $T_s \leqslant t \leqslant T$,有

$$Q/Q_0 = -3(1 - x/2L)(x/L)/2v, \quad 0 \leqslant x \leqslant L \tag{6.41a}$$

和

$$M/M_0 = 1 - (3 - x/L)(x/L)^2/2, \quad 0 \leqslant x \leqslant L \tag{6.41b}$$

现在,式(6.40b)在 $x = 0$ 处给出 $M = M_0$ 和 $\partial M/\partial x = 0$。此外,在 $x = 0$ 处有 $(L^2/M_0)\partial^2 M/\partial x^2 = 2(2v - 3)$,由该式显然可见当 $v \geqslant 1.5$ 时 $\partial^2 M/\partial x^2 \geqslant 0$。这将导致在跨中点附近违背屈服条件,因此前述理论分析仅对 $1 \leqslant v \leqslant 1.5$ 有效。

6.3.4　$v \geqslant 1.5$ 的梁

6.3.4.1　运动第一阶段,$0 \leqslant t \leqslant T_s$

曾经指出,6.3.3节中的理论分析只对于瞬动加载的 $1 \leqslant v \leqslant 1.5$ 的梁有效,因为对于 $v \geqslant 1.5$ 的梁,当采用图6.5(a)中的横向速度场时,在跨中点附近将发生违背屈服条件的情况。3.5节中的理论解忽略了横向剪切效应,所以,根据式(6.9),它只是对于瞬动加载的 $v \to \infty$ 的梁有效。在运动第一阶段形成了一个弯曲塑性铰并向跨中点移动,在运动最后阶段它在跨中点保持不动,而余下的动能被塑性耗散。所以,$v = 1.5$ 和 $v \to \infty$ 这两种情况对于具有中间 v 值的梁受瞬动载荷时的运动第一阶段提示了图6.6(a)中的横向速度场。因此,有

$$\dot{w} = V_0, \quad 0 \leqslant x \leqslant \xi_0 \tag{6.42a}$$

和

$$\dot{w} = \dot{W}_s + (V_0 - \dot{W}_s)(L - x)/(L - \xi_0), \quad \xi_0 \leqslant x \leqslant L \tag{6.42b}$$

式中:ξ_0 为驻定弯曲塑性铰的位置。

式(6.5a)和式(6.42a)给出 $\partial Q/\partial x = 0$,因为由对称性在 $x = 0$ 处 $Q = 0$,故

$$Q = 0, \quad 0 \leqslant x \leqslant \xi_0 \tag{6.43}$$

因此,式(6.6)在 $I_r = 0$ 时有

$$M = M_0, \quad 0 \leqslant x \leqslant \xi_0 \tag{6.44}$$

以便在 $x = \xi_0$ 处形成驻定弯曲塑性铰。

现在可以证明,计及 Q 在 $x = \xi_0$ 处的连续条件(即,在 $x = \xi_0$ 处 $Q = 0$),由式(6.5a)和式(6.42b)得

$$Q = m\dot{W}_s(x - \xi_0)\{1 + [(x + \xi_0)/2 - L]/(L - \xi_0)\}, \quad \xi_0 \leqslant x \leqslant L \tag{6.45}$$

当在 $x = L$ 处产生横向剪切滑移时(即 $x = L$ 处 $Q = -Q_0$),由式(6.45)得

$$\ddot{W}_s = -2Q_0/[m(L - \xi_0)] \tag{6.46}$$

此外,在满足简支边界条件时(即 $x = L$ 处 $M = 0$),由式(6.6),令式中 $I_r = 0$,及式(6.42b)可得

$$M = m\ddot{W}_s(L - x)\{\xi_0 - (L + x)/2 + [(2L^2 + 2Lx - x^2)/6 -$$

$$\xi_0(L - \xi_0/2)]/(L - \xi_0)\}, \quad \xi_0 \leq x \leq L \tag{6.47}$$

因为 M 在弯曲塑性铰处连续(即 $x=\xi_0$ 处 $M=M_0$)，由式(6.47)得

$$\ddot{W}_s = -6M_0/[(m(L - \xi_0)^2] \tag{6.48}$$

因此，由式(6.46)和式(6.48)可得

$$1 - \xi_0/L = 3/2v \tag{6.49}$$

和

$$\ddot{W}_s = -8v^2 M_0/3mL^2 \tag{6.50}$$

式(6.50)可对时间积分以预测横向剪切位移，即

$$W_s = -4v^2 M_0 t^2/3mL^2 + V_0 t \tag{6.51}$$

横向剪切滑移在 $\dot{W} = 0$ 时停止，此时

$$T_s = 3mL^2 V_0/8v^2 M_0 \tag{6.52}$$

6.3.4.2 运动第二阶段，$T_s \leq t \leq T_1$

现在，在 $t = T_s$ 时 $\dot{W}_s = 0$ 的情况下，式(6.42)表明梁仍在运动，因而具有有限动能，这些动能必须在 $t \geq T_s$ 时耗散为塑性功。因此，假设横向速度场为

$$\dot{w} = V_0, \quad 0 \leq x \leq \xi \tag{6.53a}$$

和

$$\dot{w} = V_0(L - x)/(L - \xi), \quad \xi \leq x \leq L \tag{6.53b}$$

式中：ξ 为与时间有关的弯曲塑性铰的位置，如图 6.6(b)所示，铰在 $t = T_s$ 时从 $\xi = \xi_0$ 处向梁的跨中点移动，在 $t = T_1$ 时到达中点。

当满足对称性要求及 $x=\xi$ 处的弯曲塑性铰的条件时，由式(6.5a)、式(6.6)和式(6.53a)一起得

$$Q = 0 \tag{6.54a}$$

$$M = M_0, \quad 0 \leq x \leq \xi \tag{6.54b}$$

类似地，当满足 $x=\xi$ 处的连续性要求时，可以证明：

$$Q = mV_0 \xi(x - \xi)[L - (x + \xi)/2]/(L - \xi)^2, \quad \xi \leq x \leq L \tag{6.55}$$

和

$$M = M_0 + mV_0 \xi(x - \xi)^2(L/2 - x/6 - \xi/3)/(L - \xi)^2, \quad \xi \leq x \leq L \tag{6.56}$$

简支边界条件 $x=L$ 处 $M=0$ 及式(6.56)导致塑性铰速度为

$$\dot{\xi} = -3M_0/[mV_0(L - \xi)] \tag{6.57}$$

式(6.57)对时间积分得

$$t = T_s + mV_0[(L - \xi)^2 - (L - \xi_0)^2]/6M_0 \tag{6.58}$$

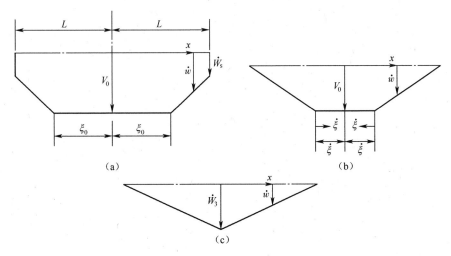

图6.6　$v \geqslant 1.5$ 的梁的横向速度场

(a)运动第一阶段;(b)运动第二阶段;(c)运动第三阶段。

两个移动弯曲塑性铰在 $t = T_1$ 时汇合于跨中点,此时 $\xi = 0$,根据式(6.49)、式(6.52)和式(6.58),有

$$T_1 = m V_0 L^2 / 6 M_0 \tag{6.59}$$

由式(6.42a)、式(6.53a)和式(6.59)显然可见,当 $t = T_1$ 时,最大横向位移在跨中点发生,为 $V_0 T_1$,即

$$W(T_1) = m L^2 V_0^2 / 6 M_0 \tag{6.60}$$

6.3.4.3　运动第三阶段,$T_1 \leqslant t \leqslant T$

因为当 $t = T_1$ 时在跨中点 $\dot{w} = V_0$,故梁在运动第二阶段结束时具有有限动能。因此,对于 $t \geqslant T_1$,假设

$$\dot{w} = \dot{W}_3 (1 - x/L), \quad 0 \leqslant x \leqslant L \tag{6.61}$$

如图6.6(c)所示。

在满足梁跨中央驻定弯曲塑性铰处 $Q = 0$ 和 $M = M_0$ 的要求时,由式(6.5a)、式(6.66)和式(6.61)可得

$$Q = m \ddot{W}_3 (x - x^2/2L), \quad 0 \leqslant x \leqslant L \tag{6.62}$$

和

$$M = M_0 + m \ddot{W}_3 (x^2/2 - x^3/6L), \quad 0 \leqslant x \leqslant L \tag{6.63}$$

由式(6.63)与在 $x = L$ 处的简支边界条件 $M = 0$ 可得

$$\ddot{W}_3 = -3 M_0 / m L^2 \tag{6.64}$$

式(6.64)对时间积分并保持 $t = T_1$ 时速度连续,得

$$\ddot{W}_3 = V_0 - 3M_0(t - T_1)/mL^2 \tag{6.65}$$

因此,当

$$T = mV_0L^2/2M_0 \tag{6.66}$$

时运动停止。最后,再积分式(6.65)得到跨度中点位移为

$$W_3 = V_0t - 3M_0(t - T_1)^2/2mL^2 \tag{6.67}$$

式(6.67)给出最大最终横向位移为

$$W_f = mV_0^2L^2/3M_0 \tag{6.68}$$

求梁的永久变形场留给有兴趣的读者作为练习[1]。

6.3.5 静力容许性

6.3.5.1 $v \leqslant 1$

分别关于 Q/Q_0 和 M/M_0 的式(6.18)和式(6.19)表明,如果 $v \leqslant 1$,则6.3.2节的理论分析是满足屈服准则的。

6.3.5.2 $1 \leqslant v \leqslant 1.5$

可以直接证明:当 $v \leqslant 1.5$ 时,关于横向剪力和弯矩的式(6.40)和式(6.41)都没有越出图6.3中的屈服曲线。

6.3.5.3 $v \leqslant 1.5$

关于运动第一阶段的式(6.43)~式(6.48)所预言的广义应力没有超出图6.3中的屈服曲线。借助于式(6.57)可以证明,式(6.54)~式(6.56)在整个运动第二阶段不违背屈服条件。最后,6.3.4.3节中的广义应力,在整个运动最后阶段位于屈服条件上或在其内部。

6.3.6 在弯曲铰和剪切滑移处的条件

首先推导几个一般表达式,然后再加以具体化以便考察前述理论解的机动容许性。

与梁的弯曲有关的横向位移和角变形在一个运动界面处的连续性分别要求

$$[w]_\xi = 0 \tag{6.69a}[2]$$

$$[\psi]_\xi = 0 \tag{6.69b}$$

式中:$[X]_\xi$ 为 X 在位于 ξ 处并以速度 $\dot{\xi}$ 移动的界面两侧的值之差,如图3.9所示。式(6.69a)和式(6.69b)意味着

$$[Dw/Dt]_\xi = [\partial w/\partial t]_\xi + \dot{\xi}[\partial w/\partial x]_\xi = 0 \tag{6.70a}$$

---

[1] 见习题6.6。
[2] ψ 在图6.2(a)中定义。

和

$$[D\psi/Dt]_\xi = [\partial\psi/\partial t]_\xi + \dot{\xi}[\partial\psi/\partial x]_\xi = 0 \qquad (6.70\text{b})$$

式中：$\partial\psi/\partial x$ 为式(6.8)所定义的与弯曲相关的曲率。因此，根据式(6.7)、式(6.69b)和式(6.70a)，有

$$[\partial w/\partial t]_\xi + \dot{\xi}[\gamma]_\xi = 0 \qquad (6.71)$$

可以证明，在没有横向剪应变即 $\gamma = 0$ 时，式(6.69a、b)、式(6.70a、b)和式(6.71)分别与式(3.54)、式(3.56)、式(3.55)、式(3.59)和式(3.57)完全相同。

现在，跨过移动间断面的动量守恒和角动量守恒要求

$$[Q]_\xi = -m\dot{\xi}[\partial w/\partial t]_\xi \qquad (6.72\text{a})$$

和

$$[M]_\xi = -I_r\dot{\xi}[\partial\psi/\partial t]_\xi \qquad (6.72\text{b})$$

由式(6.71)和式(6.72a)可得

$$[Q]_\xi = m\dot{\xi}^2[\gamma]_\xi \qquad (6.73\text{a})$$

而利用式(6.70b)，式(6.72b)变为

$$[M]_\xi = I_r\dot{\xi}^2[\partial\psi/\partial x]_\xi \qquad (6.73\text{b})$$

Symonds[6.8]考察了图6.3所示的把 M 和 Q 联系起来的理想刚塑性材料的正方形屈服准则，并观察到在运动间断面处有

$$[Q]_\xi = 0 \qquad (6.74\text{a})$$
$$[M]_\xi = 0 \qquad (6.74\text{b})$$

在此情形下，式(6.73a)和式(6.73b)在 $l_r \neq 0$ 时表明，除非 $\dot{\xi} = 0$，否则 $[\gamma]_\xi = 0$ 和 $[\partial\psi/\partial x]_\xi = 0$(即$[\kappa] = 0$)。换言之，$\gamma$ 的间断只能在一个不动界面处发生，而在理想塑性梁中弯曲塑性铰也必须保持不动。

然而，如果忽略转动惯量，则 $l_r = 0$，而式(6.73b)表明弯曲塑性铰可能移动。不过，式(6.73a)和式(6.74a)仍然要求 $[\gamma]_\xi = 0$，因此式(6.71)要求 $[\partial w/\partial t]_\xi = 0$，该式，跟随着 $x = \xi$ 处的界面，变为 $\text{d}[\partial w/\partial t]_\xi/\text{d}t = 0$，即

$$[\partial^2 w/\partial t^2]_\xi + \dot{\xi}[\partial^2 w/\partial x\partial t]_\xi = 0 \qquad (6.75)$$

式(6.70b)给出 $[\partial\psi/\partial t]_\xi = -[\partial^2 w/\partial x\partial t]_\xi = -\dot{\xi}[\partial\psi/\partial x]_\xi$，所以利用式(6.8)，式(6.75)可以写成

$$[\partial^2 w/\partial t^2]_\xi + \dot{\xi}^2[\kappa]_\xi = 0 \qquad (6.76)$$

式(6.75)与关于不考虑横向剪切效应的梁中移动弯曲塑性铰的(3.58)完全相同。也可以证明，在 $\gamma = 0$ 时，式(6.75)和式(6.76)也可以写成(3.59)的形式。

现在，回到6.3.2节至6.3.4节中的理论分析。显然，弯曲塑性铰和横向剪

185

切滑移对于所有的 v 值及所有的运动阶段都是不动的,除了 6.3.4.2 节中运动第二阶段的弯曲塑性铰是移动的以外。对于驻定弯曲塑性铰和剪切滑移的情形,条件 $[Q]_\xi = [M]_\xi = 0$ 已经在分析中应用,以及在弯曲塑性铰处用了 $[w]_\xi = [\dot{w}_\xi] = 0$。

6.3.2 节至 6.3.4 节的理论分析中不考虑转动惯量的影响[①]。因此,由于 $[\gamma]_\xi = [\dot{w}_\xi] = 0$,如所要求的那样,6.3.4.2 节中的移动弯曲塑性铰是许可的。此外,容易证明式(6.75)和式(6.76)是满足的。

6.3.7　能量比

从 6.3.2 节中显然可见,当 $v \leqslant 1$ 时,所有的初始动能都耗散于支承端的横向剪切滑移。因此,有

$$D_s/K_e = 1, \quad v \leqslant 1 \qquad (6.77)$$

式中:K_e、D_s 分别为初始动能和由于横向剪切效应而耗散的能量。

对于 $1 \leqslant v \leqslant 1.5$,在 6.3.3 节中运动第一阶段耗散的横向剪切能为 $2\int_0^{T_s} Q_0 \dot{W}_s \mathrm{d}t$,即

$$D_s/K_e = v/(4v - 3), \quad 1 \leqslant v \leqslant 1.5 \qquad (6.78)$$

式中:v 由式(6.9)定义。

在中央弯曲塑性铰处吸收的能量为 $2\int_0^T M_0(\dot{W} - \dot{W}_s)\mathrm{d}t/L$,即 $2M_0[W_f - W_s(T_s)]/L$,它给出

$$D_b/K_e = 3(v - 1)/(4v - 3), \quad 1 \leqslant v \leqslant 1.5 \qquad (6.79)$$

对于 $v \geqslant 1.5$,横向剪切滑移只是在 6.3.4.1 节中运动第一阶段在支承端起作用。因此,$D_s = 2Q_0 W_s$,即

$$D_s/K_e = 3/4v, \quad v \geqslant 1.5 \qquad (6.80)$$

余下的动能耗散于运动第一阶段和最后阶段的驻定塑性铰处(D_b 和 D_{b3})以及运动第二阶段的移动塑性铰处(D_{b2})。可以证明:

$$D_{b1}/K_e = 1/4v \qquad (6.81)$$

$$D_{b2}/K_e = (2v - 3)/3v \qquad (6.82)\ [②]$$

和

---

① 事实上,根据式(6.10)和图 6.4(b),$\psi = 0$,故 6.3.2 节中关于 $v \leqslant 1$ 的理论分析是与 I_r 无关的。

② 利用式(6.53b),在 6.3.4.2 节和图 6.6(b)中的两个移动弯曲塑性铰处耗散的能量可以写成 $D_{b2} = 2\iint M(\partial^2 \dot{w}/\partial x^2)\mathrm{d}x\mathrm{d}t = -2M_0\int(\partial \dot{w}/\partial x)\mathrm{d}t = 2M_0\int V_0\mathrm{d}t/(L - \xi)$。然而,$\dot{\xi} = \mathrm{d}\xi/\mathrm{d}t$ 是式(6.57)给出的,所以 $D_{b2} = -2M_0 V_0\int_{\zeta_0}^0 mV_0\mathrm{d}\xi/3M_0$,利用式(6.49),该式化为式(6.82)。

$$D_{b3}/K_e = 1/3 \qquad (6.83)$$

图 6.7 中所示为初始动能(K_e)被横向剪切滑移(D_s)和塑性弯曲(D_b)所吸收的比例。显然,v 值较小时横向剪切效应在能量吸收中起主要作用,而在 v 值较大时弯曲的影响对梁是重要的,当 $v \geqslant 7.5$ 时,由于横向剪切效应而吸收的能量不到初始动能的 10%。

动能、剪切能和弯曲能随时间变化的关系留给有兴趣的读者作为练习。对于 $v = 1.5$ 的特殊情形的理论预测可以从 6.3.3 节中的公式中得到,并示于图 6.8 中。显然,在最初的 1/3 的响应时间内初始动能的 1/2 被支承端处的横向剪切滑移吸收,而在后面的 2/3 的响应时间内吸收了 1/3 的初始动能。

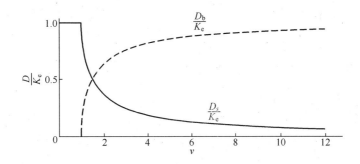

图 6.7　无量纲横向剪切能(D_s/K_e)和弯曲能(D_b/K_e)随参数 v 的变化
——由式(6.77)、式(6.78)和式(6.80)给出的 D_s/K_e;
―――由式(6.79),式(6.81)～式(6.83)给出的 D_b/K_e。
$K_e =$ 初始动能。

6.3.8　一般性评述

根据 6.3.5 节和 6.3.6 节的讨论,6.3.2 节至 6.3.4 节中对于图 6.4(a)所示的瞬动加载的梁的理论分析是静力容许和机动容许的,所以对于图 6.3 中所示的正方形屈服曲线而言它是精确解。这一分析首先是由 Nonaka[6.7]导出的。可以证明,目前的理论预测与文献式[6.7]中的预测一致,且是文献[6.9]关于简支梁的跨中部分受分布爆炸载荷而产生响应的一个特殊情形。文献[6.8]对跨中部分受分布爆炸载荷的固支梁做了研究。

对于 $v \to \infty$ 的特殊情形,则根据式(6.9),横向剪切强度比弯曲强度大无限倍,因而响应行为由弯曲效应控制。这就是众所周知的唯弯曲解,根据式(6.52),它预言 $T_s = 0$,而响应时间和最大永久横向位移分别由式(6.66)和式(6.68)给出,如所预料,它们与式(3.63a、b)完全相同。

对于 $v \leqslant 1$、$1 \leqslant v \leqslant 1.5$ 和 $v \geqslant 1.5$,分别根据式(6.17)、式(6.39)和式(6.68)

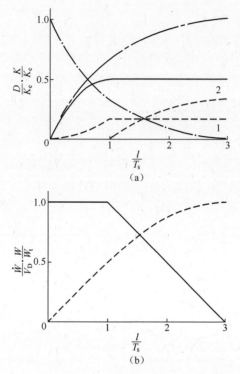

图 6.8 （a）对于 $v=1.5$ 的瞬动加载的简支梁,无量纲能量随无量纲时间的变化。

——D_s/K_e；－－－1—D_{b1}/K_e；－－－2—D_{b2}/K_e；－··－D_T/K_e；－·—$K(t)/K_e$。

D_s、D_{b1}、D_{b2}、D_T、$K(t)$ 和 K_e—分别为横向剪切能、运动第一阶段由于弯曲而耗散的能量、运动第二阶段由于弯曲而耗散的能量、总的剪切和弯曲能、t 时刻的动能和初始动能（注意,根据式（6.30）和式（6.38）,当 $v=1.5$ 时 $T=3T_s$）。

（b）$v=1.5$,瞬动加载的简支梁在跨中点的无量纲横向速度和无量纲横向位移随无量纲时间的变化。

——$\dot{W}/V_0$；－－－W/W_f。

得到的无量纲最大永久横向位移画于图 6.9 中。式（3.63b）所给出的唯弯曲解与参数 v 无关,而横向剪切效应则使永久横向位移在 $0.75 \leqslant v \leqslant 1.5$ 时变小,在 $v \leqslant 0.75$ 时变大。实际上,梁的最大横向位移在 $v=1$ 时只是唯弯曲梁的理论预测值的 75%,而对于 v 值小于 0.75 的梁,它可以比唯弯曲值大许多倍。

现在,对于跨度为 $2L$,高为 H 的矩形截面梁,$Q_0=\sigma_0 H/2$,$M_0=\sigma_0 H/2$,根据式（6.9）,$v=(2L/H)/2$。因此,小的 v 值与粗短的矩形截面梁有关,对于这种梁,梁的理论可能不再成立。然而,正如文献[6.10]中所讨论的那样,对于宽翼缘的工字梁,即使对于很大的跨高比,v 值仍可能相当小。

对于 $v \geqslant 1$ 的梁,式（6.38）和式（6.66）给出的响应历时与唯弯曲情形式（3.63a）相同,因此与参数 v 无关。然而,对于 $v \leqslant 1$ 的梁,根据式（6.16）,响应

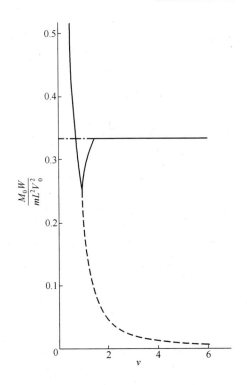

图 6.9 瞬动加载的简支梁的无量纲最大永久横向位移随 v 值的变化

— — — 由式(6.17),式(6.29b)和式(6.51)给出的 $M_0 W_s / mL^2 V_0^2$;

———— 由式(6.17),式(6.39)和式(6.68)给出的 $M_0 W_f / mL^2 V_0^2$;

— ·· — 忽略横向剪切效应的理论分析式(6.63b)。

时间 $T = mL^2 V_0 / 2v M_0$,与参数 v 成反比。

在 6.3.2 节至 6.3.4 节的理论分析中没有保留式(6.6)中的转动惯量项的影响。然而,对于 6.3.2 节中所研究的 $v \leqslant 1$ 的梁,结果发现对于由式(6.10)描述并示于图6.4(b)中的横向速度场有 $\dot{\psi} = 0$。因此,$\ddot{\psi} = 0$,不论是否保留转动惯量的影响,6.3.2 节中的理论分析都是有效的。

在文献[6.10]中考察了转动惯量对于瞬动加载的简支梁响应的影响。如上所述,当 $0 \leqslant v \leqslant 1$ 时,横向剪切效应控制着响应,理论预测与转动惯量无关。如 $v \geqslant 1$,则响应有两个阶段。在运动第一阶段支承端处发生横向剪切滑移,而在一个有限的恒定长度的中央塑性区中发生弯曲变形。当支承端处的剪切滑移停止时运动第二阶段开始,而塑性区逐步收缩并蜕变为一个零长度的塑性铰,此时所有动能都被耗散,运动停止。

图 6.10 所示为文献[6.10]的一些理论预测。标明 1 的曲线是关于矩形截面梁的,而曲线 2~4 对应于宽翼缘工字梁,其细节在文献[6.10]中进一步讨论。

从图 6.10 中显然可见,横向剪切效应对于梁的响应可能起主要的影响,而转动惯量的影响则没有那么重要。在文献[6.11]中,对于塑性流动遵循 Ilyushin-Shapiro 屈服条件而不是图 6.3 中的正方形屈服准则的梁也得出了类似的结论。

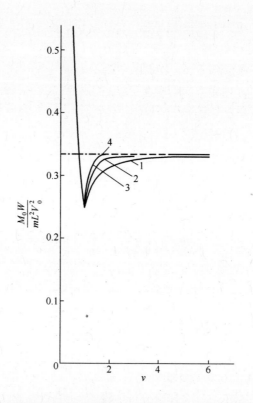

图 6.10　转动惯量对瞬动加载简支梁的无量纲最大永久横向位移的影响
———$I_r = 0$(图 6.9);1—矩形截面梁($I_r \neq 0$);2~4—宽翼缘工字梁($I_r \neq 0$)[6.10];
—·—忽略横向剪切和转动惯量影响的理论分析(式(3.63b))。

6.4　质量对长梁的撞击

6.4.1　引言

3.8 节中的理论分析是对于长为 $2L$ 的固支梁在跨中点受以初速度 V_0 运动的质量撞击而导出的,如图 3.15(a)所示。在运动第一阶段 $0 \leqslant t \leqslant t_1$,梁的中央部分 $0 \leqslant x \leqslant \xi$ 的弯矩分布由式(3.112)给出。现在,直接微分这一方程给出横向剪力($Q=\partial M/\partial x$),在撞击后的瞬间,它在撞击质量下面为无穷大[①]。所以,可以预期,横向剪切效应对于由有限横向剪切强度的材料制成的梁的冲击加载是重要的。

由式(3.98)显然有,对于$2L\to\infty$的无限长梁,在运动第一阶段消耗了所有的初始动能,而根据式(3.97),运动历时为无限长。因此,研究无限长梁中横向剪切效应的重要性相对来说比较简单,因为并不需要3.8.3节中关于运动第二阶段的分析。

在下面几节中考察图6.11(a)中的冲击问题,梁是用满足图6.3中塑性流动要求的横向力和弯矩相关联的正方形屈服条件的材料制成的。结果表明在运动第一阶段驻定弯曲塑性铰和横向剪切滑移起作用。横向剪切滑移在运动第一阶段结束时停止,而弯曲铰则在最后阶段向外移动。

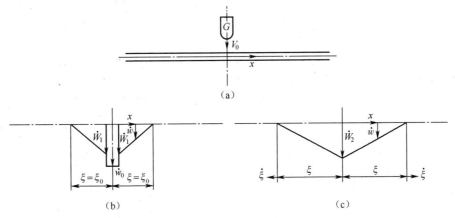

图6.11 (a)受以初速V_0运动的质量G撞击的长梁;
(b)运动第一阶段$0\leq t\leq T_1$的横向速度场(在理论分析中撞击质量的宽度为无穷小);
(c)运动最终阶段$t\geq T_1$的横向速度场

6.4.2 运动第一阶段,$0\leq t\leq T_1$

鉴于6.4.1节中的评论,横向剪切滑移可能在撞击质量G的两侧形成,如图6.11(b)中所示。因此,质量G和撞击物正下方梁材料的横向速度为$\dot{W}_0$,而邻近材料以横向速度$\dot{W}_1$运动,即

$$\dot{w}=\dot{W}_0,\quad x=0 \tag{6.84a}$$

---

① 见习题6.8。

$$\dot{w} = \dot{W}_1(1-x/\xi), \quad 0 \leq x \leq \xi \tag{6.84b}$$

和

$$\dot{w} = 0, \quad x \geq \xi \tag{6.84c}$$

式中：ξ 为塑性弯曲铰的位置。

结果表明，$0 \leq x \leq \xi$ 部分的力矩平衡遵循 3.8.2 节中的式（3.88）~ 式（3.90），即

$$t = m\xi^2 \dot{W}_1/12M_0 \tag{6.85}$$

除了撞击质量 G 的加速度现在为 $\ddot{W}$，在两个弯曲塑性铰（$x = \pm\xi$）之间的梁段的横向平衡严格遵循式（3.84）~式（3.86）。因此，有

$$G\ddot{W} + m\xi\dot{W}_1 = GV_0 \tag{6.86}$$

撞击质量的横向平衡方程为

$$G\ddot{W}_0 = -2Q_0 \tag{6.87}$$

式（6.87）积分得

$$G\dot{W}_0 - GV_0 = -2Q_0 t \tag{6.88}$$

联立式（6.86）和式（6.88）给出 $2Q_0 t = m\xi\dot{W}_1$，利用式（6.85），得

$$\xi_0 = 6M_0/Q_0 \tag{6.89}① $$

因此在运动第一阶段，弯曲塑性铰在 $x = \pm\xi_0$ 处保持不动。

只要 $\dot{W}_0 \geq \dot{W}_1$，横向剪切滑移在跨中点继续进行，利用式（6.85）、式（6.88）和式（6.89），这一条件对于 $t \leq T$ 满足，此处

$$T_1 = GV_0/[2Q_0(1 + G/m\xi_0)] \tag{6.90}$$

为 $\dot{W}_0 = \dot{W}_1$ 以及横向剪切滑移停止的时刻。

式（6.88）对时间积分得到撞击质量的位移-时间历程为

$$GW_0 = GV_0 t - Q_0 t^2 \tag{6.91a}$$

式（6.91a）在运动第一阶段结束时给出

$$W_0(T_1) = (GV_0^2/4Q_0)(1 + 2G/m\xi_0)/(1 + G/m\xi_0)^2 \tag{6.91b}$$

由式（6.85）和式（6.89）可得

$$W_1 = Q_0^2 t^2 = 6mM_0 \tag{6.92a}$$

和

---

① 对于高度为 H 的实心矩形截面梁的特殊情形，取 $M_0 = \sigma_0 H^2/4$ 和 $Q_0 = \sigma_0 H/2$ 时，由式（6.89）得 $\xi_0 = 3H$。所以在运动第一阶段变形是高度集中的。

$$W_1(T_1) = (G^2 V_0^2/24mM_0)/(1 + G/m\xi_0)^2 \qquad (6.92\text{b})$$

6.4.3 运动第二阶段，$t \geqslant T_1$

由式(6.85)、式(6.88)、式(6.89)和式(6.90)显然可见，当 $t = T_1$、横向剪切

滑移停止时 $\dot{W}_0 = \dot{W}_1 > 0$。因此，图6.11(a)中的梁在 $t = T_1$ 时具有有限的动能，留待运动第二阶段被塑性弯曲铰以塑性功的形式吸收。所以，假定响应由横向速度场，控制，即

$$\dot{w} = \dot{W}_2(1 - x/\xi), \quad 0 \leqslant x \leqslant \xi \qquad (6.93\text{a})$$

和

$$\dot{w} = 0, \quad x \geqslant \xi \qquad (6.93\text{b})$$

式中：ξ 为依赖于时间的移动塑性铰的位置，如图6.11(c)所示。

式(6.85)和式(6.86)分别变为

$$t = m\xi^2 \dot{W}_2/12M_0 \qquad (6.94)$$

和

$$G\dot{W}_2 + m\xi \dot{W}_2 = GV_0 \qquad (6.95)$$

因此，有

$$\dot{W}_2 = V_0/(1 + m\xi/G) \qquad (6.96)$$

和

$$t = m\xi^2 V_0/[12M_0(1 + m\xi/G)] \qquad (6.97)$$

由式(6.96)，显然当 $\xi \to \infty$ 时 $\dot{W}_2 \to \infty$，并且根据式(6.97)，$t \to \infty$。

式(6.97)的时间导数给出弯曲塑性铰的速度为

$$\dot{\xi} = (12M_0/mV_0\xi)(1 + m\xi/G)^2/(2 + m\xi/G) \qquad (6.98)$$

它随时间增长而减少，当 $\xi \to \infty$ 时减为

$$\dot{\xi} = 12M_0/GV_0 \qquad (6.99)$$

梁跨中点的横向位移为

$$W = W_0(T_1) + \int_{T_1}^t \dot{W}_2 \mathrm{d}t \qquad (6.100)$$

利用式(6.91b)、式(6.96)和式(6.98)，式(6.100)变为

$$\begin{aligned} W = &(GV_0^2/4Q_0)(1 + 2G/m\xi_0)(1 + G/m\xi_0)^{-2} + \\ &(G^2 V_0^2/12mM_0)\{\ln[(1 + m\xi/G)/(1 + m\xi_0/G)] - \\ &(1 + m\xi_0/G)^{-2}/2 + (1 + m\xi/G)^{-2}/2\} \end{aligned} \qquad (6.101)$$

如果梁有足够大的横向剪切强度以致 $\xi_0 \to \infty$，则只产生弯曲变形，而式(6.101)化为 $x = 0$ 时的式(3.95)。

6.4.4 讨论

可以证明，6.4.2节和6.4.3节中的理论分析既是静力容许的，也是机动容许的，因而对于图6.11(a)所示的由服从图6.3中的正方形屈服条件的理想刚塑性材料制成的梁来说是精确解。这一理论分析首先是由 Symonds[6.8] 发表的。

如果梁是由剪切强度比弯曲强度相对较高的材料制成的，则式(6.89)表明 $\xi_0 \to 0$，因而运动第一阶段的持续时间为0(即根据式(6.90)，$T_1 \to 0$)。在此情形下，梁的行为由弯曲效应主导，并可由6.4.3节中的运动第二阶段描述。在 $m\xi_0/G \to 0$ 的情形下，则理论解与3.8.2节中忽略横向剪切效应所导出的解(在 $2L \to \infty$ 的情形)完全相同。

所以，横向剪切效应的影响只限于运动第一阶段($0 \leqslant t \leqslant T_1$)，在此期间在撞击质量下方产生横向剪切滑移。这导致在同样的无量纲时间下，无量纲最大横向挠度比忽略横向剪切效应时所产生的对应值更大，如图6.12中对于不同参数 $m\xi_0/G$ 值所示。在图6.13中进一步比较了弯曲塑性铰的无量纲位置和无量纲横向速度。

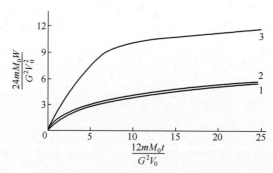

图 6.12　受以初速 V_0 运动的质量 G 撞击的无限长梁的无量纲最大横向位移随无量纲时间的变化
1—式(6.91a)和式(6.101)，$m\xi_0/G = 0.1$，也表示唯弯曲分析(式(5.95))；
2,3—式(6.91a)和式(6.101)，$m\xi_0/G$ 分别等于 1 和 10。

现在，对于实心矩形横截面的特殊情形，如式(6.89)的脚注中所指出的，有 $\xi_0 = 3H$。这样，$m\xi_0/G = 3mH/G$，所以小的 $m\xi_0/G$ 值对应于撞击质量 G 比梁的长为 ξ_0 的变形区域的质量大的情形。从图6.12显然可见，大约当 $m\xi_0/G \leqslant 1$ 时，6.4.2节和6.4.3节中的理论预测与3.8.2节中唯弯曲分析相似。与此相关的情形是，要么梁受到大质量的撞击，要么梁的剪切强度比弯曲强度大。然而，当

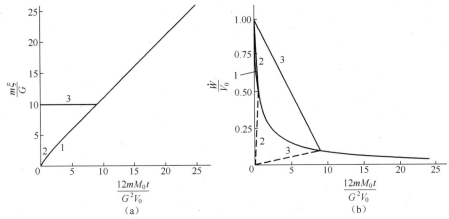

图 6.13 弯曲塑性铰的无量纲位置和无量纲横向速度

(a)图 6.11(c)中移动弯曲塑性铰的无量纲位置。

1—式(6.89)和式(6.97),$m\xi_0/G=0.1$,也表示唯弯曲分析(3.8.2 节的式(3.91));

2,3—式(6.89)和式(6.97),$m\xi_0/G$ 分别为 1 和 10。

(b)无量纲横向速度随时间的变化。

—— 质量 G 的横向速度($\dot{W}_0/V_0(0\leq t\leq T_1)$,$\dot{W}_2/V_0(t\geq T_1)$,式(6.88)和式(6.96));

--- $\dot{W}_1/V_0(0\leq t\leq T_1)$,式(6.85);1—$m\xi_0/G=0.1$,曲线也表示唯弯曲分析

(3.8.2 节中的式(3.87));2,3—$m\xi_0/G$ 分别等于 1 和 10。

$m\xi_0/G=10$ 时,图 6.12 中在给定无量纲时间的无量纲最大横向挠度比对应的唯弯曲值大。这与轻的撞击质量或梁的横向剪切强度相对较弱有关。

冲击加载梁中的能量吸收机理随着无量纲参数 $m\xi_0/G$ 的增加变化很明显。对于小的 $m\xi_0/G$ 值,初始动能大部分通过弯曲塑性铰来吸收,而对于大的 $m\xi_0/G$ 值,初始动能则通过横向剪切滑移来吸收。从图 6.14 中显然可见,当 $m\xi_0/G=0.1$ 和 $t\leq T_1$ 时,大约 9% 的初始动能耗散在撞击质量下方形成的两个横向剪切滑移上,而在 $m\xi_0/G=10$ 和 $t\leq T_1$ 时,超过 90% 的能量耗散于横向剪切。

在文献[6.10]中考察了转动惯量对图 6.11(a)中特定的冲击问题的动塑性响应的影响。结果表明,为了方便起见,梁的响应可以分成两个运动阶段。运动第一阶段相似于 6.4.2 节中具有驻定塑性铰的运动第一阶段,只是 $x\geq\xi$ 的刚性区被塑性区所取代。横向剪切滑移在运动第一阶段结束时停止,塑性区的内边界在整个运动第二阶段传播。然而,发现转动惯量效应对响应没有重要影响式[6.10],特别是当与屈服条件中保留横向剪切效应的影响相比较时。在文献(6.10)中也指出:转动惯量对梁的动塑性响应的影响对于边界条件和动载的类型是敏感的。Oliveira[6.12]在考察横向剪切和转动惯量对两端固支或简支、跨中点受弹丸横向撞击的梁的动塑性响应的影响时也得出类似的结论。

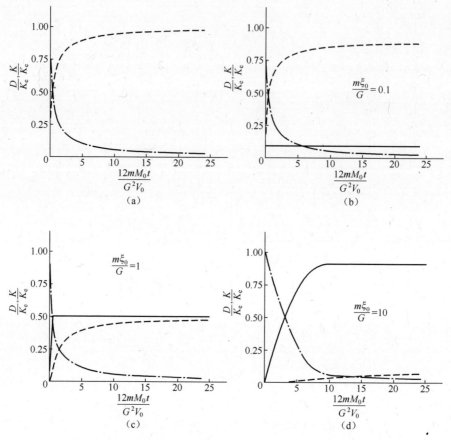

图 6.14　受以初速度 V_0 运动的质量 G 撞击的无限长梁的无量纲能量随无量纲时间的变化

（a）唯弯曲分析（3.8.2 节）；（b），（c），（d）6.4 节中的分析，$m\xi_0/G$ 分别等于 0.1，1 和 10

（注意：$12mM_0t_1/G^2V_0$ 分别等于 0.00909，0.5 和 9.0909）。

——— D_s/K_e；– – – D_b/K_e；–·– K/K_e。

D_s,D_b,K,K_e ——横向剪切能、由于弯曲而耗散的能量、时刻 t 时的动能和初始动能。

6.5　简支圆板中的横向剪切效应

6.5.1　引言

　　4.4 节和 4.5 节考察了受矩形压力-时间历程的均布脉冲作用的简支圆板的动塑性响应。本节考察横向剪力对这一特定问题中的塑性流动的影响。

　　轴对称受载的圆板的横向剪力由式（4.1）给出，即

$$Q_r = (1/r)\partial(rM_r)/\partial r - M_\theta/r \qquad (6.102)$$

现在,由式(4.36a)、式(4.49)和式(4.24)可得

$$M_\theta/M_0 = 1, \quad 0 \le r \le R \tag{6.103}$$

和

$$M_r/M_0 = 1 + (\eta - 2)(r/R)^2 - (\eta - 1)(r/R)^3, \quad 0 \le r \le R \tag{6.104}$$

式中

$$\eta = p_0/p_c \tag{6.105}$$

是压力比,它必须满足 $1 \le \eta \le 2$ 以保证理论分析是静力容许的。因此,当引进参数 v 时,式(6.102)给出横向剪力为

$$Q_r/Q_0 = [3(\eta - 2) - 4(\eta - 1)r/R](r/R)/2v, \quad 0 \le r \le R \tag{6.106}$$

$$v = Q_0 R/2M_0 \tag{6.107}$$

式中:Q_0 为板横截面(单位长度)的塑性流动所需的横向剪力;v 为板横截面的横向剪切强度 Q_0 相对于塑性弯曲强度 M_0 的无量纲比值。

式(6.106)表明横向剪力的最大值在外边界处($r = R$)发生,那里有

$$Q_r/Q_0 = -(\eta + 2)/2v \tag{6108}$$

当 $\eta = 2$ 时即为

$$Q_r/Q_0 = -2/v \tag{6.109}$$

显然,当 $v \le 2$ 时 $|Q_r/Q_0| \ge 1$。因此可以预期,对于 $v \le 2$ 的圆板的动塑性响应,横向剪力效应可能有重要影响。

借助于4.5.5节中关于受 $\eta \ge 2$ 的动压力脉冲作用的圆板的公式可以证明,式(6.102)预言在外部塑性区 $\xi_0 \le r \le R$ 内横向剪力为

$$Q_r/Q_0 = -R^2(r - \xi_0)^2(2r + \xi_0)/[vr(R - \xi_0)^3(R + \xi_0)] \tag{6.110}$$

半径 ξ_0 由式(4.63)确定,当 $\eta = 2$ 时它给出 $\xi_0 = 0$,对于 $\eta \to \infty$ 的瞬动压力 $\xi_0 \to R$。在板的支承处($r = R$)式(6.110)变为

$$Q_r/Q_0 = -R(2R + \xi_0)/[v(R^2 - \xi_0^2)] \tag{6.111}$$

当 $\eta = 2$ 时,式(6.111)化为式(6.109),而当 $\eta \to \infty$ 时,对于瞬动速度加载有

$$Q_r/Q_0 = -3R^2/[v(R^2 - \xi_0^2)] \tag{6.112}$$

因此,无论式(6.107)所定义的无量纲参数 v 的大小是多少,都有 $|Q_r/Q_0| \to \infty$。换言之,不论横向剪切强度的大小是多少,瞬动加载的简支圆板的外边界处的横向剪力在运动开始时为无限大。所以,在本节余下的部分中考察横向剪力效应对瞬动加载圆板的动力响应的影响。

6.5.2　$v \le 1.5$ 的圆板

对于考虑横向剪切效应的圆板的动塑性行为,平衡方程式(4.1)式(4.2)仍然成立。可以改写这些方程以给出如式(6.102)所示的横向剪力以及

$$\partial^2(rM_r)/\partial r^2 - \partial M_\theta/\partial r + rp - \mu r \partial^2 w/\partial t^2 = 0 \tag{6.113}$$

式中:μ 为单位面积的质量。

假定轴对称受载圆板中的塑性流动由图 6.15 中的屈服条件所控制，Sawczuk 和 Duszek[6.13] 曾用这个屈服条件考察了横向剪力对圆板的静塑性行为的影响。

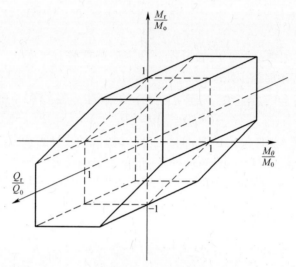

图 6.15　圆板的屈服面

在 6.5.1 节中证明了，在瞬动速度加载而横向剪切强度无限大的圆板的边界处，横向剪力无限大。因此，在具有有限横向剪切强度的圆板的支承边界处有可能产生横向剪切滑移。此外，如果圆板的横向剪切强度比对应的塑性弯曲强度小，则横向剪切效应将远超过弯曲效应而起支配作用，并导致图 6.16 中所示的横向速度场，即

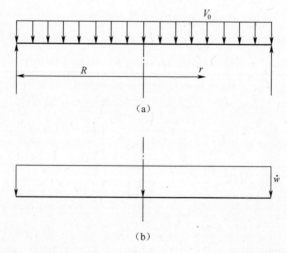

图 6.16　(a)瞬动加载的简支圆板；(b)$v \leqslant 1.5$ 的圆板的横向速度场

$$\dot{w} = \dot{W}, \quad 0 \leqslant r \leqslant R \tag{6.114}$$

因此,除了支承边,整块板都保持刚性。

现在,把周向弯矩 M_θ 取作常数①,则式(6.113)和式(6.114)给出

$$\partial^2(rM_r)/\partial r^2 = \mu r \ddot{W} \tag{6.115}$$

或者,因为在 $r=0$ 处 M_r 为有限值以及在 $r = R$ 处 $M_r = 0$,得

$$M_r = \mu \ddot{W}(r^2 - R^2)/6 \tag{6.116}$$

由式(6.102)式(6.116)可得横向剪力为

$$Q_r = \mu \ddot{W}(3r - R^2/r)/6 - M_\theta/r \tag{6.117}$$

当满足 $r=0$ 处的对称性要求 $Q_r = 0$ 时,由式(6.117)得

$$M_\theta = -\mu \ddot{W} R^2/6 \tag{6.118}$$

此外,在边界处形成横向剪切滑移的条件要求在 $r=R$ 处 $Q_r - Q_0$,当

$$W = -2Q_0/\mu R \tag{6.119}$$

时这一条件为式(6.117)和式(6.118)所满足。

因为在 $t=0$ 时 $w=0$ 和 $\dot{w}=V_0$,式(6.119)直接对时间积分得

$$W = -Q_0 t^2/\mu R + V_0 t \tag{6.120}$$

式中:V_0 为均布瞬动速度值。板的横向运动在 $\dot{W}=0$ 时停止,此时

$$T = \mu V_0 R/2 Q_0 \tag{6.121}$$

而与此相关的永久横向位移为

$$w_f = \mu V_0^2 R/4 Q_0, \quad 0 \leqslant r \leqslant R \tag{6.122}$$

式(6.116)~式(6.119)与(6.107)一起可得广义应力为

$$M_r/M_0 = 2v(1 - r^2/R^2)/3, \quad 0 \leqslant r \leqslant R \tag{6.123a}$$

$$Q_r/Q_0 = -r/R, \quad 0 \leqslant r \leqslant R \tag{6.123b}$$

和

$$M_\theta/M_0 = 2v/3, \quad 0 \leqslant r \leqslant R \tag{6.123c}$$

由式(6.123)显然有,对于 $0 \leqslant r \leqslant R, Q_r \leqslant Q_0$,而

$$v \leqslant 1.5 \tag{6.124}$$

则保证对于 $0 \leqslant r \leqslant R$ 有 $M_r \leqslant M_0$ 和 $M_\theta \leqslant M_0$。这样,前述理论解中的广义应力位于图6.15中的屈服条件上或在其内,因而只要满足不等式(6.124),理论解是静力容许的。此外,可以证明理论解是机动容许的,所以对于图6.15中所示

---

① 结果表明这一假定导致一个精确理论解。然而,如果应用式(6.114)和取 M_θ 为常数的理论分析不是静力容许的,则要求另作假定。

的屈服条件来说,它是精确解。

6.5.3 1.5≤v≤2 的圆板

由式(6.123)显然可见,当 v≥1.5 时,M_θ 在全板范围内违背了图6.15 中的屈服条件,而 M_r 在一个中央圆形区域内超出了屈服面。因此,现在运动的第一阶段由图6.17(b)所示的横向速度场控制,全板发生塑性弯曲,并在支承处有一个驻定横向剪切滑移。横向剪切滑移在支承处停止时,这一运动阶段完成,接着是运动的最终阶段,其横向速度场如图6.17(c)所示。

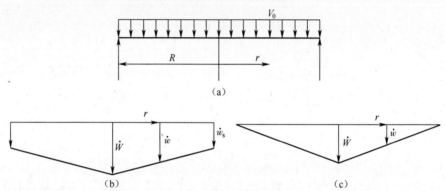

图 6.17 (a)瞬动加载的简支圆板;(b)1.5≤v≤2 的圆板在运动第一阶段的横向速度场[6.14];(c) 1.5≤v≤2 的圆板在运动最终阶段的横向速度场[6.14]

在文献[6.14]中证明,当

$$T = \mu V_0 R^2 / 6M_0 \qquad (6.125)$$

时运动最后停止,与其相关的永久横向位移为

$$w_f = \mu V_0^2 R^2 [(3 - 2v)r/R + (4v - 5)/2]/[12M_0(v - 1)] \qquad (6.126)$$

6.5.4 v≥2 的圆板

文献[6.14]证明,当 v≥2 时 6.5.3 节中的理论分析在板的中心违背了屈服条件。当板具有图6.18(b)中所示的中央刚性圆形区域 0≤r≤r_1 时就可避免发生这种情况。这一中央区域的外径 r_1 在整个第一阶段保持不动,直到沿板的外边界的横向剪切滑移停止。中央刚性区域的半径 r_1 在运动第二阶段减小,如图6.18(c)中所示。当 r_1=0 时这一运动阶段结束,接着是运动的第三阶段即最终阶段,其横向速度场如图6.18(d)中所示。

文献[6.14]中的理论分析表明,响应历时与式(6.125)相同,而与此相关的永久横向挠度为

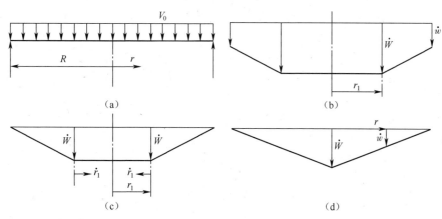

图 6.18 （a）瞬动加载的简支圆板；
（b），（c），（d）分别为 $v \geq 2$ 的圆板在运动第一、第二和第三阶段的横向速度场[6.14]

$$w_{\mathrm{f}} = \mu V_0^2 R^2 (3 + 2r/R + r/R^2)(1 - r/R)/24M_0, \quad 0 \leq r \leq r_1 \quad (6.127\mathrm{a})$$

和

$$w_{\mathrm{f}} = \mu V_0^2 R^2 \big[(1 + 2r_1/R + 3r_1^2/R^2)(1 - r/R) +$$
$$(1 - r_1^2/R^2)(2 - r_1/R - r/R) \big]/24M_0, \quad r_1 \leq r \leq R$$
$$(6.127\mathrm{b})$$

式中

$$r_1/R = \big[(1 - 8v + 4v^2)^{1/2} - 1 \big]/2v \quad (6.128)$$

这一理论解对于图 6.15 所示的屈服条件来说是精确的[6.14]。

6.5.5 评论

在 $v \to \infty$ 的特殊情形，此处 v 是由式（6.107）所定义的无量纲参数，则板横截面的横向剪切强度与对应的塑性弯曲强度相比为无穷大。在这种情形下，文献[6.14]中证明前述理论分析化为 Wang 的唯弯曲解[6.15]。例如，在 $v \to \infty$ 时有效的式（6.125）给出的响应时间与式（4.92）相同。此外，式（6.128）给出 $r_1 = R$，因而式（6.127a）用于最大永久横向挠度时与式（4.93a）相同。

图 6.19 中的理论结果显示了根据式（6.122）、式（6.126）和式（6.127）所得出的板中心及支承处的无量纲最大永久横向位移 W_{f} 与 W_{s} 随无量纲强度参数 v 的变化情形。显然，总的特征与图 6.9 中瞬动加载简支梁的结果相似。塑性弯曲能和支承处横向剪切变形所吸收的能量与初始动能之比随 v 的变化如图 6.20 所示。有趣的是，当大约 $v \geq 5$ 时，可以看到最大永久横向挠度与对应的 4.5.7 节中以及 Wang 的[6.15]唯弯曲理论预测相似。然而，图 6.20 中的结果揭示，对于图中所示的所有 v 值，初始动能的很大一部分耗散于支承处的横向剪切变形。

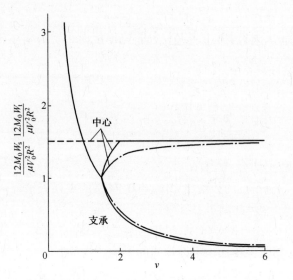

图 6.19 瞬动加载简支圆板的中心处和支承处的无量纲永久横向位移 W_f 和 W_s[6.14]

——— 唯弯曲情形[6.15]；——— 屈服条件中保留横向剪切效应；
——— 横向剪切和转动惯量效应都保留在匀质实心横截面板的分析中。

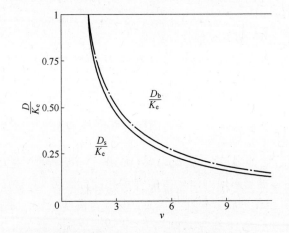

图 6.20 瞬动加载简支圆板中 $t = T$ 时由剪切吸收的能量(D_s)和弯曲
吸收的能量(D_b)与初始动能 K_e 之比[6.14]

——— 不考虑转动惯量；——— 对于匀质实心横截面板考虑转动惯量。

文献[6.13]中关于受均布静压力作用简支圆板的理论解表明,当 $v \geqslant 1.5$ 时,对于图 6.15 中的屈服面,横向剪切效应并不影响静破坏行为。因此,本研究表明,横向剪切效应对动态情形比对相应的静态问题更重要。对于梁,这点也可在文献[6.8]中看到,并在文献[6.10]中做了讨论。

应该指出,对于具有匀质实心横截面而 $Q_0 = \sigma_0 H/2$ 及 $M_0 = \sigma_0 H^2/4$ 的圆板

这一特殊情形,$v = R/H$。

另一方面,如果圆板具有夹层横截面,则厚度为 h 及剪切屈服应力为 τ_0 的内芯部支承着最大横向剪力 $Q_0 = \tau_0 h$(单位长度),而厚度为 t 的外层薄板可以单独承受最大弯矩 $M_0 = \sigma_0 t(h + t)$,式中 σ_0 是对应的拉伸屈服应力。在这种情形下当 $H = h + 2t$ 时,$v = Q_0 R/2M_0$ 给出

$$v = \left[\frac{R}{H} \frac{\tau_0}{\sigma_0/2} \right] \left[\frac{h/H}{1 - (h/H)^2} \right] \tag{6.129}$$

因此,$2R/H = 15$、$\sigma_0/2\tau_0 = 8$ 及 $h/H = 0.735$(例如,0.5 英寸(12.7mm)厚的芯部加上 0.1 英寸(2.54mm)的板给出 $h/H = 0.741$)的夹层板给出 $v = 1.5$,对于这样的板,根据图 6.19 中的结果,横向剪切效应是重要的。

Kumar 和 Reddy[6.16]考察了横向剪切效应对于受矩形压力-时间历程的均布压力脉冲作用的简支圆板动塑性响应的影响。

显然,图 6.16 中所示的并在 6.5.2 节中用于研究简支圆板的横向速度场不引起板单元的任何转动。所以,对于 $v \leqslant 1.5$ 的圆板,当横向剪切和转动惯量的效应都保留在基本方程中时这一理论分析仍然有效。

文献[6.14]考察了转动惯量对 $v \geqslant 1.5$ 的简支圆板动塑性响应的影响。结果表明,对于均布瞬动速度加载的情形,理论分析具有两个不同的运动阶段。在运动第一阶段,支承处发生横向剪切滑移,同时具有一个稳定的圆形中央塑性区。运动第一阶段结束时横向剪切滑移停止,运动第二阶段开始,塑性区边界沿径向向内传播直至到达中心,此时运动停止。

由图 6.19 显然可见,控制方程中包括转动惯量并在屈服条件中保留横向剪切和弯曲效应导致板的支承处的永久横向剪切滑移增加以及板的中心处产生的最大永久横向位移减少。然而,计入转动惯量效应引起这两个量的改变最多分别为 11.5% 和 14.2%。因此,6.5.3 节和 6.5.4 节中不考虑转动惯量的较简单的理论分析对于大多数实用目的而言可能是满足需要了。如果要求达到更高精度,则只需对于 $1.5 \leqslant v \leqslant 4$ 左右的圆板计入转动惯量效应。

式(6.121)对于 $v \leqslant 1.5$ 及式(6.125)对于 $v \geqslant 1.5$ 给出的响应历时与转动惯量无关。事实上,当 $v \geqslant 1.5$ 时,式(6.125)既与 v 无关,也与转动惯量无关。

6.6　圆柱壳中的横向剪切效应

6.6.1　引言

5.3 节至 5.5 节考察了一些轴对称的理想刚塑性圆柱壳的动塑性响应。在这些壳中,材料的塑性流动由周向膜力(N_θ)和纵向弯矩(M_x)的组合所控制,它

们遵守图 5.2 所示的屈服条件。在这些分析中把横向剪力 Q_x 看作反作用力，因而不影响材料的塑性流动。

式（5.1）给出圆柱壳中的横向剪力为

$$Q_x = \partial M_x / \partial x \qquad (6.130)$$

对于受矩形压力-时间历程的动压力脉冲作用、如图 5.5 所示的由纵向间隔为 $2L$ 的等距刚性环加强的长圆柱壳，推导出了式（5.35）和式（5.36）。这些等式与式（6.130）一起在 $x = L$ 处得

$$Q_x / Q_0 = [8 + (\eta - 1)(2 + c^2)] / 4v \qquad (6.131)$$

式中

$$v = Q_0 L / 2M_0 \qquad (6.132a)$$

$$c^2 = N_0 L^2 / 2M_0 R \qquad (6.132b)①$$

$$p_c = N_0 / R + 4M_0 / L^2 \qquad (6.132c)②$$

以及

$$\eta = p_0 / p_c \qquad (6.132d)$$

式（6.132a）、式（6.132c）和式（6.132d）分别为横向即径向剪力与纵向塑性弯矩的强度之比、均匀静破坏压力以及动破坏压力与静破坏压力之比。

式（6.131）表明，对于足够小的强度参数 v 或者足够大的压力比 η，支承处的横向剪力的大小都可能超过相应的塑性破坏值（Q_0）[③]。顺便提一下，式（6.131）也表明，横向剪力效应对于动载情形可能更重要，因为 $\eta = 1$ 时式（6.131）对于相应的静载情形给出 $Q_x / Q_0 = 2/v$。事实上，5.5.2 节中对于动态大压力脉冲的理论分析预言支承处的横向剪力为

$$Q_x / Q_0 = 3 / [v(1 - \xi_0 / L] \qquad (6.133)$$

式中：ξ_0 由式（5.53）定义。可以证明，当对于瞬动速度加载，当 $\eta \to \infty$ 时 $\xi_0 \to L$，此时 $Q_x / Q_0 \to \infty$。

前述评论揭示，横向剪力对圆柱壳的动塑性响应可以产生很大的影响，特别是在圆柱壳受到大压力脉冲作用时。为了进一步探讨这一效应，把平衡方程式（5.1）和式（5.2）分别重新写成式（6.130）和

$$\partial^2 M_x / \partial x^2 + N_\theta / R - p - \mu \partial^2 w / \partial t^2 = 0 \qquad (6.134)$$

假定圆柱壳中的塑性流动是由图 6.21 中的简单立方体形屈服面所控制。

---

① 对于具有匀质实心横截面的圆往壳，如果 $N_0 = \sigma_0 H$ 和 $M_0 = \sigma_0 H^2 / 4$，则 $c^2 = 2L^2 / RH$，这与式（5.31）所定义的 ω^2 相同。

② 这与式（2.66b）给出的静破坏压力相同。

③ 压力比 η 不能违背不等式（5.42）。

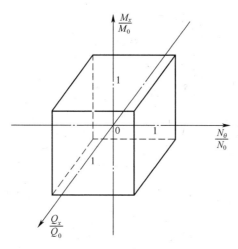

图 6.21 圆柱壳的屈服面

6.6.2 $v \leqslant 1$ 的简支圆柱壳中的横向剪力效应

考虑图 6.22(a)中所示的跨度为 $2L$、受径向朝外的均布瞬动速度 V_0 作用的简支圆柱壳。鉴于 6.6.1 节中的评论,在圆柱壳的支承处可能发生横向剪切滑移。所以,假定壳按图 6.22(b)中所画的径向速度场发生变形,即

$$\dot{w} = -\dot{W}, \quad 0 \leqslant x \leqslant L \tag{6.135}$$

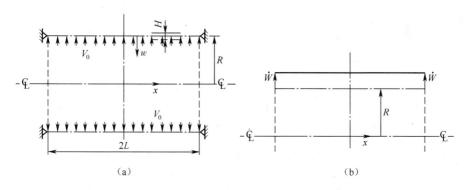

(a)　　　　　　　　　　　　　　(b)

图 6.22 (a)瞬动加载的简支圆柱壳;

(b)$v \leqslant 1$ 的瞬动加载的简支圆柱壳的轴对称径向速度场

从式(5.4)和式(5.5)显然可见,对于 $0 \leqslant x \leqslant L$ 有 $\dot{\epsilon}_\theta \geqslant 0$ 和 $\dot{\kappa}_x = 0$。因此,为了满足塑性正交性要求,广义应力位于图 6.21 中屈服面的

$$N_\theta = N_0 \tag{6.136}$$

这一侧面上。在此情形下,式(6.134)~式(6.136)变为

$$\partial^2 M_x / \partial x^2 = (-N_0/R - \mu \ddot{W})$$

或由对称性，在 $x = 0$ 处 $Q_x = \partial M_x / \partial x = 0$，即有

$$\partial M_x / \partial x = (-N_0/R - \mu \ddot{W}) x \qquad (6.137)$$

再因为简支时在 $x = L$ 处 $M_x = 0$，即有

$$M_x = (N_0/R - \mu \ddot{W}) L^2 (1 - x^2/L^2)/2 \qquad (6.138)$$

此外，为了在支承处发生剪切滑移，在 $x = L$ 处有 $Q_x = Q_0$。当

$$\ddot{W} = -2M_0 (v + c^2) \mu L^2 \qquad (6.139)$$

时，这一条件被式（6.130）和式（6.137）所满足，式中 v 和 c 分别由式（6.132a）和（6.132b）所定义。

现在，对式（6.139）积分并代入初始条件 $\dot{w} = -V_0$，即 $\dot{W} = V_0$，有

$$\dot{W} = -2M_0 (v + c^2) t / \mu L^2 + V_0 \qquad (6.140)$$

式（6.140）表明，当

$$T = \mu V_0 L^2 / [2M_0 (v + c^2)] \qquad (6.141)$$

时运动停止。因为在 $t = 0$ 时 $W = 0$，对式（6.140）再次积分得

$$W = -M_0 (v + c^2) t^2 / \mu L^2 + V_0 t \qquad (6.142)$$

式（6.141）、式（6.142）和式（6.135）可得永久径向位移为

$$w_f = \mu V_0^2 L^2 / [4M_0 (v + c^2)] \qquad (6.143)$$

与这一理论解相关联的广义应力由式（6.136）、式（6.138）、式（6.130）和式（6.139）一起给出，即

$$N_\theta / N_0 = 1, \quad 0 \leqslant x \leqslant L \qquad (6.144a)$$

$$M_x / M_0 = -v(1 - x^2/L^2), \quad 0 \leqslant x \leqslant L \qquad (6.144b)$$

和

$$Q_x / Q_0 = x/L, \quad 0 \leqslant x \leqslant L \qquad (6.144c)$$

由式（6.144b）显然可见，当 $v > 1$ 时，在 $x = 0$ 处的纵向弯矩将超出图 6.21 中的屈服面。因此，前述理论解只限于具有塑性强度参数 $v \leqslant 1$ 的理想刚塑性材料制成的圆柱壳。

初始动能（K_e）通过支承处的横向剪切位移（D_s）和整个壳的塑性周向膜的行为（D_m）被吸收。可以证明：

$$D_s / K_e = v/(v + c^2) \qquad (6.145)$$

和

$$D_m / K_e = c^2/(v + c^2) \qquad (6.146)$$

这一行为应该与 6.3.2 节和 6.5.2 节中的梁和圆板问题形成对照，在那里所有

206

初始动能都被支承处的横向剪切滑移所吸收。例如,如果 $v=c^2=1$,则初始动能的 1/2 被周向膜伸长所吸收,只剩 1/2 被圆柱壳支承处的横向剪切滑移所吸收。如果 $c^2=10$ 和 $v=1$,则只有9%的初始动能被支承处的横向剪切滑移所吸收。

6.6.3　$1 \leqslant v \leqslant 1.5$ 的圆柱壳

在文献[6.17]中通过采用图 6.23 中所画的横向速度场消除了当 $v \geqslant 1$ 时式(6.144b)在 $x=0$ 处违背屈服条件的情形。在运动第一阶段,在支承处形成驻定横向剪切滑移,而在跨中点形成一个弯曲塑性铰。在运动第二阶段,横向剪切滑移停止,但运动以 $x=0$ 处的驻定弯曲塑性铰的形式继续进行,如图 6.23(b)所示。

在文献[6.17]中证明,响应历时为

$$T = \mu V_0 L^2 / [2(1 + c^2) M_0] \tag{6.147}$$

与此相关的最大永久径向位移为

$$w_{\mathrm{f}} = -\mu V_0^2 L^2 (c^2 + 6v - 5) / [4(1 + c^2)(4v + c^2 - 3) M_0] \tag{6.148}$$

如果 $c^2 \leqslant 3+2\sqrt{3}$ 和 $1 \leqslant v \leqslant 1.5$,这一理论解是静力容许的。

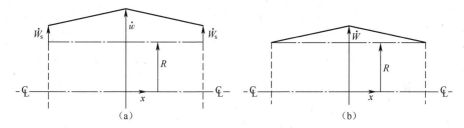

图 6.23　具有 $1 \leqslant v \leqslant 1.5$ 的瞬动加载的简支圆柱壳的轴对称径向速度场
(a)运动第一阶段;(b)运动第二阶段。

6.6.4　$v \geqslant 1.5$ 的圆柱壳

为了避免当 $v \geqslant 1.5$ 时发生在 6.6.3 节中所分析的违背屈服条件的情况,在文献[6.17]中给出了一个理论解。这是采用图 6.24 中对于三个不同的运动阶段给出的横向速度场推导出来的。结果表明响应历时与式[6.147]相同,而最大永久径向位移为

$$w_{\mathrm{f}} = -\mu V_0^2 L^2 (4 + c^2) / [4(1 + c^2)(3 + c^2) M_0] \tag{6.149}$$

如同文献[6.17]中所讨论的那样,如果

$$c^2 \leqslant 9 \tag{6.150}$$

这一理论解对于图 6.21 中的屈服面而言是精确解。

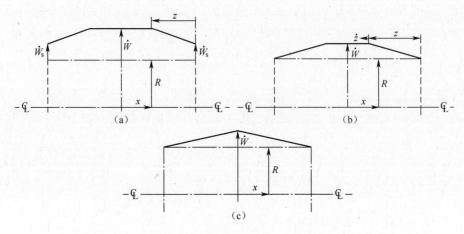

图 6.24 $v \geqslant 1.5$ 的瞬动加载简支圆柱壳的轴对称径向速度场

(a)运动第一阶段;(b)运动第二阶段;(c)运动第三阶段。

6.6.5 评论

尽管如图 6.24 中的横向速度场所表明的那样,在 6.6.4 节的理论解中运动第一阶段发生了横向剪切滑移,但根据式(6.147)和式(6.149),响应历时和最大永久横向或径向位移却与强度参数 v 无关。可以证明,这些表达式与文献[6.18]中对于类似的受瞬动加载作用、但由具有无限大的横向剪切强度(即 $v \to \infty$)的材料制成的简支圆柱壳所推出的表达式相同。

图 6.25 中的理论结果显示了由式(6.143)、式(6.148)和式(6.149)给出的跨中点的无量纲最大永久横向位移及圆柱壳支承处的无量纲最大永久横向位移

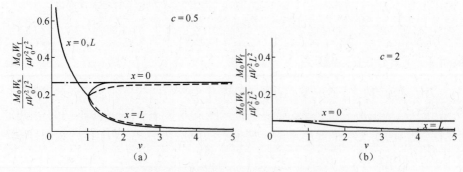

图 6.25 瞬动加载简支圆柱壳的跨中点($x=0$)和支承处($x=L$)的无量纲永久径向位移(W_f 和 W_s)的变化

(a) $c = 0.5$;(b) $c = 2$。

———初等解[6.18];———屈服条件中保留横向剪切效应;
— — —在匀质实心横截面的壳的分析中保留横向剪切和转动惯量效应。

随无量纲强度参数 v 的变化。该图表明,壳支承处的永久横向剪切位移随 v 增加而减少,当 $v \to \infty$ 时消失。

如果壳的横截面是实心和匀质的,则 $M_0 = \sigma_0 H^2/4$、$N_0 = \sigma_0 H$ 以及 $Q_0 = \sigma_0 H/2$,这给出 $v = L/H$ 和 $c^2 = 2vL/R$。因此,$v = 1$ 对应于一个总长 $2L = 2H$ 的很短的壳或环,而当 $L = R/2$ 时 $c = 1$。另一方面,对于具有夹层①横截面的圆柱壳,当内芯部的厚度为 h、剪切屈服应力为 τ_0,而外层薄板的厚度为 t,拉伸屈服应力为 σ_0 时,横向剪切效应将更重要。如果内芯部单独承受横向剪力,则 $Q_0 = \tau_0 h$,而如果外层单独提供弯曲抗力,$M_0 = \sigma_0 t(h + t)$。因此,当 $H = h + 2t$ 时,根据式(6.132a)的 $v = Q_0 L/2M_0$ 得

$$v = \left(\frac{L}{H}\right)\left(\frac{\tau_0}{\sigma_0/2}\right)\left[\frac{h/H}{1 - (h/H)^2}\right] \tag{6.151}$$

夹层壳在 $2L/H = 10$,$\sigma_0/2\tau_0 = 8$ 和 $h/H = 0.735$ 的情况下(例如,0.5 英寸(12.7mm)厚的芯部加上 0.1 英寸(2.54mm)厚的板给出 $h/H = 0.714$)有 $v = 1$,根据图 6.25 和图 6.26 中的结果,对这样的壳横向剪切效应是重要的。然而式(6.132b)在 $N_0 = 2\sigma_0 t$ 时得

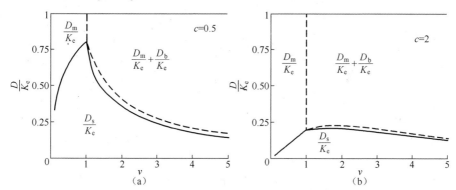

图 6.26　瞬动加载简支圆柱壳中,$t = T$ 时由于弯曲变形(D_b)、薄膜变形(D_m)和剪切变形(D_s)所吸收的能量与初始动能(K_e)的比例。

(a)$c = 0.5$;(b)$c = 2$。

—— 不考虑转动惯量;——— 对于均质实心横截面,考虑转动惯量。

$$c^2 = \frac{2L^2}{RH(1 + h/H)} \tag{6.152}$$

当 $c = 0.5$ 时,对于上面那些值,该式预测 $2L/R = 0.087$。对于这一特殊情形这些参数的组合给出 $R/H = 115$。

---

① 假定夹层横截面与具有匀质实心横截面的壳的单位面积质量(μ)相同,不考虑芯部可能压碎的情形。

从式(6.135)和图6.22(b)中显然可见,转动惯量效应不会影响6.6.2节中的理论分析,所以无论在基本方程中是否保留转动惯量效应,这一分析对于$0 \leqslant v \leqslant 1$都是有效的。在文献[6.17]中给出了一个探讨转动惯量效应在$v \geqslant 1$的圆柱壳中的重要性的理论解。在图6.25中把这些理论预测同6.6.2节至6.6.4节中的分析做了比较。

从图6.25中显然可见,当$v \geqslant 1$时,在控制方程中包含转动惯量导致壳支承处永久横向剪切滑移的增加以及最大永久横向位移的减小。然而,考虑转动惯量所带来的改变是相当小的,以至于本节中只考虑横向剪切效应而不考虑转动惯量的比较简单的理论分析对于大多数实用目的而言已经足够。对于具有实心横截面和实际尺寸的圆柱壳来说,横向剪切效应甚至更小,因此文献[6.18]中的在屈服条件中只保留弯矩和膜力影响的理论预测对于大多数设计而言可能是足够的,也许夹层壳除外。尽管有这些评论,但横向剪切效应对于以不同模式耗散的能量的比例仍有重要的影响,如图6.26中所示。

无论在理论分析中是否保留转动惯量效应[6.17],式(6.141)和式(6.147)所给出的响应历时保持不变。此外,式(6.147)与文献[6.18]中对瞬动加载的简支圆柱壳的无限小动态响应的理论分析所预测的响应历时相同,该分析在屈服准则中没有保留横向剪力的影响。

6.7　结　束　语

6.7.1　瞬动加载的梁、圆板和圆柱壳的响应的比较

分别根据式(6.9)、式(6.107)和式(6.132a),瞬动加载的梁、圆板和圆柱壳的无量纲塑性强度参数v具有相似的形式。然而,不同的广义力控制着梁、圆板和圆柱壳的塑性流动,分别如图6.3、图6.15和图6.21所示。特别地,梁的屈服条件是二维的,而圆板和圆柱壳的塑性流动则是由三维屈服准则控制。

有趣的是,可以看到在6.3节、6.5节和6.6节中考察的瞬动加载的简支梁、简支圆板和简支圆柱壳,当不考虑转动惯量影响时其响应都具有三种类型,取决于塑性强度参数v的大小。三个不等式$v \leqslant 1$、$1 \leqslant v \leqslant 1.5$和$v \geqslant 1.5$对于梁及圆柱壳是相同的,而对于圆板当$v \leqslant 1.5$时只发生剪切阶段,剩下的两个不等式为$1.5 \leqslant v \leqslant 2$和$v \geqslant 2$。

对于瞬动加载的梁、圆板和圆柱壳,跨中点的最大永久横向位移和支承处的横向剪切位移的总的特征是相似的,分别如图6.9、图6.19和图6.25(a)所示。例如,瞬动加载的简支圆柱壳由方程(6.143)、式(6.148)和式(6.149)给出的最大永久横向位移,取$c^2 = 0$(即$N_0/M_0 \rightarrow 0$)就化为瞬动加载的简支梁的对应方

程式(6.17)、式(6.39)(取 $x = 0$)和式(6.68)。对于这一比较,圆柱壳的 μ/Q_0 和 μ/M_0 等同于梁的 m/Q_0 和 m/M_0。

对于所有这三类问题转动惯量的影响相对来说显然是不重要的,因此这一章采用不考虑转动惯量的简单分析对于大多数实用目的而言可能是足够的。此外,横向剪切效应对于无量纲塑性强度参数的值大约在 $v \geqslant 5$ 时是不重要的,在这种情形下对应的不考虑横向剪切效应的理论分析可能在设计中已足够。尽管如此,对于大的 v 值,支承处的剪切滑移对于大的冲击速度可能变得过大并导致破坏,正如 6.7.3 节中讨论的那样。

Martin[6.19]对于受瞬动速度作用而产生无限小位移的理想刚塑性连续体,得到了永久位移的一个上限定理和响应历时的一个下限定理。紧随这一重要论文又有许多其他关于界限方法的研究,特别是 Morales 和 Nevill[6.20],他们推出了相应的关于永久位移的下限定理。在附录 7 中用梁为例对 Martin 的上限定理[6.19]做了说明。

从 6.3 节至 6.6 节中的理论分析中显然可见,横向剪力在运动的早期阶段有重要的影响,此时结构的位移仍然很小。Martin[6.19] 以及 Morales 和 Nevill[6.20] 的定理是对于经受无限小位移的连续体推出的。因此,它们对具有重要横向剪切效应的问题可能给出更为精确的估计。定理是为了界定瞬动加载连续体的行为而导出的,但如果同时保留横向剪切效应和转动惯量效应,它们对构件仍然有效。

在文献[6.21]中发现,当横向剪切效应是重要的时,简单的界限定理对于 6.3 节、6.5 节和 6.6 节分别考察的瞬动加载的梁、圆板和圆柱壳的响应历时及永久横向位移给出了很好的估计。

6.7.2　屈服准则

在已发表的文献中关于横向剪力对受静载作用的理想刚塑性梁的屈服所起的确切作用似乎相当不确定。的确,已经证明联系弯矩(M)和横向剪力(Q)的相互作用曲线不是合适的屈服曲线,已作出非凸的工字梁相互作用曲线[6.22]进一步支持了这一观点。虽然如此,在实际设计中已考虑到受静载作用的梁的有限的横向剪切强度,如 6.1 节中所评论的那样,并已有几个可用的公式,对于工字梁的情形这些公式假定最大横向剪力等于腹板单独的承载能力。

文献[6.23]考察了横向剪力在梁的塑性屈服中起的作用,并在梁的工程理论即经典理论背景内对工字梁采用凸的屈服曲线给出了一些正当的理由。从工程观点看,对于工字梁,当在最大横向剪力仅基于腹板面积的情况下来应用局部理论[6.24]时,就可能在简单的局部(应力合力)理论和更严密的非局部(平面应力,平面应变)理论之间达成适当的折中。由图 6.27 显然可见,Hodge[6.24]的修

正理论结果在 M/M_0-Q/Q_0 平面上给出了一个内接的下限曲线,由于比较简单,它可以为梁的许多理论研究所接受。再者,Heyman 和 Dutton[6.22]、Ranshi、Chitkara 和 Johnson[6.25] 以及其他人的理论预测都能较好地被这一章所用的正方形屈服曲线所近似。事实上,Hodge[6.24] 的修正结果和正方形屈服曲线提供了实质上界定工字梁的真实屈服曲线的两个简单方法。

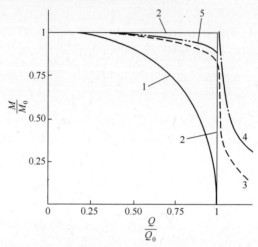

图 6.27　8WF40 宽翼工字梁的屈服曲线(Q_0 是用腹板面积计算的横向剪切载荷)

1—Hodge[6.24], Q_0 用腹板面积计算;2—正方形屈服曲线;3—Neal[6.26] 的下限定理;

4—Neal[6.26] 的上限定理;5—Heyman 和 Dutton[6.22]。

幸运的是,图 6.28 表明,对于矩形截面梁,几个局部的和非局部的理论在 M/M_0-Q/Q_0 平面上给出了类似的曲线,因此在这种情况下人们可以选择最方便的理论。

Ilyushin[6.27] 应用 von Mises 屈服准则和通常的薄壳理论假设推导出了实心横截面薄壳的一个屈服面。Shapiro[6.28] 推广了这一理论工作以考虑横向剪切效应。对于受弯矩和横向剪力作用的梁的塑性屈服,图 6.28 画了 Ilyushin-Shapiro[6.27,6.29] 屈服曲线。可以证明,当应用反双曲函数与指数函数的标准关系式时,Hodge[6.24] 关于矩形截面梁的屈服曲线与 Ilyushin-Shapiro 的理论预测相同。

Robinson[6.29] 最近考察了 Ilyushin-Shapiro 屈服面的各种近似,并发现 $Y_1' = 1$ 或 $Y_3' = 1$ 的近似屈服曲线内接于 Ilyushin-Shapiro 屈服曲线,对于大多数实际问题来说,它可能提供一个可以接受的近似,如图 6.28 所示。

文献[6.11]对于由图 6.28 中的 Ilyushin-Shapiro[6.27-6.29] 屈服曲线控制的理想刚塑性材料制成、受图 6.4(a)所示均布瞬动速度 V_0 作用的简支梁的动塑性响应给出了数值预测。这一结果考虑了横向剪切和转动惯量效应,实际上同文献

[6.10]中对于正方形屈服曲线给出的相应理论值几乎没有区别。

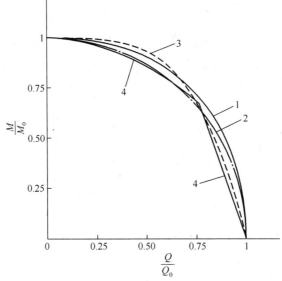

图 6.28 矩形截面梁的屈服曲线[6.23]

1—Hodge[6.24],Ilyushin-Shapiro[6.27-6.29];2—Robinson[6.29],$Y_1' = 1$,$Y_3' = 1$;

3—Neal[6.26]和 Drucker[6.30]的式子;4—Reckling[6.31]的式子。

可以证明,当忽略转动惯量时,6.3.5 节中对正方形屈服曲线给出的广义应力场位于 Robinson 的圆形屈服曲线内或在其上[6.23,6.29],而后者又内接于 Ilyushin-Shapiro 屈服曲线。6.3 节中的理论结果与采用 Ilyushin-Shapiro 屈服曲线的相应理论预测是相同的。

文献[6.11]也给出了对受图 6.11(a)所示以初速度 v_0 运动的质量撞击的理想刚塑性梁的响应的数值预测。把根据 Ilyushin-Shapiro 屈服条件保留横向剪切但忽略转动惯量的理论结果与 6.4 节中给出的对于正方形屈服条件的理论预测及只考虑弯曲的简单解进行了比较。结果表明,横向剪切效应导致撞击质量下方的转角显著减小,而撞击质量下方的横向位移大大增加。此外,转角对屈服曲线的实际形状相当敏感,而最大位移则较不敏感。

考虑横向剪切和转动惯量对各种横截面梁响应的联合影响的数值结果同文献[6.11]中对于正方形屈服曲线给出的相应理论结果进行了比较。再一次发现屈服曲线的形状对转角有很大影响,而最大横向位移则相当不敏感。因此,当对最大横向位移感兴趣时,正方形屈服曲线的分析是适当的。然而,如果需要撞击物下的转动,则必须采用 Ilyushin-Shapiro 屈服曲线。

对强烈各向异性的理想纤维增强刚塑性材料的简化导致横向剪力在控制响应中的主导地位。轴力和弯矩不出现在理想纤维增强梁的屈服条件中,只是作为反作用力以保证平衡得到满足[6.5,6.6,6.32]。已经观察到理想纤维增强材料的理论方法的预测同某些实验研究令人鼓舞的一致性[6.33]。

6.7.3 横向剪切破坏

Menkes 和 Opat[6.32]对在全跨度上受到均布瞬动速度作用的固支金属梁的动塑性响应和破坏进行了实验研究,如图 6.4(a)中对简支情形所示的那样。Menkes 和 Opat 观察到,当受到小于某个值的速度作用时,梁以韧性方式响应并获得一个永久变形场①。然而,当瞬动速度等于这一临界值时,则梁因支承处梁材料的撕裂而破坏。当瞬动速度进一步增加到超过这一临界值时,梁发生破坏,而梁的塑性变形变得更局限于支承处附近,直到达到另一个与梁在支承处的横向剪切破坏相关联的临界速度。在图 6.29 所示的这些实验结果的基础上,Menkes 和 Opat[6.32]把矩形截面固支梁的破坏模式分为如下三类:

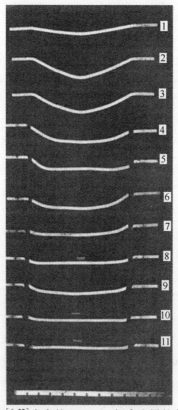

图 6.29 Menkes 和 Opat[6.32]考察的 6061-T6 铝合金梁的永久变形场,显示了随着瞬动速度的增加,从模式 1 响应到模式 3 响应的转换

---

① 实验中的瞬动速度总是大于产生完全弹性响应所需的速度。

模式 1:整个梁的非弹性大变形;

模式 2:支承端处梁材料的撕裂(拉伸破坏);

模式 3:支承端处梁材料的横向剪切破坏。

应该指出,当受到介于模式 2 和模式 3 破坏所要求的最小速度之间的瞬动速度作用时,有些梁呈现既有撕裂模式又有剪切模式的破坏。然而,前述关于模式 2 和模式 3 的定义只是简单地用于分别定义引起支承端处的拉伸撕裂及纯剪切破坏所必需的最小瞬动速度,即临界瞬动速度。

模式 2 破坏将在 7.10.3 节中研究,而本节的其余部分集中讨论模式 3 结构破坏。用在文献[6.35]中发展的一个简化的理论方法来估计模式 3 剪切破坏所需的临界速度。

最大剪力出现在本章所考察的三个瞬动加载问题的支承端处及图 6.11(a)中梁的冲击问题的撞击物下方。显然,对于所有这些问题横向剪切滑移都发生于运动第一阶段并在这一阶段结束时停止。因此,为了避免结构断开,对于 6.3 节、6.5 节和 6.6 节中的瞬动加载问题必须保证

$$\int_0^T \dot{W}_s \, \mathrm{d}t \leqslant kH \qquad (6.153)$$

而对于 6.4 节中的问题,要求

$$\int_0^{T_1} (\dot{W}_0 - \dot{W}_1) \, \mathrm{d}t \leqslant kH \qquad (6.154)$$

式中:k 为常数($0 < k \leqslant 1$)。显然,当 $k = 1$ 时,厚度为 H 的结构完全断开,但对于较小的 k 值也可能发生横向剪切破坏[6.36]。

文献[6.35]针对梁所发展的初等方法可以用来得到任何构件横向剪切破坏的条件。现在对于 6.3 节中考察的图 6.4(a)中所示的瞬动加载简支梁作一说明。把关于 $v \geqslant 1.5$ 的梁的式(6.51)和式(6.52)代入(6.153)得

$$3mL^2 V_0^2 / (16v^2 M_0) \leqslant kH$$

即

$$V_0 \leqslant V_0^s \qquad (6.155)$$

式中

$$V_0^s = (16v^2 M_0 kH / 3mL^2)^{1/2} \qquad (6.156)$$

换言之,当均布瞬动速度的大小等于式(6.156)给出的临界值 V_0^s 时,图(6.4a)中 $v \geqslant 1.5$ 的梁的支承端处将发生横向剪切破坏。

可以证明,式(6.153)和式(6.155),连同 6.3.2 节和 6.3.3 节中的理论结果一起,对于具有 $v \leqslant 1$ 和 $1 \leqslant v \leqslant 1.5$ 的简支梁分别预言临界瞬动速度为

$$V_0^s = (4vM_0 kH / mL^2)^{1/2} \qquad (6.157)$$

和

$$V_0^s = [4(4v - 3)M_0kH/mL^2]^{1/2} \qquad (6.158)$$

在实心矩形横截面梁的特殊情形,则对于单位宽度的梁有 $Q_0 = \sigma_0 H/2$ 和 $M_0 = \sigma_0 H^2/4$,因此由式(6.157)、式(6.158)和式(6.156)对于 $v \leq 1$、$1 \leq v \leq 1.5$ 和 $v \geq 1.5$ 分别可得

$$V_0^s = (k\sigma_0/\rho)^{1/2}(H/L)^{1/2}$$

$$V_0^s = (k\sigma_0/\rho)^{1/2}(4L/H - 3)^{1/2}(H/L)$$

和

$$V_0^s = (k\sigma_0/\rho)^{1/2}2/\sqrt{3}$$

然而,根据式(6.9),对于矩形截面梁,$v = L/H$。因此,$v > 1.5$ 的梁的式(6.156)所给出的速度临界值是有实际重要性的,而式(6.157)和式(6.158)则是关于短粗梁。不过,式(6.157)和式(6.158)对于夹层横截面梁来说是重要的。

现在考虑具有夹层横截面结构的梁。厚度为 h、剪切屈服应力为 τ_0 的芯部可以承受最大塑性横向剪力 $Q_0 = \tau_0 h$ (单位宽度)。厚度为 t 的薄外层可以单独承受最大塑性弯矩 $M_0 = \sigma_0 t(h + t)$ (单位宽度),式中 σ_0 是相应的拉伸屈服应力。在这种情况下,当 $H = h + 2t$ 时,式(6.9)变为

$$v = \left(\frac{\tau_0}{\sigma_0/2}\right)\left[\frac{h/H}{1 - (h/H)^2}\right]\left(\frac{L}{H}\right) \qquad (6.159)$$

因此,$\sigma_0/2\tau_0 = 8$ 和 $h/H = 0.714$ [①]的夹层梁给出

$$v = 0.182L/H \qquad (6.160)$$

所以,当跨度对高度之比 ($2L/H$) 为 11 时,$v = 1$。可以证明,式(6.156)～式(6.160)对于 $v \leq 1$、$1 \leq v \leq 1.5$ 和 $v \geq 1.5$ 分别可得

$$V_0^s(\rho/\sigma_0 k)^{1/2} = 0.127/v^{1/2}$$

$$V_0^s(\rho/\sigma_0 k)^{1/2} = 0.127(4v - 3)^{1/2}v$$

和

$$V_0^s(\rho/\sigma_0 k)^{1/2} = 0.147$$

如图 6.30 所示。根据本节中所采用的简化方法,位于该图中临界线以下的初始瞬动速度不会引起横向剪切破坏。

鲜有关于瞬动加载梁动塑性破坏的实验工作[6.36,6.37]。然而,采用上述简化步骤对于 $k = 1$ 的固支梁所得的理论预测[6.35]与 Menkes 和 Opat[6.34]关于受瞬动加载的 6061-T6 铝合金梁所得到的实验结果达到令人鼓舞的一致。

同样的一般步骤可以用来估计 6.4 节至 6.6 节分别考察过的梁的冲击、圆板和圆柱壳问题的临界速度。

---

① 例如,0.5 英寸(12.7mm)厚的芯部加上 0.1 英寸(2.54mm)的板给出 $h/H = 0.714$。

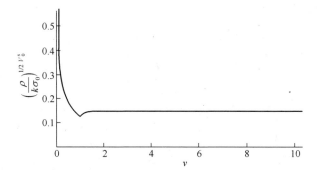

图 6.30 具有 $\sigma_0/2\tau_0 = 8$ 和 $h/H = 0.714$ 的夹层截面的
简支梁的无量纲临界瞬动速度的变化

关于固支铝合金和软钢梁受较重质量低速撞击的实验研究已有报道[6.2]。文献[3.24]用有限元数值方法考察了这些梁的失效特征。对于软钢梁和铝合金梁受冲击的进一步的实验研究也已进行,这些梁取自制作动态拉伸试件的同一块材料[6.38]。把软钢梁的实验结果与保留了材料应变率敏感性和惯性效应影响的有限元数值计算程序的预测做了比较。结果表明,最大 Tresca 应力或最大 Mises 应力以及最大塑性应变能密度都有希望用作预测梁的剪切失效的准则。文献[6.40]也应用能量密度破坏准则来考察 Menkes 和 Opat[6.34]关于瞬动加载的 6061-T6 铝合金梁的原始实验数据。

Yu 和 Chen[6.41]研究了梁的横向剪切失效,并用各种屈服准则和分析方法研究了方程式(6.153)和式(6.154)中 k 的临界值。文献[6.42]中有关于双剪切钢梁的失效的实验、解析和数值研究,其基本方程包括了温度效应。

关于受均布瞬动载荷作用的软钢圆板的实验[6.43]也确认了模式 1、2 和模式 3 的失效,应用刚塑性方法对同一问题的理论分析也已开展[6.44]。Olson 等[6.45]对软钢方板进行了一些有限的爆破试验,观察到与在梁和圆板上发现的相同的三种失效模式。然而,Nurick 和他的同事做了进一步的实验以了解圆板边界夹持条件的细节的重要性[6.46],并观察到瞬动加载的方板的另一种模式 2 的失效[6.47]。也已经从实验和数值角度对于爆炸加载[6.48]和局部加载[6.49]的加强板的失效进行了研究。

文献[6.50-6.52]用刚塑性分析方法预测了固支梁、圆板和圆柱壳受爆炸载荷作用时的模式 3 横向剪切失效。

6.7.4 切断

在 6.7.3 节中已经证明,当方程式(6.153)或式(6.154)满足时,在瞬动加载的梁、板和壳的支承端,或在质量冲击问题中弹丸的下方出现模式 3 失效。一般来说,应用这些限制对动载的估计将给出模式3失效的临界值,并给出结构能承受的最大值。这些计算假定当这一极限值达到时结构的所有截面都保持静止。然而,实际上,当外载足够大时将把剩余的动能传递给从支承端分离出来的切割下来的部分。这一残片的动能可能大到足以撞击系统的另一部分,它可能是一个关键部件,并造成破坏。

对于6.3节中考察过的瞬动加载的简支刚塑性梁的特殊情形进行了研究,以期将分离后的残余动能与初始动能相关联[6.53]。结果表明,当分离出来的梁段在空间运动时形成驻定和移行塑性铰并导致梁段的形状不断改变,直到它产生刚体运动(即残余动能)。这一现象的发生是由于分离瞬间梁的跨中和支承端的速度的不同,例如,如图6.6中的速度场所示。因此,为了使分离出的梁段达到刚体运动,必须通过塑性铰的传播使这两个速度相等。图6.31显示了对于$v=5$,分离出来的梁段在失效瞬间(t_{fa})的位移场如何随时间改变,直到在$t=t_f$时达到永久位移场。这一形状改变对于司法检验可能是重要的,与此相关的动能分离部分关键部件的次生撞击的计算和危险性评估可能是重要的。

文献[6.53]表明当$v \geqslant 3/2$时,残余动能(K_r)与初始动能(K_i)的比值为

$$\frac{K_r}{K_i} = \left(\frac{4v - 3}{4v}\right)^2 \tag{6.161}$$

式中:v由式(6.9)定义。在文献[6.53]中对于v的其他范围以及分离瞬间梁端的不同速度值给出了几个其他表达式。

对于瞬动加载的固支梁[6.54]和简支圆板[6.55]也用精确的刚塑性分析进行了考察,预测了分离后的永久变形形状和残余动能。

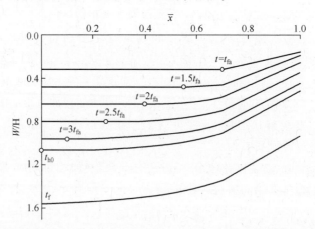

图6.31　长100mm、高10mm的方截面简支铝合金梁在运动各个阶段右半边的形状[6.53]

$(\bar{x}=x/L, v=5)$

6.7.5 穿孔

工程界对于各种物体对结构件的穿孔问题已有超过 300 年的兴趣,而军工部门对此感兴趣就更久了[6.56,6.57]。由于变量过多,这一表面上看来简单的课题实际上很复杂。撞击质量(导弹、撞击物或弹丸)的特征参数很多,包括形状、质量、冲击速度、结构强度和硬度,因此为简化起见质量常被看作刚体。几何形状多种多样,从军事武器的高度确定的形状到压力容器意外爆炸所抛射出来的或掉落到结构上的无确定形状。冲击速度可以包含几个数量级大小,并引起各种明显不同的响应。靶体自身可有不同的形状,也可由范围广泛的材料制成,有些是韧性的,有些则不是,并具有不同的应变强化和应变率敏感性特征。质量可以斜向撞击板的任何位置(靠近一个硬的点,如边界或加强筋),产生许多不同的失效模式,特别是当考虑到导弹的形状和冲击速度的大小时,冲击速度在较高值时还可能引起重要的温度效应。为了设计目的,穿孔过程的复杂性导致发展了几个经验方程。

一般来说,整个领域仅有几个小子集有可利用的实验数据,因此还留下许多空白。然而,经验方程大都是在有限的实验数据的基础上建立的。这些方程严格限于实验参数适用的范围,但是,在设计和危险性评估时它们往往被用在这些限制以外。

在这一领域已发表了许多综述[6.58-6.60],不同的文献包含了对问题不同方面的见解。本节集中关注初始平坦的韧性金属板在低速范围的穿孔问题,这与落物和爆炸或其他动载事故所产生的以较低速度运动的大碎片有关。

几个作者区分了厚板和薄板的冲击穿孔。对于厚板和较薄板的高速冲击(如超高速冲击[6.61])有大量文献,在这类问题中局部效应,包括可能的与温度相关的现象控制了整体效应,后者常被完全忽略不计。

为了更清楚地区别薄板和厚板,Backman 和 Goldsmith[6.58]考察了在弹性波穿过导弹长度 L 的时间内,弹性波穿过靶板厚度 H 的次数 n。因此,有

$$n = (C_i/C_m)(L/H) \tag{6.162}$$

式中:C_i、C_m 分别为靶板和导弹中的弹性波速。

如果 $n \gg 1$,则假定弹性应力波到达导弹尾部前靶板中在导弹下方的部分的弹性应力状态沿靶板厚度是均匀分布的。在这种情形下,靶板可视为薄板。伴有非弹性行为和穿孔的实际冲击问题远比这一简化分析复杂,但 Bakman 和 Golksmith[6.58]建议 $n>5$ 的板的冲击问题可近似视为薄板,$n<1$ 的板视为厚板,而 $1<n<5$ 的板视为中厚板。

方程式(6.162)是与冲击速度 V_0 无关的,而 V_0 是动载问题的一个重要参数。然而,Johnson[6.62]引进了破坏数,即

$$\Phi = \rho V_0^2/\sigma \qquad (6.163)$$

式中:ρ 为靶板的密度;σ 为平均动态流动应力。

把式(6.163)整理为 $\rho V_0^2 = \sigma \Phi$,则显然可见,Φ 给出了对出现严重塑性变形的区域内的应变量级的一个估计。式(6.163)可以用于揭示最有可能控制一个具体的冲击问题的响应的现象。本节限于讨论 Φ 约小于 1 的板的冲击穿孔。

多年来,对于韧性金属板的低速穿孔问题导出了一些经验方程,文献[6.60,6.63-6.67]对有些公式进行了讨论。例如,对于厚度为 H,屈服应力为 σ_y 的钢板的 BRL 方程为

$$\Omega_p = (1.4 \times 10^9/\sigma_y)(d/H)^{1.5} \qquad (6.164)$$

其中

$$\Omega_p = GV_0^2/2\sigma_y H^3 \qquad (6.165)$$

式中:G 为直径为 d 的圆柱形物体的撞击质量;V_0 为其初速度。BRL 方程给出的结果与钝头弹丸穿透钢板达到惊人的一致。另一个经验方程[6.63]为

$$\Omega_p = (\pi/2)(d/H) + 2(d/H)^{1.53}(S/d)^{0.21} \qquad (6.166)$$

式中:S 为板的跨度,对于圆板为直径,对于方板或矩形板为宽度[6.64]。方程式(6.166)是从软钢板的实验结果得出的,实验参数为 $S/d = 40, 0.393 \leqslant H/d \leqslant 1.575, 247 \leqslant \sigma_y \leqslant 310\text{MPa}, 341 \leqslant \sigma_m \leqslant 442\text{MPa}$ 和 $V_0 \leqslant 12.2\text{m/s}$。然而,文献[6.68,6.69]表明,式(6.166)对于实验参数为 $H/d < 0.35, V_0 < 184\text{m/s}$ 和 $S/d = 19.2^{[6.70]}$,以及 $H/d < 0.274$、$V_0 < 50\text{m/s}$ 和 $S/d = 14.14^{[6.71]}$ 的实验结果也吻合得很好。

其他的经验方程,如 SRI 方程、Jowett 方程和 Neilson 方程,在几个研究中与实验数据进行了比较。

这些经验方程都是对于钝头弹丸正撞板中心的情形建立的。在许多低速撞击问题中发现,对于锥形(90°夹角)或半球形弹头的弹丸,在板中心的无量纲能量更高[6.63]。因此,对于穿孔来说,钝头弹丸的 Ω_p 值是最低的,也是涉及钢板的许多民用撞击设计情景中最苛刻的。然而,已经观察到,偏离中心的正撞击所需的穿透板的能量更小,而撞击到硬点(如加强筋、支承等)附近时进一步减少到最小值[6.63,6.64,6.69]。

6.7.6 压力脉冲特征的影响

在 4.10 节和 5.9 节中曾提到,Youngdahl[6.72]定义了一个等效载荷(式(4.186))和一个脉冲的面积中心(式(4.188)),以便能够用一个对简化的压力-时间历程(例如,矩形压力脉冲)的分析来预测受一个复杂的压力-时间历程作用的结构的动态行为。换言之,Youngdahl[6.72]消除了结构行为的理论预测对于

压力-时间历程细节的敏感性。图 5.24 揭示了圆柱壳的无量纲最大永久横向位移对于作用于其上的压力脉冲形状的敏感性,而图 5.25 则表明,Youngdahl 的校正参数(式(4.186)~式(4.189))能使所有的曲线实质上落到一条曲线上。这使得可以用最简单的压力脉冲形状进行计算,然后应用 Youngdahl 的校正参数来预测任意形状压力脉冲作用时的动态响应。

结果表明,当梁[6.50]、板[6.51]和壳[6.52]的动态分析中保留横向剪切的影响时,Yourngdabl 的校正参数仍可使用。已经证明[6.50],对于给定的 v 值,受矩形(图 3.5)、线性衰减或指数衰减的压力脉冲作用的固支梁的无量纲最大永久横向位移实际上落到一条曲线上。对于圆板和圆柱壳,当横向剪切效应保留在控制方程中时,也得到了类似的结果。

6.7.7 最后评论

本章忽略了任何温度效应,并假定是等温响应。例如,如果温度效应保留在控制横向剪切失效的基本方程中,则对于给定的韧性材料和实验安排,可能发生从 6.7.3 节中考察的等温的模式 3 失效转变为绝热剪切失效,后者可能在更高速度时产生[6.73]。许多作者研究了绝热剪切失效,这在一些书籍中[6.74,6.75]进行了讨论。例如,Zhou 等[6.76]观察到,当一块预制缺口的高强度钢板在边上受到冲击速度为 42.8m/s 的质量撞击时,在形成的绝热剪切带中的最高温度高达 1427℃(约为相应的熔点的 90%)。在一块钛合金板受到冲击速度为 64.5m/s 的类似质量撞击时,在形成的绝热剪切带中记录到的最高温度为 450℃。Kalthoff[6.77]给出了一个综述,他研究了高强度钢和铝合金板的动态剪切失效,板的边缘在两个缺口之间受到一个质量的撞击。已经发表的文献有大量关于绝热剪切失效现象的信息。值得注意的是,当冲击速度更高时,塑性剪切波的传播效应将变得很重要[6.73]。

习 题

6.1 确定图 1.7 中简支梁支承端处的横向剪力。梁受到引起塑性破坏的均布静压力作用。假定梁是由理想刚塑性材料制成,其横截面是实心正方形(参看式(6.2)和 1.5 节)。

6.2 确定图 3.4 中简支梁支承端处的横向剪力。梁受具有矩形压力-时间历程,且 $p_0 \leqslant 3p_c$ 的均布压力作用(参看 3.3 节)。

6.3 对于 $p_0 \geqslant 3p_c$ 重做 6.2 题(参看式(6.4)和 3.4 节)。

6.4 应用虚速度原理证明:梁的平衡方程式(6.5a)和式(6.6)与剪应变和曲率关系式(6.7)和式(6.8)是相容的(参看附录4)。

6.5　求出 6.3.3 节中考察的瞬动加载的简支梁的永久横向位移场（对于 $1\leqslant v\leqslant 1.5$，参看式(6.39)）。

6.6　对于 6.3.4 节中考察的 $v\geqslant 1.5$ 的梁重做习题 6.5。

6.7　对于 6.3 节中具有 $v\leqslant 1$、$1\leqslant v\leqslant 1.5$ 和 $v\geqslant 1.5$ 的瞬动加载的梁，求出动能、横向剪切能量耗散和弯曲能量耗散随时间的变化。

6.8　证明：图 3.15(a) 中撞击质量下方的初始横向剪切力为无穷大。

6.9　证明：6.4.2 节和 6.4.3 节中关于图 6.11(a) 中梁的理论分析既是静力容许的，也是机动容许的。

6.10　证明：当运动开始时，4.5.7 节中瞬动加载的简支圆板沿边界的横向剪力为无穷大（式(6.112)）。

6.11　证明：当载荷理想化为瞬动加载时，5.5.2 节中圆柱壳支承处的初始横向剪力为无穷大（式(6.133)）。

6.12　推出 $v\leqslant 1$ 的简支圆柱壳中通过横向剪切位移和周向膜力所耗散的能量关系式(6.154)和式(6.146)。

6.13　应用式(6.153)求出 6.5.2 节中考察的 $v\leqslant 1.5$ 的瞬动加载的简支圆板的临界速度。

6.14　对于 6.6.2 节中考察的 $v\leqslant 1$ 的圆柱壳重做习题 6.13。

第7章 有限位移的影响

7.1 引　言

前几章针对无限小位移推出了梁、板和壳的静塑性和动塑性行为的理论解。换言之,控制这些结构响应的平衡方程式是利用初始未变形的构型得到的。例如,图1.1所示梁单元的平衡方程式(1.1)和式(1.2)的推导忽略了外载作用下的任何变形。结果表明,对于静塑性破坏载荷的预测,这样的简化理论分析常常能与实验结果吻合,如图1.14所示的支承端不受轴向约束的金属简支梁受横向载荷的实验结果。

回顾1.9节中轴向约束的刚性–理想塑性梁受到集中载荷的作用,它在有限横向位移的情况下可以承受的集中载荷超过对应的静塑性破坏载荷。事实上,由图1.15可见,当最大永久横向变形等于梁的厚度时,外载约为相应静塑性破坏值的2倍。然而,如图7.1所示,梁单元的初始横截面发生严重变形,并相

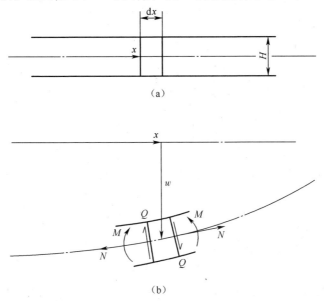

(a)

(b)

图7.1　梁单元

(a)初始状态;(b)变形后。

对于其初始位置产生相当大的位移。前几章给出的理论方法是忽略这一几何变形的。显然，平衡方程式(1.1)和式(1.2)不再控制变形后的梁单元的行为，需要不同的方程。结果表明，这一改变的最重要的影响是产生了膜力，即面内力 N，如图 7.1 所示。

如果一个横向受载梁的支承处受轴向约束，则梁的中心线在变形后的构型中必定变长。这一拉伸产生一个轴向的膜应变以及相应的如图 7.1 所示的膜力 N。

梁发生小位移时的平衡受图 1.1 所示的弯矩 M 和横向剪力 Q 控制。然而，当横向位移增加时，M 和 Q 对于梁的影响减少，膜力 N 则变大，直到在横向位移足够大时控制梁的变形行为。这称为弦响应。在此种情况下，弯矩 M 和剪力 Q 不再起重要作用，理想塑性梁的横截面在全塑性膜力 N_0 作用下发生塑性流动。

上述关于梁几何形状改变的现象，也可能发生在圆板和矩形板的静态响应中，如图 2.23 和图 2.24 所示。它对于径向受载的支承处受轴向约束的圆柱壳同样起作用。

2.12.1 节中已经指出，静塑性破坏定理，即塑性界限定理仅对于无限小位移成立。针对本章关注的有限位移的情况，虽然已进行很多尝试，也确实存在特殊情况下的一些证明，但还是未找到普遍适用的定理。因此，已经得到的关于结构有限位移的理论方法不是严密的，而是近似的。不过，在某些情况已经得到了与相应实验结果能很好吻合的结果。

在第 3 章中，为了描述与梁的外加动载相关的能量，定义了一个能量比 E_r（式(3.126)）。这个能量比必须足够大才能保证应用刚性-理想塑性材料的理论分析能得到合理的预测。大能量比这一要求会在轴向受约束的梁中将引起有限的横向位移并引入膜力。因此，有限位移或者说几何形状的改变的强化作用显然对受动载的结构响应有着重要影响。

下一节将考察如图 7.2 所示中间受集中载荷作用的理想刚塑性梁的有限位移行为。7.3 节和 7.4 节分别研究受静载作用的圆板和矩形板的另两个例子。7.5 节用一个近似的理论方法来考察几种矩形板的动塑性响应，并同相应的实验结果进行比较。7.6 节也应用这个理论方法考察梁的行为。7.7 节和 7.8 节分别考察了圆板和圆膜的动塑性响应，7.9 节则研究圆板及方板的质量冲击加载。本章结束时给出一些小结并介绍伪安定现象和拉伸撕裂破坏。

7.2　受集中载荷作用的梁的静塑性行为

7.2.1　引言

7.1 节中提到，当支承处受到轴向约束时，图 7.2 所示发生有限位移的梁中

224

产生了如图 7.1 所示的膜力 N。对于小的横向位移,弯矩 M 主导了响应,但其重要性随着横向位移的增加而减少。因此,需要一个屈服条件把引起理想塑性梁横截面屈服的 M 和 N 组合起来。假定塑性屈服不受横向剪力 Q 的影响。

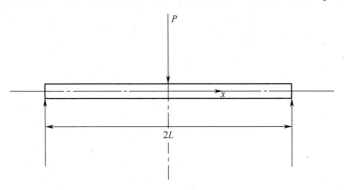

图 7.2　中央受集中载荷 P 作用的简支梁

下一节将采用类似于 2.9 节和图 2.15 中的方法得到屈服条件。在 7.2.3 节中导出平衡方程,7.2.4 节中用它和屈服条件一起来估计有限变形即几何形状改变对图 7.2 中受轴向约束的载荷–位移行为的重要性。

7.2.2　屈服条件

为了得到图 7.2 所示的问题在有限挠度时的屈服条件,必须找到弯矩 M 和膜力 N 的组合使得理想塑性梁的横截面进入完全塑性状态。

如果理想塑性梁具有如图 7.3(a)所示宽为 B、高为 H 的矩形截面,则如 1.2 节式(1.5)已指出的,引起塑性破坏的纯弯矩为

$$M_0 = \sigma_0 BH^2/4 \qquad\qquad (7.1)$$

如图 7.3(b)所示。在没有任何弯曲的情况下,可以承受的轴向膜力为

$$N_0 = \sigma_0 BH \qquad\qquad (7.2)$$

如图 7.3(c)所示。

可以预见,弯矩 M 与膜力 N 共同作用引起塑性破坏将产生如图 7.3(d)所示的沿梁高度方向的应力分布。中性轴位于距离底部 ηH 处,故不再与矩形截面的形心轴重合。这一应力分布可以分成如图 7.3(e)(f)所示的两部分以便于分析。

图 7.3(e)所示的应力分布没有轴向力,只有一个对形心轴的纯弯矩,即

$$M = \sigma_0 B(H - \eta H)\eta H$$

应用式(7.1)后即为

$$M/M_0 = 4\eta(1 - \eta) \qquad\qquad (7.3)$$

图 7.3(f)所示的应力分布给出一个作用在形心轴上的轴力,即

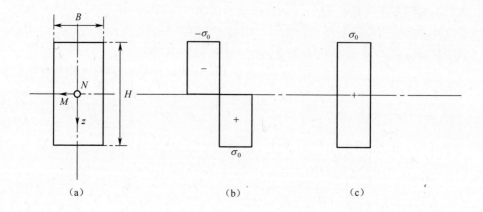

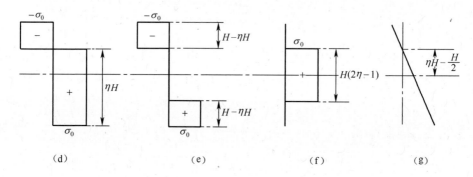

图 7.3 截面为矩形的理想刚塑性梁上轴力(N)与弯矩(M)的组合

(a)梁的横截面;(b)与纯弯矩(M_0)相关的应力分布;(c)与轴向膜力(N_0)相关的应力分布;
(d)弯矩(M)和膜力(N)共同作用下的应力分布,它可以分解为如(e)和(f)所示的由(M)及(N)分别引起的应力分布;(g)由(d)中应力分布造成的沿梁高度(H)的应变分布。

$$N = \sigma_0 B[H - 2(H - \eta H)]$$

应用式(7.2)后为

$$N/N_0 = 2\eta - 1 \tag{7.4}$$

式(7.4)可重新写为

$$\eta = (1 + N/N_0)/2 \tag{7.5}$$

因此,利用式(7.5)消去式(7.3)中的 η,得

$$M/M_0 + (N/N_0)^2 = 1 \tag{7.6}$$

如图 7.4 所示,它就是所求的造成矩形梁横截面塑性流动的把 M 和 N 联系起来的屈服条件。前述推导与图 7.4 中右上象限相关联,其余象限的屈服曲线可以用类似的方法或通过考虑对称性构造。

通常假定梁的横截面在变形过程中保持为平面,如图 7.3(g)所示。因此,如果 $\dot{\epsilon}$ 为横截面形心轴的轴向应变率即膜应变率,而 $\dot{\kappa}$ 是与此相关的曲率改变

226

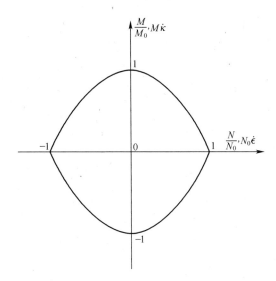

图 7.4　矩形截面的刚塑性梁的塑性流动所要求的把 M 和 N 的值联系起来的屈服曲线

率,则

$$\dot{\epsilon} = \dot{\kappa}(\eta H - H/2) \tag{7.7}①$$

即

$$\dot{\epsilon}/\dot{\kappa} = (2\eta - 1)H/2 \tag{7.8}$$

应用式(7.4),式(7.8)变为

$$\dot{\epsilon}/\dot{\kappa} = (H/2)(N/N_0) \tag{7.9}$$

或

$$\dot{\epsilon}/\dot{\kappa} = 2NM_0/N_0^2 \tag{7.10}$$

如果将式(7.6)的屈服条件对 N 求导,则

$$(\mathrm{d}M/\mathrm{d}N)/M_0 + 2N/N_0^2 = 0$$

上式给出斜率为

$$\mathrm{d}M/\mathrm{d}N = -2NM_0/N_0^2 \tag{7.11}$$

根据 2.2 节,弯矩 M 和膜力 N 是广义应力,而 $\dot{\kappa}$ 和 $\dot{\epsilon}$ 则是对应的广义应变率。因此,式(7.10)垂直于屈服曲线在该处的切线(式(7.11)),因为如图 7.4 所示,广义应变率 $\dot{\kappa}$ 和 $\dot{\epsilon}$ 分别平行于 M 轴和 N 轴。这一结果可以根据 2.3.4 节中介绍的正交性关系预测出来。对应的能量耗散率为

---

① 梁的初等弯曲理论给出 $\sigma_x/z = E/R$,式中 E 为弹性模量,R 为纯弯矩 M 作用所产生的曲率半径。因此,$\sigma_x/E = z/R$,即 $\epsilon_x = z\kappa$,式中 κ 为曲率。这一表达式也可通过假定初为平面的横截面在变形时保持平面的情况下进行几何推理直接得到。

$$\dot{D} = M\dot{\kappa} + N\dot{\epsilon} \tag{7.12}①$$

应该看到，图 7.4 中无量纲屈服曲线的斜率为 $\mathrm{d}(M/M_0)/\mathrm{d}(N/N_0) = -2N/N_0$，而由式(7.10)给出的正交性关系可以写为 $N_0\dot{\epsilon}/M_0\dot{\kappa} = 2N/N_0$。换言之，$N_0\dot{\epsilon}$ 和 $M_0\dot{\kappa}$ 分别为沿图 7.4 中 M/M_0 轴和 N/N_0 轴的广义应变率，这保证了能量耗散率，即

$$\dot{D} = (M/M_0)(M\dot{\kappa}) + (N/N_0)(N\dot{\epsilon})$$

与式(7.12)一致。

7.2.3 平衡方程

现在，考虑图 7.5 中梁单元受横向载荷作用产生有限横向位移的平衡。轴向或者说纵向平衡要求

$$\mathrm{d}N/\mathrm{d}x = 0 \tag{7.13}$$

而当变形不是很大时，力矩平衡要求

$$\mathrm{d}M/\mathrm{d}x = Q \tag{7.14}$$

由图 7.5 中单元体的横向平衡得到

$$\mathrm{d}Q/\mathrm{d}x + \mathrm{d}(N\mathrm{d}w/\mathrm{d}x)\mathrm{d}x + p = 0 \tag{7.15}②$$

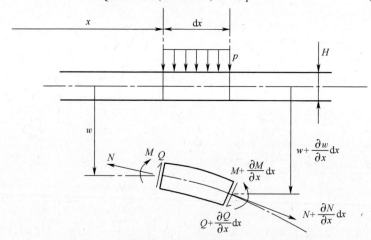

图 7.5 受载荷作用产生有限横向位移的梁单元

式(7.13)预言膜力 N 在梁的整个跨度内为常数。没有轴向力作用的无限

---

① 见式(2.3)。如果用跨过铰的转动速度 $\dot{\theta}$ 和铰的伸长率 $\dot{\Delta}$ 代替 $\dot{\kappa}$ 和 $\dot{\epsilon}$，则 $\dot{D} = M\dot{\theta} + N\dot{\Delta}$，可以再次证明正交性。

② 图 7.5 中梁单元左边 x 处的膜力 N 有一个垂直分量 $N\sin(\mathrm{d}w/\mathrm{d}x) \approx N\mathrm{d}w/\mathrm{d}x$。因此，单元体右边 $x+\mathrm{d}x$ 处的垂直力为 $N\mathrm{d}w/\mathrm{d}x+(\mathrm{d}/\mathrm{d}x)(N\mathrm{d}w/\mathrm{d}x)\mathrm{d}x$，这两个竖直力的差为 $(\mathrm{d}/\mathrm{d}x)(N\mathrm{d}w/\mathrm{d}x)\mathrm{d}x$。

小位移的梁的膜力为 0,如图 1.1 所示。在这种情形下,非线性项 $d(Ndw/dx)/dx = 0$,故式(7.15)简化为式(1.2),而式(7.14)与式(1.1)相同。

7.2.4 受一个集中力作用的简支梁

7.2.4.1 $0 \leqslant W/H \leqslant \frac{1}{2}$

在 1.7 节中曾证明,图 7.2 所示梁破坏时的横向速度场如图 1.7(b)所示。因此,假定横向位移场在有限位移的情况下具有相同的形式,如图 7.6 所示,即

$$w = W(1 - x/L) \tag{7.16}$$

现在,图 7.6 中梁中心线的长度改变为

$$2\left[(L^2 + W^2)^{1/2} - L\right]$$

对中等大小的横向位移,当伸长出现在长度为 l 的单个中心铰处时,它引起的膜应变为

$$\epsilon = 2L\left[(1 + W^2/L^2)^{1/2} - 1\right]/l \tag{7.17}$$

当 $(W/L)^2 \ll 1$ 时,式(7.17)可利用二项式级数写成

$$\epsilon \approx (W/L)^2(L/l)$$

该式预测膜应变为

$$\dot{\epsilon} \approx 2W\dot{W}/Ll \tag{7.18}$$

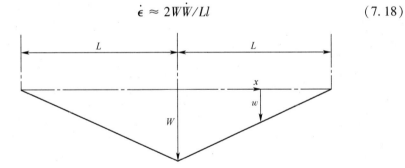

图 7.6 图 7.2 中的跨中点受集中力作用时的横向位移场

跨过图 7.6 中中心铰的总角度改变量约为 $2W/L$,它引起跨过长度为 l 的铰的平均曲率变化率为

$$\dot{\kappa} = 2\dot{W}/Ll \tag{7.19}$$

由式(7.18)和式(7.19)得

$$\dot{\epsilon}/\dot{\kappa} = W \tag{7.20}$$

比较式(7.10)和式(7.20)发现

$$2NM_0/N_0{}^2 = W$$

应用式(7.1)和式(7.2)后即为

229

$$N/N_0 = 2W/H \qquad (7.21)^{①}$$

现在，把式(7.14)代入式(7.15)得到图7.2中梁的控制方程，由 $p=0$ 得

$$d^2M/dx^2 + (dN/dx)(dw/dx) + Nd^2w/dx^2 = 0 \qquad (7.22)$$

然而，式(7.13)和式(7.16)表明式(7.22)中的两个非线性项为0，因此，有

$$d^2M/dx^2 = 0 \qquad (7.23)$$

即

$$M = Ax + B \qquad (7.24)$$

式中：A、B 为积分常数。

图7.2所示的梁关于跨中点对称，故下面的理论分析只考虑 $0 \leqslant x \leqslant L$ 的部分。梁两端简支，即 $x = L$ 处 $M = 0$，式(7.24)变为

$$M = A(x - L) \qquad (7.25)$$

此外，跨中点处的竖直集中力必须由 $x = 0$ 处的 N 和 Q 的竖直分量所承担，如图7.7所示，即

$$P/2 = - Q\cos(dw/dx) - N\sin(dw/dx)$$

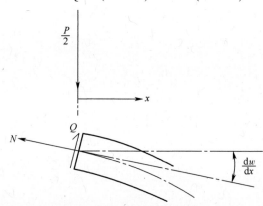

图7.7　跨中点受集中力作用的典型梁在跨中点的受力情况
（对图7.2中所示的梁，其中心线为直线）

假如有限位移不太大，式中所有的量都在 $x = 0$ 处计算，上式变为

$$P/2 \approx - Q - Ndw/dx \qquad (7.26)$$

利用式(7.14)，式(7.26)可改写为

$$P/2 \approx - dM/dx - Ndw/dx \qquad (7.27)$$

式(7.27)与式(7.16)和式(7.25)一起得

$$P/2 = - A + NW/L$$

---

① 若不在式(7.17)和式(7.19)中引入中心铰 l，通过确定 M 引起的转动 $\theta = W/L$ 和 N 引起的伸长 Δ 也可以得到式(7.21)，此处 $\Delta/\dot{\theta} = W = -dM/dN$。

即

$$A = NW/L - P/2$$

故式(7.25)可写成

$$M = (NW/L - P/2)(x - L) \qquad (7.28)$$

利用式(7.21)消去 N,式(7.28)预言在 $x = 0$ 处,有

$$M = (P/2 - 2N_0W^2/HL)L \qquad (7.29)$$

现在,把式(7.21)和式(7.29)都代入屈服条件式(7.6)得

$$(P/2 - 2N_0W^2/HL)L/M_0 + (2W/H)^2 - 1 = 0$$

利用式(1.36)所定义的静塑性破坏载荷,有

$$P_c = 2M_0/L \qquad (7.30a)$$

也可写成

$$P/P_c = 1 + 4W^2/H^2 \qquad (7.30b)$$

当 $W = 0$ 时,式(7.21)表明膜力 N 为 0 而式(7.30b)给出 $P = P_c$,如所预料的那样。把式(7.21)代入屈服条件式(7.6),很显然,当 $W = 0$ 时 $M = M_0$。因此,横截面为矩形的两端简支的理想塑性梁在初始破坏时,其塑性流动发生在图7.8中屈服曲线的 A 点。根据式(7.21),当 $W = H/2$ 时达到全塑性膜力状态 $N = N_0$,所以式(7.6)给出 $M = 0$。显然,随着横向位移的增加,塑性铰沿图7.8 中的屈服曲线移动,当最大横向位移达到梁高的 $1/2$ 时,移动到 B 点。

式(7.20)表明,当 $W = 0$ 时 $\dot{\epsilon}/\dot{\kappa} = 0$,这在 $\dot{\kappa} \to \infty$ 时满足,并与图7.8中 A 点的正交性的要求一致。此外,当 $W = H/2$ 时,式(7.20)给出 $\dot{\epsilon}/\dot{\kappa} = H/2$,它满足图7.8 中 B 点正交性的要求。

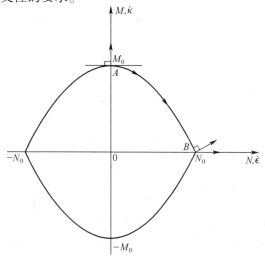

图7.8　矩形截面理想刚塑性梁的屈服曲线

必须检查广义应力场是否是静力容许的。式(7.21)表明,如果 $W \leq H/2$,则 $N/N_0 \leq 1$。此外,根据式(7.13),N 沿梁的跨度不变。因此,对于 $0 \leq W \leq H/2$,膜力 N 是静力容许的。如把式(7.21)和式(7.30b)代入式(7.28),则

$$M/M_0 = (1 - 4W^2/H^2)(1 - x/L), \quad 0 \leq W/H \leq 1/2 \qquad (7.31)$$

它也是静力容许的。

因为理论解既是静力容许的,又是机动容许的,所以式(7.30a)预测了图7.2所示梁在 $0 \leq W/H \leq 1/2$ 时精确的[①]静载荷承受能力。

7.2.4.2 $W/H \geqslant \dfrac{1}{2}$

从7.2.4.1节中的讨论中可以看到,式(7.30b)只在 $0 \leq W \leq H/2$ 时成立。因此,需要把理论解推广到横向位移 $W \geq H/2$ 的情况。这种情况下,广义应力仍位于图7.8中的 B 点,即

$$N = N_0 \qquad (7.32a)$$

$$M = 0 \qquad (7.32b)$$

由式(7.16)可见,式(7.32a、b)满足平衡方程式(7.13)~式(7.15)。显然,式(7.32)也满足 $x = L$ 处的简支条件和 $x = 0$ 处的屈服条件式(7.6)。

集中力下方 $x = 0$ 处的梁在竖直方向的平衡由式(7.27)控制,由式(7.16)和式(7.32a)、式(7.32b),得

$$P = 2N_0W/L \qquad (7.33)$$

即

$$P/P_c = 4W/H, \quad W/H \geqslant 1/2 \qquad (7.34)$$

式中:P_c 由式(7.30a)定义。

可以看到,式(7.20)仍然控制着梁的行为,所以广义力仍留在图7.8所示屈服曲线的 B 点。当横向位移 W 增加时,广义应变率矢量方向向横坐标轴(N 轴)转动。广义应变率矢量方向始终位于图7.8中 B 点处的扇形区域内,所以它服从2.3.4节讨论的如图2.3所示的塑性正交性的要求。

由于理论解既是静力容许又是机动容许的,式(7.34)是图7.2所示梁在 $W/H \geqslant 1/2$ 时精确的[②]静承载能力。

根据式(7.30b)和式(7.34)得到无量纲静载-横向位移特征绘在图7.9中并与式(7.30a)给出的相应静塑性破坏载荷 P_c 进行比较。当最大横向位移等于梁高的1/2时,梁进入膜状态或弦状态,与此相关联的外加集中力是对应的静塑

---

① 式(7.18)是式(7.17)当 $W/L \ll 1$ 时对于中等横向位移的一个近似。因此,此解对于这种程度的近似是精确的。附录4讨论了平衡方程和几何关系的相容集。

② 见上一个脚注。

性破坏值的 2 倍。

容易证明，梁吸收的外部总能量 $E_T = \int_0^W P\,dW$ 可以表示为无量纲形式，即

$$E_T/P_c H = W/H + 4\,(W/H)^3/3, \quad 0 \leqslant W/H \leqslant \frac{1}{2} \tag{7.35a}$$

和

$$E_T/P_c H = \frac{1}{6} + 2\,(W/H)^2, \quad W/H \geqslant \frac{1}{2} \tag{7.35b}$$

这一能量由图 7.6 中绕中心塑性铰的弯曲转动和面内拉伸所吸收，后者给出式(7.17)。弯曲所吸收的能量为 $D_b = \int_0^W M2\,dW/L$，它可以写成

$$D_b/P_c H = W/H - 4\,(W/H)^3/3, \quad 0 \leqslant W/H \leqslant \frac{1}{2} \tag{7.36a}$$

和

$$D_b/P_c H = \frac{1}{3}, \quad W/H \geqslant \frac{1}{2} \tag{7.36b}$$

类似地，由拉伸变形所吸收的无量纲能量为

$$D_m/P_c H = 8\,(W/H)^3/3, \quad 0 \leqslant W/H \leqslant \frac{1}{2} \tag{7.37a}$$

和

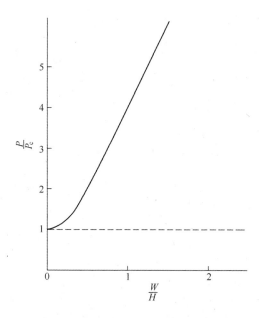

图 7.9　由式(7.30a)和式(7.34)所得到的图 7.2 中梁的无量纲静载–横向位移特性(——)
－－－由式(7.30b)给出的无限小位移时的静塑性破坏载荷。

$$D_m/P_cH = 2\left(W/H\right)^2 - \frac{1}{6}, \quad W/H \geqslant \frac{1}{2} \tag{7.37b}$$

如果忽略弯曲变形并假定梁变形如同膜或弦响应,则 $D_b = 0$, 而

$$E_T/P_cH = D_T/P_cH = E_m/P_cH = 2\left(W/H\right)^2, \quad W/H \geqslant 0 \tag{7.38}$$

图 7.10 对式(7.35)~式(7.38)进行了对比。显然,当最大横向位移等于梁高的 1/2 时,弯曲和膜拉伸对能量吸收的贡献是相同的。

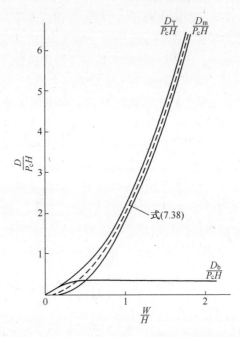

图 7.10　根据式(7.35)~式(7.38),无量纲能量随横向位移的变化

7.2.5　受集中力作用的固支梁

可以用与 7.2.4 节类似的理论方法来考察图 7.2 中梁的问题,但为固支梁[7.1]。在这种情形下,可以证明:

$$P/\overline{P}_c = 1 + W^2/H^2, \quad 0 \leqslant W/H \leqslant 1 \tag{7.39a}$$

和

$$P/\overline{P}_c = 2W/H, \quad W/H \geqslant 1 \tag{7.39b}$$

式中

$$\overline{P}_c = 4M_0/L \tag{7.39c}$$

根据式(1.37),它是对应的静塑性破坏载荷。图1.15将式(7.39)的理论预测同 Haythornthwaite[7.1]对钢梁得到的实验结果进行了比较。

应该指出,式(7.39c)给出的对于无限小挠度的静塑性破坏载荷是简支梁的式(7.30a)的2倍。因此,式(7.34)和式(7.39b)对于处于弦或膜状态的简支梁和固支梁给出相同的横向载荷–位移行为。

7.3 圆板的静塑性行为

7.3.1 引言

2.6节研究了几种理想刚塑性圆板的静塑性破坏行为。如图2.5和图2.6(b)所示,这些理论解是对于产生无限小位移且塑性流动由径向和周向弯矩控制的板推导出的。

Onat 和 Haythornthwaite[7.2]考察了受载荷作用产生有限横向位移的圆板的承受能力。他们发展了一个考虑几何形状改变影响的近似理论方法并将其与软钢板的实验结果进行比较。

Onat 和 Haythornthwaite[7.2]假定与静破坏载荷相关的横向位移场控制着当外载产生有限横向位移时的行为。然后他们利用2.3.4节中讨论过的塑性正交性法则来计算内能耗散率,并使它等于外功率以获得板的承受能力。由于未能满足平衡方程,故此理论方法是近似的。

7.3.2 局部受载的简支圆板

2.6.5节中的理论分析预测图7.11(a)中圆板以图7.11(b)中的锥形横向速度场破坏。Onat 和 Haythornthwaite[7.2]应用这一横向速度场并假定板沿外边界是滚动支撑的。结果发现,周向膜应变率和周向曲率改变率是该问题仅有的非零广义应变率。然后,根据最大剪应力屈服条件及相关流动法则,由内能耗散率等于外部功率,得

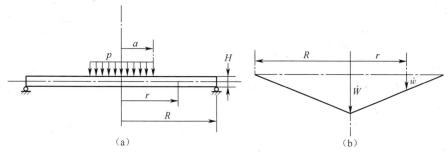

图7.11 (a)受中央圆形分布压力作用的简支圆板;(b)横向速度场

$$P/P_c = 1 + 4(W/H^2)/3, \quad 0 \leqslant W/H \leqslant \frac{1}{2} \tag{7.40a}$$

和

$$P/P_c = 2W/H + (H/W)/6, \quad W/H \geqslant \frac{1}{2} \tag{7.40b}$$

式中：P_c 为式(2.20a)所定义的对应的静塑性破坏载荷。

2.12.1 节中讨论了式(7.40)，并在图 2.23 中将其同 Onat 和 Haythornthwaite[7.2]关于软钢板的对应实验结果做了比较。

Onat 和 Haythornthwaite[7.2]也研究了固支圆板的行为，并把理论预测同钢板的实验结果做了比较。

7.4 矩形板的静塑形行为

7.4.1 引言

正如 2.8 节中所指出的那样，矩形板的静塑形载荷的精确理论解很难获得。考虑有限变形即几何形状的改变将引入膜力，使得问题更为复杂。然而，这一研究在实际应用上很重要，故一些文献发展了几种近似方法。

下一节介绍文献[7.3-7.5]中发展的关于任意形状平板受横向载荷作用产生有限位移的方法。此一方法假定板对于无限小位移的静塑性破坏场的形状在有限位移时保持不变，这一简化最初由 Onat 和 Haythornthwaite[7.2]引进，已在7.3.1 节中讨论。

7.4.3 节中用该近似方法考察受一集中力作用的梁。7.4.4 节和 7.4.5 节分别研究受均布载荷作用的简支和固支矩形板，而 7.4.6 节则做了一个简短的讨论。

7.4.2 近似分析方法

文献[7.3-7.5]已经证明，对初始平坦的理想刚塑性板，如变形后成为由 r 条塑性铰线分开的几个刚性区，每条铰线的长度为 l_m，则有

$$\int_A p\dot{w}\mathrm{d}A = \sum_{m=1}^{r} \int_{l_m} (M + Nw)\dot{\theta}_m \mathrm{d}l_m \tag{7.41}$$

式中：A 为受外压 p 作用的板的总面积；$\dot{\theta}_m$ 为越过一条直的线铰线的相对角速度；w 为沿一条铰线的横向位移；N、M 分别为作用于过塑性铰线并垂直于中面的平面上的膜力和弯矩。

236

容易证明,式(7.41)只是能量守恒的一个表达式[①]。式(7.41)左边为外部功率,而右边的 $M\dot\theta_m$ 项与塑性铰线处的弯曲引起的内能耗散有关。如果 w 和 M 如图7.5所示定义,则相应的 $\dot\theta_m$ 值为正,如图7.12(a)所示。式(7.41)右边的 $Nw\dot\theta_m$ 项与由塑性铰线处的膜力(面内力)引起的板的内能耗散有关。对于横向位移不大,面内位移为0的情形,这可以用简单的几何推理证明。例如,图7.12(b)中的刚性区绕 $w=0$ 的简支边转动,将在另一端的塑性铰线中产生一个轴向伸长率 $w\dot\theta_m$ [②]。所以,与此相关的能量耗散率为 $N(w\dot\theta_m)$。

式(7.41)右侧的被积函数,即

$$\dot D = (M + Nw)\dot\theta_m \tag{7.42}$$

可解释为单位长度直线铰线的内能耗散率。耗散函数($\dot D$)的显式表达式取决于板边界的支承类型和材料的屈服条件。

如果选用图7.4中最大正应力的屈服准则,则根据式(7.6),有

$$M = M_0[1 - (N/N_0)^2] \tag{7.43}$$

其中,当简支梁跨中点形成塑性铰时,根据式(7.21),有

$$N/N_0 = 2w/H \tag{7.44}$$

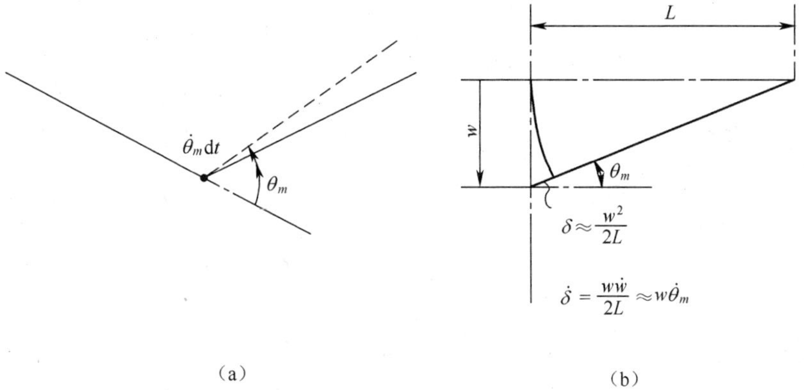

(a)   (b)

图7.12 (a)塑性铰处的 $\dot\theta_m$ 为正值;(b)塑性铰处的轴向伸长率

对于实心矩形横截面,由式(7.1)和式(7.2)有 $M_0 = N_0H/4$,于是,把式(7.43)和式(7.44)代入式(7.42)得

---

① Taya 和 Mura[7.6]利用变分法也推出了式(7.41)。根据2.4.3节中塑性上限定理,式(7.41)给出了产生无限小位移的板的精确破坏压力的上限。

② 图7.12(b)中塑性铰链处的伸长 δ 由式 $(L^2 + w^2)^{1/2} - L = L[(1 + w^2/L^2)^{1/2} - 1] \approx L[1 + w^2/2L^2 + \cdots - 1] = w^2/2L$ 给出。

$$\dot{D} = M_0(1 + 4w^2/H^2)\dot{\theta}_m \tag{7.45}$$

式(7.44)在 $0 \leqslant w \leqslant H/2$ 时成立以保证 $0 \leqslant N \leqslant N_0$。因此，当 $w \geqslant H/2$ 时，$N = N_0$，$M = 0$，而由式(7.42)得

$$\dot{D} = 4M_0w\dot{\theta}_m/H \tag{7.46}$$

固支的情形也可用类似的方法考察，只是 7.2.4.1 节中所计算的轴向伸长由刚性区两端的塑性铰平分。因此，按 7.2.4.1 节中的方法，得

$$N/N_0 = w/H \tag{7.47}$$

式(7.47)与式(7.43)一起，使式(7.42)对于内部铰可以写成

$$\dot{D} = M_0(1 + 3w^2/H^2)\dot{\theta}_m \tag{7.48}$$

显然，根据式(7.47)，为了满足屈服条件，$w \leqslant H$。而当 $w/H \geqslant 1$ 时，对于固支情形式(7.46)仍成立。

7.4.3 受集中力作用的梁的近似解法说明

现在考虑图 7.2 所示梁在跨中点受集中力作用的简支梁。图 7.6 所示为其静塑性破坏场，应用 7.2.4 节中近似的理论方法时，假定它对发生几何变形的梁仍适用。在此例中，式(7.41)中各变量取值为 $r = 1$，$\dot{\theta}_1 = 2\dot{\theta}_2$，$w = W$，$\dot{W} = L\dot{\theta}$ 和 $l_1 = B$，所以由式(7.41)和式(7.45)得

$$PL\dot{\theta} = M_0(1 + 4W^2/H^2)2\dot{\theta}$$

当 $W/H \leqslant 1/2$ 时，上式简化为式(7.30)；而对于 $W/H \geqslant 1/2$，由式(7.41)和式(7.46)又重新得到式(7.34)。

如果图 7.2 中梁两端固支，则图 7.6 中的破坏机理也与精确的静破坏载荷有关。在这种情况下，式(7.41)中的 $r = 3$，对 $w = 0$ 的两支承端处铰链有

$$\dot{D}_1 = M\dot{\theta} \tag{7.49a}[①]$$

$$\dot{D}_3 = M\dot{\theta} \tag{7.49b}$$

利用式(7.43)和式(7.47)，式(7.49a)、式(7.49b)可改写为

$$\dot{D}_1 = M_0(1 - W^2/H^2)\dot{\theta} \tag{7.49c}$$

$$\dot{D}_3 = M_0(1 - W^2/H^2)\dot{\theta} \tag{7.49d}$$

根据式(7.48)，对于跨中点的铰其能量耗散函数为

$$\dot{D}_2 = M_0(1 + 3W^2/H^2)2\dot{\theta} \tag{7.50}$$

最后，把式(7.49c)、式(7.49d)和式(7.50)代入式(7.41)得

---

① 根据图 7.5 和图 7.12 中的定义，M 和 θ 在支承点处的符号为负。

$$PL\dot{\theta} = 2M_0(1 - W^2/H^2)\dot{\theta} + 2M_0(1 + 3W^2/H^2)\dot{\theta}$$

上式可以简化为式(7.39a),为了在式(7.47)中保持 $N \leq N_0$,只对于 $W/H \leq 1$ 成立。

现在,对于固支情形,当 $W \geq H$ 时, $M = 0, N = N_0$。因此,式(7.42)预测 $\dot{D}_1 = \dot{D}_3 = 0$ 以及 $\dot{D}_2 = N_0 W 2\dot{\theta}$,代入式(7.41)得

$$PL\dot{\theta} = N_0 W 2\dot{\theta}$$

该式可简化为式(7.39b)。

从上述两种情况的计算显然可见,7.2.4 节中的近似方法预测了 7.2.4 节和 7.2.5 节中对于受集中力作用的简支和固支梁所导出的精确的静态承载能力。

7.4.4 受均布压力作用的简支矩形板

7.4.4.1 引言

在 2.8.2 节至 2.8.4 节中推导了图 2.9 节中所示的简支矩形板的静塑性破坏压力的上下限。从图 2.12 中看到,对于遵循图 2.4 所示的 Johansen 屈服条件的理想刚塑性材料制成的矩形板,其上下限很接近。然而,考虑几何形状的改变将引入膜力 N_x、N_y 和 $N_{xy} = N_{yx}$。因此,需要满足一个除两个横向剪力外包含式(2.1)中所有其余变量的屈服条件。为考察有限位移即几何形状改变的影响而在 7.4.2 节介绍的理论方法避免了这种复杂性。对现在的有限变形问题,此方法假定其破坏机构与 2.8.3 节中为了得到精确静态破坏压力上限所用的机构相同。

7.4.4.2 $W/H \leq \dfrac{1}{2}$

本节应用式(7.41)和图 2.10 中所示的静塑性破坏机构来考察有限横向位移的影响。显然,式(7.31)左边的外部功率与式(2.39)相同。并且,板周边简支,故式(7.41)右边的内能耗散率由式(7.45)控制,它在 $0 \leq W \leq H/2$ 时成立。因此,采用 2.8.3 节图 2.10 中的记号,式(7.41)变为

$$2B^2 p(L/B - \tan\phi/3)\dot{W} = M_0(1 + 4W^2/H^2)2\dot{\theta}_2 2(L - B\tan\phi) +$$
$$4M_0\int_0^{B\tan\phi}(1 + 4w^2/H^2)\dot{\theta}_3 \mathrm{d}x'/\sin\phi \quad (7.51a)$$

式中

$$w = W(B\tan\phi - x')/B\tan\phi, \quad 0 \leq x' \leq B\tan\phi \quad (7.51b)$$

$$\dot{\theta}_2 = \dot{W}/B \quad (7.51c)$$

以及

$$\dot{\theta}_3 = \dot{W}/B\sin\phi \tag{7.51d}$$

因此

$$p/p_c = 1 + 4[\xi_0 + (3 - 2\xi_0)^2](W/H)^2/3(3 - \xi_0) \tag{7.52}$$

其中

$$\xi_0 = \beta\tan\phi \tag{7.53a}$$

$$\beta = B/L \tag{7.53b}$$

而根据式(2.43)，静塑性破坏压力为

$$p_c = 6M_0/\{B^2[(3 + \beta^2)^{1/2} - \beta]^2\} \tag{7.53c}[①]$$

7.4.4.3 $W/H \geqslant \dfrac{1}{2}$

现在，根据式(7.44)，当 $W/H \geqslant 1/2$ 时，$N = N_0, M = 0$，而内能耗散函数式(7.45)必须被式(7.46)代替。所以，如图7.13所示，矩形板有两个主要的区域，公共的边界条件位于 $x' = \varGamma$ 处，此处，$w = H/2$。在 $w/H \geqslant 1/2$ 的中央区域内的塑性铰由 $N = N_0, M = 0$ 和式(7.46)决定，而位于 $w/H \leqslant 1/2$ 的外围区域内的塑性铰由式(7.45)控制。式(7.41)左边的外部功率也由式(2.39)给出。因此

$$2B^2p(L/B - \tan\phi/3)\dot{W} = N_0W(2\dot{\theta}_2)2(L - B\tan\phi) +$$

$$4\int_0^{\varGamma} N_0W[(B\tan\phi - x')/B\tan\phi]\dot{\theta}_3\mathrm{d}x'/\sin\phi +$$

$$4\int_{\varGamma}^{B\tan\phi} M_0\{1 + 4[W(B\tan\phi - x')/HB\tan\phi]^2\}\dot{\theta}_3\mathrm{d}x'/\sin\phi \tag{7.54}$$

即

$$p/p_c = 4(W/H)[1 + \xi_0(\xi_0 - 2)(1 - H^2/12W^2)/(3 - \xi_0)] \tag{7.55}$$

当 $W/H = 1/2$ 时，如所预期的那样，式(7.52)和式(7.55)预言相同的压力。

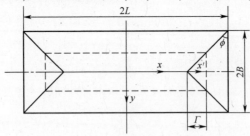

图7.13 均匀受载的矩形板上塑性铰链形态的平面图，内外区域间的边界(－－－)
位于 $x' = \varGamma$ 处，该处 $w = H/2$

[①] 利用式(2.42)和式(7.53a)，式(7.53c)可写为 $p_c = 6M_0/B^2(3 - 2\xi_0)$。

7.4.5　受均布压力作用的固支矩形板

7.4.5.1　引言

2.8.5 节得到了固支矩形板的静塑性破坏压力。应用上节中对简支情形所概述的一般方法,本节考察有限变形对固支边界矩形板行为的影响。

7.4.5.2　$W/H \leqslant 1$

完全固支区域中的内部塑性铰的耗散函数由式(7.48)给出。因此,将外部功率式(2.39)代入式(7.41),与式(7.43)、式(7.47)和式(7.48)一起,得

$$2B^2 p(L/B - \tan\phi/3)\dot{W} = 4\int_0^B M_0(1 - w^2/H^2)\dot{\theta}_1 \mathrm{d}y +$$

$$4\int_0^{B\tan\phi} M_0(1 - w^2/H^2)\dot{\theta}_2 \mathrm{d}x' + M_0(1 - W^2/H^2)\dot{\theta}_2 4(L -$$

$$B\tan\phi) + M_0(1 + 3W^2/H^2)2\dot{\theta}_2 2(L - B\tan\phi) +$$

$$4\int_0^{B\tan\phi} M_0(1 + 3w^2/H^2)\dot{\theta}_3 \mathrm{d}x'/\sin\phi \qquad (7.56\mathrm{a})$$

利用式(7.51)以及

$$w = W(B - y)/B, \quad 0 \leqslant y \leqslant B \qquad (7.56\mathrm{b})$$

和

$$\dot{\theta}_1 = \dot{W}/B\tan\phi \qquad (7.56\mathrm{c})$$

式(7.56a)给出

$$p/p_\mathrm{c} = 1 + [\xi_0 + (3 - 2\xi_0)^2](W/H)^2/3(3 - \xi_0) \qquad (7.57)$$

式中:ξ_0 由式(7.53a)定义,而根据式(2.51),静塑性破坏压力为

$$p_\mathrm{c} = 12M_0/\{B^2[(3 + \beta^2)^{1/2} - \beta]^2\} \qquad (7.58)[①]$$

7.4.5.3　$W/H \geqslant 1$

必须把矩形板分为如图 7.13 所示的两个区域。不过,在这种情况下,两个区域之间的边界 $x' = \Gamma$ 上,$w = H$。

留给读者自己练习,试证明由式(7.41)可得

$$p/p_\mathrm{c} = (2W/H)[1 + \xi_0(2 - \xi_0)(H^2/3W^2 - 1)/(3 - \xi_0)] \qquad (7.59)$$

当 $W/H = 1$ 时,式(7.57)和式(7.59)给出相同的压力。

7.4.6　讨论

对于长宽比 $\beta = 0.5$ 的受均布载荷作用的简支和固支矩形板,式(7.52)、

---

① 利用式(2.42)和式(7.53a),式(7.58)可以写成 $p_\mathrm{c} = 12M_0/B^2(3 - 2\xi_0)$。

式(7.55)、式(7.57)和式(7.59)的理论预测如图7.14所示。显然,对于不太大的横向位移,其承载能力比2.8节针对无限小位移所预测的相应的静载破坏值大得多①。图7.15给出了不同最大永久横向位移即损坏水平下,固支板的无量纲承压能力随长宽比 β 的变化(等损坏曲线)。

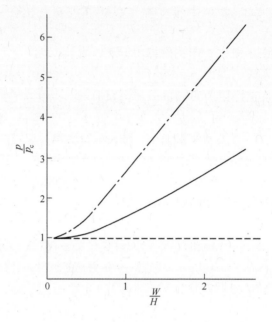

图7.14　$\beta = 0.5$ 的矩形板的无量纲压力-横向位移特性曲线
－－－无限小位移的静载破坏行为;－·－简支情形的式(7.52)和式(7.55);
——— 固支情形的式(7.57)和式(7.59)。

图2.24中把式(7.57)和式(7.59)的理论预测与长宽比 $\beta = 0.5$ 和 $\beta = 1$(方板)的固支软钢板的一些实验结果做了比较。

当 $\beta \to 0$ 时, $L \gg B$,矩形板的理论预测就化为均匀受载梁的相应结果,如图2.13所示。在此情况下,式(2.42)给出 $\tan\phi = \sqrt{3}$,而根据式(7.53a),$\xi_0 \to 0$ 。故对于均匀受载的简支梁,由式(7.52)和式(7.55)得②

$$p/p_c = 1 + 4\,(W/H)^2, \quad 0 \leqslant W/H \leqslant \frac{1}{2} \tag{7.60a}$$

和

---

① 由式(7.53c)和式(7.58)显然可见,固支板的静塑性破坏压力是简支矩形板的2倍。
② 式(7.60)同 Gürkök 和 Hopkins[7.7] 的精确数值解非常一致,如文献[7.8]中的图1所示。

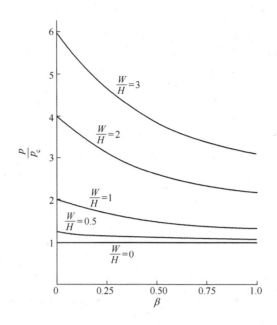

图 7.15　由式(7.57)和式(7.59)给出的固支矩形板的等损坏曲线

$$p/p_c = 4W/H, \quad W/H \geqslant \frac{1}{2} \tag{7.60b}$$

而对于固支情形,式(7.57)和式(7.59)化为[①]

$$p/p_c = 1 + (W/H)^2, \quad 0 \leqslant W/H \leqslant 1 \tag{7.61a}$$

和

$$p/p_c = 2W/H, \quad W/H \geqslant 1 \tag{7.61b}$$

值得注意的是,当 $\beta = 0$ 时,对于简支和固支的情况,式(7.53c)和式(7.58)分别预测 $p_c = 2M_0/B^2$ 和 $p_c = 4M_0/B^2$。

7.5　矩形板的动塑性行为

7.5.1　引言

从 7.2 节至 7.4 节可明显看出,几何形状的改变对几种构件的行为起重要作用,中等的横向位移可使得静态承受能力显著增加。可以预期,有限位移即几何形状改变对于某些受动载作用的结构也起重要的作用。

在文献[7.3-7.5]中发展的对于任意形状板的近似理论方法,已在 7.4.2

---

① 在文献[7.5]的图 5 中,把式(7.61)同 Young[7.9]的实验结果做了比较。

节具体应用于板的静塑性行为,板变形为由几条直塑性铰线分隔的几个刚性区。下一节将介绍这一理论方法包含动态效应时的形式,并在7.5.3节中用于研究受动载作用的简支矩形板。在7.5.4节中再用该理论方法研究同一问题,但采用一个简化屈服条件,而在7.5.5节考察固支矩形板。7.5.6节考察瞬动速度加载的特殊情况,并在7.5.7节中与金属板的实验结果进行比较。

7.5.2　近似分析方法

文献[7.4]发展了一种近似理论方法。对于初始平坦、变形后形成由 r 条长度为 l_m 的直塑性铰线分隔的几个刚性区域的理想刚塑性平板,它可以简化为

$$\int_A (p - \mu \ddot{w}) \dot{w} \mathrm{d}A = \sum_{m=1}^{r} \int_{l_1} (M + Nw) \dot{\theta}_m \mathrm{d}l_m \qquad (7.62)^{①}$$

对受静载的情况,式(7.62)化为式(7.41)。此外,7.4.2节中导出的各种耗散关系和其他量对动载的情形仍成立。

7.5.3　受均布压力脉冲作用的简支矩形板的动态响应

7.5.3.1　引言

7.4.4节应用对于静载情形的式(7.62)(即式(7.41))考察了受均布压力的作用、产生有限横向位移即几何形状改变的简支矩形板的静塑性行为。下一节应用式(7.62)来研究这一问题的动态响应,板受到如图7.16中所示的矩形压力-时间历程的动压力脉冲作用,即

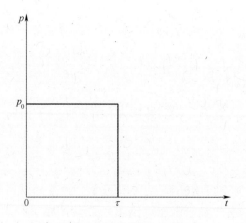

图 7.16　矩形压力脉冲

---

① μ 为单位面积的质量。

$$p = p_0, \quad 0 \leqslant t \leqslant \tau \tag{7.63a}$$

和

$$p = 0, \quad t \geqslant \tau \tag{7.63b}$$

7.5.3.2　$W/H \leqslant \dfrac{1}{2}$

假定动压力脉冲产生的最大横向位移不大于板厚的 1/2。这样，必须考虑 $0 \leqslant t \leqslant \tau$ 和 $\tau \leqslant t \leqslant T$ 两个运动阶段。

1. 运动第一阶段，$0 \leqslant t \leqslant \tau$

假定与图 7.16 中动压力脉冲相关的横向速度场的形状与 7.4.4 节中静压下的一致(图 2.10)。因此，除了惯性项($\mu \ddot{w}$)，式(7.62)所有的项与 7.4.4 节中相同。

现在，考虑式(7.62)中的惯性项，利用式(2.33)和式(2.34)，它可以写成

$$\int_A \mu \ddot{w} \dot{w} \mathrm{d}A = 4\mu \int_0^{B\tan\phi} \int_0^{x'\cot\phi} \ddot{W}_1 \dot{W}_1 (B\tan\phi - x')^2 \mathrm{d}y\mathrm{d}x'/B^2\tan^2\phi +$$

$$4\mu \int_0^B \int_0^{y\tan\phi} \ddot{W}_1 \dot{W}_1 (B - y)^2 \mathrm{d}x'\mathrm{d}y/B^2 +$$

$$4\mu \int_0^B \int_0^{L-B\tan\phi} \ddot{W}_1 \dot{W}_1 (B - y)^2 \mathrm{d}x\mathrm{d}y/B^2 \tag{7.64}$$

积分并加以简化后得

$$\int_A \mu \ddot{w} \dot{w} \mathrm{d}A = 4\mu \ddot{W}_1 \dot{W}_1 (LB/3 - B^2\tan\phi/6) \tag{7.65}$$

式中：$\dot{W}_1$ 为与图 2.10 有相同形状的运动第一阶段的横向速度场的峰值。

因此，式(7.51a)[1]和式(7.65)代入式(7.62)得

$$a_1 \ddot{W}_1 + a_2 W_1{}^2 = \eta - 1 \tag{7.66}[2]$$

其中

$$a_1 = \mu B^2(2 - \beta\tan\phi)/[6M_0(1 + \beta\cot\phi)] \tag{7.67a}$$

$$a_2 = 4[1 + 2(1 - \beta\tan\phi)/(1 + \beta\cot\phi)]/3H^2 \tag{7.67b}$$

而

$$\eta = p_0/p_c \tag{7.67c}$$

---

① 式中用 p_0、W_1 和 $\dot{W}_1$ 分别代替 p、W 和 $\dot{W}$。

② 没有惯性项($\ddot{W}_1$)时，式(7.66)化为基本方程中保留有限挠度影响时关于静态承载能力的式(7.52)。此外，如果不考虑非线性项(W_1^2)，在 $\beta = 0$，$p_c \leqslant p_0 \leqslant 2p_c$ 时，式(7.66)化为由式(4.128)给出的方板动态响应的控制方程。最后，如果式(7.66)中的惯性项和非线性项都略去，则重新得到由式(7.53c)，即式(2.43)给出的静塑性破坏压力。

是动压比，此处 p_c 是式(7.53c)所给出的静态塑性破坏压力。

方程式(7.66)是一个非线性微分方程，其初始条件为 $t=0$ 时，$W_1 = \dot{W}_1 = 0$，它可以用逐次逼近法求解。现在，把式(7.66)写成

$$\ddot{W}_1 + h_1 W_1{}^2 = d_1 \tag{7.68a}$$

的形式，式中

$$h_1 = a_2/a_1 \tag{7.68b}$$

和

$$d_1 = (\eta - 1)/a_1 \tag{7.68c}$$

忽略非线性项，得到一阶近似，即

$$\ddot{W}_1^{(1)} = d_1 \tag{7.69a}$$

因为当 $t=0$ 时 $\dot{W}_1^{(1)} = W_1^{(1)} = 0$，由式(7.69d)得

$$W_1^{(1)} = d_1 t^2/2 \tag{7.69b}$$

二阶近似 $W_1^{(2)}$ 从

$$\ddot{W}_1^{(2)} + h_1 (W_1^{(1)})^2 = d_1 \tag{7.70a}$$

中得到，因为 当 $t=0$ 时 $\dot{W}_1^{(2)} = W_1^{(2)} = 0$，即得

$$W_1^{(2)} = d_1 t^2 (1 - h_1 d_1 t^4/60)/2 \tag{7.70b}$$

显然，可以重复此步骤以得到更高阶的项[①]，但这里不再往下推导。因此，当压力脉冲消失，运动第一阶段结束时，有

$$W_1 = \overline{W}_1 = d_1 \tau^2 (1 - h_1 d_1 \tau^4/60)/2 \tag{7.71a}$$

和

$$\dot{W}_1 = \dot{\overline{W}}_1 = d_1 \tau (1 - h_1 d_1 \tau^4/20) \tag{7.71b}$$

2. 运动第二阶段，$\tau \leqslant t \leqslant T$

根据式(7.63b)，横向压力 $p=0$，故式(7.62)给出 $\eta = 0$ 时的式(7.66)，即

$$a_1 \ddot{W}_2 + a_2 W_2^2 = -1 \tag{7.72}^②$$

式(7.72)可写成

$$\ddot{W}_2 + h_1 W_2^2 = d_2 \tag{7.73a}$$

[①] n 阶近似 $W_1^{(n)}$ 从 $\ddot{W}_1^{(n)} + h_1 (W_1^{(n-1)})^2 = d_1$ 及 $t=0$ 时，$\dot{W}_1^{(n)} = W_1^{(n)} = 0$ 得到。

[②] 式(7.72)中令 $\beta = 0$ 并去掉非线性项(W_2^2)可以化为 $p_c \leqslant p_0 \leqslant 2p_c$ 时方板动态响应的控制方程式(4.136)。

式中

$$d_2 = - 1/a_1 \tag{7.73b}$$

而 W_2 是运动第二阶段的横向位移。可以再次用逐次逼近法解方程式(7.73a)，并使式(7.11)给出的 $t = \tau$ 时的初始条件得到满足。

可以证明，运动在 $\dot{W}_2 = 0, t = T$ 时停止，即

$$\overline{\dot{W}}_1 + (d_2 - h_1 \overline{W}_1^2)\tau\rho - h_1 \overline{W}_1 \overline{\dot{W}}_1 \tau^2\rho^2 - (h_1 d_2 \overline{W}_1 + h_1 \overline{\dot{W}}_1^2)\tau^3\rho^3/3 -$$
$$h_1 d_2 \overline{\dot{W}}_1 \tau^4\rho^4/4 - h_1 d_2^2 \tau^5\rho^5/20 = 0 \tag{7.74a}①$$

式中

$$\rho = (T - \tau)/\tau \tag{7.74b}$$

为运动第二阶段的无量纲持续时间。与此相关的无量纲的最大永久横向位移为

$$W_f/H = \overline{W}_1/H + \overline{\dot{W}}_1\tau\rho/H + (d_2 - h_1 \overline{W}_1^2)\tau^2\rho^2/2H -$$
$$h_1 \overline{W}_1 + h_1 \overline{\dot{W}}_1\tau^3\rho^3/3H - (h_1 d_2 \overline{W}_1 + h_1 \overline{\dot{W}}_1^2)\tau^4\rho^4/12H -$$
$$h_1 d_2 \overline{\dot{W}}_1\tau^5\rho^5/20H - h_1 d_2^2\tau^6\rho^6/120H \tag{7.75}$$

式(7.74a)和式(7.75)可以分别改写为
$$\alpha_3 + (2\alpha_4 - \alpha_2^2\alpha_5)\rho - \alpha_2\alpha_3\alpha_5\rho^2 - \alpha_5(2\alpha_2\alpha_4 + \alpha_3^2)\rho^3/3 -$$
$$\alpha_3\alpha_4\alpha_5\rho^4/2 - \alpha_4^2\alpha_5\rho^5/5 = 0 \tag{7.76a}$$

和

$$W_f/H = \alpha_2 + \alpha_3\rho + (\alpha_4 - \alpha_2^2\alpha_5)\rho^2 - \alpha_2\alpha_3\alpha_5\rho^3/3 -$$
$$\alpha_5(\alpha_2\alpha_4 + \alpha_3^2/2)\rho^4/6 - \alpha_3\alpha_4\alpha_5\rho^5/10 - \alpha_4^2\alpha_5\rho^6/30 \tag{7.76b}$$

式中

$$\alpha_1 = (\eta - 1)[\xi_0 + (3 - 2\xi_0)^2](3 - \xi_0)I'^4/[45\eta^4(2 - \xi_0)^2] \tag{7.76c}$$

$$\alpha_2 = (1 - \alpha_1)(\eta - 1)(3 - \xi_0)I'^2/2\eta^2(2 - \xi_0) \tag{7.76d}$$

$$\alpha_3 = (1 - 3\alpha_1)(\eta - 1)(3 - \xi_0)I'^2/\eta^2(2 - \xi_0) \tag{7.76e}$$

$$\alpha_4 = - (3 - \xi_0)I'^2/2\eta^2(2 - \xi_0) \tag{7.76f}$$

$$\alpha_5 = 4[\xi_0 + (3 - 2\xi_0)^2]I'^2/3\eta^2(2 - \xi_0) \tag{7.76g}$$

以及

$$I' = p_0\tau/(\mu H p_c)^{1/2} \tag{7.76h}$$

---

① 对于一个给定问题，可以用直接迭代法从式(7.74a)得到 ρ 的实际值。

7.5.3.3 $W/H \geqslant \dfrac{1}{2}$

如果式(7.76b)所预测的最大横向位移不超过板厚的 1/2，则 7.5.3.2 节中的理论分析是有效的。造成这一限制的原因是，为了保持 $0 \leqslant N \leqslant N_0$，式(7.45)针对简支情形的能量耗散关系只在 $0 \leqslant W \leqslant H/2$ 时成立。现在的情况下，动态响应将由三个运动阶段组成，它们将在以后三节中讨论。

1. 运动第一阶段，$0 \leqslant t \leqslant \tau$

假定在压力脉冲作用的整个运动第一阶段满足 $\overline{W}/H \leqslant 1/2$[①]。在这种情形下，理论分析与 7.5.3.2 节中 1. 完全相同。

2. 运动第二阶段，$\tau \leqslant t \leqslant t_2$

7.5.3.2 节中 2. 的理论分析控制着响应，直到 t_2 时刻，此时 $W_2 = H/2$。t_2 时刻对应的横向速度（$\dot{W}_2$）可以用逐次逼近法从式(7.73a)的理论解得到。

3. 运动第三阶段，$t_2 \leqslant t \leqslant T$

现在，如同 7.4.4.3 节对于静态有限变形所指出的那样，矩形板中 $W/H \geqslant 1/2$ 的区域由耗散关系式(7.46)控制。可以证明其控制方程为

$$C_1 \ddot{W}_3 + C_2 W_3 + C_3/W_3 = 0 \tag{7.77a}$$

式中

$$C_1 = 2\mu(2 - \xi_0)/p_c(3 - \xi_0) \tag{7.77b}$$

$$C_2 = 4[1 + (1 - \xi_0)(3 - 2\xi_0)/(3 - \xi_0)]/H \tag{7.77c}$$

$$C_3 = 2H\xi_0(2 - \xi_0)/3(3 - \xi_0) \tag{7.77d}$$

而 W_3 为运动第三阶段的最大横向位移。式(7.77a)有通解[②]：

$$(\dot{W}_3)^2 = -C_2 W_3^2/C_1 - 2(C_3/C_1)\ln W_3 + C \tag{7.78}$$

式中，积分常数 C 可从 $t = t_2$ 时的连续性要求得到。

当运动停止时，$\dot{W}_3 = 0$，式(7.78)给出关于无量纲最大永久横向位移的超越方程，即

$$\alpha_{10}(1/4 - W_f^2/H^2) - 2\alpha_{11}\log(2W_f/H) + (\dot{\overline{W}}_2\tau/H)^2 = 0 \tag{7.79a}$$

式中

$$\alpha_{10} = 4[1 + (\xi_0 - 1)(\xi_0 - 2)]I'^2/\eta^2(2 - \xi_0) \tag{7.79b}$$

$$\alpha_{11} = \xi_0 I'^2/3\eta^2 \tag{7.79c}$$

---

① $\overline{W}_1$ 由式(7.71a)定义。7.5.3.3 节中的方法可以扩展到考察 $\overline{W}_1/H \geqslant 1/2$ 的情况。

② 如果把 $p = \dot{W}_3$ 和 $\ddot{W}_3 = (\mathrm{d}p/\mathrm{d}W_3)(\mathrm{d}W_3/\mathrm{d}t) = p\mathrm{d}p/\mathrm{d}W_3$ 代入式(7.77a)，则 $p\mathrm{d}p = -(C_2 W_3/C_1 + C_3/C_1 W_3)\mathrm{d}W_3$，直接积分就得到了式(7.78)。

而 $\overline{\dot{W}}_2$ 是 $t=t_2$ 时的最大横向速度。

7.5.4 简支矩形板受均布动压力加载时的简化分析

7.5.4.1 引言

本节利用图 7.17 中的正方形屈服条件将 7.5.3 节中给出的理论分析进行简化。最大正应力屈服条件由式(7.6)给出，并位于一个正方形屈服面和另一个 0.618 大的正方形屈服面之间①。2.2.4 节中曾提到，精确破坏压力的上下限可分别由外接和内接于精确屈服面的屈服准则给出。

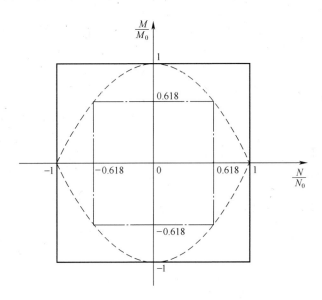

图 7.17 矩形截面梁的精确和近似屈服曲线
－－－精确屈服曲线(最大正应力屈服准则)；——外接正方形屈服曲线；
－·－内接正方形屈服曲线。

图 2.10 中画出的破坏机构中，在塑性铰线处有 $\dot{\epsilon} \geqslant 0$，$\dot{\kappa} \geqslant 0$。因此，正交关系提示图 7.17 中屈服条件

$$N = N_0 \qquad\qquad (7.80\text{a})$$

$$M = M_0 \qquad\qquad (7.80\text{b})$$

的区域。

7.5.4.2 运动第一阶段，$0 \leqslant t \leqslant \tau$

连同式(7.80a)、式(7.80b)，式(7.62)的右边可以写成

---

① Hodge[7.10] 讨论了构造屈服准则上下限的方法。

$$\sum_{m=1}^{r} \int_{lm} (M_0 + N_0 w) \dot{\theta}_m \mathrm{d}l_m = (M_0 + N_0 W_1) 2(L - B\tan\phi) 2\dot{\theta}_2 +$$

$$4M_0 \dot{\theta}_3 B/\cos\phi + 4N_0 \dot{\theta}_3 \times$$

$$\int_0^{b\tan\phi} W_1 [(B\tan\phi - x')/B\tan\phi] \mathrm{d}x'/\sin\phi$$

$$(7.81)$$

即

$$\sum_{m=1}^{r} \int_{lm} (M_0 + N_0 w) \dot{\theta}_m \mathrm{d}l_m = 4M_0 W_1 (L/B + \cot\phi) +$$

$$8M_0 W_1 \dot{W}_1 (2L/B + \cot\phi - \tan\phi)/H$$

$$(7.82)①$$

把表示外部功率的式(2.39)和由式(7.56)给出的惯性项都代入控制方程式(7.62)，与式(7.82)一起得

$$2B^2 \dot{W}_1 p_0 (L/B - \tan\phi/3) - 4\mu \ddot{W}_1 \dot{W}_1 (LB/3 - B^2\tan\phi/6)$$

$$= 4M_0 \dot{W}_1 (L/B + \cot\phi) + 8M_0 \dot{W}_1 W_1 (2L/B + \cot\phi - \tan\phi)/H$$

即

$$a_1 \ddot{W}_1 + a_2 W_1 = \eta - 1 \qquad (7.83a)②$$

式中

$$a_1 = \mu B^2 (2 - \beta\tan\phi)/[6M_0(1 + \beta\cot\phi)] \qquad (7.83b)$$

$$a_2 = 2[1 + (1 - \beta\tan\phi)/(1 + \beta\cot\phi)]/H \qquad (7.83c)$$

而 η 是式(7.67c)所定义的压力比。式(7.83a)是一个线性常微分方程，当满足 $t=0$ 的初始条件 $W_1 = \dot{W}_1 = 0$ 时，预测横向位移为

$$W_1 = (1 - \eta)(\cos a_3 t - 1)/a_1 a_3^2 \qquad (7.84a)③$$

式中

$$a_3^2 = a_2/a_1 = 12M_0(2 + \beta\cot\phi - \beta\tan\phi)/[\mu HB^2(2 - \beta\tan\phi)] \qquad (7.84b)$$

这一运动阶段在 $t=\tau$ 时完成，此时压力脉冲卸去，如图7.16所示。

7.5.4.3　运动第二阶段，$\tau \leqslant t \leqslant T$

除了根据式(7.63b)，$\eta=0$ 外，运动的控制方程与式(7.83a)相同。因此，可

---

① 若忽略有限挠度的影响，右侧第二项为0，式(7.82)可化为式(2.38)。

② 当忽略有限挠度项时，式(7.66)和式(7.83a)相同。

③ 当 $a_3 t = \pi$ 时，此方程给出 $\dot{W}_1 = 0$。故当 $a_3 \tau \leqslant \pi$ 时，分析仅对于 $a_3 \tau \leqslant \pi$ 成立。对于 $a_3 \tau \geqslant \pi$ 的压力脉冲，$t \geqslant \pi/a_3$ 时板保持刚性，其最大永久横向位移 W_1 是对应静载值的2倍。

以证明,当保证横向位移和速度在两个运动阶段之间 $t=\tau$ 连续时,有

$$W_2 = [\eta \sin a_3 \tau \sin a_3 t + (\eta - 1)(\sin a_3 \tau - 1)\cos a_3 t + \cos a_3 \tau \cos a_3 t - 1]/a_2$$

$$(7.85)$$

最后,运动停止于 $\dot{W}_2 = 0, t = T$ 时,此时

$$\tan a_3 T = \eta \sin a_3 \tau / (1 - \eta + \eta \cos a_3 \tau) \qquad (7.86a)$$

而与此相关的最大永久横向位移为

$$W_f/H = (3 - \xi_0)\{[1 + 2\eta(\eta - 1)(1 - \cos a_3 \tau)]^{1/2} - 1\}/$$
$$\{4[1 + (\xi_0 - 2)(\xi_0 - 1)]\} \qquad (7.86b)$$

式中: ξ_0 由式(7.53a)定义。

7.5.5 受均布压力脉冲作用的固支矩形板的动态响应

7.5.5.1 引言

对于边界固支,受均布动压力脉冲作用的矩形板,已经发表了用7.5.3节和7.5.4节的近似方法得到的理论解[7.4]。不过,本节针对式(7.63)所描述的如图7.16所示的压力脉冲,只给出应用图7.17中正方形屈服条件的简化方法。理论推导完全仿照7.5.4节,利用图2.10所示的横向速度场,只是式(7.62)的右边包含沿固支边界的能量耗散。

7.5.5.2 运动第一阶段,$0 \leqslant t \leqslant \tau$

除了式(7.81)式(7.82)中关于简支矩形板的内能耗散项外,还必须考虑在四个边界处的塑性铰中耗散的能量,即 $4M_0 \dot{\theta}_2(L + B\cot\varphi)$,它使得式(7.62)改写为

$$\ddot{W}_1 + a_3^2 W_1 = (\eta - 1)/b_1 \qquad (7.87a)[①]$$

式中

$$b_1 = a_1/2 \qquad (7.87b)$$

而 η 由式(7.67c)所定义,此时 p_c 为式(7.58)所定义的固支矩形板的静塑性破坏压力。

积分线性常微分方程式(7.87a)并使其满足 $t=0$ 时的初始条件 $W_1 = \dot{W}_1 = 0$,得到横向位移为

$$W_1 = (1 - \eta)(\cos a_3 t - 1)/b_2 \qquad (7.88a)[②]$$

式中

$$b_2 = a_2/2 \qquad (7.88b)$$

---

① 若忽略惯性项和有限变形项,可重新得到式(2.51)给出的静塑性破坏压力。
② 见式(7.84a)的脚注。

7.5.5.3 运动第二阶段，$\tau \leqslant t \leqslant T$

动压力脉冲在 $t=\tau$ 时卸去，故根据式（7.63b），当 $t \geqslant \tau$ 时 $p=0$，所以此时 $\eta=0$ 的式（7.87a）控制着响应。于是，在保证两个运动阶段之间即 $t=\tau$ 时横向位移和横向速度的连续性的前提下，求解这一微分方程，得

$$W_2 = [(1 - \eta + \eta \cos a_3 \tau)\cos a_3 t + \eta \sin a_3 \tau \sin a_3 t - 1]/b_2 \tag{7.89}$$

容易证明，当 $\dot{W}_2 = 0$ 时，所有运动在 $t = T$ 时停止，即

$$\tan a_3 T = \eta \sin a_3 \tau / (1 - \eta + \eta \cos a_3 \tau) \tag{7.90}$$

与此相关的最大永久横向位移为

$$W_f/H = (3 - \xi_0)\{[1 + 2\eta(\eta - 1)(1 - \cos a_3 \tau)]^{1/2} - 1\}/$$
$$\{2[1 + (\xi_0 - 1)(\xi_0 - 2)]\} \tag{7.91a}$$

式中

$$a_3 \tau = (2)^{1/2} I'[1 - \xi_0 + 1/2(2 - \xi_0)]^{1/2}/\eta \tag{7.91b}$$

I' 由式（7.76h）定义。

7.5.6 瞬动加载

瞬动加载已在多个章节中进行了考察，它是矩形压力脉冲在大幅值（$\eta \to \infty$）、短历时（$\tau \to 0$）、冲量 $I = p_0 \tau$（单位面积）为有限值时的极端情形。因此，当线动量守恒时，由 4.5.7 节中的方法得

$$p_0 \tau = \mu V_0 \tag{7.92}$$

式中：V_0 为均布于整块板上的初始瞬动速度的大小。

对于瞬动加载，如果 $\eta \gg 1$ 且 $\tau \to 0$，则由于 $1 - \cos a_3 \tau \approx a_3^2 \tau^2/2$，式（7.86b）预测简支矩形板的最大永久横向位移为

$$W_f/H = (3 - \xi_0)[(1 + 2\eta^2 a_3^2 \tau^2/2)^{1/2} - 1]/\{4[1 + (\xi_0 - 2)(\xi_0 - 1)]\} \tag{7.93}$$

因此，利用式（7.53a）、式（7.53c）、式（7.76h）、式（7.84b）和式（7.92），式（7.93）可改写成

$$W_f/H = (3 - \xi_0)\{[1 + 2\lambda \xi_0^2(1 - \xi_0 + 1/(2 - \xi_0))/3]^{1/2} - 1\}/$$
$$\{4[1 + (\xi_0 - 2)(\xi_0 - 1)]\} \tag{7.94a}$$

式中

$$\lambda = \mu V_0^2 L^2/M_0 H \tag{7.94b}$$

为无量纲初始动能。

与此类似，对于受均布瞬动速度作用的固支矩形板，式（7.91a）变为

$$W_\mathrm{f}/H = (3 - \xi_0)\{[1 + \lambda\xi_0^2(1 - \xi_0 + 1/(2 - \xi_0))/6]^{1/2} - 1\}/ \\ \{2[1 + (\xi_0 - 1)(\xi_0 - 2)]\}$$ (7.95)

7.5.7 与实验结果比较

文献[7.11,7.12]记录并报道了瞬动加载的固支矩形韧性金属板的实验结果。从图7.18可见,基于最大正应力屈服准则的理论预测①与对应的实验结果基本吻合。图7.18中的直线对应于不考虑几何形状改变影响(即忽略式(7.62)中含有 Nw 的项)的理论。显然,对于最大永久横向位移约大于板厚的情况,有限位移的影响是重要的。所以,简单的无限小位移理论只适用于小的永久位移。对于位移大于板厚的情形,它高估了最大横向位移,低估了在给定的永久横向位移下,板可以通过塑性变形吸收的能量。

利用图7.17中外接于最大正应力屈服条件的正方形屈服条件,7.5.5节得到了较简单的理论预测。对于给定的无量纲动能,式(7.95)给出图7.18中较小的永久位移,与外接屈服面给出强度较大的板一致。各向尺寸都乘以0.618的正方形屈服条件(即塑性流动应力为 $0.618\sigma_0$)内接于[7.10]最大正应力屈服条件,从图7.18显然可见,对应的理论预测较大。因此,7.5.5节中简化理论方

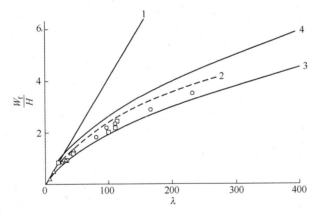

图7.18 $\beta = 0.593$ 的固支矩形板受均布瞬动速度作用的最大永久横向位移

△,□,○—6061-T6 铝合金板的实验结果[7.11]。

1—对于无限小位移应用式(7.62)的理论分析(即忽略 Nw 项);

2—应用式(7.62)和最大正应力屈服准则[7.4]的有限挠度解[7.4];

3—对于外接屈服准则的式(7.95);

4—对于内接屈服准则的式(7.95),式中 σ_0 由 $0.618\sigma_0$ 代替。

---

① 在文献[7.4]中给出了对于固支情形的理论预测,它是用类似于7.5.3节中对于简支矩形板所用的方法得到的。

法提供了矩形金属板实验所记录,并为更精确的理论所预测的最大永久横向位移的上下界。

7.6 梁的动塑性行为

7.6.1 引言

7.5 节中概述的两种近似理论方法可以用来考察梁和初始平坦的任意形状的板的动态行为。然而,正如 7.4.6 节中对于静态行为所说明的那样,对于梁的理论预测可以作为特殊情况从对矩形板的理论预测得到。对于均匀受载的梁的动态行为的理论预测可以用 7.5 节中关于正方形屈服条件类似的方法得到。文献[7.4]中给出了关于最大正应力屈服条件的理论预测。

7.6.2 受均布压力脉冲作用的简支梁的动态响应

正如 7.4.6 节所讨论的那样,当 $\beta \to 0$, $\tan\varphi = \sqrt{3}$ 和 $\xi_0 \to 0$ 时,关于矩形板的理论分析预测了跨度为 $2B$ 的梁的行为[1]。因此,关于响应历时 T 的式(7.86a)简化为

$$\tan\gamma T = \eta\sin\gamma\tau/(1 - \eta + \eta\cos\gamma\tau) \tag{7.96a}$$

式中

$$\lambda = (12M_0/\mu HB^2)^{1/2} \tag{7.96b}[2]$$

而式(7.86b)预测最大永久横向位移为

$$W_f/H = \{[1 + 2\eta(\eta - 1)(1 - \cos\gamma\tau)]^{1/2} - 1\}/4 \tag{7.97}$$

对于跨度为 $2B$ 的梁,$\lambda\xi_0^2 = (\mu V_0^2 L^2/M_0 H)(\beta\tan\phi)^2 = 3\mu V_0^2 B^2/M_0 H$。故当梁的跨度重新标为 $2L$ 时,$\lambda\xi_0^3 = 3\lambda$,$\lambda$ 由式(7.94b)定义。所以,关于均布瞬动速度的式(7.94a)可以写成

$$W_f/H = [(1 + 3\lambda)^{1/2} - 1]/4 \tag{7.98}[2]$$

7.6.3 受均布压力脉冲作用的固支梁的动态响应

7.6.2 节中的一般方法可以用来从 7.5.5 节关于矩形板的理论预测中得到固支梁的动态响应。这样,由式(7.90)和式(7.91a)分别得

$$\tan\gamma T = \eta\sin\gamma\tau/(1 - \eta + \eta\cos\gamma\tau) \tag{7.99}[3]$$

---

① 也可参看图 2.13。
② 注意,$m = \mu B$,此处 m 为梁单位长度的质量,M_0 是梁单位宽度的塑性弯矩。
③ 在 7.5.5.2 节的评论中提到,η 是固支梁的动压脉冲(p_0)与静塑性破坏压力大小之比。

和

$$W_f/H = \{[1 + 2\eta(\eta - 1)(1 - \cos\gamma\tau)]^{1/2} - 1\}/2 \qquad (7.100)$$

对于瞬动加载,式(7.95)简化为

$$W_f/H = [(1 + 3\lambda/4)^{1/2} - 1]/2 \qquad (7.101)$$

7.6.4 与实验结果的比较

图 7.19 把文献[7.11,7.13]中报告的关于瞬动加载的轴向受约束的固支梁的实验结果同各种理论预测进行了比较。显然,7.5.7 节中关于矩形板的讨论也适用于图 7.19 中关于梁的结果。特别地,外接和内接正方形屈服准则的理论预测确实构成了更精确的理论解和实验结果的上下界。

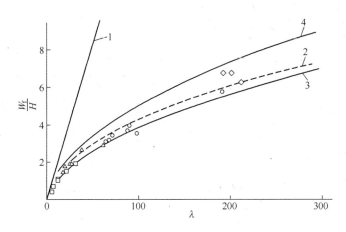

图 7.19 受均布瞬动速度作用的固支梁的最大永久横向位移

$\triangle$, $\square$, $\bigcirc$, $\diamondsuit$—6061-T6 铝板的实验结果[7.13]。

1—对于无限小位移根据式(3.82)的理论分析;2—对于最大正应力屈服准则根据式(7.62)的

有限位移理论分析[7.4];3—对于外接屈服准则的式(7.101);

4—对于内接屈服准则的式(7.101),式中 σ_0 由 $0.618\sigma_0$ 代替。

7.7 圆板的动塑性行为

7.7.1 引言

7.5.1 节中谈到,文献[7.4]中发展的理论方法可以用来研究任意形状的理想刚塑性板的动态响应。此理论方法在 7.5.2 节中的形式适用于变形为由几条驻定直线塑性铰线分隔的刚性区的板。7.5 节和 7.6 节分别用这一形式考察了矩形板和梁的动塑性响应,在图 7.18 和图 7.19 中发现它给出的结果与相应实验结果符合得很好。

然而，在某些板中，塑性绞线之间的区域可以塑性变形而不再保持刚性。例如，均布压力脉冲在简支圆板中产生一个锥形的横向速度场，并使整块板发生塑性变形，如图 4.8 和 4.4 节中所示。因此，对于这样的问题就需要用文献[7.4]中更普遍适用的公式，即

$$\int_A (p - \mu \ddot{w}) \dot{w} \mathrm{d}A = \sum_{m=1}^{r} \int_{C_m} (M_{ij} + N_{ij}w) w_{,i} n_j \mathrm{d}C_m + \int_A (M_{ij} + N_{ij}w) \dot{\kappa}_{ij} \mathrm{d}A$$

$$(7.102)^{①}$$

左边的积分是外加动压力和惯性力的功率，而右边的第一个积分为在任意塑性绞处耗散的能量。右边最后的积分是在任何连续变形场中耗散的能量。

本节余下的部分将考察发生轴对称响应的圆板的行为。对于这种情形，可以将式(7.102)由直角坐标转换为极坐标，当限于轴对称行为时给出

$$\int_A (p - \mu \ddot{w}) \dot{w} \mathrm{d}A = \sum_{m=1}^{r} \int_{C_m} (M_r + N_r w)(\partial \dot{w} / \partial r) \mathrm{d}C_m +$$

$$\int_A [(M_r + N_r w) \dot{\kappa}_r + (M_\theta + N_\theta w) \dot{\kappa}_\theta] \mathrm{d}A \qquad (7.103)^{②}$$

式中：$\partial \dot{w} / \partial r$ 为越过轴对称绞的角速度；N_r、N_θ 分别为径向和周向膜力，其余的量在 2.5 节和图 2.5 中定义。

尽管引入了一些简化，但对于许多问题而言根据式(7.103)求解仍有困难。为了简化在本章中的介绍，假定塑性流动由图 7.20 中简单的正方形屈服条件所控制。

7.7.2 受压力脉冲作用的简支圆板的动态响应

7.7.2.1 引言

考虑图 4.8 所示简支圆板在受到图 7.16 中具有矩形压力-时间的动压力脉冲，即

$$p = p_0, \quad 0 \leqslant t \leqslant \tau \qquad (7.104\mathrm{a})$$

和

$$p = 0, \quad \tau \leqslant t \leqslant T \qquad (7.104\mathrm{b})$$

作用时的响应。在 4.4 节和 4.5 节中考察了这一特定板的无限小位移行为，而

---

① 见文献[7.4]中式(8)。在式(7.102)右侧用了求和约定，i、j 取值为 1、2，对应于板中坐标 x_1 和 x_2。

② 可以直接把式(7.102)转化为式(7.103)的形式，但相当冗长。对于理解本章的理论来说这一推导没有必要。认识到它是能量守恒的一种表述，式(7.19)可以通过式(7.62)类推得到。当所有塑性绞都是直线且没有连续变形场存在时，式(7.103)简化为式(7.62)。

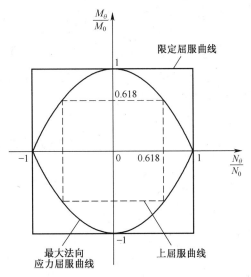

图 7.20　理想塑性实心矩形横截面的屈服曲线

在本节中应用式(7.103)研究其有限位移响应。

假定板的横向位移场与图 2.7(b)中的静态破坏场一致,即

$$\dot{w} = \dot{W}(1 - r/R), \quad 0 \leqslant r \leqslant R \tag{7.105}$$

根据式(4.3)和式(4.4),它给出 $\dot{\kappa}_r = 0$ 和 $\dot{\kappa}_\theta = \dot{W}/rR$。横向位移场具有与式(7.105)相同的形式。

7.7.2.2　运动第一阶段, $0 \leqslant t \leqslant \tau$

式(7.103)与式(7.104a)和式(7.105)一起,得

$$\int_0^R \left[p_0 - \mu \ddot{W}(1 - r/R) \right] \dot{W}(1 - r/R) 2\pi r \mathrm{d}r$$
$$= \int_0^R \left[M_\theta + N_\theta W(1 - r/R) \right] (\dot{W}/rR) 2\pi r \mathrm{d}r \tag{7.106}$$

采用图 7.20 中的正方形屈服条件并取 $M_\theta = M_0$, $N_\theta = N_0$,式(7.106)变为

$$\ddot{W} + a^2 W = b \tag{7.107}①$$

式中

$$a^2 = 24 M_0 / \mu R^2 H \tag{7.108a}$$

$$b = 12(\eta - 1) M_0 / \mu R^2 \tag{7.108b}$$

$$\eta = p_0 / p_c \tag{7.108c}$$

根据式(4.33),静态破坏压力为

---

① 若忽略有限位移的影响(即 $a^2 = 0$),则(7.107)化为无限小位移下的式(4.39)。

$$p_c = 6M_0/R^2 \tag{7.108d}$$

容易证明方程式(7.107)有解：

$$W = A\cos at + B\sin at + b/a^2 \tag{7.109}$$

当满足初始条件 $t=0$ 时 $W=\dot{W}=0$，则

$$W = b(1 - \cos at)/a^2 \tag{7.110}①$$

7.7.2.3 运动第二阶段，$\tau \leqslant t \leqslant T$

除了根据式(7.104b) $p_0=0$ 外，式(7.106)仍控制着响应行为。故除了 b 用

$$c = - 12M_0/\mu R^2 \tag{7.111}$$

替换外，又得到式(7.107)，所以

$$W = C\cos at + D\sin at + c/a^2 \tag{7.112}$$

从式(7.110)和式(7.112)得到的位移和速度在 $t=\tau$ 时必须连续，这给出

$$W/H = [(1 - \eta + \eta\cos a\tau)\cos at + \eta\sin a\tau\sin at - 1]/2 \tag{7.113}$$

运动在 $\dot{W}=0, t=T$ 时停止，此时

$$\tan aT = \eta\sin a\tau/(1 - \eta + \eta\cos a\tau) \tag{7.114}$$

而式(7.113)给出最大永久横向位移为

$$W_f/H = \{[1 + 2\eta(\eta - 1)(1 - \cos a\tau)]^{1/2} - 1\}/2 \tag{7.115}$$

7.7.2.4 瞬动加载

7.5.6 节中指出，式(7.92)满足 $\eta \geqslant 1, \tau \to 0$ 的瞬动加载的情况。现在，当 $\tau \to 0$ 时，$1-\cos a\tau \approx (a\tau)^2/2$，所以由式(7.115)可得

$$W_f/H = [(1 + a^2\eta^2\tau^2)^{1/2} - 1]/2 \tag{7.116}$$

利用式(7.92)和式(7.108a、c、d)，式(7.116)可写成

$$W_f/H = [(1 + 2\lambda/3)^{1/2} - 1]/2 \tag{7.117}②$$

式中

$$\lambda = \mu V_0^2 R^2/M_0 H \tag{7.118}$$

7.7.2.5 与实验结果比较

Florence[7.15]进行了受均布瞬动速度作用的 6061-T6 铝合金简支圆板的实验，板产生了非弹性行为和永久横向位移。图 7.21 把这些实验结果同式(7.117)的理论预测进行了比较。利用图 7.20 中外接于精确屈服条件的正方形屈服条件对这一近似理论分析做了简化。另一个 0.618 倍大正方形内接于精确屈服条件的屈服条件，此时式(7.117)变为

---

① 因为当 $at=\pi$ 时 $\dot{W}=0$，这一方程对于 $at \leqslant \pi$ 成立。

② 这一理论结果由 Guedes Soares[7.14]首先发表，他应用了文献[7.4]中发展的、7.5.2 节中叙述过的理论方法。

$$W_f/H = \{[1 + 2\lambda/(3 \times 0.618)]^{1/2} - 1\}/2 \qquad (7.119)$$

它也表示于图 7.21 中。

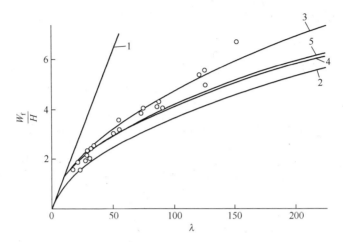

图 7.21 受均布瞬动速度作用的简支圆板的最大永久横向位移

○—6061-T6 铝合金圆板的实验结果[7.15]。

1—式(4.93a)对于无限小位移的理论分析;2—式(7.117)对于外接正方形屈服准则的有限位移理论分析;

3—式(7.119)对于内接正方形屈服准则的有限位移理论分析;

4—式(7.129),薄膜解;5—式(7.130),Symonds and Wierzbicki[7.18]的薄膜解。

显然,式(7.117)和式(7.119)给出了对于 Florence[7.15]实验结果的合理估计。尽管式(7.117)和式(7.119)对于初步设计的目的是足够的,但文献[7.16]中发展的更完全的理论分析提供了关于实验值更好的界限。图 7.21 也给出了无限小位移时的式(4.93a)的理论预测,对于较大的无量纲冲量,它显著高估了最大永久横向位移。

7.8 圆膜的动塑性行为

图 7.21 中的结果表明,对于大的永久变形,有限横向位移即几何形状改变的影响支配着响应。换言之,膜力在响应中起重要作用,而弯矩的重要性仅限于发生小的永久位移的圆板。这一现象对图 7.18 和图 7.19 分别所示的瞬动加载的矩形板及梁也很明显。事实上,7.5.3.3 节中已经证明,弯矩对简支矩形板中横向位移大于板厚 1/2 的任何区域的能量耗散均无贡献。

因此,这些观察表明,对于具有足够大横向位移的圆板,完全可以忽略弯矩的影响,其响应由膜力单独控制。在此情况下,对于理想刚塑性圆膜的轴对称行为,式(7.103)变为

$$\int_A (p - \mu \ddot{w}) \dot{w} dA = \sum_{m=1}^r \int_{C_m} N_r w (\partial \dot{w}/\partial r) dC_m + \int_A (N_r w \dot{\kappa}_r + N_\theta w \dot{\kappa}_\theta) dA$$

$$(7.120)$$

如果薄膜四周是支承[①]的，且 $N_r = N_\theta = N_0$[②]，则应用式（4.3）和式（4.4）可得

$$\int_0^R (p - \mu \ddot{w}) \dot{w} 2\pi r dr = - N_0 \int_0^R w [\partial^2 \dot{w}/\partial r^2 + (1/r) \partial \dot{w}/\partial r] 2\pi r dr \quad (7.121)$$

若选用式（7.105）作为圆膜的横向速度场以及一个类似形式的横向位移场，则利用式（7.104a），式（7.121）可以改写为

$$\ddot{W} + a^2 W = d, \quad 0 \leqslant t \leqslant \tau \tag{7.122a}$$

式中

$$d = 12\eta M_0/\mu R^2 \tag{7.122b}$$

而 a^2 和 η 分别由式（7.108a）和式（7.108b）所定义。在满足初始条件 $t=0$ 时 $w = \dot{w} = 0$ 时，方程式（7.122a）有解，即

$$W = \eta H (1 - \cos at)/2, \quad 0 \leqslant t \leqslant \tau \tag{7.123}[③]$$

由于运动第二阶段 $p=0$，故响应由式（7.122a）在 $d=0$ 时控制。因此，在保证两个运动阶段之间 $t=\tau$ 时横向位移和速度的连续性时，可以证明

$$W/H = \eta [(\cos a\tau - 1) \cos at + \sin a\tau \sin at]/2 \tag{7.124}$$

当 $\dot{W} = 0$ 时，运动最终停止，这发生在时刻 T，它由

$$\tan aT = \sin a\tau/(\cos a\tau - 1) \tag{7.125}$$

给出。根据式（7.124）和式（7.125），永久横向位移为

$$W_f/H = \eta [(1 - \cos a\tau)/2]^{1/2} \tag{7.126}$$

对于瞬动加载，利用 7.7.2.4 节中的方法，式（7.126）化为

$$W_f/H = (\lambda/6)^{1/2} \tag{7.127}[④]$$

式中：λ 由式（7.118）定义，即

$$\lambda = 4\mu V_0^2 R^2/N_0 H^2 \tag{7.128}$$

由式（7.127）和式（7.128）得

$$W_f/H = (2\rho V_0^2 R^2/3\sigma_0 H^2)^{1/2} \tag{7.129}$$

式中：ρ 为材料的密度。

Symonds 和 Wierzbicki[7.18]考察了瞬动加载的圆板的响应，并得到了更精确

---

① 对于简支或固支，沿边界 $w=0$ 的薄膜，式（7.120）右边第一项都为 0。

② 对于圆膜的轴对称响应，忽略径向惯性时，面内（径向）平衡方程为 $N_\theta - \partial(rN_r)/\partial r = 0$[7.17]。然而，$\dot{\epsilon}_r \geqslant 0$，根据 Tresca 屈服准则的正交性要求，这要求 $N_r = N_0$。因此，当 $N_\theta = N_0$ 时，面内平衡方程满足。

③ 见式（7.110）的脚注。

④ 对于 $\lambda \gg 1$ 的强瞬动加载，简支圆板的式（7.117）化为式（7.127）。

的薄膜模式的理论解,它可以写成

$$W_f/H = 1.0186[2\rho V_0^2 R^2/3\sigma_0 H^2]^{1/2} \qquad (7.130)①$$

显然,式(7.130)只比式(7.129)所给出的简单估计大1.86%。不过,图7.21中式(7.129)和式(7.130)的理论预测位于 Florence[7.15]大多数实验结果的下方。尽管如此,Symonds 和 Wierzbicki[7.18]发现,当考虑材料应变率敏感性的影响时②,它与钢圆板和钛圆板固支条件下的实验结果吻合得很好。

7.9　质量对板的撞击

7.9.1　引言

本章已经研究了有限位移对受集中静载荷和动态压力脉冲或者均布瞬动载荷的刚塑性梁和板的响应的影响。3.8节和3.9节分别考察了受冲击载荷作用产生无限小位移的固支梁和悬臂梁,6.4节则讨论了冲击载荷下横向剪切力的影响,附录6展示了固支梁的准静态解。

如果假定冲击质量 G 是刚体且冲击面较钝,相较梁的长度或板的直径或宽度,冲击面尺寸可忽略不计,那么方程式(7.62)和式(7.102)左边应添加惯性项 $-G\ddot{W}\dot{W}$,其中 $\dot{W}$ 是质量正下方处结构的横向速度。因此,当刚塑性板受质量块 G 冲击且无其他外载并忽略横向剪切影响时,式(7.62)变为

$$- G\ddot{W}\dot{W} - \int_A \mu \ddot{w}\dot{w}dA = \sum_{m=1}^r \int_{l_m} (M + Nw)\dot{\theta}_m dl_m \qquad (7.131)$$

式(7.131)的各项已经在7.4.2节和7.5.2节阐述。如果横向速度场在一个中间区域内是均匀的,只要冲击物位于此区域内则冲击质量 G 可以有一个直径,如 $2a$。

7.9.2　质量块对方板的撞击

如图7.22(a)所示的方板在质量 G 撞击下的响应可以用式(7.131)得到。$2L\times2L$ 的方板厚度为 H,其外部方形边界受单位长度抗弯阻力为 mM_0 的支座支承,其中 $m=0$ 和 $m=1$ 分别对应于简支和固支情况。假设质量块撞击板的中心,与板的尺寸 L 相比其横截面尺寸可以忽略,产生了由图7.22(b)所示的横向速度场描述的动态响应。塑性铰沿着如图4.17(b)所示的锥形横向速度场的对角线以及板的支承处发展。

---

① 见文献[7.18]中的式(12)和式(13a)。
② 材料应变率敏感性现象在第8章中考察。

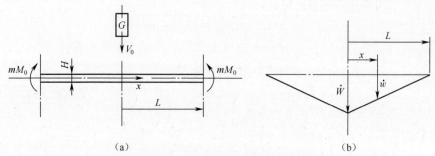

图 7.22 （a）刚性质量块 G 撞击外部边界具有抗弯能力（mM_0）的方板

（$m=0$ 和 $m=1$ 分别给出简支和固支情况）；

（b）t 时刻（a）中所示方板的锥形横向速度场的侧视图

现在，代入图 7.22(b) 中所示的横向速度场，积分并利用图 7.20 中的外接屈服条件，得[7.19]

$$\ddot{\overline{W}} + \alpha^2 \overline{W} = -\alpha^2(1+m)/2 \tag{7.132}$$

式中

$$\alpha^2 = (24M_0/\mu L^2 H)(1+6\gamma)^{-1} \tag{7.133a}$$

$$\gamma = G/4\mu L^2 \tag{7.133b}$$

以及

$$\overline{W} = W/H \tag{7.133c}$$

对于模态速度场，板中心的初始速度 $\dot{W}_0$ 可由动量守恒得到，即

$$\dot{W}_0/V_0 = 3\gamma(1+3\gamma) \tag{7.134}$$

式中：V_0 为质量 G 的冲击速度。

式(7.132)在由式(7.134)和 $W_0=0$ 给出的初始条件下的解预测 $t=T$ 时的无量纲最大永久横向位移为

$$\frac{W_f}{H} = \frac{(1+m)}{2}\left[\sqrt{1 + \frac{3\gamma\Omega(1+6\gamma)}{(1+3\gamma)^2(1+m)^2}} - 1\right] \tag{7.135}$$

其中质量块的无量纲初始动能为

$$\Omega = GV_0^2/2\sigma_0 H^3 \tag{7.136a}$$

而 $\dot{W}=0$ 时的响应持续时间由

$$\tan(\alpha T) = (6\gamma V_0/\alpha H)/[(1+m)(1+3\gamma)] \tag{7.136b}$$

给出。对于大冲击质量，当 $\gamma\gg1$ 时，式(7.135)对于固支（$m=1$）和简支（$m=0$）情况可以分别简化为

$$W_f/H = \sqrt{1+\Omega/2} - 1 \tag{7.137a}$$

和

$$W_f/H = (\sqrt{1 + \Omega/2} - 1)/2 \tag{7.137b}$$

根据式(7.137a)得到的最大无量纲永久横向位移绘于图7.23中,并与一些软钢方板的实验数据进行了比较。图7.23还展示了根据式(7.137a)的预测,其流动应力为与图7.20的内接屈服条件相关的$0.618\sigma_o$。然而,众所周知,软钢的动态性能对应变率是敏感的,这一现象将在第8章讨论。图7.23所示方板试件所用材料的实际应变率敏感性是未知的,但在8.5.6节中估计其动态流动应力约为相应静态流动应力的1.27倍。式(7.137a)中σ_o和$0.618\sigma_o$分别用$1.27\sigma_o$和$1.27\times0.618\sigma_o$取代后的预测说明了材料应变率效应的重要性并为实验结果提供了界限。

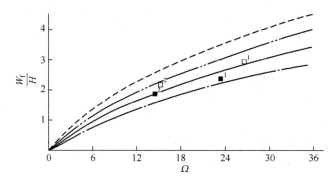

图7.23 式(7.137a)的理论预测与中央受质量块冲击的固支软钢方板的实验结果[7.20]的比较
——式(7.137a);- - -式(7.137a),其中σ_o由$0.618\sigma_o$取代;
—·—外接屈服条件(式(7.137a),其动态流动应力σ_o为静态值的1.27倍);
—··—内接屈服条件(式(7.137a),σ_o由$0.618\sigma_o$取代且其动态流动应力σ_o为静态值的1.27倍)。
■,□—实验结果[7.20],$H=4mm$,$\sigma_o=262MPa$,钝头质量块的$G=11.8kg$,半球头质量块的$G=19kg$。
■—$2L=100mm$的试件;□—$2L=200mm$的试件。
上标1和2分别代表半球头和钝头的质量块($9.4\leqslant\gamma\leqslant60.5$)。

7.9.3 质量对固支圆板的撞击

从4.3节和7.7节显而易见,圆板受轴对称加载时,除了由式(7.131)的最后一项给出的塑性铰线外,还有塑性变形区域。因此,式(7.131)必须加上这一能量耗散来源。对于半径为R、厚度为H、中央受质量G冲击的固支圆板这一特定情况,其中$a/R\ll1$,假设如图2.7(b)所示并由式(2.14)或式(7.105)描述的横向速度场,式(7.102)给出式(7.106),但其中$p_0=0$,式子左边为$-G\ddot{W}\dot{W}$,而右边为$2\pi RM_0(\dot{W}/R)$,它代表了沿固支边界的能量耗散。于是,此式积分后给出[7.9,7.21]

$$\ddot{\overline{W}} + \overline{g}^2 \overline{W} = \overline{f} \tag{7.138} ①$$

式中

$$\overline{g}^2 = 6(H/R)^2/(1 + 6\gamma) \tag{7.139a}$$

$$-\overline{f} = 6(H/R)^2/(1 + 6\gamma) \tag{7.139b}$$

$$\gamma = G/\mu\pi R^2 \tag{7.139c}$$

以及

$$\overline{W} = W/H \tag{7.139d}$$

对于模态速度场，其板中心的初始速度 $\dot{W}_0$ 由动量守恒得到，再次给出式(7.134)。

方程式(7.138)在由式(7.134)和 $W_0 = 0$ 给出的初始条件下的解预测当 $t = T$ 时的最大无量纲永久横向位移为

$$\frac{W_f}{H} = \sqrt{1 + \frac{3\gamma\Omega}{\pi}\frac{(1 + 6\gamma)}{(1 + 3\gamma)^2}} - 1 \tag{7.140}$$

其中，Ω 由式(7.136a)给出，$\dot{\overline{W}} = 0$ 时的响应持续时间由

$$\tan[(\sigma_0/\mu H)^{1/2}\overline{g}T] = 3\gamma V_0/[(\sigma_0/\mu H)^{1/2}\overline{g}H(1 + 3\gamma)] \tag{7.141}$$

给出。当质量块 G 远远大于板质量（即 $\gamma \gg 1$）时，式(7.140)给出

$$W_f/H = \sqrt{1 + 2\Omega/\pi} - 1 \tag{7.142}$$

图 7.24 比较了式(7.142)的理论预测和文献[7.22]报告的一些固支铝合金圆板中心受重物冲击（$\gamma = 24$）下的实验数据。理论分析应用了如图 7.20 所示的外接于相应的精确屈服准则的简化的正方形屈服条件。然而，一个 0.618 倍大的正方形屈服条件将内接于相应的精确屈服准则。显然，对于应变率基本上不敏感的材料，图 7.24 所示的实验数据以应用外接和内接屈服条件的理论分析为界限。

如果式(7.138)使用的横向速度场类似于图 2.7(b)，但有一个速度为 $\dot{W}$ 的平的中心区域 $0 \leqslant r \leqslant a$，其中 a 为具有平头冲击面的圆柱形质量 G 的半径，则与上述分析类似的分析给出[7.19]

$$\frac{W_f}{H} = \frac{1}{(1 + \rho)}\left[\sqrt{1 + \frac{3\gamma\Omega(1 - \rho)^2(1 + 6\gamma + 2\rho + 3\rho^2)}{\pi(1 + 3\gamma + \rho + \rho^2)^2}} - 1\right]$$

$$\tag{7.143} ②$$

---

① 在该无量纲方程中，$\ddot{\overline{W}} = (\mu H/\sigma_0)\,\mathrm{d}^2\overline{W}/\mathrm{d}t^2$，但是在本节其他地方，$\dot{W}$ 和 $\ddot{W}$ 分别为 $\mathrm{d}W/\mathrm{d}t$ 和 $\mathrm{d}^2W/\mathrm{d}t^2$。

② 这种情况下，文献[7.19]中的方程式(3a)取代式(7.134)用于解释中央区域。

式中

$$\rho = a/R \qquad\qquad (7.144)$$

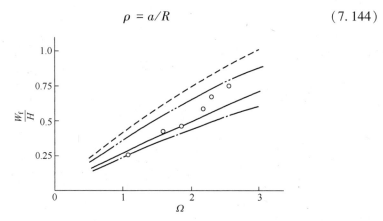

图7.24 式(7.142)和式(7.143)的理论预测与固支铝合金圆板中心受重物冲击下的实验结果[7.22]的比较

——外接屈服条件(式(7.142));－－－内接屈服条件,其中 σ_0 由 $0.618\sigma_0$ 取代;

—·—外接屈服条件(式(7.143),其中 $\rho = 0.117$);－·－内接屈服

条件(式(7.143), σ_0 由 $0.618\sigma_0$ 取代且 $\rho = 0.117$)。

○—实验结果[7.20]($H = 9.53\text{mm}, R = 101.6\text{mm}, a = 11.905\text{mm}, G = 20\text{kg}, \sigma_0 = 442.6\text{MPa}, \gamma = 24$)。

从图7.24中明显看出, $\rho = 0.117$ 时的式(7.143)提供了所有实验数据改进了的界限。

7.10 结 束 语

7.10.1 一般性评论

由于缺少简单的定理,对于有限位移即几何形状改变对理想刚塑性结构的静态和动态行为影响的理论研究困难重重。因此,尽管对于受静载[7.1,7.23,7.24]和动载[7.25]作用的简单结构的几种特殊情形有精确①的理论解,但对各种构件响应的探索还是建立在特设的基础上。尽管如此,7.4节至7.9节表明,应用机动法的近似理论方法可以对受静载或动载作用的梁和板给出与实验结果比较吻合的结果。这一理论方法也已用来探索几个实际问题,如船舶等海上交通工具因船头撞击[7.26]和碰击[7.27]引起的船壳破坏。再次发现理论预测同对应的实验结果比较吻合。

Kaliszky[7.28-7.30]也发展了一种近似理论方法以考察除了几何形状改变外,

---

① 如果对于精确或近似的屈服曲线的理论解是机动容许和静力容许的,则认为它是精确解。

材料弹性、应变强化和应变率效应对受动载的结构及连续体的行为的影响，并假定其响应的速度场与时间无关。

本章所用的基本方程没有保留面内位移的影响。然而，文献[7.31]表明，发生有限横向位移的梁的支撑端处很小的面内位移可能对横向静态承载能力产生严重的影响。例如，一个具有任意高度 H、长为 $2L$ 的梁产生最大横向位移 W 为 $2L/100$ 时，要求每个支承端产生大小为 $W/100$ 的面内位移以满足滚动边界条件。另一方面，当 $H = 2L/100$ 时，一个支承端可以自由转动但面内位移为 0 的梁的承载能力将是 4 倍大。所以，设计人员必须确切了解边界轴向约束的特性。不过，文献[7.31]表明，这一现象对于横向位移较大的情况没有那么重要，因为所有具有某种轴向约束的梁最后都进入膜或弦状态。在动载情形也可能发生类似的面内位移敏感性，尽管这一现象还未在动载下研究。

文献[7.25]考察了受横向动压力加载的简支环板，假定其径向应变为 0。当基本方程中包含有限挠度的影响时，这就要求考虑面内径向位移[1]。

有限位移即几何形状改变的影响对于某些壳的静塑性或动塑性行为是重要的。例如，文献[7.32,7.33]中分别考察了一个理想刚塑性材料制成的轴向受约束的圆柱壳受静态和动态压力作用时的情况。对这两个问题都观察到显著的有限位移的强化影响。因此，文献[7.34]推广了 7.4 节至 7.9 节中讨论过的关于任意形状板的近似理论方法以考察有限位移对任意形状理想刚塑性壳的动塑性响应的影响。Reid[7.35]用不同的分析方法考察了圆柱壳的静态和动态压毁。

7.10.2 伪安定

文献[7.27]中观察到，由于有限位移而强化的刚塑性矩形板在受到具有三角形压力-时间的动载反复作用时会发生一种称为伪安定的现象。然而，这种现象也可能在受到具有任意载荷-时间作用产生塑性变形的动载反复作用而发生几何形状改变的任意结构中产生。

例如，如果一根简支的理想刚塑性梁受到一个大小为 p_m、持续一个短时间 τ 的矩形压力脉冲作用，根据式(7.97)，其无量纲最大永久横向位移为

$$W_1/H = \{[1 + 2\eta_m(\eta_m - 1)(1 - \cos\gamma\tau)]^{1/2} - 1\}/4 \qquad (7.145a)$$

式中

$$\eta_m = p_m/p_c \qquad (7.145b)$$

$$\gamma = 12(M_0/\mu HL^2)^{1/2} \qquad (7.145c)[2]$$

---

① 发生有限位移的圆板的径向应变为 $\epsilon_r = u' + w'^2/2$，式中 $(\ )' = \partial(\ )/\partial r$，$u$ 是径向位移。因此，由 $\epsilon_r = 0$ 给出 $u' = -w'^2/2$。

② 见式(7.96b)的脚注。

和

$$p_c = 2M_0/L^2 \qquad\qquad (7.145d)$$

它们分别由式(7.67c)用 p_m 取代 p_0,以及式(7.96b)和式(7.73c)取 $\beta=0$ 对跨度为 $2L$[①] 的梁得到。根据式(7.83a)并取 $\ddot{W}_1 = 0, \beta = 0$,受均布静压力作用的简支梁的无量纲横向位移为

$$W_s/H = (\eta_m - 1)/4 \qquad\qquad (7.146)$$

从图 7.25(a) 中的结果显然可见,对于在动压 p_m 作用下具有小 $\gamma\tau$ 值的简支梁,由式(7.145a)所得的最大永久横向位移小于由式(7.132)所得的相应静载值。在上述动载作用下,梁发生永久变形,其无量纲最大永久横向位移 W_1/H 由式(7.145a)给出。因此,分别从式(7.146)和式(7.145b)类推,使梁产生永久横向位移 W_1 的静压 p_1 由

$$W_1/H = (\eta_1 - 1)/4 \qquad\qquad (7.147a)$$

得到,式中

$$\eta_1 = p_1/p_c \qquad\qquad (7.147b)$$

显然,当 $\gamma\tau$ 足够小时,根据式(7.145a)和式(7.146)或图 7.25(a),$W_1/H < W_s/H$。因此,$1 \leqslant \eta_1 \leqslant \eta_m$,即 $p_c \leqslant p_1 \leqslant p_m$,而经过一次动压脉冲作用已发生永久变形的梁的静塑性破坏压力此时为 p_1 而非 p_c。

如果同一动压力脉冲(具有峰值 p_m 和作用时间 τ)再次作用,则理想刚塑性梁将达到一个最终状态,其最大永久横向挠度为 W_2,它仍小于 W_s,如图 7.25(a)所示。显然,只要不发生疲劳破坏,这一过程将继续对永久变形做递增贡献,在无限次的重复后,它将趋近于 W_s,如图 7.25(b)所示。此后,理想刚塑性梁将达到伪安定状态[②]。

显然,对于图 7.25(a) 中一个给定的无量纲压力比 η_m,存在着一个无量纲脉冲作用时间 $\gamma\tau^*$,当 $\gamma\tau > \gamma\tau^*$ 时,由式(7.145a)所得的永久挠度大于由式(7.146)对于同样大的静压力 p_m 所预测的横向挠度。在这种情形下,对于后来重复的同样的动压力脉冲,理想刚塑性梁保持为刚性,不发生伪安定现象。

对于船头反复受波浪冲击的情形已经观察到伪安定现象[7.26],图 7.26 显示了 Yuhara 对钢板所做的一些实验结果[7.37]。空心圆圈给出第一次冲击后的无量纲永久横向位移,而空心正方形是用相同的冲击压力经过足够多次冲击后的无量纲永久横向位移,此后没有观察到位移的进一步增加。图 7.26 中静载下的理想刚塑性理论预测(即 W_s)是对于 Yuhara[7.37] 的 $\beta = 0.705$ 的固支矩形板试件由式(7.57)和式(7.59)给出的。

---

① 见图 2.13,梁 ab 的跨度为 $2B$,这里用 $2L$ 代替。
② 应该指出,经典的安定定理描述一个不同的现象,文献[7.36]对此进行了讨论。

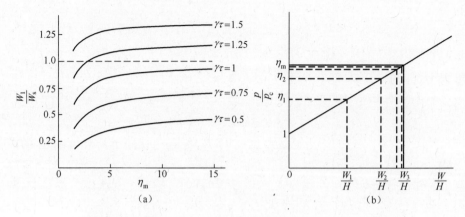

图 7.25　（a）对于几个 $\gamma\tau$ 值,式(7.145a)与式(7.146)之比；
（b）受无量纲峰值为 η_m 的动压力脉冲作用的简支梁的伪安定过程

—— 对于静载, $W/H=(\eta-1)/4$。

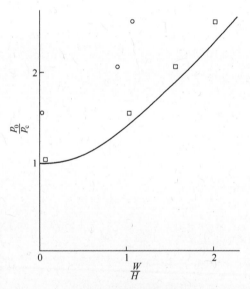

图 7.26　船头模型破坏

○—首次冲击后[7.37]；□—反复冲击后[7.37]（饱和状态,即伪安定状态）。

—— $\beta=0.705$ 下的式(7.57)和式(7.59)。

从前面的讨论中显然可见,对于受具有任意压力–时间历程的同一载荷反复作用而产生几何形状改变的塑性结构有两种可能的响应。对一给定结构,脉冲作用时间 τ^* 可能与动压力脉冲峰值相关,它标志着下述两种情形的转换：

（1） $\tau<\tau^*$ 。对于这种情形,在第一次的加卸载循环中获得的横向位移小于对用相同的最大压力静态作用的分析所预测的值。在后继的加卸载循环中横向

位移增加并趋近于相应的由静态分析所给出的永久横向位移。这一现象定义为伪安定,对于简支板和矩形固支板,分别如图 7.25(b) 和图 7.26 所示。

(2) $\tau \geqslant \tau^*$。对于这种情形①,第一次加卸载循环中的最大永久横向位移等于或大于准静态分析给出的值,如图 7.25(a) 中对于简支梁所示的那样。因此,在初次加载循环就达到了最后的变形形状,在不发生反向屈服②时,对于以后相同的加卸载循环的重复,不再发生进一步的塑性变形。

文献[7.38]中已经证明了对于理想刚塑性梁和板在反复动压力脉冲作用下伪安定现象的预测。这篇文章也包含了一些对达到伪安定状态所必需的动载重复次数的讨论。

Huang 等[7.39]探索了受刚性质量块重复撞击的弹塑性板的伪安定现象。重复冲击的能量被板的弹塑性变形所吸收,随着塑性有限位移影响的增加,弹性能量的容量增加。当后续相同的冲击载荷作用下塑性变形停止后,其重复冲击能量完全以弹性方式吸收,此时达到伪安定状态。Huang 等[7.39]也报告了对软钢方板和铝合金圆板用大质量低速冲击重复加载得到的实验数据。在这些板中出现的伪安定现象或非伪安定现象(与上述情况(1)和(2)类似,但是是针对重复冲击载荷而不是重复动压载荷)同理论预测吻合。这一分析同样解释了文献[7.40]提到的板的实验没有记录到伪安定现象是由于冲击载荷超过了限制(即上述情况(2))。

7.5.4.2 节、7.5.5.2 节、7.7.2.2 和 7.8 节中的脚注中提到,如果 $a_3t \leqslant \pi$(或 $at \leqslant \pi$),理想刚塑性分析是有效的,因为在分析中没有保留弹性卸载的影响。在文献[7.41,7.42]中,$t = \pi/a_3$(或 $t = \pi/a$)时的限制条件称为与饱和脉冲相关联的饱和时间。这个时间是在文献[7.38]中引入的,但它与伪安定现象无关,而是与长持续时间压力脉冲作用下的准静态行为有关。

7.10.3 拉伸撕裂破坏

本章考察了几种结构在有限位移即几何形状改变起重要作用时的静塑性和动塑性行为。在一些实际应用中,失效或破坏与结构过大的横向位移有关。在这种情况下,如图 7.15 中关于受静载的固支板的等破坏曲线给出了最大允许载荷的大小,或使得板可设计成不超过某一个横向位移的临界值。

在本章中,对于具有无限延展性的理想塑性材料制成的结构推导出了几个理论预测。在实际中,结构可能撕裂并由于过大的局部应变而破坏,如图 6.29

---

① 对于作用时间相对较长的压力脉冲参看式(7.84a)、式(7.88a)、式(7.110)和式(7.123)的脚注。

② 文献[7.36]讨论了反向塑性屈服现象。

中所示的梁[7.43]。

6.7.3 节中已经考察了结构的横向剪切破坏（模式 3）。现在在本节考察另一种由于过大的拉伸撕裂而造成的破坏模式，上一章称此模式为模式 2。

如图 7.19 所示，导致式(7.101)的理论方法在预测表现为模式 1 行为的固支梁的动塑性行为上是相当成功的。因此，为了预测模式 2 的发生，对这一方法进行修改。

式(7.101)是利用 7.5.2 节中的理论方法以及图 7.27 所示的机动容许的横向位移场得到的。包含轴向应变(ϵ)和曲率(κ)的塑性铰在 a、b、c 处形成。刚性元件 ab 和 cd 两端的塑性铰的长度假定为 l，而梁中央的塑性铰长度假定为 $2l$。因此，在固支梁支承端处的最大总应变(ϵ_m)为

$$\epsilon_m = \epsilon + H\kappa/2 \tag{7.148a}$$

式中

$$\epsilon \approx W^2/4Ll \tag{7.148b}①$$

而当图 7.27 中的角度 θ 较小并应用于类似 7.2.4.1 节中的方法时，有

$$\kappa \approx W/Ll \tag{7.148c}②$$

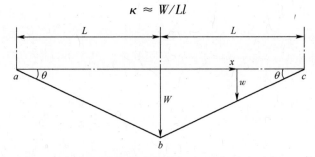

图 7.27 受均布瞬动速度作用的固支梁的横向位移场

因为塑性正交性要求涉及 $\dot\epsilon/\dot\kappa③$，故在文献[7.4]（以及这里的式(7.101)）中求横向位移-时间历程时 l 的实际值并不需要。然而，为了由式(7.148a)估计最大应变(ϵ_m)的大小，显然必须知道 l 的值。文献[7.4]中证明，当位移很小时，图 7.27 中 a、b 和 c 处的塑性铰位于图 7.4 中所示屈服面上接近 $M=\pm M_0$，$N=0$ 的位置。当横向位移增加，位于 a、b 和 c 处铰的塑性状态沿着精确屈服曲线从位置 $M=\pm M_0$，$N=0$ 移动到位置 $M=0$，$N=N_0$，如同对简支梁在 7.2.4.1 节中所讨论和图 7.8 中所示的那样。结果表明，对于固支情形，当 $W/H=1$ 时达到薄膜条件($M=0$，$N=N_0$)。

---

① 对于固支梁，式(7.17)变为 $\epsilon=2L[(1+W^2/L^2)^{1/2}-1]/4l$，式中 $4l$ 是必须容纳轴向伸长的三个塑性铰的总长度。利用二项式级数展开由这一表达式得到式(7.148b)，它是三个铰链处的轴向应变。

② 在两个支承端 $\kappa=\theta/l$，在跨距中点 $\kappa=2\theta/2l$。因此，当 $\theta\approx W/L$ 时得到式(7.148c)。

③ 见附录 2 中关于非弹性材料路径相关的一些评论。

当 $W/H=0$ 及 $M=\pm M_0$，$N=0$ 时，Nonaka[7.44]假定位于 a 和 c 处的塑性铰的长度为 $l=H$，如图 7.28(a)所示。正如前面所讨论的，当 W/H 增加时，膜力(N)增加，而梁发生轴向伸长(ϵ)，直到 a 和 c 处的塑性铰取 Nonaka[7.44]所假定的形式，这画于图 7.28(b)中。因此，铰长 l 是时间的函数。然而，由于 l 在一个相当小的范围内变化，下面的讨论将简化为采用两个极端情况的平均值，即如果 $W_f/H \geqslant 1$，则对于 $0 \leqslant W/H \leqslant 1$，有

$$l = 3H/2 \tag{7.149}$$

显然，如果 $W_f/H<1$，则应该取一个较小的 l 值，它可以用类似的方法把 $l=H$ 和对应于最终位移 W_f 的 l 值加以平均来得到。由式(7.148)和式(7.149)显然有，当 $W/H=1$ 时，梁支承端处的最大应变为

$$\epsilon_{m1} = H/2L \tag{7.150}$$

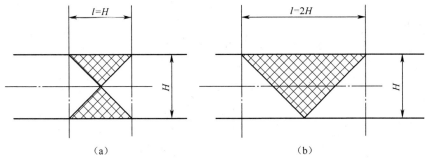

图 7.28 Nonaka[7.44]所给出的高度为 H 的固支梁中的塑性铰

(a)$W/H=0$；(b)薄膜状态开始时，$W/H=1$。

如文献[7.4，7.45]所讨论的，一旦在 $W/H=1$ 时达到薄膜状态 $N=N_0$，固支梁的行为就开始像弦一样。此外，当不存在表面力和轴向惯性力时，根据运动方程①，梁中的轴向膜力 N 为常值。因此，对于 $1 \leqslant W/H \leqslant W_f/H$，假定轴向伸长发生在整个跨度为 $2L$ 内看来是合理的。在这种情况下，有

$$l = L/2 \tag{7.151}$$

式(7.151)与式(7.148b)一起，对于 $W/H=1$ 和 W/H 期间累积的应变给出

$$\epsilon_m = W^2/2L^2 - H^2/2L^2 \tag{7.152}$$

现在，当达到永久变形形状时，$W=W_f$，所以式(7.152)变为

$$\epsilon_{m2} = [(W_f/H)^2 - 1](H^2/2L^2) \tag{7.153}$$

因此，$W=W_f$ 时支承端处的拉伸应变为式(7.150)和式(7.153)的和，即

$$\epsilon_m = 2[(W_f/H)^2 + L/H - 1](H/2L^2) \tag{7.154}$$

式中，根据式(7.101)，当 $3\lambda/4 \gg 1$ 时，有

---

① 见附录 4 中式(A.65)。

$$W_f/H = [(3\lambda)^{1/2}/2 - 1]/2 \tag{7.155}$$

把式(7.155)代入式(7.154)得

$$\lambda^{1/2} = 2\{1 + (2)^{1/2} [2 + \epsilon_m (2L/H)^2 - 2L/H]^{1/2}\}/3^{1/2} \tag{7.156}$$

如果 ϵ_m 是材料在单轴拉伸实验中断裂时的拉伸应变，则式(7.156)给出在 $2L/H$ 给定的梁中开始发生模式 2 响应所要求的 λ 值。式(7.94b)和式(7.156)可以重新整理以给出初始瞬动速度：

$$V_0 = 2\{1 + (2)^{1/2}[2 + \epsilon_m(2L/H)^2 - 2L/H]^{1/2}\} (H/2L)(\sigma_0/\rho)^{1/2}/3^{1/2}$$

$$\tag{7.157}$$

和单位面积的初始冲量

$$I = \rho H V_0 \tag{7.158}$$

因此，对于具有给定的 $2L/H$ 值以及材料属性的梁发生模式 2 响应的冲量阈值并不依赖于 L，而仅仅取决于 H，如同 Menkes 和 Opat[7.43] 在他们的实验中所观察到的那样。

式(7.156)~式(7.158)是利用图 7.17 中所示的外接于精确屈服曲线即最大正应力屈服曲线的正方形屈服曲线推导出来的。如同早先在 7.5.4.1 节中所指出的，另一个 0.618 倍大的正方形屈服曲线将完全内接于最大正应力屈服曲线。此时式(7.156)~式(7.158)保持不变，只是 σ_0 应该由 0.618σ_0 取代。假定根据精确屈服曲线所作的理论预测将位于外接和内接正方形屈服曲线的预测之间来看是合理的，如同图 7.19 中对于模式 1 响应所表明的那样。遗憾的是，至今还没有已被证明的定理来表明这一点对于动塑性也适用，如同在 7.5.3.4 节中所讨论的那样。

文献[7.46]中利用式(7.156)~式(7.158)，取 $\epsilon_m = 0.17$ 来预测 Menkes 和 Opat[7.43] 考察过的 6061-T6 铝合金梁中模式 2 行为的开始。从表7.1 中显然可见，Menkes 和 Opat 关于模式 2 类型的破坏的开始实验结果被外接及内接正方形屈服条件的预测所界定。然而，应该指出，Menkes 和 Opat 承认，各个撕裂和剪切模式阈值的选择是非常主观的。虽然如此，式(7.156)~式(7.158)的理论预测计算简单，可迅速估计模式 2 的阈值，这对于设计人员应该是有用的。

在图 7.29 中对于一些拉伸破坏应变 ϵ_m 的值画出了式(7.143)。该图中的曲线是对应于图 7.17 所示的外接于精确屈服曲线的正方形屈服曲线而得到的。不过，简单地在纵坐标上用 0.618σ_0 代替 σ_0，它也可用于内接屈服曲线。尽管事实上如表 7.1 所列，一般的理论方法给出了与 Menkes 和 Opat[7.43] 的实验结果相当吻合的预测，但该理论方法并没有坚实的基础。为了获得对该方法的信心，需要进一步的理论研究和实验。最近，文献[7.47]报道了受大的冲击载荷作用而失效的铝梁的一些实验数据。文献[7.48]给出了关于受瞬动速度和瞬动载荷作用的梁的拉伸撕裂的文献综述,而 Duffey[7.49] 探讨了壳的动态破裂,Atkins[7.50] 考察了在板的撕裂中塑性流动和断裂的相互作用以及金属管道的爆裂,Yu 等[7.51] 研究了薄金属板的撕裂。

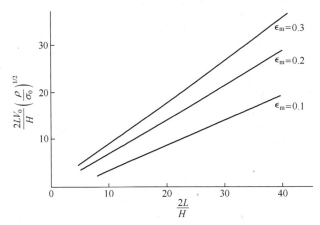

图 7.29　根据式(7.157),具有不同拉伸失效应变(ϵ_m)的固支梁的无量纲速度阈值

表 7.1　从式(7.157)和式(7.158)得到的关于模式 2 响应的理论冲量阈值
与 Menkes 和 Opat[7.43] 的相应实验结果的比较

H/mm	$2L/\text{mm}$	I(式(7.157)和式(7.158))/ktaps①	I(式(7.157)和式(7.158)和0.618σ_0)/ktaps①	I实验结果[7.43]/ktaps①
4.75	203.2	27.1	21.3	26
4.75	101.6	26.4	20.8	26
6.35	203.2	35.9	28.2	32
6.35	101.6	34.7	27.3	32
9.53	203.2	52.9	41.6	45
9.53	101.6	50.6	39.7	45
①1tap = 1 达因 s/cm² = 0.1Pa·s,69.5ktaps≈1 磅力/英寸²				

习　题

7.1　证明方程式(7.13)是受静态横向载荷作用而产生有限横向位移的梁的轴向平衡方程。

7.2　应用附录 3 中的虚速度原理来得到与平衡方程式(7.13)~式(7.15)

相容的应变与曲率改变的关系(也可参看附录4)。

7.3 证明,当 $0 \leqslant W \leqslant H/2$ 时,对于受一个集中力作用的简支梁,式(7.20)满足与图7.8中屈服条件的相关的正交性要求。

7.4 证明作用于简支梁上产生有限位移的一个静态集中力所做的总外功由式(7.35a、b)给出。分别推出关于简支梁中吸收的弯曲能和拉伸能的式(7.36)和式(7.37)。

7.5 重复7.2.4节中的理论方法以得到跨中点受集中力作用的固支梁的静塑性破坏行为(式(7.39))。

7.6 推导关于在中央圆形区域内受均布静压作用的简支圆板的有限位移行为的式(7.40)。

7.7 用物理推理证明式(7.41)是一个能量平衡式。

7.8 证明当 $W/H = 1/2$ 时,式(7.52)和式(7.55)给出相同的外压力。用这两个方程预测受均布静压作用的简支梁的有限变形行为(图2.13)。

7.9 应用式(7.41)得到受均布压力作用的固支矩形板的静态有限变形特征(式(7.57)和式(7.59))。

7.10 证明式(7.78)是微分方程式(7.77a)的解。

7.11 证明式(7.92)对圆板成立。

7.12 (a)证明对于大瞬动加载($\lambda \gg 1$)的简支圆板,式(7.117)化为关于瞬动加载的圆膜的式(7.127)。

(b)对于固支情形重复7.7.2节中的推导。

(c)用(b)中的结果重做(a)。

7.13 证明轴对称圆板问题中的径向应变为 $\epsilon_r = u' + w'^2/2$,式中 $(\ )' = \partial(\ )/\partial r, u$ 是径向位移。

第8章 材料的应变率敏感行为

8.1 引 言

前几章所发展的理论分析已经考察了惯性对受动载作用产生塑性行为的各种基本结构响应的影响。这些结构问题中控制塑性流动的屈服准则是假定与应变率($\dot{\epsilon}$)无关的。然而,有些材料的塑性流动对应变率是敏感的,称为材料的应变率敏感性或黏塑性[8.1]。图 8.1 中软钢试件在不同单轴压缩应变率下的实验结果说明了这一现象[8.2]。

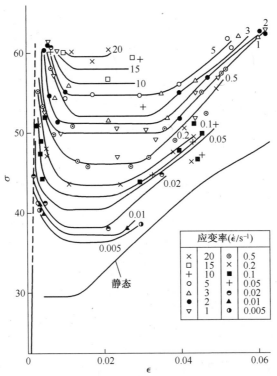

图 8.1 Marsh 和 Campbell[8.2]所得的软钢在不同的单轴压缩应变率下的应力(σ)-应变(ϵ)曲线,纵坐标单位为 10^3 磅力/英寸^2 或 6.895MN/m^2

从图 8.1 显然可见,软钢的塑性性能对应变率是高度敏感的。图 8.1 中的应变率是现实的,在实际工程问题中都会遇到。例如,考虑一个大物块从 5m 高处落下撞到一根 1m 长（$L = 1m$）的竖直软钢棒的一端，撞击时的轴向速度是 10m/s①。在忽略任何应力波效应时，棒中产生的平均轴向应变率约为 $\dot{\epsilon} = \epsilon/t = (\delta/L)/t = V/L = 10s^{-1}$。根据图 8.1 中的实验结果，对于直至约为 0.02 的应变，$10s^{-1}$ 应变率下的塑性流动应力约为静流动应力的 2 倍。

7.6.3 节中关于瞬动加载固支梁的永久横向位移的理论预测同图 7.19 中报告的 6061-T6 铝合金梁的实验结果符合得较好。然而，同样的理论预测却大于图 8.2 中所示的对软钢梁进行的一系列实验所得的对应的最大永久横向位移[8.3]。可是，横坐标的无量纲项 $\lambda = \rho V_0^2 L^2/\sigma_0 H^2$ 在分母中显然含有与应变率无关的静屈服应力（σ_0）。因此，由应变率效应引起的试件塑性流动的应力的任何增大，如图 8.1 中对于软钢所示的那样，都意味着实验点的 λ 值应该更小一些，从而给出与理论预测符合得较好的结果。

从图 8.2 中显然可见，材料应变率敏感性的影响表现为结构中的一种强化效应②。这也许使人认为它是一种有益的现象，因为它提供了额外的安全系数③。然而，Perrone 指出[8.5]，举例来说，增强运输工具的结构耐撞性的能量吸收系统可能向人体传递难以承受的力。否则，对同样的材料（和结构），如果具有与应变率无关的材料性质，这些力则是可以承受的。

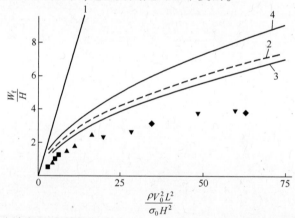

图 8.2　在整个跨度 2L 上受均布瞬动速度 V_0 作用的固支梁的最大永久横向位移（W_f）

1—无限小变形分析（只考虑弯曲）（式（3.82））；2,3,4—包含有限桡度影响的理论分析（7.6.4 节及图 7.19）；■,▲,♦,▼—软钢梁的实验结果[8.3]。

---

① 冲击速度 $V = \sqrt{2g \times 5} \approx 10m/s$。棒中的平均轴向应变（$\epsilon$）$\approx \delta/L$，式中 δ 为撞击端的轴向变形。撞击端的轴向速度（V）$= \delta/t$，式中 t 为时间。

② 有时结构模态发生变化引起更大的而不是更小的相关的永久变形，如同 Bodner 和 Symonds 所讨论的那样[8.4]。

③ 事实上，相关的断裂应变可能随应变率增加而减少，如同后来在 8.2.3 节和 8.6 节中所讨论的并如图 8.6 和图 8.38 所示的那样。

材料的应变率敏感性是一种材料效应,它与结构几何形状无关。在这里不可能对关于材料应变率敏感性行为的大量可找到的文献做一回顾。不过,研究者们已经发表了几篇关于这一问题的各个方面的出色的综述[8.1,8.6-8.11]。本章主要集中讨论中应变率下金属的行为。

8.2 节中介绍了一些金属在受到各种载荷(压缩、拉伸、剪切、弯曲等)作用时的应变率特性,8.3 节则包括一些对结构动力问题特别有价值的基本本构方程。在 8.4 节中考察的两个理想化问题的分析引出几个有用的近似。在 8.5 节中讨论材料应变率敏感性对几个简单几何结构行为的影响。

8.2 材料特性

8.2.1 引言

本节的目的是介绍一些在结构动态塑性行为中起重要作用的材料的应变率特性。这一目的通过考察材料在各种简单动载下的特性而达到。本节不准备描述深层的材料科学,也不关注在高应变率实验中遇到的相当多的实际困难(例如,应力波效应以及实验台和记录设备的惯性)[8.9,8.12]。

8.2.2 压缩

图 8.1 中所示的 Marsh 和 Campbell[8.2] 的单向压缩实验结果与另外的软钢实验值一起集中展示于图 8.3 中。该图清楚地显示,随着应变率的增加,上屈服

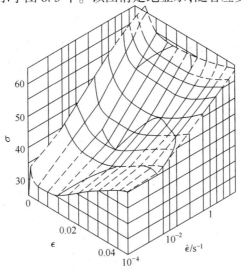

图 8.3 受动态单轴压缩的软钢的应力(σ)、应变(ϵ)、应变率($\dot{\epsilon}$)曲面的等距投影图[8.2]
(纵坐标单位为 10^3 磅力/英寸^2 或 6.895MN/m^2)

应力有显著增加。应变为 0.05 时的应力也增加了,但是不那么明显。所以对于这种软钢,在应变至少达 0.05 的范围内应变强化随着应变率的增加而减小。

图 8.4 显示了 Maiden 和 Green[8.13] 研究的钛和 6061-T6 铝合金的压缩应变率行为。图 8.4(a)中对于钛的实验结果表明不存在一个上屈服应力,并且实验结果对应变率比图 8.1 和图 8.3 所示的软钢不敏感。

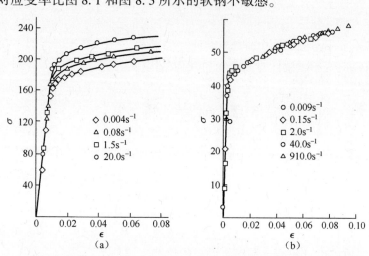

图 8.4　动态单轴压缩实验[8.13]（纵坐标单位为 10^3 磅力/英寸^2 或 6.895 MN/m^2）

(a)6Al-4V 钛；(b)6061-T 铝合金。

显然,图 8.4(b)中 6061-T6 铝合金的行为基本上对应变率是不敏感的,这可能就是梁和其他结构的理想刚塑性理论方法与对应的实验结果符合良好的原因(图 7.19)。不过,图 8.5 中给出的 Hauser[8.14]对一种加工硬化铝的压缩实验

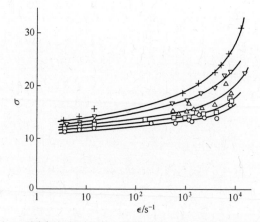

图 8.5　不同常应变时的加工硬化铝的动态单轴压缩实验[8.14]

（纵坐标单位为 10^3 磅力/英寸^2 或 6.895MN/m^2）

○—$\epsilon=0.01$；□—$\epsilon=0.02$；△—$\epsilon=0.04$；▽—$\epsilon=0.08$；+—$\epsilon=0.16$。

结果确实表现出与应变率有关,但对于给定的应变率改变,其敏感性明显小于图 8.1 和图 8.3 中的软钢。

8.2.3　拉伸

Manjoine[8.15]在 1994 年报告了他用一台高速拉伸实验机对一种低碳钢进行的一些拉伸实验。他的实验结果表明,下屈服应力和拉伸强度随应变率的增加而增加,下屈服应力的增加更为明显。

Campbell 和 Cooper[8.16]考察了低碳软钢试件直到断裂时的动态拉伸行为,如图 8.6 所示。图 8.7 为他们对结果的总结。上下屈服极限随应变率增加而增加,如同 Manjoine[8.15]观察到的那样。然而,虽然强度极限也增加,但比较慢。因此,对于动态压缩在图 8.3 观察到并在 8.2.2 节中讨论过的材料应变强化的重要性随应变率的增加而降低的现象,在大拉伸应变和高应变率的软钢中也发现了。实际上,除了上屈服应力以外,这一材料在高应变率下的行为看来就像理想塑性材料一样,很少或没有应变强化。

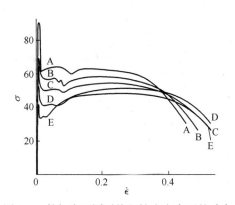
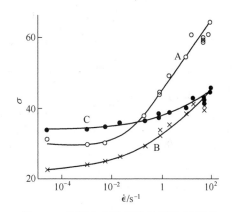

图 8.6　软钢在不同平均塑性应变率下的动态
　　　　单轴拉伸实验[8.16]

（纵坐标单位为 10^3 磅力/英寸^2 或 $6.895MN/m^2$）

A—$\dot{\epsilon}=106s^{-1}$;B—$\dot{\epsilon}=55s^{-1}$;C—$\dot{\epsilon}=2s^{-1}$;

D—$\dot{\epsilon}=0.22s^{-1}$;E—$\dot{\epsilon}=0.001s^{-1}$。

图 8.7　软钢动态单轴拉伸行为的强度
　　　　随应变率的变化[8.16]。

（纵坐标单位为 $1kg/mm^2$ 或 $6.895MN/m^2$）

A—上屈服应力;B—下屈服应力;C—拉伸强度。

有趣的是,从图 8.6 中所示的 Campbell 和 Cooper[8.16]的结果中可以看到,断裂应变随应变率的增加而减小。换句话说,在高应变率下材料变得更脆。

自 Manjoine[8.15]的早期实验以来,许多作者已经进行了动态拉伸实验。Symonds[8.17]收集了一些实验室在 30 年期间所记录下来的软钢的动态下屈服应力或流动应力数据。这些结果如图 8.8 所示,它揭示了在很宽的应变率范围内流动应力随应变率增加而增加的趋势。这些数据相当分散,无疑,这与不同的软钢具有不同的晶粒尺寸和热处理方式有关,也与实验机和数据记录仪器的品种有关。

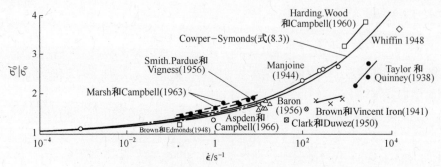

图 8.8 软钢的动态单轴下屈服应力随应变率的变化[8.17]

（除了 Marsh 和 Campbell(1963),Aspden 和 Campbell(1966)以及 Whiffin(1948)的动态
压缩实验外,所有其余实验结果均来自动态拉伸。式(8.3)是 8.3.2 节中介绍的
Cowper-Symonds 经验关系($D = 40.4s^{-1}, q = 5$)）

图 8.9 和图 8.10 中给出了几种金属的动态拉伸应变率敏感行为,数据来自
Nicholas[8.18]。

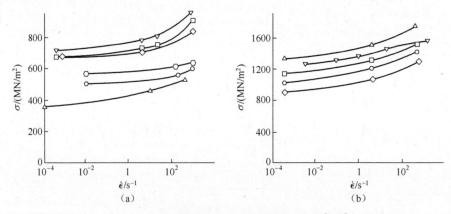

图 8.9 动态单轴拉伸应力随应变率的变化[8.18]

（a）不锈钢,$\epsilon = 0.10$（不锈钢的类型:$\triangledown$—410,$\square$—304,$\diamond$—321,$\bigcirc$—347,$\bigcirc$—304),
$\triangle$—304 不锈钢的动态单轴压缩实验,$\epsilon = 0.04$;（b）钛合金,$\epsilon = 0.04$（钛合金的类型:
$\triangle$—6-6-2,$\square$—7-4,$\bigcirc$—6-4,$\diamond$—8-1-1),$\triangledown$—Ti-6Al-4V 的动态单轴压缩实验。

8.2.4 剪切

已经报告了用软钢和 α 铀制成的双缺口剪切试件所做的一些动态剪切实验,如 Harding 和 Huddart 所讨论的[8.19]。然而,大多数关于材料的动态剪切行为的实验结果是用受动态扭转载荷的薄壁管试件得到的。

Klepaczko[8.20]研究了工业纯铁(含碳量约0.05%)的应变率行为,所得结果见图8.11。显然,这种材料的纯剪切行为对于应变率是非常敏感的。

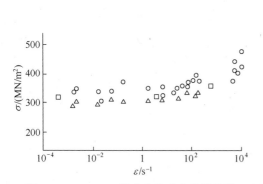

图8.10　6061-T6铝合金的动态单轴拉伸应力随应变率的变化[8.18]

△—屈服应力;○—强度极限;□—$\epsilon = 0.04$。

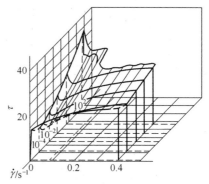

图8.11　受动态纯剪切作用的铁的剪应力(τ)、剪应变(γ)、剪应变率($\dot{\gamma}$)曲面的等距投影[8.20](纵坐标单位为$1kg/mm^2$或$9.807MN/m^2$)

Nicholas 和 Campbell[8.21]研究了一种高强度铝合金(BS HE 15 WP 铝合金,相当于美国的2014-T6),发现应变率增加到$10^3 \, s^{-1}$时流动应力没有大的变化。然而,图8.12中Tsao 和 Campbell[8.22]的实验结果确实揭示了铝的某种应变率敏感性。

Duffy[8.23]发现了一个合理的方法来度量在铅和1100-0铝试件上独立进行的动态剪切和动态单轴实验间的一致性。这些比较是根据 von Mises 准则和材料的不可压缩性①,通过利用$\sigma = \sqrt{3}\tau$ 和 $\epsilon = \gamma/\sqrt{3}$把动态剪切实验结果($\tau, \gamma$)转换成等效的单轴情形($\sigma, \epsilon$)实现的。

8.2.5　双轴应力

Gerard 和 Papirno[8.24]进行了薄圆膜受横向冲击载荷作用的实验,产生的应变率为$1s^{-1}$量级。膜片足够薄,因此应力场是双轴的,且沿厚度方向均布。没有发现1100-0铝合金薄膜的应力-应变特性随应变率的增加而增加。然而,对软钢薄膜的类似的动态实验却导致相应的应力-应变曲线的增强:上屈服应力比相应的静载值约大80%。

---

① von Mises 等效应力为 $\sigma_e = [(\sigma_x - \sigma_y)^2 + (\sigma_y - \sigma_z)^2 + (\sigma_z - \sigma_x)^2 + 6(\tau_{xy}^2 + \tau_{yz}^2 + \tau_{zx}^2)]^{1/2}/\sqrt{2}$,对单轴行为给出 $\sigma_e = \sigma_x$,对纯剪切给出 $\sigma_e = \sqrt{3}\tau_{xy}$。等效应变为 $\epsilon_e = \sqrt{2}[(\epsilon_x - \epsilon_y)^2 + (\epsilon_y - \epsilon_z)^2 + (\epsilon_z - \epsilon_x)^2 + 6(\epsilon_{xy}^2 + \epsilon_{yz}^2 + \epsilon_{zx}^2)]^{1/2}/3$ 和不可压缩条件 $\epsilon_x + \epsilon_y + \epsilon_z = 0$ 对单轴行为给出 $\epsilon_e = \epsilon_x$,对纯剪切给出 $\epsilon_e = 2\epsilon_{xy}/\sqrt{3}$。工程剪应变 $\gamma_{xy} = 2\epsilon_{xy}$,因此对于纯剪切 $\epsilon_e = \gamma_{xy}/\sqrt{3}$。

Gerard 和 Papirno[8.2]观察到软钢薄膜在动态实验中偶尔发生未预料到的破坏。

Lindholm 和 Yeakley[8.25]考察了 1018 软钢管受复合载荷作用而产生双轴应力场的动态行为。图 8.13 中的实验结果对静载和动载情形下剪-拉复合作用时的上屈服应力做了比较。静载结果看来遵守 von Mises 准则，而与动载有关的上屈服力增大 50% 左右。Lindholm 和 Yeakley[8.25]没有给出应变率的值。

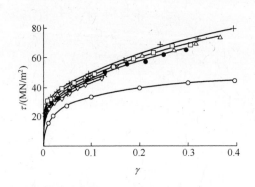

图 8.12　商业纯铝在多种应变率下的动态剪应力
(τ)-剪应变(γ)曲线[8.22]

名义剪应变率由下列符号给出：$+$—$\dot{\gamma}=2800\mathrm{s}^{-1}$；
△—$\dot{\gamma}=2200\mathrm{s}^{-1}$；□—$\dot{\gamma}=1600\mathrm{s}^{-1}$；
●—$\dot{\gamma}=1450\mathrm{s}^{-1}$；×—$\dot{\gamma}=800\mathrm{s}^{-1}$；
▽—$\dot{\gamma}=600\mathrm{s}^{-1}$；○—$\dot{\gamma}=0.002\mathrm{s}^{-1}$。

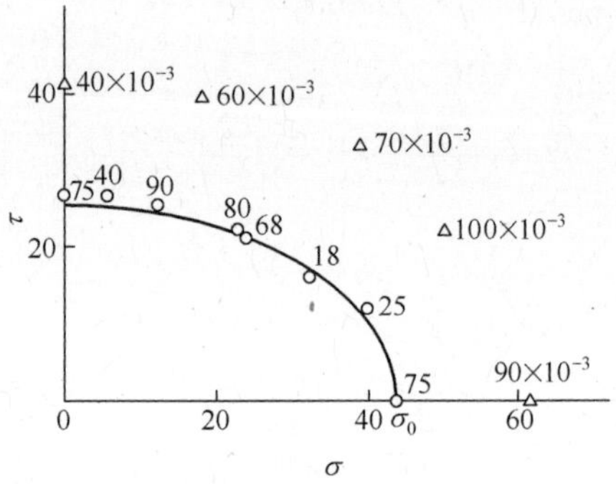

图 8.13　受剪切(τ)和拉伸(σ)复合应力
作用的 1018 软钢的静态(○)和动态(△)上
屈服应力的比较[8.25]

——von Mises 屈服条件，$(\sigma/\sigma_0)^2+3(\tau/\sigma_0)^2=1$。
数字代表到达屈服的时间(s)，两根坐标轴
的单位为 10^3 磅力/英寸^2 或 6.895MN/m^2。

Ng 等[8.26]也考察了薄壁管试件的动态行为。他们发现了 6061-T6 铝合金管重要的应变率效应。图 8.14 中的结果比较了在双轴应力状态下具有不同轴向和周向应力比的圆管的静态及动态屈服应力。动态曲线的应变率为 40s^{-1}，作者宣称该动态增强行为与 Hoge[8.27]在 6061-T6 铝合金的动态单轴实验中的发现相似。

Lewis 和 Goldsmith[8.28]用分离式霍普金森杆对骨的动态双轴行为做了一些有趣的观察。他们发现在动态扭转和压缩组合下可以实现无断裂的塑性变形，而这在单独扭转或压缩时则很少发生。

8.2.6　弯曲

在 8.2.2 节至 8.2.5 节中所报道的实验都以在试件中产生一个均匀的应力

状态为目的①以便解释实验结果。然而,许多实际构件受到动弯矩的作用,它并不产生沿厚度均布的应力状态,考虑一根具有给定横截面的梁的动弯曲行为可以给出将弯矩与对应的曲率或转角相联系的基本的本构方程。实际上,大多数结构设计采用广义应力(弯矩、扭矩、膜力和剪力)而不是应力,采用广义应变(曲率、膜应变、扭转应变)代替应变②。正如在前几章中对于各种构件已经发现的,在这种情况下考虑实际的应力和应变场常常是不必要的,有关广义量的信息已经足够。

Rawlings[8.29]考察了受均匀弯矩作用的矩形截面软钢梁的动态行为。实验装置所产生的最大应变率仅为 1s⁻¹ 左右。尽管如此,图 8.15 确实说明实验得到的屈服应力随应变率的增大明显增大。

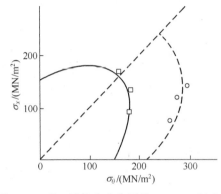

图 8.14 受双轴拉应力作用的 6061-T6 铝合金
管的静态和动态屈服应力的比较[8.26]

○—动态屈服点;□—静态屈服点。

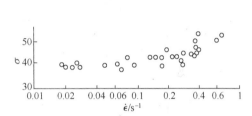

图 8.15 软钢梁动弯曲实验得到的下
屈服应力[8.29]

(纵坐标单位为 10^3 磅力/英寸² 或 6.895MN/m²)

Aspden 和 Campbell[8.30]建造了一个装置,梁在这个装置中以高达约 20s⁻¹ 的最大应变率弯曲。各种转角率下的静态和动态弯矩-转角曲线示于图 8.16 (a),在图 8.16(b)中则给出了同一钢材对应的静态和动态压缩实验的结果以资比较。这些结果在 8.3.3 节中将作进一步的讨论。

最近,Davies 和 Magee[8.31]做了多种钢和铝合金薄板金属梁的动态弯曲实验。虽然没有直接测量应变率,但可以由实验机夹头速度估计。定义动态系数是实验机夹头速度为 5000 英寸/min(约为 5 英里/h 或 8km/h)时的流动应力与以 0.1 英寸/min 速度进行的静载实验时的流动应力之比。对于 1006 碳钢、YST50 高强度低合金钢、302 不锈钢和 6061-T6 铝合金,Davies 和 Magee[8.31]记录的动态系数分别为 1.43、1.12、1.13 和 1.07。

---

① 对于大应变,当发生局部颈缩和断裂时这一目的没有达到。

② 广义应力和广义应变在 2.2 节中定义。

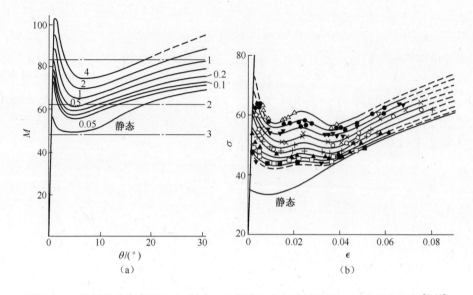

图 8.16　软钢的动态弯矩(M)-转角(θ)曲线与动态单轴压缩 σ-ϵ 曲线的比较[8.30]

(a)各种转动速率($\dot{\theta}$)的动态弯矩-转角曲线。--式(8.22)的理论预测，取 $D=40.4s^{-1}$，$q=5$。

1—$\theta=4(°)$/ms($\dot{\epsilon}\approx12s^{-1}$);2—$\theta=0.05(°)$/ms($\dot{\epsilon}\approx0.15s^{-1}$);3—静载。曲线上的数字为 $\dot{\theta}$ 的值(($°$)/ms)，
纵坐标单位为 1 磅力·英寸或 0.113N·m。

(b)不同应变率($\dot{\epsilon}$)下的单轴动态压缩应力-应变曲线。应变率($\dot{\epsilon}/s^{-1}$)为 △(20)，
●(10)，▽(5)，×(2)，○(1)，+(5)，▲(0.2)，□(0.1)，■(0.05)▼(0.02)。
纵坐标单位为 10^3磅力/英寸^{2}或 6.895MN/m^2。

8.3　本构方程

8.3.1　引言

文献[8.6-8.11]中已提出了关于材料的应变率敏感行为的许多不同的本构方程，为了得到这些本构方程中的各种系数，需要进行细致的实验工作。许多作者已经阐明了本构方程的特征，这对于指导实验方案是必不可少的。然而，从 8.2 节中对实验文献的简要回顾中可以清楚地看到，即使对于一些常用材料仍然有相当大的不确定性，并且缺乏可靠的数据。例如，一些作者观察到 6061-T6 铝是应变率敏感的[8.26,8.27]，而另一些人则没有观察到[8.13,8.24,8.32]。此外，对于材料在动态双轴载荷下的行为和广义应力(即弯矩、膜力等)的影响没有足够的可用数据。因此，在这一章中只是从大量的文献中选取那些对实验测试方案的要求相对比较少，但与现有实验数据符合得较好的那些本构关系进行简要的讨论。

8.3.2　Cowper-Symonds 本构方程

Cowper 和 Symonds[8.33]建议本构方程为

$$\dot{\epsilon} = D\left(\frac{\sigma_0'}{\sigma_0} - 1\right)^q, \quad \sigma_0' > \sigma_0 \tag{8.1}$$

式中:σ_0' 为在单轴塑性应变率 $\dot{\epsilon}$ 时的动流动应力;σ_0 为相应的静流动应力;D、q 对于具体材料来说是常数。式(8.1)可以写成

$$\ln\dot{\epsilon} = q\ln\left(\frac{\sigma_0'}{\sigma_0} - 1\right) + \ln D \tag{8.2}$$

这是 $\ln(\sigma_0'/\sigma_0 - 1)$ 和 $\ln\dot{\epsilon}$ 间的直线方程,参数 q 是该直线的斜率,而纵坐标轴上的截矩为 $\ln D$。

式(8.1)可以改写为

$$\frac{\sigma_0'}{\sigma_0} = 1 + \left(\frac{\dot{\epsilon}}{D}\right)^{1/q} \tag{8.3}$$

的形式,该式取 $D = 40.4\text{s}^{-1}$ 和 $q = 5$ 时与 Symonds[8.17]收集的关于软钢的实验数据符合得较好,见图 8.8。正如在 8.2.3 节中已提到的,图 8.8 中的实验数据相当分散。然而,从工程观点看来,式(8.1)~式(8.3)对软钢的应变率敏感单轴行为确实给出了一个合理的估计。

对于表 8.1 中所列的材料,Cowper-Symonds 方程中的系数 D 和 q 也已确定。

表 8.1　各种材料的式(8.3)中的系数

材料	D/s^{-1}	q	文献
软钢	40.4	5	Cowper 和 Symonds[8.33]
铝合金	6500	4	Bodner 和 Symonds[8.4]
α-钛(Ti50A)	120	9	Symonds 和 Chon[8.34]
304 不锈钢	100	10	Forrestal 和 Sagartz[8.35]
高强钢	3200	5	Paik 和 Chung[8.36]

有意思的是,从式(8.3)可以看到,不论 q 的值多大,当 $\dot{\epsilon} = D$ 时 $\sigma_0' = 2\sigma_0$,如图 8.17 所示。因此,软钢的动态流动应力在应变率为 40.4s^{-1} 时加倍,而铝合金的动态流动应力则在应变率为 6500s^{-1} 时才加倍。铝合金的这个高应变率导致检测材料应变率敏感效应的困难,也是造成 8.3.1 节中指出的实验缺乏一致性的部分原因。事实上,已经观察到[8.32]式(8.3)在取 $D = 1288000\text{s}^{-1}$ 和 $q = 4$ 时,

得到 6061-T6 铝合金的很分散的实验数据的平均值。然而，当 $\epsilon = 0.06$ 时，从显示各种铝合金应变率敏感性的图 8.18 可以清楚地看到，知道确切的材料规格是非常重要的。实际上，如果把表 8.1 中铝合金的参数（$D = 6500\text{s}^{-1}$ 和 $q = 4$）代入式（8.3），则 $(\sigma_0' - \sigma_0)/\sigma_0 = 63\%$，比所有铝合金在 $\epsilon = 0.06$ 时的实验值高。

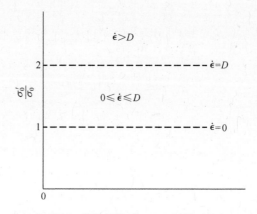

图 8.17　在任意 D 和 q 值时根据式（8.3）所得到的 Cowper-Symonds
刚性-理想塑性应变率敏感性关系

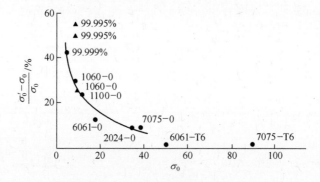

图 8.18　各种铝合金在 $\epsilon = 0.06$，应变率从 $\dot{\epsilon} = 10^{-3}\text{s}^{-1} \sim \dot{\epsilon} = 10^{3}\text{s}^{-1}$ 时，
塑性流动应力的百分增长率[8.7, 8.12]

σ_0—在 $\dot{\epsilon} = 10^{-3}\text{s}^{-1}$ 时的静态塑性流动应力；σ_0'—在 $\dot{\epsilon} = 10^{3}\text{s}^{-1}$ 时
的动态塑性流动应力（横坐标单位为 10^{3}磅力/英寸^{2} 或 6.895MN/m^{2}）。

Cowper-Symonds 本构方程式（8.3）可以表示为

$$\frac{\sigma_\text{e}'}{\sigma_0} = 1 + \left(\frac{\dot{\epsilon}_\text{e}}{D}\right)^{1/q} \tag{8.4}$$

式中

$$\sigma_e' = [(\sigma_x' - \sigma_y')^2 + (\sigma_y' - \sigma_z')^2 + (\sigma_z' - \sigma_x')^2 + 6(\tau_{xy}'^2 + \tau_{yz}'^2 + \tau_{zx}'^2)^{1/2}] / \sqrt{2}$$

$$(8.5)^{①}$$

为等效或有效动态流动应力,而

$$\dot{\epsilon}_e = \sqrt{2}[(\dot{\epsilon}_x - \dot{\epsilon}_y)^2 + (\dot{\epsilon}_y - \dot{\epsilon}_z)^2 + (\dot{\epsilon}_z - \dot{\epsilon}_x)^2 + 6(\dot{\epsilon}_{xy}^2 + \dot{\epsilon}_{yz}^2 + \dot{\epsilon}_{zx}^2)]^{1/2}/3$$

$$(8.6)^{①}$$

为与之相关的等效或有效应变率;D、q 为常数从材料的动态单轴实验或动态纯剪切实验得到;σ_0 为相应的静态单轴流动应力。

在单轴情形下,除 σ_x' 外所有的应力分量均为0,式(8.5)化为 $\sigma_e' = \sigma_x'$。如果材料在 $\dot{\epsilon}_x > 0$ 的单轴实验中遵守不可压缩关系($\dot{\epsilon}_x + \dot{\epsilon}_y + \dot{\epsilon}_z = 0$),则 $\dot{\epsilon}_y = \dot{\epsilon}_z = -\dot{\epsilon}_x/2$。此时式(8.6)化为 $\dot{\epsilon}_e = \dot{\epsilon}_x$,因此,从式(8.4)又得到式(8.3)。

$\tau_{xy}' \neq 0$ 和 $\dot{\epsilon}_{xy} \neq 0(\dot{\epsilon}_{yz} \neq 0)$ 而其余应力和应变率分量为0时描述了 x-y 平面内的一个纯剪切状态。在这种情形,由式(8.5)和式(8.6)分别可得

$$\sigma_e' = \sqrt{3}\tau_{xy}' \qquad\qquad (8.7a)$$

$$\dot{\epsilon}_e = 2\dot{\epsilon}_{xy}/\sqrt{3} \qquad\qquad (8.7b)$$

式(8.4)可用来估计材料在任意单轴、双轴或者三轴应力状态下的应变率敏感性。当然,除了简单应力状态外,缺乏足够的实验数据来证明式(8.4)是否有效。尽管如此,它是一个有用的关系式,它采用了与通常从单轴静态塑性和单轴蠕变性质来预测材料的多轴性能所采用的那些假定相类似的假设。但是,除了某些特殊情形外(例如,由式(8.3)和式(8.7)分别给出的单轴和平面剪切行为),式(8.4)没有给出个别应力分量和应变率分量之间的关系。

塑性材料的 Prandtl-Reuss 本构方程[8.38]假定塑性应变的增量(例如 $d\epsilon_x$)正比于对应的瞬时偏应力,即全应力分量减去静水应力分量(例如,$S_x' = \sigma_x' - (\sigma_x' + \sigma_y' + \sigma_z')/3$)。因此

$$d\epsilon_x = d\lambda S_x' \qquad\qquad (8.8)$$

式中:$d\lambda$ 为一个比例系数,它与材料性质有关,且随应力和应变而变化。事实上,可以证明[8.38] $d\lambda = 3d\epsilon_e/2\sigma_e'$,式中 σ_e' 由式(8.5)定义,而 $d\epsilon_e$ 具有类似于

---

① 等效或有效应力和应变率也可借助于求和约定[8.37]分别写成张量形式 $\sigma_e' = (3S_{ij}'S_{ij}'/2)^{1/2}$ 和 $\dot{\epsilon}_e = (2\dot{\epsilon}_{ij}'\dot{\epsilon}_{ij}'/3)^{1/2}$,式中 S_{ij}' 是动态流动应力偏张量,i 和 j 的范围为 $1\sim3$,1、2、3 分别与笛卡儿坐标 x、y、z 相联系。注意:$\sigma_e' = (3J_2)^{1/2}$,式中应力偏张量的第二不变量 $J_2 = S_{ji}'S_{ij}'/2$。

式(8.6)的形式①。因此

$$d\epsilon_x = \frac{3d\epsilon_e S_x'}{2\sigma_e'} \qquad (8.9)$$

即

$$\frac{d\epsilon_x}{dt} = \frac{3}{2}\frac{d\epsilon_x}{dt}\frac{S_x'}{\sigma_e'} \qquad (8.10)$$

式(8.10)可写成

$$\dot{\epsilon}_x = \frac{3\dot{\epsilon}_e S_x'}{2\sigma_e'} \qquad (8.11)$$

然而,由式(8.4)可得

$$\dot{\epsilon}_e = D\left(\frac{\sigma_e'}{\sigma_0} - 1\right)^q \qquad (8.12)$$

对于应变率敏感材料,式(8.12)代入式(8.11)得

$$\dot{\epsilon}_e = \frac{3D}{2\sigma_e'}\left(\frac{\sigma_e'}{\sigma_0} - 1\right)^q S_x' \qquad (8.13)$$

由式(8.13)类推,可得到对 $\dot{\epsilon}_y$ 和 $\dot{\epsilon}_z$ 的类似表达式。此外,由 Prandtl-Reuss 方程[8.38]得

$$d\epsilon_{xy} = d\lambda\tau_{xy}' \qquad (8.14)$$

式(8.14)变为

$$\epsilon_{xy}' = \frac{3D}{2\sigma_e'}\left(\frac{\sigma_e'}{\sigma_0} - 1\right)^q\tau_{xy}' \qquad (8.15)$$

连同关于 $\dot{\epsilon}_{xz}$ 和 $\dot{\epsilon}_{yz}$ 的类似表达式②。

式(8.1)~式(8.4)既没有保留材料应变强化效应,也没有保留弹性效应。式(8.1)可以改进得到

$$\dot{\epsilon} = D\left(\frac{\sigma_0' - \sigma(\epsilon)}{\sigma_0}\right)^q, \quad \sigma_0' \geqslant \sigma(\epsilon) \qquad (8.16)$$

式中:$\sigma(\epsilon)$ 为静态单轴应力-应变曲线,它包含了材料应变强化。这一式子把塑

---

① 在一般情形下,除了式(8.8)给出的 $d\epsilon_x = d\lambda S_x'$ 外,还有 $d\epsilon_y = d\lambda S_y'$,$d\epsilon_z = d\lambda S_z'$,$d\epsilon_{xy} = d\lambda S_{xy}'$(因为 $S_{xy}' = \tau_{xy}'$)等。因此,如果把这些表达式代入式(8.6)得到 $d\epsilon_e$,则得出 $d\epsilon_e = 2d\lambda\sigma_e'/3$,它给出 $d\lambda = 3d\epsilon_e/2\sigma_e'$。注意,对于单轴拉伸,$d\epsilon_x = d\lambda S_x'$,$d\epsilon_y = d\lambda S_y'$ 和 $d\epsilon_z = d\lambda S_z'$,式中 $S_y' = S_z' = -\sigma_x'/3$,$S_x' = 2\sigma_x'/3$。因此,$d\epsilon_y = d\epsilon_z = -d\epsilon_x/2$,所以 $d\epsilon_x + d\epsilon_y + d\epsilon_z = 0$,如不可压缩材料所要求的那样。

② 式(8.13)和式(8.15)连同其他四个应变率分量一起,可写成张量形式 $\dot{\epsilon}_{ij} = 3D(\sigma_e'/\sigma_0 - 1)^q S_{ij}'/2\sigma_e'$。这是 Perzyma 所讨论的更一般的应变率敏感本构方程的一个特殊情形[8.6]。

性应变率 $\dot{\epsilon}$ 与动态过应力 $\sigma_0' - \sigma(\epsilon)$ 联系起来,这是 Malvern 首先提出的[8.39]。另一个可能的单轴关系为[8.40]

$$\dot{\epsilon} = D \left(\frac{\sigma_0'}{\sigma(\epsilon)} - 1 \right)^q \tag{8.17}$$

应该注意,材料的应变强化预计并不会影响图 8.8 中的软钢的动态下屈服应力数据。

为了考虑材料的弹性,把线弹性应变率 $\dot{\epsilon} = \dot{\sigma}'/E$ 加到式(8.1)、式(8.16)和式(8.17)中。假定弹性和塑性效应不耦合,这就给出总应变率。

8.3.3 弯曲

在许多结构问题中弯曲效应是很重要的,在 8.26 节中讨论了纯弯曲时钢的应变率敏感性。本节中应用文献[8.29,8.30,8.40]中概述的方法推导材料在受纯弯矩作用时考虑应变率敏感行为的本构方程。

考虑图 8.19 中的宽为 B、高为 H 的矩形截面梁,梁由应变率敏感材料制成,受纯弯矩 M_0' 作用。假定材料的拉压行为相同,外加动弯矩为

$$M_0' = 2 \int_0^{H/2} \sigma_x' z B \mathrm{d}z \tag{8.18}$$

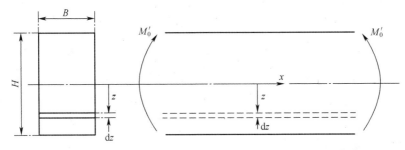

图 8.19 由应变率敏感材料制成的 $B \times H$ 矩形截面梁的纯弯曲

如果材料遵守 Cowper-Symonds 本构方程式(8.3),则

$$\sigma_x' = \sigma_0 \left[1 + (\dot{\epsilon}_x/D)^{1/q} \right] \tag{8.19}$$

式中: $\dot{\epsilon}_x$ 为距离梁中性轴 z 处的轴向或者纵向应变率。然而,建立在平截面假设上的梁弯曲简单理论给出 $\epsilon_x = z\kappa$,式中 κ 是中性轴的曲率改变。因此, $\dot{\epsilon}_x = z\dot{\kappa}$,这样式(8.18)和式(8.19)得出动弯矩为

$$M_0' = 2B \int_0^{H/2} \sigma_0 \left[1 + \left(\frac{z\dot{\kappa}}{D} \right)^{1/q} \right] z \mathrm{d}z$$

或

$$M'_0 = 2B\sigma_0 \left[\frac{z^2}{2} + \frac{z^{2+1/q}}{2+1/q} \left(\frac{\dot{\kappa}}{D} \right)^{1/q} \right]_0^{H/2}$$

上式变为

$$M'_0/M_0 = 1 + \frac{2q}{2q+1} \left(\frac{H\dot{\kappa}}{2D} \right)^{1/q} \qquad (8.20)①$$

式中

$$M'_0 = \sigma_0 BH^2/4 \qquad (8.21)$$

为静态全塑性弯矩。

式(8.20)预测受动态纯弯矩作用的矩形截面梁的行为。假定材料应变率敏感性的影响遵守 Cowper-Symonds 本构方程式(8.3)，常数 D 和 q 从单向拉伸或压缩实验中得到。因此，如果根据表 8.1 取软钢的 $D = 40.4\text{s}^{-1}$ 和 $q = 5$，则式(8.20)化为

$$\frac{M'_0}{M_0} = 1 + \frac{10}{11} \left(\frac{H\dot{\kappa}}{80.8} \right)^{0.2} \qquad (8.22)$$

式中：$\dot{\kappa} = \theta/L$；θ 为受纯弯矩 M'_0 作用时长度为 L 的梁在整个跨度内的角度变化。

在图 8.16(a)中把式(8.22)的简单预测同 Aspden 和 Campbell 的实验结果[8.30]进行了比较。式(8.22)不包含材料应变强化效应，故在图 8.16(a)中给出了一条水平线。它也没有预测上屈服应力，因为常数 D 和 q 是从与动态下屈服应力或流动应力有关的数据中得出的。尽管有这些评论，但式(8.22)确实对于软钢在中等曲率情形的应变率敏感弯矩-曲率特性给出了一个合理的工程估计。

Aspden 和 Compbell[8.30]利用了同一材料如图 8.16 所示的实际动态单轴压缩实验数据并对式(8.18)进行了数值积分。这一方法给出了与实际的弯矩-曲率特征符合得比图 8.16(a)中所示的稍微好一些的结果②。

8.3.4 应变强化的影响和应变率敏感性

为了简化理论分析，Perrone[8.42]建议材料应变强化和应变率敏感性的效应可以解耦，并把对应的本构方程表示为乘积的形式：

$$\sigma'_0/\sigma_0 = f(\dot{\epsilon})g(\epsilon) \qquad (8.23)$$

---

① $H\kappa/2$ 是图 8.19 中出现在梁的上下表面处的梁的最大应变率。如果矩形梁的横截面理想化为夹层梁截面，只有上下薄翼缘承受弯矩，则可以证明 $M'_0/M_0 = 1 + (H\kappa/2D)^{1/q}$，式中 M_0 现在是两个薄翼缘的静态弯矩承受能力。这一表达式形式上相似于式(8.20)，当 $q \gg 1$ 时与该式完全相同。

② Gillis 和 Kelly[8.41]发展了一种从动态弯曲实验中得到动态单轴应变率特性的方法。这一方法预测的结果与实际的单轴数据符合得出人意料的好。

式中:$f(\dot{\epsilon})$在单轴情形可以是式(8.3)的右边,而$g(\epsilon)$考虑了应变强化。这一关系忽略了应变强化和应变率效应间的任何耦合,把$g(\epsilon)$取作线性关系时,这一关系示于图8.20中。然而,在图8.7中的实验数据中,某种耦合是显而易见的,因为应变率效应随应变增加而减弱。

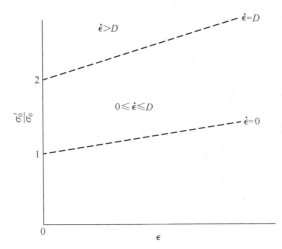

图8.20　具有线性应变强化($g(\epsilon)$)和基于式(8.3)的材料应变率敏感性($f(\dot{\epsilon})$)的式(8.23)

Johnson-Cook方程[8.43]是另外一个忽略了式(8.23)中这两项的任何耦合的经验型本构方程。然而,它在式(8.23)中保留了一个与温度对流动应力的影响有关的独立的项,通常写成

$$\sigma = (\sigma_0 + B\epsilon^n)[1 + C\log(\dot{\epsilon}/\dot{\epsilon}_0)](1 - T^{*m}) \qquad (8.24a)$$

式中:σ_0、B、n、C、m由实验决定;$\dot{\epsilon}_0$为参考应变率;T^*为无量纲温度。

结果表明[8.44],在压缩应变为0.05时,$D=1300s^{-1}$和$q=5$(或者$D=300s^{-1}$和$q=2.5$)描述了March和Campbell[8.2]报告的软钢的应变率敏感行为的实验数据。Campbell和Cooper研究的软钢的拉伸应力极限随应变率的变化由式(8.3)中$D=6844s^{-1}$和$q=3.91$给出[8.45]。

为了反映出应变大小与应变率两种影响的相互作用,发展了一个修正的Cowper-Symonds方程,形为[8.46]

$$\frac{\sigma_0'}{\sigma_0} = 1 + \left(\frac{\dot{\epsilon}}{B + C\epsilon}\right)^{1/q} \qquad (8.24b)$$

式中:$B = (\epsilon_u D_y - \epsilon_y D_u)/(\epsilon_u - \epsilon_y)$;$C = (D_u - D_y)/(\epsilon_u - \epsilon_y)$;$D_u$、$D_y$分别为材料在动态单轴拉伸实验中拉伸极限应变和屈服应变的应变率敏感行为的Cowper-Symonds系数。

8.4　理想模型的理论解

8.4.1　引言

在 8.2 节中给出了材料的一些应变率敏感性特征,而在 8.3 节中讨论了本构表达式,本节将考察几个简单问题以说明应变率敏感性对结构响应的影响,并介绍和证明进一步的简化。

8.4.2　挂有附加质量的线

8.4.2.1　引言

质量 M 系于一根初始长度为 L 的无质量的线的一端,受垂直方向的初速度 V_0 作用,如图 8.21 所示。波传播效应和材料弹性效应忽略不计,轴向应变设为小应变[8.47]。

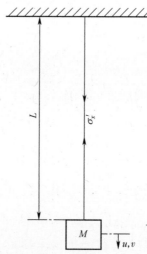

图 8.21　质量 M 悬挂于初始长度为 L 的线上,在 $t=0$ 时受垂直向下的速度作用

质量 M 在垂直方向的平衡要求

$$M\frac{\mathrm{d}v}{\mathrm{d}t} = -A\sigma'_x \tag{8.25}$$

式中:v 为冲击后质量 M 在任意时刻 t 的垂直速度;σ'_x 为横截面积为 A 的线中当忽略重力效应时的动态轴向应力。

8.4.2.2　刚性-理想塑性情形

当图 8.21 中的线由屈服应力为 σ_0 的刚性-理想塑性材料制成时可找到一个理论解。此时,$\sigma'_x = \sigma_0$,式(8.24)变为

$$\frac{\mathrm{d}v}{\mathrm{d}t} = -\frac{A\sigma_0}{M} \tag{8.26a}$$

因为 $t=0$ 时 $v=V_0$，由式(8.26a)可得

$$v = V_0 - \frac{A\sigma_0 t}{M} \tag{8.26b}$$

运动在 $t=t_\mathrm{f}$ 时停止，此时 $v=0$，即

$$t_\mathrm{f} = MV_0/A\sigma_0 \tag{8.27}$$

这是响应历时。

现在，$v=\mathrm{d}u/\mathrm{d}t$，所以，积分式(8.26)并利用初始条件 $t=0$ 时 $u=0$，得

$$u = V_0 t - \frac{A\sigma_0 t^2}{2M} \tag{8.28}$$

式(8.27)和式(8.28)预测质量的最终的，即永久的垂直位移为

$$u_\mathrm{f} = \frac{MV_0^2}{2A\sigma_0} \tag{8.29}$$

在 t 时刻线中所吸收的塑性能为

$$D_\mathrm{a} = \int_0^t \sigma'_x \dot{\epsilon}_x AL\mathrm{d}t \tag{8.30}$$

利用 $\sigma'_x = \sigma_0$ 和 $\dot{\epsilon}_x = v/L$ 以及由式(8.26)给出的 v，由式(8.30)得

$$D_\mathrm{a} = A\sigma_0 \left(V_0 t - \frac{A\sigma_0 t^2}{2M} \right) \tag{8.31}$$

如所预料，式(8.31)预测当 $t=t_\mathrm{f}$ 时，初始动能 $MV_0^2/2$ 被线所吸收。

8.4.2.3　应变率敏感情形:精确解

现在给出当图8.21中的线是由式(8.3)所规定的刚性-应变率敏感材料制成时的理论解。

利用式(8.3)，取 $\dot{\epsilon}_x = v/L$，式(8.24)可以改写为

$$\frac{\mathrm{d}v}{\mathrm{d}t} = -\frac{A\sigma_0}{M}\left[1 + \left(\frac{v}{DL} \right)^{1/q} \right] \tag{8.32}$$

的形式。分离变量并积分得

$$\int_0^t \mathrm{d}t = -\frac{M}{A\sigma_0}\int_{V_0}^0 \frac{\mathrm{d}v}{1 + (v/DL)^{1/q}} \tag{8.33}$$

即

$$t = \frac{M}{A\sigma_0}\int_v^{V_0} \frac{\mathrm{d}v}{1 + (v/DL)^{1/q}} \tag{8.34}$$

式(8.34)可写成

$$t = \frac{qMDL}{A\sigma_0} \int_{1+(v/DL)^{1/q}}^{1+(V_0/DL)^{1/q}} \frac{(h-1)^{q-1}\mathrm{d}h}{h} \tag{8.35}$$

式中

$$h = 1 + \left(\frac{v}{DL}\right)^{1/q} \tag{8.36}$$

式（8.35）可用标准公式积分[①]给出：

$$t = \frac{qMDL}{A\sigma_0} \times \left\{ \sum_{n=1}^{q-2} \left[\frac{(-1)^n}{q-n} (\lambda^{q-n} - \Lambda^{q-n}) \right] - \right.$$

$$\left. (-1)^{q-1} \left[\Lambda - \lambda - \ln(1+\Lambda) + \ln(1+\lambda) \right] \right\} \tag{8.37}$$

式中

$$\lambda = \left(\frac{v}{DL}\right)^{1/q} \tag{8.38a}$$

以及

$$\Lambda = \left(\frac{V_0}{DL}\right)^{1/q} \tag{8.38b}$$

响应历时 $t = t_f$ 由式（8.37）取 $\lambda = 0$ 给出。

鉴于 $\mathrm{d}v/\mathrm{d}t = (\mathrm{d}v/\mathrm{d}u)(\mathrm{d}u/\mathrm{d}t) = (\mathrm{d}v/\mathrm{d}u)v = \mathrm{d}(v^2)/2\mathrm{d}u$，式（8.32）也可以写成

$$\frac{\mathrm{d}(v^2)}{\mathrm{d}u} = -\frac{2A\sigma_0}{M} \left[1 + \left(\frac{v}{DL}\right)^{1/q} \right] \tag{8.39}$$

分离变量并积分得

$$\int_0^u \mathrm{d}u = -\frac{M}{2A\sigma_0} \int_{v_0^2}^{v^2} \frac{\mathrm{d}(v^2)}{1 + (v^2/D^2L^2)^{1/2q}} \tag{8.40}$$

因为垂直位移在 $t=0, v=V_0$ 时的初值为 $u=0$。式（8.40）可改写成

$$u = \frac{M}{2A\sigma_0} \int_{v^2}^{V_0^2} \frac{\mathrm{d}(v^2)}{1 + (v^2/D^2L^2)^{1/2q}} \tag{8.41}$$

即

$$u = \frac{qMD^2L^2}{A\sigma_0} \int_{1+(v/DL)^{1/q}}^{1+(v_0/DL)^{1/q}} \frac{(h-1)^{2q-1}}{h}\mathrm{d}h \tag{8.42}$$

式中

$$h = 1 + \left(\frac{v}{DL}\right)^{1/q} \tag{8.43}$$

式（8.42）中的积分与式（8.35）中的积分形式上相似。因此，质量的垂直位移为

---

① 例如，重复应用 Selby[8.48] 书中的例 142。

$$u = \frac{qMD^2L^2}{A\sigma_0} \times \left\{ \sum_{n=1}^{2q-2} \left[\frac{(-1)^n}{(2q-n)} (\lambda^{2q-n} - \Lambda^{2q-n}) \right] + \right.$$

$$\left. \Lambda - \lambda - \ln(1+\Lambda) + \ln(1+\lambda) \right\} \tag{8.44}$$

质量在 $t = t_f$ 时的最终的,即永久的垂直位移 $u = u_f$ 可从式(8.44)中取 $v = 0$(即 $\lambda = 0$)得到。

把 λ 的值分别代入式(8.37)和式(8.44)的右端以计算 t 和 u,进而得到位移-时间(u-t)和速度-时间(v-t)历程是非常简单的。在图 8.22 中给出了对于

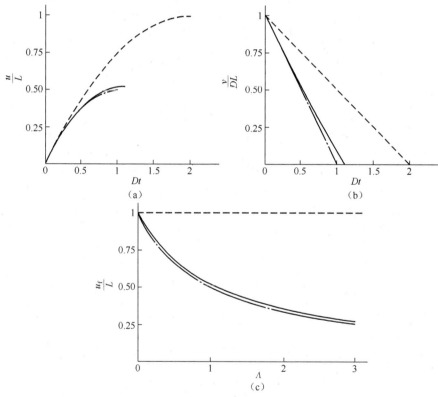

图 8.22　对图 8.21 所示挂有附加质量的线的理论预测的比较,取 $q = 5, 2\sigma_0 AL/MV_0^2 = 1$

(a)无量纲位移(u)-时间(t)历程,取 $\Lambda = (V_0/LD)^{1/q} = 1$。

——精确解(式(8.44)),也代表 Symonds 的黏性近似解(式(8.59));

− − −刚性-理性塑性解(式(8.28));−·−Perrone 近似解(式(8.48))。

(b)无量纲速度(v)-时间(t)历程,取 $\Lambda = 1$。

——精确解(式(8.37)),也代表 Symonds 的黏性近似解(式(8.55));

− − −刚性-理性塑性解(式(8.26b));−·−Perrone 近似解(式(8.46))。

(c)无量纲永久位移(u_f)随 $\Lambda = (V_0/LD)^{1/q}$ 的变化。

——,− − −,−·−的意义与(a)相同。

软钢，由表 8.1 取 $q=5$ 的特定值时这两式所给出的无量纲预测。式（8.36b）所定义的参数 $\Lambda^q = V_0/DL$ 是线中的无量纲初始应变率，而式（8.38b）中 $\lambda^q = v/DL$ 是任意时刻 t 时的无量纲应变率。由图（8.22c）可清楚地看到，对于给定的 q 值，Λ 的增加导致质量的永久垂直位移（u_f）变小，这是预料之中的。该理论预测同刚性-理想塑性材料的式（8.26b）、式（8.28）和式（8.29）的比较清楚地表明了材料的应变率敏感性对质量的响应的重要影响。

8.4.2.4　Perrone 近似

在图 8.22（b）中以无量纲形式画出了由式（8.37）得到的速度-时间历程（v-t）。量 v/DL 是无量纲应变率，可以把它代入式（8.3）中以预测图 8.23（a）中所示的相应的动态轴向流动应力。显然，在绝大部分响应时间内，线中的流动应力比初始值小不了多少。此外，从图 8.23（b）可清楚地看到，只是当质量的初始动能的 90% 左右被线中的塑性变形吸收后，动态流动应力才显著偏离其初始值。

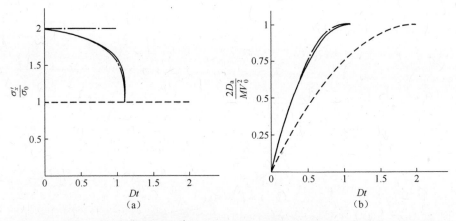

图 8.23　对图 8.21 所示挂有附加质量的线的理论预测的比较，取 $q=5$ 和 $2\sigma_0 AL/MV_0^2 = 1$

(a) 无量纲轴向应力（σ_x'）-时间（t）历程，取 $\Lambda=1$；

——精确解（8.4.2.3 节）；——-刚性-理性塑性解（（8.4.2.2 节）；

—·-Perrone 的近似解（式（8.45））；—··-Symonds 的黏性近似解（式（8.50），式（8.52））；

(b) 无量纲吸收能量（D_a）-时间（t）历程；

——精确解（8.4.2.3 节），也代表 Symonds 的黏性近似解（8.4.2.5 节）；

——-刚性-理性塑性解（式（8.31））；—··-Perrone 的近似解（8.4.2.4 节）。

这些观察使 Perrone[8.47] 推测：采用一个与时间无关的动态流动应力，其大小由式（8.3）根据初始应变率计算，可以得到对结构响应的一个恰当的估计。这样，8.4.2.3 节中的理论分析就大大地简化了，因为它简化为 8.4.2.2 节中的理想刚塑性解，只是恒定流动应力（σ_0）是用应变率的初值根据式（8.3）计算出来的。

根据式(8.3)和式(8.38b),图 8.21 中挂有质量的线的初始动态轴向流动应力为

$$\sigma_0' = \sigma_0(1 + \Lambda) \tag{8.45}$$

因此,式(8.26)~式(8.29)中的 σ_0 由 σ_0' 代替后,对于刚性-应变率敏感情形分别给出

$$v = V_0 - A\sigma_0(1 + \Lambda)t/M \tag{8.46}$$

$$t_f = MV_0/A\sigma_0(1 + \Lambda) \tag{8.47}$$

$$u = V_0 t - A\sigma_0(1 + \Lambda)t^2/2M \tag{8.48}$$

$$u_f = \frac{MV_0^2}{2A\sigma(1 + \Lambda)} \tag{8.49}$$

尽管这个理论方法很简单,但在图 8.22 中式(8.46)~式(8.49)与 8.4.2.3 节中的精确结果确实符合得比较好,它大大改进了 8.4.2.2 节中对应的刚性理想塑性分析。

8.4.2.5　Symonds 的黏性近似

从 8.4.2.3 节中看得很清楚,即使是对于图 8.21 所示的特别简单的问题,材料的应变率敏感性也使精确的理论分析变得很复杂。这是由式(8.3)的非线性性质引起的,Symonds[8.49]建议可以用一个较简单的齐次的黏性关系来代替它,即

$$\frac{\sigma_0'}{\sigma_0} = \mu \left(\frac{\dot{\epsilon}}{D}\right)^{1/\nu q} \tag{8.50}$$

式中:D、q 在 8.3.2 节中做了定义。

Symonds[8.49]根据从式(8.3)和式(8.50)得到的初始应力应该相同这一要求得到了常数 μ 和 v,即

$$1 + \left(\frac{V_0}{DL}\right)^{1/q} = \mu \left(\frac{V_0}{DL}\right)^{1/\nu q} \tag{8.51a}$$

此外,Symonds[8.49]假定式(8.3)和式(8.50)的无量纲形式的初始斜率也相同,即

$$\frac{1}{q}(V_0/DL)^{1/q-1} = \frac{\mu}{\nu q}\left(\frac{V_0}{DL}\right)^{1/\nu q-1} \tag{8.51b}$$

由式(8.50a)和式(8.50b)分别可得

$$\nu = \frac{1 + \Lambda}{\Lambda} \tag{8.52a}$$

与

$$\mu = \frac{1 + \Lambda}{\Lambda^{1/\nu}} \tag{8.52b}$$

式中：Λ 由式(8.38b)定义。

现在，利用式(8.50)，图 8.21 中质量 M 的平衡方程式(8.25)变为

$$M \frac{\mathrm{d}v}{\mathrm{d}t} = -\mu A \sigma_0 \left(\frac{v}{DL} \right)^{1/\nu q} \tag{8.53}$$

它可以改写为

$$\int_0^t \mathrm{d}t = \frac{M(DL)^{1/\nu q}}{\mu A \sigma_0} \int_v^{V_0} \frac{\mathrm{d}v}{v^{1/\nu q}} \tag{8.54}$$

即

$$t = \frac{M(DL)^{1/\nu q}}{\mu A \sigma_0 (1 - 1/\nu q)} (V_0^{1-1/\nu q} - v^{1-1/\nu q}) \tag{8.55}$$

式(8.55)可在形式上改写为

$$\frac{\mathrm{d}u}{\mathrm{d}t} = V_0 \left[1 - \frac{\mu A \sigma_0 (\nu q - 1)t}{\nu q M (DL)^{1/\nu q} V_0^{1-1/\nu q}} \right]^{\nu q/(\nu q-1)} \tag{8.56}$$

即

$$u = \frac{-\nu q M D^2 L^2 \Lambda^{2q-1/\nu}}{\mu A \sigma_0 (\nu q - 1)} \int_1^k k^{\nu q/(\nu q-1)} \mathrm{d}k \tag{8.57}$$

式中

$$k = 1 - \frac{\mu A \sigma_0 (\nu q - 1)t}{\nu q M D L \Lambda^{q-1/\nu}} \tag{8.58}$$

而 Λ 由式(8.38b)定义。最后，积分式(8.57)给出质量 M 的垂直位移为

$$u = \frac{\nu q M D^2 L^2 \Lambda^{2q-1/\nu}}{\mu A \sigma_0 (2\nu q - 1)} \left\{ 1 - \left[1 - \frac{\mu A \sigma_0 (\nu q - 1)t}{\nu q M D L \Lambda^{q-1/\nu}} \right]^{\frac{(2\nu q-1)}{(\nu q-1)}} \right\} \tag{8.59}$$

式(8.55)取 $v=0$ 得到响应历时为

$$t_f = \frac{\nu q M D L \Lambda^{q-1/\nu}}{\mu A \sigma_0 (\nu q - 1)} \tag{8.60}$$

而式(8.59)取 $t=t_f$ 可算出与此相关的质量 M 的永久位移为

$$u_f = \frac{\nu q M D^2 L^2 \Lambda^{2q-1/\nu}}{\mu A \sigma_0 (2\nu q - 1)} \tag{8.61}$$

在图 8.22 中把这一节中的理论预测同 8.4.2.3 节中的精确解做了比较。事实上，对于图 8.21 所示的特殊情形，Symonds 的黏性近似解同精确解几乎没有区别。

8.4.3 大挠度的影响

8.4.3.1 引言

8.4.2.1 节中的计算没有考虑有限挠度，即几何形状改变的影响。在第 7

章中曾指出,对于某些结构问题来说,这是很重要的。图 8.24 中关于瞬动速度加载梁的实验和理论结果表明,有限挠度至少同应变率敏感性同样重要,特别是对于永久横向位移大约大于构件厚度的情形。

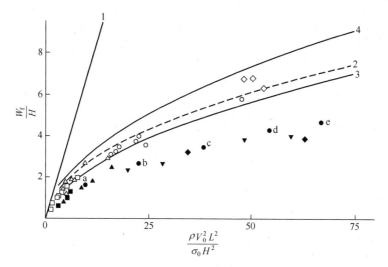

图 8.24 在全跨距 $2L$ 上受均匀瞬动速度载荷作用的固支梁的最大永久横向位移(W_f)

1—无限小分析(只考虑弯曲)(式(3.82));2,3,4—包含有限挠度影响的
理论分析(见 7.6.4 节和图 7.19)。

□,△,○,◇—6061-T6 铝合金梁的实验结果(7.6.4 节);■,▲,▼,◆—软钢梁的实验结果[8.3];
●a~e—Witmer 等(1963)[8.3]的有限差分法数值计算结果。

在 8.4.2.4 节和 8.4.2.5 节中讨论的近似方法没有考虑到经历几何形状改变的结构中可能发生的模态改变①。例如,一根横向受载的梁,初始响应是挠曲方式,弯矩和横向剪力起主导作用。然而,当横向位移增加时,膜力产生并增大,而弯矩和横向剪力发挥不太重要的作用。显然,8.4.2.4 节中 Perrone 近似给出的动态流动应力 σ_0'(或塑性弯矩 M_0')是根据初始应变率(或初始曲率改变率)计算的,因而是由挠曲效应决定的。这个流动应力似乎与后来由膜力控制的响应没有多少关联。8.4.2.5 节中 Symonds[8.49]黏性近似解的式(8.50)中的常数 μ 和 v 也是根据初始条件计算的,因而也可能与那些在响应后期由膜力效应控制的问题无关。

为了深入了解这类构件的行为,Perrone 和 Bhadra[8.50]考察了图 8.25 中所示的简单问题。用两根长度为 L、由刚性-应变率敏感材料制成的水平的无质量线将一个刚性质量 M 横向拉住。Perrone 和 Bhadra 考察了当质量受一个瞬动速

---

① 小挠度的结构也可能发生模态改变。例如,3.8 节中考察的悬臂梁的动态响应中,移动铰引起模态改变。

度作用时线中膜力和几何形状改变的影响,但略去了弯矩和横向剪力的影响。这样,质量 M 的运动方程为

$$M\frac{\mathrm{d}^2 W}{\mathrm{d}t^2} = -2\sigma_x' A\sin\alpha \tag{8.62}$$

式中:σ_x' 为当前横截面积为 A 的线中的动态流动应力。

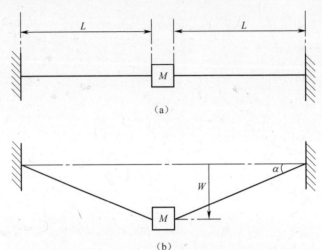

图 8.25　由两根长度均为 L 的线支撑的质量 M

(a) $t=0$ 时初始位置,刚性质量受横向速度 V_0 瞬动加载;

(b) t 时刻的变形后位置,此时质量的横向位移为 W。

8.4.3.2　精确解

图 8.25 中两根线中的工程应变为

$$\epsilon = \frac{\sqrt{L^2 + W^2} - L}{L}$$

或

$$\epsilon \approx \frac{W^2}{2L^2} \tag{8.63}$$

它给出应变率为

$$\dot\epsilon = \frac{W\dot{W}}{L^2} \tag{8.64}$$

式中:$(\cdot)=\mathrm{d}(\ )/\mathrm{d}t$。如果线的初始横截面积为 A_0,则塑性流动时两根线的体积守恒[8.38]要求

$$A_0 L = A\sqrt{L^2 + W^2} \ \text{或} \ A = A_0 L / \sqrt{L^2 + W^2} \tag{8.65}$$

利用式(8.3)、式(8.64)和式(8.65),式(8.62)变为

$$M \frac{\mathrm{d}(v^2)}{\mathrm{d}W} = -\frac{4A_0 L \sigma_0 W}{L^2 + W^2} \left[1 + \left(\frac{Wv}{DL^2} \right)^{1/q} \right] \qquad (8.66)^{①}$$

因为

$$\sin\alpha = W / \sqrt{L^2 + W^2} \qquad (8.67)$$

和

$$\frac{\mathrm{d}^2 W}{\mathrm{d}t^2} = \frac{\mathrm{d}v}{\mathrm{d}t} = \frac{1}{2} \frac{\mathrm{d}}{\mathrm{d}W}(v^2) \qquad (8.68)$$

式中:$v = \mathrm{d}W/\mathrm{d}t$。

利用初始条件 $t=0$ 时 $w=0$ 和 $v=V_0$ 及运动终结条件 $t=t_f$ 时 $v=0$,Perrone 和 Bhadra[8.50]对式(8.66)进行了数值积分。在图8.26中画出了质量 M 的无量纲最终位移(W_f/L)与其无量纲初始动能($MV_0^2/4\sigma_0 A_0 L$)的关系。

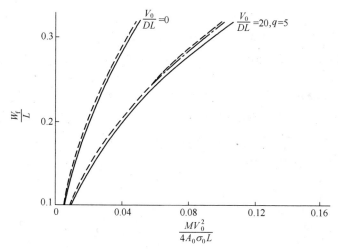

图8.26 图8.25的理想结构的无量纲永久横向位移与无量纲动能的关系
——精确解,引自 Perrone 和 Bhadra[8.50]的图12;
－－－式(8.71)和式(8.81);－·－式(8.75)(当 $V_0/DL=0$ 时与－－－相同)。

8.4.3.3 Perrone 和 Bhadra 的近似解

在8.4.3.2节中发现,尽管图8.25所示的问题很简单,但仍需要对式(8.66)进行数值求解。实际结构问题复杂得多,这使理论分析更为困难。这种情形成为寻求简化理论分析的强有力的动力,尽管复杂的数值解现在已经很平常了,但简化理论分析仍然是有价值的。因为外加动载特性和结构细节存在着各种不确定性,简单的分析方法提供了一些深入了解,其预测有时是足够的。

在文献[8.50]中给出了各种数值结果,而取自该文献的图8.27引起了很

---

① 虽然工程应力和真应力的差别对于小应变可以忽略,但严格说来,式(8.66)中的 σ_0 是真应力。

大兴趣。该图揭示,对于软钢和60601－T6铝合金,在其应变率特性依照式(8.3)和表8.1时,两者的动态流动应力除了较短的初始阶段和最后阶段外,在整个响应期间几乎保持不变。因此,在整个响应期间对动态流动应力采用一个常数修正因子看来是合理的,如同在8.4.2.4节中对图8.21中的模型所看到的那样。然而,从图8.27中可以清楚地看到,对应于初始应变率的动态流动应力在这种情形下并不适用。

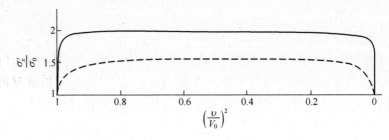

图8.27　图8.25中模型的无量纲应力(σ'_x/σ_0)随无量纲动能($v/V'_0)^2$的变化,线由软钢(——)或6061-T6铝合金(－－－)制成,材料遵守式(8.3),并取表8.1中的系数[8.50]

Perrone和Bhadra[8.50]也考察了两种线中的应变率随质量M速度的变化,如图8.28所示。对于软钢和6061-T6铝合金线的最大应变率都是发生在质量块的速度约为$V_0/\sqrt{2}$时。换句话说,最大应变率发生在质量M的初始动能的1/2左右已经塑性耗散于两根线中的时候。遗憾的是,从式(8.3)中计算动流动应力并不容易,因为根据式(8.64),应变率依赖于横向位移W(即$\dot{\epsilon}=V_0W/\sqrt{2}L^2$)。然而Perrone和Bhadra[8.50]假定整个响应期间的"平均"应变率等于最大值的1/2(即$V_0W/2\sqrt{2}L^2$),因此方程式(8.3)、式(8.62)、式(8.64)、式(8.65)、式(8.67)和式(8.68)变为

$$M\frac{\mathrm{d}(v^2)}{\mathrm{d}W}=-4A_0L\sigma_0W\left[1+\left(\frac{WV_0}{2\sqrt{2}DL^2}\right)^{1/q}\right]\frac{W}{L^2+W^2} \tag{8.69}$$

当把$(L^2+W^2)^{-1}$近似写成$L^{-2}(1-W^2/L^2+W^4/L^4+\cdots)$时,由式(8.69)可以积分得

$$v^2-V_0^2=-\frac{4A_0\sigma_0}{WL}\left\{\frac{W^2}{2}-\frac{W^4}{4L^2}+\frac{W^6}{6L^4}\left(\frac{V_0}{2\sqrt{2}DL^2}\right)^{1/q}\times\right.$$

$$\left.W^{2+1/q}\left[\frac{1}{2+1/q}-\frac{W^2}{L^2(4+1/q)}+\frac{W4}{L^4(6+1/q)}+\cdots\right]\right\} \tag{8.70}$$

当$v=0$时,式(8.70)给出质量M的最终即永久横向位移(W_f),即

$$\frac{2}{3}\left(\frac{W_{\mathrm{f}}}{L}\right)^6 - \left(\frac{W_{\mathrm{f}}}{L}\right)^4 + 2\left(\frac{W_{\mathrm{f}}}{L}\right)^2 + 4q\left(\frac{V_0}{2\sqrt{2}\,DL^2}\right)^{1/q}\left(\frac{W_{\mathrm{f}}}{L}\right)^{2+1/q} \times$$

$$\left[\frac{1}{2q+1} - \frac{1}{4q+1}\left(\frac{W_{\mathrm{f}}}{L}\right)^2 + \frac{1}{6q+1}\left(\frac{W_{\mathrm{f}}}{L}\right)^4\right] - \frac{MV_0^2}{A_0\sigma_0 L} = 0 \tag{8.71}$$

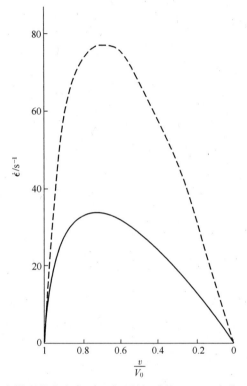

图8.28　图8.25中模型的应变率($\dot{\epsilon}$)随无量纲动能(v/V_0)变化,线由软钢(——)或

6061-T6铝合金(---)制成,其性能由式(8.3)和表8.1中的系数描述[8.50]

从图8.26中显然看到,式(8.71)[①]与8.4.3.2节中给出的精确值符合得比较好。式(8.71)给出的预测与 Perrone 和 Bhadra[8.50] 用能量法来代替解控制微分方程式(8.69)所给出的预测稍有不同。

8.4.3.4　进一步简化

在8.4.3.3节中提到,当质量 M 的横向速度减小到 $V_0/\sqrt{2}$ 时,图8.25理想模型中的线的应变率达到最大。这一速度是在初始动能的 1/2 作为两根线中的塑性功被吸收时所达到的。然而,从图8.29中显然看出,最大应变率也发生在

---

① 对于具体的 V_0/DL 和 q 的值,通过由给定的 W_{f}/L 值计算 $MV_0^2/A_0\sigma_0 L$ 来画出图8.26中的曲线是非常简单的。

质量的横向位移约为最终即永久位移(W_f)的2/3的时候[8.51]。因此，当取平均应变率等于最大值的1/2时，根据式(8.46)可以把应变率写成

$$\dot{\epsilon} \approx (2W_f/3)(V_0/\sqrt{2})(1/2L^2) \tag{8.72}$$

在这种情况下，式(8.69)变为

$$\frac{\mathrm{d}(v^2)}{\mathrm{d}W} = -\frac{4A_0L\sigma_0}{M}\left[1 + \left(\frac{V_0W_f}{3\sqrt{2}DL^2}\right)^{1/q}\right]\frac{W}{L^2+W^2} \tag{8.73}$$

积分式(8.73)得

$$v^2 - V_0^2 = -\frac{4A_0L\sigma_0}{WL}\left[1 + \left(\frac{V_0W_f}{3\sqrt{2}DL^2}\right)^{1/q}\right]\left(\frac{W^2}{2L^2} - \frac{W^4}{4L^4} + \frac{W^6}{6L^6} + \cdots\right) \tag{8.74}$$

因为$v=0$时$W=W_f$，即得

$$\frac{MV_0^2}{2A_0\sigma_0L} = \left[1 + \left(\frac{V_0}{3\sqrt{2}DL}\right)^{1/q}\right]\left(\frac{W_f}{L}\right)^2\left[1 - \frac{1}{2}\left(\frac{W_f}{L}\right)^2 + \frac{1}{3}\left(\frac{W_f}{L}\right)^4\right] \tag{8.75}$$

这是一种比8.4.3.3节稍简单些的理论分析，但仍然给出同样可以接受的预测，如图8.26所示。

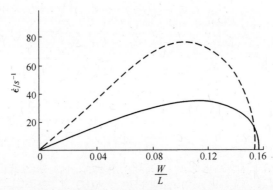

图8.29 图8.25模型中应变率($\dot{\epsilon}$)随无量纲位移(W/L)的变化，线由软钢(——)或6061-T6铝合金(---)制成，其性能理想化为式(8.3)，系数取自表8.1[8.50]

8.4.3.5 Symonds黏性近似的扩展

从8.4.2.5节中看到，对于图8.21所示的特定问题，Symonds黏性近似所给出的理论预测同精确理论解几乎没有区别。所以，值得提出这样的问题：这一简单的方法可否同8.4.3.3节中Perrone和Bhadra[8.50]的观察结合起来，用以考察图8.25所示的有限位移问题。

式(8.50)用来控制响应，常数μ和υ由$v=V_0/\sqrt{2}$和$W=2W_f/3$时的应变率敏感特性得出，如同在8.4.3.3节和8.4.3.4节中分别看到的那样。因此，仿照8.4.2.5节，式(8.3)、式(8.50)与式(8.64)一起给出

$$1 + \left(\frac{2W_f V_0}{3\sqrt{2} DL^2}\right)^{1/q} = \mu \left(\frac{2W_f V_0}{3\sqrt{2} DL^2}\right)^{1/vq} \tag{8.76a}$$

和

$$\frac{1}{q}\left(\frac{2W_f V_0}{3\sqrt{2} DL^2}\right)^{1/q-1} = \frac{\mu}{vq}\left(\frac{2W_f V_0}{3\sqrt{2} DL^2}\right)^{1/vq-1} \tag{8.76b}$$

或

$$v = \frac{1 + \left(\frac{\sqrt{2} V_0}{3DL}\right)^{1/q}\left(\frac{W_f}{L}\right)^{1/q}}{\left(\frac{\sqrt{2} V_0}{3DL}\right)^{1/q}\left(\frac{W_f}{L}\right)^{1/q}} \tag{8.77a}$$

和

$$\mu = \frac{1 + \left(\frac{\sqrt{2} V_0}{3DL}\right)^{1/q}\left(\frac{W_f}{L}\right)^{1/q}}{\left(\frac{\sqrt{2} V_0}{3DL}\right)^{1/vq}\left(\frac{W_f}{L}\right)^{1/vq}} \tag{8.77b}$$

式(8.77)与式(8.52)相同,只是 Λ 用

$$\left(\frac{\sqrt{2} V_0}{3DL}\right)^{1/q}\left(\frac{W_f}{L}\right)^{1/q}$$

代替。

现在,利用式(8.50)、式(8.64)、式(8.65)、式(8.67)和式(8.68),可以把式(8.62)写成

$$M\frac{\mathrm{d}v^2}{\mathrm{d}W} = -4A_0 L\sigma_0\mu\left(\frac{Wv}{DL^2}\right)^{1/vq}\frac{W}{L^2 + W^2} \tag{8.78}$$

的形式,根据 Perrone 和 Bhadra[8.50] 在 8.4.3.3 节中的观察,取 $v = V_0/\sqrt{2}$ 并取平均应变率为最大值的 $1/2$,由式(8.78)得

$$v^2 - V_0^2 = -\frac{4A_0 L\sigma_0\mu}{M}\left(\frac{V_0}{2\sqrt{2} DL^2}\right)^{1/vq}\int_0^t \frac{W^{1+1/vq}}{L^2 + W^2}\mathrm{d}W \tag{8.79}$$

当 $(L^2+W^2)^{-1} \approx (1-W^2/L^2+W^4/L^4)/L^2$ 时,即为

$$v^2 - V_0^2 = -\frac{4A_0 L\sigma_0\mu}{M}\left(\frac{V_0}{2\sqrt{2} DL^2}\right)^{1/vq} \times$$

$$\left[\frac{W^{(2+1/vq)}}{L^2(2 + 1/vq)} - \frac{W^{(4+1/vq)}}{L^4(4 + 1/vq)} + \frac{W^{(6+1/vq)}}{L^6(6 + 1/vq)}\right] \tag{8.80}$$

因为 $v=0$ 时 $W=W_f$,并利用式(8.77b),于是得

$$V_0^2 = -\frac{4\nu q A_0 L \sigma_0}{M}\left(\frac{3}{4}\right)^{1/\nu q}\left[1 + \left(\frac{\sqrt{2}\,V_0}{3DL}\right)^{1/q}\left(\frac{W_f}{L}\right)^{1/q}\right] \times$$

$$\left[\frac{1}{(2\nu q + 1)}\left(\frac{W_f}{L}\right)^2 - \frac{1}{4\nu q + 1}\left(\frac{W_f}{L}\right)^4 + \frac{1}{6\nu q + 1}\left(\frac{W_f}{L}\right)^6\right] \tag{8.81}$$

式(8.77a)和式(8.81)的直接迭代解就给出图 8.26 中画出的理论预测。

8.5 应变率敏感结构的理论行为

8.5.1 引言

在对图 8.2 和图 8.25 中的两个理想化了的问题分别进行了细致的分析以后,8.4 节已经提出了估计材料应变率敏感性对结构塑性响应的一些简化理论方法。本节包含这些近似方法的几个应用。

8.5.2 瞬动加载的固支梁

对于两端固支,在全跨(2L)上受均布瞬动速度载荷 V_0 作用的梁的最大永久横向位移(W_f),式(7.101)给出

$$\frac{W_f}{H} = \frac{1}{2}\left[1 + \left(1 + 3\frac{\rho V_0^2 L^2}{\sigma_0 H^2}\right)^{1/2} - 1\right] \tag{8.82}$$

这一表达式是用考虑弯矩和有限挠度,即几何形状改变的影响的近似方法推导出来的,它与对应变率不敏感的 6061-T6 铝合金梁的对应实验结果符合得比较好。如图 8.24 和图 7.19 所示。

现在,在 8.4.3.3 节和 8.4.3.4 节中证明,材料应变率敏感性的影响可以用 Perrone 和 Bhadra[8.50,8.51] 的观察结果来估计。已经发现,用在横向挠度 $2W_f/3$ 和初始动能的 1/2 被吸收时的横向速度 $V_0/\sqrt{2}$ 所估算的应变率相关联的应力与更精确的理论解符合得很好。此时,式(8.82)中的静态单轴屈服应力 σ_0 要用式(8.3)中的 σ_0' 代替,式中的 $\dot\epsilon$ 根据式(8.72)取为 $\dot\epsilon = V_0 W_f/3\sqrt{2}L^2$。因此,式(8.82)变为

$$\frac{W_f}{H} = \frac{1}{2}\left[1 + \left(1 + \frac{3\rho V_0^2 L^2}{n\sigma_0 H^2}\right)^{1/2} - 1\right] \tag{8.83a}$$

式中

$$n = \frac{\sigma_0'}{\sigma_0} = 1 + \left(\frac{V_0 W_f}{3\sqrt{2}\,DL^2}\right)^{1/q} \tag{8.83b}$$

Perrone 和 Bhadra[8.50,8.51] 的方法,以及因此式(8.83a),只保留了膜力的应

变率强化。尽管如此,对于横向位移约大于梁的厚度的响应,膜力是起主导作用的,如图 7.18 和图 8.24 中对应变率不敏感的情况所表明的那样。

在图 8.30 中对两根不同厚度的软钢梁将式(8.83a)、式(8.83b)的直接迭代解与式(8.82)的应变率不敏感预测做了比较。

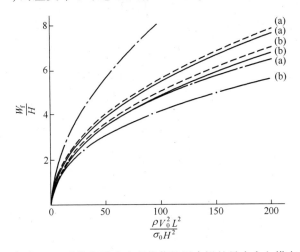

图 8.30　全跨 $2L$ 上受均布瞬动速度载荷的固支梁的最大永久横向位移(W_f)

$q=5, D=40.4\mathrm{s}^{-1}, \rho=7829\mathrm{kg/m}^3, \sigma_0=210.3\mathrm{MN/m}^2, L=63.666\mathrm{mm}$。

(a)$H=2.342\mathrm{mm}(0.0922$ 英寸$)$;(b)$H=6.015\mathrm{mm}(0.2368$ 英寸$)$。

—·— 式(8.82);- - - 式(8.83a、b);—— 式(8.83a)和式(8.85);
—·— 式(8.83a)和式(8.86)。

对于 $q=5$ 的软钢,材料应变率敏感性的影响是一个高度非线性的效应,这是 8.4.3 节中所讨论和上面所用的 Perrone 和 Bhadra 近似成功的原因。例如,方程式(8.3)中的应变率 $\dot{\epsilon}$ 加倍,从 $\dot{\epsilon}=D$ 变为 $\dot{\epsilon}=2D$,当 $q=5$ 时使动态流动应力增加 7.4%[1]。因此,为了避免迭代计算,值得考虑对式(8.83a)中的 n 作近似处理。

当 $W_f \gg H$ 时,由式(8.22)可得

$$W_f \approx \frac{V_0 L}{2}(3\rho/\sigma_0)^{1/2} \tag{8.84}$$

式(8.84)代入式(8.83b)得

$$n = 1 + \left[\frac{V_0^2}{6\sqrt{2}\,DL}(3\rho/\sigma_0)^{1/2}\right]^{1/q} \tag{8.85}[2]$$

---

① 式(8.3)预测 $\sigma'_{02}/\sigma'_{01}=(1+2)^{1/5}/(1+1)=1.074$。

② 通过用 $n\sigma_0$ 代替 σ_0 可以进一步提高精度,作迭代可得到对应的 n 值。

式（8.83a）和式（8.85）用起来比式（8.83a、b）简单，却给出相似的结果，如图8.30所示。文献[8.3]中也考察了这一特殊的梁问题，在那里用一种完全不同的方法发现

$$n = 1 + (\rho V_0^3/6\sigma_0 DH)^{1/q} \tag{8.86}$$

在图8.30中对于两种厚度的梁比较了式（8.83）、式（8.85）和式（8.86）关于应变率敏感材料的理论预测。推导式（8.22）时所用的，因而在式（8.83）、式（8.55）和式（8.86）中所用的屈服准则外接于精确屈服曲线。然而，另一个0.618倍大的屈服准则会内接于精确屈服曲线，如7.5.4.1节中所讨论过并如图7.17所示。从图8.31中显然看出，式（8.83a）和式（8.86）分别与内接和外接屈服准则所对应的上下限几乎把瞬动加载梁的所有对应的实验值都包含在内[8.3]。

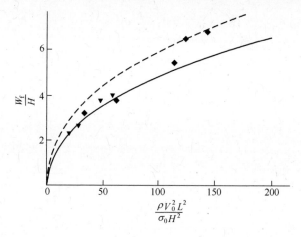

图8.31　全跨$2L$上受均布瞬动速度载荷的固支梁的最大永久横向位移（W_f）

$q=5, D=40.4\text{s}^{-1}, \rho=7829\text{kg/m}^3, \sigma_0=210.3\text{MN/m}^2, L=63.666\text{mm}, H=2.342\text{mm}(0.0922\text{英寸})$。

—— W_f的下限，式（8.83a）和式（8.86）；--- W_f的上限，用$0.618\sigma_0$代替σ_0时的式（8.83a）和式（8.86）。

◆—$H=2.342\text{mm}(0.0922\text{英寸})$；▼—$H=2.786\text{mm}(0.1097\text{英寸})$：软钢梁的实验结果[8.3]。

8.5.3　瞬动加载的圆膜

对于周边固支，受均布瞬动速度V_0作用，半径为R、厚度为H的理想刚塑性薄膜，式（7.129）预测其最大永久横向位移（W_f）为

$$W_f/H = (2\rho V_0^2 R^2/3\sigma_0 H^2)^{1/2} \tag{8.87}$$

这一近似的理论方法与Symonds和Weierzbicki[8.52]的更精确的分析符合得较好的结果，如图7.21所示。

用8.5.2节中对固支梁用过的由Perrone和Bhadra[8.50,8.51]所发展的方法来研究材料应变率敏感性的影响。这样，式（8.87）仍然成立，只是流动应力σ_0

用 $n\sigma_0$ 代替,即

$$W_f/H = (2\rho V_0^2 R^2/3n\sigma_0 H^2)^{1/2} \qquad (8.88a)$$

一维形式的式(8.3)用来得到梁的 n 值,而圆膜则需要用一般形式的式(8.4)。方程式(8.4)对于表 8.1 中的 q 值具有高度非线性,如同图 8.8 对软钢所示。因此,为了获得圆膜响应的应变率效应的估计,对体积守恒(8.3.2节),假设 $\dot{\epsilon}_\theta = \dot{\epsilon}_r$ 和 $\dot{\epsilon}_z = -2\dot{\epsilon}_r$。式(8.6)给出 $\dot{\epsilon}_e = 2\dot{\epsilon}_r$。现在,对于 $u = 0$ 的圆板,$\epsilon_r = (\partial w/\partial r)^2/2$。因此 $\dot{\epsilon}_r = (\partial w/\partial r)(\partial \dot{w}/\partial r)$,将 $w = W(1-r/R)$ 代入,它变为 $\dot{\epsilon}_r = W\dot{W}/R^2$。根据 Perrone 和 Bhadra[8.50,8.51],最大应变率发生在 $W = 2W_f/3$ 和 $\dot{W} = V_0/\sqrt{2}$ 时。如果平均应变率是最大值的 $1/2$,则 $\dot{\epsilon}_r = (2W_f/3)(V_0/\sqrt{2})/2R^2$。最后,由式(8.4)得

$$n = 1 + (2V_0 W_f/3\sqrt{2}DR^2)^{1/q} \qquad (8.88b)$$

解式(8.88a、8.88b)需要一个简单的迭代步骤。

如果把式(8.87)代入式(8.88b)消去 W_f,则

$$n \approx 1 + \left[\frac{2V_0^2}{3DR}(\rho/3\sigma_0)^{1/2}\right]^{1/q} \qquad (8.89)$$

且避免了迭代法求解。

从图 8.32 可以明显看出,式(8.88a)和式(8.89)的理论预测位于 Bodner 和 Symonds[8.53]所得的实验结果以及文献[8.51,8.52]报道的理论预测之上,不过现在的预测对钢板可能是可以接受的。

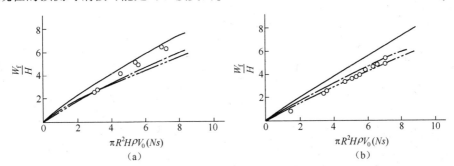

图 8.32 整个表面受均布瞬动速度(V_0)的圆膜的最大永久横向位移(W_f)

——式(8.88a)、式(8.89);○—实验结果[8.53];-·-关于平均应变率的理论预测[8.52];
- - -文献[8.51]中式(11)的理论预测。

(a)钢板:$R = 31.8$mm,$H = 1.93$mm,$\sigma_0 = 223$MN/m²,$\rho = 7850$kg/m³,$D = 40.4$s⁻¹,$q = 5$;

(b)钛板:$R = 31.8$mm,$H = 2.34$mm,$\sigma_0 = 251$MN/m²,$\rho = 4520$kg/m³,$D = 120$s⁻¹,$q = 9$。

8.5.4 瞬动加载的固支矩形板

对于受均布瞬动速度 V_0 作用的长 $2L$、宽 $2B$、周边固支的矩形板,式(7.95)

预测最大永久横向位移（W_f）为

$$\frac{W_f}{H} = \frac{(3 - \xi_0)[(1 + \Gamma)^{1/2} - 1]}{2[1 + (\xi_0 - 1)(\xi_0 - 2)]} \tag{8.90}$$

式中

$$\Gamma = \frac{2\rho V_0^2 L^2 \beta^2}{3\sigma_0 H^2}(3 - 2\xi_0)\left(1 - \xi_0 + \frac{1}{2 - \xi_0}\right) \tag{8.91a}$$

$$\xi_0 = \beta[(3 + \beta^2)^{1/2} - \beta] \tag{8.91b}$$

以及

$$\beta = B/L \tag{8.91c}$$

这一近似方法给出的结果同图7.18中所示的应变率不敏感的矩形板的实验结果符合得比较好。

应用8.5.2节中对于固支梁所用过的Perrone和Bhadra[8.50,8.51]的方法来研究应变率敏感性的影响。这样，式（8.90）仍然成立，只是 Γ 式中的 σ_0 换成 $n\sigma_0$，此处对 n 的估计由式（8.83b）给出，但是根据上一节的讨论，括号中的分子乘以2来近似估计板的等效应变。这一步骤给出

$$\frac{W_f}{H} = \frac{(3 - \xi_0)[(1 + \Gamma/n)^{1/2} - 1]}{2[1 + (\xi_0 - 1)(\xi_0 - 2)]} \tag{8.92a}$$

式中

$$n = 1 + (2V_0 W_f/3\sqrt{2}DB^2)^{1/q} \tag{8.92b}①$$

当 $W_f/H \gg 1$ 时②，将从式（8.90）得出的

$$\frac{W_f}{H} \approx \frac{(3 - \xi_0)\Gamma^{1/2}}{2[1 + (\xi_0 - 1)(\xi_0 - 2)]} \tag{8.93}$$

代入计算 n 的式（8.92b），式（8.92a、b）可进一步简化。这时，W_f/H 由式（8.92a）给出，以及根据式（8.92b）和式（8.93），得

$$n = 1 + \left\{\frac{V_0 H(3 - \xi_0)\Gamma^{1/2}}{3\sqrt{2}DB^2[1 + (\xi_0 - 1)(\xi_0 - 2)]}\right\}^{1/q} \tag{8.94}③$$

从图8.33中显然看出，对于无论是根据式（8.92b）还是式（8.94）所计算的

---

① 在式（8.92b）中的分母中用 B^2 代替了式（8.83b）中的 L^2，因为 $0 \leq \beta \leq 1$，当 $\beta \to 0$ 时，矩形板变为跨度为 $2B$ 的梁。

② 对于长而窄的板 $\beta = 0$（即 $\xi_0 = 0$）和方板 $\beta = 1$（即 $\xi_0 = 1$）的极端情形，$\frac{3 - \xi_0}{2[1 + (\xi_0 - 1)(\xi_0 - 2)]}$ 分别为1/2和1。

③ 在 Γ 中用 $n\sigma_0$ 代替 σ_0 可以进一步提高精度。

n,式(8.92a)的理论预测没有明显差别。式(8.92a)和式(8.94)使用更简单,故更适用于设计的目的。然而,从图8.34看得很清楚,分别对应于内接和外接屈服准则的上下界,除了对于大约$W_f/H<2$的情形,并没有把软钢矩形板的实验结果[8.54]界于其内。尽管如此,在对矩形板的应变率敏感行为有进一步的了解之前,上界的预测对于设计而言看来还是可以接受的。

就这一点而言,已经看到当$D=40.4\text{s}^{-1}$和$q=5$时,理论预测将图8.31中关于软钢的实验结果界于其内。然而,图8.34中由于应变率效应软钢板的最大永久横向位移的实验值的减小似乎小于梁中观察到的相应的减小,也小于$D=40.4\text{s}^{-1}$和$q=5$时方程式(8.92a)和方程式(8.94)的预测。例如,软钢梁的W_f/H在$\rho V_0^2 L^2/\sigma_0 H^2=50$时是类似的6061-T6铝合金梁的60%(图7.19和图8.2)。对于$\beta=0.593$的软钢板,W_f/H相应的减少为80%。图8.34表明$D=4100\text{s}^{-1}$和$q=5$将可以实现软钢板的这一减小值。在图8.34中显示,实验结果以方程式(8.92a)和式(8.94)取$D=4100\text{s}^{-1}$和$q=5$时为界。很明显,方程式(8.4)的"常数"必须从试件所用实际材料中获得,并且特别地,需要更多地研究材料在复杂应力状态的情况。

当$\beta \rightarrow 0$时,式(8.90)和式(8.92)~(8.94)化为8.5.2节中跨度为$2B$的固支梁的相应方程。

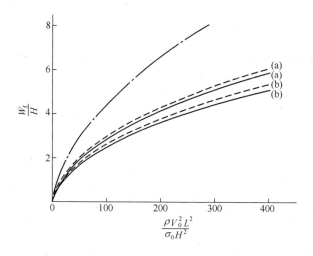

图8.33　长$2L$、宽$2B$的固支矩形板在整个板受大小为的均布瞬动速度作用时的最大永久
横向位移(W_f)($\beta=0.593$,$q=5$,$D=80.8\text{s}^{-1}$,$\rho=7723\text{kg}/\text{m}^3$,$L=64.29\text{mm}$)

(a)$H=1.626\text{mm}(0.064$英寸$)$及$\sigma_0=247\text{MN}/\text{m}^2$;(b)$H=4.394\text{mm}(0.173$英寸$)$及$\sigma_0=253\text{MN}/\text{m}^2$)。

—··—式(8.90);———式(8.92a)、式(8.92b);——式(8.92a)和式(8.94)。

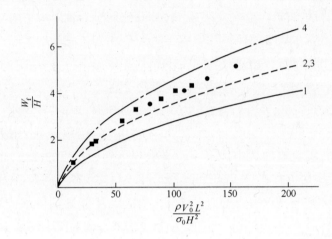

图 8.34 长 2L、宽 2B 的固支矩形板在整个板受大小为 V_0 的均布瞬动速度作用时

的最大永久横向位移(W_f)($\beta = 0.593$, $q = 5$, $D = 40.4\mathrm{s}^{-1}$, $\rho = 7723\mathrm{kg/m^3}$,

$L = 64.29\mathrm{mm}$, $\sigma_0 = 247\mathrm{MN/m^2}$, $H = 1.626\mathrm{mm}(0.064\,\text{英寸})$)

—— 1—W_f 的下限,式(8.92a)和式(8.94);--- 2—W_f 的上限,式(8.92 a)和式(8.94),

式中 σ_0 用 $0.618\sigma_0$ 代替;--- 3—W_f 的下限,式(8.92a)和式(8.94),式中 $D = 4100\mathrm{/s}$, $q = 5$;

--- 4—W_f 的上限,式(8.92a)和式(8.94),式中 $D = 4100\mathrm{/s}$, $q = 5$, σ_0 用 $0.618\sigma_0$ 代替。

●—$H = 1.626\mathrm{mm}(0.064\,\text{英寸})$, $\sigma_0 = 247\mathrm{MN/m^2}$; ■—$H = 2.489\mathrm{mm}(0.098\,\text{英寸})$,

$\sigma_0 = 233\mathrm{MN/m^2}$(软钢矩形板的实验数据[8.54])。

8.5.5 壳的瞬动加载

8.4 节中引入的简化方法也可以像本节中所说明的那样用来分析和描述壳的实验数据。

在文献[8.32]中用 8.4.2.4 节关于材料应变率敏感性影响的近似方法考察了瞬动加载的固支半球壳和圆柱壳板的一些实验数据。对于内部受均匀瞬动速度加载而发生中等变形的这两类壳,有限位移,即几何形状改变的影响并不重要。

在图 8.35 中给出了固支半球壳的无量纲最大永久径向位移(W_f)对无量纲初始动能的数据,图中 V_0 是初始瞬动速度,σ_0 是静态单轴屈服应力。该图包括两套不同的数据,分别对应于 6061-T6 铝合金(基本上是对应变率不敏感的)试件和软钢(应变率敏感的)试件。然而,如果把横坐标中的 σ_0 换成由式(8.4)算

出的动态流动应力 σ_0',把图 8.35 中的实验数据重新标到图 8.36 中①,则可看得很清楚,除了有些实验分散性外,这些实验结果基本上落到同一条线上。关于圆柱壳板的类似结果也可在文献[8.32]中找到。

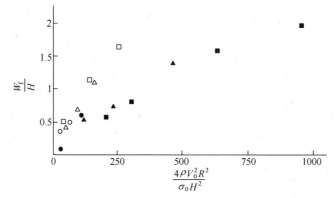

图 8.35　受均布径向瞬动速度 V_0 作用的固支半球壳(平均半径为 R、壁厚为 H)的

最大永久径向位移(W_f)

□,△,○—6061-T6 铝合金半球壳的实验结果[8.55];●,■,▲—软钢半球壳的实验结果[8.55]。

图 8.36 中的结果给 8.4.2.4 节中 Perrone 的建议提供了一些实验证据。它

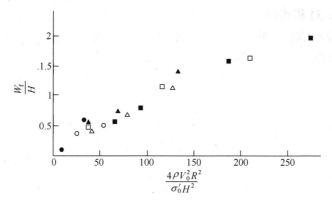

图 8.36　受径向瞬动速度 V_0 作用的固支半球壳的最大永久径向位移(W_f)

□,△,○—6061-T6 铝合金半球壳的实验结果,σ_0' 由式(8.4)确定,取

$D=1288000\text{s}^{-1}, q=4^{[8.32,8.55]}$;●,■,▲—软钢半球壳的实验结果,$\sigma_0'$ 由式(8.4)

确定,取 $D=40.4\text{s}^{-1}, q=5^{[8.32,8.55]}$。

---

① 固支半球壳的平均半径为 R、壁厚为 H,受均布的沿径向朝外的瞬动速度 V_0 作用。因此,初始面内应变率为 $\dot{\epsilon}_\phi=\dot{\epsilon}_\theta=V_0/R$,而根据体积守恒(8.3.2 节),初始径向应变率为 $\dot{\epsilon}_r=-2V_0/R$。利用式(8.6)和式(8.5)可直接证明,分别有 $\dot{\epsilon}_e=-2V_0/R$ 和 $\sigma_e=\sigma_0'$,此处 σ_0' 是初始屈服应力。所以,式(8.4)变为 $\sigma_0'/\sigma_0=1+(2V_0/RD)^{1/q}$,式中对于热轧软钢,由表 8.1 取 $D=40.4\text{s}^{-1}$ 和 $q=5$,对于 6061-T6 铝合金,由 8.3.2 节和文献[8.32],取 $D=1288000\text{s}^{-1}$ 和 $q=4$。

们也表明，由应变率敏感材料制成的这些壳的动态行为可以用应变率无关的分析来估计，只需把静态屈服应力用由式(8.4)确定的初始动态流动应力代之。

8.5.6 方板的质量冲击加载

在7.9.2节研究了有限位移或几何形状变化对其响应有重要影响的如图7.22(a)所示的问题。本节考察方板在中心受到质量撞击时应变率敏感效应的影响。同样地，流动应力 σ_0 被 $n\sigma_0$ 代替从而使 Ω 被 Ω/n 代替后式(7.137a)对固支情况仍然有效。假定由方程式(8.92b)得到的 n 的值对于在中心受质量冲击的方板仍然有效，当运用方程式(7.137a)并且 $\Omega \gg 1$ 时，其中 Ω 由式(7.163a)定义，n 可写成

$$n = 1 + \left(\frac{2V_0 W_f}{3\sqrt{2}DL^2} \right)^{1/q} \qquad (8.95)$$

或者

$$n = 1 + \left(\frac{2V_0 H\sqrt{\Omega}}{3DL^2} \right)^{1/q} \qquad (8.96)$$

在8.3.4节中指出，材料的应变率敏感效应往往随着应变的增加而减小。因此在式(8.3)和式(8.4)中 Cowper-Symonds 系数 D 和 q 随应变的大小而变化。例如，$D = 1300 \mathrm{s}^{-1}$ 和 $q = 5$ 描述了软钢在应变为 0.05 时的应变率敏感性[8.44]。因此，在方程式(8.96)中代入这些值来估计 n，然后用 Ω/n 代替 Ω 通过方程式(7.137a)来计算 W_f/H，给出了图8.37所示的理论预测。很明显，曲线

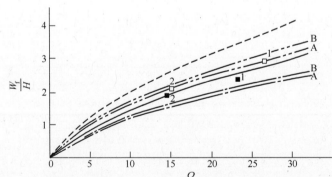

图8.37 式(7.137a)的理论预测与固支软钢板中心受到质量块冲击的实验结果[7.20]的对比（曲线 A 由 $2L = 100\mathrm{mm}$ 和 $G = 11.8\mathrm{kg}$ 计算，曲线 B 由 $2L = 200\mathrm{mm}$ 和 $G = 19\mathrm{kg}$ 获得）
——— 式(7.137a)；——— 式(7.137a)，其中 σ_0 替换为 $0.618\sigma_0$；·—·动态流动应力为 n 乘以静态值的外接屈服条件，其中 n 由式(8.96)给出；·－·－·内接屈服条件(式(7.137a)，其中 σ_0 替换为 $0.618\sigma_0$ 并且动态流动应力为 n 乘以静态值)。■,□—实验结果[7.20]。$H = 4\mathrm{mm}$，$\sigma_0 = 262\mathrm{MPa}$，钝头质量的 $G = 11.8\mathrm{kg}$，半球形头质量的 $G = 19\mathrm{kg}$；■—试件的 $2L = 100\mathrm{mm}$，□—试件的 $2L = 200\mathrm{mm}$。上标 1 和 2 分别表示钝头和半球形头撞击面($9.4 \leqslant \gamma \leqslant 60.5$)。

A 和 B 预测的上下极限把软钢板的实验结果包括在内。曲线 A 和曲线 B 之间相对较小的差别从工程的角度看并不显著,它反映了 $q=5$ 的材料的高度非线性的应变率特性。n 值的范围对曲线 A 为 $1.32\sim1.44$,对曲线 B 为 $1.23\sim1.32$。在图 7.23 中 Ω 的范围内,n 的平均值对曲线 B 约为 1.27。对于图 7.23 中的曲线,这个值被认为不依赖于 Ω(和 V_0)。

8.5.7　进一步的工作

Perrone[8.47,8.56]研究了由应变率敏感材料制成的瞬动加载的圆环和环形板的动态响应。他发现,用 8.4.2.4 节介绍的近似方法以计入材料应变率敏感性时,结构的理论行为同精确响应令人满意地符合。

Symonds[8.49]应用 8.4.2.5 节中的方法研究了图 3.18(a)所示的端部受质量撞击的应变率敏感的悬臂梁的行为。

把 8.4 节中讨论的近似方法引入上面的分析使它们比精确分析大大简化,而精度的损失很小。因此,这些近似对于设计目的似乎是有价值的。

8.6　结　束　语

如在 8.1 节中已经讲过,本章的目的是介绍材料的应变率敏感性现象。关于本构方程的形式,关于各种材料的性质,特别是在动态单轴载荷的情形,已经获得和发表了大量的资料。然而,本章是以对中等应变率下结构的动态响应感兴趣的工程师的观点来写的。因此,主要的重点放在已在工程实践中广泛应用的简单的 Cowper 和 Symonds 本构方程[8.33]上(式(8.1)、式(8.3)、式(8.4))。

表 8.1 中给出的 Cowper-Symonds 本构方程的系数是从试件的小应变单轴实验中获得的。然而,在 8.2.2 节和 8.3.3 节中提到过并如图 8.3 和图 8.7 所示,有些材料的应变率敏感特性是同应变大小有关的。事实上,关于软钢在大应变时的应变率性质已提出过几组 D 和 q 的组合[8.44,8.45,8.57,8.58]。尽管如此,仍然需要更多的实验研究以获得进一步的数据[8.59]。此外,应该进行更多的实验以得到在工程实践中常见的材料在多维应力状态下的应变率敏感特性。

在本章中没考虑屈服滞后时间现象,因为 Symonds[8.17]以及其他人已经指出,当试件具有表面缺陷或者划痕时,在冲击实验中屈服滞后时间和上屈服应力提高不复存在。在实际结构中总是存在各种应力集中,因而很少遇到屈服滞后时间和上屈服应力。不过,注意到下面这点是有趣的:Rabotnov 和 Suvorova[8.60]分析了在各种结构中的这一效应,观察到简支圆板的最大永久横向位移的理论预测略小于 4.5 节中的理论解。

在本章和文献中给出的大部分材料实验数据是从恒应变率下的动态实验中

获得的。显然,应变率在实际结构的整个动态响应期间是变化的,如同图 8.28
对一个理想模型所示的那样。因此,一些作者研究了应变率历史效应的影响[8.8,8.10]。其他研究小组研究了温度、晶粒尺寸和辐射对材料应变率敏感行为的影响。已经研究了材料应变率敏感性对断裂起始的影响[8.61,8.62],而很多作者研究了断裂应变随应变率和惯性的变化,如文献[8.63-8.68]。在文献[8.46,8.69]中的推导建议,韧性材料的单轴动态破裂应变可以表示为

$$\epsilon'_r = \epsilon_r \psi \left[1 + (\dot{\epsilon}_c/D)^{1/q} \right]^{-1} \tag{8.97}$$

式中:ϵ'_r 为静态破裂应变;D 和 q 为式(8.3)中通常的 Cowper-Symonds 系数;$\dot{\epsilon}_c$ 为特征应变率;ψ 为动态与静态破裂比能的比值,如果失效时的能量不变则 $\psi = 1$。与一些实验数据的对比如图 8.38 所示,进一步的细节可以在文献中找到。

Johnson 与 Cook[8.72]提出了一个关于断裂应变的经验公式

$$\epsilon'_r = (D_1 + D_2 \exp D_3 \sigma^*)(1 + D_4 \ln \dot{\epsilon}^*)(1 + D_5 T^*) \tag{8.98}$$

式中:$D_1 \cdots D_5$ 为经验参数;σ^* 为平均应力与有效应力的比值;$\dot{\epsilon}^*$ 为无量纲应变率;T^* 为对应的温度。进一步的细节可以在文献[8.72]中找到。

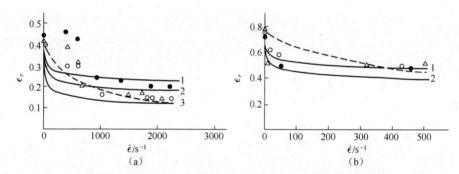

图 8.38　根据式(8.97),当 $\psi = 1$ 时单轴破裂应变随应变率的变化

(a)软钢。○,●,△—在文献[8.70]中软钢1,2,3的实验结果;——式(8.97),取 $q=5$,$\epsilon_r = 0.41$。

1—$D_u = 6340\mathrm{s}^{-1}$;2—$D_u = 800\mathrm{s}^{-1}$;3—$D_u = 40\mathrm{s}^{-1}$。

———式(8.97),取 $q = 1.25$,$\epsilon_r = 0.41$ 和 $D_u = 800\mathrm{s}^{-1}$。

(b)20℃时的不锈钢。○,●,△—在文献[8.71]中 AISI

316L, AISI 304L 和 AISI 321 不锈钢的实验结果。

——式(8.97),取 $q = 5$,$\epsilon_r = 0.765$ 并且 1—$D_u = 6340\mathrm{s}^{-1}$,2—$D_u = 800\mathrm{s}^{-1}$。

———式(8.97),取 $q = 1.25$,$\epsilon_r = 0.765$ 和 $D_u = 800\mathrm{s}^{-1}$。

习　　题

8.1　证明:在单向拉伸时对于不可压缩材料的应变率敏感行为,本构方程

式(8.4)化为式(8.3)。

8.2　证明在 Prandtl‐Reuss 本构方程式(8.8)中的 dλ 可以表达成 dλ = 3dε$_e$/2σ'$_e$,(见 8.3.2 节中的第二个脚注。)利用这个结果及 Cowper‐Symonds 本构方程式(8.4),得出关于 $\dot{\varepsilon}_x$ 的式(8.13)。

8.3　计算在 5.6.5 节中讨论过的受具有矩形压力‐时间历程的内压力脉冲作用的薄壁整球壳的薄膜应变率。材料是刚性‐理想塑性和不可压缩的。画出薄膜应变率和等效应变(将式(8.6)写成球坐标形式)随时间变化的关系。

根据式(8.4)画出等效应力随时间的变化,并比较 $q=1$ 的线性情形和 $q\gg1$ 的高度非线性情形的曲线形状,如 $q=10$。

8.4　对薄圆膜可以证明 $\epsilon_\theta\approx0$ 及 $\epsilon_r\approx(\partial w/\partial r)^2/2$(例如,文献[5.7]中的式(29)和式(30)及式(8.88b)前面的段落)。计算当 7.8 节中考察过的圆膜在全膜受均布瞬动速度作用时的等效应变率。当圆膜是由遵守 Cowper‐Symonds 规律的应变率敏感材料制成时,应用式(8.4)给出对应的等效应力随时间的变化。

8.5　证明,把式(8.20)中的系数 $2q/(q+1)$ 换成 1 时,它给出夹层横截面的应变率敏感行为。

8.6　分别计算 4.3 节和 4.4 节研究过的环形板和圆板的 $\dot{\kappa}_\theta$,假定式(8.20)可以用来估计与此相关的应变率敏感弯矩。

8.7　当 8.4.2.2 节中的线由刚性‐理想塑性材料制成时,估计其轴向应变率历史。当线由应变率敏感性材料制成时,用式(8.3)估计其相应的单轴应力历史,并把它与 8.4.2.4 节中 Perrone 所建议的常数值(式(8.45))进行比较。

8.8　对于图 8.21 中的问题,根据 Symonds 黏性近似的式(8.52a、b)求出 ν 和 μ。

8.9　对于图 8.25 中的有限位移问题,根据 Symonds 黏性近似的扩展的式(8.77a)、式(8.77b)求出 ν 和 μ。

8.10　平均半径为 R、壁厚为 H 的固支半球壳,受内部均布的瞬动速度 V_0 的作用。如果壳是薄的(即忽略曲率的改变),且由不可压缩的刚塑性材料制成,计算其初始膜应变率。当材料对应变率敏感时,根据式(8.4)估计其初始等效流动应力。

8.11　对于平均半径为 R、厚为 H 的圆柱壳屋顶受均布瞬动速度 V_0 作用的情形,重做 8.10 题。

第9章 动态渐进屈曲

9.1 引　言

前几章中所考察的构件在受到动载作用时的响应是稳定的。然而,在实践中动态载荷可能引起不稳定的响应,而前几章中的方法对此是不适用的。本章和第10章考察结构的不稳定响应。本章着重研究动态渐进屈曲现象,对于圆管这一现象如图9.1所示[9.1]。

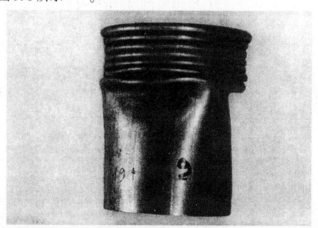

图9.1　平均半径 R 为27.98mm、平均壁厚 H 为1.2mm、初始轴向长度 L 为178mm 的薄壁软钢圆柱壳的静态和动态轴向压溃。顶部的三个皱折是静载产生的,而其余的皱折是管受到70kg 的质量块以6.51m/s 的速度撞击而形成的

一个薄壁圆柱壳或管,当受到如图9.2所示的轴向静载荷作用时,可以具有与图9.3(a)中所示类似的力-轴向位移特征。显然,在达到位于 A 点的第一个峰值载荷后,管呈现出一种不稳定的行为。大多数结构设计都根据一个大小为该峰值载荷除以安全系数的载荷来进行。安全系数的选择考虑了载荷-变形行为中的 AB 下降段(后屈曲特征)。然而,在许多实际场合,薄壁圆管被用来吸收冲击能量。事实上,Pugsley[9.2]为了研究铁路车厢的结构耐撞性,就考察过薄壁圆管和方管的轴向冲击。在此情形下,管的轴向总位移大大超过与图9.3(a)中 B 点的载荷相对应的位移。因此,需要一种与通常考察结构的塑性屈曲所用方法完全不同的方法。

318

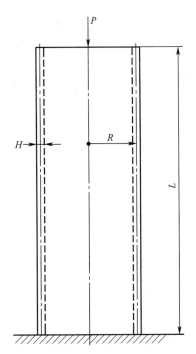

图 9.2 受轴向压溃力 P 作用的薄壁圆柱壳

由图 9.3(a) 显然可见,载荷-位移行为呈现一种重复的形态。实际上,图 9.3(a)中的每一对峰值都是与图 9.3(b)中的一个皱折即屈曲相关的。通常,这些皱折,即屈曲,是从管的一端开始依次形成的,故该现象称为渐进屈曲。当尽可能多的材料被压溃时,管的材料能得到最有效的利用,如图 9.4 中薄壁方管所示。为方便起见,设计人员通常忽略载荷-位移特性曲线的波动而采用如图 9.3(a)中所示的平均值(P_m)。顺便指出,对于有些用途,理想的能量吸收装置定义为一个具有恒阻力,从而在整个行程中提供一个恒定的减速度的装置[9.4]。

圆管的低速(对金属管而言直到每秒几十米)轴向冲击被看作准静态过程[9.1],因此忽略了惯性力的影响。当撞击物的质量(M)远大于管的质量(m)时,这是一个合理的简化。撞击物的轴向惯性力为 $M\ddot{u}$,此处 $\ddot{u}$ 为撞击时的轴向减速度。如果轴向速度-时间历程在撞击物与管端的交界面处是连续的,则管中的轴向惯性力为 $m\ddot{u}$ 量级,当 $m \ll M$ 时,与 $M\ddot{u}$ 相比它是可以忽略的。附录 6 给出了对准静态分析方法准确性的进一步评述。

上述冲击问题的响应是由与静态渐进屈曲有关的现象控制的。虽然如此,本章仍称之为动态渐进屈曲,这是因为对于应变率敏感材料来说,材料的应变率效应是重要的[9.1]。如果在具体问题中轴向冲击速度较大,且管的惯性效应是重要的影响因素,则该现象称为动态塑性屈曲,这将在第 10 章中考察。

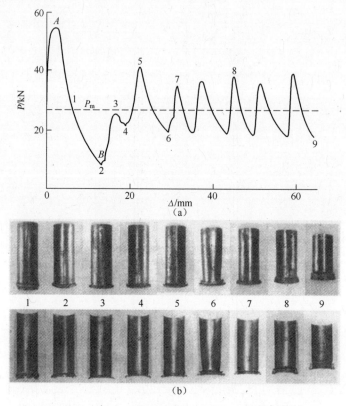

图 9.3　平均半径 R 为 27.98mm、平均壁厚 H 为 1.2mm、初始轴向长度 L 为 178mm
的薄壁软钢圆管的轴向静态压溃行为

(a)轴力-轴向压缩距离曲线;(b)轴向压溃时皱折形成的照片记录,照片(从左至右)对应于
图 9.3(a)中的数字 1~9,上排给出外观,下排显示了沿直径剖开的试件。

图 9.4　轴向静态压溃前后的薄壁软钢方管[9.3]

9.2　圆管的轴向静态压溃

9.2.1　引言

　　图 9.2 所示的平均半径为 R、厚为 H 的薄壁圆管在受到轴向力作用时,既可以

产生类似于图 9.1 中所示的轴对称屈曲,也可以产生如图 9.5 所示的非轴对称(金刚石)模式。各种理论方法预测,大体上 $R/H<40\sim45$ 的厚管发生轴对称变形,而 R/H 值更大的薄管以非轴对称模式发生屈曲[9.1]。然而,在实验中有些管会从轴对称变形模式变成钻石模式。这种现象早在 1908 年就被 Mallock[9.5] 观察到,而最近 Mamalis 和 Johnson[9.6] 也观察到,如图 9.6 所示,该图引自文献[9.7][①]。

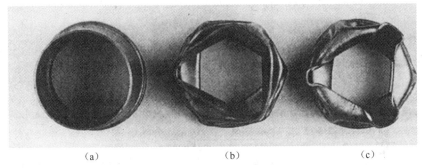

(a)   (b)   (c)

图 9.5 轴向压溃的圆管试件[9.1]

(a)轴对称即六角手风琴式变形模式;(b),(c)非轴对称即金刚石模式。

图 9.6 受落锤动态压溃的圆柱壳的最终变形模式

每种情形下第一个完整的屈曲(在每根管的受撞击端)是轴对称的。在(a)试件中后来的屈曲也是轴对称的,而(b)试件中两个非轴对称屈曲具有两个角,(c)试件中非轴对称屈曲具有三个角。

---

① 事实上,文献[9.1,9.7]中所有受静载作用并且呈现钻石模式的圆管都是以轴对称变形模式开始变形的。

Alexander[9.8]以及 Pugsley 和 Macaulay[9.9]对于圆管的轴对称和非轴对称行为分别给出了静态理论分析。下节概述 Alexander[9.8]的轴对称解。

9.2.2　轴对称压溃

9.2.2.1　引言

Alexander[9.8]得到了图 9.2 中轴向受载薄壁圆管的一个近似理论分析。他假定管由理想刚塑性材料制成，应用图 9.7 中所示的具有塑性铰的简化轴对称变形模式①。这一破坏模式是实际行为的一种理想化，因为从图 9.3(b)中显然可见，皱折的形状是弯的而不是直的。尽管如此，该理论预测对设计而言有些价值，在近几年得到了推广以便考虑各种因素的影响，改进了它与实验结果的符合程度。此外，这一方法还说明了用以处理某些动态渐进屈曲问题的一般方法，因此作为该课题的入门是有帮助的。

从图 9.7 显然可见，常值或平均外力 P_m 消耗于形成和完全压平一个轴对称皱折即屈曲的功 $P_m \times 2l$ 等于由于管的塑性变形而耗散的内能。内能耗散率在 9.22 节导出。

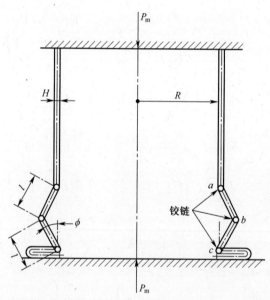

图 9.7　轴向受压圆柱壳的理想化的轴对称或同心式压溃模式

9.2.2.2　内能的耗散

形成一个皱折时，位于图 9.7 中 a 和 c 处的两个驻定的轴对称塑性铰所吸

---

①　图 9.7 中的尺寸 l 取作常数，与皱折的数目无关。

收的总塑性能为

$$D_1 = 2 \times 2\pi R M_0 \pi/2 \tag{9.1}$$

式中,横截面的塑性失效弯矩(每单位周长)为

$$M_0 = (2\sigma_0/\sqrt{3})H^2/4 \tag{9.2}[①]$$

在形成一个完整的皱折时,位于 b 处的轴对称塑性铰的径向位置从 R 增加到 $R+l$。因此,发生增量改变 $\mathrm{d}\phi$ 时,图9.7中的轴对称中间铰 b 吸收的能量为

$$\mathrm{d}D_2 = 2\pi(R + l\sin\phi)M_0(2\mathrm{d}\phi)$$

上式给出总能量耗散为

$$D_2 = \int_0^{\pi/2} 4\pi(R + l\sin\phi)M_0\mathrm{d}\phi$$

即

$$D_2 = 4\pi M_0(R\pi/2 + l) \tag{9.3}$$

从图9.7显然可见,皱折的轴对称部分 ab 和 bc 在 ϕ 和 $\phi+\mathrm{d}\phi$ 之间周向伸长了,其平均[②]工程应变增量为

$$\mathrm{d}\epsilon_\theta = \frac{2\pi[(l/2)\sin(\phi + \mathrm{d}\phi)] - 2\pi[(l/2)\sin\phi]}{2\pi R}$$

用标准的三角公式展开 $\sin(\phi+\mathrm{d}\phi)$ 项,当 $\sin\mathrm{d}\phi \to \mathrm{d}\phi$ 和 $\cos\mathrm{d}\phi \to 1$ 时,上式变为

$$\mathrm{d}\epsilon_\theta = l\cos\phi\mathrm{d}\phi/2R \tag{9.4}$$

因此,在从 $\phi \sim \phi+\mathrm{d}\phi$ 的增量改变期间,周向伸长所吸收的能量为

$$\mathrm{d}D_3 = \sigma_0\mathrm{d}\epsilon_\theta 2lH2\pi R$$

利用式(9.4),上式可写成

$$D_3 = \int_0^{\pi/2} \sigma_0(l\cos\phi\mathrm{d}\phi)2lH\pi$$

即

$$D_3 = 2\sigma_0 l^2 H\pi \tag{9.5}$$

在薄壁圆管中形成一个完整的皱折时吸收的总能量为

$$D_T = D_1 + D_2 + D_3 \tag{9.6}$$

应用式(9.1)、式(9.3)和式(9.5),上式变为

$$D_T = 4\pi M_0(\pi R + l) + 2\sigma_0 l^2 H\pi$$

利用式(9.2)消去 M_0,即得

$$D_T = 2\pi\sigma_0 H^2(\pi R + l)/\sqrt{3} + 2\pi\sigma_0 l^2 H \tag{9.7}$$

---

① Alexander[9.8] 应用了 Von Mises 屈服条件并假定管处于平面应变状态,因此当 $\dot{\epsilon}_\theta = 0$ 和 $\dot{\epsilon}_x \neq 0$ 时,根据与 Von Mises 屈服准则相关联的塑性正交性要求,有 $\sigma_x = 2\sigma_0\sqrt{3}$(2.3.4节)。这严格来说只对于图9.7中 $\epsilon_\theta = 0$,$\epsilon_x \neq 0$ 的 a 和 c 处的塑性铰成立,而对于 b 处的轴对称铰,$\epsilon_\theta \geqslant 0$。

② 在文献[9.1]中去掉了平均周向应变的假定,故式(9.5)要乘以 $(1+l/3R)$。

9.2.2.3 轴向压溃力

现在,为了满足能量守恒,形成和完全压平一个皱折时恒定轴力所做的总外功 $P_m \times 2l$ 等于式(9.7)确定的内功。因此

$$P_m 2l = 2\pi\sigma_0 H[H(\pi R + l)/\sqrt{3} + l^2]$$

即

$$P_m/\sigma_0 = \pi H[H(\pi R/l + 1)/\sqrt{3} + l] \tag{9.8}$$

图9.7中轴对称铰之间的轴向长度 $l = ab = bc$ 是未知的,但可由使轴向压溃力为最小的条件,即 $dP_m/dl = 0$ 得出,这给出

$$H(-\pi R/l^2)/\sqrt{3} + 1 = 0$$

即

$$l = (\pi RH/\sqrt{3})^{1/2} \tag{9.9}$$

将式(9.9)代入式(9.8)给出轴向压溃力为

$$P_m/M_0 = 4(3)^{1/4}\pi^{3/2}(R/H)^{1/2} + 2\pi \tag{9.10a}$$

即

$$P_m/M_0 = 29.31(R/H)^{1/2} + 6.28 \tag{9.10b}$$

当 M_0 由式(9.2)定义时,式(9.10b)与 Alexander 的理论预测[9.8]相同。

式(9.10b)是应用图9.7中的破坏机构得到的,它假定褶合或皱折是在管外形成的。对于褶合形成于内部而不是外部的情形,Alexander[9.8]重复了该理论分析,发现管的平均压溃力为

$$P_m/M_0 = 4(3)^{1/4}\pi^{3/2}(R/H)^{1/2} - 2\pi \tag{9.11}$$

Alexander 假定,式(9.10a)和式(9.11)的平均:

$$P_m/M_0 = 4(3)^{1/4}\pi^{3/2}(R/H)^{1/2} \tag{9.12a}①$$

即

$$P_m = 2(\pi H)^{3/2}R^{1/2}\sigma_0/3^{1/4} \tag{9.12b}$$

给出了对实际压溃力的合理近似。

9.2.2.4 评论

9.2.2.2 和 9.2.2.3 节中的理论方法并不满足在 2.4.3 节中介绍的塑性上界定理。图9.7中的破坏机构要求有限位移和有限转动,而 2.4 节中理想塑性材料的静塑性破坏定理则是应用附录3中关于无限小位移的虚速度原理推出的。

建立理论分析时对圆管应用了薄壁近似。因此式(9.12a)、式(9.12b)不能

---

① 通过假定压溃力是式(9.12a)和式(9.8)去掉 $\pi H^2/\sqrt{3}$ 项后预测值的平均值,并对于线弹性情形取 $l = \pi(2RH)^{1/2}[3(1-\nu^2)]^{1/4}$,Alexander[9.8]进一步修正了式(9.12a)中的系数。

用于厚壳体(如 $R/H<4$)或特别薄的壳体以防止发生弹性屈曲。

9.3 圆管的轴向动态压溃

9.3.1 引言

在 9.2 节中概述的理论分析是为解决受轴向静载而发生轴对称压溃的圆管而发展的。然而,在 9.1 节中指出,这一分析也描述了可以被看作准静态问题的圆管的动态渐进屈曲。虽然可以忽略惯性效应,但对于许多材料来说却必须保留材料应变率敏感性的影响。因此,如果圆管是由应变率敏感材料制成的,为了计入流动应力随应变率增大的影响,就必须修正式(9.12b)中的塑性流动应力。

9.3.2 应变率敏感性的影响

式(8.3),即 Cowper-Symonds 本构方程,给出的动态流动应力同几种材料的动态单轴拉伸和压缩实验的结果符合得很好。现在,如果用式(8.3)中的流动应力代替式(9.12b)中的静态流动应力(σ_0),则

$$P_m = 2(\pi H)^{3/2} R^{1/2} \sigma_0 [1 + (\dot{\epsilon}/D)^{1/q}]/3^{1/4} \tag{9.13}①$$

式中:D、q 为管的材料常数,在表 8.1 中给出。

在式(9.13)中把应变率($\dot{\epsilon}$)取作常数,尽管在撞击事件中它在空间上和时间上是变化的。现在应用文献[9.1]中建议的近似方法来估计 $\dot{\epsilon}$。

式(9.4)给出图 9.7 中圆管在一个完全压平的皱折中的平均周向应变为

$$\epsilon_0 \approx l/2R \tag{9.14}$$

它也可通过检查得到②。为了估计平均周向应变率 $\dot{\epsilon}_\theta = \epsilon_\theta/T$,现在需要得到完全压平一个皱折的时间 T。假设管子撞击端的轴向速度随时间是线性变化的,但从 $t=0$ 时为撞击速度 V_0 直到若干个皱折形成后当 $t>T$ 时运动停止。这给出一个恒定的减速度和与平均压溃力 P_m 相一致的恒定的轴力。现在,当冲击速度 V_0 保持不变时,形成第一个皱折即摺合所需的时间为 $T=2l/V_0$,当大量皱折

---

① 应该指出,式(9.12b)是对于 D_1、D_2 和 D_3 分别应用式(9.1)、式(9.3)和式(9.5)得到的。D_3 与周向薄膜应力有关,根据式(8.3),该应力随应变率变化。然而,D_1 和 D_2 与塑性铰处的弯矩有关,该弯矩根据式(8.20)变化。此外,可以证明,$D_1 : D_2 : D_3 = 1 : 1 + (4H/\sqrt{3}\pi R)^{1/2} : 2$,因此 1/2 以上的能量耗散于三个轴对称塑性铰中。尽管如此,如果 $q \gg 1$,则 $2q/(2q+1) \approx 1$(例如,对于软钢,$q=5$ 给出 $2q/(2q+1) = 10/11$)。于是,式(8.30)和式(8.20)将预言动态流动应力有相似的增加,式中 $H\dot{\kappa}/2$ 是外表面的应变率。

② 式(2.59)中令 $w=-1/2$ 就给出式(9.14)。

在管中形成时这是合理的。所以，平均应变率 $\dot{\epsilon}_\theta = \epsilon_\theta/T$ 为

$$\dot{\epsilon}_\theta = V_0/4R \qquad (9.15)^{①}$$

这可作为式(9.13)中 $\dot{\epsilon}$ 的一个近似。式(9.13)现在可以写成

$$P_m = 2(\pi H)^{3/2} R^{1/2} \sigma_0 [1 + (V_0/4RD)^{1/q}]/3^{1/4} \qquad (9.16)$$

式中：V_0 为圆管一端的轴向撞击速度。对于对应变率不敏感的材料，如果 $D \to \infty$，则如所预料的那样，式(9.16)化为式(9.12b)。

由于表8.1中相当大的 q 值，项 $(V_0/4RD)^{1/q}$ 是高度非线性的，故平均应变率的简化估计 $\dot{\epsilon} = V_0/4R$ 缺乏准确性并不像初看起来那么重要。例如，如果在 $q=5$ 的钢管中的实际平均应变率是式(9.15)所估计的2倍大，则式(9.16)中真实的应变率敏感项为 $2^{1/5}(V_0/4RD)^{1/5}$，即 $1.15(V_0/4RD)^{1/5}$，它只大了15%，导致 P_m 略有减少。如若 $\dot{\epsilon}=D$，那么 P_m 会增大7.5%。

9.3.3 结构有效利用率和紧致比

为了帮助给出薄壁截面的轴向压溃的实验结果和理论预测，Pugsley[9.2]引进了两个无量纲比值，称为结构有效利用率(structural effectiveness)和紧致比(solidity ratio)。

结构有效利用率定义为

$$\eta = P_m/A\sigma_1 \qquad (9.17)$$

式中：P_m 为平均周向压溃力；A 为薄壁横截面的横截面积；σ_1 为特征应力。如果 $\sigma_1 = \sigma_0$，σ_0 为塑性流动应力，则 $A\sigma_0$ 是由轴力引起均匀塑性流动所需要的压扁载荷。所以，结构有效利用率 $\eta = P_m/A\sigma_0$ 就是平均压溃力和压扁力之比。对于薄壁圆柱管的具体情形，$A = 2\pi RH$，而

$$\eta = P_m/2\pi RH\sigma_0 \qquad (9.18)$$

紧致比或相对密度定义为

$$\phi = A/A_c \qquad (9.19)$$

式中：A_c 为横截面所包围的横截面积。显然，$\phi \to 0$ 表示一个具有非常薄的壁的截面。对于薄壁圆柱管的具体情形，$A = 2\pi RH$ 和 $A_c = \pi R^2$，故式(9.19)变为

$$\phi = 2\pi RH/\pi R^2$$

即

$$\phi = 2H/R \qquad (9.20)$$

无量纲参数式(9.18)和式(9.20)可以用来把式(9.12b)式(9.16)分别

① 轴向速度随时间而减小，当 $t=T$ 时为0。因此，$\dot{\epsilon}_\theta$ 随着皱折的进一步生成而减小，这意味着对于应变率敏感材料，根据式(9.13)整个运动中 P_m 也会随着时间的推移而减小。

写成

$$\eta = (\pi\phi/2\sqrt{3})^{1/2} \tag{9.21}$$

和

$$\eta = (\pi\phi/2\sqrt{3})^{1/2}[1 + (V_0/4RD)^{1/q}] \tag{9.22}$$

式(9.22)中的另一个无量纲参数 $V_0/4RD$ 考虑了材料应变率敏感性现象。如果 $V_0/4RD = 1$，则无论 q 值多大，材料应变率敏感性的校正系数都等于 2，平均动态渐进屈曲力为对应静载值的 2 倍。

9.3.4 与静态压溃实验结果的比较

借助于9.3.3节中所定义的无量纲参数 η 和 ϕ，在图9.8中给出了薄壁圆柱壳的轴向静态压溃的一些实验结果。由于管的初始缺陷、不同的实验安排、不同的材料性质、不同的静态加载速率以及充分发展的皱折的数目不同等原因，该图中的数据相当分散。尽管如此，式(9.21)的理论预测趋于低估了无量纲平均压溃力。

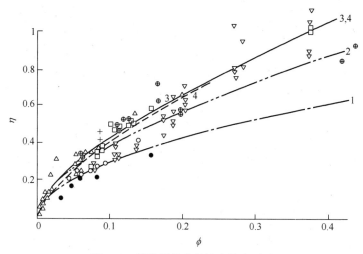

图9.8 薄壁圆柱壳的轴向静态压溃
——— 1—式(9.21)；-·-·- 2—式(9.29)；
——— 3—式(9.33)；--- 4—式(9.35)。

实验结果：+—文献[9.1]（软钢）；●—Mamalis 和 Johnson[9.6]（6061-T6 铝合金）；⊕—文献[9.7]（软钢）；○—Alexander[9.8]（软钢）；△—Macaulay 和 Redwood[9.10]；□，▽—文献[9.11]中图44。

在文献[9.1，9.12]中说明，图9.7中的理想的破坏模式可以修正，以便更接近于诸如图9.3(b)所示的管的实际变形形状。这可以通过引入图9.9中所定义的有效压溃距离来实现，即

$$\delta_e = 2l - 2x_m - H \qquad (9.23)$$

换句话说，圆管在形成一个完整皱折即屈曲时轴向压溃通过的距离为 δ_e，这引起的外功为 $P_m\delta_e$ 而不是用来得到式（9.8）的 $P_m 2l$。

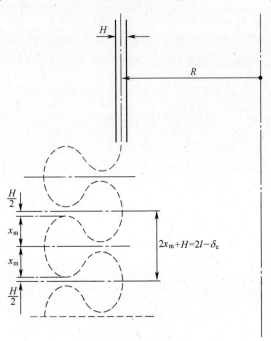

图 9.9　有效压溃距离（δ_e）

Abramowicz[9.12]考察了长为 $2l$ 的非弹性柱体的轴向压溃行为，观察到

$$x_m \approx 0.28(l/2) \qquad (9.24)$$

代入式（9.23），它给出有效压溃距离为

$$\delta_e = 1.72l - H$$

即

$$\delta_e/2l = 0.86 - H/2l \qquad (9.25)$$

应用式（9.9）[①]，式（9.25）变为

$$\delta_e/2l = 0.86 - 0.37(H/R)^{1/2} \qquad (9.26)$$

最后，式（9.12b）和式（9.16）分别被

$$P_m = 2(\pi H)^{3/2} R^{1/2} \sigma_0 / \{3^{1/4}[0.86 - 0.37(H/R)^{1/2}]\} \qquad (9.27)$$

和

$$P_m = 2(\pi H)^{3/2} R^{1/2} \sigma_0 [1 + (V_0/4RD)^{1/q}] / \{3^{1/4}[0.86 - 0.37(H/R)^{1/2}]\} \qquad (9.28)$$

---

① 假定新的皱折形状吸收同样的总内能。

取代。

利用式(9.18)和式(9.20),式(9.27)可以写成无量纲形式

$$\eta = (\pi\phi/2)^{1/2}/\{3^{1/4}[0.86 - 0.37(\phi/2)^{1/2}]\} \tag{9.29}$$

它与图9.8中的实验结果符合得更好。

如果用管中的实际周向应变变化而不是式(9.4)中的平均值,则式(9.5)由

$$D_3 = 2\sigma_0 l^2 H\pi(1 + l/3R) \tag{9.30}$$

取代[9.1]。然而,与9.2.2.2节和9.2.2.3节中相同的理论方法得到一个关于l的超越方程。尽管如此,文献[9.1]中证明

$$l = 1.76(RH/2)^{1/2} \tag{9.31}①$$

在大约为$10 \leqslant R/H \leqslant 60$的范围内给出图9.7中两个相邻的周向铰之间的轴向距离的一个可以接受的近似值。现在,平均轴向压溃力为

$$P_m/M_0 = 29.4(R/H)^{1/2} + 11.9 \tag{9.32}$$

而不是式(9.10b)。

利用式(9.25),式中l由式(9.31)给出,式(9.32)也可以修正以便计入有效压溃长度。当应用式(9.2)、式(9.18)和式(9.20)时,在这种情况下,有

$$\eta = 3.36(1 + 0.29\phi^{1/2})/(3.03\phi^{-1/2} - 1) \tag{9.33}$$

类似地,对于动态压溃情形有

$$\eta = 3.36(1 + 0.29\phi^{1/2})[1 + (V_0/4RD)^{1/q}]/(3.03\phi^{-1/2} - 1) \tag{9.34}$$

从图9.8中显然看出,式(9.33)与实验结果符合得很好,对于设计目的这是可以接受的。在图9.8中还展示了一个经验公式[9.11],即

$$\eta = 2\phi^{0.7} \tag{9.35}$$

9.3.5 与动态压溃实验结果的比较

在图9.10中给出了受轴向动载作用而发生动态渐进屈曲的薄壁圆管的一些实验结果。水平线是关于对应变率不敏感的材料的理论预测。显然,实验结果位于该线上方,这多半是由于材料的应变率敏感性现象。事实上,式(9.18)、式(9.33)和式(9.34)可以写成

$$P_m^d/P_m^s = 1 + (V_0/4RD)^{1/q} \tag{9.36}$$

式中:P_m^d、P_m^s分别为动态和静态渐进屈曲力。式(9.36)给出了由材料应变率敏感性引起的轴向压溃力的增加。

对于几种材料,式(9.36)中的参数D和q列于表8.1中。然而,这些常数是从应变大小仅为百分之几的材料的动态实验中得到的。而图9.10所示试件

---

① 值得注意的是式(9.8)与式(9.31)而不是式(9.9)给出$P_m/M_0 = 29.40(R/H)^{1/2} + 6.28$,这跟利用式(9.9)得到的式(9.10b)相似。

中的平均应变为 12% 的数量级[9.1]，相应的塑性流动应力接近于拉伸强度极限。图 8.1 中的实验结果揭示，软钢材料的应变率特性对于大于 2%～3% 的应变大小是敏感的。结果发现，当把 Campbell 和 Cooper[9.13] 关于拉伸强度极限随应变率变化的实验数据用 8.3.2 节中的方法重新画出时，$D = 6844s^{-1}$ 和 $q = 3.91$[9.3]。对于具有本章中所研究的轴对称形式响应的圆管，式(9.36)代入上述系数后，给出的结果与图 9.10 中的实验结果符合得相当好。

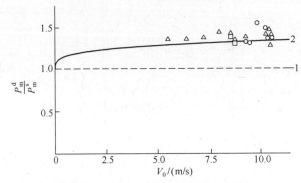

图 9.10　圆柱壳的动态轴向压溃力与静态轴向压溃力之比
－－－1—关于对应变率不敏感的材料的式(9.36)；——2—式(9.36)，$D = 6844s^{-1}$，$q = 3.91$。
○—轴对称变形的实验结果[9.1]；△—非轴对称变形的实验结果[9.1]。

　　在图 9.10 中给出了非轴对称，即金刚石压溃模式的一些实验结果。这些结果表明，相应的动态渐进屈曲力略小于对应的轴对称值。在文献[9.1]中讨论了非轴对称屈曲的近似理论预测。

　　应该指出，图 9.10 中的实验结果是在具有相同中径、壁厚和材料性质的软钢管上得到的，在这些实验中仅有的两个变量为初始碰撞速度，它在式(9.36)中有重要影响，而管的长度没有长到足以引起整体屈曲的任何迹象。然而，除了一根管以外，每一根以非轴对称响应变形的管都是以一个轴对称皱折开始压溃的，如同图 9.6 中所示的两个试件那样。

9.4　方管的轴向静态压溃

9.4.1　引言

　　对于薄壁方管的静态和动态渐进屈曲的理论分析沿用与 9.2 节和 9.3 节中对圆管所概述的方法相同的一般方法。正如图 9.4 和图 9.11 所示轴向压溃的方管的照片所预料的那样，方管的压溃行为更复杂，因而分析的具体细节也更复杂。尽管如此，Wierzbicki 和 Abramowicz[9.14-9.16]确定了图 9.12 中的两个基本的垮塌单元,并应用它们来考察平均宽度为 C、平均壁厚为 H 的方管的静态渐进屈曲。这两个基本垮塌单元也用来研究方管的动态渐进屈曲[9.3]。

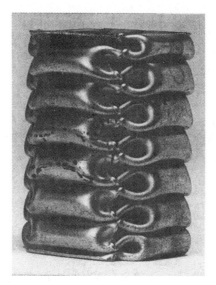

图9.11 图9.4中轴向压溃方管的棱角处的景象(对称压溃模式)

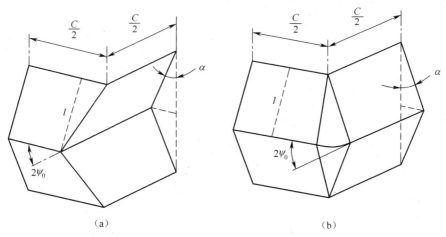

图9.12 基本垮塌单元

(a)I型;(b)II型。

从基本单元竖向界面处的几何相容性要求得知,存在着四个不同的渐进屈曲模式[9.3]。通过使轴向压溃力做的外功等于形成由四个基本垮塌单元构成的完整的一层瓣或者由八个基本单元构成的邻接的二层瓣所需要的内能,就可以得到相应的平均压溃力。图9.4和图9.11中的对称压溃模式可以理想化为每层瓣由图9.12(a)中的四个基本垮塌单元构成,如图9.13中的纸模型所示。对

于大体上 $C/H>40.8$ 的薄方管,预期将形成这一特定的压溃模式[9.7]。

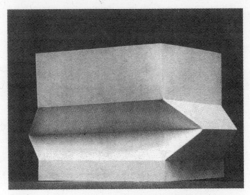

图 9.13　方管对称压溃模式的纸模型[9.3]

（这是图 9.4 和图 9.11 中的变形模式的理想化,由四个

图 9.12(a)中的 I 型基本破坏单元构成）

伸展压溃模式的每一层瓣可理想化为由四个图 9.12(b)中的基本垮塌单元构成。这种类型的渐进屈曲示于图 9.14,预期在大体上 $C/H<7.5$ 的厚壁方管中形成[9.7]。

图 9.14　受轴向动载作用的薄壁方管的伸展压溃模式[9.7]

图 9.15 中的非对称混合模式 B 渐进屈曲可以理想化为邻接的两层瓣,由七个图 9.12(a)中的基本单元和一个图 9.12(b)中的单元构成。预期在 $7.5 \leqslant C/H \leqslant 40.8$ 的范围内会形成这种类型的压溃[9.7]。事实上,与对称模式和非对称模式 B 相对应的理论压溃力之间的差别很小,因此在具有微小缺陷的实际方管试件中,两种模式都可能发生。另一种变形模式也是机动容许的,虽然它的压

溃力比上面讨论的三种模式都稍高一些。尽管如此,在文献[9.3]中,某些受动载的试件确实发生了这种压溃模式。

图 9.15 受轴向静载作用的薄壁方管的非对称混合压溃模式 B[9.3]

9.4.2 静态压溃

从 9.4.1 节中的讨论显然可见,关于对称压溃(图 9.4、图 9.11 和图 9.13)的理论分析对于预测大多数薄壁方管的行为是适用的,甚至对于厚壁管也是可以接受的。如前面所指出的那样,在形成完整的一层瓣时消耗于四个图 9.12(a)中的基本破坏单元的内能等于平均轴向压溃力所做的外功。对这一表达式取极小值可得[9.3,9.7,9.15]

$$P_m/M_0 = 38.12(C/H)^{1/3} \tag{9.37}$$

及

$$l/H = 0.99 (C/H)^{2/3} \tag{9.38}$$

式中

$$M_0 = \sigma_0 H^2/4 \tag{9.39}①$$

图 9.4 和图 9.11 表明,在压溃时瓣没有完全压平,而应用图 9.12(a)和图 9.13 中的基本破坏单元导出式(9.37)的理论分析将其理想化为已经压平。在 9.3.4 节中对于圆管已遇到了这一现象,在文献[9.3]中证明,方管对称压溃的有效压溃距离为

$$\delta_e/2l = 0.73 \tag{9.40}$$

它使得式(9.37)可重新写成

---

① 在式(9.2)和所有关于圆管的方程中,M_0 应用 von Mises 屈服条件得到,而在式(9.39)和后面关于方管的所有表达式中则应用 Tresca 屈服条件。这一区别是历史形成和人为的,但为了保持与这一主题已出版的文献一致,在本章中仍保留这一区别。

$$P_m/M_0 = 52.22(C/H)^{1/3} \tag{9.41}$$

现在,对于薄壁方管有 $A = 4CH$,当 $\sigma_1 = \sigma_0$ 时,由式(9.17)定义的结构有效利用率为

$$\eta = P_m/4CH\sigma_0 \tag{9.42}$$

根据式(9.19),式中 $A_c = C^2$,紧致比为

$$\phi = 4H/C \tag{9.43}$$

这些无量纲参数使式(9.41)可以写成:

$$\eta = 1.3\phi^{2/3} \tag{9.44}$$

式(9.44)的理论预测与图9.16中的实验结果吻合得很好,这些结果是在对受载的方形箱式柱的几个研究项目中得到的。在图9.16中也给出了经验预测[9.11],即

$$\eta = 1.4\phi^{0.8} \tag{9.45}$$

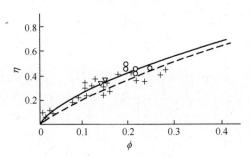

图9.16 方形箱式柱的轴向静态压溃

——式(9.44);－－－式(9.45)。

实验结果:+—文献[9.16]中图3.8所报告的三个实验项目的数据;

▽—文献[9.3];○—文献[9.7]。

9.5 方管的轴向动态压溃

如同在9.3.1节中对于圆管所讨论的那样,方管的动态渐进屈曲可以理想化为一个准静态过程。这样,式(9.41)就预测了由对应变率不敏感的材料所制成的方管的轴向动态压溃力。如果方管是由应变率敏感材料制成的,则从9.3.2节中的圆管类推,有

$$P_m/M_0 = 52.22(C/H)^{1/3}[1 + (\dot{\epsilon}/D)^{1/q}] \tag{9.46}$$

很难对方管中的应变率 $\dot{\epsilon}$ 做出一个精确的估计,因为导致永久变形形状的变形模式很复杂,如同图9.4和图9.11中所示的那样。不过,在文献[9.3]中对于理想变形模式的环形拐角区中的平均应变率得出一个估计值,即

$$\dot{\epsilon} = 0.33 V_0 / C \tag{9.47}$$

在这种情形下,式(9.46)可以写成

$$P_\mathrm{m}/M_0 = 52.22 (C/H)^{1/3} [1 + (0.33 V_0/CD)^{1/q}] \tag{9.48}$$

利用式(9.42)和式(9.43)给出的无量纲参数,式(9.48)成为

$$\eta = 1.3 \phi^{2/3} [1 + (0.33 V_0/CD)^{1/q}] \tag{9.49}$$

式(9.41)和式(9.48)的理论预测给出了轴向压溃力之比,即

$$P_\mathrm{m}^\mathrm{d}/P_\mathrm{m}^\mathrm{s} = 1 + (0.33 V_0/CD)^{1/q} \tag{9.50}$$

式中:P_m^d、P_m^s 分别为动态和静态渐进屈曲力。在图 9.17 中把式(9.50)与方截面钢管的一些实验结果做了比较。显然,实验结果比图9.10中的圆管实验结果更分散。而且,式(9.50)的理论预测接近于动态压溃力实验值的一个下界。这种低估可能部分是由于难于计算方管中的平均应变率,以及缺乏大应变时材料应变率敏感性的实验数据。显然,需要作进一步的研究以解决这些困难。

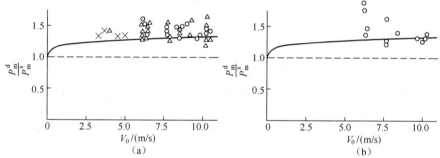

图 9.17 方管的动态和静态平均压溃力之比随撞击速度的变化

(a) $C = 37.07\,\mathrm{mm}$, $H = 1.152\,\mathrm{mm}$;(b) $C = 49.31\,\mathrm{mm}$, $H = 1.63\,\mathrm{mm}$。

−−−对应变率不敏感的材料;

——关于应变率敏感材料的式(9.50),其中 $D = 6844\,\mathrm{s}^{-1}$, $q = 3.91$。

实验结果:○—对称压溃模式[9.3];△—非对称压溃模式[9.3];×—Wierzbicki 等的结果[9.17]。

9.6　圆管和方管轴向压溃特性的比较

把具有相同横截面积 A_c 和管壁截面积 A[①] 的圆管及方管的静态渐进压溃行为进行比较是很有意思的。此时,圆管和方管的紧致比 ϕ 相同,在图 9.8 和图 9.16 中分别给出了对应的圆管和方管的结构有效利用率 η 的实验值及理论值。显然,对于一个给定的 ϕ 值,与此相应的方管的 η 值约为对应圆管的 2/3。

---

① 在 9.3.3 节中关于 A 和 A_c 的定义表明,当方管厚为 $\sqrt{\pi} H/2$,宽 $C = \sqrt{\pi} R$ 时这一条件满足。式中 R 和 H 分别为圆管的平均半径和壁厚。

此外,式(9.18)和式(9.42)之比给出 $P_{\mathrm{m}}^{\mathrm{s}}/P_{\mathrm{m}}^{\mathrm{c}}=\eta^{\mathrm{s}}/\eta^{\mathrm{c}}$,式中上标 s 和 c 分别表示方管及圆管。在图9.18中根据前面几节中讨论的理论预测和经验公式比较了方管及圆管的结构有效利用率。

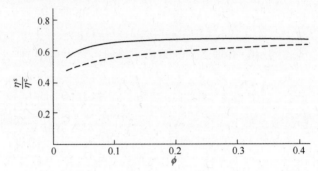

图9.18　方管(η^{s})和圆管(η^{c})的结构有效利用率的比较
——理论曲线,式(9.33)和式(9.44)之比;－－－经验曲线,式(9.35)和式(9.45)之比。

当方管和圆管的壁厚及紧致比相同时,式(9.20)与式(9.43)相等要求 $C/R=2$。从而,在这种情形下对于具有相同 A 和 A_{c} 值的方管及圆管,式(9.18)和式(9.42)之比给出 $\eta^{\mathrm{s}}/\eta^{\mathrm{c}}=(\pi/4)P_{\mathrm{m}}^{\mathrm{s}}/P_{\mathrm{m}}^{\mathrm{c}}$,而不是 $\eta^{\mathrm{s}}/\eta^{\mathrm{c}}=P_{\mathrm{m}}^{\mathrm{s}}/P_{\mathrm{m}}^{\mathrm{c}}$。因此,如果 $\eta^{\mathrm{s}}/\eta^{\mathrm{c}}\approx2/3$,则 $P_{\mathrm{m}}^{\mathrm{s}}/P_{\mathrm{m}}^{\mathrm{c}}=(4\times2/3)/\pi=0.85$。所以,具有相同壁厚和紧致比的方管的实际静态压溃力比圆管小约15%,但方管的结构有效利用率仅为圆管的约2/3。根据能量吸收有效因子也能得到相似的结论,这将在9.10节中进行介绍。

上述观察结果也适用于由对应变率不敏感的材料制成的圆管和方管的动态渐进屈曲。

9.7　关于能量吸收系统的一些评论

9.7.1　引言

许多实际工程系统要求在发生撞击事件时吸收能量。为此发展了能量吸收装置,它通过摩擦、断裂、剪切、弯曲、拉伸、扭转、压溃、循环塑性变形、金属切割、挤压和流体流动等耗散能量。它们大部分由金属部件组成,虽然也使用了木材、塑料和其他材料。这些装置可以是能重复使用的,如液压减震器,或可重新装填的,在撞击事件以后更换永久性容器中的吸能部件,或者消耗性的,如在碰撞过程中车辆结构的压毁。

有大量现存的关于能量吸收装置的文献,在本节中对此不加研究,感兴趣的读者可以找到在文献[9.4,9.18-9.23]中综述的一些工作。不过,本节将简要介绍该主题的某些方面,因为发现薄壁管的动态渐进屈曲对于许多实际工程问题来说是一种简单然而有效的能量吸收器件。

9.7.2 效率

撞击能量吸收装置的效率可以用几种方式定义以适应广泛的实际应用。效率的一种量度为比能(S_e),它定义为单位质量吸收的能量,即

$$S_e = D_a/m \tag{9.51}$$

式中:D_a 为吸收的总能量;m 为能量吸收装置的总质量。另一种量度是体积利用率(V_e),即

$$V_e = V_u/V_T \tag{9.52}$$

式中:V_u 为装置的吸能部分的体积;V_T 为总体积。对有些装置,式(9.52)简化为

$$St_e = S/L \tag{9.53}$$

式中:St_e 为行程利用率;S、L 分别为能量吸收器件的行程和总长度。

一个理想的吸收装置定义为:除了弹性加载和卸载效应外,在整个行程都保持最大的可容许的减速力[9.4,9.18]。然而,设计者常常必须放弃考虑成本、体积、行程、重量、减速度等因素而换取效率。首先,能量吸收装置必须可靠,而且在许多情况下,必须足够灵巧以吸收可能在一个随机位置作用的动载。

在图9.19和图9.20中分别给出了几种能量吸收装置的比能(S_e)和行程利用率(St_e)。这些结果是 Ezra 和 Fay[9.4]收集的并汇总在表9.1中。

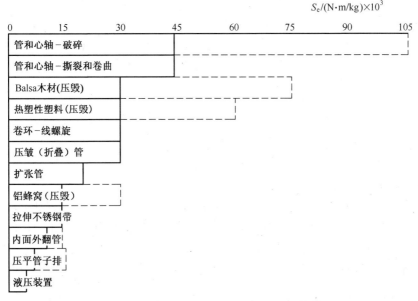

图9.19 一些能量吸收装置的比能(S_e)[9.4]

337

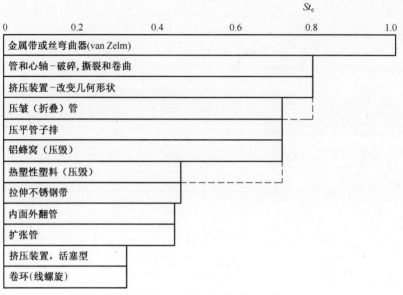

图 9.20 一些能量吸收装置的行程利用率(St_e)[9.4]

表 9.1 能量吸收装置数据[9.4]

装置	St_e 行程利用率（近似值）	力-行程特性	S_e 比能（近似值）/$(N \cdot m/kg) \times 10^3$	评论
拉伸不锈钢带	0.5	与应变有关	15	简单,价廉,过度拉伸会断裂
压平管子排	0.7	对于 $St_e = 0.7$ 几乎为常数	4.5~15	可靠
内面外翻管	0.5	常数	6~12	可靠,能阻止回弹载荷
收缩管	0.5	常数	—	—
扩张管	0.5	常数	24	可靠,允许某些偏离轴向的加载,价廉
压溃(折叠)管	0.7~0.8	周期性	30	可靠,价廉,允许回弹载荷
管和芯棒				
1. 破碎	0.8	变化大（平均值几乎不变）	45~105	载荷波动大
2. 撕裂和卷曲	0.8	几乎不变	45	可靠,若使用锥形芯棒,价廉
金属带或丝弯曲器	1.0	常数	—	市场有售,可靠,行程长,在拉伸下工作

338

（续）

装置	St_e 行程利用率（近似值）	力-行程特性	S_e 比能（近似值）$/(N \cdot m/kg) \times 10^3$	评论
卷环-线螺旋①	0.3	常数	30	市场有售,在拉压下工作,每个装置必须加减金属丝调试
塑性铰(销)	0.8	几何形状的函数		很简单,可靠,阻止回弹
挤压装置				
1. 活塞型	0.3	对速度敏感	—	液压和黏弹性,可重复使用
2. 改变几何形状	0.8	对速度敏感	—	非常简单,例如水缓冲器
压毁材料				
1. Balsa 木材	—	—	30~75	全方位承载能力
2. 铝蜂窝	0.7	对于 $St_e = 0.7$ 为常数	15~30	全方位承载能力,可靠
3. 热塑性塑料	0.5~0.7	指数规律	30~60	全方位承载能力,可靠

9.7.3　圆管

从图 9.19、图 9.20 和表 9.1 中显然可见,轴向压溃的圆管是一种对许多实际应用都适用的能量吸收装置,特别是管价格低廉,易买到各种尺寸。在 9.1 节中指出,关于动态渐进屈曲的理论方法可用来预测实际轴向力-轴向位移特性曲线的平均值,在图 9.3(a)中给出了一个具体例子。因此,轴向压溃的圆管所吸收的能量(D_a)为

$$D_a = P_m \Delta \tag{9.54}$$

式中:Δ 为轴向压溃的总量,而静载和动载的平均轴向压溃力(P_m)分别由式(9.33)和式(9.34)预测。在图 9.21 中把具有图 9.3(a)所示载荷-位移特性的圆柱壳中实际吸收的能量同式(9.54)做了比较。

根据式(9.51)和式(9.54),由密度为 ρ 的材料制成的轴向总长度为 L 的轴向压溃圆管的比能为

---

① 审校者注:卷环-线螺旋(rolling torus-wire helix)是由同心圆柱壳伸缩缸及包含在它们之间的环形空间中的线螺旋组成的吸能装置,首次使用于 CH-46 直升机防撞座椅,压缩时线螺旋被卷紧。

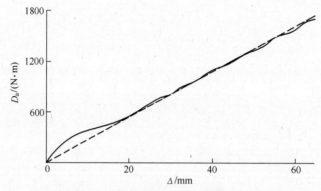

图 9.21　图 9.3 中轴向压溃的薄壁圆管所吸收的能量（D_a）与轴向位移（Δ）的关系
——根据图 9.3（a）中的轴向载荷-轴向位移曲线计算的吸收能量；
－－－式（9.54），式中 P_m 取自图 9.3（a）。

$$S_e = P_m \Delta / 2\pi RHL\rho \qquad (9.55)$$

式（9.55）在 $\Delta \leqslant \Delta_b$ 时有效，此处 Δ_b 是管压到底时的最大压溃量[①]，如图 9.22 所示。式（9.25）和式（9.31）预测有效压溃距离为

$$\delta_e / 2l = 0.86 - 0.568(H/2R)^{1/2} \qquad (9.56)[②]$$

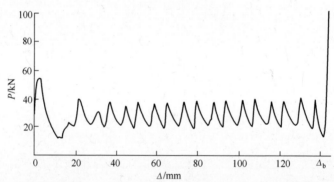

图 9.22　平均半径 R 为 27.98mm、平均壁厚 H 为 1.2mm、初始轴向长度为
178mm 的薄壁软钢圆管的轴向静态压溃特性（Δ_b 为管压到底时的轴向位移）

式（9.56）用来计算由式（9.33）和式（9.34）给出的平均压溃力。因此

$$\Delta_b = L[0.86 - 0.568(H/2R)^{1/2}] \qquad (9.57)$$

因此，当应用关于由对应变率不敏感的材料制成的管的静态或动态渐进屈曲的式（9.18）、式（9.20）和式（9.33）时，圆管压到底以前的最大比能由式（9.55）取 $\Delta = \Delta_b$ 给出，即

---

① 当 $\Delta \geqslant \Delta_b$ 时不再有未变形的管以形成下一个皱折，当管中形成 n 个皱折时，$\Delta_b = n\delta_e$，并且此时 $L = n2l$。

② 这一关系式同软钢管的静载和动载实验都符合得很好[9.7]。

$$S_e = 0.95(1 + 0.29\phi^{1/2})\phi^{1/2}(\sigma_0/\rho) \qquad (9.58)$$

显然,对于轴向压溃的圆管,$V_e = St_e$,行程利用率为

$$St_e = \Delta_b/L \qquad (9.59)$$

当 $15 \leqslant 2R/H \leqslant 60$ 时,应用式(9.57),由式(9.59)得

$$St_e \approx 0.75 \qquad (9.60)$$

行程利用率 $St_e \approx 0.75$ 与文献[9.7]的图24所报告的软钢管的一些实验结果相当符合,这一数值处于 Ezra 和 Fay[9.4]在表9.1中发现的范围的中间。

9.7.4 方管

式(9.54)也给出了受静态或动态轴向压溃力作用的薄壁方管所吸收的能量,式中 P_m 分别由式(9.41)和式(9.48)定义。因此,只要 $\Delta \leqslant \Delta_b$,由式(9.51),比能为

$$S_e = P_m\Delta/4CHL\rho \qquad (9.61)$$

根据关于图9.4和图9.11中的对称变形模式的式(9.40),此处

$$\Delta_b = 0.73L \qquad (9.62)$$

将式(9.41)和式(9.62)代入式(9.61),应用式(9.39)和式(9.43),给出最大比能为

$$S_e = 0.945\phi^{2/3}(\sigma_0/\rho) \qquad (9.63)$$

根据式(9.59)和式(9.62),方管的行程利用率为

$$St_e = 0.73 \qquad (9.64)$$

9.8 结构耐撞性

9.8.1 引言

"结构耐撞性"(structural crashworthiness)这一术语是用来描述一个结构与另一个物体相撞时的冲击性能。例如,为了估计结构的破坏以及车辆中乘客存活的可能性,需要计算在碰撞时的力,这就要求进行对系统的结构耐撞性特征的研究。如在后面9.8.6节中所讨论的,可以做一个设计以确保在事故中任何乘员生存所需的空间保持完整,并将减速度限制在可以承受的水平。能量吸收特性的操控通过事故中结构设计的变形所吸收的能量和能量吸收装置的审慎使用来实现。这一主题包括飞机、公共汽车、小汽车、火车、船舶和近海平台等[9.21,9.24-9.33],甚至包括航天飞机[9.34]的碰撞保护。这里不想对整个领域进行回顾,只是简要地讨论与动态渐进屈曲有关的部分。

9.8.2 非弹性碰撞的基本知识

如图 9.23(a) 所示, 考虑受以初速 V_2 运动的质量 M_2 撞击的静止质量 M_1。动量守恒要求

$$M_2 V_2 = (M_1 + M_2) V_3 \tag{9.65}$$

式中: V_3 为非弹性碰撞后的瞬间两个质量块的共同速度[①]。因而, 动能损失为

$$K_l = M_2 V_2^2/2 - (M_1 + M_2) V_3^2/2 \tag{9.66}$$

利用式(9.65)消去 V_3, 式(9.66)可改写为

$$K_l = (M_2 V_2^2/2)/(1 + M_2/M_1) \tag{9.67}$$

式中: $M_2 V_2^2/2$ 为质量 M_2 的初始动能。

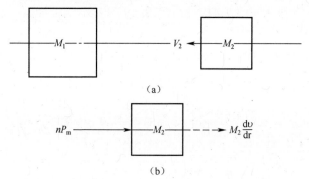

图 9.23　(a)质量 M_2 以速度 V_2 向静止质量 M_1 运动;
(b)在撞击事件中作用在质量 M_2 上的水平力

式(9.67)给出了置于图 9.23(a) 中的质量 M_1 和 M_2 之间的能量吸收系统所必须吸收的能量。如果撞击物 M_2 比被撞物 M_1 大得多(即, $M_2/M_1 \gg 1$), 则 $K_l \approx 0$, 在撞击事件中没有动能损失。在另一个极端情形, 撞击物 M_2 比被撞物 M_1 小得多(即, $M_2/M_1 \ll 1$), 则 $K_l \approx M_2 V_2^2/2$, 碰撞时质量 M_2 的全部初始动能都必须被吸收掉。两个相同的质量碰撞时的动能损失为 $K_l = M_2 V_2^2/4$, 它是撞击物 M_2 初始动能的 1/2。在图 9.24 中展示了无量纲动能损失 $K_l/(M_2 V_2^2/2)$ 随质量比 M_2/M_1 的变化。

常常, 图 9.23(a) 中的被撞物 M_1 是受到约束的, 在实际撞击事件中保持静止。换言之, $M_1/M_2 \gg 1$, 如所预料的那样, 式(9.67)给出 $K_l = M_2 V_2^2/2$。

式(9.54)给出了轴向压溃的圆管和方管所吸收的能量, 并确实可以用来得到任何经历动态渐进屈曲且平均力为 P_m 的薄壁结构(例如, 蜂窝结构[9.35])所吸收的能量。例如, 一套 n 根轴向受载的薄壁管可以用来吸收图 9.23(a) 中所

---

① 恢复系数取作零($e = 0$), 质量块在通过它们质心的同一直线上碰撞。

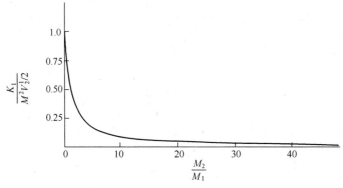

图 9.24 式(9.67)给出的无量纲动能损失随质量比 M_2/M_1 的变化

示的撞击情形中的能量,假如 $\Delta \leqslant \Delta_b$,则

$$D_a = nP_m\Delta = K_l \tag{9.68}$$

因此,当能量吸收装置的一端在整个撞击事件中保持静止时,有

$$nP_m\Delta = M_2V_2^2/2 \tag{9.69}$$

根据图 9.23(b)中的隔离体图,当 $t=0$ 时 $v=V_2$,$t=T$ 时撞击物 M_2 已经移动了一段距离 Δ 而且 $v=0$,此处 T 为响应时间,则 n 根管的平均压溃力为

$$nP_m = -M_2\mathrm{d}v/\mathrm{d}t \tag{9.70}[1]$$

显然,减速度为

$$a = \mathrm{d}v/\mathrm{d}t = -nP_m/M_2 \tag{9.71}$$

它在整个运动期间保持不变,所以当满足初始条件时,速度-时间历程为

$$v = -nP_mt/M_2 + V_2 \tag{9.72}$$

运动在 $v=0$ 时停止[2],这给出响应时间为

$$T = M_2V_2/nP_m \tag{9.73a}[3]$$

即

$$T = -V_2/a \tag{9.73b}$$

再积分式(9.72)一次得到位移-时间历程

$$\delta = -nP_mt^2/2M_2 + V_2t \tag{9.74}$$

运动在 $t=T$ 时停止,用式(9.73a)代入式(9.74),预测总的压溃距离为

$$\Delta = M_2V_2^2/2nP_m \tag{9.75a}$$

或

---

① 如图 9.23(b)中所示并定义的动态压溃力 P_m 在整个这一章中都取为正的。

② 因为 $M_1/M_2 \gg 1$ 时,M_1 在整个运动过程中保持静止,所以当 $t=T$ 时 $v=0$。在更一般的情况中,一个非静止的质量 M_1,其 $V_1=0$,则 $t=T$ 时,$v=V_3$,其中 V_3 由式(9.65)给出。

③ 冲量 nP_mT 等于动量 M_2V_2 的改变,它给出式(9.73a)。

$$\Delta = - V_2^2/2a \tag{9.75b}$$

式(9.75a)可以直接从能量平衡方程式(9.69)得到。在实验测试方案和设计计算中常常用初始动能($M_2V_2^2/2$)除以总的轴向压溃距离 Δ 来估算平均压溃力。这与式(9.69)或式(9.75a)一致。

图9.23(a)中的碰撞情形是发生在水平面上的,例如,与公共汽车、小汽车、火车和船舶碰撞时所发生的情形有关。然而,另一类重要的碰撞是由质量 M_2 以撞击速度 V_2 垂直地落到质量 M_1 上引起的,如图9.25(a)所示。在这种情形下,关于能量守恒的式(9.69)由下式取代:

$$nP_m\Delta = M_2V_2^2/2 + M_2g\Delta \tag{9.76}$$

式中: $M_2g\Delta$ 为质量 M_2 的附加势能,它在撞击事件中压扁能量吸收装置一段距离 Δ。

碰撞时图9.25(b)中质量 M_2 在竖直方向的运动方程为

$$nP_m + M_2 dv/dt - M_2g = 0 \tag{9.77}$$

它预言一个不变的减速度,即

$$a = dv/dt = - nP_m/M_2 + g \tag{9.78}$$

将式(9.78)对时间积分并引入初始条件和终止条件,给出响应时间为

$$T = V_2/(nP_m/M_2 - g) \tag{9.79}$$

和压溃距离为

$$\Delta = V_2^2/[2(nP_m/M_2 - g)] \tag{9.80}$$

它也可以直接从能量守恒方程式(9.76)得到。

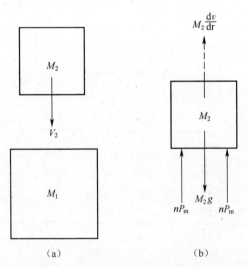

图9.25 (a)质量 M_2 以撞击速度 V_2 垂直地落到静止质量 M_1 上;
(b)撞击事件中作用在质量 M_2 上的竖直方向的力

在许多实际碰撞中,减速度 $|a| \gg g$,因此式(9.78)给出 $a \approx -nP_m/M_2$,而式(9.76)~式(9.80)分别化为式(9.69)~式(9.71)、式(9.73a)和式(9.75a)。

9.8.3 薄壁圆管

有人建议把薄壁圆管作为一种能量吸收装置安装在汽车保险杠和火车缓冲器的后面,以及安装在电梯井的底部以吸收脱轨的电梯的能量。它们价廉、有效而且通用,因此,值得考察一下由薄壁圆管组成的能量吸收系统的压溃行为。

式(9.71)预测在撞击事件中减速度不变,而单管的平均动态压溃力 P_m 由式(9.34)给出,利用式(9.18)和式(9.20),即得

$$P_m = 21.1\sigma_0 RH[1 + 0.41(H/R)^{1/2}][1 + (V_2/4RD)^{1/q}]/[2.14(R/H)^{1/2} - 1] \tag{9.81}$$

因此,对 n 根管,有

$$a = -21.1n\sigma_0 RH[1 + 0.41(H/R)^{1/2}][1 + (V_2/4RD)^{1/q}]/$$
$$\{M_2[2.14(R/H)^{1/2} - 1]\} \tag{9.82}$$

类似地,当 $V_1 = 0$,质量 M_1 在响应过程中保持静止,即 $M_1/M_2 \gg 1$ 时,响应时间 T 和轴向压皱距离 Δ 分别由式(9.73b)和式(9.75b)预测,即

$$T = M_2 V_2 [2.14(R/H)^{1/2} - 1]/\{21.1n\sigma_0 RH[1 + 0.41(H/R)^{1/2}] \times$$
$$[1 + (V_2/4RD)^{1/q}]\} \tag{9.83}$$

和

$$\Delta = M_2 V_2^2 [2.14(R/H)^{1/2} - 1]/\{42.2n\sigma_0 RH[1 + 0.41(H/R)^{1/2}] \times$$
$$[1 + (V_2/4RD)^{1/q}]\} \tag{9.84}$$

式(9.81)~式(9.84)是对于未压到底的能量吸收系统推出的。因此,式(9.84)必须满足不等式 $\Delta \leq \Delta_b$,此处 Δ_b 示于图9.22并由式(9.57)定义。

显然,式(9.82)~式(9.84)是对于图9.23(a)中所示的水平碰撞推出的。不过,如果 $|a| \gg g$,这些结果对于图9.25(a)中所示的铅直碰撞情形也有效。

现在用上述方程来考察一个薄壁圆柱壳的动态渐进屈曲和能量吸收特性。壳由韧性材料制成,单轴静态流动应力(σ_0)为 300MN/m²,平均半径 $R = 30$mm,平均壁厚 $H = 1.2$mm。壳的一端固定,另一端受以初速[①] $V_2 = 10$m/s 运动的 $M_2 = 100$kg 的质量的撞击。那么把这些量代入式(9.82)~式(9.84),对单根管取 $n = 1$,假定管是由对应变率不敏感的材料制成的(即 $D \to \infty$),分别得到 $a = -254$m/s², $T = 39.3$ms 和 $\Delta = 196.7$mm。

---

① 在铅直撞击时,一个质量从高度 $h = 5.1$m 下落,根据众所周知的公式 $V_2 = (2gh)^{1/2}$,取 $g = 9.81$m/s²,会给出撞击速度 $V_2 = 10$m/s。

这些计算表明,撞击物 M_2 的减速度为重力加速度①（9.81m/s^2）的 $254/9.81=25.9$ 倍。这表明,对于这个具体的圆管,当受铅直方向撞击时,可以略去式（9.77）~式（9.80）中的重力项。式（9.76）中的附加势能为 $M_2g\Delta=193\text{J}$,约为质量 M_2 的初始动能（5kJ）的 3.9%。

这一响应历时很短（39.3ms）,事件发生得太快以致肉眼无法跟踪变形。尽管如此,它比弹性应力波沿管长度传播所需的时间长。一维拉伸或压缩应力波在软钢和铝中的传播速度分别为 5150m/s 和 5100m/s[9.20],所以沿着 300mm 长的软钢或铝棒传播约需 58μs。因此,39.3ms 的响应时间 T 比一维弹性应力波沿 300mm 长的棒传播所需的时间长 678 倍。

式（9.57）预测 $\Delta_b/L=0.78$,所以,圆管至少必须为 $196.7/0.78=252\text{mm}$ 长以防止出现图 9.22 所示的压到底的现象。

前面的计算是关于对应变率不敏感的管的。如果管是由软钢制成的,从 9.3.5 节得到其系数 $D=6844\text{s}^{-1}$ 和 $q=3.91$,则在式（9.81）~式（9.84）中出现的项 $1+(V_2/4RD)^{1/q}$ 等于 1.32。在这种情形下,$a=-335\text{m/s}^2$,$T=29.8\text{ms}$ 和 $\Delta=149\text{mm}$。材料应变率敏感性对上述圆管的 P_m、a、T 和 Δ 值的影响示于图 9.26。

9.8.4　薄壁方管

9.8.2 节中所概述的以及在 9.8.3 节中对于圆管所说明的一般方法也可用于方管,其平均动态压溃力由式（9.48）给出,即

$$P_m = 13.05\sigma_0H^2(C/H)^{1/3}\left[1+(0.33V_2/CD)^{1/q}\right] \qquad (9.85)$$

式中:V_2 为撞击物 M_2 的撞击速度。

9.8.5　薄壁单帽和双帽截面

为了结构耐撞性的应用,许多关于薄壁截面轴向动态压溃特性的其他研究已经发表。例如,汽车工业领域中考察了单帽和双帽截面的响应。由于实际原因,为了适应连接工艺,通常使用带有凸缘的单帽或双帽截面,而不是挤压或激光焊接成型的方管。理想刚塑性分析[9.36,9.37]组合了图 9.12 中的基本垮塌单元来模拟实验研究中观察到的动态渐进屈曲模式[9.38,9.39]。利用薄板的塑性分析将单帽截面的盖板和双帽截面的凸缘理想化。该理论方法[9.36,9.37]仿照 9.2 节和 9.5 节中分别对圆管及方管概述的方法。

---

① 显然,100kg 撞击物的重力为 981N,而作用在管上的平均动态压溃力则为 25.9 倍（即 $P_m=25.4\text{kN}$）。平均动态压溃力可以通过式（9.81）计算,或者,注意到初始动能 = 5kJ $=P_m\times\Delta$,即 $P_m=5\times10^3/0.1967=25.4\text{kN}$。该壳的轴向静态压扁载荷为 $2\pi RH\sigma_0=67.9\text{kN}$。因此,$P_m$ 仅为静态压扁载荷的 37%。然而,初始峰值载荷大于平均压溃力,如图 9.3（a）所示。

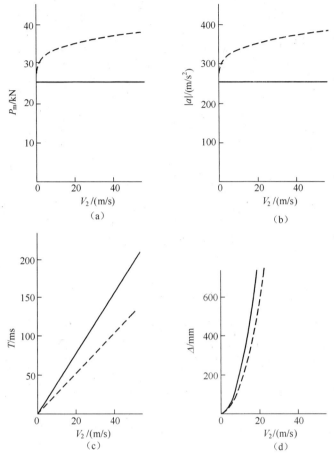

图 9.26 对于 $R = 30\text{mm}, H = 1.2\text{mm}, \sigma_0 = 300\text{MN/m}^2$ 和 $M_2 = 100\text{kg}$ 的薄壁圆管

(a)~(d)平均压溃力、减速度、响应时间和总的压溃距离随撞击速度的变化。

——式(9.81)~式(9.84),对于对应变率不敏感的材料,$D \to \infty$;

- - -式(9.81)~式(9.84),$D = 6844\text{s}^{-1}, q = 3.91$。

用对应变率敏感的材料制成的单帽截面的平均动态压溃力为

$$P_m = 8.22\sigma_0 H^2 (p/H)^{1/3} \left[1 + (1.33 V_2/pD)^{1/q} \right] \tag{9.86}$$

式中:V_2 为撞击物 M_2 的撞击速度,当 a 和 b 分别为单帽截面的宽度和深度($a = b$ 时为方形);f 为凸缘的尺寸时,有

$$p = 2a + 2b + 4f \tag{9.87}$$

所有单帽截面部件的厚度均为 H。

利用类似的方法[9.36,9.37]得到双帽截面的动态压溃力为

$$P_m = 13.05\sigma_0 H^2 (p/H)^{1/3} \left[1 + (2.63 V_2/pD)^{1/q} \right] \tag{9.88}$$

式中:p 由式(9.87)定义。

表示单帽和双帽截面响应的式(9.86)～式(9.88)可以用于结构耐撞性的设计过程,这在9.8.2节和9.8.3节中进行了概述。关于该理论方法的进一步细节以及与一些研究中实验数据的比较在文献[9.36-9.40](软钢单帽和双帽截面)和文献[9.41-9.43](高强钢制成的单帽截面)中给出。

9.8.6 冲击损伤

诸如9.8.2节至9.8.5节中那样的理论计算使得工程师能够估计一个结构设计能否抵御碰撞所产生的力,并且吸收撞击能量而不发生过度的破坏。然而,在客运系统的情形中,还必须保证乘客能经受住碰撞。显然,设计者需要指南和准则,然而这些指南和准则很难在人体上得到,而且,观察到人的响应和对碰撞的耐受力随身材大小、年龄和性别等因素而变化,这就使问题更复杂了。尽管如此,多年来还是在这个领域进行了许多研究,文献[9.21,9.23,9.24,9.44-9.51],以及那些文献里引述的其他文章,包含着一些有价值的数据。

在图9.27中给出了与各种类型的碰撞有关的整个身体的加速度(和减速度)的一些典型数值[9.23,9.44]。然而,脉冲长度的影响对伤害的严重程度起着重要的作用,如图9.28所示,该图引自Macaulay[9.23]。通过图9.28中的中等程度伤害带的中间的一条线由下式近似,即

$$TA^{2.5} = 1000 \tag{9.89}$$

式中:T为脉冲作用时间(s);$A=a/g$,其中a为整个身体的加速度(或减速度)。

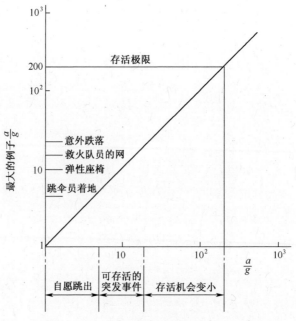

图9.27　全身对碰撞的耐受能力[9.23,9.44]

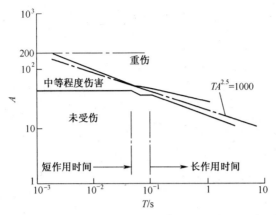

图 9.28 脉冲作用时间对全身碰撞耐受能力的影响[9.23]

式(9.89)适用于涉及整个身体受加速作用的碰撞,尽管该公式的原型包含了对于不同碰撞情形的数据的混合[9.23,9.51]。其他的碰撞情形发生在身体的某一特定部位受撞击,因而需要有关身体许多部位的数据。例如,图 9.29 给出了新鲜股骨的强度[9.23,9.52]。它随人的年龄增长而明显降低,对于冲击载荷,它下降得更快。身体的其他部位在各种静载和动载下的数据可以在文献[9.23,9.50,9.51]以及它们所引述的文章中找到。

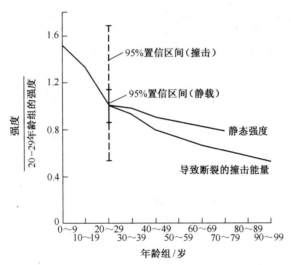

图 9.29 新鲜股骨的静态强度和撞击强度随年龄的变化[9.23,9.52]

头部伤害是交通事故中造成死亡和重伤的重要原因[9.47,9.53]。图 9.30 中的 Wayne State 耐受力曲线是通过把涂防腐剂的尸体头部下落到一块平坦的硬表面上以确定早期颅骨骨折的实验而得到的[9.46]。这一工作已经过 Gadd 和其他人重新考察,以便导出一个判断头部伤害的准则,这种伤害是当头的前部撞上一个硬的物体，或者身体减速时通过颈部使头部受载引起的[9.23,9.47]。Gadd 引进严重性指数（Severity Index）[9.44-9.47,9.53]，即

$$SI = \int_0^T A_v^{2.5} dt \tag{9.90}$$

式中：$A_v = a_v/g$，其中 a_v 为头部的平均加速度（或减速度），它在作用时间为 T（s）的加载脉冲过程中可以变化，其中 $2.5ms \leqslant T \leqslant 50ms$。Gadd 建议以 SI = 1000 标志致命和非致命头部伤害的临界条件，虽然对于临界值的选择和该准则的相关性继续在进行争论[9.54]。

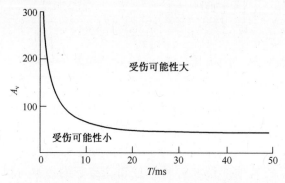

图 9.30 头部碰撞的 Wayne State 耐受力曲线[9.23]

图 9.30 中的 Wayne State 耐受力曲线是采用整个撞击过程的平均加速度绘出的，而在式（9.90）中加速度可以随时间变化。已经认识到这种不一致，并通过用一个平均值来取代式（9.90）中的无量纲加速度 A_v 加以消除以得到头部损伤判据（Head Injury Criterion）[9.21,9.46]，即

$$HIC = (T_2 - T_1)\left[\int_{T_1}^{T_2} A_v dt/(T_2 - T_1)\right]^{2.5} \tag{9.91}$$

式中选择时间间隔 $T_2 - T_1$ 使式（9.91）的右边为最大，而 HIC = 1000 被认为[9.54]是危及生命的。时间间隔 $T_2 - T_1$ 不允许超过 36ms①。

考虑 9.8.2 节中的情形，以速度 V_2 运动的质量 M_2，撞到一个无限大的静止质量上（即图 9.23（a）中的 $M_1 \to \infty$）。当在两个质量 M_1 和 M_2 之间放置一个具有恒阻力 P_m 的能量吸收装置时，根据式（9.75b），撞击事件中的减速度为

$$a = -V_2^2/2\Delta \tag{9.92}$$

式中：Δ 为停止时的总距离。

利用式（9.92）从式（9.73b）中消去 a，得到相应的响应历时为

$$T = 2\Delta/V_2 \tag{9.93}$$

---

① 关于乘员碰撞保护的美国联邦机动车安全标准 FMVSS 208 还规定，上部胸腔重心处的合加速度不应超过 60g，累计作用时间小于 3ms 的间隔时间除外。

因此,把式(9.92)和式(9.93)代入关于整个身体的加速度的式(9.89)得

$$V_2^4/[g(2g\Delta)^{1.5}] = 1000 \tag{9.94}$$

对于初始撞击速度 $V_2 = 10\text{m/s}$,关于在9.8.3节中考察过的对应变率不敏感的圆管的计算预测压溃位移 $\Delta = 196.7\text{mm}$。因此式(9.94)的左边等于134。这一数值大大低于所建议的造成重伤的临界值1000。

式(9.92)中的加速度 a 为常数,所以对于9.8.3节中考察过的薄壁圆管,式(9.90)预测 SI = 134。应该指出,响应时间 $T = 39.3\text{ms}$ 位于使式(9.90)成立的范围内。类似地,根据式(9.91),对于同一圆管 HIC = 134,但 T 刚好在式(9.91)的有效范围 $T \leq 36\text{ms}$ 之外。

把式(9.71)和式(9.73b)代入式(9.91),并取 $n = 1$,得

$$\text{HIC} = (P_m/M_2g)^{1.5} V_2/g \tag{9.95}$$

即

$$\text{HIC} = V_2 a^{1.5}/g^{2.5} \tag{9.96}$$

式(9.96)把头部损伤判据同撞击速度和加速度(或减速度)联系起来了,如图9.31所示。

注意到式(9.89)~式(9.91)并非是无量纲的,等式两边的单位都是 s,尽管这通常没有在出版物中特别指出,各种临界指标也没有标明单位。

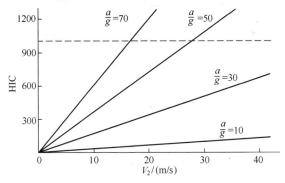

图9.31 对于恒定撞击力和加速度(或减速度),根据式(9.96),头部损伤判据(HIC)
随撞击速度 V_2 和无量纲加速度(a/g)的变化
——可能致命和非致命的碰撞的临界值。

9.9 结构防护

显然,本章中介绍的能量吸收装置可以用于保护受到各种可能的冲击或爆炸载荷的关键结构。可以通过在外壁覆盖牺牲的能量吸收装置保证结构系统的安全性。这种形式的保护既可以在现有的系统上进行(即改装),也可以在新结

构的设计阶段纳入覆盖层。文献[9.55-9.57]使用了数值方法，文献[9.58]报告了用于研究通过材料的非弹性行为抵御爆炸载荷的多层覆盖的具体设计的实验结果。该设计包括被底板分隔的多层腹板及用于承受爆炸载荷的外层盖板，一个典型的设计单元如图9.32所示。

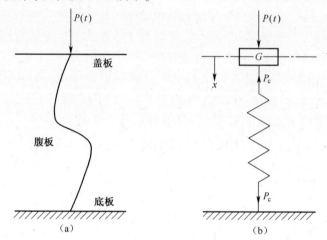

图 9.32 牺牲层系统

(a)典型单元;(b)准静态理想化。

为了说明覆层结构的基本响应特性，考虑图9.32(a)中的典型单元，其腹板在图9.32(b)中理想化为刚性-理想塑性体，具有与应变率无关的压溃力 P_c，该力可作为能量吸收装置的平均压溃力。假设外力 $P(t)$ 具有矩形的力-时间历程，大小为 P_0，持续时间为 τ 的力作用在质量为 G 的盖板上。当不考虑重力作用时，为了平衡，则

$$G\ddot{x} - P_0 + P_c = 0, \quad 0 \leqslant t \leqslant \tau \tag{9.97}$$

式中：$\ddot{x} = \partial^2 x / \partial t^2$。因此，加速度有一个恒定大小，即

$$\ddot{x} = (P_0 - P_c)/G, \quad 0 \leqslant t \leqslant \tau \tag{9.98}$$

式(9.98)与 $t=0$ 时 $x=\dot{x}=0$ 一起，在外载停止、运动第一阶段结束时($t=\tau$)，得

$$\dot{x}(\tau) = (P_0 - P_c)\tau/G \text{ 和 } x(\tau) = (P_0 - P_c)\tau^2/2G \tag{9.99a,b}$$

运动第二阶段中($t \geqslant \tau$)外层盖板上的外力为0，因此，式(9.97)取 $P_0=0$ 时给出减速度为

$$\ddot{x} = -P_c/G, \quad t \geqslant \tau \tag{9.100}$$

对式(9.100)积分时引入的两个常数由确保速度和位移在运动的两个阶段间 $t=\tau$ 时连续且分别等于式(9.99a、b)确定，可得

$$\dot{x} = (P_0\tau - P_c t)/G, \quad t \geqslant \tau \tag{9.101}$$

所以在

$$T = P_0\tau/P_c \tag{9.102}$$

时 $\dot{x}=0$，运动停止，式（9.102）可写成 $P_cT=P_0\tau=I$ 的形式，此处 I 为脉冲的冲量。因此，作用在外层盖板上的外力 P_0 通过较长的脉冲时间 T 以一个较小的力 P_c 传递到底板上。覆层系统通过在底板上以较长的时间传播脉冲来减小力的大小。此外，因为假定盖板和底板保持刚性，外部能量 $P_0x(\tau)$ 以塑性应变能的形式被腹板吸收，即 $P_cx(T)$。单层可以包含足够数量的单元来保护主体结构。然而，一个结构可以通过多层覆盖来吸收更大的外部能量。在这种情况下，当上一层压到底部时下一层将起作用，因而图 9.32 中的理想模型仍可模拟单个单元。

图 9.32 中理想化的腹板可以用任意数量的平均压溃力为 P_c 的能量吸收系统替代，包括泡沫覆盖层[9.59,9.60]、铝管夹心[9.61] 和金字塔点阵材料[9.62]。

9.10 结 束 语

本章介绍了受轴向撞击力作用的薄壁管的动态渐进屈曲现象。然而，可以预料，对于长度比横截面的总体尺寸大的薄管，也可能发生总体失稳。遗憾的是，对于撞击载荷的情形，很少有作者探讨过这方面的行为。

Andrews、England 和 Ghani[9.63] 研究了管长度对受轴向静力作用的铝合金圆管压溃模式的影响。这些实验结果示于图 9.33 中，它们表明有一个过渡区，

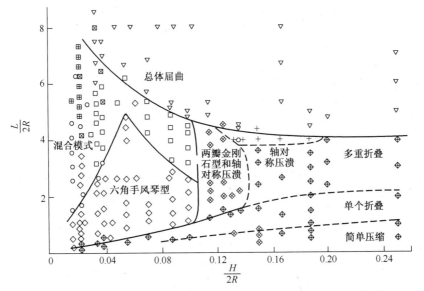

图 9.33 受轴向静载作用的薄壁铝合金圆管的破坏模式分类图[9.63]

实验结果：▽—总体屈曲；◇—六角手风琴型；□—六角手风琴型加两瓣金刚石型；

○—六角手风琴型加三瓣金刚石型；⊞—六角手风琴型加两瓣和三瓣金刚石型；⊠—三瓣金刚石型；

⊕—六角手风琴型（轴对称）压溃；◈—两瓣金刚石型压溃；+—压溃和管轴倾斜。

在该区域上方,总体屈曲优先于渐进屈曲发生。当管壁厚度与平均直径之比增加时,总长度与直径之比沿着通过该区域中间的一条曲线下降。Thornton、Mahmood和 Magee[9.11]讨论了薄壁方管或矩形截面管受轴向静力作用时的总体屈曲。

已经观察到,薄壁方管的整体屈曲[9.3]可以从动态非轴对称渐进屈曲模式所引起的几何缺陷发展而来,如图 9.34 所示。更多最近发表的研究为软钢圆管和方管[9.64]、铝合金方管[9.65]以及由几种材料制成的圆管[9.66]的总体屈曲。

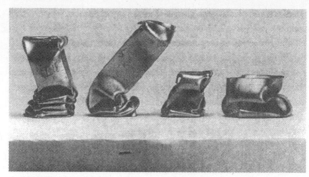

图 9.34　薄壁方管的总体屈曲,它由与动态渐进屈曲有关的一种非轴对称变形
模式所引发。管由软钢制成,受轴向撞击载荷作用[9.3]

图 9.3(a)中的压溃力-轴向位移特性曲线是周期性的,然而本章中的动态渐进屈曲分析忽略了这一现象而应用了图 9.3(a)中所示的平均力。Wierzbicki和 Bhat[9.67]推出了一个具有移动铰的理论解,它预测了受静载作用圆管的周期性压溃力-轴向位移特性曲线。

压溃力-轴向位移特性曲线中第一个峰值的大小有时比与随后的峰值相关联的力大得多,如图 9.35 对于受静载作用的薄壁方管所示的那样。因为它与碰

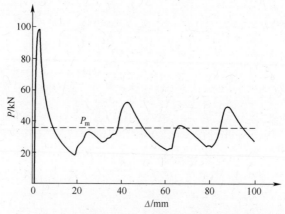

图 9.35　薄壁软钢方管的静态轴向压溃力随轴向位移的变化[9.3]
（$C = 49.3$mm, $H = 1.625$mm, $L = 244.1$mm）

撞事件中大的减速度有关,因而是有害的,然而,可以制造带有初始缺陷的能量吸收元件以消除这一初始峰值。已经发表了许多关于圆柱壳的静态塑性屈曲的研究,可以用来估计这一峰值。例如,Andronicou 和 Walker[9.68]发展了理论和数值方法来预测轴向受载的圆柱壳的初始峰值力。

已经发表了许多文章研究各种材料制成的各种形状薄壁截面的动态轴向压溃的其他方面。例如,Abramowicz 和 Wierzbicki[9.69]研究了图 9.12 中的基本垮塌单元,对于能量吸收特性的估计做了一些改进,这对于两个邻接的面不垂直的情形是重要的。Gupta 和 Abbas[9.70]探究了圆管轴对称压溃中拉伸和压缩屈服应力不同的影响以及皱褶形成时壳壁中产生的厚度变化。Singace[9.71]修正了图 9.7 中的轴对称压溃模式,他通过引入一个偏心系数给出一个更加接近实验观察的形状。其他作者考察了用于动态轴向压溃计算的数值格式的几个方面[9.72, 9.73],以及蜂窝材料、锥形壳[9.76]、开口断面[9.77]、液压成形管[9.78]和许多其他几何结构[9.79]的动态轴向压溃[9.74,9.75],包括机械加工初始缺陷的影响等[9.80]。

Thornton[9.81]、Reid, Reddy 和 Gray[9.82,9.83]研究了泡沫填充料对薄壁管整体稳定性和能量吸收特性的影响。文献[9.84]研究了泡沫铝填充方形铝管的轴向动态压溃行为,而文献[9.85]讨论了利用图 9.7 中基本压溃单元的分析方法。

为了比较不同材料和几何形状的管的吸能效果,引入了一个能量吸收效率因子,定义为[9.66,9.86]

$$\psi = \frac{结构部件吸收的弹性和塑性应变能}{相同体积材料在拉伸实验中直到失效吸收的能量}$$

或者

$$\psi = \frac{\int_0^{\delta_f} P \mathrm{d}\delta}{V \int_0^{\epsilon_r} \sigma \mathrm{d}\epsilon} \tag{9.103}$$

式中:P 为轴向压溃力;δ 为对应的轴向压溃位移,其最终值为 δ_f。式(9.103)分母的积分为相同体积 V 由同一材料制成的单轴拉伸实验试件中直到断裂吸收的能量。文献[9.86]中针对受到质量为 G、初速度为 V_0 的物体的碰撞定义了动态能量吸收效率因子 ψ',它简化为

$$\overline{\psi'} = \frac{3GV_0^2}{8\sigma_0 A \delta_f \epsilon_r} \tag{9.104}$$

式中:$\sigma_0 = (\sigma_y + \sigma_u)/2$ 为材料的平均流动应力;σ_y、σ_u 分别为单轴拉伸屈服应力和拉伸极限应力;A 为薄壁截面的横截面积;ϵ_r 为材料的单轴工程断裂应变。

虽然软钢和不锈钢圆柱壳每单位体积的材料吸收了更多的能量，但这个无量纲参数揭示了薄壁铝合金圆柱壳的动态轴向载荷比它们更有效。当材料中最大可用能量被能量吸收装置吸收时，有效性最大。因此，在圆柱壳的轴向压溃响应中，铝合金壳单轴工程断裂应变 8.9% 已经足够了，而软钢和不锈钢大得多的单轴工程断裂应变 33.4% 和 59.3% 并无法达到，这导致相同几何形状和载荷的能量吸收装置中存在材料未被利用的能力。

为了区分动态（$V_0 \leqslant 20\text{m/s}$）轴向压溃力作用下不同几何形状截面的薄壁管，文献[9.86]探究了它们的能量吸收效率因子。对软钢试件最引人注目的观察结果是圆形截面是最有效的（9.6 节），而单帽截面是最无效的，双帽截面稍好一些。方形截面是研究的所有横截面形状中第二有效的。铝合金方管比软钢和高强钢方管更有效，这与圆管的实验观察结果一致[9.66]。

式（9.103）和式（9.104）定义的能量吸收效率因子仅是设计者可利用的众多无量纲参数中的一个。不过，这个特殊的参数是很有用的，因为它展示了一个能量吸收系统在制成它的材料的体积中吸收最大可用能量方面是如何高效或有效的。这一信息可帮助设计者为能量吸收系统选择材料和适当的几何结构。这一无量纲参数已用于考察一类特殊的能量吸收器件，但它对许多其他能量吸收系统的设计可能是有用的。

本章中所导出的关于渐进屈曲的各种表达式可以用于许多各向同性的韧性材料[9.7]。例如，我们发现理论预测同 Johnson、Soden 和 Al-Hassani[9.87] 所进行的 PVC 圆管的静载实验相当符合。

习　题

9.1　证明：式（9.2）给出了由 von Mises 屈服准则控制的存在塑性流动的薄壁圆管单位长度的塑性破坏弯矩。

9.2　证明：当图 9.7 中的皱折是在内部形成而不是在外部形成时，薄壁圆管的平均压溃力由式（9.11）给出。

9.3　应用式（9.4）证明：圆管完全压平的皱折中的平均周向应变为 $\varepsilon_\theta \approx l/2R$，此处 l 和 R 在图 9.7 中定义。

9.4　证明：$D_1 : D_2 : D_3 = 1 : 1 + (4H/\sqrt{3}\pi R)^{1/2} : 2$（见式（9.13）的脚注）。

9.5　证明关于在轴向受载的圆管中形成和压平一个皱折时周向伸长所吸收的能量的式（9.30）。

9.6　构造图 9.13 中的关于方管的对称压溃模式的纸模型。

9.7　证明：式（9.39）给出了由 Tresca 屈服准则控制的存在塑性流动的薄

壁方管单位长度的塑性破坏弯矩。

9.8 薄壁圆管壁厚为 H,平均半径为 R。求出具有相同 A 和 A_c 值的薄壁方管的尺寸。圆管和方管的 A 和 A_c 分别在9.3.3节和9.4.2节中定义。

9.9 (a) 求出由流动应力为 σ_0 的刚性-理想塑性材料制成,平均半径为 R,壁厚为 H 的薄壁圆管的轴对称轴向压溃载荷。

(b) 需要一个能量吸收装置以止住一个以撞击速度 V_0 运动的质量 M,如果选择(a)中考察的薄壁管,那么以最大减速度 αg 止住质量 M 所需要的壁厚 H 为多大?此处 $\alpha>1$,g 为重力加速度。

讨论所引进的假设。

(c) 管的压溃长度为多大?如何将它与能量吸收系统所要求的管长做比较?

9.10 (a) 假定习题9.8中的圆管的 $R=30\text{mm}$,$H=1.2\text{mm}$,并由单轴静态流动应力 $\sigma_0=300\text{MN/m}^2$ 的韧性材料制成。具有相同 A 和 A_c 值的一根方管受以初速为 10m/s 运动的质量为 100kg 的物体撞击。计算减速度、响应时间和永久轴向变形,设管材料对应变率不敏感。

(b) 对于 $D=6844\text{s}^{-1}$,$q=3.91$ 的应变率敏感材料制成的薄壁方管,重复上述计算。

9.11 对于习题9.10中描述的碰撞事件,估计严重性指数(SI)和头部损伤判据(HIC)。

9.12 证明:对于初始撞击速度 V_2,恒减速度为 a 的撞击事件,头部损伤判据为

$$\text{HIC} = V_2 a^{1.5}/g^{2.5}$$

(g 为重力加速度)。

9.13 考虑一根长 $2L$ 的固支梁,在跨度中央受以初速 V_0 运动的重物 M 撞击,如图3.15(a)所示。设梁由刚性-理想塑性材料制成,实心矩形截面,塑性弯矩为 M_0,应用3.8.4节中的近似理论方法估计质量 M 的减速度和运动历时。对于质量块 M,计算严重性指数(SI)和头部损伤判据(HIC)。

第 10 章 动态塑性屈曲

10.1 引　言

在第 9 章中考察了受轴向撞击载荷作用薄壁管的动态塑性渐进屈曲。撞击载荷是足够缓慢地加上去的,以至于无论是管子的轴向惯性效应还是横向惯性效应在响应时都不起重要作用。如同在 9.8.3 节中所说明的那样,撞击载荷的作用时间比弹性应力波沿管长的传播时间长得多。所以,当不考虑在第 8 章中考察的材料应变率敏感性的影响时,管子不能承受比对应的静载值大的平均轴向动载。因此,如同在第 9 章中讨论过的那样,在这种情形下静态屈曲和动态渐进屈曲的管子的变形形状是类似的,准静态理论分析给出的结果与对应的实验结果令人满意地符合。

如果薄壁管或其他构件受到一个足够强的动态轴向载荷作用,则结构的惯性效应将引起动态塑性屈曲现象。此时,结构的变形形状可能与对应的渐进屈曲形状有很大不同,如图 10.1 中展示的轴向受载的圆管那样。动态屈曲时壳沿整个管长都发生皱折,而不像动态渐进屈曲那样皱折局限于管的一端。这一情形也与图 10.2 形成对照,图中展示了受轴向撞击载荷作用的杆的动态塑性屈曲。此时皱折局限于撞击端,而受轴向静载作用时,却可能产生一个沿整个杆长的低模态的横向变形场。

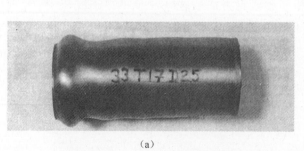

(a)

(b)

图 10.1 (a)动态塑性屈曲[10.1],在利物浦大学做的一根受轴向脉冲作用的 6061-T6 铝合金管的永久变形;(b)动态渐进屈曲[10.2],在利物浦大学做的一根受轴向撞击的软钢管的永久变形

图 10.2　动态塑性屈曲,受轴向撞击的 6061-T6 铝合金杆的永久变形[10.3]

　　一般来说,横向惯性力对杆、梁、环、板和壳的动态塑性屈曲的影响有利于高模态横向位移场的发展。这在图 10.1 和图 10.2 中是很明显的,在图 10.3 中这也很明显。图 10.3 展示了初始圆形的环受均布外加瞬动速度作用而发生的皱折。与此对照,受均布静态外压作用时弹性和弹性-理想塑性圆环会屈曲成椭圆形模式[10.5]。

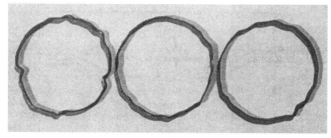

图 10.3　动态塑性屈曲,受轴对称外部脉冲作用的软钢环的永久变形[10.4]

　　在本章中,动载是突然作用在所考察的结构上的,称为脉冲加载以区别于会引起振动屈曲的振动或重复加载。在航空航天工业、核工业和石油工业[10.6,10.7]中已经遇到由脉冲即瞬态载荷所引起的结构的动态塑性屈曲,在化学工业、结构安全的许多领域、耐撞性以及其他工程分支中也对此感兴趣。

　　本章通过考察一些理想化的问题来介绍结构的动态塑性屈曲。这些简单模型提供了对该现象有价值的见识,有时也适合于估计一个实际工程结构的动态塑性屈曲行为。不过,首先通过考察杆的轴向动态弹性屈曲来介绍动态屈曲现象。结果发现,动态屈曲的许多特征是动态弹性屈曲和动态塑性屈曲所共有的。

10.2　杆的动弹性屈曲

10.2.1　引言

　　一般说来,对于一个具有屈曲倾向的结构,设计者寻求关于可能承受的最大静载的估计。然而,脉冲动载可以超过对应的静屈曲载荷,在瞬动加载的极限情况甚至可以变得无限大,如同在 3.5.1 节中对结构的稳态响应所看到的那样。因而,在这种情况下,设计者要求得到结构对于一个给定动载的响应(如永久破坏)。

为了介绍动态屈曲现象,在本节中考察图 10.4(a) 中所示的简支弹性杆。该杆具有初始缺陷场 $w^i(x)$ 并受恒定轴向压力 P 作用。通过横向限制块保持杆的静平衡,当 $t=0$ 时突然移去限制块,杆开始运动。

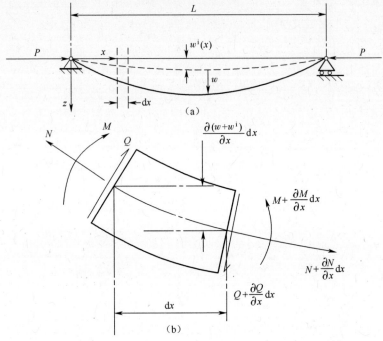

图 10.4 (a)受轴向压力 P 作用的长为 L 的简支杆;(b)杆单元和符号标记

10.2.2 控制方程

考虑在横向约束移去后($t \geqslant 0$),图 10.4(b) 中所示的杆的一个单元。

当杆的表面沿 x 方向不受力,并略去轴向惯性力时,该单元水平方向的平衡要求[10.8]

$$\frac{\partial N}{\partial x} = 0 \qquad (10.1)①$$

式中:N 为单位长度梁的膜力,即轴力。

为了满足两端($x=0$ 和 $x=L$)的边界条件,由式(10.1)得

$$N = -P \qquad (10.2)$$

式中:P 为轴向压力(取为正)。

---

① 见式(7.13)和附录 4 中无轴向惯性力的式(A.65)。

图 10.4(b)中单元的竖直方向的平衡要求[10.8]

$$\frac{\partial Q}{\partial x} + N\frac{\partial^2(w+w^i)}{\partial x^2} + \frac{\partial N}{\partial x}\frac{\partial(w+w^i)}{\partial x} - \rho A\frac{\partial^2 w}{\partial t^2} = 0$$

利用式(10.1)和式(10.2),当杆横向不受载时,式(10.3)变为

$$\frac{\partial Q}{\partial x} - P\frac{\partial^2(w+w^i)}{\partial x^2} - \rho A\frac{\partial^2 w}{\partial t^2} = 0 \tag{10.3}$$

式中:Q 为单位长度的横向剪力;w^i 为初始横向位移,即几何缺陷,它是 x 的函数;w 为从 w^i 开始测量的横向位移;ρ、A 分别为材料的密度和杆的横截面积。

由图 10.4(b)中单元的力矩平衡得

$$\frac{\partial M}{\partial x} - Q = 0 \tag{10.4}①$$

式中:M 为单位长度的弯矩,转动惯量的影响可忽略不计。

假定横向,即弯曲变形支配着动态响应。因此横向剪切变形和杆轴的缩短忽略不计,梁的初等理论要求

$$M = -EI\frac{\partial^2 w}{\partial x^2} \tag{10.5}②$$

式中:E 为弹性模量;I 为杆横截面的惯性矩。

最后,对于均质梁,利用式(10.5)从式(10.4)中消去 M,然后利用所得到的表达式从式(10.3)中消去 $\partial Q/\partial x$,给出控制方程:

$$EI\frac{\partial^4 w}{\partial x^4} + P\frac{\partial^2}{\partial x^2}(w+w^i) = -\rho A\frac{\partial^2 w}{\partial t^2} \tag{10.6}$$

如果 $P=0$ 及 $\partial^2 w/\partial t^2=0$,则式(10.6)化为人们熟悉的弹性梁的挠度方程。取 $P=0$,式(10.6)控制着弹性梁的振动,而取 $\partial^2 w/\partial t^2=0$,式(10.6)就适用于弹性柱的静屈曲。

10.2.3　单模态缺陷

对于图 10.4(a)所示的动压力 P 作用的简支弹性杆,已找到方程式(10.6)的一个理论解。在本节中假定初始横向位移场由下式描述,即

$$w^i = W_1^i\sin(\pi x/L) \tag{10.7}$$

式中:W_1^i 为初始横向位移即几何缺陷的最大值;L 为杆长。

式(10.7)提示方程式(10.6)具有形为

$$w = W_1(t)\sin(\pi x/L) \tag{10.8}$$

---

① 式(10.4)与式(7.14)和附录4中的式(A.67)相同。当 $w^i=0$ 时,竖向平衡方程同附录4中的式(A.66)取 $p=0$ 时相同。如果 $\partial^2 w/\partial t^2=0$ 及 $w^i=0$,则竖向平衡方程化为 $p=0$ 的式(7.15)。

② 梁的初始缺陷场是无应力的。附录4的引言中指出,如果 $(\partial w/\partial x)^2 \ll 1$ 则曲率等于 $-\partial^2 w/\partial x^2$。

的理论解,它满足简支条件(在 $x=0$ 和 $x=L$ 处 $w=0$ 和 $M=0$[①])。

因此,把式(10.7)和式(10.8)代入方程式(10.6),得

$$EI\left(\frac{\pi}{L}\right)^4 W_1(t)\sin\left(\frac{\pi x}{L}\right) - P\left(\frac{\pi}{L}\right)^2\left[W_1^i + W_1(t)\right]\sin\left(\frac{\pi x}{L}\right) + \rho A\frac{\mathrm{d}^2 W_1(t)}{\mathrm{d}t^2}\sin\left(\frac{\pi x}{L}\right) = 0$$

即

$$\rho A\frac{\mathrm{d}^2 W_1(t)}{\mathrm{d}t^2} + \left(\frac{\pi}{L}\right)^2\left[EI\left(\frac{\pi}{L}\right)^2 - P\right]W_1(t) = P\left(\frac{\pi}{L}\right)^2 W_1^i \qquad (10.9)$$

在初始为理想柱体($W_1^i = 0$)受静压作用的特殊情形下($\mathrm{d}^2 W_1(t)/\mathrm{d}t^2 = 0$),式(10.9)中 $W_1(t)$ 的系数必须为0,这要求 $EI(\pi/L)^2 - P = 0$,即

$$P^e = \pi^2 EI/L^2 \qquad (10.10)$$

这是经典的简支弹性柱体的静态(欧拉)屈曲载荷[10.5]。

式(10.9)可以写成

$$\rho A\frac{\mathrm{d}^2 W_1(t)}{\mathrm{d}t^2} + \left(\frac{\pi}{L}\right)^2 P^e\left(1 - \frac{P}{P^e}\right)W_1(t) = P\left(\frac{\pi}{L}\right)^2 W_1^i$$

即

$$\frac{\mathrm{d}^2 W_1(t)}{\mathrm{d}t^2} + a^2 W_1(t) = b \qquad (10.11)^{②}$$

式中

$$a^2 = \left(\frac{\pi}{L}\right)^2\left(\frac{P^e}{\rho A}\right)\left(1 - \frac{P}{P^e}\right) \qquad (10.12a)$$

以及

$$b = \left(\frac{\pi}{L}\right)^2\left(\frac{P}{\rho A}\right)W_1^i \qquad (10.12b)$$

众所周知,取决于系数 a^2 的符号,二阶微分方程式(10.11)的解有不同的形式。显然,当轴向压力(P)小于欧拉屈曲载荷时($P<P^e$),$a^2>0$;如果 $P>P^e$,则 $a^2<0$。在下面两节考察这两种情形。

10.2.3.1 $P<P^e$,振动解

如果 $P<P^e$,则由式(10.12a)定义的系数 a^2 是正的,当初始横向速度为0($t=0$ 时 $\mathrm{d}W_1(t)/\mathrm{d}t = 0$)及初始横向位移为0[③]($t = 0$ 时 $W_1 = 0$)时,方程式(10.11)有解,即

---

① 当 $M=0$ 时式(10.5)给出 $\partial^2 w/\partial x^2 = 0$。

② 该微分方程的形式与式(5.90)相似。

③ 横向位移 w 是从初始缺陷场 w^i 开始测量的,如图10.4(a)所示。

$$W_1(t) = \frac{b}{a^2} [1 - \cos(at)] \qquad (10.13)$$

由式(10.8)、式(10.12)和式(10.13)最后得

$$w = \frac{P/P^e}{1 - P/P^e} \{1 - \cos[(1 - P/P^e)^{1/2}\tau]\} W_1^i \sin(\pi x/L) \qquad (10.14)$$

式中

$$\tau = (\pi^4 EI/\rho AL^4)^{1/2} t \qquad (10.15)①$$

为无量纲时间。

显然,横向位移以无量纲周期 $2\pi(1-P/P^e)^{-1/2}$ 作简单振动,如图 10.5 所示,因而是有限的②。因此,当 $P<P^e$ 时,横向位移随时间周期性变化,没有发生称为动态弹性屈曲的现象。

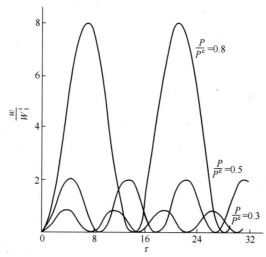

图 10.5 对于几个 P/P^e 值,由式(10.4)得到的 $x=L/2$ 处的无量纲横向位移历程

10.2.3.2 $P>P^e$,动态屈曲解

当 $P>P^e$ 时,式(10.12a)显示 $a^2<0$。此时,二阶微分方程式(10.11)的解含有双曲函数,故式(10.13)和式(10.14)不再成立。

为了方便起见,把式(10.11)改写为

$$d^2 W_1(t)/dt^2 - \bar{a}^2 W_1(t) = b \qquad (10.16)$$

式中

$$\bar{a}^2 = (\pi/L)^2 (P^e/\rho A)(P/P^e - 1) \qquad (10.17)$$

---

① 式(10.15)可以写成 $\tau=2\pi t/T$,式中 T 是跨度为 L 的梁的弹性振动的基本周期。对于跨度为 $2L$ 的简支梁,T 由式(3.135)定义。

② 然而,当 P 接近于 P^e 时位移将变得非常大。当 $P=P^e$ 时,振动周期为无限大。

而 b 由式（10.12b）定义。应用标准方法，微分方程式（10.16）的解为

$$W_1(t) = \frac{b}{\bar{a}^2}[\cosh(\bar{a}t) - 1] \qquad (10.18)$$

它满足初始条件 $W_1(0) = 0$ 和 $dW_1(0)/dt = 0$。最后，由式（10.8）、式（10.12b）、式（10.17）和式（10.18）得

$$w = \frac{P/P^e}{P/P^e - 1}\{\cosh[(P/P^e - 1)^{1/2}\tau] - 1\}W_1^i\sin(\pi x/L) \qquad (10.19)$$

或

$$w = A_1(\tau)W_1^i\sin(\pi x/L) \qquad (10.20a)$$

应用式（10.7），式（10.20a）可以写成

$$w = A_1(\tau)w^i \qquad (10.20b)$$

式中无量纲时间 τ 由式（10.15）定义，且

$$A_1(\tau) = \frac{P/P^e}{P/P^e - 1}\{\cosh[(P/P^e - 1)^{1/2}\tau] - 1\} \qquad (10.21)$$

从图 10.6 显然可见，根据式（10.19）~式（10.21），横向位移 w 随无量纲时间 τ 增加，而且可以变得非常大[①]。这一现象称为动态屈曲。式（10.20）和式（10.21）中的系数 $A_1(\tau)$，取 $A_1(0) = 0$，是一个放大函数，它给出初始横向位移场 w^i 中几何缺陷随时间的增长。

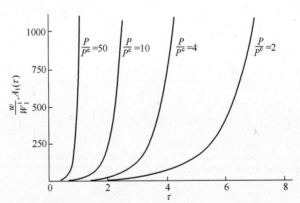

图 10.6 动态弹性屈曲，根据式（10.19）对于几个 P/P^e 值在 $x = L/2$ 处计算

10.2.4 任意初始缺陷

在 10.2.3 节中的理论推导了杆中的初始几何缺陷以式（10.7）给出的正弦函数形式分布的特殊情形。然而，构件中的初始几何缺陷可以通过各种不同的

---

① 控制方程式（10.6）是对于小位移和小斜率导出的。

影响而存在,所以考察更一般的情形以确定最不利的分布是很重要的[10.9]。因此,初始缺陷横向位移场取为如下形式,即

$$w^i = \sum_{n=1}^{\infty} W_n^i \sin(n\pi x/L) \qquad (10.22)$$

根据通常的傅里叶级数方法,式中:

$$W_n^i = \frac{2}{L} \int_0^L w^i \sin(n\pi x/L)\, dx \qquad (10.23)$$

鉴于式(10.22)的形式并依照式(10.8)类推,控制方程式(10.6)的解为

$$w = \sum_{n=1}^{\infty} W_n(t) \sin(n\pi x/L) \qquad (10.24)$$

它满足简支端的条件,当 $t \geq 0$ 时在 $x = 0$ 和 $x = L$ 处有 $w = 0$ 和 $\partial^2 w/\partial x^2 = M = 0$。把式(10.22)和式(10.24)代入式(10.6),得

$$\sum_{n=1}^{\infty} \{ [EI(n\pi/L)^4 - P(n\pi/L)^2] W_n(t) - P(n\pi/L)^2 W_n^i + \rho A d^2 W_n(t)/dt^2 \} \times$$

$$\sin(n\pi x/L) = 0$$

或者,对于每一个 n 值有

$$\rho A d^2 W_n(t)/dt^2 + (n\pi/L)^2 [EI(n\pi/L)^2 - P] W_n(t) = P(n\pi/L)^2 W_n^i$$

$$(10.25)$$

式中:n 为 $1 \leq n \leq \infty$ 范围内的任意整数。当 $n = 1$ 时,如所期望的那样,式(10.25)与式(10.9)一致。

当

$$P \leq n^2 \pi^2 EI/L^2 \qquad (10.26)$$

时,式(10.25)中项 $W_n(t)$ 的系数是非负的。式(10.26)中的等号给出简支柱体静弹性屈曲的特征值,即临界载荷。对于静载来说,除了 $n = 1$ 外,这些值没有什么实际意义。$n = 1$ 时 $P = P^e$,与式(10.10)一致。对于满足不等式(10.26)的每一个整数 n 的动态弹性情形,理论分析将得到一个振动解,如同在10.2.3.1节中所讨论以及在图10.5中对于 $n = 1$ 所示的那样。因此,只有对于 n 违背不等式(10.26)的那些模态,即对于

$$n^2 \leq P/P^e \qquad (10.27)$$

才可能发生动态弹性屈曲,式中 P^e 由式(10.10)定义。此时,式(10.25)可以写成

$$d^2 W_n(t)/dt^2 - (1/\rho A)(n\pi/L)^2 [P - EI(n\pi/L)^2] W_n(t) = (P/\rho A)(n\pi/L)^2 W_n^i$$

当满足初始条件 $\tau = 0$ 时 $W_n(0) = dW_n(0)/d\tau = 0$ 时,该方程有解,即

$$W_n(\tau) = \frac{P/n^2 P^e}{P/n^2 P^e - 1} \{ \cosh[n^2(P/n^2 P^e - 1)^{1/2}\tau] - 1 \} W_n^i \qquad (10.28)$$

式中:无量纲时间 τ 由式(10.15)定义。

式(10.28)可以重新写成

$$W_n(\tau) = A_n(\tau) W_n^i \qquad (10.29)$$

式中

$$A_n(\tau) = \frac{P/n^2 P^e}{P/n^2 P^e - 1} \{ \cosh[n^2 (P/n^2 P^e - 1)^{1/2} \tau] - 1 \} \qquad (10.30)$$

是初始位移场的放大函数。当 $n = 1$ 时,式(10.30)化为由式(10.19)和式(10.20)所定义的 $A_1(\tau)$。最后,如果 m 是满足不等式(10.27)的最大整数,则加上 n 个简谐分布的位移场就得到总位移,即

$$w = \sum_{n=1}^{m} A_n(\tau) W_n^i \sin(n\pi x/L) + \sum_{n=m+1}^{\infty} W_n(\tau) \sin(n\pi x/L) \qquad (10.31)$$

式中:$W_n(\tau)$ 为式(10.24)中的系数,而对于满足不等式(10.26),即 $m+1 \leqslant n < \infty$ 的那些振动项,它是从式(10.25)得到的。

从式(10.31)显然可见,杆的横向挠度的增加,即动态屈曲,可以通过考察放大函数 $A_n(\tau)$ 的特征来确定。对于几种无量纲载荷 P/P^e,模态数 n 和无量纲时间 τ 的组合,$A_n(\tau)$ 绘制在图10.7中。在图10.8中,$P/P^e = 50$ 的放大函数在一条窄的谐波带的范围内增长得非常快,特别是在较大的无量纲时间值的时候[①]。这一行为提示,谐波数位于这一区域内的初始缺陷将比谐波数位于这一区域外的初始缺陷放大得更多。该曲线的峰值位于临界模态数 n_c 处,此时 $\partial A_n(\tau)/\partial n = 0$,这具有相当大的实际意义。因此,将式(10.30)写成

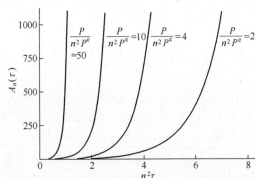

图10.7　式(10.30)给出的放大函数 $A_n(\tau)$ 随无量纲时间 $n^2 \tau$ 的增长

$$A_n(\tau) = (1 - n^2 P^e/P)^{-1} \{ \cosh[(n^2 P/P^e - n^4)^{1/2} \tau] - 1 \}$$

并求导,得

$$\partial A_n(\tau)/\partial n = 2n(P^e/P)(1 - n^2 P^e/P)^{-2} \{ \cosh[(n^2 P/P^e - n^4)^{1/2} \tau] - 1 \} + (1 - n^2 P^e/P)^{-1} (nP/P^e - 2n^3)(n^2 P/P^e - n^4)^{-1/2} \tau \sinh[(n^2 P/P^e - n^4)^{1/2} \tau]$$

---

① 当 $P/P^e = 50$ 时,$n > 7$ 的整数不满足式(10.27)。

由 $\partial A_n(\tau)/\partial n = 0$ 得出临界谐波数 n_c，即

$$\frac{\cosh(P_c\tau) - 1}{P_c\tau\sinh(P_c\tau)} = 1 - P/2n_c^2 P^e \qquad (10.32)$$

式中

$$P_c = (n_c^2 P/P^e - n_c^4)^{1/2} \qquad (10.33)$$

如果只对大的无量纲时间 τ 感兴趣，则 $\sinh(P_c\tau) \approx \cosh(P_c\tau) - 1$，式(10.32)可以重新写成较简单的形式，即

$$1/P_c\tau = 1 - P/2n_c^2 P^e \qquad (10.34)$$

式(10.32)或其近似(式(10.34))是关于优先的模态即临界模态数 n_c 的超越方程。式(10.34)可以重新整理成以下的形式，即

$$\frac{P}{n_c^2 P^e} = \frac{2(P_c\tau - 1)}{P_c\tau} \qquad (10.35)$$

当 $P_c\tau \gg 1$ 时，该式提示一个粗略但是有用的进一步近似：

$$P/n_c^2 P^e \approx 2 \qquad (10.36)$$

即

$$n_c = (P/2P^e)^{1/2} \qquad (10.37)$$

如图 10.8 所示。从式(10.37)显然可见，对于较大的无量纲动载 P/P^e，临界模态

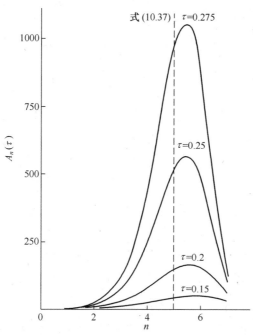

图 10.8　$P/P^e = 50$ 时，根据式(10.30)，放大函数 $A_n(\tau)$ 随模态数 n 和无量纲时间 τ 的变化

数 n_c 也较大,因而,杆也皱折得更厉害,这是动态弹性屈曲的一个特征。

10.3　杆的动态塑性屈曲

10.3.1　引言

在10.2节中介绍和探索了对于轴向受载杆这一特殊情形的动态弹性屈曲现象。整个杆($0 \leqslant x \leqslant L$)内由轴向压缩膜力 N 和弯矩 M(图10.4)所产生的总应力总是($t \geqslant 0$)小于屈服应力。然而,对于动态屈曲,载荷 P 必须满足不等式(10.27)。因此,在许多实际的动态屈曲问题中材料的塑性变形可能发生,如图10.1~图10.3中所示。

为了介绍动态塑性屈曲现象,考察图10.4中的杆,它由刚性-线性应变强化材料制成,应变强化模量 E_h 较小,如图10.9所示。

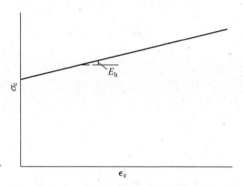

图10.9　刚性-线性应变强化材料

10.3.2　控制方程

关于图10.4(b)中单元的平衡方程式(10.1)~式(10.4)对于动塑性屈曲和动弹性屈曲都是成立的。然而,对于具有图10.9所示特性的材料,式(10.5)必须由下式取代,即

$$M = -E_h I \partial^2 w / \partial x^2 \qquad (10.38)①$$

Goodier[10.1]和其他人[10.3,10.4,10.9]应用了式(10.38)来简化对结构动态塑性屈曲的理论分析。由膜力 N 和弯矩 M 产生的全梁的应力都必须处于塑性范围内,且位于图10.9中的线性应变强化曲线上。此外,为了避免弹性卸载,变形发展时所有的应变都必须增加。

----

① 由于刚塑性材料中的波速为无限大,图10.9中的屈服应力是瞬时传遍全杆的。

式(10.3)、式(10.4)和式(10.38)仍可推出式(10.6),只是用 E_h 取代了 E:

$$E_h I \partial^4 w / \partial x^4 + P \partial^2 (w + w^i) / \partial x^2 = -\rho A \partial^2 w / \partial t^2 \qquad (10.39)$$

现在很清楚,对于图10.4(a)中受恒定轴力 P 作用的杆的动态塑性屈曲的理论推导完全是效仿10.2节中关于对应的动态弹性屈曲情形的。

10.3.3 任意初始缺陷

本节考察10.2.2节中所描述的问题,但是杆是由图10.9所示的刚性-线性应变强化材料所制成的。

对于这种情形,式(10.22)~式(10.24)仍然成立,式(10.25)除了根据式(10.38)把 E 换成 E_h 外也保持不变,给出控制方程:

$$\rho A d^2 W_n(t) / dt^2 + (n\pi/L)^2 [E_h I (n\pi/L)^2 - P] W_n(t) = P(n\pi/L)^2 W_n^i \qquad (10.40)$$

如动态塑性屈曲所要求的,如果

$$P \geqslant n^2 (E_h/E) P^e \qquad (10.41)$$

则 $W_n(t)$ 的系数为负,式中 P^e 由式(10.10)定义。当

$$P^h = \pi^2 E_h I / L^2 \qquad (10.42)$$

时,式(10.42)即为

$$P \geqslant n^2 P^h \qquad (10.43)$$

如果式(10.43)得到满足,则当满足初始条件 $\tau = 0$, $W_n(0) = dW_n(0)/dt = 0$ 时,方程式(10.40)的解为

$$W_n(\tau) = \frac{P/n^2 P^h}{P/n^2 P^h - 1} \{ \cosh [n^2 (E_h/E)^{1/2} (P/n^2 P^h - 1)^{1/2}] \tau - 1 \} W_n^i \qquad (10.44)[①]$$

式中,无量纲时间 τ 由式(10.15)定义。

由式(10.24)和式(10.44)可得

$$w = \sum_{n=1}^{m} A_n(\tau) W_n^i \sin(n\pi x/L) + \sum_{n=m+1}^{\infty} W_n(\tau) \sin(n\pi x/L) \qquad (10.45)[②]$$

式中放大函数为

---

① 假定轴向压力 P 保持不变。然而,在杆内没有弹性卸载(由于弯曲)的持续的塑性流动要求 P 随时间增加。这一增加被略去了。因此,这一分析限于具有轻微应变强化的材料(即 E_h 较小),或 $E_h \epsilon_T / 2\bar{\sigma} \ll 1$,此处 ϵ_T 是与平均流动应力 $\bar{\sigma}$ 相关的总的等效应变。

② 对于给定的力 P,m 是满足不等式(10.42)的最大整数。也可参看式(10.31)。

$$A_n(\tau) = (1 - n^2 P^h/P)^{-1} \{\cosh[n^2 (E_h/E)^{1/2}(P/n^2 P^h - 1)^{1/2}]\tau - 1\}$$

$$(10.46)$$

在 10.2.4 节中曾指出，对于由 $\partial A_n(\tau)/\partial n = 0$ 所给出的临界值 n_c，放大函数有一个峰值，由此得出

$$\frac{\cosh(P_c^h \tau - 1)}{P_c^h \tau \sinh(P_c^h \tau)} = 1 - P/2n_c^2 P^h \qquad (10.47)$$

式中

$$P_c^h = (E_h/E)^{1/2}(n_c^2 P/P^h - n_c^4)^{1/2} \qquad (10.48)$$

当 $E_h = E$ 时，式（10.44）~ 式（10.48）分别化为线弹性情形的式（10.28）、式（10.31）、式（10.30）、式（10.32）和式（10.33）。因此，仿照 10.2.4 节，如果 $\sinh(P_c^h \tau) \approx \cosh(P_c^h \tau) - 1$ 和 $P_c^h \tau \gg 1$，则得

$$n_c \approx (P/2P^h)^{1/2} \qquad (10.49)$$

式（10.49）同线弹性情形的式（10.37）的比较表明动态塑性屈曲的临界模态数为线弹性情形的 $(E_h/E)^{1/2}$ 倍。然而，对于静态塑性屈曲（即 $\mathrm{d}^2 W_n(t)/\mathrm{d}t^2 = 0$），由式（10.40）可得

$$[E_h I(n\pi/L)^2 - P]W_n = PW_n^i$$

应用式（10.43）后即为

$$W_n = W_n^i/(n^2 P^h/P - 1) \qquad (10.50)$$

式（10.50）右边 W_n^i 的系数是一个放大函数，对于临界模态数，即

$$n_p = (P/P^h)^{1/2} \qquad (10.51)$$

它变为无限大。Goodier[10.1] 指出，n_p 是式（10.49）给出的 n_c 的 $\sqrt{2}$ 倍。

在图 10.10 中把关于临界模态数的近似表达式（10.49）同式（10.46）给出的放大函数 $A_n(\tau)$ 做了比较。如果为了说明目的，这可以作为一个可接受的近似，则放大函数式（10.46）简化为

$$A_{nc}(\tau) = 2\{\cosh[(E_h/E)^{1/2}(P/2P^h)\tau] - 1\} \qquad (10.52)$$

如图 10.11 所示。

显然，式（10.52）随无量纲时间（τ）按指数规律增长，但永远不能到达与动态屈曲载荷相关的特定值。因而，对这类问题而言，动态屈曲的定义带点随意性。然而，类似于图 10.11 中所示的那种响应显然可能危及结构的安全。所以，假定当最大挠度达到一个给定值时动态屈曲就会发生。例如，如果最大位移，它取为仅位于临界模态，是初始缺陷（W_{nc}^i）的 100 倍（$A_{nc}(\tau) = 100$），则某个设计就可能是无法使用的。于是，式（10.52）或图 10.11 就给出最大位移达到时的无量纲时间 $(E_h/E)^{1/2}\tau$，而对应的 P 值就给出动态塑性屈曲载荷。

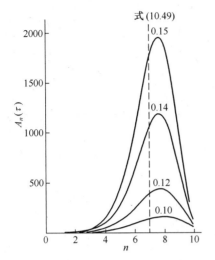

图 10.10 根据式(10.46)并取 $P/P^h = 100$，放大函数 $A_n(\tau)$ 随模态数 n 和无量纲时间 $(E_h/E)^{1/2}\tau$ 的变化曲线(曲线上的数字为 $(E_h/E)^{1/2}\tau$ 的值)

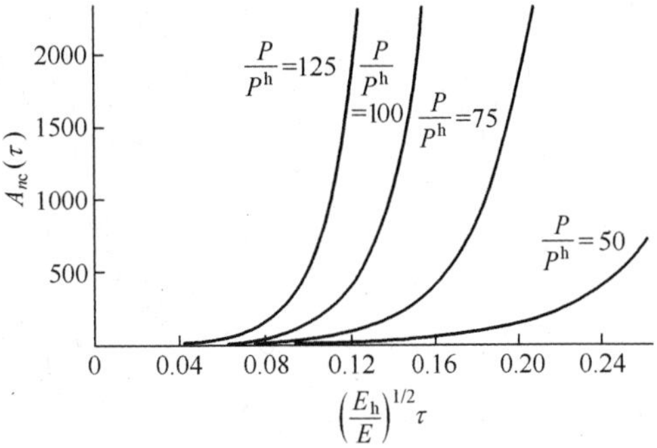

图 10.11 对于临界模态数和几个 P/P^h 值，式(10.52)给出的放大函数 $A_{nc}(\tau)$ 随无量纲时间 $(E_h/E)^{1/2}\tau$ 的增长曲线

10.4 受外部脉冲作用的圆环的动态塑性屈曲

10.4.1 引言

大的动态外压可以引起圆环和圆柱壳的动态塑性失稳,分别如图 10.3 和图 10.12 所示。实验研究发现,屈曲的圆环和圆柱壳的皱折形状呈现的特征波长可以重现[10.4,10.9]。Abrahamson 和 Goodier[10.11]发展了一种理论方法,它的预测同对应的实验结果比较一致。这一分析方法假定屈曲起源于除缺陷处的其他地方均布的初始位移场和速度场中的小缺陷的增长。

在本节中通过下述假定简化对于瞬动加载的圆环的动态塑性屈曲的理论分析,即它包含占主导的轴对称响应和扰动的非轴对称响应,如图 10.13 所示①。在 10.4.2 节中推导控制方程,而在此后的两节分别考虑主导的运动和扰动行为的理论解。

———————

① 这一方法与 10.2 节和 10.3 节中关于杆的轴向动态屈曲的方法根本不同。杆的主导解将引起均匀的轴向变形,同横向变形相比,它被认为可以忽略不计。

图 10.12　圆柱形反应堆容器底部附近的皱折,它可能是由于在 Flixborough 灾难中因洩压
而产生的动态屈曲[10.10]（得到皇家文书局主管的允许而复制）

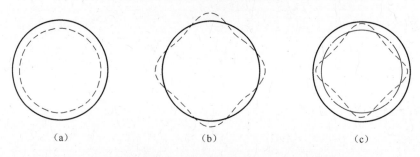

　　（a）　　　　　　　　　　（b）　　　　　　　　　　（c）

图 10.13　受来自外部的瞬动速度作用的圆环的理想化的响应
（a）径向主运动；（b）扰动行为；（c）总的径向运动。

10.4.2　控制方程

10.4.2.1　平衡方程

　　具有以径向位移 $w^i(\theta)$ 描述的初始几何缺陷场的薄圆环的一个小单元如
图 10.14 所示。由径向力的平衡得

$$\frac{\partial Q}{\partial \theta} + N + N \frac{\partial^2(w + w^i)}{R\partial\theta^2} + \frac{\partial N}{\partial \theta} \frac{\partial(w + w^i)}{R\partial\theta} - \mu R \frac{\partial^2 w}{\partial t^2} = 0 \qquad (10.53)$$

式中:μ 为平均半径为 R 的圆环单位轴向长度的质量;w 从初始缺陷形状沿径向

向里测量。类似地,当不计周向惯性力和包含 Q 及 $\partial Q/\partial\theta$ 的非线性项时[①],切向平衡为

$$\frac{\partial N}{\partial\theta} - Q - N\frac{\partial(w+w^i)}{R\partial\theta} = 0 \tag{10.54}$$

最后,当忽略转动惯量的影响时,力矩平衡要求

$$\frac{\partial M}{R\partial\theta} - Q = 0 \tag{10.55}$$

由式(10.55)给出的横向剪力 Q 可以用来把式(10.53)和式(10.54)分别改写为

$$\frac{\partial^2 M}{\partial\theta^2} + NR + N\frac{\partial^2(w+w^i)}{\partial\theta^2} + \frac{\partial N}{\partial\theta}\frac{\partial(w+w^i)}{\partial\theta} - \mu R^2\frac{\partial^2 w}{\partial t^2} = 0 \tag{10.56}$$

和

$$\frac{\partial M}{\partial\theta} - R\frac{\partial N}{\partial\theta} + N\frac{\partial(w+w^i)}{\partial\theta} = 0 \tag{10.57}[②]$$

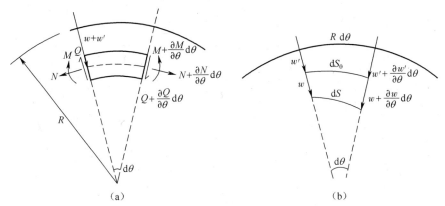

图 10.14 (a)圆环的单元及符号标记;
(b)初始($\mathrm{d}S_0$)和变形后($\mathrm{d}S$)构形中单元的中心线

把从式(10.57)中得到的 $\partial N/\partial\theta$ 代入式(10.56)中,当略去包含 $\partial M/\partial\theta$ 的非线性项以便保持与推导式(10.54)时所作的近似一致时,给出控制方程为

$$\frac{\partial^2 M}{\partial\theta^2} + NR + N\frac{\partial^2(w+w^i)}{\partial\theta^2} - \mu R^2\frac{\partial^2 w}{\partial t^2} = 0 \tag{10.58}$$

此外,还认为 $(N/R)\left[\partial(w+w^i)/\partial\theta\right]^2$ 比 NR 小。

---

① 在本章中不考虑横向剪切效应,所以包含 Q 和 $\partial Q/\partial\theta$ 的非线性项在响应期间不应起重要作用。

② 对于静载情形($\partial^2 w/\partial t^2 = 0$)及 $w^i = 0$,式(10.56)和式(10.57)同文献[10.12,10.13]中推出的关于具有零切向位移的几何上无缺陷的圆环的对应平衡方程一致。

10.4.2.2　几何关系

薄环中的周向膜应变定义为

$$\epsilon = (dS - dS_0)/dS_0 \qquad (10.59)$$

式中：dS_0、dS 分别为单元在径向变形前后的长度[①]，如图 10.14 所示。应用初等几何可以得到 dS_0 和 dS，把它们代入式(10.59)，略去高阶项，得

$$\epsilon = -w/R + \frac{1}{2}(\partial w/R\partial\theta)^2 + (\partial w/R\partial\theta)(\partial w^i/R\partial\theta) \qquad (10.60)[②]$$

在略去高阶项后，图 10.14 中初始缺陷形状(dS_0)和变形后形状(dS)的曲率之差给出了曲率改变，即

$$\kappa = -\partial^2 w/R^2\partial\theta^2 \qquad (10.61)[③]$$

从式(10.60)和式(10.61)显然可见，对于初始缺陷场，当 $w = 0$ 时 $\epsilon = \kappa = 0$，因而是无应力状态。

10.4.2.3　本构方程

Abrahamson 和 Goodier[10.11]通过下述假定简化了他们对圆柱壳的动态塑性屈曲的理论研究：

$$M = E_h I_\kappa \qquad (10.62)[④]$$

式中：I 为横截面的惯性矩。假定这个表达式对于由图 10.9 中所示的刚性−线性应变强化材料制成的圆环仍然成立。此外，还假定周向膜力为

$$N = (\pm\sigma_0 + E_h\epsilon)H \qquad (10.63)$$

式中：σ_0 为单轴屈服应力；H 为环的径向厚度。

式(10.62)和式(10.63)，不论是单独还是叠加，都只有当圆环的整个横截面完全进入塑性状态，没有弹性或刚性区，也没有卸载时才成立。

10.4.2.4　微分方程

式(10.60)和式(10.63)，式(10.61)和式(10.62)分别给出膜力为

---

① 假定周向位移比径向位移(w)小，因而忽略不计。

② 在文献[10.9]的第 109 页上有这一表达式的推导。取 $w^i = 0$ 时，式(10.60)同文献[10.12, 10.13]中关于零切向位移的对应表达式一致。

③ 当 M 在图 10.14 中定义时，式(10.61)中的负号保证 $H\kappa > 0$(2.2 节)。式(10.61)与文献[10.12, 10.13]中的对应表达式是相同的。不过 Abrahamson 和 Goodier[10.11]，Lindberg 和 Florence[10.9]和其他人在式(10.61)中包含有 w/R^2 一项。尽管如此，根据虚速度原理可以证明[10.8]（也可参考附录3）：当略去推导式(10.55)时会出现的非线性项以及式(10.58)中的非线性项($\partial N/\partial\theta$)[$\partial(w+w^i)/\partial\theta$]时，平衡方程式(10.55)和式(10.58)同应变和曲率关系式(10.60)和式(10.61)是相容的，这同推导式(10.58)时已经做出的简化一致。

④ 这同关于杆的动态塑性屈曲的式(10.38)相似。

$$N = \pm \sigma_0 H + E_h H \left[-w/R + \frac{1}{2}(\partial w/R\partial\theta)^2 + (\partial w/R\partial\theta)(\partial w^i/R\partial\theta) \right]$$

$$(10.64)$$

及弯矩

$$M = -(E_h I/R^2)(\partial^2 w/\partial\theta^2) \qquad (10.65)$$

因此,可以把式(10.58)写成下列形式:

$$\frac{\partial^4 w}{\partial\theta^4} - \frac{R^2 H}{I} \left[-\frac{\sigma_0}{E_h} - \frac{w}{R} + \frac{1}{2}\left(\frac{\partial w}{R\partial\theta}\right)^2 + \left(\frac{\partial w}{R\partial\theta}\right)\left(\frac{\partial w^i}{R\partial\theta}\right) \right] \frac{\partial^2 w}{\partial\theta^2} + \frac{\mu R^4}{E_h I} \frac{\partial^2 w}{\partial t^2}$$

$$= \frac{R^2 H}{I} \left[-\frac{\sigma_0}{E_h} - \frac{w}{R} + \frac{1}{2}\left(\frac{\partial w}{R\partial\theta}\right)^2 + \left(\frac{\partial w}{R\partial\theta}\right)\left(\frac{\partial w^i}{R\partial\theta}\right) \right]\left(R + \frac{\partial^2 w^i}{\partial\theta^2} \right)$$

$$(10.66)$$

在10.4.1节中看到,瞬动加载圆环的动态塑性屈曲响应可通过假定它包含两个部分:占主导的轴对称响应和非轴对称的扰动响应,而得到简化,如图10.13所示。与外加瞬动载荷有关的初始动能在主运动期间被塑性变形吸收。对于轴对称的初始瞬动速度,取主运动仍保持轴对称。然而,可通过探索轴对称主响应的稳定性来考察如图10.3中对于金属试件所表明的圆环的屈曲倾向。为了做到这一点,考察一个任意形状分布的微小初始缺陷(图10.14中的 w^i)是否会随时间增长。如果径向扰动位移确实随时间增长,则圆环变皱,也就是说发生了动态屈曲。在响应期间扰动位移的增长必须保持较小,以防止在环中引起局部卸载,那将使式(10.62)不再成立。因此,从初始缺陷场计算的总的径向位移为

$$w = \overline{w}(t) + w'(\theta, t) \qquad (10.67)$$

式中:$\overline{w}(t)$、$w'(\theta, t)$ 分别为主导的轴对称位移和扰动的非轴对称位移,且 $w' \ll \overline{w}$。

把式(10.67)代入式(10.66),得

$$\frac{\partial^4 w}{\partial\theta^4} - \frac{R^2 H}{I} \left[-\frac{\sigma_0}{E_h} - \frac{\overline{w} + w'}{R} + \frac{1}{2}\left(\frac{\partial w'}{R\partial\theta}\right)^2 + \left(\frac{\partial w'}{R\partial\theta}\right)\left(\frac{\partial w^i}{R\partial\theta}\right) \right] \frac{\partial^2 w'}{\partial\theta^2} + \frac{\mu R^4}{E_h I} \frac{\partial^2(\overline{w} + w')}{\partial t^2}$$

$$= \frac{R^2 H}{I} \left[-\frac{\sigma_0}{E_h} - \frac{\overline{w} + w'}{R} + \frac{1}{2}\left(\frac{\partial w'}{R\partial\theta}\right)^2 + \left(\frac{\partial w'}{R\partial\theta}\right)\left(\frac{\partial w^i}{R\partial\theta}\right) \right]\left(R + \frac{\partial^2 w^i}{\partial\theta^2} \right)$$

$$(10.68)$$

显然,式(10.68)的主项(即一阶项)为

$$d^2\overline{w}/dt^2 + (E_h H/\mu R^2)\overline{w} = -H\sigma_0/\mu R \qquad (10.69)$$

而高一阶的项(二阶项)为

$$\frac{\partial^4 w'}{\partial \theta^4} + \frac{R^2 H}{I}\left(\frac{\sigma_0}{E_h} + \frac{\overline{w}}{R}\right)\frac{\partial^2 w'}{\partial \theta^2} + \frac{\mu R^4}{E_h I}\frac{\partial^2 w'}{\partial t^2}$$

$$= -\frac{R^2 H}{I}w' - \frac{R^2 H}{I}\left(\frac{\sigma_0}{E_h} + \frac{\overline{w}}{R}\right)\frac{\partial^2 w^i}{\partial \theta^2} \qquad (10.70)$$

还可以写出更高阶的方程,但高阶项同式(10.70)中的项相比可以忽略不计。在任何情况下,式(10.67)中的径向位移 w 都只有两个分量($\overline{w}$,w'),所以两个方程式(10.69)和式(10.70)就足够了。式(10.69)和式(10.70)分别称为主方程和扰动方程,将在下面两节中考察。

10.4.3　主运动

主导的轴对称响应是由方程式(10.69)控制的,该方程有通解,即

$$\overline{w} = C_1\cos\left[(E_h H/\mu R^2)^{1/2}t\right] + C_2\sin\left[(E_h H/\mu R^2)^{1/2}t\right] - \sigma_0 R/E_h \qquad (10.71)$$

式中: C_1、C_2 为任意积分常数。然而,$t=0$ 时,初始径向主位移 $\overline{w}=0$ 及 $\mathrm{d}\overline{w}/\mathrm{d}t = V_0$,此处 V_0 为初始均布的向内的径向瞬动速度。因此

$$\overline{w} = (\sigma_0 R/E_h)(\cos\tau - 1) + (\mu V_0^2 R^2/E_h H)^{1/2}\sin\tau \qquad (10.72a)$$

式中

$$\tau = (E_h H/\mu R^2)^{1/2}t \qquad (10.72b)$$

主运动在 $t=t_f$ 即 $\tau=\tau_f$ 时停止,此时,$\mathrm{d}\overline{w}/\mathrm{d}t = 0$,即

$$\tan\tau_f = \lambda^{1/2} \qquad (10.73a)$$

式中

$$\lambda = \mu V_0^2 E_h/\sigma_0^2 H \qquad (10.73b)$$

最后,最大永久主径向位移为

$$\overline{w}_f = (\sigma_0 R/E_h)\left[(1 + \lambda)^{1/2} - 1\right] \qquad (10.74)$$

10.4.4　扰动行为

现在寻找满足方程式(10.70)的扰动位移 w' 的解。令

$$w' = \sum_{n=2}^{\infty} W_n'(t)\sin n\theta \qquad (10.75a)^{[1][2]}$$

和

$$w^i = \sum_{n=2}^{\infty} W_n^i\sin n\theta \qquad (10.75b)^{[1][2]}$$

---

[1]　由于不考虑切向位移,$n=1$ 的径向位移项对圆环的畸变没有贡献。

[2]　在式(10.75)中也可以包含 $\cos n\theta$ 项。然而,式(10.70)只包含偶次导数,因此控制 $\cos n\theta$ 项的方程与式(10.77)相同。

代入式(10.70),得

$$\sum_{n=2}^{\infty} n^4 W_n' \sin n\theta - \left(\frac{R^2 H}{I}\right)\left(\frac{\sigma_0}{E_h} + \frac{\overline{w}}{R}\right)\sum_{n=2}^{\infty} n^2 W_n' \sin n\theta + \left(\frac{\mu R^4}{E_h I}\right) \times$$

$$\sum_{n=2}^{\infty}\left(\frac{\mathrm{d}^2 W_n'}{\mathrm{d}t^2}\right)\sin n\theta = -\left(\frac{R^2 H}{I}\right)\sum_{n=2}^{\infty} W_n' \sin n\theta + \left(\frac{R^2 H}{I}\right)\left(\frac{\sigma_0}{E_h} + \frac{\overline{w}}{R}\right)\sum_{n=2}^{\infty} n^2 W_n^i \sin n\theta$$

即

$$\sum_{n=2}^{\infty}\left[n^4 W_n' - \left(\frac{R^2 H}{I}\right)\left(\frac{\sigma_0}{E_h} + \frac{\overline{w}}{R}\right)n^2(W_n' + W_n^i) + \right.$$
$$\left.\left(\frac{\mu R^4}{E_h I}\right)\left(\frac{\mathrm{d}^2 W_n'}{\mathrm{d}t^2}\right) + \left(\frac{R^2 H}{I}\right)W_n' \right]\sin n\theta = 0 \tag{10.76}$$

因此,扰动位移分量 W_n' 满足

$$\mathrm{d}^2 W_n'/\mathrm{d}t^2 + (E_h I/\mu R^4)\left[(\overline{N}R^2/E_h I)n^2 + n^4 + R^2 H/I\right]W_n'$$
$$= -(\overline{N}/\mu R^2)n^2 W_n^i \tag{10.77}①$$

式中

$$\overline{N} \approx -\sigma_0 H - E_h H \overline{w}/R \tag{10.78}$$

这是由式(10.64)和式(10.67)忽略扰动项而得到的。

式(10.77)可以改写为较简单的形式,即

$$\mathrm{d}^2 W_n'/\mathrm{d}t^2 - R_n^2 W_n' = S_n W_n^i \tag{10.79}$$

式中

$$R_n^2 = -(E_h I/\mu R^4)\left[(\overline{N}R^2/E_h I)n^2 + n^4 + R^2 H/I\right] \tag{10.80}$$

和

$$S_n = -(\overline{N}/\mu R^2)n^2 \tag{10.81}$$

式(10.79)在形式上与式(10.11)、式(10.16)、式(10.25)和式(10.40)相似。所以,当 $R_n^2 < 0$ 时,扰动位移分量 W_n' 表现为振动形态,而当 $R_n^2 > 0$ 时表现为动塑性屈曲现象。因此,取 $\overline{N}$ 为常数,考察 $R_n^2 > 0$ 的情形,即

$$W_n' = A_n \cosh R_n t + B_n \sinh R_n t - S_n W_n^i/R_n^2 \tag{10.82}$$

假定圆环的初始缺陷场可以用式(10.75b)表示,而根据式(10.67),外加瞬动速度为 $\mathrm{d}w/\mathrm{d}t = \mathrm{d}\overline{w}/\mathrm{d}t + \mathrm{d}w'/\mathrm{d}t$,当 $t = 0$ 时,它变为

$$\mathrm{d}w(0)/\mathrm{d}t = V_0 + \sum_{n=2}^{\infty} V_n^i \sin n\theta \tag{10.83}$$

---

① 见式(10.75)的脚注②。

式中：V_n^i 为对初始轴对称瞬动速度 V_0 的偏离。现在，在运动开始时 $t = 0$，$W_n' = 0$ 和 $\mathrm{d}W_n'/\mathrm{d}t = V_n^i$。因此

$$W_n' = \frac{S_n W_n^i}{R_n^2}\cosh R_n t + \frac{V_n^i}{R_n}\sinh R_n t - \frac{S_n W_n^i}{R_n^2} \qquad (10.84)$$

或

$$W_n' = W_n^i E_n(t) + V_n^i F_n(t) \qquad (10.85)$$

式中

$$E_n(t) = S_n(\cosh R_n t - 1)/R_n^2 \qquad (10.86a)$$

和

$$F_n(t) = \sinh R_n t/R_n \qquad (10.86b)$$

分别称为位移和速度放大函数。

从图 10.15 中放大函数 $E_n(\tau)$ 和 $V_0 F_n(\tau)/R$ 的变化显然可见，对于 n 的一个被称为临界模态数 n_c 的特定值，函数达到一个峰值。处在该临界模态下的初始位移或速度缺陷，与其他任何模态下的初始缺陷相比，将被放大得更多。临界模态数的概念显然是非常重要的，对于速度缺陷它可以从 $\partial F_n(t)/\partial n = 0$ 得出，应用式（10.86b），得

$$\partial F_n(t)/\partial n = (1/R_n^2)(\partial R_n/\partial n)(R_n t\cosh R_n t - \sinh R_n t) \qquad (10.87)$$

所以，当 $\partial R_n/\partial n = 0$ 时，$\partial F_n(t)/\partial n = 0$ 的要求得到满足，应用式（10.80），该式预测临界模态数为[①]

$$n_c = (-\overline{N}R^2/2E_h I)^{1/2} \qquad (10.88)$$

定义 $-\overline{\sigma}$ 为整个响应期间的平均流动应力，这给出 $\overline{N} \approx -\overline{\sigma}H$，式（10.88）变为

$$n_c = (\overline{\sigma}HR^2/2E_h I)^{1/2} \qquad (10.89)[②]$$

当 $I = H^3/12$ 时即为

$$n_c = (6\overline{\sigma}/E_h)^{1/2}(R/H) \qquad (10.90)[③]$$

式中

$$\overline{\sigma} = \sigma_0(1 + \sqrt{1 + \lambda})/2 \qquad (10.91)[②]$$

对于位移放大函数的临界模态数是从 $\partial E_n(t)/\partial n = 0$ 得到的，此处 $E_n(t)$ 由式（10.86a）给出。如果 $t = t_f$，此处 t_f 为式（10.73a）给出的主运动的历时，那么可以证明，如果 $R_n t_f \gg 1$，位移缺陷的临界模态数等于式（10.88）（或式（10.89）

---

① 临界模态数为与式（10.88）给出的值最接近的整数。

② 根据式（10.78），$\overline{\sigma} \approx \sigma_0 + E_h\overline{w}/R$。因此，可以把 $\overline{w}$ 换成 $\overline{w}_f/2$ 来估计的平均值，此处 $\overline{w}_f$ 由式（10.74）预测。

③ 式（10.90）与 Abrahamson 和 Goodier[10.11] 关于具有初始速度缺陷，且 $(\overline{\sigma}/E_h)(R/H)^2 \gg 1$ 的圆柱壳动态塑性屈曲的对应理论预测是相同的。

和式(10.90))给出的值。在图 10.15(a)(b)中标明了最接近于式(10.90)给出的临界模态数的整数。

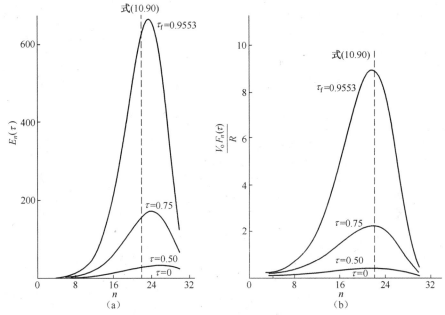

图 10.15　(a)式(10.86a)给出的位移放大函数 $E_n(\tau)$，取 $E_h/\sigma_0 = 7$，

$\lambda = 2$ 和 $R/H = 20$，τ 为式(10.72b)所定义的无量纲时间；

(b)式(10.88b)给出的无量纲速度放大函数 $V_0 F_n(\tau)/R$，取 $E_h/\sigma_0 = 7$，

$\lambda = 2$ 和 $R/H = 20$，τ 为式(10.72b)所定义的无量纲时间

现在来考察位移和速度放大函数的相对重要性。从式(10.85)显然可见速度放大函数 $F_n(t)$ 不是无量纲的。然而，式(10.85)可以写成

$$\frac{W_n'}{R} = \frac{W_n^i}{R} E_n(t) + \frac{V_n^i}{V_0}\left[\frac{V_0 F_n(t)}{R}\right] \tag{10.92}$$

式中：$V_0 F_n(t)/R$ 为无量纲速度放大函数。因此，两个放大函数的相对重要性由比值 $RE_n(t)/V_0 F_n(t)$ 给出，应用式(10.86)，在主运动结束时($t = t_f$)，该值为

$$\frac{RE_n(t_f)}{V_0 F_n(t_f)} = \left(\frac{R}{V_0}\right)\left(\frac{S_n}{R_n}\right)\frac{\cosh R_n t_f - 1}{\sinh R_n t_f} \tag{10.93}$$

如果 $R_n t_f \gg 1$，则

$$\frac{RE_n(t_f)}{V_0 F_n(t_f)} \approx \left(\frac{R}{V_0}\right)\left(\frac{S_n}{R_n}\right)$$

在只关心临界模态数时，即为

$$\frac{RE_{nc}(\tau_f)}{V_0 F_{nc}(\tau_f)} = \left(\frac{R}{V_0}\right)\left(\frac{S_{nc}}{R_{nc}}\right) \tag{10.94}$$

式中：R_{nc}、S_{nc} 分别由式（10.80）和式（10.81）定义。式（10.94）同关于 n_{c} 的式（10.88）一起得

$$\frac{RE_{nc}(\tau_{\mathrm{f}})}{V_0 F_{nc}(\tau_{\mathrm{f}})} = \left(\frac{6}{\sqrt{\lambda}}\right)\left(\frac{\bar{\sigma}}{E_{\mathrm{h}}}\right)\left(\frac{\bar{\sigma}}{\sigma_0}\right)\left(\frac{R}{H}\right)^2\left[3\left(\frac{\bar{\sigma}}{E_{\mathrm{h}}}\right)^2\left(\frac{R}{H}\right)^2 - 1\right]^{-1/2} \quad (10.95)$$

式中：λ 由式（10.73b）定义，而 $I = H^3/12$。当 $(\bar{\sigma}/E_{\mathrm{h}})^2 (R/H)^2 \gg 1$ 时，该表达式进一步简化为

$$\frac{RE_{nc}(\tau_{\mathrm{f}})}{V_0 F_{nc}(\tau_{\mathrm{f}})} = \sqrt{\frac{12}{\lambda}}\left(\frac{\bar{\sigma}}{\sigma_0}\right)\left(\frac{R}{H}\right) \quad (10.96)$$

最后，应用式（10.91），式（10.96）可以写成

$$\frac{RE_{nc}(\tau_{\mathrm{f}})}{V_0 F_{nc}(\tau_{\mathrm{f}})} = \sqrt{\frac{3}{\lambda}}(1 + \sqrt{1 + \lambda})\left(\frac{R}{H}\right) \quad (10.97)$$

在图 10.16 中画出了式（10.97），它揭示出位移放大函数的影响比速度放大函数更重要。换言之，这个参数范围内的动态塑性屈曲对于形状上的初始缺陷比初始轴对称瞬动速度的缺陷更敏感。这是值得庆幸的，因为控制初始几何形状比保证外加瞬动速度的均匀性要容易。

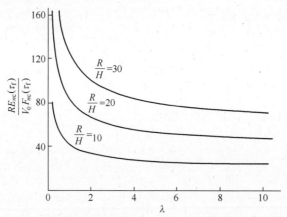

图 10.16　式（10.97）给出的主运动停止时（$\tau = \tau_{\mathrm{f}}$）位移和速度放大函数的无量纲比值
（此处 τ_{f} 和 λ 由式（10.73）定义）

10.4.5　一般性评论

可以将圆环的规定制造公差表达成式（10.75b）的形式，它给出最差的初始缺陷形状 $w^{\mathrm{i}}(\theta)$。或者，可以测量某一特定环的实际几何缺陷并用标准的傅里叶级数方法表示成式（10.75b）的形式。图 10.16 中表明初始速度缺陷的影响不是那么重要。于是，当忽略其影响时，圆环在时刻 t 的变形为

$$w(t) = \overline{w}(t) + \sum_{n=2}^{m} E_n(t) W_n^i \sin n\theta \qquad (10.98)^①$$

为了简化以后的计算,假定由式(10.75b)给出的初始缺陷 w^i 仅以由式(10.88)~式(10.90)给出的临界值 n_c 的模态存在,当 $\sin n_c\theta = 1$ 时即为

$$w_c(t) = \overline{w}(t) + E_{nc}(t) W_{nc}^i \qquad (10.99)$$

这是可能的最坏情形。

在图 10.17 中对于由式(10.89)预测的临界模态数(n_c),展示了由式(10.72a)、式(10.84)和式(10.99)分别给出的主位移($\overline{w}$)、扰动位移(w')和总的径向位移(w_c)随时间的增长。显然,当主运动停止时,$E_{nc}(t_f)$ 的大小是重要的,它等于 $[w_c(t_f) - \overline{w}(t_f)]/W_{nc}^i$。

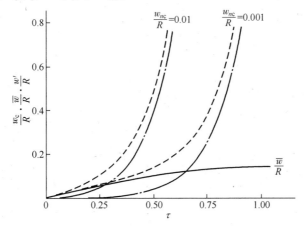

图 10.17 对于 $E_h/\sigma_0 = 7, R/H = 20$ 和 $\lambda = 3 (n_c = 23, \tau_f = 1.0472)$,

具有几何缺陷的圆环,无量纲径向位移随无量纲时间 τ 的增长

——无量纲主位移(式(10.72a));–·–对应于临界模态数的无量纲扰动位移(式(10.84));

– – –无量纲总位移($n_c = 23$)(式(10.99))。

由式(10.86a),得

$$E_{nc}(t_f) = (S_{nc}/R_{nc}^2)[\cosh(R_{nc}t_f) - 1] \qquad (10.100)$$

应用关于近似的临界模态数 n_c 的式(10.90)及关于无量纲时间 τ 的式(10.72b),式(10.100)可写为

$$E_{nc}(\tau_f) = \frac{6(\overline{\sigma}/E_h)^2(R/H)^2}{3(\overline{\sigma}/E_h)^2(R/H)^2 - 1}\{\cosh\{[3(\overline{\sigma}/E_h)^2(R/H)^2 - 1]^{1/2}\tau_f\} - 1\}$$

$$(10.101)$$

式中:$\overline{\sigma}$ 为平均流动应力,其近似值由式(10.91)给出。

―――――――――

① m 为使 $R_n^2 > 0$ 的最大整数。不计 $R_n^2 < 0$ 的振动项的贡献。

当 $3(\overline{\sigma}/E_h)^2(R/H)^2 \gg 1$ 时，式（10.101）化简为

$$E_{nc}(\tau_f) = 2\{\cosh[(\overline{\sigma}/E_h)(R/H)\tau_f] - 1\} \qquad (10.102)$$

把 τ_f 代入式（10.73a）并加以重新整理，得到无量纲瞬动速度，即

$$\lambda^{1/2} = \tan\left\{\frac{1}{\sqrt{3}}(E_h/\overline{\sigma})(H/R)\text{arcosh}[1 + E_{nc}(\tau_f)/2]\right\} \qquad (10.103)^{①}$$

式中：λ 由式（10.73b）定义。

从式（10.103）和图 10.18 中的结果显然可见，对于一特定的圆环，一旦材料 (μ, E_h, σ_0) 和几何形状 (R, H) 参数给定，则引起动态塑性屈曲的临界速度 (V_0) 直接同位移放大函数的大小 $E_{nc}(\tau_f)$ 有关。所以，根据这种分析，对于一个给定大小的瞬动速度，不会发生动态塑性屈曲，因为任何大小的初始速度都产生某种破环。当永久径向变形大到无法接受时，就说明发生了动态塑性屈曲。这就使设计人员可以自由地选择式（10.103）中的 $E_{nc}(\tau_f)$ 值以规定一个速度临界。然而，早先曾指出，可以用式（10.99）来估计 $E_{nc}(\tau_f) = [w_c(\tau_f) - \overline{w}(\tau_f)]/W_{nc}^i$，此处 w_c 为可以接受的最大径向位移，W_{nc}^i 是对于理想圆形的最大初始径向偏离。

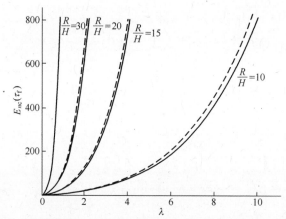

图 10.18　对于瞬动加载的 $E_h/\sigma_0 = 7$ 的圆环，由式（10.101）（——）和式（10.102）或者式（10.103）（－－－）给出的位移放大函数

为方便起见，如果假定 $E_{nc}(\tau_f) = 100$，应用关于平均流动应力 $\overline{\sigma}$ 的式（10.91），并假定应变强化很小的材料的切线模量 E_h 很小，此时根据式（10.73a），$\tan\tau_f \approx \tau_f = \sqrt{\lambda}$，则式（10.102）或式（10.103）变为

$$\text{arcosh}(51) = (\sqrt{3}/2)(\sigma_0/E_h)(1 + \sqrt{1+\lambda})(R/H)\sqrt{\lambda} \qquad (10.104)$$

取 $\sqrt{1+\lambda} \approx 1$ 时，式（10.104）进一步简化为

---

①　由于 λ 出现在由式（10.91）定义的 $\overline{\sigma}$ 中，这是一个超越方程。

$$\sqrt{\lambda} = 2.67(E_h/\sigma_0)(H/R) \qquad (10.105)$$

当 $\mu = \rho H$ 时,即为

$$V_0 = 2.67(H/R)(E_h/\rho)^{1/2} \qquad (10.106)$$

式中:ρ 为材料的密度。对于满足在推导式(10.106)时引进的各种限制的圆环,这是动态塑性屈曲的临界速度。相应的单位表面积的临界冲量为 $2\pi RH\rho V_0/2\pi R$,即

$$I = 2.67R\sqrt{\rho E_h}(H/R)^2 \qquad (10.107)①$$

10.4.6 实验结果

对于受几乎为轴对称的横向瞬动速度作用的圆柱壳和圆环的动态塑性屈曲,在文献[10.4,10.9]中对各种理论预测和实验结果做了详细的比较。总地来说,沿着与本节中的路线相似的路线推导出来的理论方法抓住了行为的本质特征并给出了合理的预测。然而,对于由应变率敏感材料制成的圆柱壳,必须保留应变率效应的影响。一些作者[10.14,10.15]考察了材料应变率,即黏塑性的影响,在文献[10.4]中也讨论了他们的工作。

10.5 长圆柱壳的轴向动态塑性屈曲

10.5.1 引言

薄壁构件受轴向冲击的实际情形是存在的。实际上,试图揭示铁路车辆结构耐撞性的特点是某些早期对圆管冲击研究的推动力[10.16]。来自航天工业的一个更新的例子是由火箭发动机点火的突加推力可能引起的动态屈曲[10.9]。

一个曾受轴向撞击的长圆柱壳的最终形状的照片如图10.1(a)所示。变形期间该壳内的应力场是双轴的,因为轴向和径向的变形都是很明显的。以前在10.3节和10.4节中考察过的动态塑性屈曲问题是一维的,因为膜力(N)和弯矩(M)引起穿过构件厚度的应力变化,但不引起垂直面上的应力。然而,现在的情形就必须考虑一个双轴应力场,它沿管子的壁厚积分就给出对应的轴向和周向的膜力和弯矩。

本节所考察的具体问题如图10.19所示。为了简化以后的叙述,假定撞击质量(M)的初始轴向撞击速度(V_0)在整个响应期间保持不变。Florence 和

---

① Lindberg 和 Florence[10.9]预测了一个类似的冲量临界值,只是系数为 $\sqrt{3}$ 而不是 2.67。但是,文献 [10.9]中的 $E_{nc}(\tau_f) = 20$,如果用 $E_{nc}(\tau_f) = 20$ 取代 $E_{nc}(\tau_f) = 100$,则式(10.105)~式(10.107)中的系数 2.67 被 1.78 所取代。

Goodier[10.17]在管子的轴向撞击期间摄下的高速照片提示了这一简化,这些照片表明了在变形过程初期屈曲模态的选择。

在10.5.2节中推导了图10.19中问题的控制方程。同10.4节中曾研究过的圆环动态塑性屈曲一样,假定主导解是轴对称和均匀的。动态塑性屈曲起源于管的轴向母线的小的轴对称初始缺陷随时间的增长。

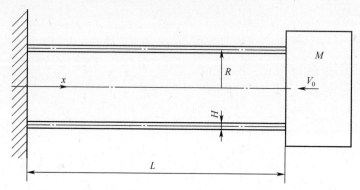

图 10.19 质量 M 以恒定速度 V_0 沿轴向撞击到长为 L 的圆柱壳上

10.5.2 控制方程

10.5.2.1 几何关系

考虑图 10.20 所示的圆柱壳的一个轴对称单元,其初始长度为 dS_0,变形后长度为 dS。初始横向缺陷场用 $w^i(x)$ 表示,而 w 是从这一初始有缺陷的形状沿径向向里测量的。纵向即轴向膜应变定义为

$$\epsilon_x = (dS - dS_0)/dS_0 \tag{10.108}$$

当忽略高阶项并假定 $u^i = 0$ 时即为

$$\epsilon_x = \partial u/\partial x + \frac{1}{2}(\partial w/\partial x)^2 + (\partial w^i/\partial x)(\partial w/\partial x) \tag{10.109}$$

曲率沿纵向的变化为

$$\kappa_x = -\partial^2 w/\partial x^2 \tag{10.110①}$$

这与推导式(10.109)时所引进的近似是一致的。

如果限制管子的变形在整个响应期间保持为轴对称,则

$$e_\theta = \frac{2\pi(R - w^i - w + z) - 2\pi(R - w^i + z)}{2\pi(R - w^i + z)} \approx -\frac{w}{R}\left(1 + \frac{w^i}{R} - \frac{z}{R}\right)$$

即

---

① 式(10.110)中的负号确保当 M_x 在图10.20(b)中定义时 $M_x\dot{\kappa}_x > 0$(也可参看2.2节)。

384

$$\epsilon_\theta = -\frac{w}{R}\left(1 + \frac{w^i}{R}\right) \tag{10.111}$$

以及

$$\kappa_\theta = \frac{w}{R^2} \tag{10.112}$$

式中:R 为管的平均半径;z 是从中面穿过壁厚测量的,如图 10.20 所示。

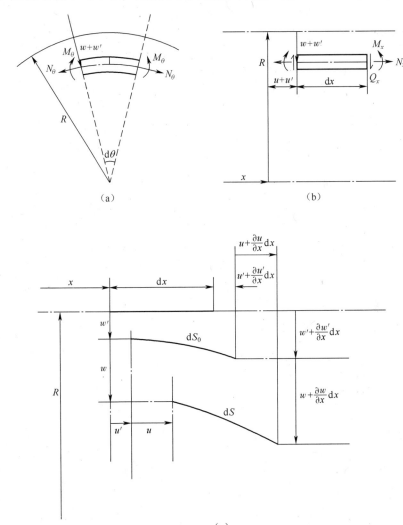

（a）　　　　　　　　（b）

（c）

图 10.20　（a）圆柱壳单元的轴向视图和符号标记;（b）圆柱壳单元的周向视图和符号标记;
（c）初始构形(dS_0)和变形后构形(dS)中单元的中心线

10.5.2.2　平衡方程

圆柱壳的力矩、轴向和横向平衡方程分别为

$$Q_x = \partial M_x / \partial x \qquad (10.113)$$

$$\partial N_x / \partial x - \mu \partial^2 u / \partial t^2 = 0 \qquad (10.114)$$

和

$$\frac{\partial^2 M_x}{\partial x^2} + \frac{\partial}{\partial x}\left[N_x\left(\frac{\partial w}{\partial x} + \frac{\partial w^{\mathrm{i}}}{\partial x}\right) \right] + \frac{N_\theta}{R}\left(1 + \frac{w^{\mathrm{i}}}{R}\right) - \mu \frac{\partial^2 w}{\partial t^2} = 0 \qquad (10.115)$$

式中：$\mu = \rho H$（ρ 为材料密度，H 为壳厚）；t 为时间，而其余的量在图 10.20 中定义。

根据虚速度原理①，几何关系式（10.109）~ 式（10.112）和平衡方程式（10.113）~ 式（10.115）是相容的，并且对于初始为无缺陷的圆柱壳，在 $w^{\mathrm{i}} = 0$ 时化为文献［10.8］中的对应方程。第 2 章和第 5 章中分别关于圆柱壳的静态及动态轴对称无限小位移行为的几何关系与平衡方程，也可以从式（10.109）~ 式（10.115）重新得到。

10.5.2.3 本构方程

假定总的径向即横向位移场可以表达成下列形式：

$$w(x,t) = \overline{w}(t) + w'(x,t) \qquad (10.116)$$

式中：$\overline{w}(t)$ 为轴对称径向主位移；$w'(x,t)$ 为径向扰动位移。类似地，轴向即纵向位移为

$$u(x,t) = \overline{u}(x,t) + u'(x,t) \qquad (10.117)$$

式中：$\overline{u}$、u' 分别为主导分量和扰动分量。

Florence 和 Goodier[10.17] 曾考察过图 10.19 的圆柱壳的主导行为并引入简化

$$\partial \dot{\overline{u}} / \partial x = - V_0 / L \qquad (10.118)$$

式中：V_0 为初始轴向撞击速度，假定它在整个运动期间保持不变；L 为管的初始长度；$(\,\cdot\,) = \partial(\,\,) / \partial t$。这样，式（10.109）、式（10.116）和式（10.117）预测了主轴向应变 $\overline{\epsilon}_x = \partial \overline{u} / \partial x$，应用式（10.118），得

$$\dot{\overline{\epsilon}}_x = - V_0 / L \qquad (10.119)$$

式（10.111）和式（10.116）预测主周向应变 $\overline{\epsilon}_\theta = -\overline{w}/R$，Florence 和 Goodier[10.17] 把它写成

$$\dot{\overline{\epsilon}}_\theta = V_0 / 2L \qquad (10.120)$$

---

① 在附录 3 和附录 4 中讨论了这一方法[10.8]，它使总的内能耗散等于惯性力和边界及表面处的外力的外功率。内能耗散由中面估算的膜力和弯矩给出。横向剪力和转动惯性效应均不加考虑。式（10.115）中的 M_θ / R^2 项忽略不计。

最后,不可压缩①材料满足$^{[10.18]}\dot{\epsilon}_x + \dot{\epsilon}_\theta + \dot{\epsilon}_z = 0$,应用式(10.119)和式(10.120),它预测主径向即横向应变率为

$$\dot{\epsilon}_z = V_0/2L \tag{10.121}$$

现在,应用式(10.109)~式(10.112),并效仿 Florence 和 Goodier$^{[10.17]}$及 Lindberg 和 Florence$^{[10.9]}$,当略去扰动量的乘积,$u' = 0$ 和 $w^i/R \ll 1$ 时,总应变率为

$$\dot{\epsilon}_x = -V_0/L + z\partial^2\dot{w}'/\partial x^2 \tag{10.122}$$

和

$$\dot{\epsilon}_\theta = (1 - z/R)(V_0/2L - \dot{w}'/R) \tag{10.123}$$

而对于不可压缩材料$^{[10.18]}$,有

$$\dot{\epsilon}_z = -\dot{\epsilon}_x - \dot{\epsilon}_\theta \tag{10.124}②$$

对于 $\sigma_z = 0$ 的平面应力状态,由各向同性塑性材料的 Prandtl-Reuss 方程③可得$^{[10.18]}$

$$\sigma_x = \frac{2\sigma_e}{3\dot{\epsilon}_e}(2\dot{\epsilon}_x + \dot{\epsilon}_\theta) \text{ 和 } \sigma_\theta = \frac{2\sigma_e}{3\dot{\epsilon}_e}(2\dot{\epsilon}_\theta + \dot{\epsilon}_x) \tag{10.125a,b}$$

式中,对于屈服应力为 σ_0 和图10.9所示的线性应变强化模量为 E_h 的刚塑性材料,等效应力或有效应力③为

$$\sigma_e = \sigma_0 + E_h\epsilon_e \tag{10.126}$$

等效或有效应变率$^{[10.18]}$③为

$$\dot{\epsilon}_e = \frac{2}{\sqrt{3}}(\dot{\epsilon}_x^2 + \dot{\epsilon}_\theta^2 + \dot{\epsilon}_x\dot{\epsilon}_\theta)^{1/2} \tag{10.127}$$

此处利用材料的不可压缩条件(式(10.124)),已经消去了 $\dot{\epsilon}_x$。

把式(10.122)和式(10.123)代入式(10.127)并略去 z^2 项及扰动量的乘积,得

$$\dot{\epsilon}_e \approx \frac{V_0}{L}\left[1 + \frac{zL}{V_0}\left(\frac{4\dot{w}'}{3R^2} - 2\frac{\partial^2\dot{w}'}{\partial x^2}\right)\right]^{1/2} \tag{10.128}$$

这样,二项式级数使式(10.128)可写成

$$\dot{\epsilon}_e \approx \frac{V_0}{L}\left[1 + \frac{zL}{2V_0}\left(\frac{4\dot{w}'}{3R^2} - 2\frac{\partial^2\dot{w}'}{\partial x^2}\right)\right] \tag{10.129}$$

---

① 见8.3.2节。

② 式(8.8)。

③ 等效应力和应变率分别由式(8.5)和式(8.6)定义。

并且由于初始缺陷形状是取作无应力的，从而对时间积分得到

$$\epsilon_e = \frac{V_0}{L}\left[t + \frac{zL}{2V_0}\left(\frac{4w'}{3R^2} - 2\frac{\partial^2 w'}{\partial x^2}\right)\right] \qquad (10.130)$$

把式(10.130)代入式(10.126)得到 σ_e，当把它同式(10.122)、式(10.123)和式(10.129)一起代入式(10.125)并略去高阶项时，得

$$\sigma_x = -\sigma^0\left(1 + \frac{2L\dot{w}'}{3V_0R}\right) + \frac{z\sigma^0 L}{3V_0}\left(\frac{\partial^2\dot{w}'}{\partial x^2} + \frac{4\dot{w}'}{R^2} - \frac{V_0}{RL}\right) + zE_h\left(\frac{\partial^2 w'}{\partial x^2} - \frac{2w'}{3R^2}\right)$$

$$(10.131)$$

和

$$\sigma_\theta = -\frac{4L\sigma^0\dot{w}'}{3V_0R} + \frac{2z\sigma^0 L}{3V_0}\left(\frac{\partial^2\dot{w}'}{\partial x^2} + \frac{2\dot{w}'}{R^2} - \frac{V_0}{RL}\right) \qquad (10.132)$$

式中

$$\sigma^0 = \sigma_0 + E_h V_0 t/L \qquad (10.133)$$

轴向应力 σ_x 所作用的原始单元面积为 $2\pi(R - w^i + z)\mathrm{d}z$，而轴向膜力 N_x 是对单位长度的管周长定义的。因此

$$N_x = \int_{-H/2}^{H/2}\sigma_x\frac{2\pi(R - w^i + z)}{2\pi(R - w^i)}\mathrm{d}z$$

如果 $w^i/R \ll 1$，即为

$$N_x \approx \int_{-H/2}^{H/2}\sigma_x(1 + z/R)\mathrm{d}z \qquad (10.134)$$

当代入式(10.131)并略去被积函数中的 z^2 项时，得

$$N_x = \overline{N}_x + N_x' \qquad (10.135)$$

式中

$$\overline{N}_x = -\sigma^0 H \qquad (10.136a)$$

为轴向主膜力，而轴向扰动膜力为

$$N_x' = -2\sigma^0 HL\dot{w}'/(3V_0R) \qquad (10.136b)$$

类似地

$$M_x \approx -\int_{-H/2}^{H/2}\sigma_x(1 + z/R)z\mathrm{d}z \qquad (10.137)$$

或者

$$M_x = \overline{M}_x + M_x' \qquad (10.138)$$

式中

$$\overline{M}_x = \sigma^0 H^3 / (9R) \tag{10.139a}①$$

以及

$$M'_x = -\frac{\sigma^0 H^3 L}{36 V_0}\left(\frac{\partial^2 \dot{w}'}{\partial x^2} + \frac{2\dot{w}'}{R^2}\right) - \frac{H^3 E_h}{36}\left(3\frac{\partial^2 w'}{\partial x^2} - \frac{2w'}{R^2}\right) \tag{10.139b}①②$$

周向膜力：

$$N_\theta = \int_{-H/2}^{H/2} \sigma_\theta \mathrm{d}z$$

为

$$N_\theta = \overline{N}_\theta + N'_\theta \tag{10.140}$$

式中

$$\overline{N}_\theta = 0 \tag{10.141a}$$

以及

$$N'_\theta = -4L\sigma^0 H\dot{w}'/(3V_0 R) \tag{10.141b}$$

最后

$$M_\theta = -\int_{-H/2}^{H/2} \sigma_\theta z \mathrm{d}z$$

可以写成

$$M_\theta = \overline{M}_\theta + M'_\theta \tag{10.142}$$

式中

$$\overline{M}_\theta = \sigma^0 H^3 / (18R) \tag{10.143a}$$

以及

$$M'_\theta = -\frac{\sigma^0 H^3 L}{18 V_0}\left(\frac{\partial^2 \dot{w}'}{\partial x^2} + \frac{2\dot{w}'}{R^2}\right) \tag{10.143b}$$

10.5.2.4 微分方程

借助式(10.116)、式(10.117)、式(10.135)、式(10.138)和式(10.140)，轴向即纵向以及横向即径向平衡方程式(10.114)和式(10.115)可以分别重新写成

$$\partial(\overline{N}_x + N'_x)/\partial x - \mu(\ddot{\overline{u}} + \ddot{u}') = 0 \tag{10.144a}$$

---

① 因为我们在式(10.137)中保留了 z/R 项，所以式(10.139)稍微不同于文献[10.9,10.17]中给出的式子。

② 纵向即轴向弯矩包含两组项。第一组含有 σ^0，并且，即使对于没有材料应变强化，即 $E_h = 0$ 和 $\sigma^0 \approx \sigma_0$ 的理想塑性材料，显然也有 $M'_x \neq 0$。这一组项称为有向弯矩[10.9,10.17]。后一组项与材料应变强化模量 E_h 有关，称为强化弯矩[10.9]。

和

$$\frac{\partial^2}{\partial x^2}(\overline{M}_x + M'_x) + \frac{\partial}{\partial x}\left[(\overline{N}_x + N'_x)\left(\frac{\partial w'}{\partial x} + \frac{\partial w^i}{\partial x}\right)\right] +$$

$$\frac{(\overline{N}_\theta + N'_\theta)}{R}\left(1 + \frac{w^i}{R}\right) - \mu(\ddot{\overline{w}} + \ddot{w}') = 0 \qquad (10.144\text{b})$$

的形式。式(10.114a)给出主导的轴向平衡方程:

$$\partial \overline{N}_x/\partial x - \mu \ddot{\overline{u}} = 0 \qquad\qquad (10.145\text{a})$$

和扰动的轴向平衡方程:

$$\partial N'_x/\partial x - \mu \ddot{u}' = 0 \qquad\qquad (10.145\text{b})^①$$

然而,对于不变的轴向速度有 $\ddot{\overline{u}} = 0$,从而式(10.145a)要求

$$\partial \overline{N}_x/\partial x = 0 \qquad\qquad (10.146)$$

从式(10.136a)来看这也是很明显的。于是,利用式(10.139a)和式(10.146),根据式(10.144b),主导的横向平衡方程为

$$(\overline{N}_\theta/R)(1 + w^i/R) - \mu \ddot{\overline{w}} = 0 \qquad (10.147)^②$$

而当不考虑高阶项时,对应的扰动方程为

$$\frac{\partial^2 M'_x}{\partial x^2} + \overline{N}_x\left(\frac{\partial^2 w'}{\partial x^2} + \frac{\partial^2 w^i}{\partial x^2}\right) + \frac{N'_\theta}{R}\left(1 + \frac{w^i}{R}\right) - \mu \ddot{w}' = 0 \qquad (10.148)$$

由式(10.136a)、式(10.139b)和式(10.141b)分别给出的 $\overline{N}_x$、M'_x 和 N'_θ 使得式(10.148)可以重新写成下列形式:

$$\frac{\sigma^0 H^3 L}{36 V_0}\frac{\partial^4 \dot{w}'}{\partial x^4} + \frac{H^3 E_h}{12}\frac{\partial^4 w'}{\partial x^4} + \frac{\sigma^0 H^3 L}{18 V_0 R^2}\frac{\partial^2 \dot{w}'}{\partial x^2} -$$

$$\frac{H^3 E_h}{18 R^2}\frac{\partial^2 w'}{\partial x^2} + \sigma^0 H\left(\frac{\partial^2 w'}{\partial x^2} + \frac{\partial^2 w^i}{\partial x^2}\right) + \frac{4\sigma^0 HL}{3 V_0 R^2}\left(1 + \frac{w^i}{R}\right)\dot{w}' + \mu \ddot{w}' = 0$$

$$(10.149)$$

采用无量纲记号,式(10.149)成为

$$\ddot{u} + S_0[\beta^2 \dot{u}'''' + 2\alpha^2\beta^2 \dot{u}'' + 48\alpha^2(1 + u_i)\dot{u}] +$$

$$\gamma S_0(3u'''' - 2\alpha^2 u'') + 36 S_0(u'' + u''_i) = 0 \qquad (10.150)$$

---

① 在文献[10.9,10.17]中没有考察是否满足这一方程,这里也不再进一步考虑。

② 式(10.141a)和式(10.147)给出 $\ddot{\overline{w}} = 0$。

式中

$$u_i = w^i/R \tag{10.151a}$$

$$u = w'/R \tag{10.151b}$$

$$\xi = x/L \tag{10.151c}$$

$$\tau = V_0 t/L \tag{10.151d}$$

$$\alpha = L/R \tag{10.151e}$$

$$\beta = H/L \tag{10.151f}$$

$$\gamma = \beta^2 E_h/\sigma^0 \tag{10.151g}$$

$$S_0 = \sigma^0/36\rho V_0^2 \tag{10.151h}$$

$$(\cdot) = \partial(\ )/\partial\tau \tag{10.151i}$$

$$(\ )' = \partial(\ )/\partial\xi \tag{10.151j}$$

10.5.3 轴向动态塑性屈曲

对于图 10.19 所示的轴向受撞击的圆管的动态塑性屈曲问题,现在来寻找 10.5.2 节所推导的控制方程的一个理论解。如果假定管的扰动行为为

$$u(\xi,\tau) = \sum_{n=1}^{\infty} u_n(\tau)\sin(n\pi\xi) \tag{10.152a}$$

而初始形状缺陷为

$$u_i(\xi) = \sum_{n=1}^{\infty} a_n \sin(n\pi\xi) \tag{10.152b}$$

则由无量纲控制方程式(10.150)[1]得

$$\sum_{n=1}^{\infty} \{ \ddot{u}_n + S_0[48\alpha^2 + \beta^2(n\pi)^2(n^2\pi^2 - 2\alpha^2)]\dot{u}_n +$$

$$S_0(n\pi)^2[2\alpha^2\gamma + 3\gamma(n\pi)^2 - 36]u_n - 36S_0(n\pi)^2 a_n \}\sin(n\pi\xi) = 0$$

对于每一个 n 值,这一方程都必须满足,即

$$\ddot{u}_n + Q_n\dot{u}_n + R_n u_n = S_n a_n \tag{10.153}$$

式中

$$Q_n = S_0\{48\alpha^2 + \beta^2(n\pi)^2[(n\pi)^2 - 2\alpha^2]\} \tag{10.154a}$$

$$R_n = S_0(n\pi)^2[2\alpha^2 g + 3\gamma(n\pi)^2 - 36] \tag{10.154b}[2]$$

$$S_n = 36S_0(n\pi)^2 \tag{10.154c}$$

---

[1] 在式(10.105)中的 $48\alpha^2(1+u_i)\dot{u}$ 项取作 $48\alpha^2\dot{u}$。

[2] 式(10.154a)中的最后一项与文献[10.9,10.17]中的系数不同。这是由于现在的分析中在式(10.137)中保留了 z/R 项,如同在式(10.139)的脚注中所指出的那样。由于对 w 的定义不同,式(10.154c)与文献[10.9,10.17]中的对应方程也不同。如图 10.20 所示,径向位移 w 是从初始缺陷场开始测量的,而在文献[10.9,10.17]中是从完美的圆形开始测量的。

当假定 σ^0 是常数时，对于一给定的 n 值，式(10.153)是一个常系数二阶线性常微分方程，它可以用标准的分析方法求解。因此，在满足初始条件当 $\tau = 0$ 时，$u_n = 0$ 以及

$$\dot{u}(0) = \dot{u}_i = \sum_{n=1}^{\infty} b_n \sin(n\pi\xi) \tag{10.155}$$

时，有

$$u_n = E_n(\tau)a_n + F_n(\tau)b_n \tag{10.156}$$

式中

$$E_n(\tau) = \frac{S_n}{R_n}\left(1 + \frac{\lambda n_2 e^{\lambda n_1 \tau} - \lambda n_1 e^{\lambda n_2 \tau}}{\lambda n_1 - \lambda n_2}\right) \tag{10.157a}①$$

$$F_n(\tau) = \frac{e^{\lambda n_1 \tau} - e^{\lambda n_2 \tau}}{\lambda n_1 - \lambda n_2} \tag{10.157b}$$

$$\lambda n_1 = [-Q_n + (Q_n^2 - 4R_n)^{1/2}]/2 \tag{10.158a}$$

以及

$$\lambda n_2 = -[Q_n + (Q_n^2 - 4R_n)^{1/2}]/2 \tag{10.158b}$$

由式(10.158a)显然可知，当 $R_n < 0$ 时 $\lambda n_1 > 0$，位移放大函数 $E_n(\tau)$ 和速度放大函数 $F_n(\tau)$ 随无量纲时间增加而增大，如图10.21所示。这一现象叫做动态塑性屈曲，它发生于

$$n < [(36 - 2\alpha^2\gamma)/(3\gamma\pi^2)]^{1/2} \tag{10.159}$$

时，根据式(10.154b)，这是 $R_n < 0$ 所要求的。

图10.21中典型的频谱曲线显示，最快的增长发生在谐波数 n 的一个特定值，即临界值处。现在再引进简化假设，即

$$4R_n/Q_n^2 \ll 1 \tag{10.160}②$$

来寻找这个临界值(n_c)。利用二项式级数展开式(10.158a)得

$$\lambda n_1 = Q_n(-1 + 1 - 2R_n/Q_n^2 + \cdots)/2$$

或

$$\lambda n_1 \approx -R_n/Q_n \tag{10.161}$$

类似地，式(10.158b)简化为

$$\lambda n_2 \approx -Q_n \tag{10.162}$$

此时，式(10.157)取特别简单的形式

$$E_n(\tau) \approx -S_n e^{-(R_n/Q_n)\tau}/R_n \tag{10.163a}$$

---

① $E_n(0) = 0$，这是由于径向偏移是从初始缺陷场开始测量的，如图10.20(c)所示。然而在文献[10.17]中 $E_n(0) = 1$，这是因为径向偏移是从一个完美的圆形参考场开始测量的。

② 对于图10.21中的结果，$|4R_n/Q_n^2|$ 的最大值为0.06359，此时 $n = 11$。

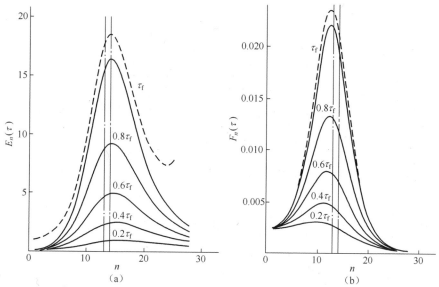

图 10.21 （a）壳的位移放大函数 $E_n(\tau)$ 随模态数 n 的变化。$E_h = 724\text{MN/m}^2$，$\sigma_0 = 307\text{MN/m}^2$，

$\rho = 2685\text{kg/m}^3$，$M = 120\text{g}$，$L = 101.6\text{mm}$，$H = 2.54\text{mm}$，$R = 11.43\text{mm}$，$V_0 = 170\text{m/s}$。τ 是

式（10.151d）所定义的无量纲时间，根据式（10.169），当 $m = 51\text{g}$ 时 $\tau_f = 0.2975$。——式（10.157a）；

———式（10.163a）；—·—由式（10.164）得到的 n_c（取最接近的整数）；

—··—由式（10.167a）得到的 n_c（取最接近的整数）。

（b）对于具有（a）中所列参数的壳，速度放大函数 $F_n(\tau)$ 随模态数 n 的变化。

——式（10.157b）；———式（10.163b）；—·—和—··—在（a）中定义

和

$$F_n(\tau) \approx e^{-(R_n/Q_n)\tau}/Q_n \qquad (10.163b)$$

它们分别是图 10.21（a）和图 10.21（b）中的对应精确曲线的合理估计。

当式（10.159）满足时，$R_n < 0$，因此假设 R_n/Q_n 的最大值给出 $E_n(\tau)$ 和 $F_n(\tau)$ 的最快增长，从而给出临界模态数 n_c[①]。于是，把由式（10.154）得到的 R_n 和 Q_n 代入表达式 $\partial(R_n/Q_n)/\partial n = 0$，得

$$[\beta^2(9 - 2\alpha^2\gamma)/(24\alpha^2)](n_c\pi)^4 + 3\gamma(n_c\pi)^2 + \alpha^2\gamma - 18 = 0$$

$$(10.164)$$

这是 $(n_c\pi)^2$ 的二次方程。然而，如果

$$\alpha^2\gamma \ll 4.5 \qquad (10.165)$$

则式（10.164）化简为

---

① 这严格来说并不正确。因为应该找到 $E_n(\tau)$ 和 $F_n(\tau)$ 的完整表达式的最大值。

$$n_c = \frac{2\alpha\sqrt{\gamma}}{\pi\beta} \left[\left(1 + \frac{3\beta^2}{\alpha^2\gamma^2} \right)^{1/2} - 1 \right]^{1/2} \qquad (10.166)[①]$$

或者当

$$3\beta^2 / (\alpha^2\gamma^2) \gg 1 \qquad (10.167a)$$

时,有

$$n_c \approx \frac{2\alpha}{\pi\beta} \left(\frac{\sqrt{3}\beta}{\alpha} - \gamma \right)^{1/2} \qquad (10.167b)[①]$$

在图 10.21 中把式(10.164)和式(10.167b)对临界模态数的估计同精确放大曲线的峰值进行了比较[②]。

对于临界模态数 n_c,位移放大函数式(10.163a)可以重新整理为

$$\ln[- (R_{nc}/S_{nc}) E_{nc}(\tau_f)] = - (R_{nc}/Q_{nc})\tau_f \qquad (10.168)$$

式中: τ_f 为运动停止时的无量纲时间。使初始动能 $MV_0^2/2$ 等于管中塑性变形所吸收的能量:

$$\int_0^{\tau_f} \sigma_e \dot{\epsilon}_e (2\pi RHL) \, dt$$

可做出对 τ_f 的一个估计。如果根据式(10.129) $\dot{\epsilon}_e \approx V_0/L$,以及 $\sigma_e \approx \sigma_0$,则

$$MV_0^2/2 = 2\pi RHL\sigma_0 \int_0^{t_f} (V_0/L) \, dt$$

即

$$\tau_f = (M/m)(\rho V_0^2/2\sigma_0) \qquad (10.169)$$

式中: τ 为式(10.151d)定义的无量纲时间; $m = 2\pi RHL\rho$ 为管子的质量。这样,式(10.168)可以写成

$$V_0^2 = (2\sigma_0/\rho)(m/M)(- Q_{nc}/R_{nc})\ln[(- R_{nc}/S_{nc}) E_{nc}(\tau_f)] \qquad (10.170)$$

引起初始位移缺陷的一个给定的增长 $E_{nc}(\tau_f)$ 的速度 (V_0) 可以从式(10.170)找到。对于临界模态数 n_c,量 Q_{nc}/R_{nc} 和 R_{nc}/S_{nc} 由式(10.154)得到, n_c 由式(10.164)的根、式(10.166)或式(10.167b)给出。在式(10.167b)成立的特殊情形下,有

$$\frac{Q_{nc}}{R_{nc}} = \frac{\alpha\beta(12 - \sqrt{3}\alpha\beta + \alpha^2\gamma + 2\delta^2 - 4\sqrt{3}\delta)}{\sqrt{3}\alpha^2\gamma - \alpha^2\gamma\delta + 36\delta + 6\delta^3 - 12\sqrt{3}\delta^2 - 18\sqrt{3}} \qquad (10.171a)$$

和

$$\frac{R_{nc}}{S_{nc}} = \frac{\alpha^2\gamma}{18} + \frac{\delta}{\sqrt{3}} - \frac{\delta^2}{3} - 1 \qquad (10.171b)$$

---

① 把最近的整数取作 n_c。
② 对于这一特例,不等式(10.165)和式(10.167a)的左边分别为 0.1165 和 10.91。

式中

$$\delta = \alpha\gamma/\beta \qquad\qquad (10.171c)$$

在图 10.22 中把式(10.170)和式(10.171)的近似理论预测同式(10.157a)的精确结果及式(10.163a)的近似结果做了比较。显然,临界位移放大函数($E_{nc}(\tau_f)$)在撞击速度直到大约 150m/s 以前变化得相当慢[①]。然而,对于撞击速度在约 150m/s 后的相当小的增加,$E_{nc}(\tau_f)$ 的大小增长得很快。这就提示了临界速度的概念,这一概念较早前是对于瞬动加载的圆环的动态塑性屈曲由式(10.106)引入的。

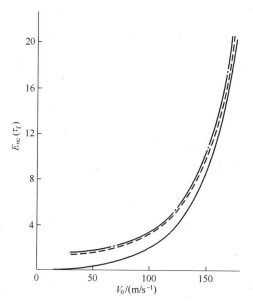

图 10.22 位移放大函数 $E_{nc}(\tau_f)$ 随撞击速度 V_0 的变化

—— 式(10.157a),$n=14$;—·—式(10.167a),$n=14$;
———式(10.170)和式(10.171)(参数与图 10.21(a)的图题所列的相同)。

临界速度的大小是任意的,因为动态塑性屈曲不是对于唯一的撞击速度发展的。然而,图 10.22 中的结果表明,可以把 $E_{nc}(\tau_f) \approx 10$ 代入式(10.170)中以估计临界速度。或者,$E_{nc}(\tau_f)$ 也可以根据最大允许位移或可以接受的损伤对最大初始缺陷或制造公差的比值来估计。

根据前述评论,很显然式(10.170)至少在所考察的参数范围内提供了图 10.22 中精确结果的一个令人满意的近似。

图 10.21 和图 10.22 中给出的理论结果是对于 Florence 和 Goodier[10.17]所

① 除了撞击速度之外,图 10.22 中的参数与 Florence 和 Goodier[10.17]考察过的第 20 号 6061-T6 铝合金圆柱壳的参数相同。

395

考察过的 6061-T6 铝合金圆柱壳 20 号试件进行计算的，只是图 10.21 中的轴向撞击速度是 170m/s，大于文献［10.17］中的 125.3m/s。如果 $V_0 = 125.3$m/s，则式（10.164）和式（10.167b）分别给出临界模态数位 14 和 13，而位移和速度放大函数（式（10.157a、b）取 $\tau = \tau_f$）的峰值分别为 15 和 12。Florence 和 Goodier[10.17] 预测对于位移和速度扰动，放大最多的谐波数分别为 14 和 12，而对应试件的永久变形的临界模态数为 12。

10.5.4 非恒定轴向速度的轴向动态塑性屈曲

10.5.3 节中的理论分析是对于图 10.19 所示的问题，在撞击速度 V_0 于整个运动过程中保持不变的特殊情形下推导的。引进这一假定是为了简化分析，尽管 Florence 和 Goodier[10.17] 的实验结果确实表明临界模态数 n_c 是在响应早期，撞击速度尚未减少很多前选择的。Vaughan[10.19] 去掉了这一假定，允许初始撞击速度 V_0 减少，直到运动停止。

Vaughan[10.19] 观察到，当忽略材料应变强化、材料应变率敏感性和厚度变化的影响时，在刚塑性圆柱壳中抵抗运动的轴力为常数。这就引起了一个撞击质量的恒定减速度，从而轴向速度以及其他依赖于速度的量，如应变率，随时间线性地减少。

Vaughan[10.19] 沿用类似于 Florence 和 Goodier[10.17] 所发展的 10.5.3 节中概述的理论方法。结果表明，主运动的响应历时可以写成无量纲形式，即

$$\tau_f = (\rho V_0^2/\sigma_e)(1 + M/m) \tag{10.172}$$

式中：τ_f 由式（10.151d）定义；σ_e 由式（10.126）给出；V_0 为初始撞击速度；M 为撞击质量；$m = 2\pi RHL\rho$。在 $M/m \gg 1$（即重撞击物）的特殊情形下，则有

$$\tau_f = (\rho V_0^2/\sigma_e)(M/m) \tag{10.173}$$

如果 $\sigma_e \approx \sigma_0$，它是式（10.169）理论预测的 2 倍。

扰动响应的理论行为是由贝塞尔方程控制的，Vaughan[10.19] 应用数值方法得到了临界模态数。然而撞击速度（V_0）临界值的一个简单表达式是利用主导解和一些实验观察资料得到的。Vaughan[10.19] 假定最大周向主应变为 $(\varepsilon_\theta)_{max} = H/4R$，得

$$V_0^2 = \frac{H\sigma^0}{\rho R(1 + M/m)} \tag{10.174a}$$

当 $M/m \gg 1$ 时即为

$$V_0^2 \approx (H\sigma^0/\rho R)(m/M) \tag{10.174b}$$

对于 Florence 和 Goodier[10.17] 曾实验过的长 3 英寸（76.2mm）和 4 英寸（101.6mm）的 6061-T6 铝合金管，Vaughan[10.19] 的理论结果对于预测的临界模

态数并未导致任何改善。然而,对于 6 英寸(152.4mm)长的管子,发现临界模态数略为减小,这与对应的实验结果符合得更好。

Wojewodzki[10.20]重复了 Florence 和 Goodier[10.17]的恒撞击速度分析,并考察了遵循线性规律(即,式(8.4)中 $q=1$)的材料应变率敏感性的影响。结果发现材料应变率敏感性使临界模态数减少并给出与对应实验结果更符合的结果。

在文献[10.21]中应用扰动分析方法考察了受轴向撞击的加筋圆柱壳的动态塑性屈曲。结果表明把矩形截面的加强筋放在壳的外表面比放在内表面更有效。进一步的结果展示了加强筋的截面二次矩、偏心距、横截面积和数量对动态塑性响应的影响。

10.6　圆柱壳无屈曲压垮的临界瞬动径向速度

式(10.106)可以用来预测引起环的最大初始径向位移缺陷的一个规定增长的径向或均布横向瞬动速度的临界值。小于这一特定值的瞬动速度将引起较小的增长,而大于该值的速度将导致不能接受的损坏。

然而,在一些实际装置中发生了圆柱壳的高速破坏。如果不发生动态屈曲,这些装置可能具有优化的设计。实际应用[10.9]包括:爆炸封闭以得到气密的管道密封,磁场压缩以产生瞬时强磁场,迅速压垮柱形容器以便在激波管中产生高压和高速气流,以及迅速压垮锥壳以产生金属射流用于油井射孔。

对受沿径向向里的瞬动速度作用的环的现有实验结果(文献[10.4]中的图4 和图 11)的考察揭示,初始速度越大,主导的和扰动的永久径向位移都越大。然而,对于最厚的环的两个实验系列来说,扰动的永久径向位移与主导的永久位移的比值似乎随外加初始速度的增加而减小。换言之,外加径向瞬动速度越大,主运动就越重要,并且最终在足够大的速度时,可能控制扰动行为。

因此,大的主位移是这一类动屈曲的一个新的特征,并将引起壳厚度的明显增加。在运动进行过程中厚度的增加将改善稳定性从而限制对于圆形的偏离。此外,扰动变形的增长需要时间,这表明,在足够高的径向压垮速度时没有足够的时间使动屈曲发生。

Abrahamson[10.22]发展了一个理论方法以便预测一个临界速度,在此速度以上圆柱壳不会压垮,高于该临界值的外加速度引起可接受的损坏或对圆形的偏离,而低于该值的速度将引起比允许的初始缺陷放大值还要大的损坏。

Abrahamson[10.22]通过假定大的初始瞬动径向速度在整个运动期间保持不变而简化了理论分析。这样,在圆柱壳变形期间所吸收的塑性能比外冲量的初始动能小。假定材料是不可压缩的,这给出壳的厚度变化的一个简单表达式。尽管有这些简化,但仍需要数值解。Abrahamson[10.22]给出的数值结果表明,对于超过临界压垮速度的外加速度,初始缺陷放大得较少。Wang 和 Lu[10.23]进行了圆柱壳的高能量轴向冲击,它引起了壳壁的增厚以及管的冲击面上的蘑菇状变形。

Florence 和 Abrahamson[10.7]考察了材料应变率敏感性对临界压垮速度大小的影响。利用线性的本构方程(式(8.4)中令 $q=1$)简化了这一分析,并且对于初始径向位移缺陷的各种给定放大值给出了临界压垮速度。遗憾的是,对于由对应变率敏感的材料或对应变率不敏感的材料制成的圆柱壳,没有可利用的实验结果来估计理论预测的精度[10.9]。此外,还没有对任何其他结构问题来探讨这一现象。

10.7　结　束　语

本章探讨了在 10.1 节中所定义的由脉冲加载引起的动态塑性屈曲现象的几个方面。为了介绍这一现象,在 10.2 节中考察了受轴向撞击的弹性杆的行为。结果表明,横向变形可以是振动的并保持有界,或者,在某些情况下初始几何缺陷可以增长并变为无界。后一种行为定义为动态屈曲,而在 10.3 节中对于由刚性-线性应变强化材料制成的相同的杆也存在这种行为。

在 10.4 节中利用扰动分析方法考察了受外加瞬动速度作用的初始形状有径向缺陷的圆环的动态塑性屈曲。这种方法假定响应由图 10.13 所示的两个位移分量组成。轴对称的主径向位移消耗了外加动能,而非轴对称的扰动径向位移场由初始形状的径向缺陷发展而来。

在 10.5 节中考察了图 10.19 所示的轴向受质量撞击的长圆柱壳,这引入了进一步的复杂性。这种情形的应力场是双轴的。这是因为轴向撞击引起的纵向即轴向应变率同样也通过壳半径的相应改变引起周向应变率。

在 9.1 节中曾提到,受 $M \gg m$ 的质量撞击的管子,在动态渐进屈曲期间,管壁中的惯性力不起重要作用。例如,在 9.8.3 节中 300mm 长的薄壁圆管受100kg 质量撞击,当取铝合金密度 $\rho = 2685 \text{kg/m}^3$ 时,$M/m \approx 549$。与此相比,与图10.21 中圆管的轴向动态塑性屈曲相关的质量比为 $M/m = 2.35$。

在 9.8.3 节中观察到上面讨论的圆管的动态渐进屈曲的响应时间为39.3ms。这大约比单轴弹性应力波通过 300mm 长的杆所需的时间长 678 倍。然而,对于图 10.21 中的轴向动态塑性屈曲问题,$\tau_f = 0.2975$ 或 $t_f = 177.8\mu\text{s}$。这仅仅约为单轴弹性应力波通过 101.6mm 长的铝杆所需时间的 9 倍。

上述关于圆管的动态渐进屈曲和轴向动态塑性屈曲的两种比较都说明管壁中的惯性效应在动态塑性屈曲期间更为重要。

从图 9.8 中显然可以看出,对于圆管渐进屈曲的大多数实验结果而言都有

$\eta<1$。结构有效利用率 η 由式(9.18)定义,它是平均压溃力与塑性压扁载荷之比。对于具有大的紧致比(φ)值的较厚管子,由于材料的应变强化而导致的强度增加可使 $\eta>1$。在动态渐进屈曲情形下,第8章中的材料应变率敏感性现象也可使 $\eta>1$,但这也仅仅对于厚管才可能发生。然而,从式(10.136a)显然可以看出,对于图10.19所示的受质量撞击的长圆柱壳的轴向动态塑性屈曲,总是要求 $\eta\geqslant1$。

本章给出的简单理论结果对于设计的开始阶段是有用处的。结构可以承受但却不引起过度的永久变形或损伤的临界速度可以被快速估计。然而,必须估计具有临界模态数的最大初始几何缺陷的大小。对于10.4节中研究过的瞬动加载的圆环的特殊情形,临界模态数由式(10.88)或式(10.90)给出。利用相关的工程图纸上给出的最大允许制造公差并假定它们处于临界模态,可以做出一个估计。位移放大函数 $E_{nc}(\tau_{\mathrm{f}})$ 的值由最大许可扰动位移对最大初始几何缺陷的比值给出,然后从式(10.103)就得到临界速度。

应用本章给出的理论方法已经研究过几个其他结构问题[10.24],包括矩形板的动态塑性屈曲[10.9]。在文献[10.25-10.28]中考察了由对应变率不敏感的材料制成的整球壳的动塑性屈曲,而 Wojewodzki 和他的合作者[10.29,10.30] 考虑了材料应变率敏感性的影响。Kao[10.31]利用一种数值有限差分格式研究了球帽的动态塑性屈曲。

各种各样的实验结果,其中大多数是由 Lindberg 和 Florence[10.9]整理的,以及文献[10.4]中关于瞬动加载的环和圆柱壳的实验结果,广泛证实了本章所概述的关于动态塑性屈曲的一般理论方法。然而,重要的是要注意:动态屈曲的定义是带点随意性的。例如,由式(10.106)给出的圆环的临界速度是与最大扰动径向位移等于最大初始径向(几何)缺陷的100倍相关联的。幸运的是,图10.18中的理论结果表明,对于足够大的位移放大系数,临界速度对系数的实际值相当不敏感。

动态屈曲的特征有时取决于结构建模时所引进的理想化以及在得到理论解时所作的近似。文献[10.32]中的简单的带初始缺陷的弹塑性模型的动态塑性屈曲发生于唯一的撞击载荷值。然而,如果在该模型的控制方程中保留轴向以及横向惯性效应,则对于无量纲参数的某些范围将发生本章中所研究的那类动态塑性屈曲,通常称为直接屈曲,而对于其余的无量纲参数,则发生另一类不同的动态塑性屈曲,其波动不断增大(间接屈曲)。这些结果表明,直接屈曲对于初始几何缺陷的大小明显敏感,而间接屈曲则对缺陷不那么敏感。已经观察到,文献[10.32]中数值格式的不同方面对于这两类动态塑性屈曲是重要的:时间步长的大小对直接屈曲特别关键(因为它发展得很快),而数值计算的历时影响间接动态屈曲载荷的大小。事实上,数值计算在某些情形下有可能会过早地终止并得出对于壳的动态稳定性的错误结论[10.24]。如果关于这种看来稳定的壳的数值程序运行更长时间，可能会揭示出动态间接屈曲并得出不同的结论。此外，关于该问题的实际动态屈曲载荷取决于所允许的位移大小（比较：式(10.103)中的 $E_{nc}(\tau_f)$ 必须规定以得到圆环的临界速度）。

文献[10.32]中对于一个瞬间加上并保持不变的动态载荷（阶跃加载）得到了理想模型的响应。文献[10.33,10.34]探究了具有有限持续时间的不同脉冲形状的行为并获得了临界值，这些临界值比阶跃加载的情况大得多，实际上当持续时间趋于0时它们是趋于无限大的。

文献[10.35,10.36]中，针对应变率不敏感性材料和应变率敏感性材料制成的理想模型受到一个具有初始速度的刚体质量块的轴向撞击时的冲击响应分别进行了考察。一些有趣的现象再次从这些研究中显现出来。稳定行为和不稳定行为之间的转换对于材料应变强化参数是很敏感的。与完全弹性响应相比，尤其对于弹塑性材料，在高速冲击下模型对于初始缺陷更加敏感。在文献[10.37]中，这一模型被用来考察 Tam 和 Calladine[10.38]报告中2型结构的实验结果。预测结果与相应的能量吸收的实验结果以及 Tam 和 Calladine 利用 Zhang 和 Yu[10.39]提出的分析而建立的经验公式吻合得很好。

已经建立了多自由度模型[10.40]并用于提供对弹塑性杆的动态屈曲的更深入的认识。这些模型与 Bell[10.41]关于相同铝杆的高速碰撞的实验数据以及由水上飞机降落引起的碰击载荷造成的支柱动态屈曲的实验研究吻合得很好[10.42,10.43]。在文献[10.44]中探索了弹性波和塑性波传播在实验设备特性及相关的实验试件的响应中的作用。

对于理想模型的动态弹塑性屈曲，文献[10.45]中包含了对于应变强化、应变率敏感性、外部加载特征以及波传播的影响的更深入的认识。

在10.3节至10.5节中所讨论的理论方法对于扰动位移偏离主位移场相当小的情形是有效的。如果扰动位移变得太大，则弯曲（例如，式(10.62)）可能在壳厚的一部分引起弹性卸载，除非得到相应的压缩膜力（式(10.63)）的增加作为补偿①。换言之，假定压缩膜应变远大于由与初始形状和外加速度分布的缺陷的增大有关的弯曲造成的拉伸应变。于是，总应变的大小在整个壁厚上都是增加的，因而切线模量公式是有效的，这是导致该方法简单的主要原因。为了考察简单理论所忽略的应变率反转的影响，Lindberg 和 Kennedy[10.47]应用数值方法来得到受外加瞬动速度作用的弹塑性圆柱壳的动态行为。结果发现简单理论对于临界冲量给出了合理的估计，但过高估计了临界模态数。

近来，为了明确力学行为、弹性和塑性波传播的作用及材料属性，以及几何

---

① 进一步的评论可以在文献[10.46]中找到。

形状和其他因素的影响,应用有限元数值方法探究了弹塑性圆管[10.48-10.51]和方管[10.52-10.54]的轴向冲击行为。这些研究强调了弹性和塑性应力波传播在结构响应中的重要性。例如,受高速冲击的壳的稳定性不仅仅跟施加载荷的大小有关,还跟在壳的初始稳态响应期间可以被轴向压缩所吸收的能量占初始动能的比例有关。对于这个工作更深入的评论可以在文献中找到,如文献[10.45,10.55,10.56]。

在10.6节中介绍了圆柱壳的临界径向瞬动速度现象。对于高于临界值的瞬动速度可能得到相对来说没有损坏的壳,这是因为对于足够高的瞬动速度,扰动位移没有相关的主导位移重要。壳的厚度增加时动态稳定性得到改善,特别是在大的径向速度时,这时没有足够的时间使初始几何缺陷得到明显的增长。

鉴于前述评论,迫切需要发展关于动态塑性屈曲的一些基本定理。不论是否采用数值方法,预测动态屈曲载荷下限的简单方法对设计者来说将具有相当大的价值。

然而,由于问题的复杂性,发展动态塑性屈曲定理迄今进展很少。Lee及其合作者在这方面做出了一些有价值的贡献,但是需要更多的研究才能发展出一种有用的、可靠的、简单的方法,也许作为源于对该现象加深的理解而做出的进一步简化的一个结果。

Lee[10.57]考虑了经受动态运动的弹塑性连续介质中的分叉和唯一性。他进一步发展了这些思想并得到了一个弹塑性体的准分叉准则[10.58],在文献[10.59]中对于一个四自由度质量-弹簧系统说明了这一准则。所预测的准分叉发生时的临界时间以及与此相关的屈曲模态形状比精确的数值结果更好。在每一种所考察的情形,在临界时间之前偏离运动一直不大,而在此之后发展得很快。类似地,偏离运动的初始模态在临界时间迅速改变到所预测的屈曲模态。然而,数值结果表明,在后分叉阶段模态形状随时间改变,而这是在理论工作中未考虑的。Lee用他的准分叉理论也考察了受外加瞬动速度作用的柱[10.60]和整球壳[10.61]的动态塑性屈曲。但是,在Lee的方法带来一个适用的设计程序之前需要进一步的研究以搞清楚动态塑性屈曲现象。

最后,Symonds和Yu[10.62]观察到弹性理想塑性梁的动态塑性失稳的一种有趣的形式。他们发现,在一个很窄的参数范围内,受均布的横向压力脉冲作用的端部用销钉固定的弹塑性梁,当从其横向位移-时间历程的第一个峰值卸载后能跳过它的初始位置。然后梁在一个与初始横向压力加载方向相反的永久横向位移场附近振动。这一现象发生的原因是一旦从峰值横向位移卸载,梁就变成一个浅拱,它的横向速度场趋向于使拱变平坦,并引起压缩力导致可能的失稳。

固支梁[10.63]、圆柱壳[10.64-10.66]和方管[10.67,10.68]的违反直觉的反常行为也已在实验中观察到并在理论上探究过[10.52,10.64,10.69,10.70]。

习　题

10.1　10.2.3 节中的理论分析预测了两端简支的初始无缺陷的杆的经典静态屈曲载荷(式(10.10))。求出当杆有缺陷时的静态行为。

10.2　求出两端简支、带有任意初始缺陷的轴向受载的杆的动态弹性屈曲的临界模态数(式(10.37))。说明对于越大的动载,杆皱折得越厉害。关于大动载的理论方法的主要限制是什么？

10.3　求出带有任意初始缺陷的杆的动态弹性屈曲和动态塑性屈曲的临界模态数之间的近似关系。

10.4　铝合金圆环,平均半径 $R = 44.5$mm,平均厚度 $H = 1$mm,受外加瞬动径向速度 V_0 作用。当 $E_h/\sigma_0 = 7$ 时,引起动态塑性屈曲的无量纲临界瞬动速度多大？与此相关的主导径向位移、临界模态数和无量纲响应历时为多少？

10.5　证明式(10.124)对于不可压缩材料是成立的。

10.6　证明对于各向同性塑性材料的平面应力状态,Prandtl-Reuss 方程化为式(10.125a, b),而式(10.127)是与此相关的有效塑性应变率。

10.7　薄壁圆柱壳的平均半径 $R = 25$mm, $H = 2.5$mm, $L = 100$mm, $\sigma_0 = 300$MN/m^2, $\rho = 2700$kg/m^3, $E_h/\sigma_0 = 2.5$,在一端受 $M = 100$g 的质量撞击。应用式(10.170)确定使在临界模态的初始位移缺陷放大 10 倍的撞击速度。变形后形状的临界模态数和响应历时是多少？

第11章 缩 放 律

一个物体的尺寸减小,它的强度并不会按照同样的比例减小。事实上,物体的尺寸越小,它的相对强度会越大。因此,一只小狗也许能够在它的背上驮起两三条和它大小相同的狗,然而我坚信一匹马甚至不能够承载一匹和它大小相同的马。——伽利略(1638)

11.1 引 言

对于较难进行理论和数值分析或实验研究的复杂结构系统而言,小尺寸模型实验是必不可少的。地下结构的动态响应[11.1]、对核燃料密封容器的冲击[11.2]、导弹对核动力装置的打击[11.3]以及对船舶的撞击防护[11.4]列举说明了借助小尺寸模型研究过的几个领域。

对小尺寸模型进行动态实验的目的是为了获得几何上相似的全尺寸原型,即我们感兴趣的真实系统的响应特性。此方法称为缩放、模拟或相似方法,它受某些原则支配。除了把模型的行为和原型的行为相联系这一明显目的之外,这些原则也可以用来预测对实验研究计划和数值计算选择有价值的控制变量的各种无量纲组合[11.5]。

11.2 对几何相似缩放的介绍

本节采用一种初等方法介绍结构动态响应的几何相似缩放的一些特点。为叙述简便,假设小尺寸模型①和全尺寸原型是由具有相同弹性模量(E)、密度(ρ)和泊松比(ν)的弹性材料制成的。为满足几何相似缩放的要求,外载荷施加在对应点上是必要的。表 11.1 中的小写字母变量指的是小尺寸模型,而对应的大写字母变量指的是全尺寸原型。

模型的几何缩放系数为

$$\beta = \frac{l}{L} \tag{11.1}$$

---

① 模型不要求比原型小,尽管在实距中这是普遍情况。

式中：$\beta \leqslant 1$ ①。

表 11.1　物理量表征

小尺寸模型	物理量	全尺寸原型
c	波速	C
l	长度	L
m	质量	M
p	压强	P
t	时间	T
v	速度	V
δ	位移	Δ
σ	应力	Σ
ϵ	应变	E

现在建立几个变量的小尺寸模型和全尺寸原型的特性之间的关系。

11.2.1　应变

构件中的单轴工程正应变（ϵ）定义为长度改变量除以初始长度。因此，对于小尺寸模型，有

$$\epsilon = \frac{\delta}{l} \tag{11.2}$$

然而，由式（11.1）有 $l = \beta L$，由表 11.1 及式（11.1）有 $\delta = \beta \Delta$。将它们代入式（11.2）得

$$\epsilon = \frac{\beta \Delta}{\beta L} = \frac{\Delta}{L} = E \tag{11.3}$$

式（11.3）与全尺寸原型中的工程应变完全相同。

所以，式（11.2）和式（11.3）表明，工程应变在小尺寸模型（ϵ）和与之几何相似的全尺寸原型（E）中是相同的。这个结论与材料属性无关，并且对于任何类型的结构材料都成立。

11.2.2　应力

对于线弹性材料，小尺寸模型中的工程应力或名义应力（σ）依据胡克定律与工程应变（ϵ）相联系：

---

① 更一般地，$0 < \beta < \infty$，举例来说，模型有可能比一个很小的全尺寸原型大。

$$\sigma = E\epsilon \tag{11.4}$$

对于由相同线弹性材料制成的全尺寸原型,基于式(11.3),有

$$\Sigma = EE \tag{11.5}$$

所以,式(11.4)和式(11.5)要求 $\sigma = \Sigma$。因此,小尺寸模型和几何上相似的全尺寸原型中的应力相同。

如果模型和原型是由以 $\sigma = k\epsilon^n$ 描述的相同材料制成,模型和原型中的 k 和 n 相同,则可以得到相同的结论。当 $n = 1$,并且认为 k 是弹性模量 E 时,此表达式退化为弹性材料的表达式;而当 $n \to 0$,则 $k = \sigma_0$,它退化为理想塑性材料的表达式。对于应力应变关系 $\sigma = f(\epsilon)$,如果函数 f 在模型和原型中具有相同的形式,也可以得到类似的应力相等的结论。

11.2.3 压强

为了满足局部平衡(柯西公式),结构中垂直于边界的应力必须与作用在该表面的压强大小相等,符号相反。因此,在小尺寸模型和全尺寸原型的受压边界上分别有

$$\sigma = -p \tag{11.6a}$$

和

$$\Sigma = -P \tag{11.6b}$$

然而,根据11.2.2节,$\sigma = \Sigma$,故式(11.6)要求

$$p = P \tag{11.7}$$

因此,小尺寸模型和全尺寸原型承受相同大小的压强以满足几何相似缩放的要求。作用在模型边界上的力与 $pl^2 = p\beta^2 L^2$ 有关,当满足式(11.7)时,它是作用于原型边界上的力(PL^2)的 β^2 倍。注意到,如果全尺寸原型受到水的静压力,未受压的水不能用于向其小尺寸模型施加载荷。压强与水的深度成正比,这使得同全尺寸原型的压强相比,小尺寸模型在对应位置的压强较小。

在几何缩放实验中,如果螺栓用于在结构的支座处提供夹紧力,那么它应该承受拉来满足式(11.7)。因此,小尺寸模型中螺栓的实际拉力是全尺寸模型中的 β^2 倍。这就使得全尺寸原型和小尺寸模型样品中的夹具及支座间承受相同的压强,从而对于给定的摩擦系数给出相同的约束。模型中相关的螺栓紧固力矩会是全尺寸原型中的 β^3 倍。

11.2.4 波速

根据初等应力波理论[11.6],拉伸或压缩扰动在线弹性杆中以 $(E/\rho)^{1/2}$ 的速度传播。

如果 $c = (E/\rho)^{1/2}$,那么

$$c = C \qquad\qquad (11.8)$$

内部扰动以相同的速度在由相同线弹性材料制成的小尺寸模型和几何相似的全尺寸原型中传播。对于一根由线性强化材料制成的具有切线模量 E_t 的杆件，塑性波以 $c_p = E_t/\rho$ 的速度传播，这样，当小尺寸模型和全尺寸原型由相同材料制成时，式(11.8)仍然成立。

11.2.5　时间

扰动在小尺寸模型中传播距离 l 的时间(t_1)是 l/c 。类似地，$T_1 = L/C$ 是扰动在全尺寸原型中传播距离 L 的时间。因此，对于时间上同步的行为，几何相似缩放必须满足

$$\frac{t_1}{T_1} = \frac{l}{c} \cdot \frac{C}{L} = \beta$$

或者

$$t = \beta T \qquad\qquad (11.9)$$

对于几何相似缩放，式(11.7)和式(11.9)要求作用在小尺寸模型的外加压力脉冲必须与作用于全尺寸模型的脉冲大小相同，但时间特征是后者的 β 倍，如图 11.1 所示。可以证明，当使用式(11.1)时，用于描述简支梁弹性振动周期的式(3.135)同样可以预测描述模型和原型时间关系的式(11.9)。

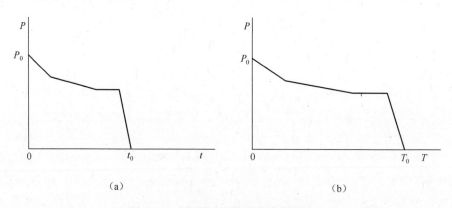

图 11.1　压强-时间特性曲线的比较

(a)小尺寸模型；(b)全尺寸原型，这里 $p = P, t = \beta T$ 。

11.2.6　速度

小尺寸模型中速度的量度由位移除以时间 t 给出，即

$$v = \frac{\delta}{t} \qquad\qquad (11.10)$$

应用 $\delta = \beta\Delta$ 和式(11.9)的 $t = \beta T$,由式(11.10)得

$$v = \frac{\beta\Delta}{\beta T} = \frac{\Delta}{T} = V \qquad (11.11)$$

因此,结构的速度与几何缩放系数 β 无关。

应该注意到,在 11.2.4 节考虑的线弹性杆中的应力为 $\sigma = \rho cv$,这里 ρ 是材料的密度, v 是质点速度。鉴于式(11.8)和式(11.11),对于全尺寸原型有 $\Sigma = \rho cv$,这给出 $\sigma = \Sigma$,正如在 11.2.2 节中所观察到的。

11.2.7 评论

本节介绍的简单方法可以用来获取与小尺寸模型和全尺寸系统行为相关的任何参数之间的关系。例如,模型和原型的自然频率分别为 $f = 1/t$ 和 $F = 1/T$,这里 t 和 T 是相应的自然振动周期。因此,根据式(11.9)的要求,有 $f/F = T/t = 1/\beta$,这意味着小尺寸模型的频率是全尺寸原型的 $1/\beta$ 倍。这个例子说明了 11.1 节所作的评论:缩放规则对在实验研究中选择合适的设备是一个有价值的帮助。

11.2.8 落锤实验

落锤实验是最简单的实验手段之一,它广泛用于结构的动态实验。如果一个全尺寸原型受到以速度 V 运动的质量 M 的撞击,则撞击质量 M 的初始动能为 $MV^2/2$ 。而小尺寸模型则是受到以速度 v 运动的质量为 m 的弹丸的撞击,其初始动能为 $mv^2/2$,根据式(11.11),有 $m = \beta^3 M$, $v = V$ 。因此,在小尺寸模型中,冲击物质量和初始动能将是 β^3 倍大,而冲击速度和落锤高度[①]则与缩放系数 β 无关。

以上评论适用于任何实验方法,如气炮,它推动弹丸撞击结构或推动结构撞击靶子。

由式(11.9)和式(11.11)显然可见,小尺寸模型的加速度为 δ/t^2 ,它是全尺寸原型中加速度(Δ/T^2)的 $1/\beta$ 倍大。然而,其动态力 $m\delta/t^2$ 是相应的全尺寸原型中的动态力($M\Delta/T^2$)的 β^2 倍。单位面积上的力,即压强是相同的,因为面积同样为 β^2 倍,这与式(11.7)压强与缩放无关的要求一致。

11.3 不按几何比例缩放的现象

在 11.2 节讨论的参数都遵守支配几何相似缩放的原则。现在展示几种不遵从此原则缩放的现象。至少有一个相似性要求不能满足的小尺寸模型称为畸

---

① 当假定 $v = (2g \times 落锤高度)^{1/2}$ 时,落锤高度 $= v^2/2g$ 。

变的模型[11.7]。

11.3.1 重力

一个质量为 M 的全尺寸原型的重力为 Mg，这里 g 是当地的重力加速度。如果一个小尺寸模型在相同地点实验，那么其重力为 mg，或 $\beta^3 Mg$，它随 β^3 而不是随在 11.2.3 节和 11.2.8 节指出的 β^2 变化。

因此，依据几何相似缩放的原理不可能对重力进行缩放，除非重力加速度被缩放为 $1/\beta$。幸运的是，与许多冲击问题中发生的动态力相比，重力并不重要。例如，Booth、Collier 和 Miles[11.8]①对缩放系数从 0.25 ~ 1.00 的钢板结构进行的落锤实验中，钢板结构的平均加速度范围为 46 ~ 1507g。然而，对于构件失效后的碎片分布以及低速冲击，重力可能是重要的。

11.3.2 材料的应变率敏感性

由应变率敏感材料制成的全尺寸原型的 Cowper-Symonds 本构方程（式(8.3)）可以写成

$$\frac{\Sigma_0'}{\Sigma_0} = 1 + \left(\frac{\dot{E}}{D}\right)^{1/q} \tag{11.12}$$

式中：Σ_0、Σ_0' 分别为静态和动态流动应力；$\dot{E}$ 为全尺寸原型中的应变率；D、q 为材料常数。

由于式(11.2)和式(11.3)式与材料特性无关（$E = \epsilon$），应变率敏感材料的应变也是不变的。然而，全尺寸原型中的应变率为 $\dot{E} = E/T$，而对于小尺寸模型则为 $\dot{\epsilon} = \epsilon/t$ 或者 $\dot{\epsilon} = \epsilon/\beta T = E/\beta T = \dot{E}/\beta$。因此，小尺寸模型中的应变率为与其几何相似的全尺寸原型的 $1/\beta$ 倍，而式(11.12)变为

$$\frac{\sigma_0'}{\sigma_0} = 1 + \left(\frac{\dot{E}}{\beta D}\right)^{1/q} \tag{11.13}$$

由式(11.2)和式(11.3)及 $\Sigma_0 = \sigma_0$ 得

$$\frac{\sigma_0'}{\Sigma_0'} = \frac{1 + (\dot{E}/\beta D)^{1/q}}{1 + (\dot{E}/D)^{1/q}} \tag{11.14}$$

式(11.14)揭示了小尺寸模型中的动态流动应力（σ_0'）大于全尺寸原型中的动态流动应力（Σ_0'），从而违背了 11.2.2 节中的应力不变的要求。

在 8.3.2 节中曾说明，对于典型的热轧软钢，有 $D = 40.4\text{s}^{-1}$，$q = 5$；当 $\dot{E} =$

---

① 也可参看 9.8.3 节中圆管的轴向冲击计算。

$D = 40.4\text{s}^{-1}$ 时,动态单轴拉伸流动应力为对应静态值的 2 倍。然而,当小尺寸模型和全尺寸原型由相同应变率敏感材料制成时,材料应变率效应的缩放不成比例有多重要呢?

如果 $\dot{E} = D$,那么式(11.14)变为

$$\frac{\sigma_0'}{\Sigma_0'} = \frac{1 + (1/\beta)^{1/q}}{2} \tag{11.15}$$

取 $\beta = 0.25$,当 $q = 5$ 时它给出 $\sigma_0' = 1.16\Sigma_0'$。类似地,式(11.15)预测当 $\beta = 0.1$ 时,$\sigma_0' = 1.29\Sigma_0'$。

从概念上讲,通过实验经审慎选择的具有不同材料应变率特性的小尺寸模型和全尺寸原型,可以克服这种不成比例的现象。然而,Nevill[11.9]考察过这种想法并遇到了相当大的实验困难,这是因为必须要对所有的材料效应进行正确的建模,包括弹性、屈服应力、应变强化以及材料的应变率敏感性。就作者所知,材料的应变率效应还未曾在小尺寸结构模型实验中被成功地模拟过。

11.3.3 断裂

当原本可以在弹性范围内安全地承受的载荷下结构中的裂纹突然变得不稳定并且增长时,发生快速断裂[11.10]。根据初等线弹性断裂力学,在含有长度为 B 的裂纹并受应力 Σ 作用的构件中,快速断裂的起始由下面关系式控制,即

$$\Sigma\sqrt{\pi B} = \sqrt{EG_c} \tag{11.16}$$

式中:E 为弹性模量;G_c 为材料韧性或单位裂纹面积吸收的能量。

如果含长度为 b 的裂纹的小尺寸模型受应力 σ 作用,则式(11.16)预测当

$$\sigma\sqrt{\pi b} = \sqrt{EG_c} \tag{11.17}$$

时,快速断裂开始。因此,如果小尺寸模型和全尺寸原型由相同材料制成,则

$$\frac{\sigma}{\Sigma} = \beta^{-1/2} \tag{11.18}$$

因为对于几何相似缩放有 $\beta = b/B$ 。式(11.18)预测小尺寸模型快速断裂开始所需的应力要大于几何上相似的全尺寸模型,因此它不满足在 11.2.2 节中曾讨论的应力不变性的要求。因此,大的结构或原型可能在塑性屈服前断裂,而在小的结构或模型中,同样的材料可能表现为在断裂前发生全面屈服。

11.4 量纲分析

11.4.1 引言

前面几节介绍的都是基于特定的物理变量。然而,对于受动载荷作用而

产生大变形和非弹性材料行为的复杂结构的响应来说,许多变量都起着作用。通常,研究每一个变量的影响是不现实的,所以设计者需要一个合理的选择方法。例如,是否某些变量的影响需要优先于其他变量用实验或数值方法进行实验?

结果发现,变量的无量纲组合控制着结构的响应,它将会在本节的后面进行阐释。因此,如果事先不知道这些组合而实施一个实验方案,可能变量的无量纲组合是在一个不恰当的范围。换言之,当把数据整理成变量的无量纲组合时,可能会显示实验或数值计算有不必要的重复。

有好几种方法可以用来导出变量的无量纲组合,这已得到了广泛的研究,尤其是在流体力学领域。控制结构动态响应的平衡方程、本构关系以及协调条件都可以通过引入一些特征值使之无量纲化。于是无量纲化的变量组合就会自然地出现在无量纲化的控制方程中[11.11]。这种方法,虽然在教学上是很吸引人的,但其实用价值有限,故不再进一步讨论。在本节中讨论称为量纲分析的另一种方法。

事实上,有好几种量纲分析方法[11.12],但本节只考察 Buckingham Π 定理方法,并在附录 5 中作进一步的讨论。该定理证明,对于一个具有 K 个物理量的物理问题,如果有 R 个(独立的)量纲,那么这些物理量通常可以整理为 $K-R$ 个独立的无量纲参数①。然而,这些参数的形式不是唯一的。

Nevill[11.9] 和 Duffey[11.2, 11.4] 应用 Buckingham Π 定理得到了对于受爆炸、破甲、着陆冲击以及热力加载的各种结构都有效的缩放律,此工作构成了下一节的基础。

11.4.2　Buckingham Π 定理

首先,把结构的动态非弹性响应所有重要的输入输出参量连同相应的物理量纲列出来。然后应用 Buckingham Π 定理生成一组完备的但不是唯一的无量纲变量组合,或称为 Π 项。使小尺寸模型和全尺寸原型的这些 Π 项相等就得出相似性要求,即缩放律。

11.4.2.1　输入参量

输入参量包括三个主要类型:几何特征,材料属性和外载荷。

结构的几何特征可以借助一个特征线性长度 L_c（如板的厚度或壳的直径）来描述。将其他所有的长度除以 L_c 并表示为 L_k,这里 k 指第 k 个线性尺寸,结构中第 k 个角记为 ϕ_k。

---

① 一个反例见 Hunsaker 和 Rightmire[11.13] 的文中第 109 页。进一步的细节及当 R 小于量纲数的情形参见附录 5。

材料的属性在响应中起着尤为重要的作用,并可以做多种理想化处理。然而,既然动态非弹性响应是最受关注的,故采用一个与时间有关的无量纲弹塑性规律[11.2],即

$$\frac{\sigma_{ij}}{\sigma_c} = f(\epsilon_{ij}, r\dot{\epsilon}_{ij}, \bar{\alpha}\theta) \qquad (11.19)①$$

式中:σ_{ij}、ϵ_{ij}、$\dot{\epsilon}_{ij}$ 分别为应力、应变和应变率张量;σ_c 为应力常数(如弹性模量或屈服应力);r 为材料的应变率敏感特性;$\bar{\alpha}$ 为特征热膨胀常数;θ 为温度。

如果结构是由几种不同的材料制成的,则为了考虑这一因素,把第 n 种材料的性质用它与一种材料(称为特征材料,具有 σ_c、f_c、r_c 和 $\bar{\alpha}_c$)在式(11.19)中的对应量的比值来表示,即 σ_{cn}、f_n、γ_n 和 $\bar{\alpha}_n$。类似地,ρ_{cn} 是第 n 种材料的密度除以特征材料的密度 ρ_c 得到的比值,G_{cn} 是第 n 种材料的韧性除以特征材料的韧性 G_c 得到的比值。

冲击、爆炸和破甲载荷在结构的曝露表面上产生瞬时的表面力,它可以写成

$$\frac{S}{S_c} = h\left(\frac{x_i}{L_c}, \frac{t}{T_c}\right) \qquad (11.20)②$$

式中:S 为 t 时刻表面上点(x_i)处的表面力;S_c 为特征应力;t 为时间(实验室时间或真实时间);T_c 为特征时间(如加载时长)。

类似地,温度载荷可以表示为

$$\frac{\theta}{\theta_c} = \bar{z}\left(\frac{x_i}{L_c}, \frac{t}{T_c}\right) \qquad (11.21)③$$

式中:θ_c 为特征温度;$\bar{z}$ 为一个无量纲函数。

11.4.2.2　输出参量

我们感兴趣的输出参量可能包括应力 σ_{ij}、应变 ϵ_{ij}、变形 δ_i 和角度改变 ϕ_i 随空间位置(x_i)和时间(t)的变化。

11.4.2.3　无量纲 Π 项

在表 11.2 中列出了 11.4.2.1 节中引入的 22 个输入参量(包括重力常数 g)以及对各种结构冲击问题的 4 个输出参量。

---

① σ_{ij},其两个下标 i 和 j 取值为 1~3,代表应力 σ_{11},σ_{12},σ_{13},σ_{21},σ_{22},σ_{23},σ_{31},σ_{32},σ_{33}。在非简化记法中,分别用 x,y,z 代替 x_1,x_2,x_3,σ_{ij} 代表应力 σ_x,σ_{xy},σ_{xz},σ_{yx},σ_y,σ_{yz},σ_{zx},σ_{zy},σ_z。类似的说明也分别适用于应变(ϵ_{ij})和应变率($\dot{\epsilon}_{ij}$)张量。

② $i=1,2,3$,x_i 代表非简化记法中的(x_1,x_2,z_3)。

③ 参见式(11.20)的脚注。

表 11.2　输入参量和输出参量

输入参量			
参量	量纲	参量	量纲
L_c	L	$\bar{\alpha}_n$	—
L_k	—	S_c	M/T²L
ϕ_k	—	h	—
ρ_c	M/L³	T_c	T
ρ_{cn}	—	θ_c	θ
σ_c	M/T²L	z	—
σ_{cn}	—	x_i	L
f_n	—	g	L/T²
r_c	T	G_c	M/T²
r_n	—	G_{cn}	—
$\bar{\alpha}_c$	1/θ	t	T
输出参量			
参量		量纲	
σ_{ij}		M/T²L	
ϵ_{ij}		—	
δ_i		L	
ϕ_i		—	

注：M=质量，L=长度，T=时间，θ=温度

　　输出参量 σ_{ij} 是 22 个输入参量的函数，所以 $K=23$，$R=4$[①]。在 11.4.1 节中所述的并在附录 5 中进一步讨论的 Buckingham Π 定理预言存在 $K-R=19$ 个独立的但不是唯一的无量纲数，如表 11.3 所列[②]。类似地，余下的三个输出变量 ε_{ij}、δ_i 和 ϕ_i 每一个都是 22 个输入参量的函数，所以得到表 11.3 中另外的 3 个无量纲参数 $\Pi_{20} \sim \Pi_{22}$。

---

　　① 应用附录 5 中所描述的方法可以证明相应的系数或量纲矩阵的秩 $R=4$，在这种情况下它等于量纲数，即基本量 M、L、T 和 θ 的数目。

　　② 在附录 5 中，概述的方法被用来产生表 11.3 中的无量纲的 Π 项。结果发现 Π_{11}、Π_{13}、Π_{15}、Π_{18} 不同于文献[11.2,11.4]中所给出的那几项。然而，当应用 Π_{11}/Π_{12}、$(\Pi_{12})^2$、$\Pi_{15}(\Pi_{12})^2$ 和 Π_{18}/Π_{12} 时它们可以化为相同的形式，分别给出 r_c/T_c、$\sigma_c T_c^2/\rho_c L_c^2$、$g T_c^2/L_c$ 和 t/T_c。在文献[11.2,11.4]中没有考察无量纲项 Π_{16}、Π_{17}。此外，泊松比也没有被考虑，但这是一个无量纲数，当弹性效应重要时对于小尺寸模型和全尺寸原型应该相同。

表 11.3 无量纲参数

$\Pi_1 = L_k$	$\Pi_{12} = (T_c/L_c)(\sigma_c/\rho_c)^{1/2}$
$\Pi_2 = \phi_k$	$\Pi_{13} = S_c/\sigma_c$
$\Pi_3 = \rho_{cn}$	$\Pi_{14} = x_i/L_c$
$\Pi_4 = \sigma_{cn}$	$\Pi_{15} = L_c\rho_c g/\sigma_c$
$\Pi_5 = f_n$	$\Pi_{16} = G_c/\sigma_c L_c$
$\Pi_6 = r_n$	$\Pi_{17} = G_{cn}$
$\Pi_7 = \bar{\alpha}_n$	$\Pi_{18} = (t/L_c)(\sigma_c/\rho_c)^{1/2}$
$\Pi_8 = h$	$\Pi_{19} = \sigma_{ij}/\sigma_c$
$\Pi_9 = \bar{z}$	$\Pi_{20} = \epsilon_{ij}$
$\Pi_{10} = \bar{\alpha}\theta_c$	$\Pi_{21} = \delta_i/L_c$
$\Pi_{11} = (r/L_c)(\sigma_c/\rho_c)^{1/2}$	$\Pi_{22} = \phi_i$

现在,如果表 11.2 所列的输入参数是几何上成比例的,以使小尺寸模型和全尺寸原型的 18 个输入的 Π 项($\Pi_1 \sim \Pi_{18}$)相同,那么无量纲响应($\Pi_{19} \sim \Pi_{22}$)也是相同的。当小尺寸模型和全尺寸原型的这些 Π 项相等时,考察与这些 Π 项相关的物理要求是有益的。

Π_1:模型中各线性尺寸之间的比例与原型中相同(即几何相似缩放)。

Π_2:模型与原型中各角度相等(即几何相似缩放)。

Π_3:模型中各材料密度与特征密度(ρ_c)之比必须与原型中对应的比值相等,当模型与原型在对应部位使用相同材料制作时这一 Π 项自动得到满足。

Π_4:模型给定材料的应力常数与特征应力常数(σ_c)之比必须与原型中对应的比值相等,当模型与原型在对应部位材料相同时这一 Π 项自动得到满足。

Π_5:模型和原型中对应材料的无量纲本构关系相同。当模型和原型中对应材料相同时,这一要求再次自动满足。

Π_6:第 n 种材料的应变率敏感性常数与特征值(r_c)之比对于模型和原型中的对应材料必须相等,当模型与原型材料相同时这一要求自动得到满足。

Π_7:模型中材料的热膨胀常数之比与原型中对应的比值相同。

Π_8:无量纲表面力载荷必须相似。这样,模型中一个给定的表面力分量,在用特征应力或压强(S_c)归一化之后,与原型中几何缩放后的位置处在按特征时间(T_c)缩放后的时刻对应的归一化表面力分量相等。

Π_9:模型与原型中的无量纲温度分布($\bar{z}$)相同。

Π_{10}:模型与原型中的特征热膨胀常数($\bar{\alpha}$)和特征温度(θ_c)的乘积必须相等。特征温度必须与模型和原型材料的热膨胀常数成反比进行缩放。如果模型与原型由相同材料制成,则特征温度(根据 Π_9)和温度分布必须相同。

Π_{11}:模型中的特征应变率敏感性常数(r)与时间($L_c (\rho_c/\sigma_c)^{1/2}$)之比必须等于原型中对应的比值。如果模型与原型在对应部位使用相同材料制作,则二者的 r 相同。然而,除非模型和原型大小相同,Π_{11} 是不同的,而这与缩放研究的目的不符。因此,如在 11.3.2 节见到的,除非材料的应变率效应可以忽略,对于几何相似缩放,无法使 Π_{11} 保持不变。

Π_{12}:如果模型与原型由相同材料制成,那么 σ_c 和 ρ_c 有相同的值。因此,Π_{12} 不变要求模型和原型的特征时间与特征长度比(缩放系数)成正比。

Π_{13}:张力或压力载荷的大小与特征应力常数之比对于模型和原型是相同的。因此,对于由相同材料制成的(即具有相同的特征应力常数)模型和原型,任一给定的缩放后部位在任一缩放后的时刻的表面应力大小相同。

Π_{14}:对应点的坐标随几何缩放系数变化。因此,举例来说,集中载荷必须作用在缩放后的部位。

Π_{15}:如果模型与原型在缩放后的部位由相同材料制成,则 Π_{15} 退化为 $gL_c =$ 常数。当在相同地理位置进行小尺寸和全尺寸实验时,这是不可能满足的,如 11.3.1 节所见。

Π_{16}:如果模型与原型由具有相同断裂韧性的相同材料制成,那么除非它们具有相同尺寸,Π_{16} 是不可能满足的,如 11.3.3 节所见。

Π_{17}:第 n 种材料的断裂韧性与特征值(G_c)之比对于模型和原型中的对应材料来说必须相同。如果 G_c 与材料厚度无关,那么当模型与原型的材料相同时此要求自动满足。

Π_{18}:响应时间正比于时间($L_c (\rho_c/\sigma_c)^{1/2}$)。或者,如果小尺寸模型与全尺寸原型的材料相同时,响应时间与特征长度成正比。

Π_{19}:所有应力均与特征应力常数成比例。由相同材料制成的模型和原型中,在对应的缩放后的部位在缩放后的冲击时刻的应力相同。

Π_{20}:在缩放后的对应时刻模型和原型在缩放后的对应部位应变相同。

Π_{21}:在缩放后的对应时刻,几何缩放后的对应部位的变形按几何缩放系数缩放。

Π_{22}:模型和原型的角变形相同。

11.4.2.4 评论

由 Π_{20}、Π_{19} 和 Π_{13} 所预测的应变、应力和压强不变分别证实了在 11.2.1 节至 11.2.3 节得到的结论,而 Π_{12} 不变得到 11.2.5 节提及的观察。在 11.2.4 节和 11.2.6 节推导出的速度不变性没有直接从任何无量纲的 Π 项中直接得到。然而,Π_{12} 可以写成 $L_c/T_c = (\sigma_c/\rho_c)^{1/2}/\Pi_{12}$ 的形式,当模型与原型的材料相同时,它给出 L_c/T_c 不变,这可以视作特征速度 v_c。

鉴于上述评论,无量纲项 $1/\Pi_{12}{}^2$ 可以写成 $\rho_c v_c^2/\sigma_c$ 的形式。Johnson[11.6]取 σ_c 等于平均流动应力,把量 $\rho_c v_c^2/\sigma_c$ 称为损伤数,并用它来确定金属中不同的冲击区域。式(6.163)是同一个损伤数,它可以用来区分板中不同的贯穿模式。

在11.3.1节至11.3.3节中曾指出,重力效应、材料应变率敏感性的影响以及快速断裂不遵循几何相似缩放的原理。当分别研究 Π_{15}、Π_{11} 和 Π_{16} 时,也可以重新得到这些结论。

Pugsley 和 Johnson[11.6,11.15]证明,长度为 L 的管形结构的均匀减速度为 $\sigma/\rho L$,这里 σ 为平均压皱应力,ρ 为名义密度①。这一表达式说明,车辆越长,减速度越小,当假定乘客的受伤与过大减速度有关时②,这就部分解释了为什么火车车厢比汽车安全。无量纲减速度为 $\sigma/\rho Lg$,它与 $1/\Pi_{15}$ 相同。对由相同材料制成的小尺寸模型和全尺寸原型,正如在11.3.1节中曾指出的,在相同地点实验时它是不可能满足几何相似缩放的。然而,如果重力在某一特定应用中是不重要的,则利用11.2节的简化方法,小尺寸模型的加速度为 $a = \delta/t^2 = v/t = V/\beta T$,或 $a = A/\beta$,这里 A 为全尺寸原型的加速度。此时,小尺寸模型的加速度为全尺寸原型的加速度的 $1/\beta$。

Buckingham Π 定理是一种推导控制某一特定问题行为的无量纲参量的合理方法,然而它未能揭示这些参量的相对重要性。例如,在附录5中证明了由式(A.95)~式(A.97)分别给出的三个无量纲参量 $\Pi_1 \sim \Pi_3$ 描述了瞬时加载的刚塑性梁的永久变形。然而,图7.19的理论和实验结果表明,两个无量纲参量 $W_f/H = \Pi_3$ 和 $\lambda = 4\Pi_1^2 \Pi_2^2$ 就已经足够了。遗憾的是,Buckingham Π 定理方法不能预测各种无量纲参量的相对重要性。

文献[11.16–11.19]研究了控制受动态载荷而产生大的非弹性位移的构件的响应的无量纲数。Alves 和 Oshiro[11.20,11.21]引入了一个通过合理地扭曲初速度及其他变量来修正材料应变率效应的非缩放影响的方法,这在11.3.2节中讨论过。它不同于在11.4.2节使用的当温度效应不保留时的常用基本量 M、L、T,使用了其他的基本量。

11.5　弹性结构中的裂纹扩展

11.5.1　引言

在11.4.2.4节中曾指出,Buckingham Π 定理可以用来推导控制某一特定

---

① 车辆的阻力为 σA,此处 A 是阻挡结构的横截面积,其压皱应力为 σ。管形结构的总质量为 ρAL。因此,减速度等于 $\sigma A/\rho AL$(将此表达式与描述重物撞击静止管子的式(9.71)做对比)。

② 见式(9.90)和式(9.91)。

问题行为的无量纲参量。控制着几何缩放即相似性的规律是建立在这些无量纲参量的基础上的。然而，Duffey[11.2,11.14]和其他人没有考察在 11.3.3 节所讨论的及在 11.4.2 节中所保留的断裂力学的影响。如 11.4.2.3 节中的 Π_{16} 及 11.3.3 节所显示的，这一现象并不遵循几何相似缩放律。预料到这一现象的潜在重要性，在本节考察 Atkins，Mai 及他们的合作者[11.22-11.24]的理论研究。

此理论工作专注于静态弹性行为，因为无论是动载还是非弹性材料都没有在文献[11.20-11.24]中研究过。然而，Atkins，Mai 及他们的合作者考察了非线性弹性材料及非比例缩放的影响，二者都将在本节中讨论。

11.5.2　线弹性断裂力学

Atkins 和 Caddell[11.22]考察了图 11.2 所示的两个几何相似的裂纹结构，并用与 11.3.3 节中略有不同的方法来推导在小尺寸模型和全尺寸原型中裂纹扩展所需应力的同一关系式：

$$\frac{\sigma}{\Sigma} = \beta^{-1/2} \tag{11.22}$$

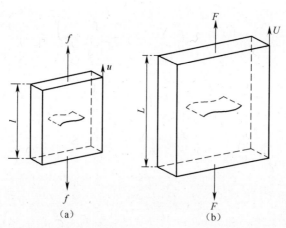

图 11.2　几何相似的小尺寸裂纹模型(a)和全尺寸裂纹原型(b)(其中 $l = \beta L$)

模型上的任一面积为几何相似的全尺寸原型对应面积的 β^2。因此，小尺寸模型的断裂载荷(f)和全尺寸原型的断裂载荷(F)的关系为

$$f/F = \beta^2 \sigma/\Sigma \tag{11.23}$$

利用式(11.22)，由式(11.23)可得

$$f/F = \beta^{3/2} \tag{11.24}$$

这一结果应同利用 11.4.2.3 节中的 Π_1 和 Π_{13} 得到的 $f/F = \beta^2$ 以及几何相似缩放律相对照。因此，全尺寸原型的断裂载荷(F)要比从几何相似的小尺寸模型实验的断裂载荷(f)中预期的小一些。

全尺寸原型中的总的工程应变为 $\epsilon = U/L$，这里 U 为图 11.2 所示的长度 L 的总位移。全尺寸原型中的弹性模量为 $E = \Sigma/\epsilon = \Sigma L/U$，而对于用相同材料制成的小尺寸模型，$E = \sigma l/u$。于是，这两个表达式相等给出 $\Sigma L/U = \sigma l/u$ 或 $u/U = \sigma l/\Sigma L$，利用式(11.22)，它变为

$$u/U = \beta^{1/2} \tag{11.25}$$

因此，全尺寸原型中的位移(U)是小尺寸模型中的位移(u)的 $\beta^{-1/2}$，而不是像在 11.4.2.3 节中所讨论的表 11.3 中 Π_{21} 项所预测的 β^{-1}。换言之，全尺寸原型的断裂发生时的位移要比根据几何相似缩放律从小尺寸模型实验中预测的位移小。

11.5.3　非线弹性断裂力学

Mai 和 Atkins[11.23] 导出了控制含裂纹结构非线性弹性行为的缩放律，该结构具有如下非线性载荷(F)—位移(U)关系，即

$$F = k(A)U^n \tag{11.26}$$

式中：$k(A)$ 为裂纹面积(A)的任意数学函数；n 为非线性度。作者证明了当断裂韧性不变时，断裂时小尺寸模型中的位移(u)和全尺寸原型中的位移(U)由式

$$u/U = \beta^{n/(n+1)} \tag{11.27}$$

相联系，而断裂应力满足关系：

$$\sigma/\Sigma = \beta^{-n/(n+1)} \tag{11.28}$$

式(11.23)和式(11.28)预测断裂载荷之比为

$$f/F = \beta^{(n+2)/(n+1)} \tag{11.29}$$

对于线弹性材料 $n = 1$，显然，式(11.27)、式(11.28)和式(11.29)分别退化为式(11.25)、式(11.22)和式(11.24)。

式(11.28)表明，在大的非线性结构中引起断裂需要的应力甚至小于大的线性结构中的应力。事实上，当 $n \to \infty$ 时，式(11.28)给出 $\sigma/\Sigma = \beta^{-1}$。在图 11.3 中把它同从描述线弹性材料的式(11.22)得到的 $\sigma/\Sigma = \beta^{-1/2}$ 以及根据不考虑断裂力学原理的基本缩放律所给出的 $\sigma/\Sigma = 1$ 进行了对比(11.2.2 节及 11.4.2.3 节中的 Π_{19})。因此，在给定材料的大结构中，可能在屈服前发生脆性断裂，而在小尺寸实验室试件中，相同材料在断裂前可能出现全面屈服。此外，在大的非线性结构中引起断裂需要的应力要低于大的线性结构中的应力。

11.5.4　非比例缩放弹性断裂力学

Mai 和 Atkins[11.24] 把 11.5.3 节中的理论研究加以扩展以得到非比例缩放的弹性结构的缩放律。非比例缩放的弹性结构的高、宽、厚和裂纹长度的缩放系

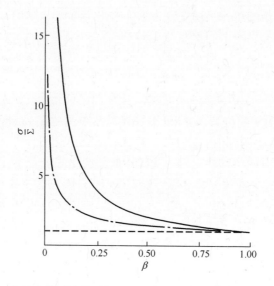

图 11.3　小尺寸模型的断裂应力(σ)与全尺寸原型断裂应力(Σ)之比
－－－基本缩放律;－·－式(11.22)(线弹性情形);
——式(11.28),$n \ll 1$(非线弹性情形)。

数都可以不同,这与所有系数都相等的几何相似结构形成对比。

在管道实验室的实验中可能遇到这种情形,尽管可以考察全尺寸厚度,但通常不可能复现实际长度。在实验室中可以考察船板的实际厚度,但是高度和宽度通常远小于对应的全尺寸值。

结果表明,对于描述非比例缩放的弹性结构的行为不可能有一个通用的方法。必须对每一个单独的带裂纹的结构定出缩放律。在文献[11.24]中,Mai 和 Atkins 考察了中心裂纹板和双悬臂梁,感兴趣的读者可以参阅该文献以得到进一步的信息。

11.6　韧性-脆性断裂转化

韧性-脆性断裂转化的存在是众所周知的,它由几个因素决定。例如,当材料的屈服应力随着三轴应力效应的增大而增大,而相关的断裂应力相对不受此影响时[11.25],就会发生这种情况。此外,如式(11.12)所描述,屈服应力随应变率的增加而增大,而断裂应力对应变率远不是那么敏感。屈服应力随温度升高而减小,断裂应力也减小,但通常只是实际值的很小一部分。因此,如果与特定加载条件相关的应力产生一个小于对应断裂应力的屈服应力,则材料就可能发生韧性响应。另一方面,对于同一问题,如果断裂应力小于屈服应力,不同的环境条件(如增加应变率或降低温度)可能引起脆性断裂。显然,与韧性-脆性转化相关的环境条件是设计中的一个重要因素。

Kendall 等[11.26]指出,即使是最硬最脆的物质如果做得足够小,也应该会发生塑性压扁而不是开裂。事实上,从式(11.28)显然可见,断裂应力随物体尺寸减小而增大。在足够小的物体中,它可以超过材料对应的屈服应力,并使得塑性屈服先于脆性断裂发生。因此,在改变物体尺寸时也可能遇到韧性-脆性转化。这一现象对于相似性研究是重要的,它将在本节余下的部分进行考察。

Kendall[11.26-11.28]研究了图 11.4 所示的试件的静态压缩失效。他发展了一个基于断裂能量平衡的失效准则,并使用玻璃材料进行了支持性实验。如果把压缩开裂试件的两臂理想化为端部受大小为 $F/2$,偏心度为 $(D-W)/4$ 的静态轴向载荷的悬臂梁,则根据梁的初等理论,每一臂的弹性应变能为 $3F^2(D-W)^2B/4EHD^3$。超出线弹性行为所需的所有的功归于表面能项 G_cBH 中,这里 G_c 是使固体材料开裂单位面积($A=BH$)所需的断裂能[11.29]。因此,总能量(U_T)可写为

$$U_T = -2 \times 3F^2(D-W)^2B/4EHD^3 + G_cBH \qquad (11.30)$$

由式(11.30)令 $dU_T/dB = 0$ 得

$$F_1 = H(2EG_cD/3)^{1/2}/(1-W/D) \qquad (11.31)$$

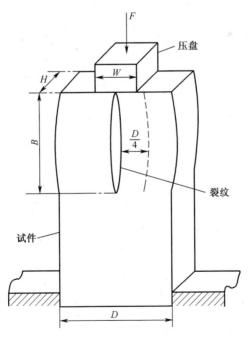

图 11.4 Kendall[11.28]进行过理论考察的压缩开裂试件的形状

这是长度为 B 的裂纹扩展所需要的力。因此，当 $W/D \ll 1$ 时断裂应力（F_1/DH）随 $D^{-1/2}$ 变化，这与式（11.18）一致。

当

$$F_2 = HW\Sigma_0 \tag{11.32}$$

时，在图 11.4 中加载压头的下方立即发生塑性屈服，式中 Σ_0 是材料的屈服应力。Kendall[11.28] 述及，当式（11.31）和式（11.32）预测的力相等时，就会发生失效模式从断裂到屈服的改变。

图 11.5 中的试件受载时在接触区周围产生局部屈服。因而由式（11.32）可得

$$W = F/H\Sigma_0 \tag{11.33}$$

式（11.33）代入式（11.31）得

$$(F/H)^2/\Sigma_0 D - F/H + (2EG_c D/3)^{1/2} = 0 \tag{11.34}$$

或

$$\frac{F}{H} = \frac{1 \pm [1 - 4(2EG_c D/3)^{1/2}/\Sigma_0 D]^{1/2}}{(2/\Sigma_0 D)} \tag{11.35}$$

当试件尺寸小于临界尺寸时，即

$$D_c = 32EG_c/3\Sigma_0^2 \tag{11.36①}$$

此表达式变成复数，这时不可能断裂，而发生总体屈服。所以，式（11.35）和式（11.36）表明，即使是最硬最脆的物质，如果做得足够小，也应该会发生塑性压扁而不是开裂。Kendall 给出了在玻璃材料上得到的实验数据，支持了他的理论预测。然而，在图 11.6 中展现的好的定量吻合的部分原因看来是式（11.31）用来从材料实验中预测断裂能 G_c[②]。

Puttick 和 Yousif[11.31,11.32] 考察了线弹性材料中的断裂转化并指出，具有非均匀应力场的结构中的应变能释放率由应变能场的特征长度（L）和裂纹长度决定。事实上，Puttick[11.31] 假定，对于有限的一类静态线弹性问题，控制着韧性–脆转化的特征长度（L_c）可以大致写成

$$L_c = \alpha(EG_c/\Sigma_0^2) \tag{11.37}$$

式中：EG_c/Σ_0^2 为材料参数；α 为与特定实验有关的参数。对于图 11.4 中的试件，当把 L_c 看作 D_c 时，从式（11.36）显然有 $\alpha = 32/3$。

对于线弹性断裂力学，式（11.16）可以重新整理以给出临界裂纹长度，即

---

① 这一现象较早时曾由 Gurney 和 Hunt[11.29] 指出过。

② Kendall[11.26] 假设对于弹性–理想塑性材料，塑性行为被限制在压板的下方，而试件的剩余部分，除了可能在裂纹尖端外，保持线弹性。然而，Kendall 似乎忽略了塑性流动可能因图 11.4 中试件臂的弯曲而发展。在文献[11.30]中证明了 Kendall 的分析只在 $0 \leqslant W/D \leqslant 1/3$ 且 $W/D_c = 1/2$ 时有效。

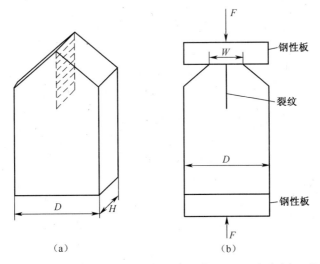

（a） （b）

图 11.5 （a）文献［11.28］中的压缩试件；（b）文献［11.28］中确定 D_c 的压缩试件

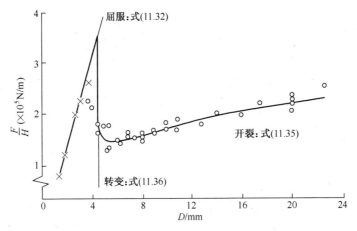

图 11.6 不同尺寸试件的压缩结果,表明聚苯乙烯大试样断裂(○),小试样屈服(×)[11.28]

$$B = EG_c/\pi\Sigma^2 \qquad (11.38)$$

因此,如果把 B 看作 L_c ,把 Σ 看作 Σ_0 ,则根据式(11.37),有 $\alpha = 1/\pi$ 。Atkins 和 Mai[11.33] 给出了其他例子。

当 $L \geqslant L_c$ 时发生脆性断裂,此处 L 是结构的某一线性尺寸。因此,断裂可以通过改变 L_c 来引发。这可以通过改变应变率、温度或几何相似结构的尺寸来实现,最后一点是本章的特别兴趣所在。

遗憾的是,目前可利用的实验证据不足以使临界特征长度(L_c)方法用于设计[11.31]。然而,对于数值程序,以及按比例扩大模型的结果以估计全尺寸原

421

型的行为时显然需要这一信息。

11.7 有关受动载作用结构的缩放律的实验结果

11.7.1 引言

11.4 节介绍的量纲分析表明了一个结构问题的参数必须如何变化以满足小尺寸模型和全尺寸原型的几何相似缩放的要求。然而，不可能同时缩放所有效应，并且，Buckingham Π 定理和其他量纲方法也无法估计当不是问题的所有变量都按几何比例缩放时所产生的偏离的潜在重要性。应用线弹性断裂力学发展了 11.5 节中的理论方法，来估计对基本的几何相似缩放律预测的偏离。例如，式(11.28)对于非线性弹性材料在 $n \gg 1$ 时给出 $\sigma / \Sigma = \beta^{-1}$。因此，全尺寸原型的起裂应力仅为 $\beta = 0.25$ 的几何相似小尺寸模型中起裂应力的 1/4，如图 11.3 所示。这一预测应同 11.2.2 节中几何相似缩放的要求 $\sigma / \Sigma = 1$ 相对照。缩放系数为 10(即 $\beta = 0.1$)(例如，在舰船建筑结构研究中遇到的缩放系数比这还大)表明全尺寸原型的起裂应力仅为几何相似的小尺寸模型的对应应力的1/10。根据式(11.27)，当 $n \gg 1$ 时全尺寸原型中在断裂时的位移将是 $\beta = 0.1$ 的小尺寸模型中相应位移的 10 倍大。这与几何相似缩放的基本要求一致。

如果对于线弹性行为 $n = 1$，则根据式(11.22)，全尺寸原型中的起裂应力分别是 1/4 模型中应力的 1/2 和 1/10 模型中应力的 $1/\sqrt{10} = 0.316$ 倍。由式(11.25)，全尺寸模型中与此相关的位移分别为 $\beta = 0.25$ 和 $\beta = 0.1$ 的小尺寸模型中对应位移的 2 倍和 3.16 倍，这与基本几何相似缩放要求的对应值 4 倍和 10 倍形成对照。

遗憾的是，对于断裂对结构静态塑性和动态塑性行为的影响，类似的通用理论方法还没有发表。然而，在静态弹性情形的计算中观察到的与基本几何相似缩放的较大偏离使得在 11.6 节讨论的韧性–脆性断裂转化的重要性更加突出。它们表明，在足够小的模型（即小的 β）中起裂应力会超过相应材料的屈服应力，从而其行为是韧性的，而几何相似的全尺寸原型可能断裂。所以，小尺寸模型的实验也许并不总是与全尺寸原型的行为相关，这是因为当试件做大些后可能发生韧性–脆性断裂的转化。

除了 11.5 节的理论工作外，几乎没有可利用的信息[①]来估计表 11.3 所列的各个 Π 项的重要性。此外，11.6 节中的理论概念也不足以预测韧性–脆性断裂转化。因此，有时就需要实验来增加对一个特别关键的设计的信心。一个全尺

---

① 文献[11.30]包含一个文献综述。

寸试验的例证是,一辆以 160km/h 速度行驶的机车撞击一个横躺在铁轨上的 48t 的核燃料运输罐[11.34]。

鉴于在 11.3 节和 11.6 节观测到的对缩放的偏差,从实际角度显而易见的是,对于大多数受大的动载荷从而引起非弹性行为的结构实验,严格遵循几何相似缩放律是不可能的。尽管如此,11.2 节中的要求应该满足以使得实验结果可以解释。例如,如 11.2.3 节所指出的,几何缩放结构的支座处螺栓夹紧组件的紧固力矩应该符合缩放律。此外,如 11.2.7 节所指出的,记录仪器的采集速率也应该被缩放以使记录到的所有试件无论大小其动态响应数据展现相同的趋势。

11.7.2　焊接钢板结构的落锤实验

令人惊讶的是,很少有人进行实验研究来考察结构小尺寸模型的有效性,或无效性①。出现这种情况是因为大多数构件是按照弹性设计的。

Booth、Collier 和 Miles[11.8] 报告了对于 1/10 至全尺寸的薄板软钢和不锈钢结构的一系列共 13 个落锤实验。试件尽可能几何相似,并受相同冲击速度作用,这是 11.2.6 节指出的基本缩放律的要求。所以,根据表 11.3 中的 Π_{21},试件的永久变形形状应该是几何相似的,但图 11.7 的照片显示出对相似律的偏离

1/3 尺度

2/3 尺度

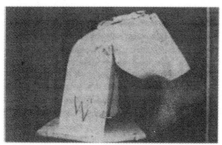
全尺度

图 11.7　Booth、Collier 和 Miles[11.8]考察的 D 型软钢板梁试件的永久变形的侧面照片

---

① 文献[11.30]包含一个文献综述。

很大。事实上,作者发现全尺寸原型的冲击后的变形可能高达从 1/4 模型的外推结果所预期的 2.5 倍。

从文献[11.8]的实验数据显然可知,试件厚度对公称值有偏差,屈服应力对于不同的尺寸也不同。因此,在文献[11.30]中重新检验了文献[11.8]的结果,并重新画在图 11.8 中以计入这种种效应以及材料应变率敏感性的影响。图 11.8 中的直线是几何相似缩放律,它预测最大的最终位移正比于 β（参见表 11.3 中的 Π_{21}）。它们通过原点及最小尺寸模型的实验数据。全尺寸原型的实验结果比根据基本的几何相似缩放律从对应的最小尺寸模型实验结果所预测的大得多。

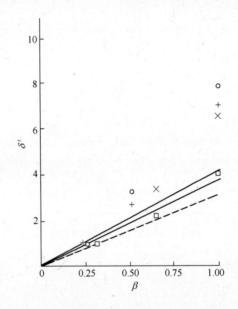

图 11.8 δ' 是文献[11.8]中记录的永久变形,用最小尺寸试件的永久变形进行了归一化,并根据全尺寸试件的屈服应力和应变率敏感性进行了修正[11.30]

β 是根据实际的平均板厚计算的。

○,+,□,✕—对应实验 1-3、4-6、7-10 和 11-13。

——,- - -几何缩放最小尺度实验结果的估计。

这些实验结果重新画于图 11.9 中,这里的水平线代表几何相似缩放律的预测。实验结果用对应的最小尺寸模型的实验结果按几何相似缩放的基本规律放大后的预测值进行了归一化。

观察到焊缝的断裂和撕裂在全尺寸的蛋盒形试件和板梁试件中比小试件明显得多。此外,软钢蛋盒形结构比不锈钢蛋盒形结构对基本缩放律的偏离更大。

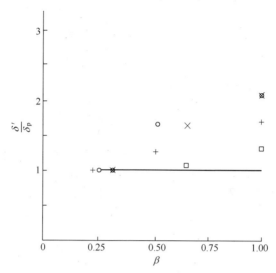

图 11.9　图 11.8 的永久变形与应用几何相似缩放律根据 β 从最小
尺寸试件的实验结果预测的永久变形之比（δ'/δ_p）

—— $\delta'/\delta_p = 1$，对于几何相似缩放。

11.7.3　钢板受面内尖劈冲击加载

在落锤装置上进行了一系列软钢板的动态切割实验，并在文献[11.30,
11.35]中做了报道。重的实心尖劈装在一个可变质量的锤头的头部。软钢板
试件的底边和两个垂直侧面都夹持在牢牢垂直固定于落锤装置底部的刚性框架
中，如图 11.10 所示。

从文献[11.30,11.35]中取了四种不同厚度（H）的软钢板受夹角（2θ）为
15°的尖劈撞击的一组实验数据，并在图 11.11 中给出。纵坐标为缩放后的冲击
能量（即初始动能/β^3，如 11.2.8 节所指出的），横坐标为缩放后的楔入深度（由
表 11.3 中的 Π_{21}，为 l/β，这里 l 为图 11.10 所示的楔入深度，β 为板厚与最大
（全尺寸）板厚之比）。因而，如果板的行为遵循几何相似缩放律，图 11.11 中的
所有直线应该重合。然而，对于给定的缩放后的楔入深度，显然全尺寸原型试件
吸收最少的缩放后动能，而最小尺寸的模型吸收最多。

对于 $l/\beta = 120$mm 的情况，这些结果以另一种方式展示在图 11.12 中。图 11.12
中最低的线来源于 $\beta = 0.248$（$H = 1.501$mm），所以该线上吸收能量 E_p 的所有预测值
（E_p）都是通过把 $\beta = 0.248$ 的实验结果乘以 $1/\beta^3$ 进行缩放的，如从 11.2.8 节观察到
的，而吸收能量（E_a）的值是每种尺寸所记录的实际实验结果。类似的说明也适用
于其余两条线，只是它们源于更大的 β 值。例如，图 11.12 中上面那条线（□）的预测
值（E_p）是从 $\beta = 0.820$ 的 4.958mm 厚的板的实验结果得到的。

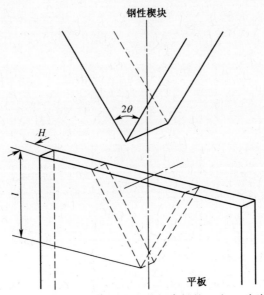

图 11.10　夹角为 2θ 的刚性尖劈撞击厚为 H 的竖直板的一边（l 为尖劈的楔入深度）

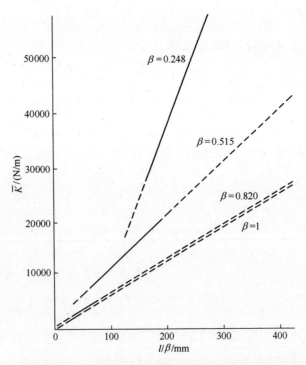

图 11.11　对于文献［11.30］中的刚性尖劈-板撞击实验（图 11.10），通过关于
缩放后的动能（$\bar{K}$）对缩放后的楔入深度（l/β）的实验数据的最佳直线
（$\bar{K} = K\beta^{-3}\sigma_u(1)/\sigma_u(\beta)$，这里 K 是初始动能）
——实验数据的范围；---外推线。

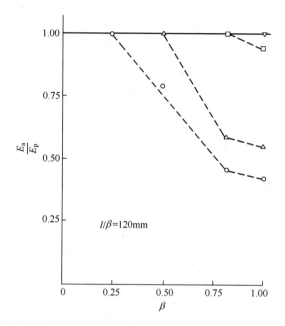

图 11.12 对于缩放后的楔入深度 $l/\beta = 120mm$ 及 $2\theta = 15°$(图 11.10),实际吸收
的能量(E_a)和预测值(E_p)之比与 β 的关系

○,△,□,▽— E_p 分别基于 1.501mm($\beta = 0.248$)、3.114 mm($\beta = 0.515$)、

4.958mm($\beta = 0.820$)和 6.045mm($\beta = 1$)厚的板的实验结果。

——几何相似缩放的预测。

从图 11.12 显然可见,根据 $\beta = 0.248$($H = 1.501mm$)的实验结果,基本缩
放律预测的最厚板($H = 6.045mm$)在实验中将吸收的能量为实际吸收能量的
$1/0.44 = 2.27$ 倍。换言之,6.045mm 厚的板仅吸收由 1.501mm 厚板的小尺寸
实验所预期吸收的能量的 44%。

指出这一点是有意义的:上述观察与文献[11.30]中讨论的其他几个动态
和静态研究大致吻合。图 11.12 中关于 $\beta = 0.248$ 和 $\beta = 1$ 的结果的值 $E_p/E_a = 2.27$($即 0.44^{-1}$)是从缩放后的楔入深度 $l/\beta = 120mm$ 得到的。另一方面,如果
在这些实验结果中对能量 $E_a/\beta^3 = 16000N \cdot m$ 进行缩放,则 $l/l_p = 2.26$,此处 $l_p = 120mm$ 由 $\beta = 0.248$ 的最小尺寸实验结果中估算的 l/β 给出。这些结果应同文
献[11.30]中图 2.5 的 $l/l_p = 2.45$(或 $l/l_p = 2.09$,当考虑这里的图 11.9 中的材
料应变率效应时)进行比较,该结果是 Booth 等[11.8]所报告的 $\beta \approx 0.25$ 和 $\beta = 1$
的焊接钢板结构的动态实验结果,实验时给定缩放后的初始冲击能量。因此,在
文献[11.8,11.30]中报告的两个完全不同的实验方案中观察到的对几何相似
缩放律的重大偏离之间存在不错的一致性。此外,在文献[11.36]报告的用与
图 11.10 中相同的实验装置的实验数据强化了这些结论。其他一些作

者[11.37-11.42]探索了图 11.10 所示的尖劈冲击问题的各个方面,但只是静载情形,在文献[11.43]中 Paik 对其中一些工作给出了一个综述。

11.7.4　板的动态横向加载

Duffey、Cheresh 和 Sutherland[11.14]用小的圆柱体冲头冲击软钢和不锈钢圆板。一些板具有泡沫基底。观察到了同基本缩放律的偏离不很显著,尽管只是通过相对少的实验仅考察了缩放系数 2。

文献[11.44]给出了一个关于受到钝头圆柱体冲击物侵彻的圆板的几何相似缩放的实验研究。板由软钢和铝合金制成,外边界固支,在中心处受到速度直到约 5m/s 的冲击物的撞击。实验中特别注意了对于板试件的尺寸和冲击物的质量与直径以及实验中记录的实验数据的滤波频率的缩放。贯穿的临界速度定义为不造成贯穿的最大值和造成贯穿的最小值的平均值。实验观察到贯穿时的位移、界面力、响应时间、贯穿能量以及各种其他物理量在这类实验的预期精度内确实满足几何相似缩放律。对于软钢(应变率敏感)试件,缩放范围是 4;对于铝合金(应变率不敏感)试件,缩放范围大约是 5。典型结果如图 11.13 所示。同样观察到,对于在中心处受到冲击速度高达 119m/s 的钝头弹撞击的软钢板的临界贯穿能量[11.45],在实验的精度范围内,几何相似缩放律得到了证实,这一速度远高于文献[11.44]中更重的弹的冲击速度的最高值 5m/s。

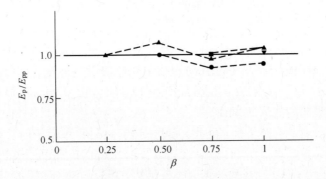

图 11.13　软钢试件的几何缩放冲击实验[11.44]中贯穿能(E_p)和相应的预测值
(E_{pp})之比与 β 的关系

▲,●,■,▼—E_{pp}分别基于 2mm($\beta=0.25$)、4mm($\beta=0.5$)、6mm($\beta=0.75$)和
8mm($\beta=1$)厚的板的实验结果。
—— $E_p/E_{pp}=1$,几何相似缩放律的预测。

对于受具有钝头、锥头(夹角为 90°)和半球形头的撞击面的圆柱体质量块法向撞击的固支软钢圆板的贯穿,已发表了其实验结果[11.46]。几何缩放的板的厚度分别为 2mm、4mm、6mm 和 8mm 厚,在中心及其他几处径向位置在落锤实验装置上被初速度高达约 12m/s 的弹体撞击。弹体也被几何缩放,并且其质量大概是相应板质量的 90 倍。这些数据以及另一组几何相似的 4mm 和 8mm 厚的固支软钢方板(撞击物与板的质量比为 40~60)的类似结果满足几何相似缩放律的要求。对于给定厚度的圆板和方板,钝头弹体用最小的能量将板贯穿,而半球形头弹体需要最多的能量。锥头弹体的贯穿能较半球形头的略少,但远高于钝头弹体需要的贯穿能。

对于那些经受大的韧性变形($W_f/H > 1$)而不发生任何材料开裂或贯穿的圆板和方板,也已发表了一些实验数据[11.46]。这些结果也显示满足几何相似缩放的要求。

Jacob 等[11.47,11.48]进行了超过 120 次承受局部爆炸载荷的软钢方板和矩形板的实验。作者确定了几个无量纲参量来描述全部实验数据,然而,这些实验没有根据几何相似缩放律严格地缩放。

Schleyer 等[11.49-11.51]比较了受均布动载荷作用的三个边长分别为 127mm、1m 和 3.11m 的固支软钢方板的最大横向位移。尽管试件并不严格满足几何缩放律,但当结果化为无量纲形式时,似乎表明最大永久横向位移的记录与几何相似缩放律并没有显著的偏离。

11.7.5　壳的动态加载

在文献[11.52]中报道了关于对在支撑处固支的管的横向冲击的实验研究,管被速度高达 14m/s 的楔形冲击物在跨度的几个不同位置撞击。管是空的且缩放范围约为 5。结果表明,对于那些经受大的非弹性变形而无材料失效的管,最大永久横向位移近似服从几何相似缩放律。

文献[11.52]的实验安排已经用于装有氮气的承压管的响应的研究。但是其缩放律只有 2[11.53]。发现由作用在承压管的冲击产生的最大永久横向韧性位移可能近似满足几何相似缩放律,但这不能确凿证明,因为实验数据的范围并不在之前的一个对更大直径的管的研究[11.54]的数据范围内。然而,小尺寸管的数据范围位于文献[11.54]中的更大尺寸的管之上的一个可能因素是,观察到使得管失效导致气体压力释放的冲击能量不符合几何相似缩放律。在11.7.2 节和 11.7.3 节观察到,全尺寸构件的动态非弹性失效出现在缩放后的初始冲击能量大概只有用 1/2 尺寸模型获得的缩放实验结果所预测的 1/2 时(例如,参见图 11.12 中 $\beta = 0.515$ 的实验数据)。在文献[11.53]中对于缩放的管的观察证实了这一观察。

两个最近的对于软钢锥壳[11.55]和圆柱壳[11.56]的冲击的研究报道了观察到的与几何相似缩放律的偏离可能归因于材料的应变率敏感性现象。作者建议一种畸变的几何相似缩放律,即增加全尺寸原型的流动应力以使其与相关的小尺寸模型中的动态流动应力相等。

11.8 结 束 语

本章介绍了相似性的一些基本概念。如 11.4.2 节和附录 5 中所述,很容易得出控制动态非弹性行为的无量纲 Ⅱ 项①。对于小尺寸模型和全尺寸原型的几何相似行为,无量纲 Ⅱ 项的大小必须相等。然而,在 11.3 节中和 11.4.2.3 节中指出,在许多实际场合中不可能做到几何相似缩放,这会导致畸变②。遗憾的是,很难估计各无量纲项的重要性。在 11.5 节中企图考察断裂效应,尽管既没有考察材料的塑性,也没有考察动态效应。在极其重要的应用中,要求助于全尺寸原型实验。不过,在文献中这类实验报道得相当少,尽管在 11.7 节中讨论了一些新近的结果。这些实验结果总结在图 11.8、图 11.9、图 11.11 和图 11.12 中,它们揭示出对于几何相似缩放律的重大偏离。相比而言,图 11.13 中受钝头冲击物撞击的圆板实验的数据在实验误差范围内似乎满足几何相似缩放律。这种一致性出现的可能原因是绝大部分的外部能量被承受非弹性行为却没有失效的一部分体积的材料所吸收(能量通过膜力和弯矩所吸收),它在很大程度上符合几何相似缩放律。冲击物下部的局部剪切失效通过一个小的表面区域而不是一部分体积的材料(即平方-立方定律)吸收了总的外部能量的一小部分,因此,它不符合几何相似缩放律。图 11.3 中板实件的这种不符合可能无法在实验数据中探测到,因为它太小了以至于会在这类冲击实验中的通常会有的实验离散中丢失。

在文献[11.59]中报道了关于铝合金和软钢双剪切试件的一些实验结果和理论预测,试件受大的动载荷作用产生广泛的非弹性行为。发现起裂时的横向位移差不多遵循基本的几何相似缩放律。然而,断裂位移与梁的厚度之比对于最厚的试件来说要小些,所以横向完全断开即失效时的临界位移不遵守缩放律。此外,当用基本缩放律对小尺寸模型的结果进行放大时,过高估计了全尺寸原型实验时所实际吸收的能量。对于给定的缩放后变形,最小的模型过高估计最厚的试件吸收的能量约达 2 倍。

对于由对应变率不敏感的材料制成的结构,发生全韧性动态响应而没有断裂时,几何相似缩放律可能是近似满足的[11.30,11.35]。事实上,Thornton[11.60]证明,没有撕裂时波纹管段的动态压扁载荷满足基本的缩放律。从文献[11.61]中图 3 中画出的结果显然可见,面积(平方)和体积(立方)缩放律提供了各种研

---

① Emori 和 Schuring[11.57]给出了一个工程中采用的标有名称的主要无量纲数的目录。

② 在文献[11.57,11.58]中给出了关于畸变或放宽(要求)的进一步评述。

究得到的所有的结构吸收的能量与缩放系数的关系曲线的上下界。At-kins[11.62-11.64]证明了这种行为永远存在。如果某种结构的动态响应由断裂主导,那么任何实验结果的缩放都会服从平方律,而具有大塑性变形但没有任何断裂的试件的缩放服从立方律。许多实际问题都介于这两种极限情况之间,正如文献[11.61]图3中的各种实验结果所示。Atkins[11.64]对于文献[11.65]报告的对双剪试件缩放获得的实验结果进一步讨论了他的理论。

Me-Bar[11.66]使用了另一种方法进行了缩放,它建立在与Atkins[11.62-11.64]的方法类似的原理上。Me-Bar还观察到,对于金属板的弹道贯穿,任何非缩放效应都是很小的。然而,重要的是要保证在增加小尺寸模型的大小时不发生韧性-脆性断裂的转化,如同在11.6节中所讨论的那样。此外,对于具有非线性不稳定的载荷-位移特性的对应变率敏感的结构,几何相似缩放律是不满足的,如Calladine[11.67,11.68]所指出的那样。

对于有兴趣的读者,应该指出,Bazant[11.69]讨论了准脆性材料的缩放行为。

所以,在结束本章时有必要加上一个说明,其结论是:尽管相似性用于经受塑性变形的结构时的确看来是有用的,但是材料失效的发生,如断裂、剪切或撕裂可能使结果失效,除非在这些非比例缩放模式中吸收的外部能量与在结构中没有任何材料失效的区域所吸收的能量相比是小的。

在本章的讨论以及所附的受到动态载荷并引起大的非弹性变形的几何相似缩放结构的实验结果中显然可见,不太可能存在能够联系起小尺寸模型的永久变形及其他特征和全尺寸原型响应的简单的普适定律。这种困难的主要原因在于此类问题是与时间相关的,伴有弹性加载、塑性加载、弹性卸载、塑性再加载、断裂等,它们发生在不同时间,不同的缩放律控制着响应的不同阶段,而且事实上在给定时间控制着结构的不同区域的行为。对于此种情况的一个可能的补救措施是,例如,遵循流体力学界的做法,进行关于结构的动态非弹性行为的额外的实验工作以理解主要的非缩放的现象并确认必须被满足的无量纲参量及相应的有效范围。即使是这样,缩放律对于实验程序的计划、数值计算的选择以及在无量纲参量的背景下解释二者的结果是宝贵的帮助。

习 题

11.1 应用11.2节中的基本方法来得到小尺寸模型和全尺寸原型的(a)加速度、(b)力和(c)矩形横截面的塑形失效力矩之间的关系。

11.2 应用Cowper-Symonds方程(式(11.12))来比较由同一种应变率敏感材料制成的小尺寸模型和全尺寸原型的行为。证明尺寸效应是存在的。

11.3 无量纲数 $\rho V^2 / E$ 称为弹性系统的Cauchy数(Ca)[11.57]。当线弹性

波速为 $(E/\rho)^{1/2}$ 时解释这个无量纲数的物理意义。

对于具有相同 Ca 数但是由不同材料制成的小尺寸模型和全尺寸原型，得出相似性所必须满足的关系。为了重新得到式(11.11)必须满足什么条件？

用表 11.3 的无量纲 Π 项表示出 Ca 数。

11.4 无量纲数 $\rho v^2/\sigma$ 称为平均流动应力为 σ 的结构系统或其他物体的损伤数[11.6]。它等于 Newton 数（Ne）[11.57]的倒数。证明这个无量纲数是惯性力和平均流动力之比。

得出具有相同损伤数但是由不同材料制成的小尺寸模型和全尺寸原型的相似性要求。

用表 11.3 的无量纲 Π 项表示出损伤数。

11.5 应用 Buckingham Π 定理得出控制图 4.14(a)所示的受均布于整个板面的瞬动速度 V_0 作用的刚性理想塑性圆板的最大永久横向位移的一组无量纲参数。板的半径为 R、厚度为 H、密度为 ρ、屈服应力为 σ_0。

把结果同式(4.93a)和式(4.100)进行比较。

11.6 对于受均布瞬动速度 V_0 作用的宽 $2B$、长 $2L$、厚 H、密度为 ρ、屈服应力为 σ_0 的刚性理想塑性矩形板，重做习题 11.5。

把结果同式(7.94a)和式(7.95)进行比较。

11.7 应用 Buckingham Π 定理得出控制 9.22 节中薄壁圆管的静态轴向压皱的一组无量纲参数，并把结果同式(9.21)进行比较。

附录1 虚功原理

受静压力 p 作用的梁的平衡方程式(1.1)和式(1.2),在消去横向剪力 Q 并把 Q 看作一个反作用力(即没有横向剪切变形)时可以联立给出

$$\mathrm{d}^2 M/\mathrm{d}x^2 + p = 0 \qquad (A.1)^{①}$$

将式(A.1)乘以一个任意的或虚的横向位移场 $w(x)$,以后记作 w,得

$$(\mathrm{d}^2 M/\mathrm{d}x^2 + p)w = 0 \qquad (A.2)^{②}$$

式(A.2)沿梁的整个长度 l 积分后变为

$$\int_l (\mathrm{d}^2 M/\mathrm{d}x^2 + p)w\mathrm{d}x = 0 \qquad (A.3)$$

即

$$-\int_l (\mathrm{d}^2 M/\mathrm{d}x^2)w\mathrm{d}x = \int_l pw\mathrm{d}x \qquad (A.4)$$

式(A.4)的右边被认为是压力 p 由于任意的即虚的位移场 w 而做的外功。式(A.4)的左边需要做进一步的变换以便变成更熟悉的形式。因此,把式(A.4)左边的项重新写成

$$-\int_l (\mathrm{d}^2 M/\mathrm{d}x^2)w\mathrm{d}x = -\int_l \{\mathrm{d}(\mathrm{d}M/\mathrm{d}x)/\mathrm{d}x\} w\mathrm{d}x$$

并分部积分③得

$$-\int_l (\mathrm{d}^2 M/\mathrm{d}x^2)w\mathrm{d}x = -[(\mathrm{d}M/\mathrm{d}x)w] + \int_l (\mathrm{d}M/\mathrm{d}x)(\mathrm{d}w/\mathrm{d}x)\mathrm{d}x \quad (A.5)$$

式(A.5)右边最后一项为 $\int_l \mathrm{d}(M)\mathrm{d}w/\mathrm{d}x$,对它分部积分后,式(A.5)可以写成

$$-\int_l (\mathrm{d}^2 M/\mathrm{d}x^2)w\mathrm{d}x = -[(\mathrm{d}M/\mathrm{d}x)w] + [M\mathrm{d}w/\mathrm{d}x] - \int_l M(\mathrm{d}^2 w/\mathrm{d}x^2)\mathrm{d}x$$

$$(A.6)$$

这样,当应用分别由式(1.1)和式(1.3)得到的 $\mathrm{d}M/\mathrm{d}x = Q$ 和 $\kappa = -\mathrm{d}^2 w/\mathrm{d}x^2$ 后,式(A.4)变为

---

① 量 M、Q、p 和 x 在图 1.1 中定义。

② 横向位移 w 在图 1.1 中定义。

③ $\int_l u\mathrm{d}v = [uv] - \int_l v\mathrm{d}u$,此处括号[ ]表示量 uv 是在边界(支承处)计算的。

$$- [Qw] + [Mdw/dx] + \int_l M\kappa dx = \int_l pwdx \qquad\qquad (A.7)$$

式(A.7)可以重新整理成

$$\int_l M\kappa dx = \int_l pwdx + [Qw - Mdw/dx] \qquad\qquad (A.8)$$

的形式,该式左边给出梁由于曲率改变而吸收的总内能,这一曲率改变是由一个任意的即虚的横向位移场引起的。式(A.8)右边的第一项如前面所指出的那样,是压力 p 所做的外功。余下的量 $[Qw - Mdw/dx]$ 是梁的边界处的横向剪力和弯矩所做的外功①。

显然,式(A.8)说明,外功等于梁中对应的内功。然而,该式比简单的能量平衡更有用。我们记得,横向位移场 w 是任意的,且显然式(A.8)中的 dw/dx 和 κ 是从 w 导出的,因而,它们构成一个可称为机动容许集的集合。该机动容许集不必是特定问题的实际的运动集。此外,广义应力 (M,Q) 和外压 (p) 不依赖于横向位移场 w,它们构成一个静力容许集或平衡集。换言之,静力容许集 (M,Q,p) 和机动容许集 $(w,dw/dx,\kappa)$ 是独立的,只是通过本构方程联系在一起以得到实际理论解。这一重要的观察就解释了为什么式(A.8)被称为虚功原理而不是称为功的平衡。式(A.8)中静力容许集和机动容许集的独立性在许多力学定理的证明中得到应用,包括在1.3节中介绍的塑性界限定理。

在许多教科书中对于各种结构和连续介质都证明了虚功原理。

关于受动载的梁的式(3.1)和式(3.2),可以联立给出

$$\partial^2 M/\partial x^2 + p - m\partial v/\partial t = 0 \qquad\qquad (A.9)②$$

式中: $\partial v/\partial t$ 为加速度。可以遵循上面概述的理论方法,如果在式(A.2)~式(A.4)、式(A.7)和式(A.8)中用 $p - m\partial v/\partial t$ 代替 p,并且所有的导数 $d^2( )/dx^2$ 和 $d( )/dx$ 分别用 $\partial^2( )/\partial x^2$ 和 $\partial( )/\partial x$ 代替,则保持相同。因此,式(A.8)成为

$$\int_l M\kappa dx = \int_l (p - m\partial v/\partial t)wdx + [Qw - M\partial w/\partial x] \qquad\qquad (A.10)③$$

这是梁的动载问题的虚功原理。

---

① 梁的支座处所作用的依图1.1中定义的正的弯矩 M 引起一横向位移,在支座处有 $dw/dx < 0$。
② 用 $\partial v/\partial t$ 代替 $\partial^2 w/\partial t^2$ 是为了强调平衡集和运动集的独立性。
③ $\partial v/\partial t$ 代替 $\partial^2 w/\partial^2 t$ 强调平衡和运动集的独立性。

附录 2   非弹性材料的路径依赖性

非弹性体的响应不仅依赖于所加载荷的最终值而且依赖于加载历史。为了说明这一现象,考虑图 A.1 中的刚塑性杆,它受轴力 N 和弯矩 M 作用,根据图 A.2 中的简化屈服条件,N 和 M 引起塑性流动和应变强化。现在对于两种不同的加载顺序来考察杆的行为并加以比较。

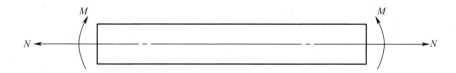

图 A.1   受轴力 N 和弯矩 M 作用的长杆

杆沿图 A.2 中路径 OA 加载,从未受载状态(O)到初始屈服条件上的位置(A)。如果杆沿着 OA 的延长线继续加载,则它将轴向伸长以满足在 2.3.4 节中讨论过的塑性正交性要求。假定屈服条件直至加载停止到达 A' 点时是各向同性扩展的,如图 A.2 所示。

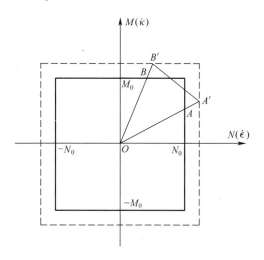

图 A.2   受轴力 N 和弯矩 M 作用的杆的简化屈服准则
——初始屈服条件;– – –后继屈服条件。

当沿图 A.2 中路径 $A'B'$ 加载时,杆保持为刚性,直到加载路径恰好到达后继屈服条件上的 B' 点。如果现在杆沿着路径 $B'O$ 卸载到原点 O,则它将再次保持为刚性,因而杆将由于图 A.2 中 A 和 A' 之间的塑性流动而永久性拉长。

显然,如果加载循环反过来(即 $OBB'A'AO$),则由原始材料制成的杆将发生永久性弯曲以满足 B 和 B' 间塑性流动的正交性要求。在第一种加载顺序中($OAA'B'BO$),杆被拉长,而在第二种加载顺序中($OBB'A'AO$),杆被弯曲。所以,加载和卸载的次序是重要的。这一现象称为路径依赖性,它是塑性材料的一个重要特性。

从上述观察显然可以看到,例如,不像线弹性分析那样,塑性结构的理论解应该是增量式地进行,即逐步进行以恰当地考虑由塑性正交性要求所控制的任何塑性流动。这就解释了为什么在贯穿本书的理论解中都应用速度场而不用位移场以及为什么广义应变率矢量与屈服准则相关联。

附录 3 虚速度原理

鉴于附录 2 中所讨论的塑性材料路径的依赖性,对于一个任意的即虚的速度,来推导另一个虚功原理,称为虚速度原理。

梁的控制方程式(A.1)可以乘以一个任意的横向速度场 $\dot{w}$,即

$$(d^2M/dx^2 + p)\dot{w} = 0 \qquad (A.11)$$

式(A.3)~式(A.7)可以从式(A.11)得出,如果分别用 $\dot{w}$、$d\dot{w}/dx$ 和 $\dot{\kappa}$ 代替 w、dw/dx 和 κ,则上述诸式保持不变。因此,式(A.8)变为

$$\int_l M\dot{\kappa}dx = \int_l p\dot{w}dx + \left[Q\dot{w} - Md\dot{w}/dx \right] \qquad (A.12)$$

式(A.12)为虚速度原理。类似地,对于动载情形,有

$$\int_l M\dot{\kappa}dx = \int_l (p - m\partial v/\partial t)\dot{w}dx + \left[Q\dot{w} - M\partial\dot{w}/\partial x \right] \qquad (A.13)$$

式中: $\partial v/\partial t$ 为加速度。

附录 4 平衡方程与几何关系的相容集

1. 引言

根据初等理论(式(1.3)),梁的曲率改变为 $\kappa = - \mathrm{d}^2 w/\mathrm{d} x^2$。然而,这一表达式是曲率改变 $\kappa = - (\mathrm{d}^2 w/\mathrm{d} x^2) \{1 + (\mathrm{d} w/\mathrm{d} x)^2\}^{-3/2}$ 的一个近似,因而它在 $(\mathrm{d} w/\mathrm{d} x)^2 \ll 1$ 时才是有效的。重要的是使应变和曲率关系的任何这类近似与平衡方程中所做的近似相容。这保证了没有在运动学关系中略去那些比平衡方程中保留的项更为重要的项。反过来,重要的是防止在平衡方程中略去与运动学关系中保留的项同等重要或更为重要的项。

在本附录中将说明,对于一个结构问题,可以怎样应用附录 3 中的虚速度原理来得到一组相容的平衡方程和相应的几何关系(应变或曲率改变)。

2. 梁的无限小行为

由式(1.3),梁的曲率改变率为

$$\dot{\kappa} = - \mathrm{d}^2 \dot{w}/\mathrm{d} x^2 \tag{A.14}$$

式(A.14)代入虚速度原理(式(A.12))得

$$- \int_l M(\mathrm{d}^2 \dot{w}/\mathrm{d} x^2) \, \mathrm{d} x = \int_l p\dot{w}\mathrm{d} x + [Q\dot{w} - M\mathrm{d}\dot{w}/\mathrm{d} x]$$

上式的左边可以分部积分两次,得

$$- [M\mathrm{d}\dot{w}/\mathrm{d} x] + [\dot{w}\mathrm{d} M/\mathrm{d} x] - \int_l (\mathrm{d}^2 M/\mathrm{d} x^2)\dot{w}\mathrm{d} x = \int_l p\dot{w}\mathrm{d} x + [Q\dot{w} - M\mathrm{d}\dot{w}/\mathrm{d} x]$$

由于在支承处的项当 $Q = \mathrm{d} M/\mathrm{d} x$ 时可以消去,上式可以写成

$$\int_l (\mathrm{d}^2 M/\mathrm{d} x^2 + p)\dot{w}\mathrm{d} x = 0 \tag{A.15}$$

如果

$$\mathrm{d}^2 M/\mathrm{d} x^2 + p = 0 \tag{A.16}$$

$$Q = \mathrm{d} M/\mathrm{d} x \tag{A.17}$$

则对于任意的横向速度场 $\dot{w}$,式(A.15)都满足。

因此,式(A.14)、式(A.16)和式(A.17)满足虚速度原理,且平衡方程式(A.16)和式(A.17)与曲率改变率(式(A.14))是相容的。式(A.16)和式(A.17)式就是由式(1.2)和式(1.1)分别给出的静载下的横向平衡方程和力矩平衡方程。

类似地,对于梁的动态加载,由式(3.3),得

$$\dot{\kappa} = -\partial^2 \dot{w}/\partial x^2 \qquad (A.18)$$

而根据式(A.13),由虚速度原理可得

$$\partial^2 M/\partial x^2 + p - m\partial v/\partial t = 0 \qquad (A.19)$$

和

$$Q = \partial M/\partial x \qquad (A.20)$$

它们就是由式(3.2)和式(3.1)分别给出的横向运动方程和力矩平衡方程。

3. 横向剪切的影响

上一节中梁的弯曲初等理论没有保留横向剪切位移的影响。现在假定梁变形时既有弯曲曲率又有横向剪切位移,如图6.2所示。角 $\psi(x)$ 是由弯矩 M 引起的梁中心线的通常的转动,而角 $\gamma(x)$ 是由横向剪力 Q 引起的沿梁的中心线的点的剪切角。因此,根据静载时的式(6.8),有

$$\dot{\kappa} = \mathrm{d}\dot{\psi}/\mathrm{d}x \qquad (A.21)$$

相应的横向剪切应变率为 $\dot{\gamma}$,因而有

$$\mathrm{d}\dot{w}/\mathrm{d}x = \dot{\gamma} - \dot{\psi} \qquad (A.22)$$

现在应用虚速度原理来得出一组相容的平衡方程。然而,为了计入横向剪切效应的影响,需要虚速度原理的一种扩展形式。式(A.2)~式(A.5),在分别用 $\dot{w}$ 和 $\mathrm{d}\dot{w}/\mathrm{d}x$ 取代 w 和 $\mathrm{d}w/\mathrm{d}x$ 后,重新标为式(A.2)′~式(A.5)′,它们对于目前的情形是成立的。把式(A.22)代入式(A.5)′得

$$-\int_l (\mathrm{d}^2 M/\mathrm{d}x^2)\dot{w}\mathrm{d}x = -[\dot{w}\mathrm{d}M/\mathrm{d}x] + \int_l (\mathrm{d}M/\mathrm{d}x)(\dot{\gamma} - \dot{\psi})\mathrm{d}x$$

或

$$-\int_l (\mathrm{d}^2 M/\mathrm{d}x^2)\dot{w}\mathrm{d}x = -[(\mathrm{d}M/\mathrm{d}x)\dot{w}] +$$
$$\int_l (\mathrm{d}M/\mathrm{d}x)\dot{\gamma}\mathrm{d}x - [M\dot{\psi}] + \int_l M(\mathrm{d}\dot{\psi}/\mathrm{d}x)\mathrm{d}x \qquad (A.23)$$

因而式(A.4)′变为

$$-[Q\dot{w}] - [M\dot{\psi}] + \int_l Q\dot{\gamma}\mathrm{d}x + \int_l M\dot{\kappa}\mathrm{d}x = \int_l p\dot{w}\mathrm{d}x \qquad (A.24)[①]$$

或

$$\int_l M\dot{\kappa}\mathrm{d}x + \int_l Q\dot{\gamma}\mathrm{d}x = \int_l p\dot{w}\mathrm{d}x + [Q\dot{w} + M\dot{\psi}] \qquad (A.25)$$

式(A.25)就是保留横向剪切效应的虚速度原理。

---

① 从式(A.22)看到,当 $\dot{\gamma} = 0$ 时 $\dot{\psi} = -\mathrm{d}\dot{w}/\mathrm{d}x$。

现在把几何关系式（A.21）和式（A.22）代入式（A.25）以推出一组相容的平衡方程。于是,有

$$\int_l \{ M d\dot{\psi}/dx + Q(d\dot{w}/dx + \dot{\psi}) - p\dot{w} \} dx = [Q\dot{w} + M\dot{\psi}] \qquad (A.26)$$

式（A.26）分部积分后变为

$$[M\dot{\psi}] - \int_l (dM/dx)\dot{\psi}dx + [Q\dot{w}] - \int_l (dQ/dx)\dot{w}dx + \int_l Q\dot{\psi}dx - \int_l p\dot{w}dx = [Q\dot{w} + M\dot{\psi}]$$

或

$$-\int_l (dMdx - Q)\dot{\psi}dx - \int_l (dQ/dx + p)\dot{w}dx = 0 \qquad (A.27)$$

如果

$$dM/dx = Q \qquad (A.28)$$

以及

$$dQ/dx = -p \qquad (A.29)$$

则式（A.27）对于非零速度场和角速度场是满足的。式（A.28）和式（A.29）是静载梁的平衡方程。对于受静载而具有横向剪切位移和弯曲曲率的梁,式（6.5a）和式（6.6）分别化为式（A.29）和式（A.28）。

类比式（A.12）和式（A.25）与式（A.13）,当忽略转动惯性效应时,动态情形下的虚速度原理显然为

$$\int_l M\dot{\kappa}dx + \int_l Q\dot{\gamma}dx = \int_l (p - m\partial v/\partial t)\dot{w}dx + [Q\dot{w} + M\dot{\psi}] \qquad (A.30)$$

4. 横向剪切和转动惯性的影响

如果不仅考虑横向剪切效应,而且考虑转动惯性,则关于梁的虚速度原理可以写成

$$\int_l M\dot{\kappa}dx + \int_l Q\dot{\gamma}dx = \int_l (p - m\partial v/\partial t)\dot{w}dx -$$

$$\int_l I_r(\partial\Omega/\partial t)\dot{\psi}dx + [Q\dot{w} + M\dot{\psi}] \qquad (A.31)[①]$$

式中：$I_r = mk^2$ 为横截面绕梁（单位长度）的中面转动时的惯性矩；$\partial v/\partial t$ 为横向加速度；$\partial\Omega/\partial t$ 为转动加速度；κ 为回转半径。式（A.31）中新出现的含有 I_r 的项就是梁的横截面绕梁的中面转动时克服转动惯性的功率。

$$\dot{\kappa} = \partial\dot{\psi}/\partial x \qquad (A.32)$$

和

---

① 用 $\partial v/\partial t$ 与 $\partial\Omega/\partial t$ 代替 $\partial^2 w/\partial t^2$ 和 $\partial^2 \psi/\partial t^2$ 是为了强调平衡及运动集的独立性。

$$\partial \dot{w}/\partial x = \dot{\gamma} - \dot{\psi} \tag{A.33}$$

代替式(A.21)和式(A.22)代入式(A.31)并分部积分,得

$$[M\dot{\psi}] - \int_l (\partial M/\partial x)\dot{\psi}dx + [Q\dot{w}] - \int_l (\partial Q/\partial x)\dot{w}dx + \int_l Q\dot{\psi}dx$$

$$= \int_l (p - m\dot{v})\dot{w}dx - \int_l I_r\dot{\Omega}\dot{\psi}dx + [Q\dot{w} + M\dot{\psi}] \tag{A.34}$$

式中

$$(\cdot) = \partial ( )/\partial t \tag{A.35}$$

于是,有

$$- \int_l (\partial M/\partial x - Q - I_r\dot{\Omega})\dot{\psi}dx - \int_l (\partial Q/\partial x + p - m\dot{v})\dot{w}dx = 0 \tag{A.36}$$

式(A.36)要求

$$\partial M/\partial x = Q + I_r\dot{\Omega} \tag{A.37}$$

和

$$\partial Q/\partial x = - p + m\dot{v} \tag{A.38}$$

它们分别就是运动方程式(6.6)和式(6.5a)。

5. 有限位移的影响

虚速度原理的一个重要特色是推导经受有限位移结构的相容方程组。这将通过图 A.3 所示的受静载的梁来加以说明。

初始长度为 dx 的一个梁单元在受载后变为新的长度 ds,此处

$$ds = \{ w'^2 + (1 + u')^2 \}^{1/2}dx \tag{A.39}$$

$$( )' = \partial ( )/\partial x \tag{A.40}$$

或者,略去高阶项后,为

$$ds = (1 + u' + w'^2/2)dx \tag{A.41}$$

由图 A.3,显然,距梁的变形后的中面为 η 处的正应变 ϵ^η 由下式给出,即

$$\epsilon^\eta = \{ (R + \eta)(\partial\psi/\partial s)ds - dx \}/dx \tag{A.42}$$

式中变形后梁中面的曲率为

$$1/R = \partial\psi/\partial s \tag{A.43}$$

并假定平的横截面在变形时仍保持为平面。现在,由图 A.3,得

$$\tan\psi = - w'/(1 + u') \tag{A.44}$$

式(A.44)对 s 求导后变为

$$\sec^2\psi\,\partial\psi/\partial s = - \{ \partial(w'/(1 + u'))/\partial x \}(dx/ds)$$

或

$$\partial\psi/\partial s = - \{ w''(1 + u') - w'u'' \}(dx/ds)^3 \tag{A.45}$$

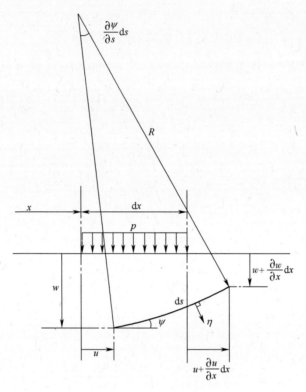

图 A. 3　具有有限挠度的梁的中面

这是由于

$$\cos\psi = (1 + u')\,dx/ds \tag{A.46}$$

　　如果我们的注意力限制在中等挠度和小应变,则横向挠度 w 可能比轴向位移 u 大得多[①]。因此,与只包含 w 或它的各阶导数的项相比,含有 u、u' 或 u'' 乘以 w、w' 或 w'' 的项可以略去。此外,从式(A. 41)很显然对于小应变有 $ds \approx dx$ 。所以,鉴于上述说明,式(A. 45)可简化为

$$\partial\psi/\partial s = -w'' \tag{A.47}$$

而式(A. 42)可以重新写成

$$\epsilon^\eta = \epsilon + \eta\kappa \tag{A.48}$$

式中

$$\epsilon = u' + w'^2/2 \tag{A.49}$$

以及

$$\kappa = -w'' \tag{A.50}$$

---

① 见文献[7. 31]。

式(A.49)和式(A.50)就是图 A.3 中梁的轴向应变和变形后中面的曲率改变,它们可以分别写成

$$\dot{\epsilon} = \dot{u}' + w'\dot{w}' \qquad (A.51)$$

和

$$\dot{\kappa} = -\dot{w}'' \qquad (A.52)$$

此处

$$(\dot{\ }) = \partial(\ )/\partial t \qquad (A.53)$$

为了完成运动学方面的考虑,必须考查梁支承处的速度和角速度。由图 A.4 显然有

$$\dot{m} = \dot{u}\cos\psi - \dot{w}\sin\psi \qquad (A.54)$$

$$\dot{n} = \dot{u}\sin\psi + \dot{w}\cos\psi \qquad (A.55)$$

以及

$$\dot{\psi} = -\dot{w}' \qquad (A.56)$$

式中:$\dot{m}$、$\dot{n}$ 分别为切向和法向速度分量。然而,式(A.41)、式(A.44)和式(A.46)表明,当应用早先引入的简化时,$\cos\psi \approx 1$ 和 $\sin\psi \approx -w'$。因此

$$\dot{m} = \dot{u} + w'\dot{w} \qquad (A.57)$$

$$\dot{n} = \dot{w} \qquad (A.58)$$

以及

$$\dot{\psi} = -\dot{w}' \qquad (A.59)$$

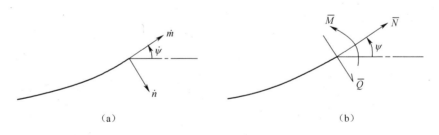

图 A.4 (a) 梁边界处中面的速度和角速度;(b) 梁边界中面上的力和力矩

完成了梁的有限位移行为的几何方面的设定后,再来寻找一组相容的平衡方程。如果有人在此暂停片刻,并试图用通常的方法推导平衡方程,他就会发现各个力产生许多竖直方向和水平方向的分量,至于这些分量中哪些可以认为是小量而可以略去则并不清楚。另一方面,如果保留所有的分量,则平衡方程不仅将变得累赘,而且将包含那些与推导相应的几何关系式(A.51)和式(A.52)时

已经略去的项具有同等重要性的项。现在表明如何用虚速度原理来推导与几何关系式(A.51)和式(A.52)相容的平衡方程。

前面已经看到式(A.8)是关于任意位移场的功的平衡。这一观察对于包含动态效应的式(A.10),考虑横向剪切效应的式(A.25)以及保留横向剪切和动态效应、包括转动惯性在内的式(A.31)也是正确的。一般来说,如果假定结构以一个连续的并满足速度边界条件的虚速度场所规定的方式变形,则虚速度原理表明

$$\dot{D} = \dot{E} \tag{A.60}$$

式中

$$\dot{D} = 总的内能耗散$$

$$\dot{E} = 总的外能耗散$$

强调这一点是很重要的:式(A.60)中的量必须包括结构中所有的内能和外能耗散。

现在

$$\dot{D} = \int (N\dot{\epsilon} + M\dot{\kappa}) \, ds \tag{A.61}$$

式中积分沿梁的变形后的中面进行,而应变率和曲率改变率分别由式(A.51)和式(A.52)给出。前面根据式(A.41)已经指出,当注意力限制在具有中等挠度和小应变的梁时, $ds \approx dx$ 。因此,式(A.61)变为

$$\dot{D} = \int \{N(\dot{u}' + w'\dot{w}') - M\dot{w}''\} \, dx$$

上式可以重新整理为

$$\dot{D} = \int N d(\dot{u}) + \int (Nw') d(\dot{w}) - \int M d(\dot{w}')$$

分部积分后得

$$\dot{D} = [N\dot{u}] - \int N'\dot{u} \, dx + [Nw'\dot{w}] - \int (Nw')'\dot{w} \, dx - [M\dot{w}'] + \int M' d(\dot{w})$$

或

$$\dot{D} = [N\dot{u} + (Nw' + M')\dot{w} - M\dot{w}'] - \int N'\dot{u} \, dx - \int \{M'' + (Nw')'\} \dot{w} \, dx \tag{A.62}$$

式中用[ ]括起的项在边界处计算。

外功率为

$$\dot{E} = \int (p - m\dot{v})\dot{w} \, dx - \int m\dot{\chi}\dot{u} \, dx + [\overline{N}\dot{m} + \overline{Q}\dot{n} + \overline{M}\dot{\psi}]$$

或者,应用式(A.57)~式(A.59)后为

444

$$\dot{E} = \int (p - m\dot{v})\dot{w}\mathrm{d}x - \int m\dot{\chi}\dot{u}\mathrm{d}x + [\overline{N}\dot{u} + (\overline{N}w' + \overline{Q})\dot{w} - \overline{M}\dot{w}']$$

$$(A.63)^①$$

如果现在援引虚速度原理并把式(A.62)和式(A.63)代入式(A.60),得

$$\int \{(-N' + m\dot{\chi})\dot{u} - [M'' + (Nw')' - m\dot{v} + p]\dot{w}\}\mathrm{d}x +$$

$$[(N - \overline{N})\dot{u} + (Nw' + M' - \overline{N}w' - \overline{Q})\dot{w} - (M - \overline{M})\dot{w}'] = 0 \quad (A.64)$$

显然,如果 N、M 和 Q 作用的方向与图 A.4 中所示的 $\overline{N}$、$\overline{M}$ 和 $\overline{Q}$ 的方向相同,则在边界处 $N = \overline{N}$、$M = \overline{M}$ 和 $Q = \overline{Q}$。此外,只有当 $\dot{u}$ 和 $\dot{w}$ 的系数为 0 时式(A.64)才能对于所有的虚速度 $\dot{u}$ 和 $\dot{w}$ 都成立。所以

$$N' - m\dot{\chi} = 0 \qquad\qquad (A.65)^②$$

$$M'' + (Nw')' + p - m\dot{v} = 0 \qquad\qquad (A.66)^②$$

以及

$$Q = M' \qquad\qquad (A.67)$$

式(A.65)和式(A.66)分别就是水平($\dot{u}$)和垂直($\dot{w}$)方向的平衡方程,而式(A.67)确保力矩平衡。所以,应变和曲率关系式(A.49)和式(A.50)以及平衡方程(式(A.65)~式(A.67))是一组相容的方程。对于产生有限位移的静载,式(A.65)~式(A.67)化为式(7.13)、式(7.15)和式(7.14),而对于动态无限小位移,从式(A.67)和式(A.66)分别重新得到 $I_r = 0$ 的式(A.37)和式(A.38)。

本节中所发展的一般方法可以用来得到任何结构的相容方程组。然而,对于下面几节中给出的几个常见工程结构的例子将只做简要的描述并只对无限小位移进行推导。

6. 圆板的轴对称行为

对无限小位移,圆板中面的曲率改变为

$$\kappa_r = -w'' \qquad\qquad (A.68)$$

和

$$\kappa_\theta = -w'/r \qquad\qquad (A.69)$$

而

$$\dot{D} = \int (M_r\dot{\kappa}_r + M_\theta\dot{\kappa}_\theta)2\pi r\mathrm{d}r \qquad\qquad (A.70)$$

① $\dot{v}$ 和 $\dot{\chi}$ 用来强调平衡集和运动集的独立性。

② 可以用 $\ddot{u}$ 和 $\ddot{w}$ 分别替代 $\dot{\chi}$ 和 $\dot{v}$ 以给出这些方程更常见的形式。

$$\dot{E} = \int (p - \mu\dot{v})\dot{w}2\pi r\mathrm{d}r + \left[2\pi r\overline{Q}\dot{w} - 2\pi r\overline{M}\dot{w}' \right] \qquad (\text{A.71})$$

因此,代入式(A.60)并分部积分得到平衡方程:

$$(rQ_r)' + rp - r\mu\ddot{w} = 0 \qquad (\text{A.72})^{①}$$

和

$$rQ_r = (rM_r)' - M_\theta \qquad (\text{A.73})$$

7. 矩形板受横向加载

对于无限小位移,图4.15中矩形板中面的曲率改变为

$$\kappa_x = -w'' \qquad (\text{A.74})$$

$$\kappa_y = -w^{**} \qquad (\text{A.75})$$

和

$$\kappa_{xy} = -w'^* \qquad (\text{A.76})$$

式中

$$(\ )^* = \partial(\ )/\partial y \qquad (\text{A.77})$$

而 $(\ )'$ 由式(A.40)定义。内能耗散为

$$\dot{D} = \iint (M_x\dot{\kappa}_x + M_y\dot{\kappa}_y + 2M_{xy}\dot{\kappa}_{xy})\mathrm{d}x\mathrm{d}y$$

上式与外功率一起代入式(A.60)可得

$$Q'_x + Q^*_y + p - \mu\ddot{w} = 0 \qquad (\text{A.78})^{①}$$

$$Q_x = M'_x + M^*_{xy} \qquad (\text{A.79})$$

以及

$$Q_y = M^*_y + M'_{xy} \qquad (\text{A.80})$$

式中各量在图4.15中定义。

8. 圆柱壳的轴对称行为

对于产生轴对称无限小位移且没有轴向位移的静态或动态横向载荷,图2.14(或图5.1)中圆柱壳的应变和曲率改变为

$$\varepsilon_\theta = -w/R \qquad (\text{A.81})$$

$$\kappa_x = -w'' \qquad (\text{A.82})$$

和

$$\kappa_\theta = 0 \qquad (\text{A.83})$$

相应的内能耗散为

$$\dot{D} = \int (N_\theta\dot{\epsilon}_\theta + M_\theta\dot{\kappa}_\theta + M_x\dot{\kappa}_x)2\pi R\mathrm{d}x$$

---

① $\dot{v}$ 已被 $\ddot{w}$ 代替。

上式与外功率一起代入式(A.60)可得

$$Q_x' + N_\theta/R - p - \mu\ddot{w} = 0 \qquad\qquad (A.84)^{①}$$

和

$$Q_x = M_x' \qquad\qquad (A.85)$$

式中各量在图 5.1 中定义。

---

① $\dot{v}$ 已被 $\ddot{w}$ 代替。

附录5   Buckingham Ⅱ 定理

表 11.2 中的基本量为 M、L、T 和 θ，而其余所有的量都是从属的量（如 ρ、δ）。可以证明，任何从属量（S_i）都可以用基本量表示如下：[A.1]

$$S_i = L^a T^b M^c \theta^d \tag{A.86}$$

式中：a、b、c、d 为指数，它们必须满足量纲齐次性。如果需要 K 个变量 ζ_1，ζ_2，$\cdots$，ζ_K 来描述一个结构的响应，则这些变量的无量纲乘积可以构造为

$$\chi = \zeta_1^{\alpha_1} \zeta_2^{\alpha_2} \cdots \zeta_K^{\alpha_K} \tag{A.87}$$

为了给出无量纲乘积要选择 $\alpha_1, \alpha_2, \cdots, \alpha_K$。

取

$$\zeta_i = L^{a_i} T^{b_i} M^{c_i} \theta^{d_i} \tag{A.88}$$

式（A.87）变为

$$\chi = (L^{a_1} T^{b_1} M^{c_1} \theta^{d_1})^{\alpha_1} (L^{a_2} T^{b_2} M^{c_2} \theta^{d_2})^{\alpha_2} \cdots (L^{a_K} T^{b_K} M^{c_K} \theta^{d_K})^{\alpha_K} \tag{A.89}$$

然而，为了使 χ 无量纲，显然式（A.89）右边的基本量的指数必须为 0，即

$$\begin{cases} a_1\alpha_1 + a_2\alpha_2 + \cdots + a_K\alpha_K = 0 \\ b_1\alpha_1 + b_2\alpha_2 + \cdots + b_K\alpha_K = 0 \\ c_1\alpha_1 + c_2\alpha_2 + \cdots + c_K\alpha_K = 0 \\ d_1\alpha_1 + d_2\alpha_2 + \cdots + d_K\alpha_K = 0 \end{cases} \tag{A.90}$$

式（A.90）对于每一个基本量（在这里是 M、L、T 和 θ）都有一个包含 K 个未知数（$\alpha_1 \sim \alpha_K$）的方程，此处 K 是问题的原始变量（$\zeta_1, \zeta_2, \cdots, \zeta_K$）的个数（基本量和从属量）。显然从齐次方程组的理论可以看出，式（A.90）有 $K-R$ 个线性无关的方程，这里 R 是量纲矩阵

$$\begin{pmatrix} a_1 & a_2 & \cdots & a_K \\ b_1 & b_2 & \cdots & b_K \\ c_1 & c_2 & \cdots & c_K \\ d_1 & d_2 & \cdots & d_K \end{pmatrix}$$

的秩。矩阵的秩（R）是与该矩阵所包含的最高阶非零行列式有关的。它不能大于方程个数，但可以小于方程数。因此，能够构成的独立的无量纲乘积的个数等于原始的基本变量和从属变量的个数（K）减去系数矩阵即量纲矩阵的秩（R）。

上述方法产生一个完备集。所有其他可能的无量纲组合是完备集中包含的乘积的幂的积。最后，Buckingham Ⅱ 定理可以叙述为：[A.1]

如果一个包含 K 个变量的方程是量纲齐次的，则它可以化为 $K\text{-}R$ 个独立的无量纲乘积之间的一个关系式，此处 R 为量纲矩阵的秩。

已经出版了许多有关 Buckingham Ⅱ 定理的书和文章，感兴趣的读者可以参阅它们以获取更严密的阐述。特别是，Gibbings[A.2]讨论了早期证明中的各种缺点，并给出了一个证明，该证明避免了许多缺陷。

关于 Buckingham Ⅱ 定理的示例

在3.5节、3.7节、7.6节中曾经考察过刚塑性梁的响应，梁由流动应力为 σ_0、密度为 ρ 的材料制成，在整个跨度上受均布的瞬动速度 V_0 作用。梁的均匀厚度为 H、长为 $2L_s$①。这一特定问题的输入参量为 σ_0、ρ、V_0 和 L_s，而我们感兴趣的输出参量是最大永久横向位移（W_f）。现在，仿照式（A.87）得

$$\sigma_0^{\alpha_1}\rho^{\alpha_2}V_0^{\alpha_3}H^{\alpha_4}L_s^{\alpha_5}W_f^{\alpha_6} \tag{A.91}$$

利用式（A.88），式（A.91）变为

$$(ML^{-1}T^{-2})^{\alpha_1}(ML^{-3})^{\alpha_2}(LT^{-1})^{\alpha_3}(L)^{\alpha_4}(L)^{\alpha_5}(L)^{\alpha_6} \tag{A.92}$$

根据式（A.90），给出方程组：

$$\begin{cases}M: \alpha_1+\alpha_2+0+0+0+0=0\\ L: -\alpha_1-3\alpha_2+\alpha_3+\alpha_4+\alpha_5+\alpha_6=0\\ T: -2\alpha_1+0-\alpha_3+0+0+0=0\end{cases} \tag{A.93}$$

式（A.93）的量纲矩阵为

$$\begin{pmatrix}1 & 1 & 0 & 0 & 0 & 0\\ -1 & -3 & 1 & 1 & 1 & 1\\ -2 & 0 & -1 & 0 & 0 & 0\end{pmatrix}$$

行列式为

$$\begin{vmatrix}1 & 1 & 0\\ -1 & -3 & 1\\ -2 & 0 & 0\end{vmatrix}=-2$$

因而秩（R）为3，它是量纲矩阵中含有的最高阶的非零行列式。由于式（A.91）和式（A.92）中 $K=6$，所以需要 $6-3=3$ 个无量纲变量来描述这一特定问题。

注意到 α_1、α_2 和 α_4 的系数组成上述非零行列式，所以，为了得到无量纲变

---

① 用 $2L_s$ 而不是 $2L$ 表示梁的跨度是为了避免与基本变量 L 的潜在混乱。

量,假定在式(A.93)中 $\alpha_3 = 1$、$\alpha_5 = \alpha_6 = 0$,得

$$\begin{cases} \alpha_1 + \alpha_2 = 0 \\ -\alpha_1 - 3\alpha_2 + 1 + \alpha_4 = 0 \\ -2\alpha_1 - 1 = 0 \end{cases} \tag{A.94}$$

解方程组(A.94)得 $\alpha_1 = -1/2$、$\alpha_2 = 1/2$ 和 $\alpha_4 = 0$。因此,把这些值代入式(A.91)得

$$\Pi_1 = \sigma_0^{-1/2} \rho^{1/2} V_0^1 H^0 L_s^0 W_f^0$$

即

$$\Pi_1 = V_0 (\rho/\sigma_0)^{1/2} \tag{A.95}$$

类似地,取 $\alpha_3 = 0$、$\alpha_5 = 1$、$\alpha_6 = 0$ 得

$$\alpha_1 + \alpha_2 = 0$$

$$-\alpha_1 - 3\alpha_2 + 1 + \alpha_4 = 0$$

$$-2\alpha_1 = 0$$

由此得 $\alpha_1 = \alpha_2 = 0$ 和 $\alpha_4 = -1$,所以

$$\Pi_2 = L_s/H \tag{A.96}$$

根据参数 $\alpha_3 = \alpha_5 = 0$、$\alpha_6 = 1$,它们预测 $\alpha_1 = \alpha_2 = 0$ 和 $\alpha_4 = -1$,剩下的无量纲项为

$$\Pi_3 = W_f/H \tag{A.97}$$

无量纲参数 $\Pi_1 \sim \Pi_3$ 不是唯一的,但它们可以用来得到其他的无量纲量。例如, $(\Pi_1\Pi_2)^2 = \rho V_0^2 L_s^2/\sigma_0 H^2$,除了相差一个数值因子外,它曾用在图7.19中。

量纲矩阵的秩一旦确定,独立的无量纲 Π 项的数目也就知道了。它们可以通过观察写下,而不用仿照上述导致式(A.94)~式(A.97)的方法。然而,Gibbings[A.3]给出了另一个简单而合理的产生无量纲组的方法,它通过上述问题来说明。

现在

$$W_f = F(\sigma_0, \rho, V_0, H, L_s) \tag{A.98}$$

当应用表 A.1 中列出的步骤时式(A.98)可以表达成无量纲形式,即

$$W_f/H = F(\sigma_0/\rho V_0^2, L_s/H) \tag{A.99}$$

根据式(A.95)~式(A.97),式(A.99)可以表达成

$$\Pi_3 = F(1/\Pi_1^2, \Pi_2) \tag{A.100}$$

控制这一特定问题的变量产生独立的无量纲项 $\Pi_1 \sim \Pi_3$,它们可以用来推导相似性原理。当小尺寸模型和全尺寸原型的 $\Pi_1 \sim \Pi_3$ 相等时几何相似缩放律

是满足的。

表 A.1 变量和量纲

变量	W_f	σ_0	ρ	V_0	H	L_s
量纲	L	$ML^{-1}T^{-2}$	ML^{-3}	LT^{-1}	L	L
变量	W_f	σ_0/V_0^2	ML^{-3}		H	L_s
量纲	L	ML^{-3}			L	L
变量	W_f	$\sigma_0/\rho V_0^2$			H	L_s
量纲	L	1			L	L
变量	W_f/H	$\sigma_0/\rho V_0^2$				L_s/H
量纲	1	1				L

附录 6 准静态行为

1. 引言

对于设计受动载的结构,工程实践中经常使用一种准静态的分析方法。它简化了分析的理论方法和数值方法,并且在适当的情形下能够获得响应的主要特征。准静态方法的准确性经常是可接受的,尤其当承认在材料的动态性能、结构的支撑条件(如铆接)和动态加载的性质的任何不确定性时。

在准静态分析中,假定对于一个受动载的结构,它的变形场与时间无关。实际上,准静态分析采用受同样的空间分布载荷但静态加载的同一结构问题的变形场。因此,假定结构中任何由动载引起的惯性力都不会产生一个随时间改变形状的变形场[①]。任何由移行塑性铰引起的瞬态行为,如图 3.15(b)所示的质量块冲击刚性-理想塑性梁,都被忽略了。这个具体问题的整个准静态响应由图 3.15(c)所示的有驻定塑性铰的横向变形场控制。在下一节中我们更充分地阐述了准静态分析方法。

在 3.8.4 节中已经给出了一个准静态分析方法的例子,即受重物撞击的固支刚性-理想塑性梁。这个梁之后还会重新审视,目的是澄清响应的几个方面以及获得准静态分析方法准确性的指导原则。

2. 准静态分析方法

由动能平衡可得到受初始动能为 K_e 的质量块撞击的刚性-理想塑性结构件的准静态分析,即

$$P_c W_q = K_e \qquad (\text{A.101})$$

式中: W_q 为对最大永久横向位移的准静态估计; P_c 为同样的结构在与撞击物相同的位置静态加载时的塑性压溃力。很显然,式(A.101)中的外功 $P_c W_q$ 与构件塑性变形期间形成的塑性铰和塑性区的内能耗散也是相等的。在这种情况下,式(A.101)变为

$$\sum_{i=1}^{n} D_i = K_e \qquad (\text{A.102})$$

[①] 当静载的增加产生了大的挠度影响或者几何改变时,结构的变形场也可能改变形状。在这种情形下,这样的变形场改变将包含在对动载的准静态分析中,但是任何由于惯性影响产生的变形场改变仍将被忽略。

式中：D_i 为为了吸收 K_e 而在每个塑性铰和塑性区在塑性变形期间吸收的总能量；n 为构件中这些位置的总数。

如果在结构的塑性压溃中仅形成塑性弯曲①铰，那么式（A.102）以下式的形式出现，即

$$\sum_{i=1}^{n} M_i \theta_i = K_e \tag{A.103}$$

式中：M_i 为在 i 处横截面的塑性压溃弯矩；θ_i 为压溃期间通过该塑性铰的相应的总转动。在塑性压溃弯矩为 M_0 的均匀结构横截面的特殊情形下，式（A.103）变为

$$M_0 \sum_{i=1}^{n} \theta_i = K_e \tag{A.104}$$

与 1.3 节和 1.4 节中的相应表达式不同，式（A.102）~式（A.104）的左边是与时间无关的。假定对于一个准静态分析，速度场和位移场的形状是相同的且与时间无关，因此没有任何塑性铰的传播或塑性区边界的运动②。

3. 固支梁的质量冲击

在 3.8 节中已经得到了图 3.15(a) 所示的这一特定梁的一个理论解。对于刚性-理想塑性材料，这个理论解是精确的，它有两个运动阶段：如图 3.15(b) 所示的有移行塑性铰的瞬变阶段以及随后的如图 3.15(c) 所示的有驻定塑性铰的模态运动阶段。

对图 A.5 所示的特定的固支梁，当梁具有塑形压溃力矩为 M_0 的均匀横截面时，由式（1.37）可得梁的静态塑性压溃力为 $P_c = 4M_0/L$。因此，应用式（A.101），准静态分析预测图 3.15(a) 所示的梁，当跨中点受 $K_e = MV_0^2/2$ 的质量块 M 冲击时的最大永久横向位移为

$$W_q = MV_0^2 L/8M_0 \tag{A.105}$$

这个分析应用了图 3.15(c) 所示的在精确解中所用的横向位移场③。因此，梁的永久横向位移场是三角形的，可以表达成如下形式：

$$W_q = MV_0^2 L(1 - x/L)/8M_0, \quad 0 \leqslant x \leqslant L \tag{A.106}④$$

---

① 在弯曲铰中膜力和横向剪切力对总能量吸收没有贡献。

② Martin[6.16] 推导了一个定理用来预测一个受瞬动载荷的刚性-理想塑性连续体的精确永久位移的上限，如在附录 7 中所讨论的。这个方法可用于忽略结构质量的质量块冲击加载。在这种情况下，这导致一个与式（A.101）形式相同的表达式。Martin 的定理也证明了准静态分析方法的预测给出了永久位移准确值的上限。Martin 和 Symonds[A.4] 也研究了对受瞬动加载的结构的动塑性分析的最佳模式的要求。

③ 正如在附录 2 中所指出的，因为非弹性材料的路径依赖性，速度场而不是位移场被应用在其他章节中。但是，在准静态分析中因为任何塑性铰都保持驻定，所以速度场和位移场的形状是不变的。

④ 对于图 3.15(a) 所示的梁以及其他的对称情况，仅考虑右侧的 $0 \leqslant x \leqslant L$。

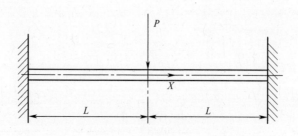

图 A.5　跨中点受静态集中力的固支梁

式(A.106)与由重的冲击物即冲击质量满足 $M/mL \gg 1$ 时的精确解得到的式(3.105)相同。因此，很显然，对撞击质量 M 比梁质量的 $\frac{1}{2}mL$ 重很多的情况，准静态分析方法精确地预测了最大永久横向位移以及整个梁的永久位移场。

图3.15(c)中的压溃机理与图3.15(a)中有均匀横截面的梁的冲击加载相关，它有3个塑性铰共吸收能量 $M_0\theta + M_0(2\theta) + M_0(\theta)$ ，其中 $\theta \approx W_q/L$ 。可以直接证明，如同式(A.104)所要求的那样将这个内能与 $K_e = MV_0^2/2$ 相等，可以再次导出式(A.105)和式(A.106)。这个代替方法已经在3.8.4节用于得到对于重的冲击物的式(A.106)。

4. 准静态分析的准确性

由准静态分析方法预测得到的最大永久横向位移 W_q 和精确理论解 W_f 之间的差别可以表示成百分比误差[A.5]，即

$$e_w = (W_q - W_f)100/W_f(\%) \tag{A.107}$$

当应用式(A.105)所得的 W_q 和式(3.102)当 $x=0$ 时所得的 W_f 时，式(A.107)给出了图 A.6 中 e_w 随质量比 $M/2mL$ 的变化。这些结果显示，当质量比大于33时，准静态分析预测的误差小于1%。当质量比小到3.25时，误差约为10%。然而，

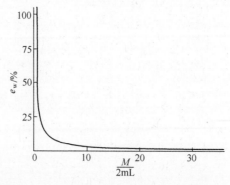

图 A.6　图3.15(a)中梁的冲击问题的准静态分析的理论预测(式(A.105))与精确动态刚塑性分析($x=0$ 时的式(3.102))间的百分比误差

从图 A.6 中很显然可以看出当质量比更小时,误差是很显著的,对于冲击物质量和梁的质量相等的情况,误差为 31%。对于准静态分析方法准确性的进一步评述在文献[A.5]中给出。

5. 有限挠度影响的准静态分析方法

在第 7 章中表明,受轴向约束的梁和板的静态及动态行为受有限横向挠度的显著影响,尤其当挠度最大值约比结构厚度大的时候。这个现象与构件的几何形状改变有关并导致面内力即膜力的发展。这些力随着挠度的增加变得越来越重要,对于足够大的挠度来说,它们控制了弯矩的影响,而在无穷小挠度理论即一阶理论中弯矩是独自发展的。在这种情况下,利用

$$\int_0^{W_q} P \mathrm{d}W = K_e \tag{A.108}$$

可得到准静态分析,上式中集中力 P 的大小是相关的横向挠度 W 的函数。对于无限小挠度 $P = P_c$,式(A.108)简化为式(A.101)。

式(A.108)可以用结构所吸收的内能表示,如同对于无限小挠度的式(A.102)所示的那样。因此

$$\int_0^{W_q} \dot{D}_T(W) \mathrm{d}W = K_e \tag{A.109}$$

式(A.109)中外部功的增量 $P\mathrm{d}W$ 被在挠度为 W 时相对于 W 的内量吸收率所代替。

6. 受冲击加载的固支梁中有限挠度的影响

式(A.108)用来得到图 3.15(a)所示的梁冲击问题的最大永久横向挠度的一个准静态估计。这一方程需要如图 A.5 所示的跨中点受静态集中力作用时的力(P)-挠度(W)关系。这种特定情形在 7.2.5 节中研究过了,而且给出

$$P = 4M_0(1 + W^2/H^2)/L, \quad 0 \leqslant W/H \leqslant 1 \tag{A.110a}$$

和

$$P = 8M_0 W/HL, \quad W/H \geqslant 1 \tag{A.110b}$$

式中:H 为实心矩形截面梁的厚度。

把式(A.110a)、式(A.110b)代入式(A.108)并取 $K_e = MV_0^2/2$,得

$$(4M_0/L) \int_0^{W_q} (1 + W^2/H^2) \mathrm{d}W = MV_0^2/2, \quad W_q \leqslant H \tag{A.111a}$$

以及

$$(4M_0/L) \left\{ \int_0^H (1 + W^2/H^2) \mathrm{d}W + \int_H^{W_q} 2W \mathrm{d}W/H \right\} = MV_0^2/2, \quad W_q \geqslant H$$

$$\tag{A.111b}$$

式(A.111a)、式(A.111b)预测了在跨中点处的最大永久横向挠度的准静态估计,即

$$W_q/H + (W_q/H)^3/3 = \Omega, \quad W_q/H \leqslant 1 \tag{A.112a}$$

以及

$$W_q/H = (\Omega - 1/3)^{1/2}, \quad W_q/H \geqslant 1 \tag{A.112b}$$

式中

$$\Omega = MV_0^2 L/8M_0 H \tag{A.112c}$$

　　如同期望的那样，对于无限小挠度，$W_q \to 0$ 时式（A.112a）化简为式（A.105）。式（A.112a）中的三次项来源于有限横向挠度产生的膜力的强化影响。

　　7. 有限位移准静态分析的准确性

　　对于图 3.15(a) 中所示的梁冲击问题，文献[A.6]中给出了一个刚性–理想塑性理论分析，它在基本方程中保留了有限挠度的影响。这个分析有一个运动的第一阶段，该阶段有一个在撞击物 M 下方瞬间形成的驻定塑性铰以及两个从跨中点向固支端传播的移行塑性铰。当两个移行塑性铰到达支撑端时（对于跨中点处的冲击，它们是同时发生的），这个运动阶段就完成了。在这个运动阶段结束时留在梁和冲击物中的动能在运动的最终阶段被两个支座以及跨中点处的驻定塑性铰吸收了，这与用来获得静载下的式（A.110a）和式（A.110b）的单模态形式是一样的。

　　对于图 3.15(a) 的问题，准静态理论方法（W_q，式（A.112a）、式（A.112b））与文献[A.6]中的动态分析（W_f）得到的最大永久横向位移的百分比误差（e_w）由式（A.107）定义。文献[A.5,A.6]中对两种分析间的比较表明，取决于无量纲冲击速度，由准静态方法产生的误差在质量比（$M/2mL$）大于 1.59~3.25 时小于 10%，在质量比大于 16~33 时，误差小于 1%。

　　图 A.6 中对于无限小挠度的理论预测是与无量纲冲击速度无关的。文献[A.5,A.6]中与有限位移情形相关的曲线几乎是跟无量纲冲击速度无关的，除非对于小的无量纲值，此时梁的行为从初始弯曲响应变为大挠度时的膜响应。有趣的是我们观察到有限挠度或者几何形状改变的影响扩大了准静态分析方法的有效范围。这对于较大的质量比特别明显。因此，小于 1% 的误差是与对无限小挠度以及质量比大于约 33 的准静态分析方法相关联的。为了使误差保持在 1% 以下，对于大的无量纲冲击速度，当分析中保留有限挠度的影响时，质量比降低到约为 16。

　　在文献[3.1,6.38]中报告了跨中点受初始速度为 V_0 的质量块 M 冲击的固支铝合金梁的实验测试结果，如图 3.15(a) 所示。跨中点处的无量纲最大永久横向位移与无量纲初始动能的关系画在图 A.7 中，并与式（A.112a）、式（A.112b）的准静态理论预测做了比较。图 A.7 中理论预测和两组实验结果之间的吻合说明了准静态分析方法可能的精度。

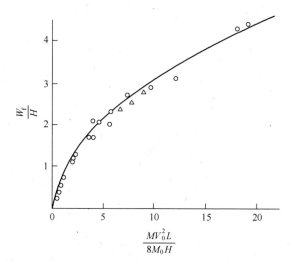

图 A.7　图 3.15(a)中的梁冲击问题的最大永久横向挠度(W_f)的准静态理论预测

（式(A.112a)、式(A.112b)）与对铝合金梁的相应实验数据之间的比较

——式(A.112a)、式(A.112b)；○—扁梁的实验结果[3.1]；△—对于 $\sigma_0 = (\sigma_y + \sigma_m)/2$ 的

实验结果[6.38]，其中 σ_y 和 σ_m 分别为屈服应力和拉伸极限应力。

附录7 Martin 的位移上界定理

Martin[6.19] 考查了一个由刚性-理想塑性材料制作的连续固体受一个初始瞬动速度作用时的动态响应。Martin 得到了一个总能得到该连续体最终永久位移的上界的定理。该定理是应用张量分析推导的,因此对于任意的固体或者结构件,如果满足在推导中引入的限制条件(如无限小的位移),它都是有效的。在这里该定理是对梁的行为推导的。

当应用式(1.7)右侧的 $\ddot{w} = \partial v/\partial t$ 并把注意力限于无限小位移时,对于受瞬动载荷的梁(即 $p=0$)的行为,虚速度原理的式(A.13)可以写成

$$\sum_l M_i \dot{\theta}_i = -\int_l m\ddot{w}\dot{w}\mathrm{d}x \qquad (\text{A.}113)$$

假定一个安全的(即静力容许的)与时间无关的外力 $\lambda'F$,该力满足虚速度原理式(1.8),即

$$\sum_l M_i^s \dot{\theta}_i = -\int_l \lambda'F\dot{w}\mathrm{d}x \qquad (\text{A.}114)$$

此外,根据式(1.10)前面一段脚注中的理由或者根据 2.3.2 节中 Drucker 的稳定性假设,式(1.10),即

$$(M_i - M_i^s)\dot{\theta}_i \geqslant 0 \qquad (\text{A.}115)$$

是有效的。因此,由式(A.113)和式(A.114)得

$$-\int_l m\ddot{w}\dot{w}\mathrm{d}x \geqslant \int_l \lambda'F\dot{w}\mathrm{d}x$$

或

$$-\frac{\mathrm{d}}{\mathrm{d}t}\int_l \frac{m\dot{w}\dot{w}}{2}\mathrm{d}x \geqslant \frac{\mathrm{d}}{\mathrm{d}t}\int_l \lambda'Fw\mathrm{d}x \qquad (\text{A.}116)^①$$

式(A.116)积分后得

$$\left[-\int_l \frac{m\dot{w}\dot{w}}{2}\mathrm{d}x\right]_0^{t_f} \geqslant \left[\int_l \lambda'Fw\mathrm{d}x\right]_0^{t_f} \qquad (\text{A.}117)$$

式中: t_f 为当 $\dot{w}=0$, $w=w_f$ 时的响应持续时间。如果瞬动速度在梁的跨度上均匀分布,那么在 $t=0$ 时 $\dot{w}=V_0$, $w=0$,而且

---

① 平衡和运动学位移、速度和加速度场取为相同。

$$\int_l mV_0^2 \mathrm{d}x/2 \geqslant \int_l \lambda' F w_f \mathrm{d}x \qquad (A.118)$$

Martin[6.19]假定安全的外力 $\lambda' F$ 是一个加在梁的特定位置处的单一集中力。式(A.118)右边的积分项就变成了 $\lambda' F W_f$,其中 W_f 是该力下方的永久位移。式(A.118)现在可以写成

$$K_e \geqslant \lambda' F W_f$$

即

$$W_f \leqslant K_e/\lambda' F \qquad (A.119)$$

式中：K_e 为加在梁上的瞬动速度场的初始动能。

式(1.11)和式(1.17)表明 $\lambda' F \leqslant P_c$,其中 P_c 是静态塑性压溃力,因此由式(A.119)得

$$W_f \leqslant K_e/P_c \leqslant K_e/\lambda' F$$

或

$$W_f \leqslant K_e/P_c \qquad (A.120)$$

这是在集中力 P_c 处梁的永久位移(W_f)的上界的最佳估计。

如果一个刚性质量块 M 以速度 V_i 冲击一个梁,那么式(A.113)的右边应该包括 $-M\ddot{W}W$ 作为单独的项,因此式(A.118)的左边有一个附加项 $MV_i^2/2$ [①]。如果 $V_0 = 0$,或者 M 相对于梁质量而言是一个很重的质量从而梁的动能可以被忽略,那么

$$K_e = MV_i^2/2 \qquad (A.121) [②]$$

如前所述,这个定理(式(A.120))起初是由 Martin[6.19]对于一个连续固体推导出来的,因此对于任意的固体或者结构件都是有效的,只要它是由刚性-理想塑性材料制成的,并且在受到一个产生无限小位移的初始瞬动速度作用时没有材料应变率效应。Martin[6.19]还得到了一个响应持续时间 t_f 的下界,而 Morales 和 Nevill[6.20]导出了一个受瞬动加载的连续体的永久位移的下界。其他学者检验了这些界限的各个方面。例如,Ploch 和 Wierzbicki[A.7]研究了有限位移的影响,Stronge[A.8]、Huang[A.9] 和 Symonds[A.10]讨论了它们的准确性,而在文献[A.11]中研究了横向剪切力对响应的影响,对受瞬动载荷的刚性-理想塑性结构的分析中最佳模态的选择,已经发展了一个近似表达式[A.12]。

---

① Martin[6.19]把他的定理限制在连续体初始静止并受到一个初始速度为 V_i 的质量块 M 撞击的情况。

② 注意：式(A.120)给出的 W_f 是在冲击质量 M 的下方,而 P_c 是在同一位置作用一个静态集中力时得到的。

参 考 文 献

第 1 章

1. 1   Baker, J. F., Horne, M. R. and Heyman, J., *The Steel Skeleton*, *vol. 2*: *Plastic Behaviour and Design*, Cambridge University Press, Cambridge (1956).

1. 2   Hodge, P. G., *Plastic Analysis of Structures*, McGraw-Hill, New York (1959).

1. 3   Prager, W., *An Introduction to Plasticity*, Addison-Wesley, Boston, Mass. (1959).

1. 4   Mendelson, A., *Plasticity*: *Theory and Application*, Macmillan, New York (1968).

1. 5   Baker, J. F. and Heyman, J., *Plastic Design of Frames 1*: *Fundamentals*, Cambridge University Press, Cambridge (1969).

1. 6   Heyman, J., *Plastic Design of Frames 2*: *Applications*, Cambridge University Press, Cambridge (1971).

1. 7   Horne, M. R., *Plastic Theory of Structures*, MIT Press, Cambridge, Mass. (1971).

1. 8   Johnson, W. and Mellor, P. B., *Engineering Plasticity*, Van Nostrand Reinhold, London (1973).

1. 9   Kachanov, L. M., *Fundamentals of the Theory of Plasticity*, MIR, Moscow (1974).

1. 10   Martin, J. B., *Plasticity*: *Fundamentals and General Results*, MIT Press, Cam-bridge, Mass. (1975).

1. 11   Calladine, C. R., *Plasticity for Engineers*, Ellis Horwood, Chichester, and John Wiley, New York (1985). Re-issued (2000).

1. 12   Venkatraman, B. and Patel, S. A., *Structural Mechanics with Introductions to Elasticity and Plasticity*, McGraw-Hill, New York (1970).

1. 13   Haythornthwaite, R. M., Beams with full end fixity, *Engineering* **183**, 110-12 (1957).

第 2 章

2. 1   Prager, W., *An Introduction to Plasticity*, Addison-Wesley, Boston, Mass. (1959).

2. 2   Hodge, P. G., *Limit Analysis of Rotationally Symmetric Plates and Shells*, Prentice-Hall, Englewood Cliffs, N. J. (1963).

2. 3   Drucker, D. C., A more fundamental approach to plastic stress-strain relations, *Proceedings First U. S. Congress of Applied Mechanics*, ASME, 487-91 (1951). (see also *Journal of Applied Mechanics*, **26**, 101-6 (1959).)

2. 4   Drucker, D. C., Prager, W. and Greenberg, H. J., Extended limit design theorems for continuous media, *Quarterly of Applied Mathematics*, **9**, 381-9 (1952).

2. 5   Calladine, C. R., *Plasticity for Engineers*, Ellis Horwood, Chichester, and John Wiley, New York (1985). Re-issued (2000).

2. 6   Hopkins, H. G. and Prager, W., The load carrying capacities of circular plates, *Journal of the Mechanics and Physics of Solids*, **2**, 13 (1953).

2. 7   Timoshenko, S. and Woinowsky-Krieger, S., *Theory of Plates and Shells*, McGraw-Hill, New York (1959).

2. 8   Wood, R. H., *Plastic and Elastic Design of Slabs and Plates*, Thames & Hudson, London (1961).

2.9 Sawczuk, A. and Winnicki, L. , Plastic behavior of simply supported reinforced concrete plates at moder-ately large deflections, *International Journal of Solids and Structures*, **1**, 97–111 (1965).

2.10 Prager, W. , The general theory of limit design, *Proceedings of the Eighth International Congress on Theo-retical and Applied Mechanics*, **2**, 65–72 (1952).

2.11 Jones, N. , *A Lower Bound to the Static Collapse Pressure of a Fully Clamped Rectangular Plate*, Depart-ment of Ocean Engineering Report 71–20, MIT, Cam–bridge, Mass. , November (1971).

2.12 Fox, E. N. , Limit analysis for plates: the exact solution for a clamped square plate of isotropic homogene-ous material obeying the square yield criterion and loaded by uniform pressure, *Philosophical Transactions of the Royal Society of London*, Series A (*Mathematical and Physical Sciences*), **277**, 121–55 (1974).

2.13 Zaid, M. , On the carrying capacity of plates of arbitrary shape and variable fixity under a concentrated load, *Journal of Applied Mechanics*, **25**, 598–602 (1958).

2.14 Kraus, H. , *Thin Elastic Shells*, John Wiley, New York (1967).

2.15 Hodge, P. G. , *Plastic Analysis of Structures*, McGraw-Hill, New York (1959).

2.16 Calladine, C. R. , *Theory of Shell Structures*, Cambridge University Press, Cam–bridge (1983).

2.17 Onat, E. T. and Haythornthwaite, R. M. , The load–carrying capacity of circular plates at large deflec-tion, *Journal of Applied Mechanics*, **23**, 49–55 (1956).

2.18 Jones, N. , Rigid plastic behaviour of plates, *Bulletin of Mechanical Engineering Education*, **9**, 235–48 (1970).

2.19 Hooke, R. and Rawlings, B. , An experimental investigation of the behaviour of clamped, rectangular, mild steel plates subjected to uniform transverse pressure, *Proceedings of the Institution of Civil Engineers*, **42**, 75–103 (1969).

2.20 Jones, N. and Walters, R. M. , Large deflections of rectangular plates, *Journal of Ship Research*, **15**, 164–71, 288 (1971).

2.21 Augusti, G. and d'Agostino, S. , Experiments on the plastic behavior of short steel cylindrical shells sub-ject to internal pressure, *Proceedings of the First International Conference on Pressure Vessel Technology*, pt **1**, 45–57 (1969).

2.22 Perrone, N. , An experimental verification of limit analysis of short cylindrical shells, *Journal of Applied Mechanics*, **36**, 362–4 (1969).

2.23 Drucker, D. C. , Limit analysis of cylindrical shells under axially–symmetric loading, *Proceedings of the First Midwestern Conference on Solid Mechanics*, 158–63 (1953).

2.24 Demir, H. H. and Drucker, D. C. , An experimental study of cylindrical shells underring loading, *Pro-gress in Applied Mechanics*, *Prager Anniversary Volume*, Macmillan, New York, 205–20 (1963).

2.25 Eason, G. and Shield, R. T. , The influence of free ends on the load–carrying capacities of cylindrical shells, *Journal of the Mechanics and Physics of Solids*, **4**, 17–27 (1955).

2.26 Eason, G. , The load carrying capacities of cylindrical shells subjected to a ring of force, *Journal of the Mechanics and Physics of Solids*, **7**, 169–81 (1959).

2.27 Hu, L. W. , Design of circular plates based on plastic limit load, *Proceedings of the ASCE*, 86, EM1, 91–115 (1960).

2.28 Mansfield, E. H. , Studies in collapse analysis of rigid–plastic plates with a square yield diagram, *Pro-ceedings of the Royal Society of London*, Series A (*Mathematical and Physical Sciences*), **241**, 311–38 (1957).

461

2.29 Jones, N. , Combined distributed loads on rigid-plastic circular plates with large deflections, *International Journal of Solids and Structures*, **5**, 51-64 (1969).

2.30 Olszak, W. and Sawczuk, A. ,*Inelastic Behaviour in Shells*, Noordhoff, Groningen (1967).

2.31 Duszek, M. , Plastic analysis of cylindrical shells subjected to large deflections, *Archiwum Mechaniki Stosowanej*, **18**, 599-614 (1966).

2.32 Duszek, M. and Sawczuk, A. , 'Load-deflexion relations for rigid-plastic cylindrical shells beyond the incipient collapse load', *International Journal of Mechanical Sciences*, **12**, 839-48 (1970).

2.33 Jones N. and Ich, N. T. , The load carrying capacities of symmetrically loaded shallow shells, *International Journal of Solids and Structures*, **8**, 1339-51 (1972).

2.34 Onat, E. T. and Prager, W. , Limit analysis of shells of revolution, pts 1 and 2, *Proceedings of the Royal Netherlands Academy of Science*, **57**(B), 534-48 (1954).

2.35 Drucker, D. C. and Shield, R. T. , Limit analysis of symmetrically loaded thin shells of revolution, *Journal of Applied Mechanics*, **26**, 61-8 (1959).

2.36 Shield, R. T. and Drucker, D. C. , Design of thin-walled torispherical and toriconical pressure-vessel heads, *Journal of Applied Mechanics*, **28**, 292-7 (1961).

2.37 Save, M. and Janas, M. , Collapse and bursting pressures of mild-steel vessels, *Archiwum Budowy Maszyn*, **18**, 77-106 (1971).

2.38 Gill, S. S. , The limit pressure for a flush cylindrical nozzle in a spherical pressure vessel, *International Journal of Mechanical Sciences*, **6**, 105-15 (1964).

2.39 Cloud, R. L. and Rodabaugh, E. C. , Approximate analysis of the plastic limit pressures of nozzles in cylindrical shells, *Transactions of the ASME*, *Journal of Engineering for Power*, **90**, 171-6 (1968).

2.40 Jones, N. , The collapse pressure of a flush cylindrical nozzle intersecting a conical pressure vessel axisymmetrically, *International Journal of Mechanical Sciences*, **11**, 401-15 (1969).

2.41 Gill, S. S. (ed.), *The Stress Analysis of Pressure Vessels and Pressure Vessel Components*, Pergamon, Oxford (1970).

2.42 Hodge, P. G. , Plastic analysis and pressure-vessel safety, *Applied Mechanics Reviews*, **24**, 741-7 (1971).

2.43 Lance, R. H. and Onat, E. T. , A comparison of experiments and theory in the plastic bending of circular plates, *Journal of the Mechanics and Physics of Solids*, **10**, 301-11 (1962).

第 3 章

3.1 Liu, J. and Jones, N. , Experimental investigation of clamped beams struck transversely by a mass, *International Journal of Impact Engineering*, **6**(4), 303-35 (1987).

3.2 Lowe, W. T. , Al-Hassam, S. T. S. and Johnson, W. , Impact behaviour of small scale model motor coaches, *Proceedings of the Institution of Mechanical Engineers*, **186**, 409-19 (1972).

3.3 Lee, E. H. and Symonds, P. S. , Large plastic deformations of beams under transverse impact, *Journal of Applied Mechanics*, **19**, 308-14 (1952).

3.4 Symonds, P. S. , Ting, T. C. T. and Robinson, D. N. , *Survey of Progress in Plastic Wave Propagation in Solid Bodies*, Brown University Report, Contract DA-19-020-ORD-5453(A) (1967).

3.5 Symonds, P. S. , Large plastic deformations of beams under blast type loading, *Proceedings of the Second US National Congress of Applied Mechanics*, 505-15 (1954).

3.6 Selby, S. M. , *Standard Mathematical Tables*, CRC Press, Cleveland, Ohio, 22nd edn (1974).

3. 7 Parkes, E. W. , The permanent deformation of anencastre' beam struck transversely at any point in its span, *Proceedings of the Institution of Civil Engineers*, **10**, 277–304 (1958).

3. 8 Parkes, E. W. , The permanent deformation of a cantilever struck transversely at its tip, *Proceedings of the Royal Society of London*, Series A (*Mathematical and Physical Sciences*), **228**, 462–76 (1955).

3. 9 Florence, A. L. and Firth, R. D. , Rigid–plastic beams under uniformly distributed impulses, *Journal of Applied Mechanics*, **32**, 481–8 (1965).

3. 10 Symonds, P. S. and Fleming, W. T. , Parkes revisited: on rigid–plastic and elastic plastic dynamic structural analysis, *International Journal of Impact Engineering*, **2**(1), 1–36 (1984).

3. 11 Duwez, P. E. , Clark, D. S. and Bohnenblust, H. F. , The behaviour of long beams under impact loading, *Journal of Applied Mechanics*, **17**, 27–34 (1950).

3. 12 Conroy, M. F. , Plastic deformation of semi–infinite beams subject to transverse impact loading at the free end, *Journal of Applied Mechanics*, **23**, 239–43 (1956).

3. 13 Symonds, P. S. , *Survey of Methods of Analysis for Plastic Deformation of Structures under Dynamic Loading*, Brown University Report, BU/NSRDC/1–67 (1967).

3. 14 Symonds, P. S. and Frye, C. W. G. , On the Relation between Rigid–Plastic and Elastic–Plastic Predictions of Response to Pulse Loading, *International Journal of Impact Engineering*, **7**(2), 139–49 (1988).

3. 15 Bodner, S. R. and Symonds, P. S. , Experimental and theoretical investigation of the plastic deformation of cantilever beams subjected to impulsive loading, *Journal of Applied Mechanics*, **29**, 719–28 (1962).

3. 16 Goldsmith, W. , *Impact*, Edward Arnold, London (1960).

3. 17 Johnson, W. , *Impact Strength of Materials*, Edward Arnold, London, and Crane Russak, New York (1972).

3. 18 Stronge, W. J. and Shioya, T. , Impact and bending of a rigid–plastic fan blade, *Journal of Applied Mechanics*, **51**(3), 501–4 (1984).

3. 19 Yu, T. X. , Hua, Y. L. and Johnson, W. , The plastic hinge position in a circular cantilever when struck normal to its plane by a constant jet at its tip, *International Journal of Impact Engineering*, **3**(3), 143–54 (1985).

3. 20 Hua, Y. L. , Yu, T. X. and Johnson, W. , The plastic hinge position in a bent cantilever struck normal to its plane by a steady jet applied at its tip, *International Journal of Impact Engineering*, **3**(4), 233–41 (1985).

3. 21 Yu, T. X. , Symonds, P. S. and Johnson, W. , A reconsideration and some new results for the circular beam impact problem, *International Journal of Impact Engineering*, **4**(4), 221–8 (1986).

3. 22 Reid, S. R. and Gui, X. G. , On the elastic–plastic deformation of cantilever beams subjected to tip impact, *International Journal of Impact Engineering*, **6**(2), 109–27 (1987).

3. 23 Jones, N and Wierzbicki, T. , Dynamic plastic failure of a free–free beam, *International Journal of Impact Engineering*, **6**(3), 225–40 (1987).

3. 24 Yu, J. and Jones, N. , Numerical simulation of a clamped beam under impact loading, *Computers and Structures*, **32**, 281–93 (1989).

3. 25 Jones, N. , Recent studies on the dynamic plastic behaviour of structures, *Applied Mechanics Reviews*, **42**(4), 95–115 (1989). *An Update*, **49**(10), Part 2, S112–S117 (1996).

3. 26 Wegener, R. B. and Martin, J. B. , Predictions of permanent deformation of impulsively loaded simply

463

supported square tube steel beams, *International Journal of Mechanical Sciences*, **27**(1/2), 55–69 (1985).

3.27 Yang, J. L., Yu, T. X. and Reid, S. R., Dynamic behaviour of a rigid perfectly plastic free-free beam subjected to step-loading at any cross-section along its span, *International Journal of Impact Engineering*, **21**(3), 165–75 (1998).

3.28 Yang, J. L. and Xi, F., Experimental and theoretical study of free-free beam subjected to impact at any cross-section along its span, *International Journal of Impact Engineering*, **28**(7), 761–81 (2003).

3.29 Jones, N. and Alves, M., Post-severance analysis of impulsively loaded beams, *International Journal of Solids and Structures*, **41**(22/23), 6441–63 (2004).

3.30 Jones, N. and Alves, M., Post-failure response of impulsively loaded clamped beams, *European Journal of Mechanics, A/Solids*, **25**(5), 707–28(2006).

第4章

4.1 Jones, N., Uran, T. O. and Tekin, S. A., The dynamic plastic behaviour of fully clamped rectangular plates, *International Journal of Solids and Structures*, **6**, 1499–512 (1970).

4.2 Hopkins, H. G. and Prager, W., On the dynamics of plastic circular plates, *Journal of Applied Mathematics and Physics (ZAMP)*, **5**, 317–30 (1954).

4.3 Wang, A. J., The permanent deflection of a plastic plate under blast loading, *Journal of Applied Mechanics*, **22**, 375–6 (1955).

4.4 Florence, A. L., Clamped circular rigid-plastic plates under blast loading, *Journal of Applied Mechanics*, **33**(2), 256–60 (1966).

4.5 Wang, A. J. and Hopkins, H. G., On the plastic deformation of built-in circular plates under impulsive load, *Journal of the Mechanics and Physics of Solids*, **3**, 22–37 (1954).

4.6 Timoshenko, S. and Woinowsky-Krieger, S., *Theory of Plates and Shells*, 2nd edn, McGraw-Hill, New York (1959).

4.7 Cox, A. D. and Morland, L. W., Dynamic plastic deformations of simply supported square plates, *Journal of the Mechanics and Physics of Solids*, **7**, 229–41 (1959).

4.8 Jones, N., Impulsive loading of a simply supported circular rigid-plastic plate, *Journal of Applied Mechanics*, **35**, 59–65 (1968).

4.9 Johnson, W., *Impact Strength of Materials*, Edward Arnold, London, and Crane Russak, New York (1972).

4.10 Shapiro, G. S., On a rigid-plastic annular plate under impulsive load, *Journal of Applied Mathematics and Mechanics (Prik Mat iMek)*, **23**, 234–41 (1959).

4.11 Florence, A. L., Annular plate under a transverse line impulse, *AIAA Journal*, **3**(9), 1726–32 (1965).

4.12 Perrone, N., Impulsively loaded strain-rate-sensitive plates, *Journal of Applied Mechanics*, **34**(2), 380–4 (1967).

4.13 Jones, N., Finite-deflections of a rigid-viscoplastic strain-hardening annular plate loaded impulsively, *Journal of Applied Mechanics*, **35**(2), 349–56 (1968).

4.14 Jones, N., Finite-deflections of a simply supported rigid-plastic annular plate loaded dynamically, *International Journal of Solids and Structures*, **4**, 593–603 (1968).

4.15 Aggarwal, H. R. and Ablow, C. M., Plastic bending of an annular plate by uniform impulse, *Interna-*

tional Journal of Non-Linear Mechanics, **6**, 69-80 (1971).

4.16 Florence, A. L., Clamped circular rigid-plastic plates under central blast loading, *International Journal of Solids and Structures*, **2**, 319-35 (1966).

4.17 Conroy, M. F., Rigid-plastic analysis of a simply supported circular plate due to dynamic circular loading, *Journal of the Franklin Institute*, **288**(2), 121-35 (1969).

4.18 Florence, A. L., Response of circular plates to central pulse loading, *International Journal of Solids and Structures*, **13**, 1091-102 (1977).

4.19 Perzyna, P., Dynamic load carrying capacity of a circular plate, *Archiwum Mechaniki Stosowanej*, **10**(5), 635-47 (1958).

4.20 Symonds, P. S., Large plastic deformations of beams under blast type loading, *Proceedings of the Second US National Congress of Applied Mechanics*, ASME, 505-15 (1954).

4.21 Youngdahl, C. K., Correlation parameters for eliminating the effect of pulse shape on dynamic plastic deformation, *Journal of Applied Mechanics*, **37**, 744- 52 (1970).

4.22 Krajcinovic, D., Dynamic analysis of clamped plastic circular plates, *International Journal of Mechanical Sciences*, **14**, 225-34 (1972).

4.23 Krajcinovic, D., Clamped circular rigid-plastic plates subjected to central blast loading, *Computers and Structures*, **2**, 487-96 (1972).

4.24 Stronge, W. J., Efficient pulse shapes to plastically deform beams, *Journal of Applied Mechanics*, **41**(3), 604-8 (1974).

4.25 Li, Q. M. and Jones, N., Foundation of correlation parameters for eliminating pulse shape effects on dynamic plastic response of structures, *Trans. ASME, Journal of Applied Mechanics*, **72** (1), 172 - 6 (2005).

4.26 Hopkins, H. G., On the plastic theory of plates, *Proceedings of the Royal Society of London*, Series A (*Mathematical and Physical Sciences*), **241**, 153-79 (1957).

第 5 章

5.1 Hodge, P. G., *Limit Analysis of Rotationally Symmetric Plates and Shells*, Prentice-Hall, Englewood Cliffs, N. J. (1963).

5.2 Hodge, P. G., Impact pressure loading of rigid-plastic cylindrical shells, *Journal of the Mechanics and Physics of Solids*, **3**, 176-88 (1955).

5.3 Baker, W. E., The elastic-plastic response of thin spherical shells to internal blast loading, *Journal of Applied Mechanics*, **27**(E), 139-44 (1960).

5.4 Duffey, T., Significance of strain-hardening and strain-rate effects on the transient response of elastic-plastic spherical shells, *International Journal of Mechanical Sciences*, **12**, 811-25 (1970).

5.5 Flügge, W., *Stresses in Shells*, Springer, New York, 2nd edn (1973).

5.6 Ich, N. T. and Jones, N., The dynamic plastic behaviour of simply supported spherical shells, *International Journal of Solids and Structures*, **9**, 741-60 (1973).

5.7 Jones, N., Consistent equations for the large deflections of structures, *Bulletin of Mechanical Engineering Education*, **10**, 9-20 (1971).

5.8 Onat, E. T. and Prager, W., Limit analysis of shells of revolution, *Proceedings of the Royal Netherlands Academy of Science*, **B57**, 534-41 and 542-8 (1954).

5.9 Jones, N. and Ich, N. T., The load carrying capacities of symmetrically loaded shallow shells, *Interna-*

tional Journal of Solids and Structures, **8**, 1339-51 (1972).

5.10 Hodge, P. G. and Paul, B., Approximate yield conditions in dynamic plasticity, *Proceedings of the Third Midwestern Conference on Solid Mechanics*, University of Michigan, 29-47 (1957).

5.11 Sankaranarayanan, R., On the dynamics of plastic spherical shells, *Journal of Applied Mechanics*, **30**, 87-90 (1963).

5.12 Sankaranarayanan, R., On the impact pressure loading of a plastic spherical cap, *Journal of Applied Mechanics*, **33**, 704-6 (1966).

5.13 Walters, R. M. and Jones, N., An approximate theoretical study of the dynamic plastic behavior of shells, *International Journal of Non-Linear Mechanics*, **7**, 255-73 (1972).

5.14 Jones, N. and Walters, R. M., A comparison of theory and experiments on the dynamic plastic behaviour of shells, *Archives of Mechanics*, **24**(5-6), 701-14 (1972).

5.15 Jones, N., Giannotti, J. G. and Grassit, K. E., An experimental study into the dynamic inelastic behaviour of spherical shells and shell intersections, *Archiwum Budowy Maszyn*, **20**, 33-46 (1973).

5.16 Hodge, P. G., The influence of blast characteristics on the final deformation of circular cylindrical shells, *Journal of Applied Mechanics*, **23**, 617-24 (1956).

5.17 Hodge, P. G., Ultimate dynamic load of a circular cylindrical shell. *Proceedings of the Second Midwestern Conference on Solid Mechanics*, Lafayette, Ind., 150-77 (1956).

5.18 Hodge, P. G., The effect of end conditions on the dynamic loading of plastic shells, *Journal of the Mechanics and Physics of Solids*, **7**, 258-63 (1959).

5.19 Eason, G. and Shield, R. T., Dynamic loading of rigid-plastic cylindrical shells, *Journal of the Mechanics and Physics of Solids*, **4**, 53-71 (1956).

5.20 Kuzin, P. A. and Shapiro, G. S., On dynamic behaviour of plastic structures, *Proceedings of the Eleventh International Congress of Applied Mechanics*, Munich, 1964, ed. H. Gortler, Springer, New York, 629-35 (1966).

5.21 Nemirovsky, Y. V. and Mazalov, V. N., Dynamic behaviour of cylindrical shells strengthened with ring ribs-Pt I: Infinitely long shell, *International Journal of Solids and Structures*, **5**, 817-32 (1969).

5.22 Youngdahl, C. K., Correlation parameters for eliminating the effect of pulse shape on dynamic plastic deformation, *Journal of Applied Mechanics*, **37**, 744-52 (1970).

5.23 Youngdahl, C. K., Dynamic plastic deformation of circular cylindrical shells, *Journal of Applied Mechanics*, **39**, 746-50 (1972).

5.24 Youngdahl, C. K. and Krajcinovic, D., Dynamic plastic deformation of an infinite plate, *International Journal of Solids and Structures*, **22**, 859-81 (1986).

5.25 Youngdahl, C. K., Effect of pulse shape and distribution on the plastic deformation of a circular plate, *International Journal of Solids and Structures*, **23**, 1179-89 (1987).

5.26 Zhu, G., Huang, Y. -G., Yu, T. X. and Wang, R., Estimation of the plastic structural response under impact, *International Journal of Impact Engineering*, **4**(4), 271-82 (1986).

5.27 Duffey, T. and Krieg, R., The effects of strain-hardening and strain-rate sensitivity on the transient response of elastic-plastic rings and cylinders, *International Journal of Mechanical Sciences*, **11**, 825-44 (1969).

5.28 Perrone, N., Impulsively loaded strain hardened rate-sensitive rings and tubes, *International Journal of Solids and Structures*, **6**, 1119-32 (1970).

5. 29 Jones, N., An approximate rigid–plastic analysis of shell intersections loaded dynamically, *Transactions of the ASME*, *Journal of Engineering for Industry*, **95**, 321–31 (1973).

5. 30 Summers, A. B. and Jones, N., Some experiments on the dynamic plastic behaviour of shell intersections, *Nuclear Engineering and Design*, **26**, 274–81 (1974).

5. 31 Jones, N., A literature review of the dynamic plastic response of structures, *The Shock and Vibration Digest*, **7**(8), 89–105 (1975). Recent progress in the dynamic plastic behaviour of structures, *The Shock and Vibration Digest*, pt Ⅰ, **10**(9), 21–33 (1978); pt Ⅱ, **10**(10), 13–19 (1978); pt Ⅲ, **13**(10), 3–16 (1981); pt Ⅳ **17**(2), 35–47 (1985).

第 6 章

6. 1 Horne, M. R., *Plastic Theory of Structures*, MIT Press, Cambridge, Mass. (1971).

6. 2 Liu, J. and Jones, N., Experimental investigation of clamped beams struck transversely by a mass, *International Journal of Impact Engineering*, **6**(4), 303–35 (1987).

6. 3 Jones, N. and Wierzbicki, T., A study of the higher modal dynamic plastic response of beams, *International Journal of Mechanical Sciences*, **18**, 533–42 (1976).

6. 4 Jones, N. and Guedes Soares, C., Higher modal dynamic plastic behaviour of beams loaded impulsively, *International Journal of Mechanical Sciences*, **20**, 135–47 (1978).

6. 5 Spencer, A. J. M., Dynamics of ideal fibre–reinforced rigid–plastic beams, *Journal of the Mechanics and Physics of Solids*, **22**, 147–59 (1974).

6. 6 Jones, N., Dynamic behaviour of ideal fibre–reinforced rigid–plastic beams, *Journal of Applied Mechanics*, **43**, 319–24 (1976).

6. 7 Nonaka, T., Shear and bending response of a rigid–plastic beam to blast–type loading, *Ingenieur–Archiv*, **46**, 35–52 (1977).

6. 8 Symonds, P. S., Plastic shear deformations in dynamic load problems, *Engineering Plasticity*, ed. J. Heyman and F. A. Leckie, Cambridge University Press, Cambridge, 647–64 (1968).

6. 9 Jones, N. and Song, B. Q., Shear and bending response of a rigid–plastic beam to partly distributed blast–type loading, *Journal of Structural Mechanics*, **14**(3), 275–320 (1986).

6. 10 Jones, N. and de Oliveira, J. G., The influence of rotatory inertia and transverse shear on the dynamic plastic behaviour of beams, *Journal of Applied Mechanics*, **46**(2), 303–10 (1979).

6. 11 de Oliveira, J. G. and Jones, N., A numerical procedure for the dynamic plastic response of beams with rotatory inertia and transverse shear effects, *Journal of Structural Mechanics*, **7**(2), 193–230 (1979).

6. 12 de Oliveira, J. G., Beams under lateral projectile impact, *Proceedings of the ASCE*, *Journal of the Engineering Mechanics Division*, **108**(EM1), 51–71 (1982).

6. 13 Sawczuk, A. and Duszek, M., A note on the interaction of shear and bending in plastic plates, *Archiwum Mechaniki Stosowanej*, **15**(3), 411–26 (1963).

6. 14 Jones, N. and de Oliveira, J. G., Dynamic plastic response of circular plates with transverse shear and rotatory inertia, *Journal of Applied Mechanics*, **47**(1), 27–34 (1980).

6. 15 Wang, A. J., The permanent deflection of a plastic plate under blast loading, *Journal of Applied Mechanics*, **22**, 375–6 (1955).

6. 16 Kumar, A. and Reddy, V. V. K., Dynamic plastic response of circular plates with transverse shear, *Journal of Applied Mechanics*, **53**(4), 952–3 (1986).

6. 17 Jones, N. and de Oliveira, J. G., Impulsive loading of a cylindrical shell with transverse shear and rota-

tory inertia, *International Journal of Solids and Structures*, **19**(3), 263-79 (1983).

6.18　Jones, N., The influence of large deflections on the behaviour of rigid-plastic cylindrical shells loaded impulsively, *Journal of Applied Mechanics*, **37**(2), 416-25 (1970). (见没有几何变换的部分)

6.19　Martin, J. B., Impulsive loading theorems for rigid-plastic continua, *Proceedings of the ASCE, Journal of the Engineering Mechanics Division*, **90**(EM5), 27-42 (1964).

6.20　Morales, W. J. and Nevill, G. E., Lower bounds on deformations of dynamically loaded rigid-plastic continua, *AIAA Journal*, **8**(11), 2043-6 (1970).

6.21　Jones, N., Bounds on the dynamic plastic behaviour of structures including transverse shear effects, *International Journal of Impact Engineering*, **3**(4), 273-91 (1985).

6.22　Heyman, J., The full plastic moment of an I-beam in the presence of shear force, *Journal of the Mechanics and Physics of Solids*, **18**, 359-65 (1970).

6.23　de Oliveira, J. G. and Jones, N., Some remarks on the influence of transverse shear on the plastic yielding of structures, *International Journal of Mechanical Sciences*, **20**, 759-65 (1978).

6.24　Hodge, P. G., Interaction curves for shear and bending of plastic beams, *Journal of Applied Mechanics*, **24**, 453-6 (1957).

6.25　Ranshi, A. S., Chitkara, N. R. and Johnson, W., Plastic yielding of I-beams under shear, and shear and axial loading, *International Journal of Mechanical Sciences*, **18**, 375-85 (1976).

6.26　Neal, B. G., Effect of shear force on the fully plastic moment of an I-beam, *Journal of Mechanical Engineering Science*, **3**(3), 258-66 (1961).

6.27　Ilyushin, A. A., *Plasticite'* (in French), Eyrolles, Paris (1956).

6.28　Shapiro, G. S., On yield surfaces for ideally plastic shells, *Problems of Continuum Mechanics*, SIAM, Philadelphia, 414-18 (1961).

6.29　Robinson, M., The effect of transverse shear stresses on the yield surface for thin shells, *International Journal of Solids and Structures*, **9**, 819-28 (1973).

6.30　Drucker, D. C., The effect of shear on the plastic bending of beams, *Journal of Applied Mechanics*, **23**, 509-14 (1956).

6.31　Reckling, K. A., Der Ebene Spannungszustand bei der plastischen Balkenbeigung, *Aus theorie und Praxis der Ingenieurwissenschaften*, W. Ernst und Sohn, Berlin, 39-46 (1971).

6.32　Laudiero, F. and Jones, N., Impulsive loading of an ideal fibre-reinforced rigid-plastic beam, *Journal of Structural Mechanics*, **5**(4), 369-82 (1977).

6.33　Mosquera, J. M. and Kolsky, H., The dynamic mechanical response of fibre-reinforced beams to large transverse loads, *Journal of the Mechanics and Physics of Solids*, **33**(2), 193-209 (1985).

6.34　Menkes, S. B. and Opat, H. J., Broken beams, *Experimental Mechanics*, **13**, 480-6 (1973).

6.35　Jones, N., Plastic failure of ductile beams loaded dynamically, *Transactions of the ASME, Journal of Engineering for Industry*, **98**(B), 131-6 (1976).

6.36　Jouri, W. S. and Jones, N., The impact behaviour of aluminium alloy and mild steel double-shear specimens, *International Journal of Mechanical Sciences*, **30**(3/4), 153-72 (1988).

6.37　Jones, N., On the dynamic inelastic failure of beams, *Structural Failure*, ed. T. Wierzbicki and N. Jones, John Wiley, New York, 133-59 (1989).

6.38　Yu, Jilin. and Jones, N., Further experimental investigations on the failure of clamped beams under impact loads, *International Journal of Solids and Structures*, **27**(9), 1113-37 (1991).

6.39 Yu, Jilin. and Jones, N. , Numerical simulation of impact loaded steel beams and the failure criteria, *International Journal of Solids and Structures*, **34**(30), 3977–4004 (1997).

6.40 Shen, W. Q. and Jones, N. , A failure criterion for beams under impulsive loading, *International Journal of Impact Engineering*, **12**(1), 101–21, and **12**(2), 329 (1992).

6.41 Yu, T. X. and Chen, F. L. , A further study of plastic shear failure of impulsively loaded clamped beams, *International Journal of Impact Engineering*, **24**(6–7), 613–29 (2000).

6.42 Li, Q. M. and Jones, N. , Response and failure of a double–shear beam subjected to mass impact, *International Journal of Solids and Structures*, **39**(7), 1919–47 (2002).

6.43 Teeling–Smith, R. G. and Nurick, G. N. , The deformation and tearing of thin circular plates subjected to impulsive loads, *International Journal of Impact Engineering*, **11**(1), 77–91 (1991).

6.44 Shen, W. Q. and Jones, N. , Dynamic response and failure of fully clamped circular plates under impulsive loading, *International Journal of Impact Engineering*, **13**(2), 259–78 (1993).

6.45 Olson, M. D. Nurick, G. N. and Fagnan, J. R. , Deformation and rupture of blast loaded square plates–predictions and experiments, *International Journal of Impact Engineering*, **13**(2), 279–91 (1993).

6.46 Nurick, G. N. , Gelman, M. E. and Marshall, N. S. , Tearing of blast loaded plates with clamped boundary conditions, *International Journal of Impact Engineering*, **18**(7/8), 803–27 (1996).

6.47 Nurick, G. N. and Shave, G. C. , The deformation and tearing of thin square plates subjected to impulsive loads–an experimental study, *International Journal of Impact Engineering*, **18**(1), 99–116 (1996).

6.48 Yuen, S. C. K. and Nurick, G. N. , Experimental and numerical studies on the response of quadrangular stiffened plates. Part 1: subjected to uniform blast load, *International Journal of Impact Engineering*, **31**(1), 55–83 (2005).

6.49 Langdon, G. S. , Yuen, S. C. K. and Nurick, G. N. , Experimental and numerical studies on the response of quadrangular stiffened plates. Part 2: localised blast loading, *International Journal of Impact Engineering*, **31**(1), 85–111 (2005).

6.50 Li, Q. M. and Jones, N. , Blast loading of fully clamped beams with transverse shear effects, *Mechanics, Structures and Machines*, **23**(1), 59–86 (1995).

6.51 Li, Q. M. and Jones, N. , Blast loading of fully clamped circular plates with transverse shear effects, *International Journal of Solids and Structures*, **31**(14), 1861–76 (1994).

6.52 Li, Q. M. and Jones, N. , Blast loading of a 'short' cylindrical shell with transverse shear effects, *International Journal of Impact Engineering*, **16**(2), 331–53 (1995).

6.53 Jones, N. and Alves, M. , Post–severance analysis of impulsively loaded beams, *International Journal of Solids and Structures*, **41**(22/23), 6441–63 (2004).

6.54 Jones, N. and Alves, M. , Post–failure response of impulsively loaded clamped beams, *European Journal of Mechanics, A/Solids*, **25**(5), 707–28 (2006).

6.55 Jones, N. and Alves, M. , Post–failure behaviour of impulsively loaded circular plates, *International Journal of Mechanical Sciences*, **52**(5), 706–15 (2010). (Doi:10. 1016/j. ijmecsci. 2009. 11. 014).

6.56 Johnson, W. , Collected works on Benjamin Robins and Charles Hutton, Phoenix Publishing House PVT Ltd, New Delhi, (2001).

6.57 Blyth, P. H. and Atkins, A. G. , Stabbing of metal sheets by a triangular knife. An archaeological investigation, *International Journal of Impact Engineering*, **27**(4), 459–473 (2002).

6.58 Backman, M. E. and Goldsmith, W. , The mechanics of penetration of projectiles into targets, *International Journal of Engineering Science*, **16**, 1–99 (1978).

6.59 Goldsmith, W. , Non–ideal projectile impact on targets, *International Journal of Impact Engineering*, **22** (2/3), 95–395 (1999).

6.60 Corbett, G. G. Reid, S. R. and Johnson, W. , Impact loading of plates and shells by free–flying projectiles: a review, *International Journal of Impact Engineering*, **18**(2) 141–230 (1996).

6.61 Anderson, C. E. Jr. , Editor, proceedings of Hypervelocity Impact Symposium, *International Journal of Impact Engineering*, **26**, 1–890 (2001).

6.62 Johnson, W. , *Impact Strength of Materials*, Edward Arnold, London and Crane Russak, New York (1972).

6.63 Jones, N. and Birch, R. S. , Low velocity perforation of mild steel circular plates with projectiles having different shaped impact faces, *ASME, Journal of Pressure Vessel Technology*, **130**(3), 0311205–1 to 031205–11, August (2008).

6.64 Jones, N. , Birch, R. S. and Duan, R. , Low velocity perforation of mild steel rectangular plates with projectiles having different shaped impact faces, *ASME, Journal of Pressure Vessel Technology*, **130**(3), 031206–1 to 031206–8, August (2008).

6.65 Aly, S. Y. and Li, Q. M. , Critical impact energy for the perforation of metallic plates, *Nuclear Engineering and Design*, **238**, 2521–8 (2008).

6.66 Paik, J. K. and Won, S. H. , On deformation and perforation of ship structures under ballistic impacts, *Ships and Offshore Structures (SAOS)*, **2**(3), 217–26 (2007).

6.67 Borvik, T. , Hopperstad, O. S. , Langseth, M. and Malo, K. A. , Effect of target thickness in blunt projectile penetration of Weldox 460E steel plates, *International Journal of Impact Engineering*, **28**(4), 413–64(2003).

6.68 Wen, H.–M. and Jones, N. , Semi–empirical equations for the perforation of plates struck by a mass, *Structures under Shock and Impact*, II, Ed. P. S. Bulson, Computational Mechanics Publications, Southampton and Thomas Telford, London, 369–80 (1992).

6.69 Wen, H.–M. and Jones, N. , Experimental investigation into the dynamic plastic response and perforation of a clamped circular plate struck transversely by a mass, *Proceedings, Institution of Mechanical Engineers, Journal of Mechanical Engineering Science*, **208**(C2), 113–37 (1994).

6.70 Corran, R. S. J. Shadbolt, P. J. and Ruiz, C. , Impact loading of plates – an experimental investigation, *International Journal of Impact Engineering*, **1**(1), 3–22 (1983).

6.71 Langseth, M. and Larsen, P. K. , Dropped objects' plugging capacity of steel plates: an experimental investigation, *International Journal of Impact Engineering*, **9**(3), 289–316 (1990).

6.72 Youngdahl, C. K. , Correlation parameters for eliminating the effect of pulse shape on dynamic plastic deformation, *Journal of Applied Mechanics*, **37**, 744–52 (1970).

6.73 Li, Q. M. and Jones, N. , Shear and adiabatic shear failures in an impulsively loaded fully clamped beam, *International Journal of Impact Engineering*, **22**(6), 589–607 (1999).

6.74 Bai, Y. and Dodd, B. , *Adiabatic Shear Localisation; Occurrence, Theories and Applications*, Pergamon Press, Oxford (1992).

6.75 Wright, T. W. , *The Physics and Mathematics of Adiabatic Shear Bands*, Cambridge, Cambridge University Press (2002).

470

6.76 Zhou, M. Rosakis, A. J. and Ravichandran, G. , Dynamically propagating shear bands in impact-loaded prenotched plates-1 experimental investigations of temperature signatures and propagation speed, *Journal of the Mechanics and Physics of Solids*, **44**(6), 981-1006 (1996). -2 numerical simulations, ibid. , **44** (6), 1007-1032 (1996).

6.77 Kalthoff, J. F. , Modes of dynamic shear failure in solids, *International Journal of Fracture*, **101**, 1-31 (2000).

第 7 章

7.1 Haythornthwaite, R. M. , Beams with full end fixity,*Engineering*, **183**, 110-12 (1957).

7.2 Onat, E. T. and Haythornthwaite, R. M. , The load-carrying capacity of circular plates at large deflection, *Journal of Applied Mechanics*, **23**, 49-55 (1956).

7.3 Sawczuk, A. , Large deflections of rigid-plastic plates, *Proceedings of the Eleventh International Congress of Applied Mechanics*, 224-8 (1964).

7.4 Jones, N. , A theoretical study of the dynamic plastic behaviour of beams and plates with finite-deflections, *International Journal of Solids and Structures*, **7**, 1007-29 (1971).

7.5 Jones, N. and Walters, R. M. , Large deflections of rectangular plates, *Journal of Ship Research*, **15**(2), 164-71 and 288 (1971).

7.6 Taya, M. and Mura, T. , Dynamic plastic behaviour of structures under impact loading investigated by the extended Hamilton's principle, *International Journal of Solids and Structures*, **10**, 197-209 (1974).

7.7 Gürkök, A. and Hopkins, H. G. , The effect of geometry changes on the load carrying capacity of beams under transverse load, *SIAM Journal of Applied Mathematics*, **25**, 500-21 (1973).

7.8 Jones, N. , Plastic behaviour of ship structures, *Transactions of the Society of Naval Architects and Marine Engineers*, **84**, 115-45 (1976).

7.9 Young, A. G. , Ship plating loaded beyond the elastic limit, *Transactions of the Institution of Naval Architects*, **101**, 143-62 (1959).

7.10 Hodge, P. G. , Limit analysis of rotationally symmetric plates and shells, Prentice-Hall, Englewood Cliffs, N. J. (1963).

7.11 Jones, N. , Uran, T. O. and Tekin, S. A. , The dynamic plastic behaviour of fully clamped rectangular plates, *International Journal of Solids and Structures*, **6**, 1499-512 (1970).

7.12 Jones, N. and Baeder, R. A. , An experimental study of the dynamic plastic behaviour of rectangular plates, *Symposium on Plastic Analysis of Structures*, pub. Ministry of Education, Polytechnic Institute of Jassy, Romania, Civil Engineering Faculty, **1**, 476-97 (1972).

7.13 Jones, N. , Griffin, R. N. and Van Duzer, R. E. , An experimental study into the dynamic plastic behaviour of wide beams and rectangular plates, *International Journal of Mechanical Sciences*, **13**(8), 721-35 (1971).

7.14 Guedes Soares, C. , A mode solution for the finite deflections of a circular plate loaded impulsively, *Rozprawy Inzynierskie, Engineering Transactions, Polish Akademia Nauk*, **29**(1), 99-114 (1981).

7.15 Florence, A. L. , Circular plate under a uniformly distributed impulse, *International Journal of Solids and Structures*, **2**, 37-47 (1966).

7.16 Jones, N. , Impulsive loading of a simply supported circular rigid plastic plate, *Journal of Applied Mechanics*, **35**(1), 59-65 (1968).

7.17 Jones, N. , Consistent equations for the large deflections of structures, *Bulletin of Mechanical Engineering*

Education, **10**(1), 9–20 (1971).

7.18　Symonds, P. S. and Wierzbicki, T., Membrane mode solutions for impulsively loaded circular plates, *Journal of Applied Mechanics*, **46**(1), 58–64 (1979).

7.19　Jones, N., On the mass impact loading of ductile plates, *Defence Science Journal*, Defence Research and Development Organisation, India, **53**(1), 15–24 (2003).

7.20　Jones, N., Birch, R. S. and Duan, R., Low velocity perforation of mild steel rectangular plates with projectiles having different shaped impact faces, *ASME*, *Journal of Pressure Vessel Technology*, **130**(3), 031206–1 to 031206–8, August (2008).

7.21　Jones, N., Kim, S. B. and Li, Q. M., Response and failure of ductile circular plates struck by a mass, *Trans. ASME*, *Journal of Pressure Vessel Technology*, **119**(3), 332–42 (1997).

7.22　Wen, H. – M. and Jones, N., Experimental investigation into the dynamic plastic response and perforation of a clamped circular plate struck transversely by a mass, *proceedings Institution of Mechanical Engineers*, **208**(C2), 113–137 (1994).

7.23　Jones, N., Combined distributed loads on rigid–plastic circular plates with large deflections, *International Journal of Solids and Structures*, **5**, 51–64 (1969).

7.24　Low, H. Y., Behaviour of a rigid plastic beam loaded to finite deflections by a rigid circular indenter, *International Journal of Mechanical Sciences*, **23**(7), 387–93 (1981).

7.25　Jones, N., Finite deflections of a simply supported rigid–plastic annular plate loaded dynamically, *International Journal of Solids and Structures*, **4**, 593–603 (1968).

7.26　Jones, N., Damage estimates for plating of ships and marine vehicles, *International Symposium on Practical Design in Shipbuilding* (*PRADS*), Society of Naval Architects of Japan, Tokyo, 121–8 (1977).

7.27　Jones, N., Slamming damage, *Journal of Ship Research*, **17**(2), 80–6 (1973).

7.28　Kaliszky, S., Approximate solutions for impulsively loaded inelastic structures and continua, *International Journal of Non–Linear Mechanics*, **5**, 143–58 (1970).

7.29　Kaliszky, S., Large deformations of rigid–viscoplastic structures under impulsive and pressure loading, *Journal of Structural Mechanics*, **1**(3), 295–317 (1973).

7.30　Kaliszky, S., Dynamic plastic response of structures, *Plasticity Today: Modelling Methods and Applications*, ed. A. Sawczuk and G. Bianchi, Elsevier Applied Science, London, 788–820 (1985).

7.31　Jones, N., Influence of in–plane displacements at the boundaries of rigid–plastic beams and plates, *International Journal of Mechanical Sciences* **15**, 547–61 (1973).

7.32　Duszek, M., Effect of geometry changes on the carrying capacity of cylindrical shells, *Bulletin de l' Academie Polonaise des Sciences, Se'ries des Sciences Techniques*, **13**(4), 183–91 (1965).

7.33　Jones, N., On the influence of large deflections on the behaviour of rigid–plastic cylindrical shells loaded impulsively, *Journal of Applied Mechanics*, **37**, 416–25 (1970).

7.34　Walters, R. M. and Jones, N., An approximate theoretical study of the dynamic plastic behaviour of shells, *International Journal of Non–Linear Mechanics*, **7**, 255–73 (1972).

7.35　Reid, S. R., Laterally compressed metal tubes as impact energy absorbers, *Structural Crashworthiness*, ed. N. Jones and T. Wierzbicki, Butterworths, London, 1–43 (1983).

7.36　Horne, M. R., *Plastic Theory of Structures*, MIT Press, Cambridge, Mass. (1971).

7.37　Yuhara, T., Fundamental study of wave impact loads on ship bow, *Journal of the Society of Naval Architects of Japan*, **137**, 240–5 (1975).

7.38 Shen, W. Q. and Jones, N., The pseudo-shakedown of beams and plates when subjected to repeated dynamic loads, *Recent Advances in Impact Dynamics of Engineering Structure-1989*, Ed. D. Hui and N. Jones, *ASME*, *AMD* **105** and AD **17**, 47-56 1989. *Journal of Applied Mechanics*, **59**(1), 168-75 (1992).

7.39 Huang, Z. Q., Chen, Q. S. and Zhang, W. T., Pseudo-shakedown in the collision mechanics of ships, *International Journal of Impact Engineering*, **24**(1), 19-31 (2000).

7.40 Zhu, L. and Faulkner, D., Damage estimate for plating of ships and platforms under repeated impacts, *Marine Structures*, **9**(7), 697-720 (1996).

7.41 Zhao, Y., Yu, T. X. and Fang, J., Dynamic plastic response of structures with finite-deflections and saturation impulse, *Proceedings of IUTAM Symposium on Impact Dynamics*, Ed. Zheng, Z. and Tan, Q., Peking University Press, 105-110 (1994).

7.42 Zhu, L. and Yu, T. X., Saturated impulse for pulse-loaded elastic-plastic square plates, *International Journal of Solids and Structures*, **34**(14), 1709-18 (1997).

7.43 Menkes, S. B. and Opat, H. J., Broken beams, *Experimental Mechanics*, **13**, 480-6 (1973).

7.44 Nonaka, T., Some interaction effects in a problem of plastic beam dynamics, Parts 1-3, *Journal of Applied Mechanics*, **34**, 623-43 (1967).

7.45 Symonds, P. S. and Mentel, T. J., Impulsive loading of plastic beams with axial restraints, *Journal of the Mechanics and Physics of Solids*, **6**, 186-202 (1958).

7.46 Jones, N., Plastic failure of ductile beams loaded dynamically, *Transactions of the ASME*, *Journal of Engineering for Industry*, **98**(B1), 131-6 (1976).

7.47 Mannan, M. N., Ansari, R. and Abbas, H., Failure of aluminium beams under low velocity impact, *International Journal of Impact Engineering*, **35**(11), 1201-12 (2008).

7.48 Jones, N., On the dynamic inelastic failure of beams, *Structural Failure*, ed. T. Wierzbicki and N. Jones, John Wiley, New York, Chapter 5, 133-59 (1989).

7.49 Duffey, T. A., Dynamic rupture of shells, *Structural Failure*, ed. T. Wierzbicki and N. Jones, John Wiley, New York, Chapter 6, 161-92 (1989).

7.50 Atkins, A. G., Tearing of thin metal sheets, *Structural Failure*, ed. T. Wierzbicki and N. Jones, John Wiley, New York, Chapter 4, 107-32 (1989).

7.51 Yu, T. X., Zhang, D. J., Zhang, Y. and Zhou, Q., A study of the quasi-static tearing of thin metal sheets, *International Journal of Mechanical Sciences*, **30**(3/4), 193-202 (1988).

第 8 章

8.1 Campbell, J. D., *Dynamic Plasticity of Metals*, Springer, Vienna and New York (1972).

8.2 Marsh, K. J. and Campbell, J. D., The effect of strain rate on the post-yield flow of mild steel, *Journal of the Mechanics and Physics of Solids*, **11**, 49-63 (1963).

8.3 Symonds, P. S. and Jones, N., Impulsive loading of fully clamped beams with finite plastic deflections and strain rate sensitivity, *International Journal of Mechanical Sciences*, **14**, 49-69 (1972).

8.4 Bodner, S. R. and Symonds, P. S., Experimental and theoretical investigation of the plastic deformation of cantilever beams subjected to impulsive loading, *Journal of Applied Mechanics*, **29**, 719-28 (1962).

8.5 Perrone, N., Crashworthiness and biomechanics of vehicle impact, *Dynamic Response of Biomechanical Systems*, ed. N. Perrone, ASME, 1-22 (1970).

8.6 Perzyna, P., Fundamental problems in viscoplasticity, *Advances in Applied Mechanics*, Academic Press,

473

vol. 9, 243–377 (1966).

8.7　Campbell, J. D., Dynamic plasticity: macroscopic and microscopic aspects, *Materials Science and Engineering*, **12**, 3–21 (1973).

8.8　Duffy, J., Testing techniques and material behavior at high rates of strain, *Mechanical Properties at High Rates of Strain*, ed. J. Harding, Institute of Physics Conference Series No. 47, 1–15 (1979).

8.9　Harding, J., *Testing Techniques at High Rates of Strain*, University of Oxford, Department of Engineering Science Report No. 1308/80 (March 1980).

8.10　Malvern, L. E., Experimental and theoretical approaches to characterisation of material behaviour at high rates of deformation, *Mechanical Properties at High Rates of Strain*, ed. J. Harding, Institute of Physics Conference Series No. 70, 1–20 (1984).

8.11　Goldsmith, W., *Impact*, Edward Arnold, London (1960).

8.12　Nicholas, T., Material behavior at high strain rates, *Impact Dynamics*, ed. J. A. Zukas, et al., John Wiley, New York, Chapter 8, 277–332 (1982).

8.13　Maiden, C. J. and Green, S. J., Compressive strain–rate tests on six selected materials at strain rates from 10^{-3} to 10^4 in/in/sec, *Journal of Applied Mechanics*, **33**, 496–504 (1966).

8.14　Hauser, F. E., Techniques for measuring stress–strain relations at high strain rates, *Experimental Mechanics*, **6**, 395–402 (1966).

8.15　Manjoine, M. J., Influence of rate of strain and temperature on yield stresses of mild steel, *Journal of Applied Mechanics*, **11**, 211–18 (1944).

8.16　Campbell, J. D. and Cooper, R. H., Yield and flow of low–carbon steel at medium strain rates, *Proceedings of the Conference on the Physical Basis of Yield and Fracture*, Institute of Physics and Physical Society, London, 77–87 (1966).

8.17　Symonds, P. S., *Survey of Methods of Analysis for Plastic Deformation of Structures under Dynamic Loading*, Brown University, Division of Engineering Report BU/NSRDC/1–67, June (1967).

8.18　Nicholas, T., Tensile testing of materials at high rates of strain, *Experimental Mechanics*, **21**, 177–85 (1981).

8.19　Harding, J. and Huddart, J., The use of the double–notch shear test in deter- mining the mechanical properties of uranium at very high rates of strain, *Me chanical Properties at High Rates of Strain*, ed. J. Harding, Institute of Physics Conference Series No. 47, 49–61 (1979).

8.20　Klepaczko, J., The strain rate behaviour of iron in pure shear, *International Journal of Solids and Structures*, **5**, 533–48 (1969).

8.21　Nicholas, T. and Campbell, J. D., Shear–strain–rate effects in a high–strength aluminium alloy, *Experimental Mechanics*, **12**, 441–7 (1972).

8.22　Tsao, M. C. C. and Campbell, J. D., *Plastic Shear Properties of Metals and Alloys at High Strain Rates*, Oxford University, Department of Engineering Science Report No. 1055/73, March (1973).

8.23　Duffy, J., Some experimental results in dynamic plasticity, *Mechanical Prop erties at High Rates of Strain*, ed. J. Harding, Institute of Physics Conference Series, No. 21, 72–80 (1974).

8.24　Gerard, G. and Papirno, R., Dynamic biaxial stress–strain characteristics of aluminium and mild steel, *Transactions of the American Society for Metals*, **49**, 132–48 (1957).

8.25　Lindholm, U. S. and Yeakley, L. M., A dynamic biaxial testing machine, *Exper imental Mechanics*, **7**, 1–7 (1967).

8.26 Ng, D. H. Y., Delich, M. and Lee, L. H. N., Yielding of 6061-T6 aluminium tubings under dynamic biaxial loadings, *Experimental Mechanics*, **19**, 200-6 (1979).

8.27 Hoge, K. G., Influence of strain rate on mechanical properties of 6061-T6 aluminium under uniaxial and biaxial states of stress, *Experimental Mechanics*, **6**, 204-11 (1966).

8.28 Lewis, J. L. and Goldsmith, W., A biaxial split Hopkinson bar for simultaneous torsion and compression, *Review of Scientific Instruments*, **44**, 811-13 (1973).

8.29 Rawlings, B., The dynamic behaviour of mild steel in pure flexure, *Proceedings of the Royal Society of London, Series A (Mathematical and Physical Sciences)*, **275**, 528-43 (1963).

8.30 Aspden, R. J. and Campbell, J. D., The effect of loading rate on the elasto-plastic flexure of steel beams, *Proceedings of the Royal Society of London, Series A (Mathematical and Physical Sciences)* **290**, 266-85 (1966).

8.31 Davies, R. G. and Magee, C. L., The effect of strain rate upon the bending behaviour of materials, *Transactions of the ASME, Journal of Engineering Materials and Technology*, **99**(H), 47-51 (1977).

8.32 Jones, N., Some remarks on the strain-rate sensitive behaviour of shells, *Problems of Plasticity*, ed. A. Sawczuk, Noordhoff, Groningen, vol. 2, 403-7 (1974).

8.33 Cowper, G. R. and Symonds, P. S., Strain hardening and strain-rate effects in the impact loading of cantilever beams, Brown University Division of Applied Mathematics Report No. 28, September (1957).

8.34 Symonds, P. S. and Chon, C. T., Approximation techniques for impulsive loading of structures of time-dependent plastic behaviour with finite-deflections, *Mechanical Properties of Materials at High Strain Rates*, Institute of Physics Conference Series No. 21, 299-316 (1974).

8.35 Forrestal, M. J. and Sagartz, M. J., Elastic-plastic response of 304 stainless steel beams to impulse loads, *Journal of Applied Mechanics*, **45**, 685-7 (1978).

8.36 Paik, J. K. and Thayamballi, A. K., *Ultimate Limit State Design of Steel Plated Structures*, John Wiley and Sons, London (2002).

8.37 Fung, Y. C., *A First Course in Continuum Mechanics*, Prentice-Hall, Englewood Cliffs, N. J. (1969).

8.38 Mendelson, A., *Plasticity: Theory and Application*, Macmillan, New York (1968).

8.39 Malvern, L. E., The propagation of longitudinal waves of plastic deformation in a bar of material exhibiting a strain rate effect, *Journal of Applied Mechanics*, **18**, 203-8 (1951).

8.40 Symonds, P. S., Viscoplastic behavior in response of structures to dynamic loading, *Behavior of Materials under Dynamic Loading*, ed. N. J. Huffington, ASME, 106-124 (1965).

8.41 Gillis, P. P. and Kelly, J. M., On the determination of stress, strain, strain-rate relations from dynamic beam tests, *Journal of Applied Mechanics*, **36**, 632-34 (1969).

8.42 Perrone, N., A mathematically tractable model of strain-hardening, rate-sensitive plastic flow, *Journal of Applied Mechanics*, **33**, 210-11 (1966).

8.43 Johnson, G. R. and Cook, W. H., A constitutive model and data for metals subjected to large strains, high strain rates and high temperatures, *Proceedings of the Seventh International Symposium on Ballistics*, The Hague, The Netherlands, 541-47 (April 1983).

8.44 Jones, N., Structural aspects of ship collisions, *Structural Crashworthiness*, Ed. N. Jones and T. Wierzbicki, Butterworths, London, 308-37 (1983).

8.45 Abramowicz, W. and Jones, N., Dynamic axial crushing of square tubes, *International Journal of Impact Engineering*, **2**, 179-208 (1984).

8.46　Jones, N. , Some comments on the modelling of material properties for dynamic structural plasticity, *International Conference on the Mechanical Properties of Materials at High Rates of Strain*, Ed. J. Harding, Institute of Physics Conference Series No. 102, 435–45 (1989).

8.47　Perrone, N. , On a simplified method for solving impulsively loaded structures of rate-sensitive materials, *Journal of Applied Mechanics*, **32**, 489–92 (1965).

8.48　Selby, S. M. , *Standard Mathematical Tables*, 22nd edn, CRC Press, Cleveland, Ohio (1974).

8.49　Symonds, P. S. , Approximation techniques for impulsively loaded structures of rate sensitive plastic behavior, *SIAM Journal of Applied Mathematics*, **25**, 462–73 (1973).

8.50　Perrone, N. and Bhadra, P. , A simplified method to account for plastic rate sensitivity with large deformations, *Journal of Applied Mechanics*, **46**, 811–16 (1979).

8.51　Perrone, N. and Bhadra, P. , Simplified large deflection mode solutions for impulsively loaded, viscoplastic, circular membranes, *Journal of Applied Mechanics*, **51**, 505–9 (1984).

8.52　Symonds, P. S. and Wierzbicki, T. , Membrane mode solutions for impulsively loaded circular plates, *Journal of Applied Mechanics*, **46**, 58–64 (1979).

8.53　Bodner, S. R. and Symonds, P. S. , Experiments on viscoplastic response of circular plates to impulsive loading, *Journal of the Mechanics and Physics of Solids*, **27**, 91–113 (1979).

8.54　Jones, N. , Uran, T. O. and Tekin, S. A. , The dynamic plastic behaviour of fully clamped rectangular plates, *International Journal of Solids and Structures*, **6**, 1499–512 (1970).

8.55　Jones, N. , Giannotti, J. G. and Grassit, K. E. , An experimental study into the dynamic inelastic behaviour of spherical shells and shell intersections, *Archiwum Budowy Maszyn*, **20**(1), 33–46 (1973).

8.56　Perrone, N. , Impulsively loaded strain-rate-sensitive plates, *Journal of Applied Mechanics*, **34**, 380–4 (1967).

8.57　Hashmi, M. S. J. , Strain rate sensitivity of a mild steel at room temperature and strain rates of up to 10^5 s^{-1}, *Journal of Strain Analysis*, **15**, 201–7 (1980).

8.58　Hsu, S. S. and Jones, N. , Quasi-static and dynamic axial crushing of thin-walled circular stainless steel, mild steel and aluminium alloy tubes, *International Journal of Crashworthiness*, **9**(2), 195–217 (2004).

8.59　Haque, M. M. and Hashmi, M. S. J. , Stress-strain properties of structural steel at strain rates of up to 10^5 per second at sub-zero, room and high temperatures, *Mechanics of Materials*, **3**, 245–56 (1984).

8.60　Robotnov, Y. N. and Suvorova, J. V. , Dynamic problems for elastic-plastic solids with delayed yielding, *International Journal of Solids and Structures*, **7**, 143–59 (1971).

8.61　Klepaczko, J. R. , Loading rate spectra for fracture initiation in metals, *Theo - retical and Applied Fracture Mechanics*, **1**, 181–91 (1984).

8.62　Klepaczko, J. R. , Fracture initiation under impact, *International Journal of Impact Engineering*, **3**(3), 191–210 (1985).

8.63　Kawata, K. , Hashimoto, S. and Kurokawa, K. , Analyses of high velocity tension of bars of finite length of BCC and FCC metals with their own constitutive equations, *High Velocity Deformation of Solids*, ed. K. Kawata and J. Shioiri, Springer, New York, 1–15 (1977).

8.64　Fyfe, I. M. and Rajendran, A. M. , Dynamic pre-strain and inertia effects on the fracture of metals, *Journal of the Mechanics and Physics of Solids*, **28**, 17–26 (1980).

8.65　Rajendran, A. M. and Fyfe, I. M. , Inertia effects on the ductile failure of thin rings, *Journal of Applied*

476

Mechanics, **49**, 31-6 (1982).

8.66　Regazzoni, G. and Montheillet, F., Influence of strain rate on the flow stress and ductility of copper and tantalum at room temperature, *Mechanical Properties at High Rates of Strain*, ed. J. Harding, Institute of Physics Conference Series No. 70, 63-70 (1984).

8.67　Soroushian, P. and Choi, K.-B., Steel mechanical properties at different strain rates, *Transactions of the ASCE*, *Journal of Structural Engineering*, **113**(4), 663-72 (1987).

8.68　Alves, M. and Jones, N., Influence of hydrostatic stress on failure of axisymmetric notched specimens, *Journal of the Mechanics and Physics of Solids*, **47**(3), 643-67 (1999).

8.69　Jones, N., On the dynamic inelastic failure of beams, *Structural Failure*, Ed. T. Wierzbicki and N. Jones, John Wiley, New York, 133-59 (1989).

8.70　Kawata, K., Fukui, S., Seino, J. and Takada, N., Some analytical and experi-mental investigations on high velocity elongation of sheet materials by tensile shock, *Proceedings IUTAM Symposium on Behaviour of Dense Media under High Dynamic Pressures*, Dunod, Paris, 313-23 (1968).

8.71　Albertini, C. and Montagnani, M., Dynamic uniaxial and biaxial stress-strain relationships for austenitic stainless steels, *Nuclear Engineering and Design*, **57**(1), 107-23 (1980).

8.72　Johnson, G. R. and Cook, W. H., Fracture characteristics of three metals sub-jected to various strains, strain rates, temperatures and pressures, *Engineering Fracture Mechanics*, **21**(1), 31-48 (1985).

第 9 章

9.1　Abramowicz, W. and Jones, N., Dynamic axial crushing of circular tubes, *International Journal of Impact Engineering*, **2**, 263-81 (1984).

9.2　Pugsley, Sir A., The crumpling of tubular structures under impact conditions, *Proceedings of the Symposium on The Use of Aluminium in Railway Rolling Stock*, Institute of Locomotive Engineers, The Aluminium Development Asso ciation, London, 33-41 (1960).

9.3　Abramowicz, W. and Jones, N., Dynamic axial crushing of square tubes, *International Journal of Impact Engineering*, **2**, 179-208 (1984).

9.4　Ezra, A. A. and Fay, R. J., An assessment of energy absorbing devices for prospective use in aircraft impact situations, *Dynamic Response of Structures*, ed. G. Herrmann and N. Perrone, Pergamon, New York, 225-46 (1972).

9.5　Mallock, A., Note on the instability of tubes subjected to end pressure, and on the folds in a flexible material, *Proceedings of the Royal Society of London*, Series A (*Mathematical and Physical Sciences*), **81**, 388-93 (1908).

9.6　Mamalis, A. G. and Johnson, W., The quasi-static crumpling of thin-walled circular cylinders and frusta under axial compression, *International Journal of Mechanical Sciences*, **25**, 713-32 (1983).

9.7　Abramowicz, W. and Jones, N., Dynamic progressive buckling of circular and square tubes, *International Journal of Impact Engineering*, **4**, 243-70 (1986).

9.8　Alexander, J. M., An approximate analysis of the collapse of thin cylindrical shells under axial loading, *Quarterly Journal of Mechanics and Applied Mathematics*, **13**, 10-15 (1960).

9.9　Pugsley, Sir A. and Macaulay, M., The large scale crumpling of thin cylindrical columns, *Quarterly Journal of Mechanics and Applied Mathematics*, **13**, 1-9 (1960).

9.10　Macaulay, M. A. and Redwood, R. G., Small scale model railway coaches under impact, *The Engineer*, 1041-6, 25 Dec. (1964).

9.11　Thornton, P. H., Mahmood, H. F. and Magee, C. L., Energy absorption by structural collapse, *Structural Crashworthiness*, ed. N. Jones and T. Wierzbicki, Butterworths, London, 96-117 (1983).

9.12　Abramowicz, W., The effective crushing distance in axially compressed thin-walled metal columns, *International Journal of Impact Engineering*, **1**, 309-17 (1983).

9.13　Campbell, J. D. and Cooper, R. H., Yield and flow of low-carbon steel at medium strain rates, *Proceedings of the Conference on the Physical Basis of Yield and Fracture*, Institute of Physics and Physical Society, 77-87 (1966).

9.14　Hayduk, R. J. and Wierzbicki, T., Extensional collapse modes of structural members, *Computers and Structures*, **18**(3), 447-58 (1984).

9.15　Wierzbicki, T. and Abramowicz, W., On the crushing mechanics of thin-walled structures, *Journal of Applied Mechanics*, **50**, 727-34 (1983).

9.16　Wierzbicki, T., Crushing behaviour of plate intersections, *Structural Crashworthiness*, ed. N. Jones and T. Wierzbicki, Butterworths, London, 66-95 (1983).

9.17　Wierzbicki, T., Molnar, C. and Matolscy, M., Experimental-theoretical correlation of dynamically crushed components of bus frame structures, *Proceedings of the Seventeenth International FISITA Congress*, Budapest, June 1978.

9.18　Coppa, A. P., New ways to soften shock, *Machine Design*, 130-40, 28 March 1968.

9.19　Shaw, M. C., Designs for safety: the mechanical fuse, *Mechanical Engineering*, ASME, **94**, 23-9, April 1972.

9.20　Johnson, W., *Impact Strength of Materials*, Edward Arnold, London and Crane, Russak, New York (1972).

9.21　Johnson, W. and Mamalis, A. G., *Crashworthiness of Vehicles*, MEP, London (1978).

9.22　Johnson, W. and Reid, S. R., Metallic energy dissipating systems, *Applied Mechanics Reviews*, **31**, 277-88 (1978). Update to this article in **39**, 315-19 (1986).

9.23　Macaulay, M. A., *Introduction to Impact Engineering*, Chapman & Hall, London (1987).

9.24　Singley, G. T., Survey of rotary-wing aircraft crashworthiness, *Dynamic Response of Structures*, ed. G. Herrmann and N. Perrone, Pergamon, Oxford, 179-223 (1972).

9.25　Pugsley, Sir A. and Macaulay, M. A., Cars in collision-safe structures, *New Scientist*, **78**, No. 1105, 596-8, 1 June 1978.

9.26　Thornton, P. H., Energy absorption in composite structures, *Journal of Composite Materials*, **13**, 247-62 (1979).

9.27　Perrone, N., Dynamic plastic energy absorption in vehicle impact, *Rozprawy Inzynierskie, Engineering Transactions*, **29**(1), 83-97 (1981).

9.28　Jones, N. and Wierzbicki, T. (eds.), *Structural Crashworthiness*, Butterworths, London (1983).

9.29　Hull, D., Impact response of structural composites, *Metals and Materials*, **1**, 35-8, January (1985).

9.30　Grundy, J. D., Blears, J. and Sneddon, B. C., Assessment of crashworthy car materials, *Chartered Mechanical Engineer*, **32**(4), 31-5 (1985).

9.31　Scott, G. A., The development of a theoretical technique for rail vehicle structural crashworthiness, *Proceedings of the Institution of Mechanical Engineers*, **201**(D2), 123-8 (1987).

9.32　Scholes, A., Railway passenger vehicle design loads and structural crashworthiness, *Proceedings of the Institution of Mechanical Engineers*, **201**(D3), 201-7 (1987).

9.33 Miles, J. C. , Molyneaux, T. C. K. and Dowler, H. J. , Analysis of the forces on a nuclear fuel trans-port flask in an impact by a train, *Proceedings of the Institution of Mechanical Engineers*, **201**(A1), 55-68 (1987).

9.34 Jones, N. and Wierzbicki, T. , Dynamic plastic failure of a free-free beam, *International Journal of Impact Engineering*, **6**(3), 225-40 (1987).

9.35 Wierzbicki, T. , Crushing analysis of metal honeycombs, *International Journal of Impact Engineering*, **1**(2), 157-74 (1983).

9.36 White, M. D. , Jones, N. and Abramowicz, W. , A theoretical analysis for the quasi-static axial crushing of top-hat and double-hat thin-walled sections, *International Journal of Mechanical Sciences*, **41**, 209-33 (1999).

9.37 White, M. D. and Jones, N. , A theoretical analysis for the dynamic axial crushing of top-hat and double-hat thin-walled sections, *Proceedings, Institution of Mechanical Engineers*, **213**(Part D), 307-25 (1999).

9.38 White, M. D. and Jones, N. , Experimental quasi-static axial crushing of top- hat and double-hat thin-walled sections, *International Journal of Mechanical Sciences*, **41**, 179-208 (1999).

9.39 White, M. D. and Jones, N. , Experimental study into the energy absorbing characteristics of top-hat and double- hat sections subjected to dynamic axial crushing, *Proceedings, Institution of Mechanical Engineers*, **213**(Part D), 259-78 (1999).

9.40 Jones, N. , Some phenomena in the structural crashworthiness field, *Interna tional Journal of Crashworthiness*, **4**(4), 335-50 (1999).

9.41 Peixinho, N. , Jones, N. and Pinho, A. , Experimental and numerical study in axial crushing of thin walled sections made of high-strength steels, *Journal Physics IV France*, **110**, 717-22 (2003).

9.42 Schneider, F. D. and Jones, N. , Impact of thin-walled high-strength steel struc tural sections, *proceed-ings, Institution of Mechanical Engineers*, **218**(Part D), *Journal of Automobile Engineering*, 131-58 (2004).

9.43 Tarigopula, V. , Langseth, M. , Hopperstad, O. S. and Clausen, A. H. , Axial crushing of thin-walled high-strength steel sections, *International Journal of Impact Engineering*, **32**(5), 847-82 (2006).

9.44 Snyder, R. G. , Human impact tolerance, SAE paper 700398, *International Auto mobile Safety Conference Compendium*, SAE, 712-82 (1970).

9.45 King, A. I. , Human to lerance limitations related to aircraft crashworthiness, *Dynamic Response of Struc-tures*, ed. G. Herrmann and N. Perrone, Pergamon, New York, 247-63 (1972).

9.46 Huston, R. L. and Perrone, N. , Dynamic response and protection of the human body and skull in impact situations, *Perspectives in Biomechanics*, ed. H. Reul, D. N. Ghista and G. Rau, Harwood, vol. 1, pt B, 531-71 (1978).

9.47 Perrone, N. , Biomechanical problems related to vehicle impact, *Biomechanics: Its Foundations and Objec-tives*, ed. Y. C. Fung, N. Perrone and M. Anliker, Prentice-Hall, Englewood Cliffs, N. J. , 567-83 (1972).

9.48 Perrone, N. , Biomechanical and structural aspects of design for vehicle impact, *Human Body Dynamics, Impact, Occupational and Athletic Aspects*, ed. D. N. Ghista, Clarendon, Oxford, 181-200 (1982).

9.49 Johnson, W. , Mamalis, A. G. and Reid, S. R. , Aspects of car design and human injury. *Human Body Dynamics, Impact, Occupational and Athletic Aspects*, ed. D. N. Ghista, Clarendon, Oxford, 164-80

479

(1982).

9.50 Reid, J. D. , Fyhrie, P. , Mahmood, H. and El-Bkaily, M. ,*Crashworthiness and Occupant Protection in Transportation Systems*, American Society of Mechanical Engineers, AMD-Volume 210, BED-Volume **30**, 560 (1995).

9.51 Huang, M. , Vehicle *Crash Mechanics*, CRC Press, London and New York (2002).

9.52 Currey, J. D. , Changes in the impact energy absorption of bone with age, *Journal of Biomechanics*, **12**, 459-69 (1979).

9.53 King, A. I. , Crash course,*Mechanical Engineering*, ASME, **108**(6), 58-61 (1986).

9.54 Goldsmith, W. , Current controversies in the stipulation of head injury criteria, *Journal of Biomechanics*, **14**, 883-4 (1981).

9.55 Mukherjee, A. and Guruprasad, S. , Layered sacrificial claddings in design of blast resistant structures: an analytical study, *Plasticity and Impact Mechanics*, Ed. , N. K. Gupta, New Age International Publishers, New Delhi, India, 519-527 (1997).

9.56 Guruprasad, S. and Mukherjee, A. , Layered sacrificial claddings under blast loading Part 1: analytical studies, *International Journal of Impact Engineering*, **24**(9), 957-73 (2000).

9.57 Karagiozova, D. and Jones, N. , Energy absorption of a layered cladding under blast loading, Proceedings, 6th International Conference on Structures under Shock and Impact, *Structures under Shock and Impact VI*, Eds. N. Jones and C. A. Brebbia, WIT Press, Southampton, U. K. , Boston, U. S. , 447-56 (2000).

9.58 Guruprasad, S. and Mukherjee, A. , Layered sacrificial claddings under blast loading. Part 2: experimental studies, *International Journal of Impact Engineering*, **24**(9), 975-984 (2000).

9.59 Ma, G. W. and Ye, Z. Q. , Energy absorption of double-layer foam cladding for blast alleviation, *International Journal of Impact Engineering*, **34**(2), 329-47 (2007).

9.60 Langdon, G. S. , Karagiozova, D. , Theobald, M. D. , Nurick, G. N. , Lu, G. and Merrett, R. P. , Fracture of aluminium foam core sacrificial cladding subjected to air-blast loading, *International Journal of Impact Engineering*, **37**(6), 638-51 (2010).

9.61 Theobald, M. D. and Nurick, G. N. , Experimental and numerical analysis of tube-core claddings under blast loads, *International Journal of Impact Engineering*, **37**(3), 333-48 (2010).

9.62 Wadley, H. , Dharmasena, K. , Chen, Y. , Dudt, P. , Knight, D. , Charette, R. and Kiddy, K. , Compressive response of multilayered pyramidal lattices during underwater shock loading, *International Journal of Impact Engineering*, **35**(9), 1102-14 (2008).

9.63 Andrews, K. R. F. , England, G. L. and Ghani, E. , Classification of the axial collapse of cylindrical tubes under quasi-static loading, *International Journal of Mechanical Sciences*, **25**(9-10), 687-96 (1983).

9.64 Abramowicz, W. and Jones, N. , Transition from initial global bending to progressive buckling of tubes loaded statically and dynamically, *International Journal of Impact Engineering*, **19**(5/6), 415-37 (1997).

9.65 Jensen, O. , Langseth, M. and Hopperstad, O. S. , Experimental investigations on the behaviour of short to long square aluminium tubes subjected to axial loading, *International Journal of Impact Engineering*, **30** (8/9), 973-1003 (2004).

9.66 Hsu, S. S. and Jones, N. , Quasi-static and dynamic axial crushing of thin-walled circular stainless steel, mild steel and aluminium alloy tubes, *International Journal of Crashworthiness*, **9**(2), 195−217 (2004).

9.67 Wierzbicki, T. and Bhat, S. U., A moving hinge solution for axisymmetric crushing of tubes, *International Journal of Mechanical Sciences*, **28**(3), 135−51 (1986).

9.68 Andronicou, A. and Walker, A. C., A plastic collapse mechanism for cylinders under uniaxial end compression, *Journal of Constructional Steel Research*, **1**(4), 23−34 (1981).

9.69 Abramowicz, W. and Wierzbicki, T., Axial crushing of multi−corner sheet metal columns, *Journal of Applied Mechanics*, **111**, 113−20 (1989).

9.70 Gupta, N. K. and Abbas, H., Some considerations in axisymmetric folding of metallic round tubes, *International Journal of Impact Engineering*, **25**(4), 331−44 (2001).

9.71 Singace, A. A., Axial crushing analysis of tubes deforming in the multi−lobe mode, *International Journal of Mechanical Sciences*, **41**(7), 865−90 (1999).

9.72 Mequid, S. A., Attia, M. S., Stranart, J. C. and Wang, W., Solution stability in the dynamic collapse of square aluminium columns, *International Journal of Impact Engineering*, **34**(2), 348−59 (2007).

9.73 Zhang, X. and Huh, H., Crushing analysis of polygonal columns and angle elements, *International Journal of Impact Engineering*, **37**(4), 441−51 (2010).

9.74 Hu, L. L. and Yu, T. X., Dynamic crushing strength of hexagonal honeycombs, *International Journal of Impact Engineering*, **37**(5), 467−74 (2010).

9.75 Zou, Z., Reid, S. R., Tan, P. J., Li, S. and Harrigan, J. J., Dynamic crushing of honeycombs and features of shock fronts, *International Journal of Impact Engineering*, **36**(1), 165−76 (2009).

9.76 Gupta, N. K., Mohamed Sheriff, N. and Velmurugan, R., Analysis of collapse behaviour of combined geometry metallic shells under axial impact, *International Journal of Impact Engineering*, **35**(8), 731−41 (2008).

9.77 Teramoto, S. S. and Alves, M., Buckling transition of axially impacted open shells, *International Journal of Impact Engineering*, **30**(8/9), 1241−60 (2004).

9.78 Williams, B. W., Worswick, M. J., D'Amours, G., Rahem, A. and Mayer, R., Influence of forming effects on the axial crush response of hydroformed alu minium alloy tubes, *International Journal of Impact Engineering*, **37**(10), 1008− 20 (2010).

9.79 Lu, G. and Yu, T. X., *Energy Absorption of Structures and Materials*, CRC Press, Woodhead Publishing Ltd., Cambridge, UK (2003).

9.80 Yuen, S. C. K. and Nurick, G. N., The energy−absorbing characteristics of tubular stuctures with geometric and material modifications: an overview, *Applied Mechanics Reviews, Transactions ASME*, **61**, 020802−1 to 020802−15 (2008).

9.81 Thornton, P. H., *Energy Absorption by Foam−Filled Structures*, SAE Paper 800081, SAE Congress, Detroit (1980).

9.82 Reid, S. R., Reddy, T. Y. and Gray, M. D., Static and dynamic axial crushing of foam−filled sheet metal tubes, *International Journal of Mechanical Sciences*, **28**(5), 295−322 (1986).

9.83 Reid, S. R. and Reddy, T. Y., Axial crushing of foam−filled tapered sheet metal tubes, *International Journal of Mechanical Sciences*, **28**(10), 643−56 (1986).

9.84 Hanssen, A. G., Langseth, M. and Hopperstad, O. S., Static and dynamic crushing of square aluminium extrusions with aluminium foam filler, *International Journal of Impact Engineering*, **24**(4), 347-83 (2000).

9.85 Santosa, S. P., Wierzbicki, T., Hanssen, A. G. and Langseth, M., Experimental and numerical studies of foam-filled sections, *International Journal of Impact Engineering*, **24**(5), 509-34 (2000).

9.86 Jones, N., Energy-absorbing effectiveness factor, *International Journal of Impact Engineering*, **37**(6), 754-65 (2010).

9.87 Johnson, W., Soden, P. D. and Al-Hassani, S. T. S., Inextensional collapse of thin-walled tubes under axial compression, *Journal of Strain Analysis*, **12**, 317-30 (1977).

第 10 章

10.1 Goodier, J. N., Dynamic plastic buckling, *Proceedings of the International Conference on Dynamic Stability of Structures*, ed. G. Herrmann, Pergamon, New York, 189-211 (1967).

10.2 Abramowicz, W. and Jones, N., Dynamic axial crushing of circular tubes, *International Journal of Impact Engineering*, **2**(3), 263-81 (1984).

10.3 Abrahamson, G. R. and Goodier, J. N., Dynamic flexural buckling of rods within an axial compression wave, *Journal of Applied Mechanics*, **33**(2), 241-47 (1966).

10.4 Jones, N. and Okawa, D. M., Dynamic plastic buckling of rings and cylindrical shells, *Nuclear Engineering and Design*, **37**, 125-47 (1976).

10.5 Timoshenko, S. P. and Gere, J. M., *Theory of Elastic Stability*, 2nd edn, McGraw-Hill, New York (1961).

10.6 Al-Hassani, S. T. S., The plastic buckling of thin-walled tubes subject to magnetomotive forces, *Journal of Mechanical Engineering Science*, **16**, 59-70 (1974).

10.7 Florence, A. L. and Abrahamson, G. R., Critical velocity for collapse of visco-plastic cylindrical shells without buckling, *Transactions of the ASME*, *Journal of Applied Mechanics*, **44**(1), 89-94 (1977).

10.8 Jones, N., Consistent equations for the large deflections of structures, *Bulletin of Mechanical Engineering Education*, **10**, 9-20 (1971).

10.9 Lindberg, H. E. and Florence, A. L., *Dynamic pulse buckling*: theory and experiment, *SRI International Report to Defense Nuclear Agency*, *Washington*, *D. C.*, February 1982 and Martinus Nijhoff publishers, Norwell, Mass., 1987.

10.10 *The Flixborough Disaster*, *Report of the Court of Enquiry*, Department of Employment, HMSO, London (1975).

10.11 Abrahamson, G. R. and Goodier, J. N., Dynamic plastic flow buckling of a cylindrical shell from uniform radial impulse, *Proceedings of the Fourth U. S. National Congress of Applied Mechanics*, ASME, Berkeley, 939-50 (1962).

10.12 Dym, C. L., *Stability Theory and Its Applications to Structural Mechanics*, Noordhoff, Leyden (1974).

10.13 Brush, D. O. and Almroth, B. O., *Buckling of Bars*, *Plates and Shells*, McGraw-Hill, New York (1975).

10.14 Florence, A. L., Dynamic buckling of viscoplastic cylindrical shells, *Inelastic Behaviour of Solids*, ed. M. F. Kanninen, W. F. Adler, A. R. Rosenfield and R. I. Jaffee, McGraw-Hill, New York, 471-99 (1970).

10.15 Wojewodzki, W., Buckling of short viscoplastic cylindrical shells subjected to radial impulse, *International Journal of Non-Linear Mechanics*, **8**, 325-43 (1973).

10. 16   Pugsley, A. , The crumpling of tubular structures under impact conditions, *Proceedings of the Symposium on the Use of Aluminium in Railway Rolling Stock*, Institution of Locomotive Engineers, The Aluminium Development Association, London, 33–41 (1960).

10. 17   Florence, A. L. and Goodier, J. N. , Dynamic plastic buckling of cylindrical shells in sustained axial compressive flow, *Transactions of the ASME, Journal of Applied Mechanics*, **35**(1), 80–6 (1968).

10. 18   Johnson, W. and Mellor, P. B. , *Engineering Plasticity*, Van Nostrand Reinhold, London (1973).

10. 19   Vaughan, H. , The response of a plastic cylindrical shell to axial impact, *ZAMP*, **20**, 321–8 (1969).

10. 20   Wojewodzki, W. , Dynamic buckling of a visco–plastic cylindrical shell subjected to axial impact, *Archives for Mechanics*, **23**(1), 73–91 (1971).

10. 21   Jones, N. and Papageorgiou, E. A. , Dynamic axial plastic buckling of stringer stiffened cylindrical shells, *International Journal of Mechanical Sciences*, **24**, 1–20 (1982), and Dynamic plastic buckling of stiffened cylindrical shells, *Proceedings of the Institute of Acoustics*, Spring Conference, Newcastle upon Tyne, 29–32 (1981).

10. 22   Abrahamson, G. R. , Critical velocity for collapse of a shell of circular cross section without buckling, *Transactions of the ASME, Journal of Applied Mechanics*, **41**(2), 407–11 (1974).

10. 23   Wang, B. and Lu, G. , Mushrooming of circular tubes under dynamic axial loading, *Thin–Walled Structures*, **40**(2), 167–82 (2002).

10. 24   Jones, N. , Dynamic elastic and inelastic buckling of shells, *Developments in Thin–Walled Structures*, vol. 2, ed. J. Rhodes and A. C. Walker, Elsevier Applied Science, London and New York, 49–91 (1984).

10. 25   Jones, N. and Ahn, C. S. , Dynamic buckling of complete rigid–plastic spherical shells, *Journal of Applied Mechanics*, **41**, 609–14 (1974).

10. 26   Jones, N. and Ahn, C. S. , Dynamic elastic and plastic buckling of complete spherical shells, *International Journal of Solids and Structures*, **10**, 1357–74 (1974).

10. 27   Song, B. Q. and Jones, N. , Dynamic buckling of elastic–plastic complete spherical shells under step loading, *International Journal of Impact Engineering*, **1**(1), 51–71 (1983).

10. 28   Ishizaki, T. and Bathe, K. –J. , On finite element large displacement and elastic– plastic dynamic analysis of shell structures, *Computers and Structures*, **12**, 309–18 (1980).

10. 29   Wojewodzki, W. and Lewinski, P. , Viscoplastic axisymmetrical buckling of spherical shell subjected to radial pressure impulse, *Engineering Structures*, **3**, 168–74 (1981).

10. 30   Bukowski, R. and Wojewodzki, W. , Dynamic buckling of viscoplastic spherical shell, *International Journal of Solids and Structures*, **20**(8), 761–76 (1984).

10. 31   Kao, R. , Nonlinear dynamic buckling of spherical caps with initial imperfections, *Computers and Structures*, **12**, 49–63 (1980).

10. 32   Jones, N. and dos Reis, H. L. M. , On the dynamic buckling of a simple elastic–plastic model, *International Journal of Solids and Structures*, **16**, 969–89 (1980).

10. 33   Karagiozova, D. and Jones, N. , Dynamic buckling of a simple elastic–plastic model under pulse loading, *International Journal of Non–Linear Mechanics*, **27**(6), 981–1005 (1992).

10. 34   Karagiozova, D. and Jones, N. , Dynamic pulse buckling of a simple elastic–plastic model including axial inertia, *International Journal of Solids and Structures*, **29**(10), 1255–72 (1992).

10. 35   Karagiozova, D. and Jones, N. , Some observations on the dynamic elastic– plastic buckling of a struc-

tural model, *International Journal of Impact Engineering*, **16**(4), 621–35 (1995).

10. 36　Karagiozova, D. and Jones, N., Strain–rate effects in the dynamic buckling of a simple elastic–plastic model, *Transactions ASME*, *Journal of Applied Mechanics*, **64**(1), 193–200 (1997).

10. 37　Karagiozova, D. and Jones, N., A note on the inertia and strain rate effects in the Tam and Calladine model, *International Journal of Impact Engineering*, **16**(4), 637–49 (1995).

10. 38　Tam, L. L. and Calladine, C. R., Inertia and strain rate effects in a simple plate structure under impact loading, *International Journal of Impact Engineering*, **11**(3), 349–77 (1991).

10. 39　Zhang, T. G. and Yu, T. X., A note on a "velocity sensitive" energy–absorbing structure, *International Journal of Impact Engineering*, **8**(1), 43–51 (1989).

10. 40　Karagiozova, D. and Jones, N., Multi–degrees of freedom model for dynamic buckling of an elastic–plastic structure, *International Journal of Solids and Structures*, **33**(23), 3377–98 (1996).

10. 41　Bell, J. F., The dynamic buckling of rods at large plastic strain, *Acta Mech.*, **74**, 51–67 (1988).

10. 42　Karagiozova, D. and Jones, N., Dynamic buckling of columns due to slamming loads, *Proceedings 4th International Conference on Structures Under Shock and Impact*, *Structures under Shock and Impact IV*, Ed. N. Jones, C. A. Brebbia and A. J. Watson, Computational Mechanics Publications, Southampton and Boston, (also Transactions on the Built Environment, Vol. 22, WIT Press), 311–20 (1996).

10. 43　Zhang, Q., Li, S. and Zheng, J. J., Dynamic response, buckling and collapsing of elastic–plastic straight columns under axial solid–fluid slamming compression–1, experiments, *International Journal of Solids and Structures*, **29**(3), 381–97 (1992).

10. 44　Karagiozova, D. and Jones, N., Dynamic elastic–plastic buckling phenomena in a rod due to axial impact, *International Journal of Impact Engineering*, **18**(7/8), 919–47 (1996).

10. 45　Jones, N., Several phenomena in structural impact and structural crashworthiness, *European Journal of Mechanics A/Solids*, **22**(5), 693–707 (2003).

10. 46　Wang Ren, Han Mingbao, Huang Zhuping and Yan Qingchun, An experimental study on the dynamic axial plastic buckling of cylindrical shells, *International Journal of Impact Engineering*, **1**(3), 249–56 (1983).

10. 47　Lindberg, H. E. and Kennedy, T. C., Dynamic plastic pulse buckling beyond strain–rate reversal, *Journal of Applied Mechanics*, **42**, 411–16 (1975).

10. 48　Karagiozova, D., Alves, M. and Jones, N., Inertia effects in axisymmetrically deformed cylindrical shells under axial impact, *International Journal of Impact Engineering*, **24**(10), 1083–1115 (2000).

10. 49　Karagiozova, D. and Jones, N., Dynamic effects on buckling and energy absorption of cylindrical shells under axial impact, *Thin–Walled Structures*, **39**(7), 583– 610 (2001).

10. 50　Karagiozova, D. and Jones, N., Influence of stress waves on the dynamic progressive and dynamic plastic buckling of cylindrical shells, *International Journal of Solids and Structures*, **38**(38/39), 6723–49 (2001).

10. 51　Karagiozova, D. and Jones, N., On dynamic buckling phenomena in axially loaded elastic–plastic cylindrical shells, *International Journal of Non–Linear Mechanics*, **37**(7), 1223–38 (2002).

10. 52　Karagiozova, D., On the dynamic collapse of circular and square tubes under axial impact, *Advances in Dynamics and Impact Mechanics*, Ed. C. A. Brebbia and G. N. Nurick, WIT Press, Southampton and Boston, 1–22 (2003).

10. 53　Karagiozova, D., Dynamic buckling of elastic–plastic square tubes under axial impact. Part I–stress

wave propagation phenomenon, *International Journal of Impact Engineering*, **30**(2), 143-66 (2004).

10. 54　Karagiozova, D. and Jones, N., Dynamic buckling of elastic-plastic square tubes under axial impact. Part II - structural response, *International Journal of Impact Engineering*, **30**(2), 167-92 (2004).

10. 55　Karagiozova, D. and Alves, M., Dynamic elastic-plastic buckling of structural elements: a review, *Applied Mechanics Reviews*, *Transactions ASME*, **61**, 040803-1 to 040803-26 (2008).

10. 56　Yuen, S. C. K. and Nurick, G. N., The energy-absorbing characteristics of tubular structures with geometric and material modifications: an overview, *Applied Mechanics Reviews*, *Transactions ASME*, **61**, 020802-1 to 020802-15 (2008).

10. 57　Lee, L. H. N., Bifurcation and uniqueness in dynamics of elastic-plastic continua, *International Journal of Engineering Science*, **13**, 69-76 (1975).

10. 58　Lee, L. H. N., Quasi-bifurcation in dynamics of elastic-plastic continua, *Journal of Applied Mechanics*, **44**, 413-18 (1977).

10. 59　Lee, L. H. N., On dynamic stability and quasi-bifurcation, *International Journal of Nonlinear Mechanics*, **16**, 79-87 (1981).

10. 60　Lee, L. H. N., Dynamic buckling of an inelastic column, *International Journal of Solids and Structures*, **17**, 271-9 (1981).

10. 61　Funk, G. E. and Lee, L. H. N., Dynamic buckling of inelastic spherical shells, *Transactions of the ASME*, *Journal of Pressure Vessel Technology*, **104**, 79-87 (1982).

10. 62　Symonds, P. S. and Yu, T. X., Counterintuitive behaviour in a problem of elastic-plastic beam dynamics, *Journal of Applied Mechanics*, **52**(3), 517-22 (1985).

10. 63　Li, Q. M., Zhao, L. M. and Yang, G. T., Experimental results on the counter-intuitive behaviour of thin clamped beams subjected to projectile impact, *International Journal of Impact Engineering*, **11**(3), 341-48 (1991).

10. 64　Karagiozova, D., Velocity and mass sensitivity of circular and square tubes under axial impact, *Plasticity and Impact Mechanics*, Ed. N. K. Gupta, Proceedings 8th International Symposium, IMPLAST 2003, Phoenix Publishing House, New Delhi, 403-10 (2003).

10. 65　Karagiozova, D. and Alves, M., Transition from progressive buckling to global bending of circular shells under axial impact-part 1: experimental and numerical observations, *International Journal of Solids and Structures*, **41**(5/6), 1565- 80 (2004).

10. 66　Hsu, S. S. and Jones N., Quasi-static and dynamic axial crushing of thin-walled circular stainless steel, mild steel and aluminium alloy tubes, *International Journal of Crashworthiness*, **9**(2), 195-217 (2004).

10. 67　Jensen, O., Langseth, M. and Hopperstad, O. S., Transition from local to global buckling: quasi-static and dynamic experimental results, *Plasticity and Impact Mechanics*, Ed. N. K. Gupta, Proc. 8th International Symposium, IMPLAST 2003, Phoenix Publishing House, New Delhi, 118-25 (2003).

10. 68　Jensen, O., Langseth, M. and Hopperstad, O. S., Experimental investigations on the behaviour of short to long square aluminium tubes subjected to axial loading, *International Journal of Impact Engineering*, **30**(8/9), 973-1003 (2004).

10. 69　Karagiozova, D. and Jones, N., On the mechanics of the global bending collapse of circular tubes under dynamic axial load - dynamic buckling transition, *International Journal of Impact Engineering*, **35**(5), 397-424 (2008).

10.70 Jensen, O., Langseth, M. and Hopperstad, O. S., Transition between progressive and global buckling of aluminium extrusions, *proceedings 7th International Conference on Structures Under Shock and Impact*, *Structures under Shock and Impact VII*, Ed. N. Jones, C. A. Brebbia and A. M. Rajendran, WIT Press, Southampton and Boston, (also Transactions on the Built Environment), 269-77 (2002).

第 11 章

11.1 Young, D. F. and Murphy, G., Dynamic similitude of underground structures, *Proceedings of the ASCE*, *Journal of the Engineering Mechanics Division*, **90** (EM3), 111-33 (1964).

11.2 Duffey, T. A., Scaling laws for fuel capsules subjected to blast, impact and thermal loading, SAE paper 719107, *Proceedings of the Intersociety Energy Conversion Engineering Conference*, 775-86 (1971).

11.3 Barr, P., Studies of the effects of missile impacts on structures, *Atom*, No. 318, 6 pp., April 1983.

11.4 Jones, N., Structural aspects of ship collisions, *Structural Crashworthiness*, ed. N. Jones and T. Wierzbicki. Butterworths, London, 308-37 (1983).

11.5 Huffington, N. J. and Wortman, J. D., Parametric influences on the response of structural shells, *Transactions of the ASME*, *Journal of Engineering for Industry*, **97**(B), 1311-16 (1975).

11.6 Johnson, W., *Impact Strength of Materials*, Edward Arnold, London and Crane Russak, New York (1972).

11.7 Young, D. F., Basic principles and concepts of model analysis, *Experimental Mechanics*, **11**, 325-36 (1971).

11.8 Booth, E., Collier, D. and Miles, J., Impact scalability of plated steel structures, *Structural Crashworthiness*, ed. N. Jones and T. Wierzbicki, Butterworths, London, 136-74 (1983).

11.9 Nevill, G. E., *Similitude Studies of Re-entry Vehicle Response to Impulsive Loading*, Southwest Research Institute Report AF SWC-TDR-63-1, vol. 1, March 1963.

11.10 Ashby, M. F. and Jones, D. R. H., *Engineering Materials: An Introduction to Their Properties and Applications*, Pergamon, Oxford (1980).

11.11 Jones, N., Similarity principles in structural mechanics, *International Journal of Mechanical Engineering Education*, **2**, 1-10 (1974).

11.12 Barr, D. I. H., A survey of procedures for dimensional analysis, *International Journal of Mechanical Engineering Education*, **11**, 147-59 (1983).

11.13 Hunsaker, J. C. and Rightmire, B. G., *Engineering Applications of Fluid Mechanics*, McGraw-Hill, New York (1947).

11.14 Duffey, T. A., Cheresh, M. C. and Sutherland, S. H., Experimental verification of scaling laws for punch-impact-loaded structures, *International Journal of Impact Engineering*, **2**(1), 103-17 (1984).

11.15 Johnson, W., Structural damage in airship and rolling stock collisions, *Structural Crashworthiness*, ed. N. Jones and T. Wierzbicki, Butterworths, London, 417-39 (1983).

11.16 Zhao, Y. P., Suggestion of a new dimensionless number for dynamic plastic response of beams and plates, *Archives of Applied Mechanics*, **68**, 524-38 (1998).

11.17 Li, Q. M. and Jones, N., On dimensionless numbers for dynamic plastic response of structural members, *Archives of Applied Mechanics*, **70**, 245-54 (2000).

11.18 Hu, Y. Q., Application of response number for dynamic plastic response of plates subjected to impulsive loading, *International Journal of Pressure Vessels and Piping*, **77**(12), 711-14 (2000).

11.19 Shi, X. H. and Gao, Y. G., Generalisation of response number for dynamic plastic response of shells subjected to impulsive loading, *International Journal of Pressure Vessels and Piping*, **78**(6), 453-459 (2001).

11. 20 Alves, M. and Oshiro, R. E., Scaling the impact of a mass on a structure, *International Journal of Impact Engineering*, **32**(7), 1158-73 (2006).

11. 21 Oshiro, R. E. and Alves, M., Scaling of cylindrical shells under axial impact, *International Journal of Impact Engineering*, **34**(1), 89-103 (2007).

11. 22 Atkins, A. G. and Caddell, R. M., The laws of similitude and crack propagation, *International Journal of Mechanical Sciences*, **16**, 541-8 (1974).

11. 23 Mai, Y. W. and Atkins, A. G., Scale effects and crack propagation in nonlinear elastic structures, *International Journal of Mechanical Sciences*, **17**, 673-5 (1975).

11. 24 Mai, Y. W. and Atkins, A. G., Crack propagation in non-proportionally scaled elastic structures, *International Journal of Mechanical Sciences*, **20**, 437-49 (1978).

11. 25 Richards, C. W., *Engineering Materials Science*, Wadsworth, Belmont, Calif. (1961).

11. 26 Kendall, K., The impossibility of comminuting small particles by compression, *Nature*, **272**, 710-11, 20 April 1978.

11. 27 Kendall, K., Interfacial cracking of a composite, Part 3 Compression, *Journal of Materials Science*, **11**, 1267-9 (1976).

11. 28 Kendall, K., Complexities of compression failure, *Proceedings of the Royal Society of London*, Series A (*Mathematical and Physical Sciences*), **361**, 245-63 (1978).

11. 29 Gurney, C. and Hunt, J., Quasi-static crack propagation, *Proceedings of the Royal Society of London*, Series A (*Mathematical and Physical Sciences*), **299**, 508-24 (1967).

11. 30 Jones, N., Scaling of inelastic structures loaded dynamically, *Structural Impact and Crashworthiness*, vol. 1, ed. G. A. O. Davies, Elsevier Applied Science, London, 45-74 (1984).

11. 31 Puttick, K. E., The correlation of fracture transitions, *Journal of Physics D* (*Applied Physics*), **13**, 2249-62 (1980).

11. 32 Puttick, K. E. and Yousif, R. H., Indentation fracture transitions in polymethyl- methacrylate, *Journal of Physics D* (*Applied Physics*), **16**, 621-33 (1983).

11. 33 Atkins, A. G. and Mai, Y. W., *Elastic and Plastic Fracture*, Ellis Horwood, Chichester and John Wiley, New York (1984).

11. 34 *The Resistance to Impact of Spent Magnox Fuel Transport Flasks*, MEP, London (1985).

11. 35 Jones, N., Jouri, W. and Birch, R., On the scaling of ship collision damage, *International Maritime Association of the East Mediterranean*, *Third International Congress on Marine Technology*, Athens, vol. 2, 287-94 (1984).

11. 36 Jones, N. and Jouri, W. S., A study of plate tearing for ship collision and grounding damage, *Journal of Ship Research*, **31**(4), 253-68 (1987).

11. 37 Yu, T. X., Zhang, D. J., Zhang, Y. and Zhou, Q., A study of the quasi-static tearing of thin metal sheets, *International Journal of Mechanical Sciences*, **30**(3/4), 193-202 (1988).

11. 38 Lu, G. and Calladine, C. R., On the cutting of a plate by a wedge, *International Journal of Mechanical Sciences*, **32**(4), 293-313 (1990).

11. 39 Wierzbicki, T. and Thomas, P., Closed-form solution for wedge cutting force through thin metal sheets, *International Journal of Mechanical Sciences*, **35**(3/4), 209-29 (1993).

11.40 Shen, W. Q. , Fung, K. W. , Triantafyllos, P. , Wajid, N. M. and Nordin, N. , An experimental study on the scaling of plate cutting, *International Journal of Impact Engineering*, **21**(8), 645−62 (1998).

11.41 Paik, J. K. , Cutting of a longitudinally stiffened plate by a wedge, *Journal of Ship Research*, **38**(4), 340−48 (1994).

11.42 Paik, J. K. and Wierzbicki, T. , A benchmark study on crushing and cutting of plated structures, *Journal of Ship Research*, **41**(2), 147−60 (1997).

11.43 Paik, J. K. and Thayamballi, A. K. , *Ultimate Limit State Design of Steel Plated Structures*, John Wiley and Sons Ltd. , London (2002).

11.44 Wen, H. M. and Jones, N. , Experimental investigation of the scaling laws for metal plates struck by large masses, *International Journal of Impact Engineering*, **13**(3), 485−505 (1993).

11.45 Jones, N. and Kim, S. B. , A study on the large ductile deformations and perforation of mild steel plates struck by a mass. Part II: discussion, *Transactions ASME, Journal of Pressure Vessel Technology*, **119**(2), 185−91 (1997).

11.46 Jones, N. and Birch, R. S. , On the scaling of low−velocity perforation of mild steel plates, *Transactions ASME, Journal of Pressure Vessel Technology*, **130**(3), 031207−1 to 031207−11, (2008).

11.47 Jacob, N. , Yuen, S. C. K. , Nurick, G. N. , Desai, S. A. and Tait, D. , Quadrangular plates subjected to localised blast loads − an insight into scaling, *Plasticity and Impact Mechanics*, Ed. N. K. Gupta, Proceedings 8th International Symposium, IMPLAST 2003, Phoenix Publishing House, New Delhi, 769−76 (2003).

11.48 Jacob, N. , Yuen, S. C. K. , Nurick, G. N. , Bonorchis, D. , Desai, S. A. and Tait, D. , Scaling aspects of quadrangular plates subjected to localised blast loads − experiments and predictions, *International Journal of Impact Engineering*, **30**(8/9), 1179−1208 (2004).

11.49 Schleyer, G. K. , Simplified analysis of square plates under explosion loading, *Advances in Dynamics and Impact Mechanics*, Ed. C. A. Brebbia and G. N. Nurick, WIT Press, Southampton and Boston, 167−79 (2003).

11.50 Schleyer, G. K. and Jones N. , On the simplified analysis of square plates under explosion loading, *Pressure Equipment Technology: Theory and Practice*, Ed. W. M. Banks and D. H. Nash, Professional Engineering Publishing Limited, Institution of Mechanical Engineers, 225−33 (2003).

11.51 Schleyer, G. K. , Hsu, S. S. and White, M. D. , Scaling of pulse loaded mild steel plates with different edge restraint, *International Journal of Mechanical Sciences*, **46**(9), 1267−87 (2004).

11.52 Jones, N. , Birch, S. E. , Birch, R. S. , Zhu, L. and Brown, M. , An experimental study on the lateral impact of fully clamped mild steel pipes, *Proceedings of the Institution of Mechanical Engineers, Journal of Process Mechanical Engineering*, **206**(E), 111−27 (1992).

11.53 Jones, N. and Birch, R. S. , Low−velocity impact of pressurised pipelines, *International Journal of Impact Engineering*, **37**(2), 207−19 (2010).

11.54 Jones, N. and Birch, R. S. , Influence of internal pressure on the impact behaviour of steel pipelines, *Transactions ASME, Journal of Pressure Vessel Technology*, **118**(4), 464−71 (1996).

11.55 Jiang, P. , Tian, C. J. , Xie, R. Z. and Meng, D. S. , Experimental investigation into scaling laws for conical shells struck by projectiles, *International Journal of Impact Engineering*, **32**(8), 1284−98 (2006).

11.56 Jiang, P. , Wang, W. and Zhang, G. J. , Size effects in the axial tearing of circular tubes during quasi-static and impact loadings, *International Journal of Impact Engineering*, **32**(12), 2048–65 (2006).

11.57 Emori, R. I. , and Schuring, D. J. , *Scale Models in Engineering*, Pergamon, Oxford (1977).

11.58 Szücs, E. , *Similitude and Modelling*, Elsevier, Amsterdam (1980).

11.59 Jouri, W. S. and Jones, N. , The impact behaviour of aluminium alloy and mild steel double–shear specimens, *International Journal of Mechanical Sciences*, **30**(3/4), 153–72 (1988).

11.60 Thornton, P. H. , Static and dynamic collapse characteristics of scale model corrugated tubular sections, *Transactions of the ASME*, *Journal of Engineering Materials and Technology*, **97**(H4), 357–62 (1975).

11.61 Jones, N. , Some comments on the scaling of inelastic structures loaded dynamically, *Size–Scale Effects in the Failure Mechanisms of Materials and Structures*, Ed. A. Carpinteri, *Proceedings IUTAM Symposium*, Turin, E. and F. N. Spon, London, 541–54 (1996).

11.62 Atkins, A. G. , Scaling in combined plastic flow and fracture, *International Journal of Mechanical Sciences*, **30**(3/4), 173–91 (1988).

11.63 Atkins, A. G. , Letter to the Editor on Reference 11.44, *International Journal of Impact Engineering*, **16**(3), 525–7 (1995).

11.64 Atkins, A. G. , Note on scaling in rigid–plastic fracture mechanics, *International Journal of Mechanical Sciences*, **32**(6), 547–8 (1990).

11.65 Jouri, W. S. and Jones, N. , The impact behaviour of aluminium alloy and mild steel double–shear specimens, *International Journal of Mechanical Sciences*, **30**(3/4), 153–72 (1988).

11.66 Me–Bar, Y. , A method for scaling ballistic penetration phenomena, *International Journal of Impact Engineering*, **19**(9/10), 821–9 (1997).

11.67 Calladine, C. R. , An investigation of impact scaling theory, *Structural Crashworthiness*, ed. N. Jones and T. Wierzbicki, Butterworths, London, 169–74 (1983).

11.68 Calladine, C. R. and English, R. W. , Strain–rate and inertia effects in the collapse of two types of energy–absorbing structure, *International Journal of Mechanical Sciences*, **26**(11/12), 689–701 (1984).

11.69 Bazant, Z. P. , *Scaling of Structural Strength*, Hermes Penton Ltd. , London (2002).

附录

A.1 Young, D. F. , Basic principles and concepts of model analysis, *Experimental Mechanics*, **11**, 325–36 (1971).

A.2 Gibbings, J. C. , A logic of dimensional analysis, *Journal of Physics A* (*Math– ematical and General*), **15**, 1991–2002 (1982).

A.3 Gibbings, J. C. (ed.), The *Systematic Experiment*, Cambridge University Press, Cambridge (1986).

A.4 Martin, J. B. and Symonds, P. S. , Mode approximations for impulsively–loaded rigid–plastic structures, *Proceedings of the ASCE*, *Journal of the Engineering Mechanics Division*, **92**(EM5), 43–66 (1966).

A.5 Jones, N. , Quasi–static analysis of structural impact damage, *Journal of Constructional Steel Research*, **33**(3), 151–77 (1995).

A.6 Shen, W. Q. and Jones, N. , A comment on the low speed impact of a clamped beam by a heavy striker, *Mechanics, Structures and Machines*, **19**(4), 527–49 (1991).

A.7 Ploch, J. and Wierzbicki, T. , Bounds for large plastic deformations of dynamically loaded continua and structures, *International Journal of Solids and Structures*, **17**, 183–95 (1981).

A. 8   Stronge, W. J., Accuracy of bounds of plastic deformation for dynamically loaded plates and shells, *International Journal of Mechanical Sciences*, **27**(1/2), 97-104 (1985).

A. 9   Huang, Z. P., Revised lower displacement bounds of impulsively-loaded rigid- plastic structures, *Mechanics Research Communications*, **12**(5), 257-64 (1985).

A. 10   Symonds, P. S., On Huang Zhuping's theorem for a lower displacement bound, *Mechanics Research Communications*, **12**(5), 265-70 (1985).

A. 11   Jones, N., Bounds on the dynamic plastic behaviour of structures including transverse shear effects, *International Journal of Impact Engineering*, **3**(4), 273-91 (1985).

A. 12   Huang, Z. P. and Sun, L. -Z., The optimal mode and an approximate expression of final displacement in dynamic plastic response of structures, *Trans. ASME, Journal of Applied Mechanics*, **59**(1), 33-38 (1992).

部分习题答案

第 1 章

1.2 $9/8$。

1.3 $M/M_0 = 1 - (\eta/H)^2/3$，$\kappa/(2\sigma_0/EH) = H/\eta$，其中 η 是中央弹性总深度的 1.35%。

1.5 准确压溃载荷 $= 2M_0L/a(2L - a)$。

1.6 准确压溃载荷 $= 4M_0L/a(2L - a)$。

1.8 准确压溃载荷 $= 4M_0/(2LL_1 - L_1^2)$。

1.9 准确压溃载荷 $= 2M_0/(\eta^2 - a^2)$，其中 $\eta = a + 2L_1 - L_1^2/L - aL_1/L$。

1.12 $Q_{max}/Q_0 = H/2L$。

第 2 章

2.3 $3\sigma_0 (H/R)^2$。

2.5 $\dot{\omega} = A\ln r + B, \dot{D} = -M_0A/r^2$ （A, B 为常数）。

2.6 $Q_r = -3M_0r/R^2, |Q_r|_{max}/Q_0 \approx 1.5H/R$。

第 3 章

3.1 在 $\xi = \xi_0$ 时为 272.7m/s，在 $\xi = 0$ 时为 150m/s。

3.2 $\omega = p_0\tau^2[2\eta(2 + \bar{x})(1 - \bar{x})/3 - 1]/2m(0 \leqslant \bar{x} \leqslant \bar{\xi}_0), \omega = p_0\tau^2[1/(1 - \bar{\xi}_0) + 2\eta(1 + 2\bar{\xi}_0)/3](1 - \bar{x})/2m(\bar{\xi}_0 \leqslant \bar{x} \leqslant 1)$，其中 $\bar{x} = x/L$。

3.3 ω_f 由式(3.78)给出。

3.4 W_f 由式(3.80)给出。

3.5 式(3.101)。

3.9 （a）$G V_0^2 L/ 2\sigma_0 BtH$。

（b）$G V_0^2 L/ 8\sigma_0 BtH, V_0/4L$。

（c）GV_0L/ M_p。

第 4 章

4.4 （a）见 4.4 节和 4.5 节以及图 4.8 和图 4.10。

（b）$(8M_0B/\mu R^2)^{1/2}$。

（c）当 $(8M_0B/\mu R^2)^{1/2} \leqslant V_0 \leqslant (12 M_0B/\mu R^2)^{1/2}$ 时，应变仪可以检测到支承处的断裂，而当 $V_0 \geqslant (12 M_0B/\mu R^2)^{1/2}$ 时，在被应变仪检测前断裂就有可能发生。

4.5 见式（4.143）的脚注。

4.6 （a）$P_e = p_0, t_c = \tau/2$。

（b）当三角脉冲压力 $I = p_0 t_0/2$，$P_e = 3 p_0/4$，并给出 $t_0 < t_f \approx I/ p_c$ 时，式（4.48）可以写成 $\omega_f = I^2 (1 - p_c/P_e)(1 - r/R)/\mu p_c$。

第 5 章

5.6 $0 \leqslant t \leqslant t_1$，见 5.6.3.1 节，其中 t_1 由式（5.105）给出。

$t_1 \leqslant t \leqslant \tau$，$\omega = (2 N_0/R - p_0)(t - t_1)^2/2\mu - RN_0(1 - \nu)/EH - [b(t - t_1)/a]\sin(at_1)$。

$\tau \leqslant t \leqslant T_1$，$\omega$ 由式（5.109）给出，且 $A_3 = - p_0\tau/\mu - (b/a)\sin at_1 - (2 N_0/R - p_0)t_1/\mu$，$B_3 = p_0(\tau^2 - t_1^2)/2\mu + N_0 t_1^2/\mu R - R N_0(1 - \nu)/EH + (bt_1/a)\sin(at_1)$ 以及 $T_1 = t_1 + p_0R(\tau - t_1 + a^{-1}\sin(at_1))/2 N_0$。

$t \geqslant T_1$，见 5.6.4.5 节，其中 $t = T_1$ 处有正确的连续条件。

5.7 （a）$2.47 M_0/ R^2 \leqslant p_c \leqslant 8 M_0/ R^2$，正如问题所述，双力矩限制的相互作用屈服条件的解可以归纳为式（2.18）。

（b）$\sqrt{3}H$，$\sqrt{3}/[1 + (H/R)^2]$。

第 6 章

6.2 $Q/ Q_0 = - (\eta + 3)(H/4L)$。

6.6 $\omega = m L^2 V_0^2[2 - (x/L)^2 - x/L]/6 M_0$，$0 \leqslant x \leqslant \xi_0$。

$$\omega = m L^2 V_0^2 [3 + 2\nu(4\nu - 3)(1 - x/L)]/16\nu^2 M_0 , \xi_0 \leq x \leq L。$$

6.8 在 $t = 0$ 处, $Q = - 6m M_0/[M\alpha(2 + \alpha)]$ 趋近于负无穷。

6.13 $V_0^s = (4k Q_0 H/\mu R)^{1/2}$。

6.14 $V_0^s = [4k M_0 H(\nu + c^2)/\mu L^2]^{1/2}$。

第 7 章

7.2 $\epsilon = du/dx + (d\omega/dx)^2/2 , \kappa = - d^2\omega/d x^2$。

7.8 式(7.60a)、式(7.60b)给出了简支梁的有限挠度行为。

7.12 (b) $W_f/H = \{ [1 + 2\eta(\eta - 1)(1 - \cos a\tau)]^{1/2} - 1\}$，其中 $\eta = p_0/ p_c$,

$p_c = 12 M_0/ R^2$。

对于脉冲加载, $W_f/H = [(1 + \lambda/6)^{1/2} - 1]$。

(c) $W_f/H = (\lambda/6)^{1/2}$。

第 8 章

8.3 $0 \leq t \leq \tau , \dot{\epsilon}_\theta = \dot{\epsilon}_\phi = (p_0 - p_c) t/\mu R , \dot{\epsilon}_r = - 2\dot{\epsilon}_\theta , \dot{\epsilon}_e = 2\dot{\epsilon}_\theta , \sigma_e'/ \sigma_0 = 1 + [2(p_0 - p_c) t/\mu RD]^{1/q}$。

$\tau \leq t \leq T , \dot{\epsilon}_\theta = \dot{\epsilon}_\phi = (p_0\tau - p_c t)/\mu R , \dot{\epsilon}_r = - 2\dot{\epsilon}_\theta , \dot{\epsilon}_e = 2\dot{\epsilon}_\theta , \sigma_e'/ \sigma_0 = 1 + [2(p_0\tau - p_c t)/\mu RD]^{1/q}$。

8.4 $\dot{\epsilon}_e = (2a/ \sqrt{3})(\mu V_0^2 H/6 M_0) \sin(at)\cos(at)$,

$\sigma_e'/ \sigma_0 = 1 + [(2a/\sqrt{3} D)(\mu V_0^2 H/6 M_0) \sin(at)\cos(at)]^{1/q}$。

8.5 见式(8.20)脚注。

8.6 对于环形板: $0 \leq t \leq \tau , \dot{\kappa}_\theta = (p_0 - p_c) t/\mu r(R - a)$; $\tau \leq t \leq T , \dot{\kappa}_\theta = (p_0\tau - p_c t)/\mu r(R - a)$。

对于圆形板: $0 \leq t \leq \tau , \dot{\kappa}_\theta = 2(p_0 - p_c) t/\mu rR ; \tau \leq t \leq T , \dot{\kappa}_\theta = 2(p_0\tau - p_c t)/\mu rR , M_\theta'/ M_0 = 1 + [2q/(q + 1)](H \dot{\kappa}_\theta/2D)^{1/q}$。

8.7 $\dot{\epsilon}_x = (V_0 - A \sigma_0 t/M)/L , \sigma_X'/ \sigma_0 = 1 + [(V_0/DL)(1 - t/ t_f)]^{1/q}$。

8.10 见第371页脚注。

8.11 $\dot{\epsilon}_\theta = V_0/R , \dot{\epsilon}_X = 0 , \dot{\epsilon}_r = - V_0/R , \dot{\epsilon}_e = 2 V_0/\sqrt{3} R , \sigma_e'/ \sigma_0 = 1 + (2V_0/\sqrt{3} RD)^{1/q}$。

第9章

9.3 见式(9.14)。

9.8 见第 397 页脚注。

9.9 （a）见式(9.12b)。

（b）$H = (\alpha g M\, 3^{1/4}/2\,\sigma_0 R^{1/2})^{2/3}/\pi$。

（c）$\Delta = V_0^2/2\alpha g$, $L \geqslant \Delta/[0.86 - 0.568\,(H/2R)^{1/2}]$。

9.10 （a）-163.2m/s^2, 0.061s, 0.306m。

（b）-212.2m/s^2, 0.047s, 0.236m。

9.11 $SI = HIC = 102.5$。

9.13 从梁的平衡或者角动量守恒可以得到：

$a = -4M_0/ML$, $T = ML\,V_0/4M_0$。

$SI = HIC = (4M_0/ML)^{1.5}\,V_0/\,g^{2.5}$。

第10章

10.1 $P/P^e = 1/(1 + W_1^i/W_1)$。

10.3 $n_c(塑性)/n_c(弹性) = (E/E_h)^{1/2}$。

10.4 $\lambda = 0.1764(式(10.105))$, $\overline{\omega}_f = 0.538\text{mm}$, $n_c \approx 42$, $\tau_f = 22.78$。

10.7 $V_0 = 149.8\text{m/s}$, $n_c \approx 10$, $\tau_f = 63.6\mu\text{s}$。

第11章

11.1 （a）$1/\beta$，（b）β^2，（c）β^3。

11.2 见式(11.14)和式(11.15)。

11.3 $\rho_m/\rho_p = (V/v)^2(E_m/E_p)$，$\rho_m/\rho_p = E_m/E_p$，$(\Pi_{21}/\Pi_{18})^2/\Pi_5$。

11.4 $(v/V)^2 = (\rho_p/\rho_m)(\sigma_m/\sum p)$，$1/\Pi_{12}^2$。

11.5 $\Pi_1 = V_0(\rho/\sigma_0)^{1/2}$，$\Pi_2 = R/H$，$\Pi_3 = W_f/H$，$\Pi_3 = (\Pi_1\Pi_2)^2/2$，$\Pi_3 = (0.529\,\Pi_1\Pi_2)^2$。

11.6 $\Pi_1 = V_0(\rho/\sigma_0)^{1/2}$，$\Pi_2 = L/H$，$\Pi_3 = W_f/H$，$\Pi_4 = B/H$。

11.7 $\Pi_1 = R(\sigma_0/P_m)^{1/2}$，$\Pi_2 = H(\sigma_0/P_m)^{1/2}$，$\Pi_1^{-1/2} = 2(\pi\Pi_2)^{3/2}/3^{1/4}$。

作 者 索 引

主 题 索 引

内 容 简 介

　　本书是一本塑性动力学专著,讨论受大动载作用而产生非弹性变形的结构和构件的行为,因而在工程实际中有广泛的应用价值。本书介绍了梁、板和壳的静态和动态响应的刚塑性分析方法,详细分析了结构冲击中的各种重要现象。本书内容全面系统,结合工程实际,包含作者及合作者的许多研究成果,各章附有大量习题和参考文献。

　　本书可供力学、机械、土建、航空航天、能源、交通、国防等专业的大学生和研究生作教材,并可供有关的教学科研工程人员参考。